中国绿色碳汇基金会拯救中国虎基金

世界自然基金会（WWF-China）

资助

中国科学院干旱区生物地理与生物资源重点实验室
国家自然科学基金项目（30970340，31272291）
国家科技支撑项目（2008BAC39B04）
国际雪豹基金会（SLT，2004—2008）

支持

新疆雪豹

Snow Leopards in Xinjiang

马 鸣 徐 峰 程 芸等 著

科学出版社

北 京

祝贺新疆动物学会成立50周年
(1963~2013)

图书在版编目(CIP)数据

新疆雪豹/马鸣等著.—北京：科学出版社，2013.2
ISBN 978-7-03-036723-5

Ⅰ.①新… Ⅱ.①马… Ⅲ.①猫科-介绍-新疆 Ⅳ.①Q959.838

中国版本图书馆CIP数据核字（2013）第031477号

责任编辑：张 凡 李 栥 程 凤/责任校对：包志虹
责任印制：赵 博/封面设计：黄华斌
编辑部电话：010-64035853
E-mail：houjunlin@mail.sciencep.com

Cited as：Ma Ming，Xu Feng，Cheng Yun，et al. 2013. Snow Leopards in Xinjiang. Beijing：Science Press.

科学出版社 出版
北京东黄城根北街16号
邮政编码：100717
http://www.sciencep.com
北京凌奇印刷有限责任公司印刷
科学出版社出版 各地新华书店经销
*
2013年3月第一版 开本：B5（720×1000）
2025年1月第十次印刷 印张：38 1/4
字数：770 000
定价：145.00元
（如有印装质量问题，我社负责调换）

本书编写组

马　鸣、徐　峰、程　芸、买尔旦·吐尔干、雷俊宏、丁　鹏、张　同、David Blank、蒋可威、徐爱春、陈　莹、阿布力米提·阿不都卡迪尔、胡宝文、梅　宇、才　代、王　彦、梁　林、赵序茅、吴逸群、田磊磊、李维东、杨维康、吴孝兵、江晓珩、Paul Buzzard

绘　　图

梁　林、高小清、丁　鹏、张　同

摄　　影

赵君安、马　鸣、David Mallon、张会斌
冯　刚、李湘涛、刘　恺、马　尧

技术顾问

谷景和、周永恒、温　波、廖炎发、蒋志刚、魏　磊、Bariushaa Munkhtsog、Thomas M. McCarthy、王秀玲、Raghunandan Singh Chundawat、解　焱、George B. Schaller、张劲硕、Kyle McCarthy、Kubanychbek Jumabai Uulu、Rodney Jackson、徐海根、David Mallon、时　坤、陈承彦（Simba Chan）、蒋　卫、克德尔汗·巴亚恒、范志勇、范隆庆、李　都、格桑诺布、张元明、蔡新斌、张富春、时　磊

前言

雪豹是一种美丽而濒危的猫科动物，生活在世界上海拔最高的雪域高原，雄踞在冰峰雪岭之上。它是整个山地生物多样性的旗舰物种，是促进跨国界的国家公园或保护区建立的环境大使，也是健康的山地生态系统的指示器。

雪豹（*Uncia uncia*）被称为“雪山之王”，是备受国内外关注的濒危物种，已被列入世界自然保护联盟（IUCN）《红皮书》、《濒危野生动植物种国际贸易公约》（CITES）附录Ⅰ、《中国濒危动物红皮书》，是国家一级保护动物。雪豹仅分布于青藏高原和中亚高山地区，包括中国在内 12 个国家，其中 8 个国家与新疆为邻。雪豹数量逐年减少，十分罕见。国际雪豹基金会（ISLT）的专家和新疆雪豹项目组成员经过近 10 年的艰苦磨炼，跋山涉水，足迹遍布新疆的山山水水，终于完成了对新疆三大山脉的科学考察。在野外，队员们除了流血、流汗，有的时候还要流泪。酸甜苦辣，难以诉说。

天山、阿尔泰山、昆仑山和帕米尔高原是雪豹重要的分布区域，分布面积和种群数量都居世界首位。初步调查，世界雪豹总量的 30%～40%分布在新疆。

在 20 世纪 80 年代，美国野生动物学家夏勒曾在中国西部的广大地区，如新疆、青海、西藏、甘肃等地作过野生动物资源状况的调查，他对中国雪豹的状况表示担忧（Schaller et al.，1987）。

此外，国内的一些动物学家，如寿振黄（1962）、高耀亭等（1987）、廖炎发（1985）、杨奇森和冯祚建（1998）、于宁等（1996）、马建章等（Ma et al.，2002）、邹红菲和郑昕（2003）、马鸣等（2005）、于黎和张亚平（Yu and Zhang，2005）、徐峰等（2006）、蒋志刚和徐爱春（2006）、徐爱春等（Xu et al.，2008）、张于光等（2008；2009）、时坤等（Shi et al.，2009）、魏磊等（2011）、魏磊等（Wei et al.，2009）在国内外也发表过关于雪豹在中国分布状况及综述性的文章。他们把有关国内雪豹的信息，如分布、种群动态、动物园人工饲养、分子生物学和偷猎状况等介绍到了国外。尤其是廖炎发和杨奇森等早期曾对青海的雪豹分布情况作过系统研究，有极大的参考价值。

世界上究竟还有多少只野生的雪豹，其生存状况又如何？专家有的时候也会被问得窘迫不堪，甚至尴尬地不知道如何回答。然而，这却是一个被无数次问到并需要学者认真去回答的问题。近年，根据夏勒等（Schaller et al., 1988）、福克斯（Fox，1989）、杰克逊（Jackson，2002）、麦卡锡等（McCarthy et al., 2005）一批老专家的调查资料，估计全球的雪豹种群数量为3500～7000只。误差区间如此之大，人们好像并不太介意。而且，业内人士都知道这已经是几十年前非常过时的数字了。只有当政府保护部门和国际基金组织需要确定向哪里拨发保护资金的时候，只有雪豹的状况岌岌可危的时候，精确的数字才变得更加重要。

为什么大型猫科动物都面临濒危的厄运？山地之魂雪豹会灭绝吗？它们处于什么样的状态？这些都是值得探讨的科学问题，也是笔者想要告诉读者的东西。

雪豹是一种夜行性动物，独来独往，分布于高海拔山区（1800～5700米），行为诡秘，出没无常，野外调查难度非常大。一些研究雪豹的“专家”，却从来没有在野外见过雪豹，说起来大家恐怕不会相信。“只见豹皮，不见豹影”，著名学者夏勒在新疆、青海、西藏等地考察雪豹几十年，也仅能发出这样无奈的感叹。近10年间，雪豹的种群数量下降了30%～40%。2001～2012年中国科学院新疆生态与地理研究所（XIEG）、国际雪豹基金会、新疆自然保育基金会（XCF）、新疆林业部门及阿尔泰山、天山托木尔峰、昆仑山、阿尔金山等几个自然保护区管理部门联合开展了雪豹分布与数量调查，这是国际“雪豹生存与保护计划”（SLSS）的一部分。以下是近10年来新疆雪豹研究小组（Xinjiang Snow Leopard Group，XSLG）活动的简单回顾。

2001年，新疆自然保育基金会成立，名正言顺地为引入国际雪豹合作项目与经费创造了条件。

2002年，5月新疆自然保育基金会的温波、胡勘平、邹红菲等三位代表参加在西雅图举办的“第九届国际雪豹会议”，制定了10年行动纲领与保护策略文件（Snow Leopard Survival Strategy）。同年11月马鸣在乌鲁木齐与国际著名雪豹专家杰克逊（Rodney Jackson）举行会谈，探讨新疆雪豹生存状况及合作事宜。

2003年，申请国际雪豹基金会小额资助项目。

2004年，5月与国际雪豹基金会的负责人麦卡锡（Thomas McCarthy）举行会谈。正式与国际雪豹基金会合作，展开培训和野外调查工作，地点涉及阿尔泰山、北塔山、东部天山和西部天山托木尔峰地区。

2005年，3月在乌鲁木齐与夏勒博士会谈，讨论昆仑山考察事宜；6月继续与六国合作考察新疆雪豹；10～12月，马鸣、徐峰等利用红外相机成功在托木尔峰地区拍摄到32张雪豹照片，这是中国人首次拍摄到野生雪豹。

2006年，新华社“新疆成为雪豹非法贸易集散地”（第31期国内动态），得到国务院副总理回良玉的批复；10～11月，马鸣两次前往蒙古国参加雪豹讲座和野外考察。

2007年，项目组与国际雪豹基金会的马龙（David Mallon）等来自四国的专家在阿克苏、温宿等地合作考察。

2008年，雪豹国际会议在北京召开。10～11月，马鸣等完成新疆南部昆仑山雪豹考察。

2009年，科技部与环境部物种监测示范项目启动。10月马鸣等参与挑战乔戈里峰的活动。

2010年5～9月和2011年2～3月，马鸣等参与罗布泊及阿尔金山考察，三次进入无人区考察。

2010年9月，马鸣等与巴基斯坦专家合作，开展帕米尔高原、喀喇昆仑山、红其拉甫国家公园、克什米尔地区、罕萨（Hunza）、吉尔吉特、中巴公路沿线考察。

2011年5～11月和2012年5～7月，项目组六人三次进入东昆仑山、阿尔金山保护区考察。

2012年3～5月，世界自然基金会（WWF-China）拟资助项目组编写珠峰雪豹调查手册，同时与“拯救中国虎基金”等商议资助本书出版事宜。

新疆雪豹项目组（XSLT）有一支年轻的队伍，没有拿过国家一分钱资助，全部依靠民间组织和志愿者，筹集民间经费，完成野外考察，可歌可泣。

与此同时，在与雪豹有关的保护机构，如雪豹基金会（ISLT）、世界自然基金会、世界自然保护联盟（IUCN）、野生生物保护协会（WCS）、虎豹基金（Panthera）、拯救中国虎基金（Save China's Tigers）、雪豹保护（SLC）和雪豹网络（SLN）等国际性野生动物保护组织的合作和资助下，在中国青藏高原的一些地区也开展了专门针对雪豹或其他大猫的社区教育、物种保育和科研项目，在新疆还开展了雪豹的市场及贸易调查。由于一些工作正在进行之中，还没有发表研究成果以供参考。总之在国内，只有零星的关于雪豹的研究和文献资料，涉及雪豹分布、种群密度、栖息地选择方面系统的研究报告和文章还很少。

美丽的雪豹，是中亚高山上的标志性物种，也是西部环境质量变化的指示物种。对雪豹进行调查研究不仅有利于更好地保护这一濒危物种，而且对更好地保护雪豹分布区的生态系统、水源、冰川和生物多样性也有至关重要的意义。西部大开发和全球气候变化，开垦与过度放牧，采矿与栖息地破碎化，偷猎与贸易，这些无疑加快了雪豹灭绝的速度。我们已经拥有前车之鉴：亚洲猎豹、东北虎、华南虎、新疆虎、远东豹（金钱豹）、云豹等一批大猫已经或正在走向绝灭。托木尔峰再高也有顶，木扎特河再长也有尽。而新疆雪豹研究与保护，只是刚刚开始。无穷无尽的谜团需要我们去解开，一个个保护区需要我们去关注，一些生物学难题需要我们去攻克。呐喊、宣传、合作、教育、扶贫、知识普及、跨国行动等，任重而道远。

本书的分工大致如下：第一章，古籍中的雪豹，由马鸣、程芸（新疆环境科学院）主笔；第二章，猫科动物的大家庭，由买尔旦、丁鹏、张同负责；第三章，如何寻找雪豹，由马鸣、徐峰、丁鹏主笔；第四章，野外考察杂记，收录了马鸣、徐峰、陈莹等的日常生活笔记；第五章，雪豹的分布与数量，由马鸣、徐峰等主笔；第六章，生物学特征（研究与发现），汇集了马鸣、徐峰、张同、丁鹏、吴孝兵、魏磊等整理的资料；第七章，保护与管理，由马鸣、程芸、蒋可威、陈莹等撰写；第八章，动物园中的雪豹，由雷俊宏（天山动物园）、马鸣、赵序茅等编写；第九章，新疆的自然保护区，由马鸣、丁鹏、张同等编写；第十章，各国动态，马鸣、赵序茅、胡宝文、陈莹、徐爱春（中国科学院动物研究所）、梅宇等分别负责整理资料；附录由马鸣、王彦、梅宇、程芸、徐峰等搜集整理；绘图由梁林、高小清、丁鹏、张同等负责；除了署名照片，其余均由马鸣拍摄。

最后，特别感谢其他所有的参与者或提供资料者，如魏顺德、谷景和、戴焕喜、莫思荣、温波、胡勘平、范志勇、范隆庆、赛道建、彭基泰、康谒黎、陆军、陈建伟、全莉、桑布、袁磊、樊海洲、李都、常城、田磊磊、何芬奇、李湘涛、陈承彦（Simba Chan）、阿尔太、刘坪、王宜军、牛亚林、吐尔逊·吐拉克、艾则孜、热西提、解焱、常坤、蒋可威、江晓珩、李维东、张斌、张词祖、范书财、徐新林、邢睿、王铁男、艾提尼亚孜（依他红）、David Blank、陈文波、Paul Buzzard、张翔、赵中、肖方、梁林、朱磊、廖力夫、蒋卫、赖宇宁、李志刚、田向东、刘斌、张书清、常家传、韩联宪、袁国映、戴志刚、巴图尔汗、杨晓君、阿德力、张立勋、蔡新斌、邹发生、危骞、王大军、吕植、吐逊江、初红军、崔多英、张敬、田秀华、韦晔、叶金、包新康、周立志、侯银续、刘强、任会利、母丹峰、李枫、柳劲松、David Mallon、徐捷、方红霞、刘先平、梁冰、杨奇森、向文军、张国强、苟军、张耀东、魏玉虎、黄亚慧、杜利民、宁博、冉江洪、邸志鹰、祁文、戴江南、董务疆、严成、李和平、冯玉明、王飞、刘兆松、张志清、张宝华、王存牛、张庆河、张新民、贾泽信、王德利、蔡昌林、罗磊等。

感谢新疆林业局、托木尔峰保护区管理局、阿尔金山保护区管理局、国家自然科学基金委员会、科技部、中国科学院、世界自然基金会、国际雪豹基金会、新疆自然保育基金会（XCF）（简称“新疆保育”）、拯救中国虎基金、中国猫科动物保护联盟（Chinese Felid Conservation Alliance）、中国科学院新疆生态与地理研究所、“新疆雪豹研究小组”等的大力参与、支持和帮助。

马 鸣

中国科学院新疆生态与地理研究所

2012年5月22日

参考文献

高耀亭，汪松，马逸清，等.1987. 中国动物志. 第八卷. 食肉目. 北京：科学出版社.

蒋志刚，徐爱春.2006. 雪豹. 动物学杂志，41（4）：128.

廖炎发.1985. 青海雪豹地理分布的初步调查. 兽类学报，5（3）：183-188.

马鸣，Munkhtsog B，徐峰，等.2005. 新疆雪豹调查中的痕迹分析. 动物学杂志，40（4）：34-39.

马鸣，徐峰，Munkhtsog B，等.2011. 新疆雪豹种群密度监测方法探讨. 生态与农村环境学报，27（1）：79-83.

马鸣，徐峰，Chundawat R S，等.2006. 利用自动照相术获得天山雪豹拍摄率与个体数量. 动物学报，52（4）：788-793.

寿振黄.1962. 中国经济动物志. 北京：科学出版社.

魏磊，吴孝兵，诸立新，等.2011. 豹属线粒体基因组分析. 中国科学：生命科学，41（9）：699-713.

徐峰，马鸣，殷守敬，等.2006. 新疆北塔山雪豹对秋季栖息地的选择. 动物学研究，27（2）：221-224.

徐峰，马鸣，吴逸群.2011. 新疆托木尔峰国家级自然保护区雪豹的种群密度和数量. 兽类学报，31（2）：205-210.

杨奇森，冯祚建.1998. 雪豹. 见：汪松. 中国濒危动物红皮书——兽类. 北京：科学出版社：132-135.

于宁，郑昌琳，王行亮，等.1996. 雪豹线粒体 DNA（mtDNA）研究及其分类地位的探讨. 兽类学报，16（2）：105-108.

张于光，Janecka J E，李迪强，等.2008. 基于粪便 DNA 的雪豹种群调查和遗传多样性. 动物学报，54（5）：762-766.

张于光，何丽，朵海瑞，等.2009. 基于粪便 DNA 的青海雪豹种群遗传结构初步研究. 兽类学报，29（3）：310-315.

邹红菲，郑昕.2003. 中国雪豹保护策略的调查分析. 野生动物，24（5）：54-55.

Fox J L. 1989. A review of the status and ecology of the snow leopard (*Panthera uncia*). International Snow Leopard Trust，Seattle.

Jackson R. 2002. Snow Leopard status，distribution，and protected area coverage. *In*：Mc Carthy T. Proceedings of the Snow Leopard Survival Summit. Seattle ISLT：79-103.

Liao Y，Tan B. 1988. A preliminary study of the geographic distribution of Snow Leopards in China. *In*：Proceedings of the Fifth International Snow Leopard Symposium. Seattle：ISLT and Wildlife Institute of India：51-63.

Ma J Z，Zou H F，Cheng K. 2002. The distribution and status of snow leopard in China. *In*：McCarthy T. Contributed Papers to the Snow Leopard Survival Strategy Summit. Seattle ISLT：209-212.

MaMing R. 2012. Tissues and organs of snow leopard in the market and their price system in China. Selevinia, 20 (to be published): 1-6.

McCarthy T, Fuller T, Munkhtsog B. 2005. Movements and Activities of Snow Leopards in Southwestern Mongolia. Biological Conservation, 124 (4): 527-537.

Schaller G B, Li Hong, Lu Hua, et al. 1987. Status of large mammals in the Taxkorgan Reserve, Xinjiang, China. Biological Conservation, 42 (1): 53-71.

Schaller G B, Hong L, Talipu R, et al. 1988. The snow leopard in Xinjiang , China. Oryx, 22 (4): 197-204.

Shi K, Zhu F D, Shi J, et al. 2009. Reconfirmation of snow leopards in Taxkurgan Nature Reserve, Xinjiang, China. Oryx, 43 (2): 169-170.

Wei L, Wu X B, Jiang Z G. 2009. The complete mitochondrial genome structure of snow leopard *Panthera uncia*. Molecular Biology Reports, 36 (5): 871-878.

Xu A C, Jiang Z G, Li C W, et al. 2008. Status and conservation of the snow leopard *Panthera uncia* in the Gouli Region, Kunlun Mountains, China. Oryx, 42 (3): 460-463.

Yang Q S. 1992. Further Study on the geographical distribution of Snow Leopards in Qinghai, China. *In*: Proceedings 7th International Snow Leopard Symposium, Xining, China.

Yu L, Zhang Y P. 2005. Phylogenetic studies of pantherine cats (Felidae) based on multiple genes, with novel application of nuclear β-fibrinogenintron 7 to carnivores. Molecular Phylogenetics Evolution, 35 (2): 483-495.

目录

Contents

第一章

古籍中的雪豹（远古的豹与雪豹）

早期动物分类的著作见于商周至战国时期，如《尔雅》、《荀子》、《诗经》等。这要比西方分类学鼻祖亚里士多德早上千年，比林奈早三四千年。中国文字是单音节，一字一物，属于象形文字。通过偏旁进行分类，是中国文字的一大创举（李约瑟，1990；郭郛等，1999）。如豕、牜（牛）、犭（犬）、豸（豹）、鹿、鸟、鱼、马、鼠、虎、虫、羊等，与不同字体组合成为不同种类的动物名称。这比林奈的双名法还要通俗、简洁、形象、生动、科学而先进。

后来的双字或多字命名就比较细腻了。例如，“雪豹”一词，增加了颜色、形态、环境或属性等内容，是极其现代的名称。雪豹应该是从英文（Snow Leopard）直译或派生的词组，可能不到90年的历史（杜亚泉等，1922）。在浩繁的古籍之中是没有这个词汇的。那么，雪豹在古代是怎么被称呼的，先祖是怎么描述它的，是这一章的重点。中国是一个具有璀璨文化、古老而文明的国家。悠久的历史、文化延续不断。追溯上下5000年雪豹的故事，了解雪豹的身世（图1-1），会有许多发现。

图 1-1　雪豹独特的大尾巴，是食肉动物中最完美和谐的化身

第一节　追溯远古的雪豹

被动物地理学家们誉为“地球上最美丽的高山动物”的雪豹（图 1-2），通常昼伏夜出，行踪诡秘，远离尘嚣。被雪山居民尊奉为神兽、祥瑞之兽、仁义之兽、“雪山之王”。如此神圣而美丽的动物，追溯其起源，还应该从古代的豹类谈起。

豹的祖先大致可确定源于非洲。最著名的原始豹子（也称“始豹”）（*Panthera pardoides*）化石正是在非洲发现的，所以考古工作者把其译为“始豹”。

之后的古豹（*Panthera schaubi*）是更新世早中期在欧洲生活的一类豹亚科动物，应该是始豹类进入欧洲的后裔之一。至于在河南出土的中华古豹（*Panthera palaeosinensis*）或古中华虎，以前亦叫中华祖虎，距今已有 200 万年的历史，现在一般认为其是虎类的祖先。

如今豹的典型代表是非洲豹（*Panthera pardus*），在中国又叫做金钱豹、花豹，曾经广泛地分布在非洲和温暖的亚洲大陆，在那里的沙漠和热带雨林里都有它们的行踪。花豹也是猫科动物豹属家族中演化最成功的一员。这个家族中的现生成员还有狮子（*Panthera leo*）、老虎（*Panthera tigris*）、美洲豹（*Panthera onca*）、云豹（*Neofelis nebulosa*）和雪豹（*Uncia uncia*）等（图 1-2）。尽管到目前为止还没有发现它们共同祖先的化石［当然不是剑齿虎亚科

（Machairodontinae）]，但科学家们已根据遗传基因排列顺序的资料，确定了现在的豹属动物在距今 600 万年前就已经分化。古脊椎动物种类学家在坦桑尼亚发现了距今约 380 万年前始豹化石，并认为这是最早的可确定为花豹的动物化石。同时，在对花豹各亚种作了大量研究后，得出花豹起源于非洲的结论。直到距今 90 万年前，花豹才开始逐渐向欧亚大陆迁移，并演化出现今亚洲的各个亚种。

图 1-2　依照生物进化的观点，雪豹与狮、虎、豹皆为一家，只是毛色和毛密度更适应于高山环境

一、岩画中的魅影

据考古资料，最古老的史前岩画出现于旧石器时代晚期，距今 3 万～4 万年。岩画被誉为史前艺术之冠。这些史前岩画绝大多数描绘的是当时的动物，如野马、野牛、驯鹿、古象、山羊、羚羊、熊等（傅志毅，2001）。今天被人们发现的岩画遍及世界五大洲 150 多个国家和地区，主要集中分布于欧洲、非洲、亚洲。

新疆的岩画主要沿着三山——阿尔泰山、天山、昆仑山分布，从青河到哈巴河，从哈密到伊犁河谷，从且末到皮山，各县几乎都有岩画分布。岩画内容以史前动物或狩猎图为主，是远古游牧文化的遗存，也是古代动物与人关系的真实写照。

中亚岩画的历史可以追溯到 4000 年前（赵养锋，1987），有的甚至可追溯到上万年前。其早已成为动物学、考古学、人类学、畜牧学、宗教学（图腾）、文字学、历史学、人文学、美学和民族学的研究素材和对象。它包含了象形文字的起源、巫术、图腾崇拜、拜物教、自然力化身观念和万物有灵观念等。

新疆的岩画中 60%～80%都以动物为题材。许多动物的分布，古今是一致或相近的，如岩羊、北山羊（野山羊）、盘羊（大头羊）、马鹿、驼鹿、驯鹿、羚羊、野牛、野马、西马、野驴、野驼、狼、虎、豹、狐狸、野猪、猛禽等。其是动物区系组成与演化的有力证据（马鸣和杨小敏，1992）。

目前，岩画中关于雪豹或豹子的记载并不是很多，只在天山和阿尔泰山有一些发现（蒋学熙，1991；周菁葆，1993；苏北海，1994）。例如，阿尔泰山的“豹灾图”，极其形象地反映出当时的场景：在一群动物中竟然有 8 只大小不同的豹子，牧人们惊慌失措，束手无策，只能骑马而逃（赵养锋，1987）。又如“双豹对峙与交媾图”，显示出发情期豹子的孤傲和领域行为，惟妙惟肖。

在天山，博乐阿拉套山岩画中的雪豹，四足粗大，尾巴卷曲，夜出朝归，形象逼真。

在哈密地区伊吾县境内的吐葫芦乡和前山乡两个地区（东部天山），出现了四幅雪豹岩画。吐葫芦乡有三幅，在海拔 1560 米的骆驼石，有两幅岩画刻画的都是正在捕食的雪豹意外地碰到了猎人，从而想转身离开的场景；其实雪豹早已潜伏在旁，想捕食山羊，不料被猎人发现，所以逃奔。第三幅位于科托果勒海拔 2030 米处，一块岩石上凿刻着一只正在捕食野羊的雪豹，雪豹正竖起双耳，像钩子样翘起后段尾巴，嘴中已把羊吞食半只，形象生动逼真。第四幅在前山乡乌勒盖海拔 2030 米处，在一块巨型岩石上凿刻着一只雪豹，正竖起双耳，拖着长尾巴，昂着头，在高山草原上觅食（苏北海，1994）。这四幅岩画中刻画的雪豹体形修长，四肢粗短，尾巴很长，而且极其粗壮，个个栩栩如生。

在博尔塔拉地区阿拉套山南麓，分布着一处阔依塔什岩画，其中一幅形似“双豹捕食图”。两只豹子，围狩五只大角羊，右面一只大豹子体格雄健、形象凶猛，长尾下垂、尾稍卷曲、四腿亭立；另一只体形较小、长尾后托、稍有卷曲，正在捕食一只大角羊。貌似成年的豹子在训练幼崽捕食，这幅岩画雕刻精细，形象生动逼真，尤其是体形较大的豹子，形态凶猛，给人一种望而生畏之感（周菁葆，1993）。

新疆吐鲁番地区托克逊县的科普加衣镇周围的岩画中，有一幅“狼豹共猎图”。一只豹，三只狼，追逐着一群大角羊，位于中间的豹子身形矫健、体格壮硕、四肢弯曲、身体前倾，随时准备出击，抓住前方的猎物。而群羊个个吓得失魂落魄、昂首竖角、四蹄腾空、全力奔跑（苏北海，1994）。三只狼体形较小、处在边缘，显然只能沦为配角。

对古代岩画，不同的人理解不同。周菁葆（1993）则认为托克逊县的“双豹捕食图”，画面表现为两只豹子并排紧追一只大角羊。这幅岩画不像是成年豹子训练小豹，而更像是一对豹子夫妻，共同捕食猎物的场景。下侧的豹子体形稍大，似雄性，上方体形稍小的为雌性。这对豹子头圆腿短、体形修长、尾长于身、末端卷曲。豹子前方的大角羊好像还未发现捕食者，可见这对豹子机警敏锐、善于隐藏，待它们突然出击时必然凶猛异常，轻松得手。

实际上，曾经的亚洲猎豹、金钱豹、土豹、草豹、黑豹、里海虎等都可能分布至新疆的大草原。岩画中出现的这些“豹子”，究竟是什么动物，值得推敲。在伊犁地区新源县境内的克孜勒塔斯沟岩画中，有一幅站立的豹形动物图（周菁葆，1993）。豹子目光紧盯前方、昂首挺胸、四肢粗大、身形矫健、威风凛凛，孤傲地站在那里，刻画得形象生动。

在与新疆为邻的西藏日土的喀喇昆仑山、喜马拉雅山，也有雪豹身影，如“豹子逐鹿图”、“三豹捕食图”，生动形象，精彩绝伦。而来自印控拉达克的岩画，简洁、拙朴，一对雪豹拖着长长的尾巴（图 1-3），身上布满斑纹，星星点点，清晰可见（Mallon，2008）。

图 1-3　长长的尾巴和满身星星点点斑纹的雪豹——喜马拉雅山上的岩画（Mallon，2008）

二、古籍中的文字演化

“豹”形声字。字从豸，从勺，勺亦声。“豸”（zhì）指长脊兽。“勺”意为“专取一物”。“豸”与“勺”联合起来表示“一种长脊兽，它在一群猎物中只捕捉它看准的那一只”（段玉裁，1981）。

越来越多的研究学者对始豹之后的豹产生了浓厚兴趣。人类出现后，他们与凶猛的豹子的冲突就无法避免。古代中国人是怎样形容豹子的呢？熊韬豹略、豺狼虎豹、吃了豹子胆……简直不计其数（见后文）。有科学家在对大熊猫古名考证时，发现几种被认为是传说中的神秘动物都可能与大熊猫或雪豹有关，如貔貅、白狐、执夷、猛豹、驺虞、貘等。而中华鲟古称“王鲔”，麒麟原来是长颈鹿的中文名字。那么雪豹在中国古籍之中的记载又是怎样的呢？

通过查阅大量的古籍文献，只有各种各样的“豹”字呈现在眼前（图 1-4），甚至有殷墟出土的象形文字（甲骨文），而确实没有找到“雪豹”这个词组的任何蛛丝马迹。难道中国古人将豹子和雪豹混淆不分吗？不是的，一个 5000 年的文明古国，三四千年前就具备了许多物种分类知识。“雪豹”一词，应该是比较现代的名称，也可能是个外来词汇，或者直译自外文“Snow Leopard”？这一切都是文字记录之谜。

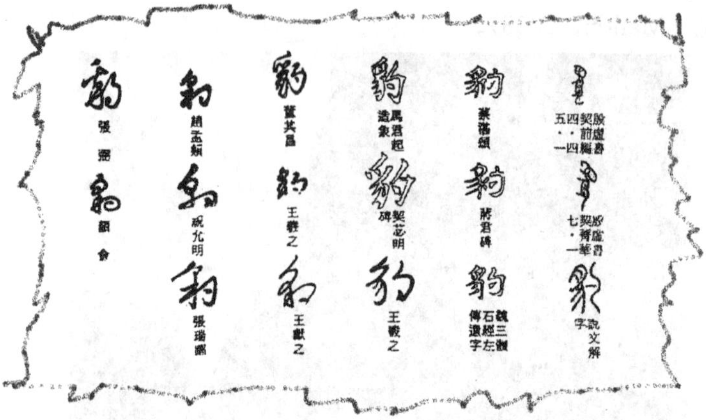

图 1-4　古文“豹”字的书法演化（《中文大辞典》）

在所有资料当中，神兽“孟极”和“驺虞”（zōu yú）这两种动物名称引起了我们的特别关注。中国人民大学的周士琦先生在 1991 年发表的一篇文章《〈山海经〉“孟极”即“雪豹”考》，应该是较早考究雪豹历史的文章。还有大量文献资料把焦点放在了一种叫做“驺虞”的动物身上，甚至牵连出酋耳、驺牙、尊耳、驺吾、白虎、白狐、白豹、白罴、文豹、诸犍、猛豹、貔貅、貔、执夷、貊、白泽、貘貘等与雪豹有关的物种记载。这使得我们决心从“孟极”和“驺虞”这两种神秘动物着手展开“雪豹”起源的追溯研究。

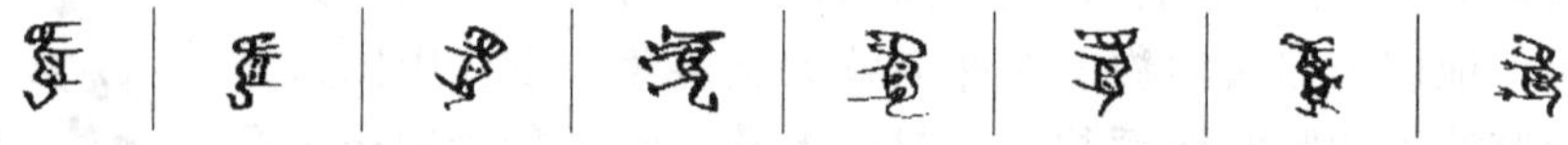

图 1-5　甲骨文中“豹”字的演化，有的尾巴较长，有的身体上具有空心斑

图 1-6　龟甲骨上的“豹”（重新排放，模拟镂空）

图 1-5 为甲骨文中“豹”的几种不同写法。说明在远古时代，人们早就知道豹子不止一种，而且根据它们外貌、形态特征的不同，创造了“豹”字不同的写法。有的尾巴上扬，有的身上是空心斑，有的足形宽大，可见人们早就开始注意周围动物的形态特征，甚至生活习性。同一个“豹”字，演化出深层次“豹文化”端倪（图 1-6）。人们根据看到物种的不同，形象地用图形或字描述了它们的特征。因此创造了不同的写法，古人没有将它们全部混为一谈。

三、“孟极”考

周士琦（1991）在文章中根据《山海经》中记载“孟极”的形状、毛色、栖息地的自然环境、习性及产地等与今雪豹进行对比，考证出孟极即今雪豹。他提出《山海经》中对孟极的记载为世界上最早关于雪豹记载的说法，并在文章中对“孟极”即“雪豹”的考辨进行了详细论述。

我国古籍《山海经》中的《北山经》记载着一种名叫“孟极”的动物：“石者之山，其上无草木，多瑶碧。泚水出焉，而西流注于河。有兽焉，其状如豹，而文题白身，名曰孟极，是善伏，其鸣自呼。”历代注《山海经》的诸家，如晋郭璞、清毕沅、郝懿行，今人袁珂等俱不知孟极是何动物（图 1-7）。袁珂（1985）的《中国神话传说词典》收有“孟极”条，他认为孟极为神话传说中的动物。《辞源》（修订本）亦仅说孟极是“兽名”。这孟极究竟是什么动物呢？

图 1-7　孟极——空心斑纹与修长尾巴《山海经·北山经》（蒋本）

《山海经》说孟极“其状如豹”，这“豹”当指今“金钱豹”，理由如下：《山海经》中记载了多座产豹的山，如《西山经》的“（女床之山）其兽多虎、豹、犀、兕”，《中山经》的“（女几之山）其兽多虎、豹”，“（大尧之山）其兽多豹、虎、羚、㚟”，“（风雨之山）多麈、豹、虎”，“（堇理之山）其兽多豹、虎”等。对“豹”未作任何描述，这说明豹是为人们所熟知的，无须再进行描述了。之后郭璞注，对“豹”未加任何解释，亦是此意。《山海经》中记载的豹为常见动物，分布范围又较广，显然是指遍布我国各地的金钱豹。所以，孟极当是一种形状像金钱豹的动物。

孟极不但“其状如豹”，而且“白身”，这是不是金钱豹的白化个体呢？就像虎、狼、猿、蛇等动物分别有“白虎”、“白狼”、“白猿”、“白蛇”等情况呢？

金钱豹的毛色变化较大，在《山海经》中就提到过“黑豹”（玄豹）、“赤豹”等，如《中山经》的“（即谷之山）多玄豹”，《两山经》的“（章莪之山）有兽焉，其状如赤豹……”，但却从未提到过“白豹”，这与现代动物学的看法是一致的：没见过金钱豹白化的个体（谭邦杰，1985）。所以孟极并非金钱豹的白化个体，当是另一种动物。

图 1-8　孟极

样子像豹，额上有斑纹，身上的毛皮多是白色，善于卧伏与躲藏，叫声像叫自己名字“孟极”，《山海经·北山经》（汪本）

我们知道，形状像豹的动物有金钱豹、雪豹、云豹、红春豹（金猫，*Felis temmincki*）、豹猫（*Felis bengalensis*）、亚洲猎豹等。笔者认为从各方面来看，孟极即今雪豹，下面从其形状、毛色、栖息地的自然环境、习性及产地等方面加以考证（图 1-8）。

（1）形状。孟极“其状如豹”（金钱豹），而雪豹呢？雪豹与金钱豹都属猫科动物，二者形状相似：金钱豹为橙黄色，布满黑色斑点和环纹，状似古钱；雪豹为灰白色，亦布满黑色斑点和环纹。金钱豹比雪豹略大，金钱豹体重 50～90 千克，体长 0.9～1.5 米；雪豹体重 40～50 千克，体长 1～1.2 米。雪豹的毛比金钱豹的毛长，可达 7 厘米以上，尾也比金钱豹长，几乎与其体长相等。可见雪豹与孟极一样，大小和形状都像金钱豹。

（2）毛色。孟极“文题而白身”。据《山海经》郭璞注，“题，额也”，“额”即今“额”字，“文题”指孟极额上有斑纹，而雪豹的头部也具有小而密的黑斑，故雪豹也是“文题”。孟极“白身”，这“白”并不一定是指全部为白色，也可指其主色调为白色，如白色的斑块占体色的大部分。雪豹生活的环境为雪山，故整体毛色为白色或灰白色，并布满黑色斑点和环纹，这与孟极的“白”身毛色一致吗？这“白”字能指灰白色吗？我们知道，《山海经》为上古的文献，所用词以单音词为主，该书在描述动物颜色时，只有六个单音词——黑、青、赤、朱、黄、白，这六个单音词用来表示所有的颜色，如该书中说的“黑身”、“黑尾”、“青羽”、“青身”、“赤足”、“赤首”、“朱首”、“朱目”、“黄身”、“黄文”、“白首”、“白身”、“白耳”、“白喙”等。对每种颜色一概不再分深浅，也从不描述两种颜色混合而成的中间色，各种颜色都笼而统之地归入上述六种颜色。所以孟极的“白”身，不限于纯白色，灰白色亦可称为“白色”，毛色灰白的雪豹与“白身”的孟极从颜色上讲是一致的。《尔雅·释兽》中曾记载过白豹：“貘，白豹。”郭璞注，“豹白色者，别名貘”。盖古代的“貘”既指大熊猫，又指雪豹，二者同名异物也。笔者认为郭璞注所云即今毛色灰白的雪豹。

（3）栖息地。出产孟极的“石者之山”，自然环境为“其上无草木，多瑶碧”。这“瑶碧”指似玉的美石，可见孟极栖息于多岩石而不生草木的山上。雪豹呢？它为高山动物，夏季栖息于海拔 3000～6000 米的高山上（如昆仑山、天山），冬季则降至海拔 2000～3000 米之处，大多栖息于空旷多岩石的雪山上（它灰白的毛色、黑色斑点和环纹正像石灰岩的色彩，为很好的保护色）。故雪豹与孟极栖息地的自然环境相同。

（4）习性。孟极“善伏”，袁坷（1985）引王崇庆曰：“善伏，言善藏也；或伏卧之伏。”所以这“伏”有两重意思：一为隐藏，一为伏卧。这是为了满足自卫和捕食的需要。雪豹亦有“善伏”的习性，它为肉食动物，以野羊（北山羊）、岩羊、斑羚、鹿、麝、土拨鼠（旱獭）、野兔、鸟类等为食，为了捕食和生存，它很善于隐蔽自己，这可以从几个方面来讲。①善于伏击为猫科动物捕食猎物的特点，雪豹这一点尤为突出，所以《山海经》在描述几种似豹的猫科动物时只有孟极才提出了“善伏”这一特点。雪豹是个机会主义者，捕食方式十分隐蔽，或借助于周围的环境及隐蔽物逐渐接近猎物，然后突然发起进攻；或借助于保护色埋伏于岩石后纹丝不动，待猎物经过时捕而食之。②它栖息于无路可通、人迹罕至的高山雪线附近，住处为岩洞，很难被发现。③它身上为灰白色，有不太显眼和不规则的黑色斑点和环纹，若伏于一处，很像一块青灰色的岩石，即使白天亦很难发现它。可见雪豹与孟极一样“善伏”。

（5）产地。孟极产于《山海经》中《北次一经》所述的第九山——石者之山。该山具体为今何山已不可考，但其大致位置当在今内蒙古自治区河套西北角的大黑河一带。理由如下。《北次一经》共记载 25 座山，依次由南往北。从第四山“谯明之山”至第九山“石者之山”俱当位于由内蒙古自治区向南流入山西、陕西交界的黄河以东，这是因为依次由南向北的第四山（谯明之山）的“谯水”、第五山（涿光之山）的“嚣水”、第六山（虢山）的“伊水”、第七山（虢山之尾）的“鱼水”、第九山（石者之山）的“泚水”全都是“西流注于河”的（此处专指黄河），徐旭生（1985）先生在《中国古史的传说时代》一书附录三《读山海经札记》中认为这几山当在今山西西北境内：“《北山一经》……中谯水、嚣水、伊水、鱼水、泚水皆西入于河，则诸山当在河东，在今山西西北境。”而从第十山（边春之山）的“杠水”起，迄北各山就再无“西流注于河”的河流了，而是流注于大泽或其他河流。这产孟极的“石者之山”正位于最北一条西入河的“泚水”的发源地，故该山的大致位置当在今内蒙古自治区河套西北角的大黑河一带，孟极即产于该处。而今雪豹在我国分布于西藏、新疆、青海、甘肃、宁夏、内蒙古等省（自治区）。《山海经》约成书于公元前 3 世纪，迄今已有 2000 余年，由于人类活动的加剧，自然环境及气候的变化，某种动物古今的产地也会发生变化。例如，《山海经》中记载有八座产犀牛之山，而今犀牛已在我国绝迹；《山海经》记载有四处产象之地，而今象仅产于云南西双版纳一隅。所以说孟极与今雪豹的产地还是非常相近的，大致在今内蒙古自治区一带。

《山海经》中的动物孟极，从其形状、栖息地的自然环境、习性及产地等方面来看，都与今雪豹相同，所以孟极即雪豹，而不是神话传说中的动物。《山海经》中有关孟极的记载，是我国也是世界上关于雪豹的最早记载，时间约在公元前 3 世纪。

四、“驺虞”考

“驺虞”一词较早出现在《诗经》之中：彼茁者葭，壹发五豝，于嗟乎，驺虞！彼茁者蓬，壹发五豵，于嗟乎，驺虞！好像是在赞美为民除害的“驺虞”（程俊英，1985；叶舒宪，2005）。《山海经》曰：“林氏国有珍兽，大若虎，五彩毕具。尾长于身，名曰驺吾（注：同驺虞）。乘之日行千里。”《周书》曰：“夹林酋耳，酋耳若虎，尾参于身，食虎豹（注：这里的酋耳，亦作驺虞）。”《诗·召南·驺虞》曰：“彼茁者葭，壹发五豝，于嗟乎驺虞。”《毛诗故训传》：“驺虞，义兽也。白虎，黑文，不食生物，有至信之德则应之。”汉·司马相如《封禅文》：“囿驺虞之珍羣，激麋鹿之怪兽。”唐·皮日休《相解》：“夫以凤为禽耶？凤则仁义之禽也。以驺虞为兽邪？则驺虞仁义之兽也。”清·钱谦益《太保曹公神道碑》：“驺虞之不杀，凤凰之不搏，仁也。”

明永乐、宣德年间，曾三次“报告”有“祥瑞”之兽“驺虞”出现，并将相关的个体公开展示。综合关于“驺虞”的描述，其“形态”、“生理”特征可归结为四点：①虎躯狮首，体魄伟岸；②白毛黑纹，尾巴修长；③性格温驯，仪态优雅；④动作敏捷，奔跑如飞。

近代研究者严国荣和刘昌安（2004）在《西北大学学报》中发表《“驺虞”考辨》，他通过对《诗经》研究的历史考察，参证文献资料，并对《山海经》的资料加以辨析，认为“驺虞”不是官名也不是乐名及其他，而是兽名。后世视其神异，解做西方之神兽“白虎”，对其崇拜，同时赋予了神话传说的内容，具有原始的文化意义。

关于白虎，在《山海经》中还有这样一段记述：“鸟鼠同穴之山，其上多白虎、白玉。”《说文解字》（东汉·许慎）：“虞，驺虞，白虎黑文，尾长于身。仁兽，食自死之肉。”姚治中（1998）在《驺虞、驺虞城考》中对驺虞进行分析，认为驺虞有两种解释。一种是官名。《周礼·春官·钟师》：“凡射，王奏骏虞，诸侯奏狸首。”驺虞指天子殿前专掌鸟兽的官吏。贾谊《新书》之六《礼》说得更清楚具体，“奏驺者，天子之囿也，虞者，囿之司兽者也”。驺虞是古代皇家林苑主管动物饲养的官吏。相类似的观点，则认为诗经中的“驺虞”干脆就是泛指猎人或田猎之官（鲍昌，1978）。在《墨子》或《礼记》中，还有可能是古乐章之名。另一种是兽名。东汉许慎《说文解字》：“驺虞也，白虎黑文，尾长于身。仁兽，食自死之肉。”但驺虞名称的出现比东汉要早，《诗经·召南》有《驺虞》篇。宋人蔡沈《诗经集传》注《驺虞》的观点与许慎同。驺虞，是西周时开始见于江淮间民歌中的神兽，其外形特征是白毛黑花，尾长于身；性格仁慈，不杀生，只吃自然死亡的动物。还有人说它是马的一种，“驺虞，义兽，至德所感则见，马之属”（《玉篇》）。“驺”字偏旁是个马，有时也做“驹”，也许不无道理。其实，早在战国前期，思想家列子：“青宁生程，程生马。”“程”是豹子的另一个古怪名称，“青宁”是何物，就不清楚了。古人错误地认为豹和马是一类动物，可能是在生境或行为上相似（如都在山野里奔跑）。“指鹿为马”常被当做笑话，“指豹为马”就不这么简单。可能是一种认识观或另有一层意思。

为了弘扬统治者道德圣明，阿谀奉承者就会借“神兽”出现于人间来说事，将它的灵性又提升了一步，与统治者的意愿挂钩，表现出鲜明的政治倾向。《碑雅》说驹虞是“西方之兽也，不履生草，食自死之肉”，点明它来自西方。据《汉书·地理志》，汉代西河郡有驺虞县，在今山西省西部，但具体产地谁也说不明白。

我国古代将白虎作为四方星宿之一，《礼记·曲礼》：“行，前朱鸟而后玄武，左青龙而右白虎。”青龙、白虎威猛主杀，从周代开始就作为军旗的图案，行军布阵将绣有朱鸟、玄武、青龙、白虎的旗帜用来指示方向，调度阵式，使队伍整齐严肃，激励士气。与作为仁兽的驺虞无论外形、性格或职司都是不同的（姚治中，1998）。可见，白虎并非驺虞。

也同样有“大猫”之称的雪豹，与老虎是近亲，二者长相也接近；毛皮为白或灰白带黑色艾叶形花纹，符合“白虎黑文”，而且雪豹的尾巴长达一米，几乎与身体一样长，也基本符合“尾长于身”一说。比对以上所引的原始记载，雪豹从形态、生理特征上都与“驺虞”相一致。

而与雪豹吻合的特征还可从《埤雅》（宋·陆佃）上找到：“驺虞尾长于身，西方之獸也。不履生草，食自死之肉。”“驺不履草，恶伤乎物”见于《名物蒙求》（宋·方逢辰）。原书注释如下：“西方有一种长尾兽叫驺虞，不伤踏草木，不吃活物，只吃同类的尸体，它也懂得憎恨那些残害生物的行径，是仁义之兽。”现今的雪豹主要生活在中国的西部、中亚高山地区，包括青藏高原。其尾巴几乎与身体一样长，以跳跃见长，走路轻手轻脚，被误认为不伤踏草木亦在情理之中。且雪豹常吃的北山羊、盘羊、岩羊的毛色与雪豹相近，高原气候寒冷，尸体很快就会冻僵，也有可能被误认为是雪豹的同类。

可见，无论是在形态上，还是在地理位置、栖息环境、动物群落关系等方面都能印证雪豹的存在。

驺虞在李时珍的《本草纲目》中叫酋耳，原文如下："酋耳，瑞应图云：酋耳似虎而绝大，不食生物，见虎豹即杀之，太平则至。"郭璞云："即驺虞也。白虎黑文，尾长于身（图 1-9）。"当然，也有人提出异议。在《本草纲目》中，有驺虞能吃虎豹的记载，雪豹可能吃不了金钱豹，更吃不了老虎。它们分布在不同的区域里，相遇的机会也不多。这有可能是古人的夸张，抑或是我们对古代雪豹的分布和生存状况还并不了解。

图 1-9　驺虞

威风凛凛的仁义之兽（古今图书集成），白底黑纹，尾巴又粗又长，不食生物

在郭璞注的《尔雅·释兽》中有对大熊猫的古称——貘的记载："貘似能（古人称水中的熊为能），少头，庳脚，黑白驳。能食铜铁及竹骨。"大熊猫怎能"食铜铁"呢？显然是有夸张的。既然大熊猫能"食铜铁"，那么雪豹为什么不能"见虎豹即杀之"呢？

毫无疑问，传说中的驺虞应该就是雪豹的一个古称。与驺虞相近的词还有驺牙、酋耳、尊耳、驺吾、白虎、文豹等，不一而足。

这个具有仁与义特性的野兽，尽管有怪异之处，但都只是远古神话的曲折表现，反映了原始人对自然物的崇拜心理，具有重要的认知价值。唯有如此，《诗经·召南·驺虞》篇才能得到较好的诠释，恢复原始古朴的风貌。

关于驺虞"白毛黑纹，尾巴修长"的记载还有许多。甚至，在王朝更迭的时候，如果有驺虞出现，就是非常吉祥的事情。若以驺虞奉献，天意促成，借以烘托"帝圣臣和，国泰民安"的气氛（鲍昌，1978）。

中国古代历史上最早的关于驺牙的记载出现在《东方朔列传》里。东方朔待诏金马门时，皇帝和大臣听说在都城发现一个奇怪的动物，长得像麋鹿，但又不是麋鹿。谁也不知道这个动物叫什么名字。于是，东方朔借题发挥："这个动物叫驺牙。什么叫驺牙呢？这个动物满嘴牙齿一样，没有大小之分，它排列得像整齐的驺骑、骑兵一样，非常整齐，这个驺牙一出现，就意味着，天下有人要归顺我大汉王朝了。"所以汉武帝非常高兴，因为驺牙意味着有外族要归顺大汉朝，就重赏了东方朔。第二年果然是匈奴的混邪王带领着几万人来归顺汉朝，汉武帝第二次重赏了东方朔。

《山海经·海内北经》：林氏国有珍兽，大若虎，五彩毕具，尾长于身，名曰驺吾，乘之日行千里。郭璞注：《六韬》：纣囚文王，闳夭之徒诣林氏国求得此兽献之，纣大悦，乃释之。《周书》曰：夹林酋耳，酋耳若虎，尾参于身，食虎豹。《大传》谓之侄兽。"吾"宜作"虞"也。

《淮南子·道应训》：屈商拘文王于羑里，于是散宜生乃以千金求天下之珍怪，得驺虞、鸡斯之乘……以献于纣，因费仲而通。纣见而说之，乃免其身。

《逸周书·王会》：史林以尊耳，尊耳者，身若虎豹，尾长三尺，食虎豹。北唐，以闾，闾似隃冠。

中国古代用"驺虞旗"代表息战、和平。驺虞作为象征和平的"义兽"，每当两军对垒，杀得天昏地暗、烟尘滚滚、不可开交之时，只要有一方高举起"驺虞旗"，两军便立即罢兵息战，化干戈为玉帛。由此可见驺虞自古即为和平吉祥之物，是人们心目中平静、安宁、和平的美好象征。

驺虞幡，一种绘有驺虞图形的旗帜，用以传旨解兵。《晋书·楚王玮传》：会天明，帝用张华计，遣殿中将军王宫赍驺虞幡麾众曰：楚王矫诏。众皆释杖而走。清赵翼《廿二史札记》卷八：晋制最重驺虞幡，每至危险时，或用以传旨，或用以止兵，见之者辄慴伏而不敢动，亦一朝之令甲也。

"驺虞幡"又同"驺虞幢"。元·耶律楚材《和许昌张彦升见寄》：兵出潼关渡天堑，翠华杂映驺虞幢。与现代的"雪豹突击队"或"海豹突击队"（SEAL）之类如出一辙，无非是一种番号，古今皆同。

"驺虞符"为一种饰有驺虞图形的传信符。《新唐书·车服志》：传信符者，以给邮驿，通制命……东方诸州给青龙符，南方诸州朱雀符，西方诸州驺虞符，北方诸州玄武符，皆左四右三。那么，这里的"西方诸州"正是雪豹的产地，应该不是巧合。

"驺虞峙钱"是六朝时期门阀贵族专门为自己铸制的殉葬用货币（图 1-10），也可能是六朝早期东晋时的产物。就钱币面文而言，"驺虞"为传说

图 1-10　六朝时期用传说中的瑞兽"驺虞"铸币，以示福禄

中的瑞兽名称，其形似虎，可以辟邪，是人们所崇拜的对象，恰与六朝时期人们对虎形动物的喜爱一致。就“峙”字而言，有“储备”之意，按其大小形制与六朝钱币类似，书体与东吴碑刻相近。目前“驺虞峙钱”传世仅有一枚，且已随其收藏者殉藏，至今未发现重复品（刘舜强，2001）。

五、诸犍、尊耳、白泽、貔貅及其他

上下5000年，由驺虞牵扯出了许多类似的动物，如酋耳、驺牙、尊耳、驺吾、白虎、白豹、文豹、诸犍、猛豹、貔貅、貔、貊、白泽、貘貘、白狐、执夷、白罴等许多与雪豹有关的记载（表1-1）。古人将它们归为一类，每一个代表一种动物。有的可能另有它指，有的则是误写，文献出处繁杂，批注者不乏其人。还有的充满神话故事、祖先的想象力，扑朔迷离，不能不佩服古人修炼入仙的、精辟的文字描述，言简意赅。

表1-1 历代古籍中与雪豹相关动物的记载

朝代	年份	名称	典籍出处
夏、商、西周	公元前2070～前771	貔貅、貔、貘、驺虞	《诗经》、《尚书》、《史记》
东周（春秋、战国）	公元前770～前221	貔貅、貔、猛豹、貊、貘、白豹、白泽、孟极、酋耳、玄豹、诸犍、白狐	《礼记》、《山海经》、《逸周书·王会篇》、《尔雅》、《毛诗》
汉	公元前220～公元202	驺虞、貘、白豹、猛豹、貔貅、貔、执夷	《淮南子·道应训》、《说文解字》、《神异经》、《封禅书》、《古文尚书传》
三国	公元220～280	貊、白豹、貘、貔貅、貔、驺虞、执夷、白罴	《毛诗草木鸟兽虫鱼疏》
两晋、南北朝	公元265～589	驺虞、貊、食铁兽、貘、貔	《玉篇》、《后汉书》、《拾遗记》
唐	公元618～907	貘、貊、食铁兽、驺虞、	《明皇杂录》、《貘屏赞》
宋	公元960～1279	貔貅、貔、貘、驺虞、执夷	《尔雅翼》、《埤雅》、《尔雅疏》
明	1368～1644	貔貅、食铁兽、貘、貊、猛豹、酋耳、驺虞、艾叶豹	《毛诗广要》、《本草纲目》、《蜀中广记》、《三才图会》
清	1636～1911	貔貅、貔、貘、貊、食铁兽、驺虞、艾叶豹、伊尔毕斯（Irbis）、盎司（Ounce）	《康熙字典》、《古今图书集成》、《陇蜀余闻》、《西域图志》、《回疆志》、《自然史》、《世界哺乳动物》
现代	1912～2012	艾叶豹、雪豹、荷叶豹、伊瑞毕斯（Irbis）	《动物学大辞典》（1922）、《中国经济动物志》（1962）、《中国动物志》（1987）

酋耳，兽名。《逸周书·王会解》：央林以酋耳，酋耳者，身若虎豹，尾长参其身，食虎豹。《瑞应图》：酋耳，似虎绝大，不食生物，见虎豹即杀之。《天中记》：酋耳若虎，尾参于身，食虎豹，大传谓之侄兽。《朝野佥载》：“周永昌

中，涪州多虎暴。有一兽似虎而绝大，逐一虎噬杀之，録奏，检瑞应图，乃酋耳也，不食生物，有虎责杀之。”这个涪州在重庆辖区，与青藏高原相邻，是雪豹的分布区。

尊耳，古代兽名。《逸周书·王会》：“史林以尊耳，尊耳者身若虎豹，尾长三尺其身，食虎豹。” “尊耳”郭璞注做“酋耳”，清代校注家多以“尊”为“酋”之讹，或以为“耳”为“牙”之误，“牙”即“吾”，于鬯认为“酋耳盖即驺吾之声转”（黄怀信等，1995）。其实从对音的角度看，读“尊”更近，“酋”可能是“尊”的坏字（许全胜，2006）。

诸犍，野兽名。《山海经·北山经》：“单张之山，其上无草木，有兽焉，其状如豹而长尾，人首而牛耳，一目，名曰诸犍，善吒，行则衔其尾，居则蟠其尾。”仔细分析和考证地理位置、栖息环境以及形态与行为，诸犍与雪豹都有几分相像，诸犍可能是被古人神化了的一种野兽——豹图腾（图 1-11）。

白泽，古代神兽名，民间流传比较广，说法不一。《渊鉴类函》引古本《山海经》云：“东望山有神兽，名曰白泽，能言语。王者有德，明照幽远则至。”现在的古本已经无处可考。《事物异名录》曰：“狮子，一名白泽。”《三才图会》中，后人所绘白泽亦狮形神兽。《宋书·符瑞志》曰：“黄帝时巡狩至于东滨，泽兽出，能言。”南朝孙柔之《瑞应图》云：“黄帝巡于东海，白泽出，能言语，达知万物之精，以戒于民，为除灾害，贤君及幽狭则出。”又有《云笈七签》：“帝巡狩，东至海，登恒山。于海滨得白泽兽，能言，达于万物之精。因问天下鬼神之事，自古精气为物，游魂为变者，凡万一千五百二十种。”上述的白泽，多与狮子相似，而狮子与豹子同属（*Panthera*）。现代分类学认为狮虎豹是一家，狮虎兽是狮子和老虎杂交的后代，已经屡见不鲜。狮子的原产地在非洲，古人为什么对狮子情有独钟，一直是个谜团。

图 1-11 古代神兽之一的诸犍，身上有空心圆斑《山海经·北山经》（汪本）

貔貅，亦曰执夷，白狐之云，似是而非也。司马迁《史记·五帝本纪》：教“熊罴貔貅貙虎”（六兽），以与炎帝战于阪泉之野。三战，然后得其志。赢得“涿鹿之战”。当时认为貔和貅是两种不同的动物。《尔雅·释兽》中，认为“貔，白狐”。《尚书·周书·牧誓》中，“如虎如貔”，认为貔是像虎一样的大型兽类，与现代分类学观点不谋而合（图 1-12）。隋唐间孔颖达对《礼记·曲礼上》中“前有挚曾，则载貔貅”的解释，提出“貔貅是一兽”。现在，有较多的人认为，古汉语中的“貔貅”是指大熊猫。而据郭郛等（1999）考证，认为古籍中的“貔”应为雪豹。何芬奇和孙前（2009）也持相同观点。貔貅与貔或貅是什么关系？难道是两种或三种动物？徐珂《清稗类钞·动物·貔貅》记载：“貔貅，形似虎，或曰似熊，毛色灰白。雄者曰貔，雌者曰貅，故古人多连举之。”民间传说，貔貅是一种猛兽，为古代五大瑞兽之一（此外是龙、凤、龟、麒麟），被称为招财神兽。民间特别熟悉这个词，据说商人发财，只进不出，是指貔貅。现代的貔貅，又名天禄、辟邪、百解，形态为龙头、马身、麒麟脚，外形酷似狮子，毛色灰白，会飞。这与雪豹飞檐走壁的形象比较接近。

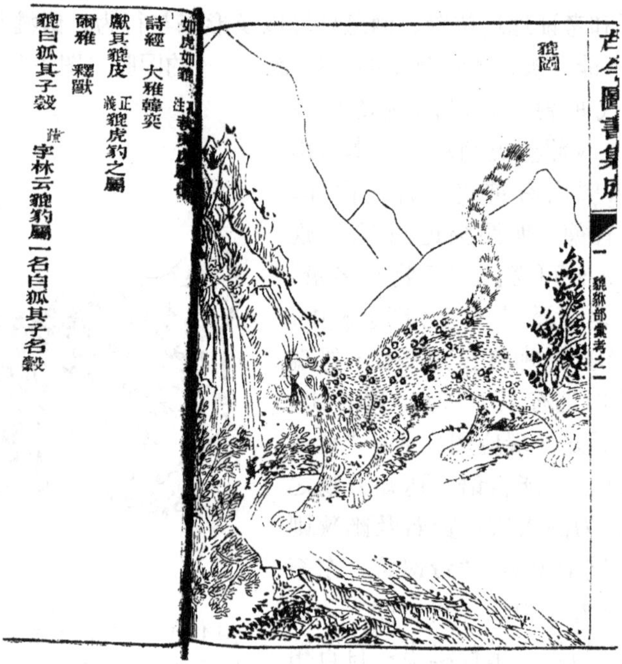

图 1-12　貔或貔貅图——如虎如貔，栖身于崇山峻岭、山崖之上（《古今图书集成》）

文豹，豹皮有文采，故名。《坤雅》：文豹隐雾，十日不食，欲以泽其衣毛，成其文采，语曰，豹死留皮。《后汉书·濊国传》：国多文豹。《三国志·魏志·濊南传》：其海出班鱼皮，土地饶文豹，又出果下马，汉桓时献之。《庄子·山木》：豊狐文豹，栖于山林，伏于巖穴。

貘、猛豹与白豹，均为兽名。《山海经·西山经》：猛豹，似熊而小，亦似豹，浅毛光泽。也叫白豹、白泽、貘貘。《尔雅》有“豹白色者，别名貘”一说。这些名称应该与大熊猫（*Ailuropoda melanoleuca*）没有关系，究竟是雪豹，还是其他豹子，依然需要考证（图 1-13，图 1-14）。何芬奇和孙前（2009）在《对大熊猫古名问题的思考（下）》中提到，同理，《尔雅·释兽》“貘，白豹”和《说文》“貘，似熊，黄黑色，出蜀中”的表述也是言简意赅、斩钉截铁。如果那时文人们对一些动物的认识一如匠人般深刻，那么，“貘，白豹”当为雪豹。

执夷、白狐、白罴等，都可能与雪豹有关。孔注《尚书》，陆玑注《毛诗草木鸟兽虫鱼疏》，《尔雅》，郭璞注《尔雅疏》、《尔雅翼》等都有相关记载。《尔雅·释兽》：“貔，白狐，其子豰。”郭璞注：“一名执夷，虎豹之属。”《毛诗草木鸟兽虫鱼疏》：“貔似虎或曰似熊，一名执夷，一名白狐；辽东人谓之白罴，与此差异。”特别是这个“白罴”出自辽东，印证了和《苏联兽类志》（1972）等记载的东北或远东地区有雪豹分布的事实（高耀亭等，1987）。西汉孔安国云：“貔，执夷反，虎属，皆猛健。”这句话很可能出自孔安国的《古文尚书传》。《广雅》：“貔，狸猫也。”其认为貔是狸猫。

图 1-13　首尾相顾，诸犍——行则衔其尾，《山海经·北山经》（禽虫典本）

图 1-14　猛豹吞蛇，《山海经·西山经》（蒋本）

艾叶豹——如艾叶者，曰艾叶豹（明·李时珍《本草纲目》）。现代通常认为艾叶豹、荷叶豹，就是雪豹。李时珍认为，豹有多种（玄豹、赤豹、白豹、貘、土豹、水豹），秦人谓豹为“程”，至今延州犹然。东胡谓之“失剌孙”（有说猞猁狲）。《梦溪笔谈》卷三：余至延，州人至今谓虎、豹为“程”，盖言虫也。这里说到“虫”，古代民间称虎、豹为“大虫”，见诸各种文学读本和其他艺术创作脚本的描述（如《水浒》）。《本草纲目》：其文如钱者，曰金钱豹，宜为裘。如艾叶者，曰艾叶豹，次之。又西域有金钱豹，文如金钱。海中有水豹，上应箕宿。关于豹子或雪豹，各地的称呼不同，历朝历代也有变化。

最后，考证“雪豹”一词。与上述名称相比较，“雪豹”是出现历史最短的一个称呼，应该不到90年的时间。最早见于上海商务印书馆出版的《动物学大辞典》（杜亚泉等，1922年）和《动物学精义》（惠利惠，1939）。大辞典上标的出版时间是中华民国十一年（1922 年），这应该是比较早的文字记录。原文内容："[雪豹] *Felis Uncia* Schreb.，Ounce 或 Snow Leopard。豹之一种。产于中央亚细亚及西比利亚等处。体大如豹。毛色灰白，有不规则之黑斑点。冬季尚能栖留于距海面上六千尺之高地，故毛皮厚，适于防寒，且密生羊毛状之长毛。常食他种野兽或追袭家畜，害人者少。"

显然，雪豹一词直接译自英文词组 Snow Leopard。1949 年以后，《系统动物学》(1952 年)、《脊椎动物分类学》（1955 年)、《动物学简明教程》（1958 年)、《中国经济动物志》（1962 年）等权威著作都已用雪豹，更是确立了"雪豹"这个词的地位。现在的所有书刊杂志也都已应用雪豹这个名字，前述其他名称基本不被采纳。

六、鬼谷子驾驭虎豹出山记

《战国策》中记载的"鬼谷下山"，是中国古代著名的历史军事故事，又称"鬼谷驱虎豹出山"。讲述了春秋战国时期，诸侯林立，战争纷起，涌现出很多著名的军事人物，王翊就是其中之一。他是军事奇才，号称鬼谷子，大名鼎鼎的孙膑就是他的徒弟。燕国和齐国交战时，为齐国效命的孙膑为燕国黄柏杨所擒。在齐国使节苏代的再三请求下，孙膑的师傅鬼谷子答应下山搭救。鬼谷子下山时坐在一虎一豹共拉的两轮车中，车前两个步卒手持长矛开道，其中一个穿着武官衣服，打了一面旗帜，写有"鬼谷"两字，苏代骑马殿后。

鬼谷子在历史上说法不一，始终是一个颇具神秘色彩的人物。在中国历史上，确有鬼谷子其人。鬼谷子是战国中期楚国人，生卒年月不详，常入云梦山采药修道。因隐居清溪之鬼谷，故自称鬼谷先生。他早年周游列国，长于辞令，善于出谋划策，欲求闻达于诸侯，但因时运不济，仕途不显。后为成就纵横一家之言，独立门派，他隐居鬼谷，著书立说，广收弟子，因材施教。其隐居之处名曰"鬼谷"，因自号鬼谷子。当然这"鬼"非指鬼邪奸诈，而是指奇绝幽秘，智慧超人。

鬼谷子学识渊博，具有政治、军事、外交、天文、地理、数术等多种才能，既是一位隐士，又是一位政治家、思想家、谋略家和教育家。他在实用主义的总原则下，对当时百家争鸣的各种学说流派兼收并蓄，为我所用，展我所长。相传鬼谷子有弟子 500 余人，其中不乏功成名就、出将入相者。战国时期杰出的纵横家苏秦、张仪、毛遂及著名军事家孙膑、庞涓、尉缭子等皆是其门下高徒。鬼谷子系统总结了战国时代游说之士从事纵横外交、出谋划策的理论、策略和方法，集纵横术（即外交游说学说）之大成，编著写成《鬼谷子》一书，成为纵横家经典著作。经由苏秦、张仪等用之实践，建功立业，鬼谷子纵横学说名显当世。鬼谷子因此被尊称为纵横家鼻祖。同时，鬼谷子的另外两名高徒孙膑、庞涓则深得兵学玄要，学成出山后成为一代名将，尤其是孙膑继承祖传《孙子兵法》写就《孙膑兵法》，在中国军事学上占有重要地位。鬼谷子因此又被尊称为兵家之祖。

秦汉之后，历代封建统治者罢黜百家，独尊儒术，被视做“帝王之说”的鬼谷子纵横学说备遭贬抑，乃至禁绝。但鬼谷子学说以其独特的价值和魅力千百年来流传不绝，可以说是在中国历史上绝无仅有地受到了被极褒和被极贬同时并存的非常待遇。褒之者称其为“智慧禁果”、“旷世奇书”、“智谋宝典”，贬之者骂其为“险猾之术”、“妄言乱世”、“蛇鼠之智”。鬼谷子生时为隐士，死后遭贬抑，后来逐渐被神化成仙。道教尊其为王禅老祖，而在民间传说中他更成了能呼风唤雨、撒豆成兵、无所不知、无所不能的得道真仙了。看相的、算命的也都拉鬼谷子为祖师。鬼谷子在中国历史上可以说是一位由真实人物转化为宗教人物和神话传说人物的典型代表。

更有元代青花人物罐“鬼谷下山”，在 2005 年 7 月 12 日伦敦佳士得举行的“中国陶瓷、工艺精品及外销工艺品”拍卖会上，以 1400 万英镑的价格成交，折合人民币 2.3 亿多元，不仅仅创造了中国瓷器的最高成交纪录，同时也创下了中国艺术品的最高价格。

据说在民国时期，一个住在北京东交民巷的荷兰军官，在 1913～1923 年，无意中买了这个鬼谷下山罐（图 1-15）。这个荷兰军官是使节护卫军的一个司令，按今天的话说就是一个保安队长。他买了这个罐子后带回国，在他们家阁楼上搁了将近 100 年。20 世纪 70 年代，佳士得的专家去看过，当时因为研究不深，大家认为它是明朝的罐子，出价几千块钱，这家人没卖。2005 年专家再次来看，发现它是一个元青花，于是把它隆重地请出来拍卖，最后卖了这么高的一个价格。在卖之前，这罐子一直在他们家装 CD 碟子。

图 1-15　鬼谷子驱虎豹下山图（青花瓷罐）

古代先民都是在洪水猛兽的袭击下，一步步过来的。后来，他们开始驯养动物，包括一些大型野兽，如犬、马、牛、羊、驼、猪，有的用于骑行、拉车、耕地，有的则用于看家护院，与人类亲密无间甚至成为身边的宠物。多数动物任人宰割，变成食物资源。凶猛的动物包括大型食肉动物如狮、虎、豹，也曾经被驯养过。但最终人们选择了猫和狗（狼）作为伴侣，而不是虎和豹。除了机敏、温顺、臣服、忠诚，饲养成本低可能是主要原因。

第二节　古代驯豹史

人类驯豹、开展狩猎活动的历史，可追溯到几千年前，甚至更早（如鬼谷子驾虎豹出行，年代已无法考证）。在古代埃及（图 1-16），公元前 15 世纪前后豹子就已经出现在墓地的绘画之中（张广达，2001）。豹子俗称“大猫”，性情温顺、易于驯养。其姿态优美、动作灵敏，且具有迅速奔跑、强力猛扑和超级跳跃的能力。历朝历代，皇亲国戚、达官显贵们都想拥有训练有素的猎豹。豹子在当时人工饲养条件下可能无法繁殖，因此所有豹子多来源于野外种群。那么，用来驯养的豹子从何而来？有一些什么品种？每年捕捉的数量有多少？古时大量驯养野生豹，是否是现生豹子野生种群数量较少的原因之一呢？有的问题可以在下面探讨和解析，还有一些疑团有待于进一步的考证和研究。

图 1-16　古埃及纳贡图（约公元前 1501～前 1450 年）

驯豹的历史极其悠远，转引自《家畜史》（Zeuner，1963）和《古埃及人的风俗习惯》（Wilkinson and Birch，1978）

一、战国时期（公元前 403～前 221 年）

战国末期楚人屈原据民间祭神乐歌改作的《九歌》，是《楚辞》中最富魅力的诗篇，代表了屈原艺术创作的最高成就。《九歌》共 11 章，其中《山鬼》（节选），脍炙人口。

若有人兮山之阿，被薜荔兮带女萝；

既含睇兮又宜笑，子慕予兮善窈窕；
乘赤豹兮从文狸，辛夷车兮结桂旗；
被石兰兮带杜衡，折芬馨兮遗所思；
……
雷填填兮雨冥冥，猿啾啾兮狖夜鸣；
风飒飒兮木萧萧，思公子兮徒离忧。

由于这个半仙不仙的女山鬼乘赤豹的故事非常感人，随后各朝各代的画家们根据个人的感悟和想象力所作的《山鬼图》就非常绮丽多彩。他们大多会画上一位美丽的窈窕淑女——山中精灵骑着豹子飞奔，前去与情人幽会。山道险阻，荆棘灌丛，悲伤离合，难诉衷肠，充满了神奇色彩。元代大书画家赵孟頫晚年（1318 年）作品《九歌图册》中的“山鬼”、元代画家张渥的《九歌图》“山鬼”（1346 年）等，都是上乘之作。而上面诗歌中的这位多情的山中精灵骑的是什么豹子？金钱豹（*Panthera pardus*）、花豹、艾叶豹、雪豹（*Uncia uncia*）……只能由后人杜撰了（图 1-17）。

图 1-17　美女骑豹幽会

根据屈原的诗歌绘制的《九歌图》之“山鬼骑赤豹赴约会”（元 张渥）

二、汉朝（公元前 202～公元 220 年）

古代用于助人狩猎的动物，世所熟知者是鹰、犬。东坡词：“老夫聊发少年狂，左擎苍，右牵黄。”其所谓苍、黄，亦指苍鹰与黄犬而言。但此外古人还曾使用豹子。法国中亚史学家阿里·玛扎海里认为，据波斯古代传说，印度孔雀王朝瓶沙王成功驯养豹子。印度驯养豹子的时间相当我国春秋战国时期，与鬼谷子同期。而目前所知中国古代使用豹子的史料则可上溯到西汉。江苏徐州狮子山楚王刘戊墓（公元前 154 年）出土的石豹，长 23.5 厘米，高 14.3 厘米，呈

图 1-18　江苏徐州狮子山楚王刘戊墓出土的石豹（汉）

伏卧状（图 1-18）。狮子山石豹的体型较肥硕，未能反映其外部特征，但其颈部系有一条饰以南海所产货贝的项圈。在战国与西汉时，饰货贝之带名“贝带”，是当时的名品，是武士戴的。石豹上既然雕出饰贝的项圈，则不仅表明它已被驯养，也表明它是追随武士驰骋田野“演习军容”时狩猛的扈从。

汉代驯养豹子的资料不仅狮子山一例。在湖北江陵凤凰山的一座西汉前期的墓葬（入葬时间为公元前 167 年，比狮子山楚王墓早 13 年）中，出土了一件七豹大扁壶，上绘有七只豹子，且颈部大都画出两道横线，应代表项圈。豹子都画出很长的尾巴，尾长达 75～80 厘米，接近身长的 3/5（孙机，1998）。所以可以肯定的是不晚于公元前 2 世纪上半叶，我国确已驯养豹子。

汉以后，在很长一段时间史料中罕见豹的踪影。直到唐朝，才又出现了有关豹子狩猎的文物和文献记载。

三、唐朝（公元 618～907 年）

早在唐朝，爱好狩猎便是上流社会流行的风气。贵族们将骑马、狩猎作为锻炼身体、增强武艺、愉悦身心的一项重要活动，如驯养豹子、猞猁、猎鹰、犬等开展狩猎的习俗，风靡一时。武则天持掌大权时，在大明宫禁苑内设置了专门的机构，负责皇宫中雕、鹰及豹等动物的饲养和训练。

据《唐书》、《新唐书》、《唐会要》及《册府元龟》记载，在唐代便有贡豹的描述。各地官员为了投其所好，定期或不定期地进奉珍禽异兽，有的国家为了与大唐结好，也进献一些自己国家特有的动物。在《新唐书》卷六《肃宗本纪》中记录到，“宝应元年，停贡鹰、鹞、狗、豹”。

章怀太子李贤（公元 654～684 年），是唐高宗与武则天的次子，也是高宗子女中比较有才华的一位。在章怀太子墓中共有 50 多组保存基本完整的彩色壁画（王增明，1984 年），其中《狩猎出行图》、《架鹞戏犬图》、《架鹰驯鹞图》等壁画均描绘了皇宫内苑驯养动物的场景。尤其是《狩猎出行图》，刻画了太子带着狩猎队伍前进的场景，几十个狩猎骑士架鹰携犬，有的骑兵坐骑后蹲着豹或猞猁，声势颇为浩大，一齐朝着猎场疾奔而去。

唐中宗女永泰公主李仙蕙（公元 684～701 年）的墓中亦出土了一件彩绘骑马带豹狩猎胡俑（图 1-19），一只豹正向胡俑坐骑的臀部上跳跃，想回到马背的垫子上（张广达，2001）。根据这只豹子身上的斑纹和粗壮的尾巴，其非常像是一只凶猛的雪豹。

懿德太子李重润（公元 682～701 年）是中宗的长子，武则天的孙子。在懿德太子墓的廊道壁画中，除了与李贤墓有类似的一些宫廷生活场景外，还有一长幅极其罕见的表现凶猛动物题材的作品——《驯豹图》。图中绘有几位驯豹师与多只豹子列队同行的场面（图 1-20），当时驯豹的规模可见一斑。驯豹师所牵的豹子，温顺尔雅，豹身修长，头圆而短，长腿锐爪，尾巴粗大，身上一圈圈豹斑，栩栩如生。此图保存完整，画面色彩鲜艳，线条清晰，生动地展现了 1300 多年前驯养凶猛动物的场景。

图 1-19　彩绘骑马带豹狩猎胡俑（唐永泰公主墓出土）

图 1-20　懿德太子墓壁画，四人四豹图（经过修复）

在唐高祖李渊的孙女金乡县主（公元 652～722 年）墓地出土的一系列狩猎陶俑中，有彩绘骑马带豹狩猎胡俑、彩绘骑马带猞猁狩猎女俑各一件。豹趴卧于马背的圆垫上，双耳立起，两眼圆睁；其前腿趴伏，后腿半弓，似扑向猎物前一瞬间的形态（韩保全，1996）。上述这些狩猎陶俑，多有胡人相貌，说明这种习俗多源自中亚或西亚，甚至豹种也来自西部。近年，随着各色马背携豹唐三彩的出土，再次证实了唐朝存在以豹子狩猎的事实，而且相当普遍，不仅仅限于皇室。

古代驯养的豹子不都来自西部，也有在本土捕获的。唐代诗人卢纶的《擒豹歌》，生动记录了捕豹时的场面，惊心动魄。

山头曈曈日将出，山下猎围照初日。
前林有兽未识名，将军促骑无人声，

潜形踠伏草不动，双雕旋转群鸦鸣。
……

唐朝作为一个国际性的超级帝国，盛世空前。当时豹猎和猞猁猎是风靡一时的外来胡风，可能由粟特人引介，不断传入中原（张广达，2001）。实际上，人类驯豹至少有3000年的历史，西亚和中亚人的诸多狩猎方式，在北周以前就已经出现在中原。那时，人们非常喜欢饲养豹子，使用豹子狩猎的历史悠久，地域辽阔，遍及东北非洲（古埃及）、中亚、西亚（大食帝国）及印度等地。《新唐书》221卷下《西域传》，《册府元龟》971卷及《唐会要》99卷等都记载了向唐代进贡豹的情况，其中仅天宝六载（公元747年）五月进贡的豹子就多达10只。

张广达（2001）认为，唐代墓葬中诸多壁画、陶俑所表现的狩猎场面，似乎只有犬、鹰、文豹、猞猁等，唯独缺少了西亚狩猎中经常使用的雪豹的形象。仁者见仁，智者见智，这只是一面之词。而雪豹在西亚专门用来惊动和轰起隐藏在灌丛中的野物，或使之扒掘獾窝、旱獭洞。仔细观摩，唐壁画和陶俑中还是有雪豹形象的（图1-20）。不过，也有执著者，指鹿为马，胡言乱语，一而再，再而三，非要证明唐代绘画中的豹子不是本土的豹子，而是来自非洲或西域的猎豹（*Acinonyx jubatus*）（藤井纯夫，1993；张之杰，1996，1997）。他们始终认为这是古代画工的错误。

当然，也有人分析，能坐在马背上的豹子，一定比较灵活，体重也应该轻一些。中原本地的土豹子一般有人那么重（50～60千克），而且野性难驯，恐怕很难让它跳到马背上老老实实地蹲着。而猎豹比较轻（40千克左右），身段敏捷，较容易驯化，可能性比较大。用于行猎的猫科动物，最广泛的就是猎豹了。如用的是普通金钱豹，那么也不需要从西域进贡过来（除非证明西域诸国有熟练的驯豹师，而这类训练在中原做不来）。所以，从西域来的豹子，应该不是中国也有的普通金钱豹。这个是常识推理。中国古代的绘画，一般不像欧洲一样细致写真，有的时候仅仅凭借动物绘画是不容易判断的。

那么，过去会不会用雪豹来狩猎呢？驯养雪豹行猎，几乎没有什么文献记录。因为雪豹分布地区海拔较高，而且尽管在古代，它们的数量应该也不多（生息环境和猎物数量都有限制）。所以，即使它们有被驯养，应该也是作为高原国家或某个地区的珍玩，不会很普遍。何况适宜驯养为人类工作的动物，一般来说都是天然群居，善于相处。在驯养的时候对饲主有一种移情作用（好像狗或狼，就是把饲主看做要对其服从的“狼头”），那些天然孤单的动物，不容易完全驯养。好像野猫，被人类饲养数千年，依然没有像狗那样服从。百姓们常说“猫是奸臣，狗是忠臣”，可能就是这个道理。猫科动物里面天性集群的，大概就只有狮子和猎豹了。也许就是这个原因，一直以来西亚都是用猎豹做狩猎动物的。猎豹身上的斑点是实心的，如有空心梅花斑，按常理推测可能是画工弄错。可是，在非洲也的确发现过一种所谓“王猎豹”，花斑是不一样的。现在证明不是别种，而只是一些遗传变异（好像豹子中的黑豹）。说不定，以前中亚有些猎豹，也有这样的斑纹。

藤井纯夫（1993）的论点就是按照“册府元龟”的记载，唐朝玄宗年间从西域进贡来的“豹”，不是金钱豹，而是猎豹。这是因为，那些“豹”都是辅助狩猎，可以随主人骑立在马背后，以当时西域（今天新疆及以西）的风俗，那只可能是猎豹。至于太子墓的壁画，画的也应该是猎豹。只是画师弄混了，把点斑画成豹子的梅花斑，而不是猎豹的实点斑。他也认为，把“豹”充当原来的狮子进贡，不是因为伊朗高原的狮子减少，而是因为唐朝贵族也沾染了这种西域的时髦运动，所以猎豹成为需求品。

《册府元龟》实际上是宫廷的流水账，文中没有直说猎豹的具体出处和数量。但贡国都是今天伊朗附近（现在的伊朗还有野生的猎豹）和巴勒斯坦一带（因为大食也献过豹）地区。从南天竺（印度）来的也有，大概就没有非洲的了。文中也没有说一共来了多少只，这可能要从《册府元龟》的原文去统计（每条都写着哪一年什么国家送，但有的时候只说“献豹”，却没说明具体数量）。文中说的，只是为了狩猎，是一种“嗜好反映”。唐朝以后，除了“宋史”于阗献狮子，以后就很少记载。但这也说明，认为唐朝因西域狮子减少而用“豹”充数的假说站不住脚。那时的确是喜欢输入猎豹，唯一的原因应该是游猎而不是赏玩。而后来明朝也有几个中亚国家（如萨马尔汗）献“豹”和狮子，说明到那时候，西域国家不缺狮子。所以献上的“豹”，应该不是代用品。于阗献狮子是有趣的，新疆大概从来没有过狮子，那可能也是于阗从伊朗或者印度那边弄回来的。

唐朝太子墓壁画，牵豹者和豹子都比较模糊。最右边只有后半身的一只豹子，腿较长而高身。另一只豹子腿长，身形高瘦，肩胛弓起而头小，除了拥有梅花斑，看来就比较像猎豹。还有一只较肥矮而躯干粗，看来较像普通豹子或者雪豹。豹子或雪豹应该可以根据绘画的原色分辨，但绘画的原色已经消失。除非有比较确实的证据——譬如在唐墓里面真找到豹子骨头或皮子能够证明种类，单从书籍记载或者不很清晰的绘图，不容易分辨。其实唐代同时饲养几种豹子也不应该是意料之外的事情。就像驯养的猛禽，不同地区有一些差异的。画工有时会犯错误，因为他们不一定是即时绘画，有的可能是看过后凭自己的记忆进行绘画，所以他们很可能就抓不住中原少有猎豹的所有特征，画了梅花斑。可能很多在动物园看过猎豹的人，都一时意识不到猎豹、普通豹子和美洲虎的花斑并不一样。

四、辽朝（公元 907～1125 年）与宋朝（公元 960～1279 年）

如果说大唐的驱豹行猎遗风在世界各地蔓延，那么，在大食帝国境内盛行的打马球、驯猎豹技术等，也都传入辽国境内，并反映在各种文献记载中，在内蒙古东部和辽宁等地发现的辽代墓葬壁画和佛塔雕刻中也有豹子的身影（杨富学和陈爱峰，2007）。和唐朝一样，辽朝贵族也都有用豹子行猎的习俗。

《辽史》卷 20《兴宗纪三》、卷 70《属国表》等都记载了中亚地区的阿萨兰回鹘曾向辽朝进献文豹的事情。辽代契丹贵族也用豹打猎、围猎、狩猎。当王公贵族们远远发现猎物，就悄悄命令豹童释放猎豹，豹掌柔软，动作十分轻盈，行为谨慎，匍匐前进。豹子聪明伶俐，稍有警讯，立即卷缩蹲伏，寂然不动。它们总是从下风进攻，不让猎物嗅到任何的气味。并利用起伏的地形和草丛，屏住呼吸一步步靠拢猎物，让猎物毫无察觉。豹子的爆发力，包括弹跳高度（5 米）、跨越距离（18 米）、追击速度（128 千米/小时），都是举世无双的。捕捉的猎物，有地上迅跑的野猪、獾子、羚羊、野驴、狍子、山羊、野鹿、兔子等，也有会飞的大鸨（地鵏）、灰鹤、大雁、天鹅、野鸭、鹌鹑、野鸡等。当豹子离猎物越来越近，就会有短促的停顿（喘息），然后一跃而起，如离弦之箭，几乎百发百中，一下制住猎物。皇亲贵族们看到这种酣畅淋漓、充满血腥味的刺激场面，快乐无比。

宋李焘的《续资治通鉴长编》说道，天禧四年（1020 年），北宋大臣宋绶作为契丹国主生辰特使前往契丹。宋绶在《契丹风俗》中写道："国主帐在毡屋西北，望之不见。尝出三豹，甚驯，马上附人而坐，猎则以捕兽。"生动再现了北方民族驱豹打猎的习俗。

五、元朝（1271～1368 年）

（一）豹猎记载

元太祖成吉思汗西征时期，用豹行猎之风已传入蒙古（党宝海，2004）。《元史》卷 125《赛典赤赡思丁传》："太祖西征，赡思丁率千骑以文豹、白鹘迎降，命人宿卫，从征伐。"文中提到的赛典赤赡思丁进献给成吉思汗的文豹是中亚地区珍贵的豹子，和白鹘用途相同，都可用来狩猎和征战。

太宗窝阔台汗五年（1233 年），文臣耶律楚材在长诗《扈从冬狩》中形象地描绘了用豹打猎的情景。

天皇冬狩如行兵，白旄一麾长围成。
长围不知几千里，蛰龙振慄山神惊。
长围布置如圆阵，万里云屯贯鱼进。
千群野马杂山羊，赤熊白鹿奔青麞。
壮士弯弓殒奇兽，更驱虎豹逐贪狼。

原诗注释："御闲中有驯豹，纵之以搏野兽。"作者明确指出，元宫廷驯养虎豹以追捕猎物。

汉人大臣王恽的诗作《飞豹行》，是元世祖忽必烈早期豹猎的真实写照。该诗的序言，记录了元世祖纵豹捕猎的场景："中统二年冬十有一月，大驾北狩（时在鱼儿泊）。诏平章塔察儿公以虎符发兵于燕。既集，取道居庸，合围于汤山之东。遂飞豹取兽，获焉。时予以事东走幕府，驻马顾盼，亦有一嚼之快。因作此歌以见从兽无厌之乐也。"诗中描写狩猎的具体内容如下。

二年幽陵阅丘甲，诏遣谋臣连夜发。
春蒐秋弥是寻常，况复军容从猎法。
一声画鼓肃霜威，千骑平岗卷晴雪。
长围渐合汤山东，两翼闪闪牙旗红。
飞鹰走犬汉人事，以豹取兽何其雄。
马蹄蹴麋欻左兴，赤绦撤镞鹜龙腾。
锦云一纵飞尘起，三军耳后秋风生。
豹虽逸才不自惜，雨血风毛摧大敌。

世祖统治中期，意大利威尼斯人马可·波罗来到中国，记载了元世祖在上都等地用豹子巡猎的情况："大汗（忽必烈）豢有豹子，以供行猎捕取野兽之用。汗每周亲往，视笼中之禽（指猛禽），有时骑一马，置一豹于鞍后。若见欲捕之兽，则遣豹往取，取得之后，以供笼中禽鸟之食。汗盖以此为乐也。"

元代画家刘贯道的《元世祖出猎图》，是关于豹猎极具价值的图像史料。这幅作品反映了元世祖在统治中期率侍从打猎的情景（默一，1983）。该图的远景画得很简括，一队骑骆驼的商队出没于山丘之中，顿时使人恍然如临雄关紫塞外的辽阔大漠。在近景中，元世祖位于靠近中央的地方，和元世祖并尝而立的可能是帝后。元世祖和帝后的两侧共有八名侍从，画面底端中部有一位异族骑士，他的马鞍后铺着厚垫，上面蹲坐着一头豹子。豹的口部套着皮索，颈及肩部带有绳索，由骑士牵着。该豹子蹲坐在马背后部，姿态和卢布鲁克（1254年）、马可·波罗的记载完全相同。

世祖之后的元朝其他皇帝继续使用豹子进行打猎，并遣使访求各地的豹子。有时还会把豹子作为珍稀之物（奢侈品），赐给权势显赫的重臣或立下大功的官员。根据《元史》的记载，臣下从皇帝那里获得的驯豹、名鹰（海东青）、西马等赏赐，是极受恩宠的标志。例如，木华黎的后人乃蛮台镇守岭北行省边境，以安边睦邻之功，获赐海东名鹰、西域文豹，国制以此为极恩。

与元朝皇帝一样，西亚蒙古伊利汗国的君主们亦进行豹猎，伊利汗国的蒙古诸王也豢养豹，并用做馈赠的礼物。例如，1283 年，阿八哈汗之子阿鲁浑送给大臣弘吉剌台两只豹子。《元史》卷30《泰定帝纪二》记载，泰定三年（1326年）12月，诸王月思别献文豹，赐金、银、钞、币有差。此处的诸王月思别是钦察汗国的月即别汗（1313～1341年在位）。这条记载间接说明，钦察汗国似乎也养豹。

（二）来源及数量

蒙古帝国获取豹的方式很多，包括纳贡、购买、索要、捕捉及交换等多种方式，可能还有人工繁殖。这些豹子多来自中亚或西亚的回纥地区、伊利汗国、察合台汗国、钦察汗国、槊思班的辖地等，最远的可能来自南亚、东欧和北非。通常使用驿马或毡车，直接运送到宫廷猎场或苑囿（拉施特和余大钧，1986）。诸王、商人、使者都可能携带豹子晋朝入贡，这些豹子应该是属于不同的品种，来自异域。有的品种可能北方不产，如黑豹、金钱豹（花豹、赤豹、飞豹、文豹、草豹、土豹、玄豹、丹豹、马豹、失剌孙）、猎豹、雪豹等。有的品种现在已经绝迹，如亚洲猎豹（印度豹）、伊朗豹（奇塔豹，Cheetah）、西伯利亚豹（远东豹）、新疆花豹（亚种）和中亚虎等。《本草纲目》："又西域有金钱豹，文如金钱。"实际上，金钱豹在西域（包括新疆和中亚诸国）早已绝迹。

豹的第一个重要来源就是周边诸王及邻国的进献。13～14世纪古籍关于豹的记载比较丰富，其中大多数是异域进献的豹。《元史》中记载了诸王进贡给蒙古帝国的豹子的资料，虽然不完全，但基本反映了元朝豹猎用的豹子主要来源于中亚、西亚地区。由于大蒙古国影响力的迅速提高，其豹来源也不断扩大。《元史》还记载，向元朝进献猎豹的不只是蒙古诸王，爪哇、占腊（今柬埔寨）等国在泰定帝和文宗时期也曾遣使献豹。在1254年，朝见蒙哥汗的欧洲使者卢布鲁克注意到，印度国王遣使向蒙古大汗进献豹子。当时印度遣使送来8只豹子，10条猎狗，这些受过训练的豹子和猎狗均蹲在马背上，一旦发现猎物，便下地出击。可想而知，蒙古人是多么喜欢豹子。当时豹是蒙古帝国少有的奢侈品，是用来进贡的珍贵礼物。

豹的第二个来源是色目商人购买豹子后的进献。这种"进献"一般是为了追求商业利益，带有买卖的性质，与诸王的进贡差别很大。色目商人以回族人、回鹘人为主，自古以经商为生，来自西域。他们看到猎豹奇货可居，即不远万里运到中国，以进献为名取悦元朝统治者，从而获得巨额赏赐及种种特权。

元朝统辖地域之内的某些官员也向朝廷献豹。《元史》记载，至元二十六年（1289年）六月，西番进黑豹；天历二年九月，广西思明州土官黄宗永遣其子贡虎、豹。西番、广西所献恐非猎豹或花豹。

其他来源包括派使者到西亚甚至非洲地区索要或捕捉野外活体（一般为幼崽），当时这样的取豹使者数量很多。西亚伊利汗国君主们命令自己的猎人和捕猎官员到各地去征索鹰、鹞、雕、豹、西马、骆驼，作为贡品，数量都是指定的。合赞汗在位时大大消减了征集的数量，但每年依然要进贡 1000 只猛禽和 300 头豹子。蒙古汗在大型围猎活动中甚至使用过上千头的豹子。数量之大，可能是中亚和西亚猎豹、草豹或金钱豹迅速绝迹的原因之一。

《元史》卷 30《泰定帝纪二》：“造豢豹毡车三十辆。”可见当时运输数量之大。《永乐大典》卷 19 419 节《经世大典·站赤四》载，大德五年十二月，使臣答术丁等钦赍圣旨，悬带虎符，前去马合答束藩国（索马里的摩加迪沙）征取狮豹等物。同时，爱祖丁等四队使者，正从 35 名，前往刁吉儿地取豹子稀奇之物。刁吉儿比马合答束藩国还要遥远，最远可能要到北非的摩洛哥（韩儒林，1986）。当时的交流非常频繁，他们驾船渡洋过海，往返颠簸数年，疲于奔命。由所谓的“豹文化”演变出“豹贸易”（豹政），捕捉、供应、运输、喂养、繁育、调练、驱驾……朝廷和民间为此支付了大量财力、物力和人力，其代价巨大。

（三）驯养

元朝大臣周伯琦的诗作“行宫临白海，金碧出微茫。饲豹仍分署，鞲鹰亦有房”表明，当时在上都附近设有专门机构养豹，豹政由朝廷重臣掌握，职责在于监督豹师，查验猎豹，以供皇帝打猎之需。元末士人熊梦祥对豹猎也有记载：“豹，金钱毛色，甚雄伟，踯躅无停住。通有六七，随牵至鞑靼山，田则诌之，遇兽无有不获。”驯豹的水平已经达到世界最高水准（图 1-21）。

当时，在元朝还有专人负责养豹，是否繁殖就不清楚了。窝阔台关于蒙古聚会的一条法令中专门提到，“凡来会，用善马五十匹为一羁，守者五人，饲羸马三人，守乞烈思三人。但盗马一二者，即论死。诸人马不应绊于乞烈思内者，辄没与畜虎豹人”。

豹是肉食动物，元朝规定了饲养猎豹的肉食标准。《永乐大典》卷 19 425 节录元朝政书《成宪纲要》以鹰、鹘、豹子为例：豹子每一个日支羊肉七斤；大土豹净羊肉四斤；小土豹净羊肉三斤。此处的大土豹、小土豹不是猎豹，而是指猞猁，它们也被广泛用于打猎。

图 1-21 元代驱豹狩猎图

元朝官员曾经计算过宫廷饲养豹子、狮虎、鹰鹘的费用。《元史》卷 33《文宗纪二》记载到，在文宗天历二年，中书省官员报告：

鹰、鹘、狮、豹之食，旧支肉价二百余锭，今增至万三千八百锭，请求文宗加以削减。从中不难发现，饲养的野生动物增加了百余倍，这不仅增加了国家的开支，而且对野生物种造成巨大的迫害（党宝海，2004）。

（四）其他

豹在元代除了用以宠养、观赏、狩猎、征战之外，还用于君主出行、诈马筵席等庆典仪式，威风八面，气派非凡。例如，皇帝夏季到上都时，在迎接皇帝的仪式中就有这样的壮观场面（元杨允孚《滦京杂咏》）。

撒道黄尘辇辂行，香焚万室格天穌。
两行排列金钱豹，钦察将军上马驼。

无独有偶，元朝的宫廷宴会也有豹子出场，场面十分热闹。

锦衣行处狻猊习，诈马筵前虎豹良。
特敕云和罢弦管，君王有意听尧纲。

距今700年前，驱豹出猎是蒙古草原文化的特殊现象之一，兴盛了近一个半世纪（150余年）。随着元帝国的灭亡，这种遗风也消亡殆尽。到了明朝（1368～1644年），虽然皇家也有“豹房”，也驯养豹子、猎豹、狮子、猞猁狲、藏獒或吐蕃狗（阿里·玛扎海里，1993），但只用于盛大宫廷典礼，不行豹猎。到了清朝（1644～1911年），豹子基本上被训练有素的猎犬替代。

第三节　与豹有关的成语和典故

中国古代书籍中记载的与豹相关的成语、典故、词语很多，豹文化曾经盛行一时，这也表明了豹的存在历史久远及古人对豹的重视程度。同样也能通过这些对豹的描述，进一步探究豹类的种群分布及起源。

（1）南山隐豹。《烈女传·贤明·陶答子妻》：妾闻南山有玄豹，雾雨七日而不下食者何也？春秋时期，宋国陶邑大夫答子任职三年，捞了不少钱财，就回到家中躲藏。他的妻子哭劝丈夫要学南山隐豹，碰到大雨和大雾天，为了保护自己的皮毛可以七天不觅食。答子根本不理睬，后来遭人告发，宋王下令处死答子。后用“南山隐豹”比喻隐居山林而不仕的贤者。

（2）熊心豹胆。元·纪君祥《赵氏孤儿》第三折：老元帅！我有熊心豹胆，怎敢掩藏着赵氏孤儿。后用“熊心豹胆”比喻非常胆大的人。

（3）豹死留皮。《新五代史·王彦章传》：豹死留皮，人死留名。这指豹子死了，皮留在世间。与“雁过留声，人过留名”是一个意思，后比喻将好名声留传于后世。

（4）管中窥豹。南朝·宋·刘义庆《世说新语·方正》：此郎亦管中窥豹，时见一斑。指从竹管的小孔里看豹，只看到豹身上的一块斑块。比喻只看到事物的一部分，指所见不全面或略有所得。

（5）虎豹九关。《楚辞》宋玉《招魂》：魂兮归来，君无上无些。虎豹九关，琢害下人些。九关，指天门九重。虎豹九关，比喻朝廷上的恶势力，后泛指奸佞当权之典。清·龚鼎孳《如农将返真州以诗见贻和答二首》：九关豺虎今何往？一别河山事不同。

（6）豺狼虎豹。清·刘鹗《老残游记》第八回：实在可怕的是豺狼虎豹。天晚了，倘若出来个把，我们就坏了。清·吴趼人《二十年目睹之怪现状》第一回：“郎才配女貌，豺狼配虎豹。”泛指危害人畜的各种猛兽，也比喻凶残的恶人，臭味相投。

（7）豹头环眼。元·无名氏《博望烧屯》第二折：我也不信，我豹头环眼，倒拿不住一目的夏侯惇。后用来形容人的面目威严凶狠，有一点像京剧的脸谱。

（8）熊韬豹略。唐·司空图《复安南碑》：几神洞妙，熊韬豹略之权；舞电威棱，越骑燕犀之象。韬，指用兵的策略。后用来比喻高妙的军事谋略。

（9）龙骧豹变。唐·张怀瓘《书断·神品》：尤善章草，书出诸杜度，故崔瑗云：龙骧豹变，青出于蓝。骧：马昂首的样子，引申为上举。豹变：像豹文那样显著变化。后用来比喻书法气势壮盛而善于变化。

（10）龙腾豹变。唐·卢照邻《五悲·悲才难》：“高谈则龙腾豹变，下笔则烟飞雾凝。”腾：跳跃。豹变：像豹子那样变化。比喻议论风发，能言善辩。

（11）龙眉豹颈。形容勇士的长相。《北齐书·高昂传》：昂，字敖曹，乾第三弟。幼稚时，便有壮气。长而俶傥，胆力过人，龙眉豹颈，姿体雄异。颈指颈项。后用于形容勇士威猛的长相。

（12）狼虫虎豹。明·吴承恩《西游记》第四回：只见那洞门外，许多妖魔，都是些狼虫虎豹之类，丫丫叉叉，抡枪舞剑。其有两层含义：①泛指凶猛的动物。明·贾仲名《对玉梳》第三折：“转过这山坡，一簇榆林，黑洞洞的，不知里面藏着甚么狼虫虎豹。”②比喻恶人歹徒。贺敬之、丁毅等《白毛女》第一幕：“县长财主，狼虫虎豹。”

（13）九阍虎豹。张素《威介推事》诗：“九阍虎豹嗟难近，一炬龙蛇事可怜。”九阍：九重天门。指上天庭的九重门都有虎豹把守。后用来形容凶恶残暴的权臣或官僚机构，同九关虎豹。

（14）九关虎豹。战国·楚·屈原《招魂》：魂兮归来，君无上天兮；虎豹九关，啄害下人些。九关：九重天门。上天庭的九重门都有虎豹把守。形容凶恶残暴的权臣或官僚衙门，同九阍虎豹。

（15）窥豹一斑。《晋书·王献之传》：曰：南风不竞。门生曰：此郎亦管中窥豹，时见一斑！窥：偷看。从小孔里看豹，只看到豹的一块斑纹。比喻只看到事物的一部分，以小见大或以偏概全。语本《晋书·王献之传》：（献之）年数岁，尝观门生樗蒱，曰：南风不竞。门生曰：此郎亦管中窥豹，时见一斑！宋·李光《与胡邦衡书》：《三经新解》未能遍读，然尝鼎一脔，窥豹一斑，亦足见其大略矣。亦省作"窥豹"。明·陈汝元《金莲记·构衅》：书生见识终窥豹，藐公卿那些忠告。姚维锐《古书疑义举例增补·小引》：不佞学惭窥豹，义存识小，谬欲师刘杨二氏之指，稍事增补。

（16）豹韬卫。唐朝禁卫军名。《旧唐书·郭孝恪传》：次子待封，高宗时，官至左豹韬卫将军。《新唐书·百官志四上》：武后光宅元年，改……左右威卫曰左右豹韬卫。

（17）豹尾班。豹尾班指随驾出行的一班近侍官员。因天子乘舆有豹尾车而得名。元·无名氏《陈州粜米》第三折："当日离豹尾班多时分，今日在狗腿湾行近远，避甚的马后驴前？"清·丁澎《送汪舟次检讨奉使册封琉球》诗：自天宸翰龙鳞动，绕日珠旓豹尾班。参见下一节：古人对豹的利用，"豹尾车"和"豹乘"。

（18）豹字牌。明·武宗·正德间豹房守卫军士所佩的豹字铜牌。邓之诚《骨董续记·豹字牌》：吴骞客藏豹字铜牌，上有穿，两面有文，正面隐起作豹像，横刻豹字陆伯拾号凡六字，背面文六行，云：随驾养豹，官军勇士，悬带此牌。无牌者依律论罪，借者及借与者罪同。凡二十七字。盖正德间创立豹房，守卫军士所配也。

（19）豹乔。战国·魏·西门豹和春秋·郑·子产的并称。子产又名公孙侨。侨，同"乔"。两人均为古代贤臣，治绩卓著。晋·潘尼《赠长安令刘正伯》诗：刘侯抚西都，迈绩参豹乔。

（20）豹产。同上，指子产和西门豹。《史记·滑稽列传》：子产治郑，民不能欺…… 西门豹治邺，民不敢欺。后即以"豹产"借指贤能的大臣。晋·潘岳《许由颂》：虚薄忝任，来宰斯城，愧无惠化，豹产之政。晋·枣嵩《赠荀彦将》诗：昔在豹产，显名当时。隋·江总《广州刺史欧阳頠墓志》：如羊如粟，不改夷齐之心；遗庆遗风，方留豹产之德。

（21）豹侯。箭靶的一种，因画豹为饰，故名。《周礼·天官·司裘》：王大射则共虎侯、熊侯、豹侯，设其鹄。郑玄注："豹侯，卿大夫以下所射。"清·吴伟业《赠冯讷进士教授云中》：绛帐县弓设豹侯，讲堂割肉操鼍鼓。

（22）豹关。《楚辞·招魂》：虎豹九关，啄害下人些。王逸注："天门九重，使神虎豹执其开闭，主啄天下欲上之人而杀之。"后因以"豹关"指门庭森严。

明·刘基《蓦山溪·晚春》词：登高凝睇，欲寄一封书，鸿路阻，豹关深，日暮空肠断。

（23）豹变。多解。①谓如豹文那样发生显著的变化。幼豹长大退毛，然后疏朗涣散，其毛光泽有文采。《易·革》：上六，君子豹变，其文蔚也。孔颖达疏：上六居“革”之终，变道已成，君子处之，虽不能同九五革命创制，如虎文之彪炳，然亦润色鸿业，如豹文之蔚縟。程颐传：“君子从化迁善，成文彬蔚，章见於外也。”②喻人的行为变好或势位显贵。《三国志·蜀志·后主传》：降心回虑，应机豹变。南朝·梁·刘孝标《辨命论》：视彭韩之豹变，谓鸷猛致人爵。唐·李白《陈情赠友人》诗：英豪未豹变，自古多艰辛。清·黄景仁《杂咏》：陈平未豹变，乃在委巷居。

（24）豹奴。即晋·桓嗣。嗣母为王恬之女，与书法家王献之同辈。故桓嗣为王氏之甥。王献之《豹奴帖》云：豹奴此月唯省一书，亦不足慰怀。清·王澍《〈淳化秘阁法帖〉考正》引黄长睿曰：豹奴，桓嗣也，王氏甥，故二王帖中时及之。

（25）豹姿。旧指君子的仪容。《晋书·石季龙载记论》：季龙心昧德义，幼而轻险，假豹姿於羊质，骋枭心於狼性，始怀怨怼，终行篡夺。《周书·明帝纪论》：世宗宽仁远度，叡哲博闻。处代邸之尊，实文昭之长。豹姿已变，龙德犹潜，而百辟倾心，万方注意。唐·崔致远《吏部裴瓒尚书别纸》之一：“洋川之瑞草仙花，几牵蝶梦；阆苑之朝岚暮霭，深润豹姿。

（26）豹成文。汉·刘向《烈女传·陶答子妻》：妾闻南山有玄豹，雾雨七日而不下食者，何也？欲以泽其毛而成文章也，故藏而远害。后以“豹成文”喻潜身隐居，洁身自好。宋·黄庭坚《赋未见君子忧心靡乐八韵寄李师载》：雾重豹成文，水清鱼自见。宋·黄庭坚《次韵郭右曾》：秋水寒沙鱼得计，南山浓雾豹成文。

（27）豹房。①明武宗在宫禁中建造的淫乐场所。《明史·佞倖传·钱宁》：引乐工臧贤、回回人于永及诸番僧，以秘戏进。请於禁内建豹房、新寺，恣声伎为乐，復诱帝微行。清·毛奇龄《明武宗外纪》：又别构苑囿，筑宫殿数层，而造密室于两厢，勾连櫛列，名曰“豹房”。初，日幸其处，既则歇宿，比大内，令内侍环值，名“豹房祗候”，羣小见幸者，皆集於此。②帝王养豹的场所。明·朱国祯《涌幢小品·司牲所》：豹房土豹七双，日支羊肉十四斤。明·朱国祯《涌幢小品·司牲所》：西苑豹房蓄文豹一只，役勇士二百四十人，岁廪二千八百馀石，又占地十顷，岁租七百金，此皆供内臣侵牟影射之资。

（28）豹文。①豹身上的斑纹，亦指豹裘上的文采。《山海经·西山经》：有兽焉，其状如犬而豹文。②谓玄豹成文。多指隐居或才华出色。唐·李德裕《望匡庐赋》：豹文忽变，蔚然以姿；蝉緌更新，倏然而脱。宋·司马光《稷下赋》：

惜夫美食华衣，高堂闲室，凤藻鹍义，豹文麋质，诵无用之言，费难得之日，民未治不与其忧，国将危不知其失。明·王錂《春芜记·忤奸》：十年间屈首衡门，似南山修成豹文。参见“豹成文”。

（29）豹斑。①豹皮上的斑纹。明·谢榛《暮秋寄怀徐子与时宦长芦》诗之六：文字豹斑老，冰霜狐白寒。清·刘献廷《广阳杂记》卷四引黄自先诗：豹斑自信应能变，龙性难云尚未驯。参见“豹成文”。②豹之一斑。比喻事物的很少一部分。典出《晋书·王献之传》：此郎亦管中窥豹，时见一斑。清·梁绍壬《两般秋雨盦随笔·顾受笙》：以其遗稿一册属余点定，略摘一二，以存豹斑。

（30）豹策。谓用兵的策略。北周·庾信《周豆卢公神道碑》：豹策乃建，龙韬同启。参见“豹略”。

（31）豹篇。古代兵书《六韬》中有《豹韬》篇。后以“豹篇”借指兵书。唐·孟郊《猛将吟》：虎队手驱出，豹篇心卷藏。古今皆有言，猛将出北方。

（32）豹胡。我国古代北方部族名。《逸周书·王会》：正北，空同、大夏、莎车、姑他、旦略、豹胡……以橐驼、白玉、野马、駼騠、良弓为献。朱右曾校释：豹胡，北胡也。

（33）豹颀。形容人的头圆。豹，团头。《清史稿·文苑传三·李兆洛》：兆洛短身硕腹，豹颀刚目，望之若不可近，而接人和易，未尝疾言遽色。

（34）豹雾隐。同“豹隐”。宋·陆游《昼睡》诗：静如豹雾隐，湛若珠藏渊。

（35）豹藏雾。典出汉·刘向《烈女传·陶答子妻》：妾闻南山有玄豹，雾雨七日而不下食者，何也？欲以泽其毛而成文章也，故藏而远害。后因以“豹藏雾”喻潜心修养，洁身自好。宋·黄庭坚《次韵道辅双岭向寄三选》：生涯鱼吹沫，文采豹藏雾。参见“南山隐豹”。

中华文化文明，上下5000年，源远流长。与豹子相关的记载还有许多，林林总总，不一而足。从古籍中对豹的描述去挖掘豹的起源，可以帮助我们去了解豹在远古的分布范围和数量及其与人类的关系，有很高的科学研究价值。这些都不是空穴来风，对从中寻找土豹、草豹、亚洲猎豹、花豹、丹豹、黑豹和雪豹等在历史上的踪迹有很大意义，将引导我们去思考豹子的命运，雪豹的生存与人类的发展的关系，及其与狮子、老虎、大熊猫、中华鲟的相似之处。

第四节　古人对豹的利用

豹子除了被直接当做战利品、朝贡、宠养、观赏、御驾、巡猎、征战外，还有许多其他的经济用途。中国古代对豹的利用是多方面的，包括豹子肉、骨骼、内脏器官、胎盘、脂肪、骨髓、皮毛、尾巴等，历史悠久，有诗为证。

《诗·唐风·羔裘》：羔裘豹袖，自我人究究。《毛诗故训传》：袖，犹袪也。豹袖，指用豹皮缘饰的衣袖，是古代卿大夫的衣服或服饰。《礼记·玉藻》：君子狐青裘豹袖，玄绡衣以裼之。唐·高适《邯郸少年行》：霞鞍金口骝，豹袖紫貂裘。明·李时珍《本草纲目》：其文如钱者，曰金钱豹，宜为裘。可见豹皮服饰深受达官贵人的喜爱。但也有不同的观点，明·刘基《次韵和岳季坚见寄》：豹袖羊裘等黄土，上章紫缨漫浮云。类似的记载参见“豹袪”。

豹袪，袖口上用豹皮制成的装饰，指古代卿大夫的衣服。《诗·唐风·羔裘》：羔裘豹袪，自我人居居。郑玄笺：羔裘豹袪，在位卿大夫之服也。陆德明释文：袪……袂末也。汉·桓宽《盐铁论·散不足》：古者鹿裘皮冒，蹄足不去。及其后，大夫士狐貉缝腋，羔麑豹袪。明·何景明《咏裘》：豹袪未称美，狐白安足云？明·李时珍《本草纲目》：皮，不可藉睡，令人神惊。其毛入人疮中，有毒。据说豹皮还有防虫和驱虫的功能。

豹裘，用豹皮制作的衣服。唐诗“寒宜拥豹裘”的诗句，拥有这样一件斑斑驳驳的豹皮裘，的确是惬意的事情。当时给朝廷上供的质量上乘的皮子应该是西伯利亚长毛豹的皮（Schafer，1963）。

豹席，用豹皮当做垫子，可席地而坐。当然，也有人告诫，“不可籍睡，令人神惊，其毛入人疮中有毒”（《本草纲目》）。更有离奇的说法，“豹皮可以驱虫”（《本草纲目》）。广西南界有唼蜡虫，食死人尸，不可驱逐。唯以豹皮覆之，则畏而不来。很有一点像是北山羊闻到雪豹的气味，颤颤巍巍、魂飞胆丧一般。在西北部，牧民将豹皮铺床御寒，比狗皮褥子还要暖和。也有将雪豹皮挂在蒙古包里，成为传家宝。

豹皮囊，豹皮做的袋子。用以藏墨，可防潮湿。唐·冯贽《云仙杂记·养砚墨笔纸》：养墨以豹皮囊，贵乎远湿。现代的文人墨客有各种器皿保存砚墨或盛墨汁，已经不需要豹皮囊了。

豹囊，即豹皮囊。明·麻三衡《墨志·藏蓄》：孙直公颇与余有同志，而直公探元购胜倍于予。豹囊锦袭，极其矜慎。会风日清好，两家品藻，务为左右拒。参见“豹皮囊”。

豹幦，用豹皮装饰物品边缘。《礼记·玉藻》：君羔幦虎犆；大夫齐车，豹幦豹犆；朝车，士齐车，鹿幦豹犆。郑玄注：犆，读如直道而行之直。犆，谓缘也。不同阶层使用的装饰是有别的，说明封建社会等级制度森严。

豹头枕，枕名。唐·韦后妹做之以辟邪。唐·张鷟《朝野佥载》卷五：逆韦之妹冯太和之妻，号七姨，信邪，见豹头枕以辟邪，白泽枕以去魅，作伏熊枕以为宜男。《新唐书·五行志一》：韦后妹尝为豹头枕以辟邪。亦省称“豹枕”。明·李时珍《本草纲目》：头骨，作枕避邪。明·李东阳《麓堂诗话》：夏正夫、刘钦谟同在南曹，有诗名。初，刘有俊思，名差胜，如《无题》诗曰：帘幕深沉柳絮风，象牀豹枕画廊东。可能是灵魂深处的东西，豹的形象已经升华成了精神力量。

豹尾车，用豹尾装饰的车子。帝王属车之一。晋·崔豹《古今注·舆服》：豹尾车，周，制也，所以象君子豹变，尾言谦也，古军正建之，今唯乘舆得建之。《宋史·舆服志一》：豹尾车。古者军正建豹尾。汉，制，后车一乘垂豹尾，豹尾以前即同禁中。唐·贞观后，始加此车于卤簿内，制同黄钺车。上载朱漆竿，首缀豹尾，右武卫队正一人执之。驾两马，驾士十五人。清·吴伟业《读史杂感》诗之五：使者螭头舫，才人豹尾车。南朝·陶弘景曰：豹至稀有，入用也鲜，唯尾可贵。

豹乘，即豹尾车。宋·张淏《云谷杂记·紫荷橐》：宋子京云：猥挈荷囊，预从豹乘。参见“豹尾车”。古人可能注意到了豹尾的张扬，特别是雪豹尾巴（图 1-22），成为帝王威仪天下的象征。有人认为，豹尾就是一个异军突起的反词。它不是一种致命武器，长度实在不成比例，已经与身长相当（如雪豹）。但豹子并不常用它，只是在危急关头，尾巴具有钩倒对手的擒拿功夫。而众多传说赋予了豹尾裂石穿空的魔力，仿佛杀手锏，干净、彻底、利落，一蹴而就。这就是为什么出现在委蛇的车队最后的压阵车就叫“豹尾车”。相传西王母是异兽组合出来的领袖，她具有豹子一般黄金的尾巴。这条鞭举而不倒，实际上相当于一种性器的象征（蒋蓝，2004）。

图 1-22　雪豹的尾巴，又粗又长，高高举起，不仅仅是在炫耀（见第六章）

豹文鞯（jiān），用豹文皮做的马鞍。《旧唐书·王毛仲传》：初，太宗贞观中，择官户蕃口中少年骁勇者百人，每出游猎，令持弓矢于御马前射生，令骑豹文鞯，著画兽文衫，谓之“百骑”。

豹幨（chān），用豹皮装饰的衣襟。《管子·揆度》：令诸侯之子将委质者，皆以双武之皮；卿大夫豹饰；列大夫豹幨。尹知章注：襟谓之幨。

翠被豹舄，源自春秋·鲁·左丘明《左传·昭公十二年》：王皮冠，秦复陶，翠被豹舄。翠：翡翠鸟。舄：鞋子。用翡翠鸟羽毛做的被子，用豹皮做的鞋子。形容生活非常奢华。

豹韬（tāo），用豹皮制成的弓袋。

明·夏完淳《江南曲》：公子豹韬金屈戌，美人蝉鬓铁连钱。参见“豹韬”。

豹尾旛（fān），以豹尾装饰的旗帜，用于天子仪仗。《清会典·銮仪卫·卤簿》：豹尾旛，悬豹尾，长八尺，上衔金叶，冒以绿革，缀金铃四，高二寸五分，径三寸八分，加金铃系旛。

豹尾枪，用豹尾装饰的枪，为天子侍卫所执。《清会典·銮仪卫·卤簿》：豹尾枪，长一丈一尺七寸，刃长一尺五寸，冒以木，黄油绘行龙，銎镂垂云文，下缀朱氂，垂镮悬豹尾，长三尺三寸，柄长九尺五寸，制如戟。这个世界上还有多少豹尾可以用来装饰皇家卫队？

龙肝豹胎，《晋书·潘尼传》：厥肴伊何？龙肝豹胎。比喻极难得的珍贵食品。龙是古代神话中最为奇特的动物，似乎在自然界中找不到真实对应的化身。那么，“龙肝”就是不可求的东西，反衬“豹胎”之难得也。

豹脂，豹的脂肪。古代一种制烛的原料。南朝·梁简文帝《对烛赋》：绿炬怀翠，珠蜡含丹；豹脂宜火，牛膘耐寒。精瘦的豹子有多少脂肪可以用来照明或燃烧呢，确需要考证。更神奇的是明·李时珍《本草纲目》：豹脂【主治】合生发膏，朝涂暮生。亦入面脂。

豹髓，豹的骨髓。《洞冥记》：帝既耽于灵怪，尝得丹豹之髓，白凤之膏，磨青锡为屑，以淳苏油和之，照于神坛，夜暴雨，火光不灭。如此神奇之物，何以得来？后以“豹髓”指名贵的蜡烛。唐·崔致远《幽州李可举太保别纸》：龙膏豹髓，偏宜卜夜于欢筵；凤笔鹅笺，亦可依仁于末席。

豹胎，豹的胎盘，为珍贵的肴馔。《韩非子·喻老》：象箸玉杯，必不羹菽藿，则必旄象豹胎。唐·杜牧《杜秋娘》诗：归来煮豹胎，餍饫不能饴。明·高明《琵琶记·瞷询衷情》：你吃的是煮猩唇和烧豹胎。明·李时珍《本草纲目》：豹胎至美，为八珍之一。清·袁枚《随园诗话》卷一：熊掌、豹胎，食之至珍贵者也；生吞活剥，不如一蔬一笋矣。这些应该是历史上先民对豹子器官食用的文字记录。

豹子浑身都是宝。明·李时珍《本草纲目》还有一些补充：肉【气味】酸，平，无毒。思邈曰：（豹肉）温，微毒。正月勿食，伤神损寿。【主治】安五脏，补绝伤，轻身益气。久服利人。壮筋骨，强志气，耐寒暑，令人猛健。辟鬼魅神邪，益肾（注：豹肉令人志性粗豪。此兽猛捷过虎，故能安五脏，补绝伤，轻身，壮筋骨也）。头骨【主治】烧灰淋汁，去头风白屑。鼻【主治】狐魅。同狐鼻，水煮服。意思还是驱邪，防止狐狸精缠身（按外台治梦与鬼交及狐狸精魅……）。

上述种种，可谓千古奇观，实在令今天的人们不敢想象。古人的心思，我们只能揣测一二。世间豹子行将绝灭，空留文章有何用！罪孽。

参考文献

阿里·玛扎海里（Aly Mazaheri）. 1993. 丝绸之路——中国—波斯文化交流史. 耿昇译. 北京：中华书局.
鲍昌. 1978. 释《驺虞》. 南开大学学报，(6)：65-68.
不隐南山. 2004-10-16. 猫科豹亚科史前成员表. http：//bbs. uua. cn/.
程俊英. 1985. 诗经译注. 上海：上海古籍出版社.
党宝海. 2004. 蒙古帝国的猎豹与豹猎. 民族研究，(4)：94-101.
杜亚泉，杜就田，吴德亮，等. 1922. 动物学大辞典. 上海：商务印书馆.
段玉裁. 1981. 说文解字注. 上海：上海古籍出版社.
傅志毅. 2001. 论史前的岩画艺术. 衡阳师范学院学报，22（5）：131-133.
高耀亭，汪松，马逸清，等. 1987. 中国动物志（第八卷：食肉目）. 北京：科学出版社.
郭郛，李约瑟，成庆泰. 1999. 中国古代动物学史. 北京：科学出版社.
果真. 1999. "土豹". 大自然，(4)：20.
韩保全. 1996. 唐金乡县主墓彩绘陶俑. 西安：陕西旅游出版社.
韩儒林. 1986. 元朝史（下册）. 北京：人民出版社.
何芬奇，孙前. 2009. 对大熊猫古名问题的思考（中）. 大自然，(5)：14-17.
何业恒. 1996. 中国虎与中国熊的历史变迁. 长沙：湖南师范大学出版社.
赫普特 V G，斯陆迪斯科 A A. 1972. 苏联兽类志. 莫斯科：高等教育出版社.
黄怀信，张懋镕，田旭东. 1995. 逸周书彙校集注. 上海：上海古籍出版社：905-907.
惠利惠. 1939. 动物学精义. 杜亚泉，朱建霞，林仁之译. 上海：商务印书馆.
简松村. 1990. 弓劲马强，大漠较猎——元世祖出猎图. 故宫文物月刊，7（10）：4-11.
蒋蓝. 2004. 玄学兽（独豹、雪豹）. 天津：百花文艺出版社.
蒋蓝. 2008. 动物论语——72 个动物的人文镜像. 重庆：重庆出版社.
蒋学熙. 1991. 新疆岩画研究综述. 新疆师范大学学报，12（3）：17-23.
拉施特，余大钧. 1986. 史集（第三卷）. 上海：商务印书馆.
李时珍. 1981. 本草纲目（校点本，第四册）. 北京：人民卫生出版社.
李约瑟. 1990. 中国科学技术史. 北京：科学出版社.
刘舜强. 2001. "驺虞峙钱"小考. 西安金融，(9)：62-63.
罗竹风. 1993. 汉语大词典. 上海：汉语大词典出版社.
马可波罗（Polo M）. 1934. 冯承钧译. 马可波罗行纪. 上海：上海书店.
马鸣，梅宇. 2012. 古往今来说雪豹. 待发表.
马鸣，杨小敏. 1992. 新疆岩画中的动物. 大自然，(2)：12-13.
默一. 1983.《元世祖出列图》介绍. 新美术，(4)：107.
寿振黄. 1962. 中国经济动物志. 北京：科学出版社.
苏北海. 1994. 新疆岩画. 乌鲁木齐：新疆美术摄影出版社.
孙机. 1998. 猎豹. 收藏家，(1)：18-21.

孙前，何芬奇，孙震 . 2008. 大熊猫古名研究 . 动物分类学报，33（4）：819-826.
谭邦杰 . 1985. 中国的珍禽异兽 . 北京：中国青年出版社：106.
藤井纯夫 . 1993. 论〈册府元龟·外臣部·朝贡篇〉所见西域诸国贡献的动物——豹（A reassessment of the meaning of「豹」described of『冊府元亀』「外臣部朝貢篇」）. 古代オリエント博物館紀要（Bulletin of the Ancient Orient Museum），14：143-167.
王福麟 . 2007. 关于“土豹”和“艾叶豹”的查考 . 大自然，(4)：58-60.
王洁 . 2009. “猞猁狲”考溯 . 中国典籍与文化，(2)：114-115 .
王增明 . 1984.《狩猎出行图》和唐代狩猎活动 . 体育文化导刊，2（2）：37-39.
谢弗 . 1995. 唐代的外来文明 . 吴玉贵译 . 北京：中国社会科学出版社 .
徐旭生 . 1985. 中国古史的传说时代（增订本）. 北京：文物出版社：295.
徐中舒 . 1993. 汉语大字典 . 成都：四川辞书出版社，武汉：湖北辞书出版社 .
许全胜 . 2006. 驺吾、狻猊与鼠哥鼠儿——浅谈上博楚简《三德》篇的重要发现 . 九州学林，4（4）：196.
严国荣，刘昌安 . 2004. “驺虞”考辨 . 西北大学学报（哲学社会科学版），34（6）：148-152.
杨富学，陈爱峰 . 2007. 辽朝与大食帝国关系考论 . 河北大学学报（哲学社会科学版），32（5）：36-39.
姚治中 . 1998. 驺虞、驺虞城考 . 六安师专学报，(3)：15-17.
叶舒宪 . 2005. 诗经的文化阐释 . 西安：陕西人民出版社 .
袁珂 . 1985. 中国神话传说词典（“孟极”条）. 上海：上海辞书出版社：261.
张广达 . 2001. 唐代的豹猎——文化传播的一个实例 . 见：荣新江 . 唐研究（第七卷）. 北京：北京大学出版社：177-204.
张其昀，林尹，高明，等 . 1968. 中文大辞典 . 台北：中国文化院出版部 .
张之杰 . 1996. 我国古代绘书中的域外动物 . 自然科学史研究，17（3）：84-92.
张之杰 . 1997. 獵豹記——古书中找獵豹 . 科学月刊，28（1）：43-51.
赵养锋 . 1987. 中国阿尔泰山岩画 . 西安：陕西人民美术出版社 .
周菁葆 . 1993. 丝绸之路岩画艺术 . 乌鲁木齐：新疆人民出版社 .
周士琦 . 1991.《山海经》“孟极”即“雪豹”考 . 中国科技史料，12（2）：84-87.
周士琦 . 1996. 土豹是什么动物？大自然，(4)：46-47.
Mallon D. 2008. Status of national Snow Leopard policy and the role of the SLSS. Beijing：Repords of International Conference on Range-wide Conservation Planning for Snow Leopards：1-15.
Schafer E H. 1963. The Golden Peaches of Samarkand：A Study of Tang Exotics. Berkeley：University of California Press.
Wilkinson J G，Birch S. 1978. The manners and customs of the ancient Egyptians. London：John Murray Publisher.
Zeune F E. 1963. A history of domesticated animals. London：Hutchinson Bookstores.

第二章

猫科动物的大家庭（进化简史）

地球上的猛兽，也就是所谓食肉目（Carnivora）动物，约有 15 个科，约有 285 种。这些动物可粗略划分成两大类（亚目），一类是犬形动物，另一类就是猫形动物。其中分布最广泛而且最引人注目的是猫科（Felidae）动物，包括野猫、猞猁、老虎、狮子、金钱豹等人们比较熟悉的物种。

现存猫科动物隶属于两个亚科（猫亚科、豹亚科），8 个家系（分支），15 个属，37～41 种。已知中国有 12～13 种，新疆 5～7 种。

问题是包括雪豹在内的现代猫科动物从何进化而来？它们之间的亲缘关系又如何？为什么它们都面临相似的命运？回答这些问题可从猫科动物的演化谈起。关于猫科动物起源、辐射进化和现今猫科动物之间的系统分类学研究进展的概括性探讨，有助于进一步揭示雪豹这一当今世界最珍稀、可爱、优雅而深奥物种的谜团。

第一节　猫科动物的起源

猫科动物的祖先是出现在老第三纪末期的古猫科动物。再往前寻，新生代初期的祖先是细齿类，与犬科动物是同一祖先。古猫科动物演化初期时的体形也就同现代家猫的体形差不多大，它没有像犬科动物祖先那样走出森林，而是朝适应森林中生活的方向发展。已知最古老的真正猫科动物（始猫）出现在距今 3500 万年的渐新世。始猫被认为是现存的两个亚科和已灭绝的剑齿虎亚科等最古老猫科动物的共同祖先。

真正的猫科诞生后向着两个方向发展，一支上犬齿逐渐延长，另一支犬齿趋于变小而身体比较灵活。上犬齿逐渐延长的这一支被归入剑齿虎亚科（Machairodontinae），其中以晚期的剑齿虎（又叫“刃齿虎”）（Smilodon）为代表。剑齿虎是所有史前哺乳动物中最引人注目的动物。其体型巨大，上犬齿特别发达，可能以厚皮动物为食，并于更新世后期随着厚皮动物的减少而消失。

一、分子生物学证据

传统的系统发育研究大都是基于胚胎学、遗传学、形态特征和化石证据，但这些方法有一定的局限性和主观性误差。分子系统学的兴起和发展，使人们可以从 DNA 分子水平上定量地研究生物进化过程，有可能直接揭示分类单元的系统发育关系的本质。DNA 分子标记的广泛应用，使得猫科系统进化、生物地理、群体遗传及亚种分化等领域的研究得到前所未有的发展。猫科动物分子系统发育关系的重建，是目前猫科动物 DNA 研究的主要方向，进而可以从 DNA 分子水平上研究猫科动物的进化过程及系统发育关系的本质（魏磊等，2008b）。尤其是近年来，在对多种生物基因组测序的领域，以人类基因组计划及高新的 DNA 探测技术为先锋，掀起了一场技术革命。正是这场革命为猫科动物的系统分类学研究提供了一些非常有价值的方法。比如，基于形态特征变异和化石记录的传统的分类方法认为，现今已知的 41 种猫科动物起源于非洲的某个共同祖先。而美国分子生物学家约翰逊等在《科学》杂志上发表的对猫科动物线粒体基因和细胞核基因所作的研究（Johnson et al.，2006），第一次构建出了清晰明了的猫科动物世系图（图 2-1）。对基因序列的比对，成功将猫科动物划分成了八个世系，并确定了它们都是来自远古 1100 万年前的东南亚，从中新世晚期起经过不断迁徙和繁殖，朝很多复杂的适应辐射方向发展，进化出了自然界最成功的食肉类。他们估计大约 60%的现存物种是在最近的 100 万年内演化出来的。其中，豹属是最古老的，而猫属则是最年轻的。

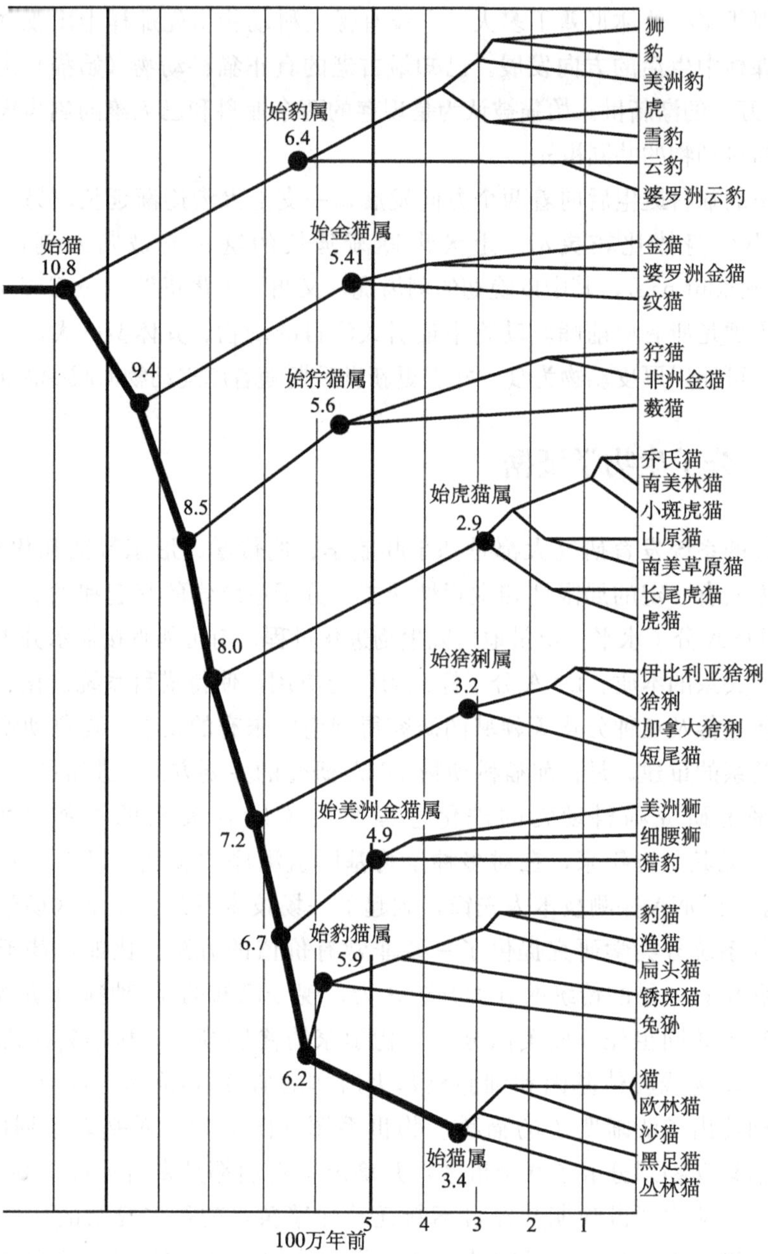

图 2-1　猫科动物系统进化树（O'Brien and Johnson，2007）

二、猫科动物的八大家系及其 10 次洲际迁移

随着 DNA 技术的进一步成熟，研究人员通过核基因微卫星片段分析，清楚

地展示了猫科动物之间的亲缘关系和进化机制。不仅绘制了猫科动物的整个系统树，还为每个物种配上了一个家系。约翰逊表示，大多数猫科动物属于八个家系中的一个（Johnson et al.，2006），即

家系 1（*Panthera* lineage）：豹属、雪豹属、云豹属；

家系 2（Bornean bay cat lineage）：纹猫属、金猫属；

家系 3（*Caracal* lineage）：薮猫属、狞猫属、非洲金猫属；

家系 4（*Ocelot* lineage）：虎猫属；

家系 5（*Lynx* lineage）：猞猁属；

家系 6（*Puma* lineage）：美洲金猫属、细腰猫属、猎豹属；

家系 7（*Prionailurus* lineage）：豹猫属；

家系 8（*Felis* lineage）：猫属等。

根据每个物种的大概存在时间，推算出猫科动物在演化出当代八个家系的整个历程当中，通过白令陆桥和巴拿马陆峡作了至少 10 次单向或双向迁移。用了数百万年时间，逐步占领了全球，遍布除了南极以外的所有大陆。

猫科动物通过远距离迁移成功扩散的解释是，它们要求后代占据一定的领域分散生活，这种固有的孤僻行为模式，引发了它们的迁移。一旦到了青春期，年轻的雄性就会被迫让出出生地。这样，随着时间推移，不断增长的猫群就需要越来越大的领地。比如，1000 万～800 万年前，起源于东南亚的始祖猫就开始了第一次洲际大迁移，随着种群繁盛和适应扩散，它们从亚洲逐渐迁往非洲、北美洲，直至南美洲。在这次迁移中，第一个分支从亚洲祖先中分化出来，形成了包括现在的大型啸猫和两种云豹的最古老的家系 1。大约 140 万年后，出现了第二次分支产生了由三种现在仍然生活在东南亚的小型猫科组成的家系 2。紧接下来，从原始种群中又一次分支形成了家系 3，通过第一次洲际迁移，进入了非洲，演化成非洲猫科动物的代表物种。

当时连接非洲和阿拉伯半岛的由地中海平面形成的红海陆桥，为猫科动物的这次洲际扩散提供了唯一的迁移通道。与此同时，猫科动物通过白令陆桥进入阿拉斯加。当它们在亚洲、欧洲、非洲和北美洲大陆上种群繁盛时，海平面又开始回升，各个大陆再次隔离开来。各大陆的猫科动物由于地理屏障彼此隔离独立进化，适应当地的环境变化，终于演变成具有当地代表性的一些新的物种。结果是，分别在 800 万年前和 720 万年前，从原先迁移美洲的种群中分化出家系 4 和家系 5。家系 6 的分化出现在约 670 万年前，并产生了美洲狮、细腰猫及美洲猎豹。现今发现在非洲的印度豹其实是属于这些出现在美洲的家系，后来通过白令桥回到亚洲，然后又来到了非洲形成了家系 7。八大猫科家支系中最年轻的一个，也就是家系 8，最后发展成为现在的家猫，也就是在约 620 万年前开始出现在亚洲和非洲的猫。

第二节　猫科动物的分类

猫科动物在漫长进化过程中曾产生过一些体型巨大的物种，如剑齿虎亚科（Machairodontinae）的剑齿虎，是大型猫科动物进化中的一个旁支，生活在上新世和中新世时期的北美洲、欧洲、非洲、亚洲，及在更新世的南美洲。剑齿虎亚科动物最早的一个属是在早中新世从猫科动物家系 4 中分化形成的，之后进化为后来的 9 个属。它们最显著的特点是巨大的上犬齿长达 20 厘米，可能是用来刺击乳齿象和猛犸象之类的大型的厚皮动物（Christiansen and Harris，2005）。由于食性高度特化，亚欧大陆的剑齿动物随着乳齿象和猛犸象等猎物的逐步消失，在上新世晚期就开始迅速灭绝。而北美洲和南美洲因为乳齿象存在于整个更新世，剑齿动物也得以继续存在到约 1 万年前的更新世末期（Leonard，2005）。关于剑齿虎的故事后面还要讲。

除了约翰逊等的上述家系分类法（Johnson et al.，2006），根据沃森克然夫特等基于形态特征和分子系统学方法相结合的最新分类法（Wilson and Reeder.，2005），可将现存猫科动物分为以下两个亚科，猫亚科和豹亚科，总计约 41 种，隶属 15 属（表 2-1）。

表 2-1　猫科（Felidae）动物的统计

亚科	世界		中国				新疆			
	属	种	属	占世界比例/%	种	占世界比例/%	属	占中国比例/%	种	占中国比例/%
猫亚科	12	34	6	50	8	23.5	3	50	4	50
豹亚科	3	7	3	100	4	57.1	2	66.7	2	50
合计	15	41	9	60	12	29.3	5	55.6	6	50

一、猫亚科

多数成员为中等体型，又统称为小型猫类。但有些种类如猞猁、猎豹和美洲狮等体型较大。所以，猫亚科（Subfamily Felinae）与豹亚科的主要区别不在于体型，而是在于猫亚科动物不发出吼叫声。猫亚科成员无论体型大小，均擅长爬树，其中有些种类是在树上捕猎的高手，如美洲的长尾虎猫，其习性类似一些树栖的灵猫科成员。也有些成员常在地面活动，擅长奔跑和跳跃，如非洲的薮猫，体型颇似小型的猎豹。

猫亚科中人们最熟悉的当属家猫，被人们当做宠物带到世界各地。家猫的祖先是野猫，广泛分布于欧洲、非洲、亚洲中部、南部和西部，在中国可见于西北地区。也有人认为家猫是由荒漠猫驯化而来的。

猫亚科包括现存猫科的绝大多数种类（83%）。其中猫属分布最广泛，有些种类如家猫除了南极均有分布。相应地，猫属动物的栖息环境也丰富多样。比如，沙猫栖息于炎热而严重缺水的贫瘠沙漠；荒漠猫从气候恶劣的干旱荒漠到山林边缘、高山灌丛和高山草甸等均有生活；丛林猫等则适应于在沿河、环湖边的芦苇或灌木丛，海岸边海拔较低的森林等水源丰富的地带树栖生活。

兔狲属与家猫十分相似，有时候亦归入猫属。喜栖在沙漠、荒漠、草原及戈壁地区的兔狲，是该属唯一的物种。

豹猫属是猫亚科中体型较小的一类，外形特征如壮实的躯体、强有力的爪、宽厚的下颚、粗壮的脖子、短小的腿、又粗又短的尾巴、小耳朵等有点像灵猫属。豹猫水性卓越，主要以鱼类和其他水生动物为食，通常居住在离水域不远的地区，如位于河畔周围的灌丛、洼地、沼泽地带等。在地理位置上，它们主要分布于包括中国西南地区在内的亚洲偏东南部地区，如印度北部、尼泊尔、斯里兰卡、缅甸、泰国、越南、马来西亚等。

猎豹属曾被视为猫科动物的一个独立的亚科——猎豹亚科（Acinonychinae）。但是后来的分子系统学研究证明其唯一的物种猎豹无疑是猫亚科的一个成员。猎豹主要分布于非洲和西亚的荒漠、半荒漠地区，是陆上奔跑最快的动物，全速奔驰的猎豹，时速可以超过 110 千米。猎豹不仅是陆地上速度最快的动物，也是猫科动物成员中历史最久、最独特和异化的物种。

猞猁属酷似家猫，但比家猫大，前肢短后肢长。最显著的特征是两耳的尖端着生耸立的笔毛，如同天线。广布于北欧、东欧和亚洲。栖息在山地、戈壁、荒漠、森林和草原。在传统分类法中，曾被视为亚欧猞猁一支亚种分化的西班牙猞猁被划分为一个独立物种后，世界自然保护联合会将其与华南虎并列为全世界最濒临灭绝的猫科动物。

虎猫属是北美洲和南美洲特有的小型花纹猫科动物，是猫亚科中种类最多的一类。该属被视为猫科中迁移至美洲的最古老的一支，除了虎猫体型较大，其他相似于家猫，其中南美林猫是美洲猫科类体型最小的一个，是新大陆分布最广泛的猫科动物。

美洲金猫属包括新大陆猫科动物中最引人注目的美洲狮及细腰猫两个物种。美洲狮广泛分布于整个南北美洲大陆，是猫亚科中体型最大的动物，栖息环境也非常多样化，森林、草原、戈壁、山地、沼泽等均有分布。细腰猫则是长相比较独特的中小型猫科动物，外形貌似狮子，被当地人又叫做小狮，喜栖于靠近流水源头的低地灌木地带，偶尔也会栖息于浓密的赤道丛林地区，经常侵入居民区偷袭家禽。虽然细腰猫的毛皮没有多大经济价值，但是由于长期被看成害兽而被乱捕乱杀，再加上栖息地消失的加剧，它们的未来仍然让人担忧。目前在墨西哥和南美洲一些国家的种群数量急剧下降。

薮猫是薮猫属的唯一成员，体型中等，与其他猫科动物相比，它体型修长，腿长而尾短，耳朵又高又圆，双耳距离很近。斑点有许多变种。薮猫的主要栖息地是非洲大草原，有时也出现在山地。由于其皮毛美丽而昂贵，有不少人偷猎薮猫。现在西非和东非的薮猫数量还比较多，但南非和撒哈拉沙漠以北的薮猫已经非常稀少，濒临灭绝。

狞猫属体型酷似猞猁，又被称为沙漠猞猁或非洲猞猁。最显著的外形特征是长着又大又尖的耳朵，大耳朵上有长长的黑色丛毛。狞猫是该属唯一的物种，栖息地很广，从非洲的南部、中部、北部地区经过阿拉伯半岛的部分地区一直延伸到南亚，包括印度。它适应于干旱的热带草原、林地、灌木地区，甚至海拔 3000 米的山地。和其他生活在干旱地区的猫科动物一样，在没有水的情况下能长时间生存。

中等体型的非洲金猫，作为非洲金猫属唯一的物种分布在西非和中非的热带雨林地区。有时候分布至草原，甚至在海拔 3600 米的高原地带也能见到它们的身影。非洲金猫与薮猫和狞猫的亲缘关系非常接近，并曾被视为薮猫属或狞猫属的一个成员。但是目前的 Wozencraft 分类法已经将其划分为一个独立的属。

金猫属仅包括两种来自东南亚的小猫，婆罗洲金猫和亚洲金猫。前者分布区仅限于印度尼西亚的婆罗洲。它们曾被视为同一个物种的两个亚种，但是最近的分子系统学研究证明，两个物种早在 500 万年前随着婆罗洲金猫从附近岛屿迁移出去就开始分化成为两个独立的物种。金猫属和与它们亲缘关系最近的纹猫属在 940 万年前拥有一个共同的祖先。

猫亚科属（家系）及属以下分类如下。

1. 猫属 Genus *Felis*（家系 8），6 种

荒漠猫（Chinese Mountain Cat）*Felis bieti*

家猫（Domestic Cat）*Felis catus*

丛林猫（Jungle Cat）*Felis chaus*

沙猫（Sand Cat ）*Felis margarita*

黑足猫（Black-footed Cat）*Felis nigripes*

野猫（Wildcat）*Felis silvestris*

2. 兔狲属 Genus *Otocolobus*（家系 7），1 种

兔狲（Pallas's Cat）*Otocolobus manul*

3. 豹猫属 Genus *Prionailurus*（家系 7），5 种

豹猫（Leopard Cat）*Prionailurus bengalensis*

西表猫（Iriomote Cat）*Prionailurus iriomotensis*
扁头猫（Flat-headed Cat ）*Prionailurus planiceps*
锈斑猫（Rusty-spotted Cat）*Prionailurus rubiginosus*
渔猫（Fishing Cat）*Prionailurus viverrinus*
4. 猎豹属 Genus *Acinonyx*（家系 6），1 种
猎豹（Cheetah）*Acinonyx jubatus*
5. 美洲金猫属 Genus *Puma*（家系 6），2 种
美洲狮（Cougar ）*Puma concolor*
细腰猫（Jaguarundi）*Puma yagouarondi*
6. 猞猁属 Genus *Lynx*（家系 5），4 种
加拿大猞猁（Canadian Lynx ）*Lynx canadensis*
猞猁（Eurasian Lynx）*Lynx lynx*
西班牙猞猁（Iberian Lynx）*Lynx pardinus*
短尾猫（Bobcat）*Lynx rufus*
7. 虎猫属 Genus *Leopardus*（家系 4），9 种
南美湿地猫（Pantanal Cat）*Leopardus braccatus*
南美草原猫（Colocolo）*Leopardus colocolo*
乔氏猫（Geoffroy's Cat）*Leopardus geoffroyi*
南美林猫（Kodkod ）*Leopardus guigna*
山原猫（Andean Mountain Cat）*Leopardus jacobitus*
潘帕斯猫（Pampas Cat）*Leopardus pajeros*
虎猫（Ocelot）*Leopardus pardalis*
小斑虎猫（Oncilla）*Leopardus tigrinus*
长尾虎猫（Margay）*Leopardus wiedii*
8. 薮猫属 Genus *Leptailurus*（家系 3），1 种
薮猫（Serval）*Leptailurus serval*
9. 狞猫属 Genus *Caracal*（家系 3），1 种
狞猫（Caracal）*Caracal caracal*
10. 非洲金猫属 Genus *Profelis*（家系 3），1 种
非洲金猫（African Golden Cat）*Profelis aurata*
11. 金猫属 Genus *Catopuma*（家系 2），2 种
婆罗洲金猫（Bay Cat）*Catopuma badia*
亚洲金猫（Asian Golden Cat）*Catopuma temminckii*
12. 纹猫属 Genus *Pardofelis*（家系 2），1 种
石纹猫（Marbled Cat）*Pardofelis marmorata*

二、豹亚科

豹亚科（Subfamily Pantherinae）的成员又统称为大型猫科动物（大猫），可以发出吼声，包括云豹属、豹属和雪豹属。除了一种分布于美洲外，其余均限于亚洲和非洲，特别是亚洲种类居多。

云豹属仅包括云豹和婆罗洲云豹两种，分布于中国南方和东南亚一带。云豹是体型最小的大型猫科动物，比小型猫亚科动物中体型较大的成员还要小些。也有人将云豹归入小型猫亚科动物。云豹也是现存比较原始的猫科动物，其犬齿比较发达，犬齿的比例是现存猫科动物中最大的。云豹是树栖性动物，生活于森林地带，爬树技术非常高。

豹属即几种“大猫”——狮、虎、豹，都是人们熟悉的大型食肉动物，是最强有力的捕食者。狮子是非洲最强的食肉动物之一，它不仅体型巨大，而且合作捕猎，是顶级食肉动物，也是猫科动物中唯一群居的种类。狮子分布于除了热带雨林地区以外的非洲各地，一直到南亚和近中东地区。现在除了印度的吉尔以外，亚洲其他地方的狮子均已经消失，北非也不再有野生的狮子。

虎有“万兽之王”的美称，其中包括体重最大的猫科动物——东北虎，或称为西伯利亚虎。虎分布于亚洲东部、南部和西部，从寒冷的北方森林到热带雨林均能见到。现在中亚、西亚和很多地区的虎已经消失，其他地区的虎也均处于濒危状态。

豹是豹亚科中分布最广泛，数量最多的一种，分布于亚洲和非洲的广大地区，适应从寒温带到热带的不同气候，以及从森林到草原的不同生存环境。

美洲虎或称美洲豹，是美洲仅有的大型猫科动物。体型介于虎和豹之间，花纹似豹，而斑点较大，环形斑中还出现黑点。美洲虎是拉丁美洲体型最大，最凶猛的食肉动物。

曾经是豹属的雪豹，其分类地位一直有歧义。或被从该属中分离出来，划分为独立的雪豹属。雪豹分布仅局限于亚洲的高原和高山地区，是仅有的分布于高海拔地区的大型猫科动物。雪豹外形似豹而毛较长，尾巴也长，是高山上的顶级捕食者。

豹亚科属（家系）及属以下具体分类如下。

1. 云豹属 Genus *Neofelis*（家系 1），2 种

云豹（Clouded Leopard）*Neofelis nebulosa*

婆罗洲云豹（Bornean Clouded Leopard）*Neofelis diardi*

2. 豹属 Genus *Panthera*（家系 1），4 种

狮子（Lion）*Panthera leo*

美洲豹（Jaguar）*Panthera onca*
豹（Leopard）*Panthera pardus*
虎（Tiger）*Panthera tigris*
3. 雪豹属 Genus *Uncia*（家系 1），1 种
雪豹（Snow Leopard）*Uncia uncia*

第三节　狮、虎、豹是一家

老虎、狮子和豹子这些大型动物都是人们比较熟悉的杰出猎手，俗称之为“大猫”。它们是速度和力量的象征。敏捷和凶残的天性，使它们能够很好地适应大自然最原始的生存法则。数万年来，一直受到人类的敬畏。现代的人们对狮、虎、豹的了解大多是从书刊、电视或动物园等途径获得，很少有人专门到野外去认识它们。而且大多数人也许不知道，其实狮、虎、豹是亲密的一家子（a family）。

狮子、老虎和豹的共同特点是头骨的鼻骨较狭长，筛鼻甲骨伸至鼻腔前部，居于较小的颌鼻甲骨之上；鼓室由外鼓骨和内鼓骨组成，在二骨接合处，隔分鼓室腔为二室；无尿道球形腺，阴茎骨型小；趾行性，具典型可伸缩性的锐爪，为皮肤褶的爪鞘所保护；前额部短，头骨圆而高，裂齿有高度截切性能，仅具一枚小的上臼齿；在肛门、会阴部位无嗅腺或不发达；体形大，身长 1.2 米以上，舌骨骨化不完全，体色棕黄色，具黑斑或黑纹。

根据以上形态特征和解剖学特点，狮子、老虎和豹子在动物学上被分为同一科（family）、同一属，即猫科、豹属。生物在分类上的位置，在一定程度上也反映了彼此在演化关系方面的亲疏远近。

一、古人对狮、虎、豹的认识

中国是历史悠久的文明古国，其上下 5000 年的历史让我们了解到中华文明的渊源、发展与传承。狮文化在中国的记载，最早见于先秦时期的《穆天子传》，“狻猊”野马，日走五百里，食虎豹。郭璞注曰：“狻猊，师子，亦食虎豹。”《尔雅 · 释兽》中也谈到，“狻猊如虦猫，食虎豹。”郭璞注曰：“即师（狮）子也，出西域。”《本草纲目》里面也对狮子作了解释：“狮子出西域国，壮如虎而小，黄色亦如金色猱狗。虽死后虎豹不敢食其肉。西域畜之，七日内取其未开目者调习之，若稍长则难驯矣。”

古人在描述狮子的时候也往往离不开虎、豹，他们觉得，只有把它们放在一起比较，才能描述得更形象。可见，古人可能早已觉得狮、虎、豹之间存在着比较近的联系（图 2-2）。

在《山海经》中也多次提到虎和豹。例如，“荆山，其阴多铁，其阳多赤金，其中多犛牛，多豹虎，其木多松柏，其草多竹，多橘。女几之山，其上多玉，其下多黄金，其兽多豹虎。”亦是将虎豹并列，共同讲述。好像无法完全区分到底哪一种是虎，哪一种是豹。

图 2-2　狮、虎、豹是一家（a family）
它们同属猫科、豹属（*Panthera*）

《颂》曰：“豹有数种，山海经有玄豹。诗有赤豹，尾赤而文黑也。尔雅有白豹，即貘也，毛白而文黑。”李时珍曰：“豹，辽东及西南诸山时有之。状似虎而小，白面团头，自惜其毛采。其文如钱者，曰金钱豹，宜为裘。如艾叶者，曰艾叶豹，次之。又西域有金线豹，文如金线，海中有水豹，上应其宿。”从以上描述中，我们就可知道，古时人们对分类已有了初步的认识，知道豹子有很多种，并且都分别进行了描述。这说明人们不再把所有的豹都归为一种，那也就更不会把老虎、狮子和豹混为一谈了。

古籍中还有对虎豹同窝的记载，《禽虫述》云：“虎生三子，一为豹。则豹有变者，寇氏未知耳。”《长白山江岗志略》：“东北虎，长九尺余，怀孕七月生子。一生一胎，生一子曰虎。二子，一虎一豹。三子，二虎一彪。彪似虎非虎，勇猛异常。”他们把老虎的幼崽有的称为虎，有的称为豹，有的甚至称为彪。这进一步验证了，古人可能认为狮、虎、豹的亲缘不是很远，他们对狮、虎、豹是“一家人”的观点也不会太反对。

二、现代分类学观点

目前，科学家们普遍认为全世界现存猫科动物 37 种，主要分布于亚洲、非洲和美洲。它们是由一个共同祖先进化而来的。也就是说，在几百万年前，狮、虎、豹还是同一种生物。他们经过长时间的演化，才变成今天的狮子、老虎、豹子等不同的物种。

对猫科物种的分类，不同的学者有着不同的看法。有人认为猫科只有两个属，有人却认为要分为 23 个属。除去外征（皮毛），猫科动物之间的区别非常细微。即使对于专家来说，要区分狮子和老虎的头盖骨也是一项颇具挑战的任务。当然，它们在外表形态和个体大小上还是有区别的（表 2-2）。

表 2-2 大型猫科动物基本信息比较（3 亚科，10 种）

名称	拉丁名	分布	生境类型	全长/厘米	尾长/厘米	肩高/厘米	体重/千克	毛色
猎豹亚科	Acinonychinae							
猎豹	*Acinonyx jubatus*	东非、撒哈拉沙漠、伊朗等	半荒漠地区	140～220	63～76	75～85	36～60	金黄色，布有黑色斑点，黑色条纹从眼到嘴
猫亚科	Felinae							
猞猁	*Lynx lynx*	欧洲、中国及西伯利亚西部	灌丛，密林及山岩	93～185	16～23	65～75	15～38	黄灰至灰褐色，布有黑斑，耳尖有丛毛
美洲狮	*Puma concolor*	美洲南部及中部、美国西部、加拿大	森林、丘陵、草原、半荒漠及高山	145～275	60～97	60～76	34～100	体从灰到红棕色，多为灰色，无花纹
豹亚科	Pantherinae							
云豹	*Neofelis nebulosa*	亚洲东南部	海拔 2500 米以下的热带雨林	105～190	70～90	11～25	53	淡灰或淡黄褐色，有斑块及条纹
雪豹	*Uncia uncia*	中国、蒙古国等 12～13 个国家	高寒草甸、山地裸岩及荒漠草原等	210～255	90～100	近 60	30～75	全身灰白色，布满黑斑及不规则黑环
草豹	*Panthera pardus*	非洲、中东、中国及婆罗洲等	低山丘陵至高山森林及灌丛	170～280	75～120	43～76	30～91	淡黄色，布有黑色斑点和条纹
远东豹	*Panthera pardus orientalis*	远东地区、中国东北部及朝鲜北部	寒温带的阔叶林和针阔混交林	210～255	90～105	约 60	♂32～91、♀25～59	橘或淡黄色，带有大块黑色花斑
美洲豹	*Panthera onca*	墨西哥、美洲南部及中部至阿根廷北部	热带雨林、河边森林、沼泽草原	155～260	45～75	66～74	♂55、♀36	体淡黄褐色，附有花斑或黑色斑点
狮	*Panthera leo*	撒哈拉以南非洲、印度	热带草原及肯尼亚山地	205～350	90～105	77～109	120～250	浅黄褐色至褐色或淡黄色
虎	*Panthera tigris*	中亚至印度、西伯利亚东北、中国等	从针叶林到热带丛林及高山峡谷等	200～370	80～110	85～100	65～300	浅棕黄至土黄色，且布有黑色垂直条纹

Warren Johnson 等，通过对线粒体基因和细胞核基因进行研究，确定了猫科动物都源自亚洲，而不是过去我们说的非洲。1800 万年前，它们的祖先利用白令陆桥和巴拿马地峡作了至少 10 次洲至洲的迁徙（双向之间），演化出了八个主要的世系（分支）。其中，豹属是最古老的，而猫属则是最年轻的（图 2-1）。他们估计大约 60%的现存物种是在最近的 100 万年内演化出来的。

地质学家根据沉积物的组成来推断海平面的起落。当海平面下降时，陆桥将各个大陆连接起来，猫科动物就能迁移到新的区域。当海平面再次回升时，各个大陆上的动物就被隔离开来。脊椎动物研究显示，大陆或岛屿之间的这种隔离，正好为一个种群的基因漂移和最终形成新物种提供了所需的条件。地理屏障将种群彼此分开，阻碍种群间的个体交换，从而使基因交流受阻，各自独立进化，慢慢形成新的地理物种（孙濡泳，2001）。正是这些原因，猫科动物在历史上不停地迁移和隔离，慢慢分化出不同的物种。

科学家通过对基因序列的比对，将猫科动物划分成了不同的种系（lineage），并揭示了这些种系出现的先后次序。再借助化石校准，就可以推测出这些种系各自出现的时间。另外，加上对这些猫科动物发源地和分布情况的形成等信息的了解，就能进一步完善这些推测。DNA 研究将现代猫科动物划分成了 8 个不同的种系，同一种系的物种通常具有这个种群所独有的形态学、生物学及生理学特征。其中，狮子、老虎、豹、美洲豹和雪豹等大型啸猫都被分到了同一个种系中。

普遍认为，食肉类是由原始的食虫类发展而来的，其进化可追溯至第三纪初期（距今 6500 万年）。古肉食类到第三纪中期的渐新世（距今 3400 万～2300 万年）时，逐渐被新肉食兽所代替。新肉食兽从始新世晚期、渐新世初期一直繁衍到现代。新肉食类通常分为犬形类和猫形类。猫形类中的古灵猫类最早出现于始新世和渐新世。猫类在始新世晚期分化出来，很快便发展成为完全特化的猫类。

根据化石记录，研究者大多认为，2000 万～900 万年前生活在欧洲大陆的一种被称为假猫（*Pseudaelurus*）的猫科动物是现代猫科动物最近的共同祖先。而分子系统学研究却显示，所有的现代猫科动物都起源于一种 1100 万年前生活在亚洲的始猫。虽然还不能肯定这种始祖猫具体是哪一个物种，但现今所有的猫科动物的祖先都产生于这个远古的种群。

猫科动物要求后代分散生活，这种固有的行为模式引发了它们的迁移。一旦到了青春期，年轻的雄性（有时也可能是雌性）就会被迫让出出生地。随着时间推移，不断增长的猫群就需要越来越大的领地。有时为了追踪迁徙的猎物，这些猫科动物也需要远距离的迁移。它们是极其熟练的捕食者，一旦机会出现，它们就会迅速探索新的领域，并成功地迁入。

1000 万～800 万年前，随着猫群的繁盛，它们已不满足于现有的领地，开始了第一次洲际大迁移，抓住机会从亚洲逐渐迁往非洲、北美洲，直至南美洲。大约在 1080 万年前，第一个种群从这种神秘的亚洲始祖猫中分化出来，形成了包括大型啸猫，以及云豹和婆罗洲云豹两种云豹的豹系（*Panthera* lineage）。在这一时期，海平面降低，白令海峡及红海南部都露出陆地，为动物的迁移架起了一座座桥梁，促进了猫类的扩散。许多其他猫科动物的迁移，发生在距今 400 万～100 万年前，这时海平面下降，大陆之间再次有陆地连接起来。而比较近代的美洲狮，主要就是在距今 10 000～8000 年前时迁移的。

亚洲的猫科动物在迁入非洲的同时，也开始通过白令陆桥进入阿拉斯加。当这些猫科动物在亚洲、欧洲、非洲和北美洲的大陆上徜徉时，海平面又开始回升，各个大陆再次被隔离开来。随着环境的改变，一些新的物种就逐渐形成了。在北美洲，虎猫系和猞猁系分别在 800 万年前和 720 万年前，从原先迁移至此的种群中分离出来。虎猫系最终形成了两个物种，而猞猁系则产生了 4 个物种：3 种是猞猁和 1 种是北美大山猫。670 万年前，美洲狮系分化形成，并且产生了美洲狮、细腰猫及美洲猎豹三个物种。在美洲矿床中，所有这些物种的化石遗迹都明确地显示，它们起源于西半球。

大约 12 000 年前，随着最后一个冰河期的消退，覆盖在今天加拿大和美国北部的大冰原也逐渐融化，这片荒芜的土地变成了森林和草原。冰雪融化之后，一场大洪水让 40 多种哺乳动物突然从北美洲大陆上消失了——更新世物种灭绝（pleistocene extinction）。猛犸（mammoth）、乳齿象（mastodon）、恐狼（dire wolf）、巨型短面熊（massive short-faced bear）、巨型地懒（giant ground sloth）、古美洲狮（American lion）、剑齿猫（Saber-toothed cats）及猎豹（cheetah）都从北美洲大陆上消失了。猎豹逃脱了灭绝的命运，是因为几百万年前海平面降低的时候，它们的一部分祖先回到了亚洲，然后进入了非洲。美洲豹则是在南美洲的避难地躲过了这场灭顶之灾，并在许多代之后重返北美洲。

而这个时期，亚洲猫科动物中的大型啸猫比以前散布的范围更广。在亚洲的东部和南部，遍布 320 千克重的老虎。而在中亚的西部和北部，雪豹适应了喜马拉雅山和阿尔泰山的高海拔气候。豹类不仅横穿亚洲，而且到达了非洲，也就是它们今天分布的位置。在晚新世时期（距今 400 万～300 万年前），狮子和老虎也进入了北美洲。尽管更新世的物种灭绝，使这两种动物从北美洲消失，但是美洲虎逃到了南非，狮子也迁移到非洲去了。这里的气候和环境比亚洲、欧洲还有以前的美洲都要舒适。其实，在亚洲印度的西部，现在还生活着一小部分狮子，它们只分布于吉尔森林地区，是 200 只左右高度近亲繁殖的狮子种群。

在大约 73 000 年前，婆罗洲发生了大量的火山爆发，许多物种从当地消失。

当时在东亚分布十分广泛的老虎，也受到严重影响，大部分个体死亡、消失，只留下很小的部分艰难支撑着这个物种（O'Brien 和 Johnson，2007）。

由图 2-1 可以看出，狮、虎、豹在系统树上的位置非常接近，它们的共同祖先可追溯到 400 万～300 万年前，从那时起它们才开始慢慢分化开来。而且，狮与豹的关系要相对更近一些，雪豹与老虎是姊妹关系。总体来说，与其他猫科动物相比，狮、虎和豹的亲缘关系比较近，甚至在繁殖方面的数据都极其一致（表 2-3）。

表 2-3 大型猫科动物基本繁殖数据比较（Fowler，1998）

名称（拉丁名）	性成熟年龄	发情周期特征	发情持续时间	交配持续时间及频率	怀孕期/天	每窝产崽数/只	断奶期
猎豹亚科							
猎豹	20～21 月	季节性多次	10～14 天	1 分/次；通常相隔 1～8 小时	约 90～98	2～4，死亡率高	约 3 个月
猫亚科							
猞猁	21～30 月	季节性，通常在 3～5 月	7～10 天	—	63～74	1～4	12 周
美洲狮	2～3 岁	全年多次，周期 22.8 天	4～9 天	—	80～96	1～6，很少 6，通常 2～3	约 3 个月
豹亚科							
云豹	2～3 岁	季节性，通常春季	20～26 天	—	86～93	1～5，平均 2	5 月
雪豹	2～2.5 岁	季节性，通常在 1～3 月	4～8 天	每次仅数秒或 10 余秒；10～20 次/天	93～105	1～5，通常 2	8～12 周
草豹	2～3 岁	全年多次，有季节性的，在 1～2 月	3～14 天，平均 6～9 天	—	90～105	1～6，平均 2	6 周
美洲豹	2～4 岁	全年多次，有地区季节性的在初春	6～17 天，平均 12.9 天	2～35 秒/次，平均 9 秒/次；20 余次/天	90～110	1～4，通常 1～2	—
狮	♀3～4，♂4～6 岁	全年多次，某地高峰期在 4～10 月	4～16 天，平均 7.2 天	21 秒/次；2.86 次/小时	98～119	1～6，平均 3.04；有过 7	约 3 月或更长
虎	3～5 岁	全年多次	3～10 天，平均 7.1 天	0.5～3 分/次；3～23 次/天	93～111	1～7，平均 2～3	3～5 月

三、大猫的起源、辐射和扩散历程

豹属的大中型猫类在全世界都有分布，在生态系统中，它们占统治地位。

在欧洲大陆的栖息地上，它们专门捕食大型有蹄类动物。狮（*Panthera leo*）是现代猫科动物中进化得最为成功的种类。它们的演化在第四纪达到了顶峰，曾广泛分布于非洲、欧亚和北美洲大陆。在最后一次冰期时代它们还一度侵入南美洲的中南部。同时在狮子的进化历程中也分化出了许多形态来适应各大洲不同的气候、环境条件和猎物基础，如著名的洞狮（*Panthera spelaea*）和美洲拟狮（*Panthera atrox*）。

目前的古生物学证据显示，最早的大型猫科动物（豹属）化石出土于非洲的坦桑尼亚，在地质年代上属于上新世中期，距今已有 350 万年的历史。这种大型猫科动物在形态上具有很多现代狮的骨骼学特征，大部分学者将其视为最古老的狮类动物（Lion-liked *Panthera* sp.）。随后又在东非发现了距今 180 万～170 万年前的早更新世的狮子化石。中更新世的早期，狮子已广布于非洲大陆的东部和南部。与此同时，化石记录显示起源自非洲的狮子已开始进入欧亚大陆。到了更新世中晚期，狮子已扩散到欧洲大陆、英伦群岛、亚洲的中东地区、西伯利亚、中国北部（周口店）和西南亚的大部分地区。这类大型猫科动物的扩散、辐射能力是惊人的。例如，狮子从欧亚大陆的西伯利亚经白令陆桥迁徙至北美洲的阿拉斯加仅仅用了 100 年时间，到了最近的一次冰期时代，狮子又从北美洲侵入南美洲的中南部。

在形态上，从东非发现的早更新世的狮化石（下颌骨、髋骨、股骨）已与现代狮无异。这表明狮类（实际上其他猫类也是如此）在质量性状的进化速率较慢，但却有着较快的形态尺寸的进化速率。在欧洲维拉方期中晚期所发现的洞狮化石，在颅骨和牙齿尺寸上都要平均地大于现代非洲狮。最近有人通过颅骨和牙齿尺寸的大小，准确地推算、复原出洞狮、巨型美洲豹的生活形态。更新世晚期的美洲拟狮，在体型上已相当巨大，它们具有比例上较大、较细的肢骨，在头骨和牙齿上也与洞狮有差别。总体而言，形态尺寸的变化是狮类演化中的焦点。此外，鬃毛的演化也引起了许多学者的兴趣。就目前的观点看，欧洲石器时代先民所作的岩画显示，早期的狮子是没有鬃毛的，这些狮子被称为“无鬃狮”（Maneless forms），这包括了洞狮和美洲拟狮。直到 1 万年前，无鬃狮还生活在欧亚和新大陆（北美洲和南美洲）。

在狮类种群繁盛的地区，其他猫类总是相对处于劣势。比如在欧洲和北美洲所出土的狮类化石，在数量和地点上往往要远大于同一时期的豹、美洲豹、美洲剑齿虎和锯齿虎。狮类并没有扩散到东亚，这很可能是由于东亚的山地森林（封闭型生境）不适于狮类这样的集群动物生存，而更适于另一个崛起的大型豹属动物——虎。化石证据表明，虎与狮在辐射、扩散过程中，总是采取生态位的分离来避免直接的进化竞争。虎倾向于封闭型生境，狮倾向于开放型生境。

虎由占食肉动物进化来。大型食肉类在距今700万年的新生代第三纪上新世出现并逐渐发展。古食肉类中的猫形类进化出多个分支，其中一种是古猫类，古猫类又分化为恐猫、真剑齿虎类和真猫。经过第四纪冰川期，只有真猫类存活下来，分化为猫族和豹族两个分支。现在的虎就是从真猫类中的豹族演化而来。在虎的各个亚种中，华南虎是各亚种的祖先，它们的头骨结构最接近于原始的虎。

关于虎的起源，有学者提出，虎起源于亚洲东北部，逐渐向南发展，从我国东北地区分化为向西、向南两大主流（谭邦杰，1981）。在1998年，国际野生生物保护学会（WCS）也提到，老虎自100万年前从中国南部起源。近百年来，中国各地陆续发现了大量的虎化石，其中地质年代最古老的是古中华虎化石，属于晚上新世或早更新世，距今约200万年以上。此后，这样的化石还相继发现于陕西蓝田和甘肃东乡（邱占祥，1998）。虎化石的出土地点和地质年代表明，虎自黄河流域中部起源以后，便很快地向四面八方扩散（马逸清和解焱，2010）。

豹是豹亚科中分布最广泛，数量最多的一种，分布于亚洲和非洲的广大地区，适应从寒温带到热带的不同气候及从森林到草原的不同生存环境。雪豹分布仅局限于亚洲的高原和高山地区，是仅有的分布于高海拔地区的大型猫科动物。雪豹外形似豹而毛较长，尾巴也长，是高山上的顶级捕食者。美洲虎或称美洲豹是美洲仅有的大型猫科动物，体型介于虎和豹之间，花纹似豹而斑点较大，环形斑中还出现黑点。美洲虎是拉丁美洲体型最大、最凶猛的食肉动物。

从18世纪的林奈时期开始，到20世纪初，动物学家根据形态学而命名的豹亚种多达27个。然而，直到近年的分子遗传学研究兴起，在1996年，Miththapala等利用分子遗传学手段，确立其中8个亚种是有效的。2001年，Uphyrina等又进一步添加了一个亚种（阿拉伯豹），总共9个有效亚种。

四、乱伦的种子——狮虎兽、虎狮兽和豹狮兽

猫类的染色体数目，均为$2n=38$，只有南美豳猫或虎猫属（*Leopardus*）为36，是唯一的例外。这可能是由于两个较小的染色体结合成了一个较大的染色体（Vella，2002）。由于狮、虎、豹等猫科动物染色体数目相同，它们存在杂交并产生后代的可能。

狮虎兽（Liger）又被称为“彪”，是雄狮与雌虎杂交后的产物，因此与狮子和老虎一样，同是猫科、豹属的一员。雄虎与雌狮杂交后的产物，称为虎狮兽（Tigon）。狮虎兽的外形表现出亲代双方的体态特征，其体型和毛色与狮子相近，头部和尾部的斑纹、条纹又与虎类似。雄性狮虎兽具有像雄狮一样的长长

的鬃毛，非常显眼。虎狮兽则与之相反，其头部像狮、身体似虎，雄性虎狮兽也有类似于雄狮的鬃毛。

在自然环境中，狮和虎的栖息地很少重叠，狮虎兽和虎狮兽主要是人类影响或主使之下交配的产物，在自然条件下基本没有可能发生。由于种群差异，虎与狮交配是完全违反自然法则的行为，有悖生命的伦理道德，常常与“乱伦”相提并论，也可以说是让动物做出完全违背其本能的行为。因此怀孕的概率极低，虎狮兽存活的几率更是微乎其微。据报道，狮、虎受孕的成功率也仅为1%～2%，幼兽由于先天不足等原因，成活率仅为50万分之一。狮虎兽和虎狮兽极其罕见，有关资料显示，目前世界上存活的狮虎兽、虎狮兽只有8～10只。

雌性狮及雄性虎会把控制生长的遗传基因传给后代。狮虎兽却是雌虎与雄狮的后代，等于缺少了这一条可以控制生长的基因，所以生长不受控制。狮虎兽由出生起会不断生长，直至它的身体不能承受为止。因此狮虎兽的体型比狮或虎都要大。

雄性狮虎兽不能生育，而雌性大多可以。它们可与雄狮交配产生“狮-狮虎”或与雄虎产生“虎-狮虎”，但都很短命。

关于狮虎杂交后代的最早记载，是1837年印度赠送给英国维多利亚女王的一只虎狮兽。20世纪20年代末，英国伦敦动物园成功繁殖并饲养了一只狮虎兽。20世纪30～60年代，在英国曼彻斯特也饲养了两只狮虎兽。

2002年8月，我国的第一只虎狮兽出生在南京红山森林动物园，但出生后第7天便夭折了。2002年9月，福州国家森林公园内降生了3只虎狮兽，其中2只幼崽，出生后不久便夭折，剩下的“花花”在饲养员的精心照料下存活了113天。2003年3月出生于长沙世界之窗的虎狮兽“崽崽”存活了206天。2004年6月27日，海南热带野生动植物园内的雌虎“欢欢”产下1只狮虎兽“早早”，但“早早”只存活了约52个小时。2005年5月2日，“欢欢”又成功产下一雄一雌2只狮虎兽，分别是“平平”和“安安”，在人工抚养的条件下创造了国内狮虎兽存活的最长纪录。同年，“欢欢”又产下3胞胎，但其中的2只出生后就死亡了。2005年5月12日，深圳野生动物园内诞生了2只虎狮兽，雄性为“瑞瑞”，雌性为“珍珍”，它们的存活时间均超过207天。2006年3月23日，海南热带野生动植物园内的雌虎“欢欢”又成功产下两雄两雌4只狮虎兽。通过上述事例可以看出，尽管狮与虎可以交配并成功产下后代，但是其幼崽的存活率很低，幸存下来的往往也只能生存很短的时间（蔚培龙，2010）。

豹狮或豹狮兽（Leopon）是雄豹与雌狮杂交后的产物，其头部像狮子，而身体则长有豹斑，体型比豹子大，喜欢攀爬和戏水。多是人类影响或主使之下的产物，而不是自然交配。1910年，印度的一家动物园曾繁育出一只豹狮兽。到了1959年，日本西宫市的甲子动物园也声称培育出豹狮兽。产生了雄豹狮兽一只，雌豹狮兽两只。豹狮兽的体形，一般跟豹子差不多，只是雄豹狮兽能长出 20 厘米长的鬃毛。最后的豹狮兽于 1985 年死亡，在此之后，还没有关于新的豹狮兽出生或发现的报道。

除上述狮虎兽、虎狮兽、豹狮兽外，生物学家还创造了其他各种大型杂交猫科动物，包括美洲虎豹（美洲虎和美洲豹的交配种），以及狮子和美洲虎豹的交配种。狮、虎、豹之间可以互相交配，产下后代，进一步说明了它们之间有很近的亲缘关系。在几百万年的进化过程中，它们的“分异”并不是特别大。

五、雪豹的归属

雪豹的归属一直存在分歧（详见第五章、第六章）。史瑞博（Schreber）早在 1775 年根据在土库曼斯坦和伊朗发现的雪豹标本将其定名为 *Felis uncia*。过去，豹属中的动物都隶属于猫属，比较混乱。欧肯（Oken，1816 年）根据豹类形体有别于猫属中的其他种类而另立豹属。波考克主要根据它们的体形大小与舌器构造的不同，又提出豹亚科中应分为二属，即豹属和雪豹属（Pocock，1919 年）。而后来辛普森将狮、虎、豹、雪豹、美洲豹、云豹统列入豹属（Simpson，1945 年）。埃勒曼又总结了前人的看法，将古北界的狮、虎、豹和雪豹 4 种动物列入豹属（Ellerman，1945 年）。豹属中的动物体形较大，骨骼形态极其相似，舌骨构造，以及吼叫音响、进食姿态等生活习性有别于猫属，而且它们在人工饲养条件下可以相互交配，甚至可以产出杂交种，说明它们亲缘关系还是相当近。故认为将狮、虎、豹、美洲豹等划为豹亚科豹属较为适宜。

图 2-3　雪豹是 200 万年前喜马拉雅造山运动的产物，关于它的分类地位一直存在争议

雪豹是喜马拉雅造山运动的产物（图 2-3）。对其分类地位，目前尚未得到科学家的一致认识。早期的分类观点认为，豹和猫不分开，都列入猫属。后来的“大猫”统归于豹属，由虎、豹、狮和美洲豹组成。普遍认为雪豹不能归于豹属，应单独立为雪豹属（Gray，1854 年）。最近，在虎、豹、云豹、雪豹的系统发生关系上，尽管有些学者坚持主张将云豹、雪豹、金钱豹“三豹”分别另立为不同的属，但还是有学者认为它们之间的亲缘关系很近，可以同归于豹属。

绕来绕去，不得其解。

近代，国内外一些学者仍沿用雪豹归于猫属，如辛普森（Simpson，1945年）、郑作新（1982）等。其中，有的还认为应在猫属内将雪豹列为一个亚属。埃勒曼等结合了一些前人的看法，把大型猫类——雪豹、豹、狮、虎列为豹属，其下又逐种分别列为四个亚属（Ellerman et al.，1951年）。雪豹列在豹属中得到许多学者的承认，我国大部分也采用这个观点。

波考克经过研究比较，把大型猫类在猫科下设立了豹亚科，下隶二属（Pocock，1917年），即豹属（*Panthera*）和雪豹属（*Uncia*）。主要是依据它们舌骨骨化不完全和舌骨具腱的长短而设立的。

雪豹在体形、头骨、牙齿和骨骼形式、构造上均似豹属。但是，雪豹的舌骨基本上骨化了，而豹属动物的舌骨中部为韧带性软骨。狮、虎等动物大声吼叫，雪豹却只能嘶嚎。雪豹的吻端部侧观似为圆凸状，而豹属动物较垂直。雪豹鼻端毛区能超过鼻孔部分，而豹属动物则裸露。雪豹的足趾足垫间长有较浓密的硬毛。在进食的姿态上，不像豹属动物趴着撕咬着吃，而是蹲着用前脚爪来抓食物吃。在饲养条件下，雪豹繁殖较困难。另外，雪豹与虎、豹等动物很难进行杂交，且没有产生过杂交种。而狮、虎、豹、美洲豹之间能够进行杂交，并且有杂交种记录。为此，我们可以将雪豹看做是大型猫（狮、虎、豹等）与小型猫（金猫、豹猫等）之间的一个过渡类型，单列为一个属较为适宜（高耀亭等，1987）。

第四节　剑齿虎的故事

大约在2亿年前，一类被称为哺乳动物的新型动物开始在地球上出现。最早的哺乳动物几乎是和恐龙同时出现的，它们体形极小，以昆虫和植物为食，看起来像老鼠。但是和恐龙不一样，在此后长达1亿多年的时间里，它们都没有发生太大进化。6500万年前，恐龙在小行星撞击地球的劫难中消失。然而，一部分哺乳动物却幸存了下来。没有了大型动物的压迫，它们抓住机会，开始了飞速的进化历程，从而迅速占领了恐龙留下的空白。它们有的进化出了庞大的身躯，有的学会了爬树，有的学会了飞行，还有的进入了海洋……如此多样的生存方式，使哺乳动物很快成为地球上的新一代霸主。其中就有一类，它们进化出了坚硬的牙齿、粗壮的四肢、锋利的爪子，逐渐成为地球上的佼佼者。它们就是剑齿虎。

一、剑齿虎亚科动物

剑齿虎亚科动物从早中新世（距今约2330万年）一直生存到更新世末（距今约1万年）。在整个中新世和上新世，栖息在北美洲、欧洲和非洲。至上新世已扩展到亚洲，在更新世存在于北美洲和南美洲。

科学上剑齿虎的概念基本上可以分为狭义的和广义的两种。狭义的剑齿虎一般指在分类上隶属于猫科的种类，剑齿虎属的几个种，而更狭义的剑齿虎概念则仅指剑齿虎族的一些种类。它们虽然不是现代虎的直接祖先，但也算是与其亲缘关系最近的一族了。广义的剑齿虎则包括所有长有剑齿的动物，因此它们有时也统称为“剑齿动物”。从原始的鬣齿兽类和有袋类，到食肉类中的猎猫类及猫科动物中，都可以找到它们的魅影。这在生物学上是一种“趋同进化”的现象。

一般来说，狭义的剑齿虎多指短剑剑齿虎（*Machairodus*），是大型猫科动物进化中的一个旁支，生活在中新世至更新世时期。剑齿虎长着一对和其他猫科动物相比较长的犬齿，故得名，但远小于刃齿虎的剑齿。

更广义的大众概念则可以指所有剑齿猫科动物——剑齿虎亚科动物，包括副剑齿虎、剑齿虎（短剑剑齿虎）、似剑齿虎（锯齿虎）、异剑齿虎（异刃虎）、后猫、恐猫、巨颏虎（巨剑齿虎）、刃齿虎（美洲剑齿虎）等。其中以刃齿虎（*Smilodon*）最为著名，剑齿最发达。它是北美洲和南美洲的一种短腿的大型猫科动物，比现代狮子粗大得多。巨大的上犬齿长达20厘米，可能是用来刺击乳齿象之类的大型草食动物。

剑齿虎曾生活在亚洲、非洲、北美洲等地，在中国也有大量化石出土。但化石数量出产最多的和骨架最完整的地方是美国，说明其可能广泛分布在美洲大陆上。

二、剑齿虎的演化史

猫科动物的演化历史，经过古生物学家近两个世纪的追索和研究，其大致轮廓现在已经比较清楚了。现在猫科动物可能也是从渐新世（距今3400万～2400万年）中期的原猫（*Proailurus*）或中新世时期最早的假猫（*Pseudailurus*）中产生出来的。到了上新世初，在距今大约400万年，首先出现了猞猁的祖先。到距今大约200万年时现生猫科动物（猫、狮、虎、豹等）就都出现了。最早的真正的虎的化石在我国距今大约200万年的地层中发现（邱占祥，1998）。

说到虎，自然会使许多人想到剑齿虎。既然它也被称为“虎”，那么它是不是真正的虎？或者说，它和真正的虎究竟是什么关系？这个问题不但使一般人感到迷惑不解，其实对于古生物学家而言，也曾经是个大伤脑筋的问题。刚开始发现时，只有单个的军刀状的大犬齿，以至古脊椎动物学的奠基人居维叶（G. Cuvier）也犯了一个不小的错误，把它定为一个熊的新种。后来，剑齿虎常被认为是长着獠牙的狮子，这也是不对的，其实两者大不相同。剑齿虎的体重是现代狮子的两倍。它的后腿和尾巴非常短小，更像是一只体格健壮的灰熊。与剑齿虎关系最近的并不是狮子或猎豹这样擅长奔跑的猎手，而是速度较慢的美洲豹。通过对牙齿和骨骼等的长期研究，古生物学家们开始认为我们通常所说的剑齿虎，亦即狭义的剑齿虎等，和猫科的系统关系很近，可以把它归入猫科或猫超科，作为猫科或猫超科中独立发展的一支。

剑齿虎从中新世晚期开始突然大量出现在欧亚大陆、北美和北非。其化石无论在种类和数量上，都远远超过了当时其他的猫科动物，成为食肉目中演化最为成功的一类。在欧亚大陆它们一直生存到里兹冰期之前，在大约距今 20 万年时灭绝。在美洲它们一直残存到更新世末，即距今 1 万年左右才最后从地球上完全消失。

在开始阶段，当化石还很不完整的时候，古生物学家曾经把所有具有“剑齿化”上犬齿的动物都称为剑齿虎。但现在已经弄清楚了，在过去的 5000 万年中，至少发生了 4 次不同种类的“剑齿虎”的平行进化现象，也就是广义上的“剑齿虎”的趋同进化（邱占祥，1998）。

（1）南美洲阿根廷上新世地层中的“袋剑齿虎”（*Thylacosmilus atrox*）就发育着与剑齿虎几乎一模一样的上犬齿，但其他牙齿和头骨特征表明它属于有袋类，而非有胎盘类动物（Riggs，1934）。

（2）已经绝灭的肉齿目（Creodonta）。在北美洲始新世中晚期出现了和剑齿虎相似的动物，如“类剑齿虎”（*Machaeroides*）（Matthew，1909）和 *Apataelurus*（Scot，1937）。它们虽然也向食肉方向适应，但比真正的食肉目动物要原始得多。它们不是仅有一对裂齿，而是有多对。这样一来，其切割作用无法集中在一对裂齿上，因此不是一种很成功的适应。

（3）食肉目（Carnivora）的一些非猫科动物，如渐新世的伪剑齿虎（*Hoplophoneus*）和始剑虎（*Eusmilus*）（Matthe，1910；Piveteau，1948），中新世晚期的“巴氏虎”（*Barbourofelis*）（Schultz et al.，1970）和中中新世的“桑桑剑齿虎”（*Sansanosmilus*）（Beaumont and Crusofont-Pairo，1982），它们与猫科剑齿虎一样发育了弯曲扁平的上犬齿，但听泡与猫科不一样，没有分室，统属于“假剑齿虎科”（Nimravidae）。

（4）猫科剑齿虎，如 *Miomachairodus*、*Machairodus*、*Paramachairodus*、*Homotherium*、*Megantereon*、*Dinobastis* 和 *Smilodon* 等，出现在中新世晚期至更新世

期间。该时期的剑齿虎种类繁多分布广泛，除大洋洲（澳大利亚）及南极洲外，几乎所有的大陆均发现了剑齿虎。美国加利福尼亚州的沥青湖中发现了多达166 000件的加利福尼亚州刃齿虎骨骼标本，至少代表了2500个个体，其繁盛程度可见一斑（Mestel，1993）。

猫科剑齿虎是一类形态特化的绝灭食肉类动物，繁盛于新生代中晚期，广泛地分布于欧、亚、非和南北美洲，是中晚新生代哺乳动物群中的常见代表（刘金毅，2004）。在剑齿动物生活的时代，它们并不是唯一的食肉动物，但它们却是其中最成功的一类，这与它们自身所特化出的精良的装备有着密切的关系。

剑齿锋利——猫科剑齿虎的上犬齿是其最典型也是最有力的武器。不管是短弯刀状，还是短匕首状；不管是锯齿边缘，还是光滑边缘；不管是用于一剑封喉，还是用于撕咬肌肉，每一种剑齿虎都特化出一对适合于自己的上犬齿。不同时期，各自演化出不同的犬齿。它们的上犬齿最长可达20厘米，纵然口合起来，其犬齿仍然清晰可见。

肌肉发达——大部分剑齿虎的肌肉都非常发达，尤其是头部、颈部、四肢和腰部。头骨中部的矢状嵴可以附着增强咬合力的肌肉，粗壮的颈部也可以辅助“剑齿”快速准确地完成撕咬等动作。为了捕获更大型的猎物，剑齿虎家族的体形也越来越大，以增加力量。

四肢粗壮——剑齿虎的四肢在捕猎的过程中起到了很大的作用。四肢粗壮可以使它们在肉搏任何一种肉食动物时都占据上风，而不同的剑齿虎又进化出不同的特征，有的四肢适合快速奔跑追赶猎物，有的前肢长可以攀爬以扩大狩猎范围，有的后肢短粗可以在肉搏时站立支撑身体等。

爪子锋利——猫科剑齿虎类的爪子都十分锋利，而且可以自由伸缩。行走时可以收缩，不会被折断；搏斗时可以伸长，抓握和撕裂猎物的皮肉。另外，它们的四足都发育有厚实的肉垫，可以消减行走时的声音，慢慢地靠近猎物而不被发觉。

集群生活——集体的智慧是无穷的，化石记录显示，部分剑齿虎很可能是集群生活。这样可以提高猎食效率和抵御外敌的能力。而且老幼病弱个体可以得到保护和照顾，使得种族得到更好的延续和发展。

这些特征，有助于剑齿虎快速有效地猎取食物，促进种群不断地扩大发展，从而称霸一方。

三、“剑齿”作用的三个假说

剑齿虎军刀状的上犬齿究竟有什么作用？古生物学家为此伤透了脑筋。美洲剑齿虎化石的材料非常完整，对它的解剖特征研究得也最为详尽，但至今对其剑齿化的上犬齿的作用科学家仍然未达成共识。

剑齿虎的上犬齿几乎所有可能的使用方式都被提了出来。有人认为剑齿虎的上犬齿就像开启罐头的刀一样，是适应于捕杀披有盔甲的雕齿兽（Glyptodonts）的产物（Brandes，1900）；也有人曾提出匕首状上犬齿是用来辅助爬树的；还有人将剑齿虎的上犬齿与海象（walrus）的牙齿进行类比，推断剑齿虎是适应于水生环境的；也有人提出剑齿虎的上犬齿是其紧闭上下颌时用来刺杀猎物的（主要针对 *Smilodon*）；还有一些人则认为匕首状上犬齿是用来切割动物的肉体的；多数人认为剑齿虎的上犬齿就像刺刀一样，是用来刺杀猎物的。当然，有人认为剑齿虎的上犬齿甚至对自己的进食产生不利的影响，大块肉将无法通过两个上犬齿而被送入口中（Scott，1937）。有人甚至提出剑齿虎的绝灭正是由无法获得足够的食物所引起的（Matthew，1901）。

瓦伦是研究剑齿虎上犬齿形态功能意义的第一人，他指出剑齿虎加长的上犬齿可以用做捕杀猎物的武器，刺杀猎物，也可以利用头部向后牵引而切割、撕裂猎物的皮肉。经过长时间的研究和讨论，后来，逐渐衍生出了关于“剑齿”作用的三种假说。

第一种假说，也是早期提出的一种观点——“刺杀说”。首先提出这一假说的是美国人瓦伦（Warren，1853）。按照这种假说，剑齿虎用它的军刀状的上犬齿来刺杀大型厚皮动物，如象类。刺杀时剑齿虎将嘴张大，使下颌完全离开上犬齿（上下颌张开的角度不小于150°），猛扑上去，用上犬齿在捕获物的致命部位（如脑后或颈部）猛刺下去，使其迅即毙命。目前绝大多数古生物学家，特别是美国古生物学家都赞成此说。

第二种假说是“撕裂说”。认为剑齿虎是食尸体的动物，其上犬齿只能用来撕裂已死动物的腹部。其主要支持者是瑞典人步林（B. Bohlin）。他反对“刺杀说”的理由如下。①剑齿虎的上犬齿弯曲度太大，非常容易折断。特别是当剑齿虎嘴巴张得那么大时，两眼的视线必被自己的吻端阻遮，无法准确选择刺入点。如刺入点误着骨骼部分，折断的概率将是极高的。生物进化是不会选择这种高危险度的特征的。②剑齿虎极可能是群居并集体觅食的动物。在美国加利福尼亚州一个地点发现的化石不下3000个个体，远比该地点任何其他一种草食类动物的化石都多得多。这种比例关系很像是以尸体为主要食物的鬣狗和草食动物的比例关系。所以剑齿虎更可能是食死尸的动物。它的长而弯曲的马刀式的上犬齿不适于刺杀，倒是非常好的切割或撕裂皮肉的武器。

第三种假说是美国人阿克斯滕（W. A. Akersten）最近提出的“咬撕说”。他认为，上述假说共同的不足之处是把剑齿虎下颌的作用忽视了。他观察到剑齿虎的下颌很粗壮，而且下门齿和犬齿都有使用的痕迹。因此，他认为下颌在摄食时应该是积极参与的部分。他所设想的情景是，一群剑齿虎先在捕猎对象中选择病、弱、老、幼者，一部分剑齿虎设法把部分捕猎对象引开。其中一个剑齿虎迅速接近选中的猎物，利用身体的力量将其扑倒在地，立即用上下颌一起咬住并撕裂它的腹部。然后不等其同类救援者返回就跑开，等到已受重伤的猎物已无力逃跑而其同类又弃之而去时，整个剑齿虎群再返回群食之。这种猎食方式和现生科莫多巨蜥（*Varanus komodoensis*）很接近。

此外，还有人提出剑齿虎是一类专以吸血为生的嗜血者等（邱占祥，1998）。且不管这“剑齿”到底是哪一种用途，其气势逼人、锋利无比的特性却是毋庸置疑的。靠着锋利的牙齿，获取食物、吓退敌人想必是其繁盛一时最有力的武器。

四、加州沥青湖事件

美国国家地理频道曾报道，在洛杉矶郊区的拉布雷亚（La Brea）沥青坑是世界上最不寻常的化石遗址之一。这个地方虽然并不大，却已经出土了400多万件标本，小到啮齿动物，大到长毛象，种类众多。不过，最让这个沥青湖闻名于世的却是另外一种动物——剑齿虎，这里先后复原了2000多只剑齿虎的标本，使其不断地成为人们关注的焦点。

100多万年来，一直占据统治地位的剑齿虎却突然不得不面对灭绝的危险。沥青坑中的化石显示，那场灾难威胁到了许多物种。许多动物都和剑齿虎一样遭到了灭顶之灾。当时刚好是上一个冰河时代末期。在漫长的10万年里，地球上的气温要比现在低5～10℃。但是11 000年前，全球气候却开始变暖。美国西南部及加州南部变得越来越热，气候也越来越干燥，原来的植被逐渐被沙漠植被所取代（吴森，2006）。

沥青湖内物种之丰富令人叹为观止。已确认的350万件动植物化石，至少包括231种脊椎动物、234种无脊椎动物和159种植物。至今挖掘出的骨化石总重量已超过100吨。它们像矩阵一样层层堆积。仅4号沥青坑就发现了174匹狼、90只剑齿虎、14匹马、8只骆驼和7头狮子的骨骸化石，拉布雷亚沥青湖因此被称为世界上最丰富的冰河期物种化石研究宝库。

在91号沥青坑中，科学家发现95%的哺乳动物骨骼来自7种动物：西部野马、古野牛、身高2米的陆地树懒、惧狼、剑齿虎、北美狮和山狗。除了山狗，其他动物现都已灭绝。但由于沥青的迅速掩埋作用，它们被完整地保存下来。

沥青湖中为什么会有如此多的动物？2000多只剑齿虎又是怎样掉进湖中的呢？这一直是个谜团，科学家也在不断地研究，试图解开这个谜团。

随着季节的转换，沥青湖在不同的时期呈现出不同的样子。雨季到来，雨水积在湖面上，显得碧波荡漾。这个时候，沥青湖就真像一个湖了。剑齿虎会不会是真的把它当做一个浅湖，在喝水的时候误入湖中呢？这并不是没有可能。雨季刚刚到来，雨水积累在湖面上，由于地势的原因，湖水并不是很深。长途跋涉后的剑齿虎群饥渴难耐，看到眼前有一片清澈的湖水，于是它们在事先没有探路的情况下，做出了错误的决定，大群的剑齿虎开始向湖中跑去。前面的个体，刚进入湖中一段距离，四肢就开始陷入沥青中，无法动弹。而后面的大部队，看不到前面的情况，加上饥渴难忍，它们只管不停地向前拥挤，使一波又一波的虎群进入湖中。它们踩着自己的同伴向湖中奔去，最先进入湖中的虎群，被踩在脚下当垫板，使得后面的群体不停地前进。而它们则慢慢地被沥青所淹没。悲剧不断地上演，而且越演越烈。数以千计的虎群正陷入沥青的深渊，当它们意识到自己危险的处境想要撤退时，却已经来不及了。一部分同伴被湖水和“沼泽”淹没，大部分的群体则深陷“沼泽”之中，越是挣扎反而越陷越深。慢慢地，当一切都恢复平静的时候，凌乱的泥潭中早已不见了虎群的身影，它们被无情的沥青吞噬、被历史收藏。也许湖边还有一些排在队伍最后，还没轮到进入湖中的个体，想必，看到这样的情景它们也没有了喝水的心情，更多的则是无比的沉痛与无奈。

有的人说，也许剑齿虎到达这里的时候并不是雨季，而是旱季。它们不是因为喝水误入湖中的，可能还有别的原因。

旱季降临，湖水蒸发掉，沥青被晒干，远远地看去就是一片光滑的陆地。或许由于受到太阳长久的炙烤，湖面尚能承受一些力量，但是重量过大，湖面就会崩溃，成为一片泥潭。在旱季，环境恶劣，食物资源紧缺，食肉动物开始四处奔波，寻找食物。为了躲避天敌的追捕，野马、野牛、骆驼等草食者开始寻求团队合作、集群活动，来增加防御，减少被捕食的概率。陆地霸主剑齿虎，面对食物紧缺、不易捕获的境遇，也开始集群生活，共同捕食成群的野生动物。也许，在数万年前不经意的某一天，数千只剑齿虎组成的虎群，遇到了迁徙的牛群。于是，一场惊心动魄的追逐大战将要上演。牛群发现了不远处正在隐蔽靠近的虎群，马上就开始成群结队地向前奔跑。虽然剑齿虎可能不太善于长距离奔跑，但是，在这恶劣的环境下，面对得来不易的大群猎物，怎能不追呢？虎群也开始加紧步伐，紧追牛群。也许它们都是这一地区的外来者，对这里的地形并不熟悉。它们逐渐跑到了沥青湖附近，牛群首先冲进了湖中，当它们跑进一定距离时，湖面开始塌陷，牛群大片地倒在湖里，不断挣扎。后面追来的虎群，看到前方猎物无法继续前进，由于长时间没有捕到足够的猎物，饥肠辘辘的虎群没有多加思索，毅然冲入湖中，享受这上天赐予的美食。然而，进入湖中的虎群，也很快被沥青包围，四肢深陷其中，身体慢慢下降。很多剑齿虎被沥青掩埋，死于湖中，但后面的虎群仍然前赴后继地朝沥青湖奔去。原因都是经不住那湖里美味食物的诱惑。结果无一例外地都葬身于沥青湖底，为沥青所吞噬。

也许不是剑齿虎追逐牛群，而是剑齿虎看到了误入湖中牛群的尸体，才进入其中，想要饱餐一顿，反被沥青“吃掉”。也许这么多的剑齿虎个体并不是同时坠入湖中，而是经过长年累月的积累，一次又一次重复着同样的悲剧，大量的剑齿虎葬身湖底。也许，是因为环境的改变，由于某种特大的自然灾害，剑齿虎成群结队地来这里避难，不小心掉入湖中。也许剑齿虎集群在此，准备繁殖后代，结果却发生了意外，被沥青湖给破坏。也许是环境的剧烈变化让它们无法承受煎熬，失去了继续生存的勇气，于是选择了集体自杀。也许……大自然有着太多的也许，充满着无数的疑问。想要弄清这一个个为什么也许不是一时半会所能解决的，需要一代又一代的考古学家、动物学家去不断地研究和探索。

看到这一情景，有人不禁要问，既然数千只的剑齿虎都掉入了湖中，想必当时沥青湖的面积也达到一定规模了。那为什么没有恐龙掉入湖中呢？迄今为止，科学家都没有在沥青湖中发现恐龙的化石。

原来数百万年前，拉布雷亚沥青湖地区一直沉睡在太平洋底。恐龙灭绝很长时间以后，约 10 万年前，这片地区才由于地壳运动成为陆地。又经过了几万年，地下的原油通过裂缝渗漏出来，并逐渐形成了焦油沥青沉积层，逐渐演变成了后来的沥青湖。这样，才发生了有名的沥青湖事件。

五、剑齿虎覆灭记

几个世纪以来，科学家们一直在探究上一次冰期动物大灭绝的原因，并且提出了多种观点。其中最具说服力的观点有两个：一是人类的活动造成了大型动物的灭绝；二是气候的变迁促使了大型动物的消亡。但直至今日，仍没有哪个观点明显占上风。

古生物学家弗吉妮亚说：“我们身边的美洲豹四肢短小、粗壮，因此不可能是奔跑高手，所以狩猎时，它不得不隐藏起来，悄悄靠近猎物，然后突然出击。相比较而言，剑齿虎的身体更大、更笨重，肌肉也更加厚实。如果美洲豹都跑不快，剑齿虎就更不用说了，所以更要依靠伏击，必须到最后一刻再扑向猎物。”

从上个冰河时代末期起，美国西南部及加利福尼亚州南部就变得越来越热，气候也越来越干燥，原来的植被逐渐被沙漠植被取代。尽管剑齿虎生来就是伏击高手，但在干燥空旷的大地上，可供隐蔽的地方不多，剑齿虎空有一身伏击技巧却很难有用武之地。它必须追捕猎物，但速度又跟不上。

冰河时代结束时，剑齿虎的许多猎物都消失了，很难再找到独居的攻击目标。大部分动物，如野牛都会成群生活，寻求保护进化出了新型强大的防御机制。所以尽管眼前有许多猎物，对于身怀绝技的伏击猎手而言，想得到这些美味却是困难重重。就这样，天生的突袭和捕杀高手陷入了困境（吴森，2006）。

除了气候变化这一因素之外，也不能排除人为因素导致大型动物灭绝的可能性。人类这样一个杂食动物，繁衍速度之快，就像老鼠和蝗虫一样传播、蔓延、危害巨大，可能是剑齿虎类动物灭绝的主要原因（图 2-4）。不断有人著书撰文，将批评的矛头直指人类，认为这场大灭绝是人为因素引起的。比如，人类活动引起动物栖息地环境的变化，导致大灭绝的发生；人类带去的疾病造成了大型动物的大规模死亡；人类的集体狩猎行为……其中，美国亚利桑那大学的保罗·马丁提出了“闪电战”（“大屠杀”）的观点。他宣称，“生活在上一次冰期的人们无论走到哪儿，都会立刻影响到当地的原始生态环境，并且残忍而迅速地杀灭大型动物”。

图 2-4　人类迅速繁衍，是造成猛犸象、剑齿虎等大型动物灭绝的罪魁祸首

但是，这两者中哪一个是主要因素？或者还有没有其他的因素？比如，气温和降雨的变化、动物栖息地遭人类破坏、栖息地的自然改变、森林大火、异域掠食者和竞争者被有意或无意地引入、疾病及由一个或一些物种的灭绝所引发的其他动物灭绝（“瀑布效应”）（魏明，2005）。所谓瀑布效应，即信息发出者的心理比较平静，但传出的信息被接受后却引起了不平静的心理，从而导致态度行为的变化等。这种心理效应现象，正像大自然中的瀑布一样，上游平平静静，而遇到了某一峡谷就会一泻千里。之所以会出现“瀑布效应”，其中一个原因是，当一个或一些物种灭绝之后，以这个或这些物种为食的其他物种也就难以存活下去了。

总之，灭绝事件从来就不是什么简单的现象，其中肯定蕴涵着许多复杂的因素。也许，气候改变引发的大规模植被变化已经为其敲响了丧钟，而人类的活动又给了其致命一击（杨睿和赵祺，2005）。

2009 年，英国《新科学家》杂志公布了一份最有希望复活的灭绝生物名单，剑齿虎赫然上榜。从洛杉矶的拉布雷亚沥青坑里获得的保存下来的剑齿虎标本中，蕴藏着剑齿虎的 DNA。但是焦油使提取 DNA 的工作变得非常困难。因此，至今还没有人分离出剑齿虎的 DNA 序列。但是，如果获得一个合适的基因组，剑齿虎的近亲非洲狮将是一个不错的卵子捐献者和代孕妈妈。或许有一天，这种长着巨大獠牙的神话般的动物，会实实在在地出现在我们的身旁，成为一道惊世骇俗的奇观。

第五节　猫科动物的命运

讲完剑齿虎的故事，意犹未尽。往事不堪回首，现在猫科动物的生存状况如何（图 2-5），又是一段令人黯然泪下的记忆。短短 100 年，又有许多猫科动物在我们的视线中消失了，新疆虎、新疆豹、华南虎、亚洲猎豹、远东豹等，这些事情就发生在我们身边。我们这一代人见证了社会的变革、人类生产力质的飞跃，也见证了人口迅速膨胀、地球千疮百孔般地被蹂躏，环境危机、生态危机、生物多样性危机，许多物种走向灭亡。

图 2-5　为什么猫科动物都面临同样的命运（高小清 绘）

一、速度冠军——亚洲猎豹

亚洲猎豹或印度猎豹（*Acinonyx jubatus venaticus*）可能已经绝迹。亚洲猎豹为猫科、猎豹属的动物，应该是猎豹的一个亚种。亚洲猎豹曾经分布于非洲北部至印度中部地区的半干旱沙漠或空旷草原、平原、浓密的丛林及其他有猎物分布的生境，一度发现于从印度次大陆、阿富汗、伊朗到阿拉伯半岛及叙利亚共和国。亚洲猎豹体型细长、姿态优美、动作灵活，奔跑时速可达 113 千米，跨越距离 9.1 米，是跑得最快的陆生动物，被誉为“速度冠军”，主要靠其爆发力，迅速出击、冲刺而捕捉猎物，以小型羚羊为主。亚洲猎豹的皮毛短而粗糙，为棕褐色，并被有小而圆的黑色点斑。其头比一般的豹属动物要小，腿长且体瘦，爪钝而弯度小。最大的特点是面部鼻子两侧从眼角至嘴角各有一道黑色条纹。成年亚洲猎豹体长 112～135 厘米，尾长 60～84 厘米，肩高约 1 米，体重为 34～54 千克，雄性略大于雌性。

由于亚洲猎豹性情温顺，很久以前人们便开始捕捉亚洲猎豹幼崽，来人工驯养。虽然已有几千年的驯养历史，但饲养成活率极低，且人工饲养下根本无法繁殖。因此，人工饲养的全部个体都来自野外种群。为获取亚洲猎豹华美的皮毛，人们大量捕杀成年亚洲猎豹，造成亚洲猎豹野外种群数量急剧减少。与此同时，人们过度开垦丛林、草原来发展农牧业，使得亚洲猎豹栖息地大量被毁坏，猎豹的食物数量不断减少。这些都加快了猎豹灭绝的速度。到 20 世纪初，野外亚洲猎豹已经很难被发现。最后一次在野外发现亚洲猎豹的时间是 1948 年，在印度南部，有一窝三只幼年雄性猎豹被猎人杀死，造成亚洲猎豹在印度的野外灭绝。

在 20 世纪 80 年代，有人在伊朗和巴基斯坦边界的无人区见到过猎豹的足迹，但终因没有实物或照片，依据不足而未予正式公布。最后一只笼养的亚洲猎豹是在印度德里动物园，死于 1995 年，在伊朗的达安吉保护区等地也被证实有亚洲猎豹的存在。

2008 年初，有人在甘肃得到的一个完整猎豹头骨化石，全长 18 厘米左右，是世界上已知最原始、最完整的猎豹化石，定名为柯氏猎豹（*Acinonyx kurteni*），属于上新世晚期，距今 250 万～220 万年。但有专家对该化石提出质疑，在 *Science* 杂志中展开讨论。这化石的年代和形态都可说明猎豹起源于旧大陆，而非有些人认为的新大陆。

二、话说“西域豹”

在新疆（古称西域），有关豹子的记述比较多。但在以往的资料中，包括岩画、古籍、诗词、绘画、陶器及其他类型文物等，对豹的外部形态的描写和描绘却相对简单，不足以确定其属于哪个物种。暂且先将其统称为“新疆豹”或“西域豹”，当地百姓叫“伊瑞毕斯”，或“阿苏来”和“奇塔”。结合古籍考证以及当地牧民的问卷调查，推测新疆豹可能包括以下几种。

草豹，或土豹、土豹子。当地人经常提及这种豹子，缺乏豹斑，活动于平原和丘陵地区，隐蔽于芦苇荡或胡杨林中。也可能是指普通豹（*Panthera pardus*）的某个亚种，如华北豹，又名金钱豹或花豹。金钱豹颜色鲜艳，金黄色的毛皮上密布许多圆形或椭圆形黑褐色斑点或斑环，腹面白色，杂有黑色斑点。有时会有黑化现象，即为黑豹，其皮肤及毛发上为黑色，隐约可见到斑点和条纹。

猎豹，可能是现仅分布在伊朗、巴基斯坦的亚洲猎豹（*Acinonyx jubatus venaticus*），也叫伊朗猎豹（*Cheetah*）、印度猎豹。历史上可能分布至新疆。作为猎豹的一个亚种，其体型细长、姿态优美、动作灵活。其头比一般的猫科动物要小，腿长且体瘦，爪钝而弯度小，皮毛短而粗糙，全身为棕褐色，并被有小而圆的黑色点斑，面部鼻子两侧从眼角至嘴角各有一道黑色条纹。

雪豹，现仍在新疆分布，因深居雪山，行踪莫测，也被称为艾叶豹、荷叶豹、草豹、打马热、伊尔毕斯等。头小而圆，尾粗大或等于体长。尾毛长而蓬松，全身呈灰白色，遍体布满黑色斑点和黑环。幼年雪豹绒毛散乱，身上黑环不明显，似黑斑状。

黑豹，估计是草豹的黑化个体，十分罕见。

赤豹，可能是西伯利亚豹或远东豹（*Panthera pardus orientalis*），是北方地区体型仅次于东北虎的大型猫科动物。有人曾经遇见这种豹子，形容毛色发红，或俗称“老虎豹”（赤豹）。新疆的阿尔泰山在动物自然地理区划上隶属于西伯利亚区系，是否曾有赤豹分布，需要考证。

《册府元龟》及《唐会要》等资料记载，唐代玄宗开元（公元 713～741 年）、天宝（公元 742～756 年）时期进贡朝廷豹子的国家有南天竺、安国、康国、史国、米国、大食国、波斯国、宁远国等。其中部分诸国内附唐朝，属西域或西域周边地区。谢弗（Schafer，1963）在《撒马尔汗的金桃——唐朝的舶来品研究》中，藤井纯夫（1993 年）在《论〈册府元龟·外臣部·朝贡篇〉所见西域诸国贡献的动物——豹》中，明确标出这种列入贡品的豹子就是西亚各国狩猎所用的一种驯兽，名叫奇塔豹（Cheetah）。

在荣新江（2001）主编的《唐研究》中亦将这种中亚献纳物品中的豹定名为文豹（奇塔豹），并论述了有关奇塔豹的外部形态、生态习性、扑食特征及历史分布，并证实了奇塔豹是现仅分布在伊朗、巴基斯坦的亚洲猎豹（*A. j. venaticus*）。奇塔豹历史分布在从俾路支以西到伊拉克、约旦的西亚地区。

也见于阿拉伯半岛的汗志和北非撒哈拉大沙漠，但为数不多，主要产地是在北纬 25°～35°地中海以东干燥的草原和森林地区。根据亚洲猎豹的习性及分布，历史上新疆南部很可能有亚洲猎豹的分布。

《唐研究》还提到，唐代诸多墓葬的壁书和陶俑在表现狩猎场面时，似乎只有犬、鹰、文豹、猞猁等，却缺少西亚狩猎中经常使用的雪豹形象。而雪豹在西亚是专门用来惊动和赶起隐身在林丛中的猎物，或扒掘獾窝、豪猪窝。从习性和生活环境来看，上述所说的可能不是生活在高山上的雪豹，而是豹（*Panthera pardus*）的一个亚种，可能就是金钱豹。唐代的驯豹师多是胡人，这也说明此技艺源自西域。

李时珍《本草纲目》云："西域有金钱豹，文如金钱。"这也证实了新疆可能有金钱豹的分布。乾隆二十七年（1762 年）修、四十七年（1782 年）增修的《西域图志・土产・回部》羽毛鳞介之属："其兽则有熊、虎、豹、牦牛、山羊……虎名巴尔，豹名伊尔毕斯。"《回疆通志》卷十二："驼、鹿、虎、豹、野猪、黄羊……"道光二十六年（1846 年）《哈密志・物产》有虎、狼、熊、豹等记载。

综合历史资料记载，在新疆北部（主要指天山北部、准噶尔盆地一带）有新疆豹分布的县市包括阿尔泰地区的承化县（今阿勒泰市）、布尔精县（今布尔津县）、布伦托县（似今福海县）、哈巴河县；塔城地区的塔城县、乌苏县（《乌苏县志・物产》（1918 年，《新疆大记补编・乌苏县》）、额敏县；伊犁哈萨克自治州的伊宁县、宁远城（今伊宁市，光绪十四年（1908 年）的《宁远县乡土志・物产》）、绥定县（今霍城县）；博尔塔拉蒙古自治州的精河县（光绪三十四年（1908 年）的《精河厅乡土志・物产》）；昌吉回族自治州的阜康县（民国 23 年的《新疆大记补编》）、孚远县（今吉木萨尔县）、奇台县；哈密地区的哈密市（道光二十六年（1846 年）的《哈密志》）、镇西县（今巴里坤哈萨克自治县）。新疆豹亦分布在新疆南部（指天山以南，塔里木盆地一带）的巴音郭楞州的焉耆县；阿克苏地区的库车县、沙雅县、乌什县等。

三、新疆虎的灭绝

新疆虎（*Panthera tigris lecoqi*）（Schwarz，1916 年），又名天山虎、塔里木虎或罗布泊虎，也许不只是一种（亚种）。它们可能就消失于我们这一代人的手中。新疆虎 100 年前曾经活动于塔里木河（图 2-6）与玛纳斯河流域。人口逐年增多，占据自然资源，成片的森林被砍伐及草场被耕种，使新疆虎的生存环境极度恶化。同时，肆意猎杀、河水断流、植被枯死、沙漠化等因素，造成新疆虎在 20 世纪初迅速走向灭绝。

图 2-6 记录于塔里木河下游的新疆虎——塔里木虎（斯文赫定，1934）

新疆地区在距今至少 1.5 万～1 万年前即有虎的分布。自旧石器时代晚期以来，新疆地区即有虎生息。在文字记载出现以前遍布新疆三大山系的野生动物题材的岩画中，就有虎的图像。岩画是绘刻在岩石上的形象性“史书”，可以补充文献资料记录上的不足。著名的呼图壁康家石门子生殖崇拜岩画中，就有 1 大 1 小的 2 只虎，两虎张口欲噬人状。哈巴河县阿尔泰山西部的松哈尔沟洞窟赭绘岩画中，以老虎扑牛为中心的群牛乱奔图，及人们围攻兽群的搏斗场面。哈密市白山岩画中，有 3 幅都涉及虎。托里县准噶尔盆地西侧玛依勒山的唐巴勒霍拉岩画中，有 3 只虎，1 大 2 小。在哈密市沁城也发现虎的图案，反映动物生存竞争，还有虎捕鹿的图像。温泉县阿拉套山的多浪特岩画中有 3 只虎，虎窜入羊群，羊群惊散。托克逊县天山山脉的科普加衣岩画中有 2 只虎、1 只大角羊及 1 只野猪，1 虎扑向大角羊，另 1 虎前奔。博乐市阿拉套山的阔依塔什岩画中有 1 只大虎，而在该市岗吉格山的岩画中也有 1 虎，虎袭羊群，羊惊逃。据记载，克孜尔石窟壁画中仍保留有 13 幅虎的画面，或为全身虎像，或为虎头，或为蹲虎，或是群虎争食。岩画资料中出现的虎，多以扑食羊群等活动为主，而且突出了虎的外部特征（苏北海，1994）。

有关虎形象的文物，在新疆部分地区相继出土。在新疆昭苏县波马古墓中出土的虎柄金杯，其外侧镶嵌红玛瑙，柄形呈站立状虎，虎细腰长身，形象雄伟。吐鲁番市艾丁湖汉墓，出土的装饰品——虎噬羊铜牌，牌用透雕法铸成，虎站立，尾巴下垂，腰细肩宽，矫健有力，嘴里叼着一只卷曲的羊。在新源县巩乃斯河南岸出土的战国时用红铜铸造的对虎铜环。两虎踞伏，虎头呈相向咬合状，曲身作环相交，身细头粗。新疆鄯善县苏巴什战国墓中发现一个虎纹金饰件，以金箔压制而成，正中站立一只老虎，尾巴向上翘，回首长啸，生动逼真。在吐鲁番市交河沟北车师贵族 1 号墓地，出土了一件怪兽啄虎纹牌饰，其呈半浮雕状，怪兽的凶悍与虎的颓丧形成鲜明对比，与《穆天子传》记载的怪兽食虎相印证。此外，在吐鲁番市阿斯塔那墓中，出土的一块虎纹锦，在黄、白色底上呈现红色虎纹。清代用于书房盛水洗笔磨墨的文具——白玉虎羊水盂，其表面有一只饿虎咬着一只山羊，山羊仍在挣扎，造型生动逼真。今珍藏在新疆维吾尔自治区博物馆的 10 颗土尔扈特银印，上铸虎纽，虎呈坐立状，体态较胖。另外，木垒等地出土的文物中，也有老虎的图案（魏长洪，2002）。

据历史文献所载，天山南北遍布新疆虎的踪迹。战国时期的《穆天子传》称，“春山，百兽之所聚也，飞鸟之所栖也。爰有口兽食虎豹，如麋而载骨，盘口始如麢，小头大鼻；爰有赤豹、白虎，熊罴、豺狼、野马、野牛，山羊、野豕”。描述了在春山（今帕米尔高原或天山南段），有种能吃虎豹神兽的事例，间接说明新疆有虎的存在。

乾隆二十一年（1756 年）开始编纂的《西域图志》，在“土产……羽毛鳞介之属”中称天山北麓准噶尔部乌孙（今伊犁）地区，其兽则有虎，名巴尔（西蒙古语）。天山南麓，虎名约勒巴尔斯或居勒巴鲁斯（维吾尔语）。清代著名学者纪昀，于乾隆三十三年（1768 年）被遣戍乌鲁木齐，誓以文章报国。其在《诵物产诗》中曾写道：

白狼苍豹绛毛熊，雪岭时时射猎逢；
五个山头新雨后，春泥才见虎蹄迹。

纪昀在诗后自注称：“乌鲁木齐境无虎，惟迪化城（乌鲁木齐）南 50 里的他奔托罗海卡伦（又称五个山头卡伦）附近曾发现老虎，驻卡官兵拟捕射，虎再未出现。”纪昀在《阅微草堂笔记》中亦载乌鲁木齐西山一樵夫至深山樵采遇虎的故事。乾隆四十年，在伊将军署任职 10 余年的格琫额奉命编纂的《伊江汇览》：“伊犁地区的兽中有虎、熊、鹿、狍、麂、獐、狼、狐、沙狐、兔、黄羊、大角羊、野豕、土豹、猞猁、金鼠、灰鼠、玄狐。”乾隆四十二年（1777 年）撰成的《西域闻见录》：“沙雅尔城（今沙雅县）多虎，产猞猁、狐狸。南疆深山中多豺狼，野性凶猛，老虎也远徙它处。”“维吾尔人禁吃虎肉。”这里不仅告知人们南疆有老虎，也记载了虎受到豺狼的侵害。

嘉庆九年（1804 年）的《回疆通志》称，广大天山南部盛产“鹿、獐、虎、豹、野猪、黄羊、野羊、狐”等野生动物。嘉庆十年（1805）二月，祁韵士被遣戍伊犁时，撰《西陲竹枝词》100 首，其中一首为讴歌虎的诗作。

壮士鹰扬气若虹，般般虎啸碧山空；
三军只听将军令，除害功归片刻中。

近代伟大的爱国英雄林则徐，于道光二十二年（1842 年）遣戍伊犁，在翌年正月初四的日记中载，“回人毙一虎，献于庆参赞处。剥皮取骨，将煎台为胶，余与懈翁及两儿先后往观”。在林则徐奉命勘测南疆屯垦时，于道光二十五年（1845 年）三月十五日，到今巴楚境的阿克玛拉克军台（通称五台），叶尔羌河下游记到，“此数程树木蓊郁，枯苇犹高于人，沿途皆野兽出没之所，道中每有虎迹”。

咸丰元年（1851 年）五月二十九日，叶尔羌帮办大臣倭仁在赴任途中，行至今新疆轮台县野人沟（今作野云沟）作“深林密箐，云有熊虎”。可知新疆虎也出没于南疆近农耕地区。边塞诗人肖雄《西疆杂述诗》五卷：“密林遮苇虎狼稠，幽径寻芝麇鹿游。”且自注称：“南八城水多，或胡桐遍野，或芦苇生，而隐大泽，动至数十里之广，其中多虎狼熊豕等类，虎之身躯较南中所见者微小，而凶猛亦杀，不乱伤人。”这里指明新疆虎较华南虎体型略小。

《新疆图志》沟渠志载称：“迪化县三吉泉（今属米泉市）多虎，常伤牲畜。”为此，迪化知县陈希洛于光绪十四年（1888 年）派犯人打虎。同书的物候志也载北疆多彪虎等，猎人于冬季猎取贩卖。俄商也收买虎皮运出境外。《新疆图志》总纂、新疆布政史王树楠也有记载新疆虎的文字：“莽莽天山欲合圈，打头风雪马如飞。将军射虎寻常事，一箭黄羊落翠微。”并说在天山深处“大壑夜深闻虎啸，乱沙风定见鳞飞”。在光绪二十七年（1901 年），新疆呈贡的档案中记载，“贡品有五张葱岭虎皮，还有白台、地毯等。这五张虎皮猎自于新疆巴楚等地，实为新疆虎”。光绪三十一年（1905 年），裴景镐谪戍新疆，于翌年抵戍所迪化。他途经哈密三道岭时记称“狐狸起于前，虎狼嗥于后”。又说：“近天山多虎狼，而狼尤为牲畜害。昨见猎虎者，大如岁余犊，额上王字，初画不显，毛纹稍斜，殆彪也。”这不仅介绍了新疆虎的野性与捕虎的方法，也记载了“罗布淖尔产鱼，多虎狼，多鹿”。光绪三十二年（1906 年），名流宋伯鲁赴伊犁经阜康县境记载，“县城正北之草湖中产黄羊，亦间出熊虎，而狼最多”。宋氏在《风雨留四台一日》（四台在今精河县境内）诗中说：“好山虽好无人看，深谷况乃多豺虎。”光绪三十三年（1907 年），宋伯鲁刊行《新疆建置志》四卷本，记载奇台、伊犁地区有虎。

宣统二年（1910 年），贾树模应聘到新疆办新学，主讲生物等课程，他记载，“彪虎毛甚粗，猎获之后，每皮一张价银二十两，骨及肉各二三十两。产于绥来及塔城之喀图山，南路亦多产。近园人烟渐密，彪虎则渐形敛迹矣”。这些记载反映了新疆虎在天山南北都有活动。

新疆虎的地理分布涉及天山南北，沿水源分布于山间谷地、河流、绿洲及山前冲积扇地带。其具体生境以芦苇、胡杨林等植被为主，具有足够供捕食的猎物。

历史上，新疆天山南北遍布虎的踪迹（王醒民，1935 年；许崇灏，1945），如迪化西山、天山脚下三吉泉（今属米泉市）、阜康、昌吉、奇台、乌苏、木固尔台、塔城喀圈山、绥来（玛纳斯）、精河县境内四台、伊犁河谷、伊宁市、吐鲁番、哈密、巴里坤县、乌鲁木齐南 50 里的他奔托罗海卡伦（又称五个山头卡伦）、沙雅县、库车、乌什、巴楚县叶尔羌河下游、麦盖提县、新疆轮台县野云沟、罗布泊、尉犁县、疏勒、和田、策勒、于田等地。分布在新疆北疆的虎，根据生态环境条件，可能为西伯利亚虎或里海虎（袁国映，2010）。也有人利用清代方志资料进行了勾勒，认为其是中国虎的“西北亚种”（何业恒，1996；戴良佐，1998 年）。

新疆虎远离人类居住的村镇，而活动于南北疆深山密林、河流及湖泊边的树林、芦苇丛中及大片绿洲周围。俄国军官普尔热瓦尔斯基在其著作中也详细记述了罗布泊等地新疆虎的活动。新疆虎不会爬树，但善于游泳，因而在河流沼泽地带，它活动自如，还能衔着野猪游泳过河。1877 年秋，普氏一行抵达渭干河与塔里木河交汇处以东的阿哈塔尔玛村，村周围全是森林，鸟儿群集，芦苇丛生，草丛中有老虎出没。翌年初，普氏一行到达阿尔金山时接到信息称，在阿哈塔尔玛药死了一只老虎，将虎送给普尔热瓦尔斯基。1885 年 2 月初，普尔热瓦尔斯基又一次到新疆探险，在罗布泊两岸，普氏记载，罗布泊的东北部与西部浅水处是繁茂粗壮的芦苇丛，芦苇一般高达 3～4 米，在芦苇丛中有老虎、野猪、狐狸、山猫、豺狼、黑熊、野骆驼等。除此之外，普氏还在乌苏与南疆各地猎虎。1885 年 10 月，普氏一行从麻扎塔格山北行到和田河下游，沿途经常发现老虎、大马鹿、野猪的脚印。但总体上说，北疆的老虎较少，而南疆的老虎则比北疆多得多，大片的原始森林为老虎提供了安全、隐蔽的场所。老虎最多的地方为塔里木盆地的塔里木河、罗布泊、和田河、叶尔羌河、喀什噶尔河流域（普尔热瓦尔斯基，1999 年）。

1899 年 11 月，瑞典探险家斯文赫定从罗布泊猎虎者手中买下一张虎皮（斯文赫定，1934）。1904 年，德国东方语言学教授艾伯特·范·勒柯克等到新疆劫掠文物，在考察报告中记载到，“特别是近巴楚、石河子、玛纳斯和罗布淖尔各地，有极多的芦苇，可作雉和胆小的虎的藏匿地”。并说新疆虎不主动伤人，因为有很多野猪等可供捕食。

关于新疆虎的形态，其身躯不大，体长一般在 1.6 米，尾长约 0.8 米，重仅 100 千克左右，为东北虎的一半左右。《克孜尔石窟内容总录》形象地说明新疆虎与东北虎、华南虎差异甚多。宣统二年，贾树模在新疆主讲生物等课程中记载到：“彪虎毛甚粗，猎获之后，每皮一张价银二十两，骨及肉各二三十两。近园人烟渐密，彪虎则渐形敛迹矣”。新疆虎的毛较粗，且皮毛丰盛，其毛的长度介于短毛的华南虎与长毛的东北虎之间（普尔热瓦尔斯基，1999 年）。其毛色较其他的虎颜色浅，身上的条纹也比较细。它是一种淡黄褐色，或略呈灰蓝色，全身布满横斑纹的大型食肉猛兽，头顶也有一个明显的“王”字形花纹。

新疆虎不主动伤人，而性较驯，主要以野猪为食，也设法捕食塔里木马鹿、北山羊、盘羊、鹅喉羚，食物短缺时也捕食牧民的牛羊。实在饿急了，连塔里木兔、大雁、野鸭、雏鸟都吃。罗布泊人于夏天捕杀老虎时，还发现虎的胃里有鱼骨头。新疆虎也采用潜伏或追捕的方法捕食。老虎抓到大型猎物后，拖到深林处藏起来，一次吃不完次日再来吃，但不吃腐烂的肉。普尔热瓦尔斯基还介绍老虎有时会模仿雄鹿呼唤雌鹿的声音，来诱捕警觉性极高的猎物。一般不会袭击人类，如被猎人打伤，才会扑咬人。

在繁殖期，新疆虎便雌雄成对生活，由于塔里木盆地平原区没有高山岩洞，它们只好在平原森林的浓密草丛中筑巢。新疆虎秋季发情，怀孕期 98～110 天，每年 1 胎。在春夏之交产崽，每胎生崽 2～4 只，有时多达 6 只，可能会吃掉 2 只，使其余虎崽更好成活，由双亲共同哺育幼虎。7～8 个月后，虎崽即可跟随母虎学习捕食本领。新疆虎的寿命为 20～30 年。

光绪末年至民国初年，新疆虎的野外种群开始锐减。在 1876 年深秋，俄国探险家普尔热瓦尔斯基在新疆搜索情报时，记载和田、策勒、于田等大片绿洲周围，随着许多茂密森林遭到毁坏，渐渐看不到老虎了。老虎最多的地方在塔里木盆地的塔里木河、罗布泊、和田河、叶尔羌河、喀什噶尔河流域。他甚至认为塔里木盆地的老虎就像伏尔加河的狼一样多。在 1885 年 10 月，普氏一行从麻扎塔格山北行到和田河下游，沿途经常发现老虎、大马鹿、野猪的脚印。普氏说，在亚洲内陆旅行，“只在新疆遇到过老虎，新疆北部的伊犁河谷比较多，在天山脚下、西湖（乌苏）附近和木固尔台沼泽地的芦苇丛中有时也可遇到老虎。但总体上说，南疆的老虎较北疆的多得多，那里大片的原始森林为老虎提供了安全、隐蔽的场所”（普尔热瓦尔斯基，1999 年）。1899 年 9 月，瑞典探险家斯文赫定到新疆考察，由叶尔羌河顺流而下至今麦盖提县南，这里林木茂密，经调查无虎出没（斯文赫定，1934），只从当地猎虎者处购得一张新疆虎皮。大批新疆虎死去了，但仍有一小部分凭借着顽强的生命力在沙漠中仅有的绿洲里隐秘地生活着。但是在这以后的十几年当中，由于这一地区环境又进一步恶化，加之一些利欲熏心的人对新疆虎的猎杀，最终所剩无几的新疆虎也没有逃脱厄运。

1918 年，《乌苏县志》记载，在县境内的南山（天山）虎狼时出为害，而狼尤甚。1921 年，呼图壁县 13 户回民杨连打虎的故事至今传颂。1931 年，中法科学考察团在绥来县（今玛纳斯县）考察时，称绥来县以北丛林深处，尚有虎及其他野兽。

新疆是老虎的故乡，以虎命名的地名就有许多。语言学考证，新疆古称“蒲类”，系突厥语“Bars”之音译，意为“虎”。而将巴里坤译为“虎湖”为多数人赞同。至今新疆还有以虎命名的地方。今新疆乌苏县西湖乡政府驻地东北约 10 千米处，有一自然村名为母老虎湾，今地名普查更名为“老虎湾”。早年这里是一片茂盛的芦苇滩，长满芦苇、梭梭、红柳等野生植物，野兽飞鸟栖息其间。据说清道光年间，这里有虎出没伤害人畜，有张姓与马姓等兄弟 4 人，自告奋勇为民除害，曾猎获一只母虎，故名母老虎湾。新疆奇台县东南天山中有养虎沟，地近奇台林场。这里山高林密沟汊多，水草丰美，是个优美的牧场，也是个虎啸鹿鸣的乐园。清乾隆年间，垦民杨姓人家在这里落户耕牧，养有一匹马，体壮膘肥，十分剽悍，常在山坡上与 1 只猛虎恶斗，故这条无名沟称为养虎沟（徐登臣，1987 年）。在塔里木盆地，有许多地方以维吾尔语“却洛瓦斯”（虎）命名。仅在沙雅县，就有 11 个以虎命名的地方，如“杀老虎的地方”、“有虎崽的地方”等。现今新疆建设兵团三十六团北部营盘附近，有一个地方叫“老虎沟”。还有托木尔峰附近的“却洛瓦斯峰”（袁国映，2010）。

关于新疆虎的灭绝，众说纷纭。有的人认为在 1916 年之后再也没发现过新疆虎。在 1956～1959 年，苏联地理学教授穆尔扎耶夫参加中国科学院新疆综合考察队，记载玛纳斯河还有虎（新疆国土整治农业区划局，1986 年）。1953 年 5 月 7 日，新华社迪化通讯报道，在若羌县境内的昆仑山中有 20 多种野生动物，其中也有虎（叶学齐，1960 年）。直到 1965 年，在阿尔金山米兰河谷，还有人见到了虎。这可能是有关新疆虎的最后记载。

传闻在 20 世纪 30 年代还有维吾尔族猎人捕到过两只老虎，到 1949 年新疆和平解放时，数量已极少。在 1951 年，军垦战士在阿克苏胡杨林区垦荒时还见过一只。在 20 世纪 50 年代，曾有牧民在塔里木河下游的阿尔干附近发现被推测为新疆虎留下的足迹（袁国映，1987 年）。1962 年，新疆地质一大队在阿尔金山探矿工作时，在红柳沟中，一名工程师和一名工人在勘查作业时遇到过一只正在吃藏野驴的老虎。当老虎发现人时，便起身朝后面的悬崖跑了。这可能是有关塔里木虎残存的最后记录，这次遭遇被记录在新疆地质一大队的档案文件中。在 20 世纪 80 年代，新疆塔城军分区还有军人声称曾看过牧民捕杀了一只老虎。在 2001 年，巴音郭楞蒙古自治州旅游局也有工作人员声称发现过疑似新疆虎的足迹。但因上述均是传闻，其真伪无从证实。由于里海虎（*P. t. virgata*）在灭绝前的活动范围包括了新疆，有的学者将新疆虎视为里海虎的异名，而不是另一个亚种（IUCN，2011）。

短短 20 年间，新疆虎的种群数量大量减少，并自 20 世纪初迅速走向灭绝。究其原因，主要包括以下几个方面。

（1）大量猎杀。早在清朝，新疆境内便开始猎虎。贩卖虎皮、虎骨及肉，或作为贡品。《新疆图志》载称，迪化县三吉泉多虎，常伤牲畜，猎人于冬季猎取贩卖，俄商也收买虎皮运出境外。1885 年，普尔热瓦尔斯基描述了罗布泊人猎虎方法是多样的，一是用毒药马钱子抹在牲畜肉上，待老虎吃食中毒死去，或跟踪射杀中毒的虎；二是围猎，猎人占据有利地形，摆好阵势，待虎出现，一些人高声叫喊，另一些人持枪射击；三是将虎追逼到四面环水的芦苇丛中，进行围杀；四是冬天将虎赶进冰水里，然后驾小舟追赶，待虎力竭后打死。在 1899 年 11 月，瑞典探险家斯文赫定抵罗布泊，也记载了以陷阱捉虎，或在虎常走的小路上以铁夹捉虎的方法（图 2-7）。普尔热瓦尔斯基还记载了罗布泊人与塔里木河边的阿赫塔尔玛村村民猎虎时被虎伤害的事件。

图 2-7　新疆虎的命运

毋庸置疑，塔里木河下游的老虎就消失在我们这一代人手中（斯文赫定，1934）

（2）屯田与栖息地丧失。人类社会影响自然面貌的主要活动莫过于垦耕。中央王朝对西域的屯垦最早可追溯到汉代，此后历久不废。鉴于新疆虎在 19 世纪末至 20 世纪初急剧减少，有必要探究这一时期屯垦开发同新疆虎生存状况的关系，以探明人类活动在新疆虎变迁中所起的作用。清代，为了巩固边疆，保障军粮供应，清政府大力发展屯垦。乾嘉时期是清代在新疆屯垦的兴盛时期，这一时期的屯垦活动主要为军屯，以后陆续兴办旗屯、遣屯、民屯和回屯。从屯垦区的分布区域来看，南疆、北疆皆有。很多屯垦点也是资料中记载曾经有虎的地方。屯垦区只能从有限的区域中筛选，而这些地区自古以来也是包括老虎在内的各类野生动物条件较好的栖息地，必然会出现人虎共处并争夺生存空间和资源的现象。随着屯垦区面积的扩大，人、虎原本共同赖以生存的生态环境发生了巨大变化。由于空间和资源的有限性，人类便侵占了虎的生存空间，使它们不断后退，甚至在人类的扰动、捕猎下数量锐减乃至趋于消失。因此，我们基本可以得出判断：新疆虎在 1899～1916 年出现锐减趋势，人类的屯垦开发是其中的一个重要影响因素。

（3）移民与人口增加。自从古代商人开辟了“古丝绸之路”之后，楼兰由于地理位置优越，逐渐成为西亚地区重要的交通枢纽。移民和人口剧烈增加，给环境造成巨大压力。结果，大量的土地被开垦，森林成片地被砍伐，草场被侵占，这致使河流断流，土地沙漠化严重，繁华的古楼兰同时也走向了衰败，一夜之间被沙漠吞噬了。同时，与古楼兰一样，新疆虎也遇到了空前的劫难，失去了森林，就等于失去了食物来源，失去了美丽的家园。

（4）自然因素。地质学家认为塔里木盆地四周地壳仍在缓缓上升，地表蒸发量强盛，成为新疆虎种群锐减乃至灭绝的诸多因素之一。历史上新疆虎出没的地区，生态环境并未如罗布泊急剧恶化，那么老虎可否迁移到深山密林或“湿岛”中，这也是疑问。1921 年夏季，向南已流淌了 1500 多年的塔里木河，河床因泥沙淤积抬高，向北流的小汊流拉依河在大洪水冲刷下迅速自然扩大，导致塔里木河向北改道，从北部沿孔雀河古河道在铁板河口流入罗布泊。致使铁干里克以下的塔里木河下游水源枯竭，芦苇、胡杨林干枯或死亡，野生动物数量减少，使老虎的生存环境极度恶化。当然，老虎自身的原因，如近亲繁殖与“自交体系”可能是衰退的内因。

（5）食物短缺。新疆虎的大量减少与它的食物基础及食物链缺失有关。历史上，罗布泊一带水草肥美，野猪、塔里木马鹿、鹅喉羚、野驼、野鸭、天鹅、大雁成群。但人类大量垦荒导致了湿地减少，罗布泊逐渐消失。鹅喉羚、野猪和马鹿数量也随之锐减，最终使得新疆虎失去了食物基础，导致其灭绝。

新疆虎灭绝速度较快，命运极为悲惨，未能留下一张照片，就连虎皮也屈指可数。据传，在和静县的蒙古王爷府中，王爷的坐椅上是一张新疆虎的虎皮。该虎是以前在巴仑台捕到的。迄今可知的采自塔里木盆地的新疆虎皮却保存在哈萨克斯坦科学院动物研究所的标本库里。另外，该研究所还有一张 1948 年在新疆伊犁霍尔果斯捕到的一只幼虎的虎皮，其背部的颜色显然比新疆虎的深，腹部则发白（可能是不同亚种）。普尔热瓦尔斯基在新疆塔里木河也采集到了新疆虎的标本，保存在圣彼得堡博物馆。在瑞典的斯文赫定博物馆中，也保存着他当年在新疆用高价购得的一张虎皮（袁国映，2010）。

四、猫科动物面临的困境

在食肉动物中，猫科动物的演化呈现一种独特的辐射进化，使这些现存的物种在生态、形态和行为上展示出不同的特性。有的大猫以速度取胜，有的则采取伏击战略，有的集群出猎，甚至还有食腐者。快速的物种形成、扩散和迅速灭绝是猫科动物进化历程上的显著特征（Johnson and O'Brien，1997）。

许多研究认为，虎、豹等生存的主要威胁来自栖息地的破坏和丧失、猎物密度减少、食物缺乏、营养不良、战争、疫病及人类狩猎活动等。导致猫科动物濒危的主要原因有三个：一是大量人口流入形成许多自然村落，毁林开垦农田，修建道路和铁路等改变了原来的动物栖息地格局，造成“岛屿化”和“小种群”隔离；二是持续的狩猎活动造成野生动物资源减少，对肉食性动物的食物资源产生直接的影响；三是人类和野生动物之间的冲突，像豹猫经常侵入禽舍捕食养殖禽类而被捕杀的情况时有发生，还有造林地大量使用灭鼠药造成猫科动物二次中毒而死亡等，尤其是目前布设钢丝套子猎捕野生动物的方法，常误套虎和豹等。

（一）现已绝灭的猫科物种

与草食动物相比，无论是种类，还是数量，猫科动物都不能占据优势，尽管它们位居金字塔的顶端，具有至高无上的王者风范。而弱肉强食、优胜劣汰只是自然界的一般法则，以柔制刚、以弱胜强的事例，在自然界里比比皆是。对下面这些大猫的命运，还无法从理论层面解释清楚。

1. 猎豹家族

猎豹以速度取胜，应该是个成功者。但依然没有摆脱迅速灭绝的厄运。最新的研究表明，现存的猎豹与美洲狮的基因是最接近的。它们的共同祖先应该生活在约825万年前的北美洲。因此，整个猎豹家族可能是由北美洲向欧亚大陆和非洲迁徙的。而北美猎豹属（*Miracinonyx*）和猎豹属（*Acinonyx*）是由其共同祖先派生出的两个分支。在上新世时期的欧洲出现了猎豹属的早期成员巨猎豹（*Acinonyx pardinensis*），栖息于欧亚大陆及印度次大陆，较现生猎豹（*A. jubatus*）的体型大。大约与此同时，现生猎豹也出现在非洲，最古老的化石发现于坦桑尼亚奥杜威峡谷的早更新世地层中，比其他现存的大型猫科动物都要早。还有一种生活在100万年前体型稍小的猎豹（*A. intermedius*）把该家族的生活范围扩展至中国。在最近的一次冰河期结束时，猎豹从东亚、欧洲及非洲的许多地区消失，把位置让给了其他的大型猫科掠食者。

北美猎豹有多种，如 *Miracinonyx inexpectatus*、*M. studeri*、*M. trumani* 等。于更新世时期前后，栖息于北美洲。*M. studeri* 是已知比较古老的北美猎豹属成员，出现于400万年前。其最早的化石在美国的得克萨斯、内华达和怀俄明发现。它已具有很多与现生猎豹相似的身体结构特征，包括较短的脸和扩展的鼻部，这些有助于在奔跑时呼吸道功能的增强，为身体提供更多氧气。*M. studeri* 可能很快便在大平原上成功占据了快速捕食者的生态位。直到10万年前的晚更新世，它们仍在部分地区存在。

M. inexpectatus 在150万～100万年前的早更新世出现在北美。它几乎与美洲狮一般大小，身体各部分的比例介于美洲狮和现生猎豹，四肢没有猎豹长，且爪子是完全可伸缩的。根据这些解剖学特征，*M. inexpectatus* 可能比美洲狮跑得更快，而比猎豹更强壮，更善于攀爬。

M. trumani 是北美猎豹属的最后成员，较 *M. studeri* 略小，而与现生猎豹相仿，体重约50千克。具有瘦长的四肢、较小的头、发达的胸部和柔韧的躯干。作为最晚出现的物种，它比前两种更接近现生猎豹，而且捕猎方式很可能和现生猎豹一样，均是通过短距离冲刺追上猎物。其最后的化石形成于上一次冰河期行将结束的时候。不过，有些信息表明，*M. trumani* 有可能在墨西哥西北部甚至美国西南边境生存到了20世纪。

2. 台湾云豹

台湾云豹（*Neofelis nebulosa brachyura*），属于云豹的1个特殊亚种，是台湾本岛最大型的野生动物之一，亦被称为“高砂豹”。原栖息在中低海拔阔叶林间，在土地被大量开发之后，被迫迁往高山，最后的栖息地是玉山和大武山，在1940年以前尚有几千只左右。但由于云豹的毛皮美观大方，毛质柔软并富有光泽，是制作皮衣的上等原料，当时欧美一些人也非常喜欢用云豹的皮毛做皮衣，并且云豹的骨头也被当做中药材，台湾云豹遭到了灭顶之灾，被大量捕杀。此时正是中国台湾现代工业社会迅猛发展的时期，森林被大量砍伐，云豹失去了家园，终日食不果腹，许多最终被饿死。有些饥不择食的云豹是被一些放有毒药的食物毒死的。由于大量捕杀等原因，台湾云豹的数量越来越少。尽管台湾地区政府在很早以前就对云豹加以保护，但仍有一些利欲熏心的不法分子屡屡盗捕云豹。到了20世纪60年代后期，有专家统计中国台湾野生云豹已不足10只。1972年最后一只台湾云豹倒在了不法分子黑洞洞的枪口之下。遗憾的是，从此人们只能在图片中欣赏美丽的台湾云豹了，台湾云豹永远离开了我们。

考古学者在距今3000多年的中国台湾卑南遗址当中，曾经发现过3件陪葬用的人兽形玦。在全世界的考古发掘中，这种人兽形玦只有在中国台湾出现过。而在人兽形玦上面，正可以找到类似台湾云豹的图腾。目前唯一能见到的台湾云豹，是收藏于台湾博物馆内的一只标本。

3. 桑给巴尔豹

孤立的桑给巴尔豹（*Panthera pardus adersi*），可能已经灭绝。仅分布在坦桑尼亚桑给巴尔群岛的主岛温古贾岛上，是该岛的特有亚种。人们认为，至少从最后一次冰河时期的末期开始，桑给巴尔豹便与非洲大陆上的豹隔绝开来，当时由于海平面上升，温古贾岛与非洲大陆之间的陆地被海水淹没。人们从未对桑给巴尔豹进行过野外研究，最近一次有研究人员在野外看到桑给巴尔豹的时间是20世纪80年代初。然而，桑给巴尔政府的数据显示，20世纪90年代中期仍有桑给巴尔豹被猎人捕杀，也仍有岛民目击桑给巴尔豹，并且有家畜被桑给巴尔豹捕食的报告。桑给巴尔农村地区对豹的描述十分奇异，在当地广泛流传的传说中，有巫婆们抚养大量豹这样的食肉动物并让它们去扰乱或伤害村民的故事。此外，当地还有关于豹如何被抚养、训练、交易，并被主人派去做坏事的传说。20世纪，人类农业的发展和人口的剧增，在很大程度上造成了桑给巴尔豹今日的局面。人类侵占了桑给巴尔豹的栖息地，还捕杀了作为桑给巴尔豹食物来源的其他动物。人类与豹之间的冲突日益增长，以及由此带来的恐慌，使人类采取了一系列行动，来消灭桑给巴尔豹。这些行动最初仅在小范围内进行，但1964年桑给巴尔革命后便蔓延到全岛。这一行动，使当地居民把豹标签为“害兽”，将桑给巴尔豹推向灭绝的边缘。

4. 巴厘虎

巴厘虎（*Panthera tigris balica*）是一种曾生活在印度尼西亚巴厘岛上的虎的亚种，1937年已灭绝。它主要分布在印尼巴厘岛北部的热带雨林，也是已知体型最小的一种虎。色彩斑斓的巴厘虎对于印尼人来说是一种超自然的存在，县至出现在传统的艺术假面具上。19世纪到20世纪初，巴厘虎在自己的生存地到处遭人袭击。随着巴厘岛上人口的增加，人侵犯了巴厘虎的生活空间，人和巴厘虎之间的冲突进一步增加。在20世纪初，荷兰人曾组织队伍到巴厘岛上大肆捕猎巴厘虎以获取虎皮谋求利益。这一恶习也传给了当地的印尼人，导致本来就不多的巴厘虎数量大幅下降。巴厘虎不仅皮毛吸引人，它的骨头在南亚等地也非常受喜爱，常常被用来泡酒和作为药材。在人们的欲望面前，所剩不多的巴厘虎简直不是对手。1937年9月27日，最后一只雌性巴厘虎在西巴厘岛被猎杀。自此，巴厘虎宣告灭绝。

5. 爪哇虎

爪哇虎（*Panthera tigris sondaica*）是曾经存活于印度尼西亚爪哇岛南部山地丛林中的一个虎的亚种。在1980年，最后一只爪哇虎在雅加达动物园去世，也是最近期绝灭的虎亚种。虽然迄今还不时有目击的传闻，但都未获得证实。在20世纪初，爪哇虎的数量繁多，近万只。在1929年，爪哇岛的保护区内还存活很多。随着当地人口膨胀及荷兰殖民者的到来，爪哇虎栖息地受到了严重的威胁，使需要大活动范围的爪哇虎无处生息，野外种群数量一天天地减少。人类的捕杀导致爪哇虎的数量骤减，到20世纪50年代中期，爪哇岛上的爪哇虎已经所剩无几，仅有25～50只存活在野外。人工饲养下的爪哇虎，还没有繁殖成功。1972年印尼政府在爪哇岛的东南部规划了一个保护区，但到了1979年保护区内仅剩3只老虎，从此就再也没有发现确切的老虎踪迹。

6. 里海虎

里海虎（*Panthera tigris virgata*）又称波斯虎、高加索虎，也是虎的一个亚种。曾分布在伊朗、伊拉克、阿富汗、土耳其、蒙古国及俄罗斯境内，在20世纪70年代绝灭。这个亚种曾经分布至新疆西部和北部，如塔城地区、伊犁河谷、天山等地。也有人认为它是新疆虎的同物异名物种。

7. 新疆虎

新疆虎（*Panthera tigris lecoqui*）也叫西北虎、罗布虎、塔里木虎，是一个已经在新疆绝迹的老虎种群，是西亚虎的一个分支，主要生活在塔里木河至罗布泊一带。最初是在博斯腾湖附近获得它的标本，1916年正式定名。在这以后的数十年间，科学工作者曾多次寻找过它们的踪迹，但始终没能发现，估计于1916年灭绝。传闻20世纪50年代，曾有牧民在塔里木河下游的阿尔干附近发现被推测为新疆虎留下的足迹。在80年代，塔城军分区还有军人声称曾看过牧民捕杀了一只老虎。在2001年，巴音郭楞蒙古自治州旅游局也有工作人员声称发现疑似新疆虎足迹。但因上述均是传闻，其真伪无从证实。

由于里海虎（*Panthera tigris virgata*）在灭绝前的活动范围包括了新疆，有的学者将新疆虎视为里海虎的异名，而不是另一个亚种。其实，二者的栖息环境截然不同，受到天山的隔离，应该不是同一个亚种。

新疆虎的命运可能与“丝绸之路”密切相关。作为新疆虎的故乡——楼兰，曾经因为地理位置优越，逐渐成为西亚地区重要的交通枢纽。随着人口的增多，森林成片被砍伐，过度放牧和草场被耕种，致使河流断流，土地沙漠化严重，繁华的楼兰古国同时也走向了衰败。与楼兰一样，新疆虎同时也遇到了空前的劫难，失去了森林，就等于失去了食物来源，失去了美丽的家园。大批新疆虎死去，但仍有一小部分凭借着顽强的生命力在沙漠中仅有的绿洲里顽强地生活。直到 1900 年，斯文赫定发现新疆虎。在这以后的十几年当中，由于这一地区环境又进一步恶化，加之一些利欲熏心的人对新疆虎的猎杀，最终所剩无几的新疆虎也没有逃脱厄运。

8. 欧洲狮

史前狮包括原始狮和穴狮，均是狮子的早期亚种。原始狮，又名古狮（*Panthera leo fossilis*），是在更新世中期灭绝的大猫。穴狮，也叫欧洲穴狮或亚欧穴狮（*P. l. spelaea*），在更新世灭绝。狮子曾经广布于除了撒哈拉沙漠中部和热带雨林以外的非洲大陆，在印度也有少量分布。但由于人类的过度捕杀，狮子在东非及西非早已不见踪迹，部分狮的亚种已灭绝。现在只在东非及南非有少量分布，且大多生活在国家公园内，仍处在濒临灭绝的危险之中。欧洲狮（*P. l. europaea*），又名希腊狮，是已灭绝的狮子亚种，曾分布于伊比利亚半岛、法国南部、意大利及巴尔干半岛南部至希腊北部地区。一般被认为是亚洲狮（*P. l. persica*）的一部分，但也有人认为是一个独立亚种。由于欧洲狮很早就已经灭绝，对它们所知甚少。古希腊《荷马史诗》中对这种狮子作过详细描述：亚里士多德及希罗多德曾描述于公元前 1000 年在巴尔干半岛发现狮子。当泽克西斯一世于公元前 480 年穿越亚历山大帝国时，亦曾遇上几只狮子。在公元前 20 年，欧洲狮分别在意大利及西欧灭绝。约于公元 70 年，它们只有在希腊北部介乎阿利阿克蒙河及尼斯图斯河找到。最终它们于公元 100 年在东欧消失。自此之后，直至 10 世纪，欧洲大陆的狮只有在高加索生活。欧洲狮的灭绝是因过度猎杀、过度开发及与流浪犬竞争所致。连同巴巴里狮及亚洲狮，欧洲狮会在罗马斗兽场与勇士、里海虎、原牛及熊战斗。由于它们的地理分布，罗马人较容易找到它们。当欧洲狮步入灭绝时期，罗马人开始从北非及中东进口狮子。

9. 西非狮

早在 16 世纪，罪恶的欧洲列强来到西非和北非，进行掳夺和侵略。他们把猎杀狮子视为最隆重的狩猎活动，是显示勇敢和技巧的行为。狮子在这些人的贪婪与胜利的欢笑声中一个个倒下去。人类不但猎杀成年的狮子，也捕捉幼狮，然后将其带回欧洲，卖给那些有钱人及王公贵族。随着欧洲人的不断猎杀、捕捉，狮子在西非、北非一天天地减少。到了1865年，最后一个西非狮也倒在了枪口之下；北非狮也在1922年永远消失了。

10. 开普狮

开普狮（*P. l. melanochaita*）也称好望角狮，或者凯布狮，是最大的狮子亚种，主要分布在南非开普半岛，曾经在开普敦市郊很常见。于19世纪被猎人杀尽。其灭绝时间、历史分布都和斑驴（*Equus quagga*）相似。南非过去有许多当地猎人、农夫喜欢狮子的皮毛且用其换取金钱，也有农夫怨恨狮子捕杀他们的牛群，所以经常去捕杀狮子。最后一只开普狮于1858年在南非被杀害。

11. 巴巴里狮

巴巴里狮又叫北非狮，是狮子的指名亚种（*P. l. leo*）。身体长达3米，野外已灭绝。现时仅不足40只的巴巴里狮存活在欧洲动物园，全球则少于100只。巴巴里狮以往分布在北非，由摩洛哥至埃及。野外最后的巴巴里狮是于1922年，在阿特拉斯山脉被射杀。相信它们不但在野外灭绝，连同饲养的也都已经消失。不过，在一些动物园或马戏团内可能仍有巴巴里狮的存在。很久以前，强大的罗马人征服了其他地方的种种文明，同时，他们也征服了巴巴里狮子。被罗马人征服的其他国家中的人民被迫成为罗马的奴隶。狮子也被运送到可容纳25万名观众的大竞技场，供人们娱乐。有时，人们会安排狮子们与剑斗士进行格斗表演。有时，又会被基督教徒挑斗，还有的罗马皇帝为了举行一次盛大的战争胜利纪念游行，而捕获600只狮子运到罗马。在罗马帝国灭亡之时，北非的大部分地域已经再也看不到巴巴里狮子的踪影了。

随着人口的增加，过度放牧造成北非植被的严重破坏。哪怕是有一点点绿色覆盖的地方，人们就会把大量的家畜赶到此地，导致狮子的猎物减少，狮子的栖息地丧失。这种恶性循环就一直持续着，直到北非变成了一片广阔的沙漠。巴巴里狮的最后阵地是摩洛哥的阿特拉斯山脉。在1922年，最后一只巴巴里狮被人类的猎枪击倒。

（二）国内处境艰难的几种大猫

所有猫科动物都面临同样的窘境，好像早晚都会有灭绝的一天。极度膨胀的人类社会，已容不下这些可爱的动物。世界自然保护联合会（IUCN）红色名单中列出的全球最濒危动物，就包括这些大猫。这意味着这些物种随时都有可能从这个地球上消失，如果没有人类的怜悯之心，不把它们从灭绝的边缘给拉回来的话，它们甚至可能延续不到下一个十年的结束。

1. 远东豹（金钱豹的远东亚种）

实际上是我们比较熟悉的东北豹（*Panthera pardus orientalis*），或被称为远东豹、银钱豹、西伯利亚豹。曾经一度在我国绝迹。在世界自然保护联盟

(IUCN) 红色名录中被列为极危（CR）。中国和俄罗斯野生生物专家曾经宣布，远东豹在世界上的野生数量已不足 60 只，濒临灭绝。至 1980 年前后，仅吉林省境内就有近 50 只远东豹活动。中俄专家认为，在一些传统栖息地远东豹已经基本绝迹。更糟糕的是，由于人类活动范围的日益扩大，现存的远东豹已被分割在数个“孤岛”上，相互间的通婚交配受到限制。因此，它们繁衍生息所必需的野生种群也已非常稀少，灭绝只是时间问题。1970～1983 年，有大量远东豹被捕杀。1998 年俄罗斯远东地区估计还有 40 只野生远东豹，朝鲜有大约 10 头野生远东豹保留在森林里，中国野生远东豹的数量估计为 10～15 只。韩国的最后一头野生远东豹在 1969 年被射杀了。据统计，1999 年，有 223 只远东豹被饲养在 71 个动物园，其中有 95 头在北美洲动物园。2010 年以来，陆续有远东豹被发现。2011 年春，一只远东豹突然出现在珲春市靠近中俄边境的山上，并被边防监控设备摄录。其命运令人担忧。

2. 普通豹（中国豹）

普通豹（*Panthera pardus*），又名金钱豹或花豹，是目前分布最广的大猫。至少划分出 9 个亚种，分布于非洲、亚洲，被列入《华盛顿公约》（CITES）附录Ⅰ。其中远东豹（*P. p. orientalis*）、阿拉伯豹（*P. p. nimr*）、爪哇豹（*P. p. melas*）处于极危（CR）状态，斯里兰卡豹（*P. p. kotiya*）、波斯豹（*P. p. saxicolor*）处于濒危（EN）状态，其余亚种处于易危（VU）、低危（NT）的状态。栖息地发生转变及破碎化严重，以及牧民的报复性杀害和大量的捕杀，加速了局部地区豹的绝灭。仅分布在阿拉伯半岛的阿拉伯豹数量不超过 200 只，印度尼西亚爪哇岛的爪哇豹有 323～525 只。近亲繁衍，很容易导致较低的种群优良基因丧失，最终灭绝。

在我国分布有花豹的 3 个亚种，即远东豹、华北豹、华南豹。华北豹（*P. p. japonensis*）是我国特有的亚种，曾分布于我国北京、河北、山西、河南、内蒙古、陕西、甘肃、青海、新疆以及华中、华东等大部分地区。但由于过去被当做“豹害”遭到大量捕杀，如今华北亚种在新疆、甘肃、河南及河北等地已经灭绝或濒临灭绝。华南亚种（*P. p. fusca*）虽然在我国的分布范围很广，但数量并不多。根据国内 21 个省市数据统计，目前国内金钱豹种群数量不足 3310 只（国家林业局，2009）。

3. 华南虎（中国虎）

华南虎（*Panthera tigris amoyensis*）又叫厦门虎、中国虎，是现存虎种中最可能濒临灭绝的亚种。曾广泛分布于华南、华东、华中、西南乃至陕西、陇东、豫西、晋南等地区，数量较多。在 20 世纪初，我国华南虎数量还保持在 5000 只左右。但在此后的几十年里，华南虎野外种群数量锐减。在 1964 年，寿振黄先生根据各地虎骨和虎皮收购数量估计当时每年被猎捕的华南虎约 800 只。

20世纪80年代后野生华南虎数量已极少，有人估计我国野生华南虎总数为30～80只。1987年5月的统计显示广东境内活动的华南虎有成年虎4只，幼虎12只。1990～1992年，国家林业局与国际野生生物保护协会合作对华南虎进行了专项调查，估计当时我国广东、湖南、江西、福建交界处华南虎有20～30只。2001年，国家林业局与国外机构合作对华南虎的调查认为，华南虎野生种群存在的可能性已经不大。2005年年底，在北京举行的拯救华南虎国际研讨会上，有专家认为华南虎已经在野外灭绝。因为人们在野外已经多年未见华南虎了，近年的几次大规模野外考察也未发现华南虎。虽然仍有一些地方报告有华南虎伤人和发现虎踪迹等，但都未受到权威部门的最终认可。也有专家认为目前野外尚有华南虎，但是数量已不足20只。华南虎已被列入CITES附录Ⅰ，世界自然保护联盟（IUCN）将其归入“极度濒危”（CR）级别，位列“地球濒临灭绝十大物种”之首。

曾经称王于神州大地的华南虎，迅速走向绝灭的边缘。从物种保护角度看，可以说野生华南虎目前比大熊猫（*Ailuropoda melanoleuca*）还珍贵，主要原因是人类的大肆捕杀。特别是20世纪50～60年代，由于认识上的偏差，将华南虎定为“害兽”。当时政府曾提出了“打虎除害”和奖励“打虎英雄”的口号，导致肆意捕猎行为严重。根据毛皮市场虎皮收购量的不完全统计，1951～1955年，全国平均每年收购虎皮400余张。据外贸部门统计，在1959年，贵州全年仍可收购虎皮92张，1960～1964年，平均每年仍可收购虎皮58.6张。之后，贵州华南虎的数量急剧下降。1965～1969年，平均每年仅收购虎皮14张。到70年代中期，我国大部分地区都已经无虎可打了，1975年全国仅收购了一张虎皮。直到1977年，华南虎才被宣布为保护动物，但此时华南虎却只剩下不到200只，散布于南方各省的零星森林中。后来人们仍将华南虎视为眼中钉，偷猎屡禁不止，导致了华南虎数量的大幅度下降，接近灭绝的边缘。华南虎的逐渐消亡，还与其生存的环境遭遇破坏和人为因素有很大的关系。而真正使华南虎陷入绝境的是食物链及自然栖息地的破坏。1958年，“大跃进”给全国森林带来厄运，生物多样性大大降低。森林采伐不仅破坏了虎的生境，同时破坏了华南虎主要食物的栖息环境。此外，森林被分割成块状，华南虎种群之间不能联系，自然繁殖受到影响，还严重影响了华南虎种群间的个体与基因交流，极易产生近亲交配使种群衰退。为了生存，华南虎在食物短缺后，开始冒险下山捕猎牲畜及伤害行人，这更加让人们视之为害兽从而大肆猎杀。其实，全球老虎的命运都是一样的，岌岌可危（表2-4）。

表 2-4 世界虎亚种分布及生存状况

亚种	地理分布	种群状况/只	中国种群状况/只
华南虎（*P. t. amoyensis*）	中国华中和华南地区	<20	<20
苏门答腊虎（*P. t. sumatrae*）	印度尼西亚苏门答腊岛	400～500	—
东北虎（*P. t. altaica*）	俄罗斯远东地区、中国东北部及朝鲜北部	350～450	18～22
印支虎（*P. t. corbetti*）	缅甸、越南、老挝、柬埔寨、泰国及中国云南	1050～1750	11～16
马来亚虎（*P. t. jacksoni*）	马来半岛的泰国南部及马来西亚	?	—
孟加拉虎（*P. t. tigris*）	印度、尼泊尔、孟加拉国、不丹、缅甸西北和中国西藏	3250～4500	8～12
巴厘虎（*P. t. balica*）	印度尼西亚巴厘岛	20 世纪 30 年代灭绝	—
新疆虎（*P. t. lecoqui*）	中亚及新疆	20 世纪 60 年代灭绝	?
里海虎（*P. t. virgata*）	亚洲中西部及里海沿岸	20 世纪 80 年代灭绝	—
爪哇虎（*P. t. sondaica*）	印度尼西亚的爪哇岛	20 世纪 80 年代灭绝	—

4. 东北虎

有着“百兽之王”之称的东北虎（*Panthera tigris altaica*），又称西伯利亚虎、阿穆尔虎，是现存体重最大的老虎。曾广泛分布于西自外贝加尔的雅布洛诺夫山麓，东至鞑靼海峡及库页岛，北起黑龙江沿岸，南达朝鲜半岛的广大境域内。现存的 428～502 只东北虎主要栖息于俄罗斯远东地区，而中国野生东北虎现在仅分布于黑龙江与吉林省的东部林区极为有限的区域内，种群数量不超过 20 只。

历史上，中国野生东北虎曾遍布东北地区，数量最多时达上万只。其后，随着人口的快速增长、林区面积减少及无节制的捕杀，野外东北虎的种群数量大幅度下降。20 世纪 50 年代，东北虎尚有 200 只左右。20 世纪 50 年代后，由于生存环境的进一步恶化，大部分东北虎被迫迁移到俄罗斯远东地区。到了 20 世纪 70 年代末，中国境内仍约有 150 只野生东北虎。由于偷猎、森林破碎化和人类活动的继续影响，东北虎已经命悬一线。20 世纪 80 年代，长白山一带的东北虎分布区已经四分五裂，形成几个“孤岛”，这意味着东北虎将难寻配偶、延续种族。至 20 世纪 90 年代末，一次中俄美三国专家的联合东北虎调查，报告了相对准确、并得到国内外认可的东北虎野生种群数量的数字，为12～16 只。其中，吉林 7～9 只，黑龙江 5～7 只。

东北虎种群数量之所以下降得如此之快，首先是因为野生东北虎栖息地的丧失和恶化。大面积的森林被砍伐，东北虎生存家园遭到前所未有的破坏。自 20 世纪 50 年代至今，也就是在近 60 年的历史瞬间，东北虎栖息地的面积就急剧减少了90%～95%。一只雌东北虎需要400～500平方千米的森林面积才能正常生活和产崽，20只雌性老虎才能组成一个可长期健康繁殖的种群，这个族群需要近1万平方千米的连续森林。其次因为是偷猎严重。人类为取虎骨、虎皮乱捕滥杀的行为，直接造成东北虎数量的急剧减少。大量捕杀各种动物，使得处于食物链顶端的东北虎的食物被剥夺。东北虎是捕猎高手，喜欢捕杀体重在50～200公斤的大中型猎物，包括野猪、狍子、马鹿、梅花鹿等有蹄类动物。由于食物的减少，即使有再强的捕猎本领，东北虎也免不了会忍饥挨饿。食物链的破坏使得饥饿的东北虎会到村庄附近捕食家畜，甚至伤人。如果农民得不到相应的赔偿，往往会对老虎产生怨恨，不仅会减少对野生虎保护的支持，且会设法捕杀。这种人虎冲突将人与虎不断对立起来。最近一次猎杀发生在2011年10月27日，地点在与俄罗斯交界的黑龙江密山市，这可能是中国的最后一只野生虎，被铁丝套勒死。

其他虎种（亚种）：中国人与老虎不共戴天。到20世纪末，在中国分布的老虎（5～6个异域亚种），都被逼到边境线附近，总量已不足80只（表2-4）。其中东北虎残存18～22只；分布在云南南部和广西南部边界的印支虎可能仅有11～16只；分布于西藏的孟加拉虎有8～12只。自20世纪90年代以来，没有确凿的证据证明华南虎野外种群的存在，可能在野外已灭绝。而在新疆曾有分布的罗布虎或里海虎，已多年不见其踪迹。

5. 云豹

云豹（*Neofelis nebulosa*）因华丽的豹皮布有云状斑点而得名。其只分布于亚洲的东南部，从喜马拉雅山脉东部山麓到中南半岛、苏门答腊岛、加里曼丹岛（婆罗洲）等地。由于森林被开垦成耕地，被剥夺了栖息地的云豹数量逐年减少。又因云豹的毛皮美丽，骨骼又可入药，所以对云豹的滥捕、滥杀至今未绝。云豹在我国海南、陕西、河南等地均已濒临灭绝，且我国特有亚种——台湾云豹则已经灭绝。对栖息地的持续破坏、对毛皮和豹骨的猎取及对赖以生存的食物的持续狩猎，都是使云豹数量直线下降的重要原因。根据2009年国内14个省的数据统计，云豹总数约为2600只。如再持续下去，那么在不久的将来野生云豹就很难继续存活。鉴于境况的危急，云豹已被列入CITES附录Ⅰ，IUCN将其列为“易危”的等级，我国将云豹列为国家Ⅰ级重点保护动物。

6. 雪豹

雪豹（*Uncia uncia*）隐居高山，远离人类，应该可以高枕无忧了。其实不然，人类祸害雪豹的历史可以追溯到上百年以前。估计全球野生雪豹的种群数量仅为4080～6590只，并不比老虎乐观。中国是雪豹分布面积最大、数量最多的国家，保护好雪豹义不容辞。雪豹常栖息于中亚高山地区，属于寒冷的干旱区生态系统中的高海拔极度崎岖的地带。在中国，雪豹主要分布于西部边境地区，包括新疆、西藏、青海、甘肃、内蒙古、四川及云南等高山地带，野外种群2000～2500只。雪豹像其他许多野生动物一样，面临偷猎、生境破碎、食物资源衰竭、食物链断裂等生存危机，这些均导致雪豹的种群密度降低。国际雪豹基金会（SLT）已确认导致雪豹野外种群数量下降的重要因素有21项之多，并将其分成栖息地与食物、直接捕杀、政策和意识、其他问题等四大类。如果不尽快采取行动，雪豹将会以出人意料地速度消失（图2-8）。

图2-8　大型猫科动物一个一个消失了，新疆雪豹的命运同样令人担忧

7. 其他猫科动物

其他猫科动物包括猞猁、豹猫、兔狲等，都面临不同程度的威胁。由于豹猫（*Prionailurus bengalensis*）是一种重要的毛皮兽，因而被大量猎杀，数量不断在下降。20世纪60～70年代，豹猫皮年收购量为20万～25万张，1991～1992年收购量下降到10万张左右。兔狲（*Felis manul*）和猞猁（*Lynx lynx*）在我国主要分布在东北、华北、西北、青藏高原等地。近年来森林资源的过量开发，严重地破坏了生态平衡。特别是无限制地猎取野兔、野鸡，导致其食物链断裂。因此，各地兔狲和猞猁种群数量明显下降，都只有数千余只。

参考文献

白素英，景松岩，马玉堃，等.2003. 猫科动物线粒体DNA研究进展. 东北林业大学学报，31（5）：84-86.

蔡勤辉，梁玉珍，陈足金，等.2002. 动物园猫科动物变形杆菌病的诊治. 中国兽医杂志，38（8）：51-52.

陈珉，张恩迪，李冰．2007．虎的保护遗传学研究进展．四川动物，26（1）．216-220．
樊自立．2011．塔里木河与罗布泊研究．乌鲁木齐：新疆科学技术出版社．
高耀亭，汪松，周嘉樀，等．1987．中国动物志·兽纲（第八卷，食肉目）．北京：科学出版社．
高中信，马逸清，程继臻．1996．世界虎的现状及保护．野生动物，17（1）：3-7．
国家林业局．2009．中国重点陆生野生动物资源调查．北京：中国林业出版社．
郝俊峰，于孝臣，史玉明．1997．东北虎分布区的历史变迁及种群变动．林业科技，22（1）：28-30．
何业恒．1993．中国珍稀兽类的历史变迁．长沙：湖南科学技术出版社．
何业恒．1996．中国虎与中国熊的历史变迁．长沙：湖南师范大学出版社．
黄斌．2010．非损伤性取样法在珍稀濒危动物遗传学研究中的应用．生物学通报，45（7）：9-10．
蒋志刚．2004．我们正面临第六次物种大灭绝．生命世界，(5)：8，22-23．
金煜，景松岩，张长社，等．1995．中国猫科动物毛的结构与属间划分．野生动物，4：29-35．
李梅荣，唐泰山，张常印，等．2006．动物园大型猫科动物犬瘟热的免疫监测．中国病毒学，21（4）：368-370．
李彤，蒋劲松，吴志刚，等．2001．吉林省东北虎的调查．兽类学报，21（1）：1-6．
李湘涛．2009．豹迹寻踪．百科知识，(19)：42-44．
刘金毅．2004．第九届中国古脊椎动物学学术年会论文集：猫科剑齿虎化石研究的现状与回顾．北京：海洋出版社：55-68．
刘伟石，胡德夫，郜二虎．2007．甘肃省豹的生存现状调查．四川动物，26（1）：86-88．
刘学聪，李义明．2005．中国陆生哺乳类的易绝灭特征．动物学报，51（4）：557-585．
马逸清，曲明范．1994．世界虎的现状及其保护对策．国土与自然资源研究，3：41-46．
马逸清，解焱．2010．中国虎的起源和濒危过程的研究．野生动物，31（5）：262-269．
孟宪林．1995．虎及其保护．野生动物，(1)：9-12．
朴正吉，睢亚臣，崔志刚，等．2011．长白山自然保护区猫科动物种群数量变化及现状．动物学杂志，46（3）：78-84．
钱燕文，张洁，汪松，等．1965．新疆南部的鸟兽．北京：科学出版社．
邱占祥．1998．虎剑齿虎及其进化．化石，2：3-6．
荣新江．2001．唐研究（第七卷）．北京：北京大学出版社．
盛和林，王培潮，陆厚基，等．1985．猫科．上海：华东师范大学出版社．
斯文赫定．1934．亚洲腹地旅行记．李述礼译．上海：上海书店．
四川动物编辑部．2008．国际野生雪豹保护计划研讨会在北京召开．四川动物，27（3）：448．
苏北海．1994．新疆岩画．乌鲁木齐：新疆美术摄影出版社．
孙濡泳．2001．动物生态学原理．北京：北京师范大学出版社．
谭邦杰．1981．谈虎．化石，9（1）：11-12．
谭邦杰．1985．虎在中国的分布．中国动物园年刊，165-170．
田家龙，李贵臣，孙红瑜．2002．东北地区猞猁种群现状及其保护．特产研究，(1)：59-61．
汪松，解焱，王家骏．2001．猫科．长沙：湖南教育出版社．

王维，沈庆永，胡洪光．1999. 华南虎的现状及保护．动物学杂志，34（2）：38-41.

蔚培龙．2010. 狮虎兽和虎狮兽的诞生，福兮？祸兮？大自然，31（5）：56-58.

魏长洪．2002. 新疆虎余论．新疆大学学报（社会科学版），30（2）：60-64.

魏磊，吴孝兵，晏鹏．2008a. DNA 分子标记在猫科动物系统发生关系研究中的应用．安徽师范大学学报（自然），(05)：473-478.

魏磊，吴孝兵，晏鹏．2008b. 基于线粒体控制区序列探讨豹属分子系统发生关系．动物分类学报，33（4）：712-719.

魏明．2005. 消失的巨无霸．大自然探索，3：66-71.

吴森．2006. 百万年前霸主剑齿虎灭绝之谜．科学大观园，24：60-61.

吴云良．2008. 东北虎种质资源及其与几种猫科动物分子系统关系研究．扬州：扬州大学硕士学位论文．

夏训诚．2007. 中国罗布泊．北京：科学出版社．

谢彬．1990. 新疆游记．乌鲁木齐：新疆人民出版社．

许崇灏．1945. 新疆志略．上海：正中书局．

杨富学，陈爱峰．2007. 辽朝与大食帝国关系考论．河北大学学报（哲学社会科学版），32（5）：36-39.

杨睿，赵祺．2005. 晚更新世大动物群绝灭之谜．化石，2：38-39.

于孝臣，关国生，冯文山，等．1995. 世界虎的现状及其濒危因素分析．林业科技，20（6）：37-40.

袁国映．2010. 追忆新疆虎．新疆环境保护，33（3）：14-17.

张广达．2001. 唐代的豹猎——文化传播的一个实例．见：荣新江．唐研究（第七卷）．北京：北京大学出版社：177-204.

张明海，马建章．2010. 中国野生东北虎现状及其保护愿景展望．动物学杂志，45（1）：165-168.

张志和．2006. 华南虎保护遗传学研究．杭州：浙江大学博士学位论文．

郑涛，费荣梅，吴孝兵．2005. 从 12S rRNA 和 Cyt b 基因部分序列研究 13 种猫科动物的分子系统关系．动物学报，51（4）：630-639.

郑作新．1982. 脊椎动物分类学．北京：农业出版社.

周长庆．2000. 人与虎能“和平共处”吗？大自然，(1)：22-24.

周世锷，哲夫．2000. 猫科兽类何处去？科学大众，(3)：18-19.

Fowler M E. 1998. 动物园与野生动物医学（下）．刘鸿道译．台北：淑馨出版社：1-572.

Пржевальский Н М. 1999. 走向罗布泊．黄健民译．乌鲁木齐：新疆人民出版社．

Brandes G. 1900. Ueber eine ursache des aussterbens diluvialer saugethiere. Corr-blatt Deutsch Ges Anthrop，31：103-107.

Christiansen P，Harris J M. 2005. Body size of Smilodon (Mammalia：Felidae) . Journal of Morphology，266 (3)：369-384.

Christiansen P，Huang J. 2009. A primitive Late Pliocene cheetah，and evolution of the cheetah lineage. Proc Natl Acad Sci USA，106：512-515.

Collier G E，Obrien S J. 1985. Molecular phylogeny of the Felidae：immunological distance. Evolution，39：437-487.

de Beaumont G，Crusafont-Pairo M. 1982. Les felides (Mammiferes，Carnivores) du Vallesin du Valles，Catalogne. Archives des Sciences et Compte Rendu des Seances de la Societe，35 (1)：41-46.

Dinerstein E，Loucks C，Wikramanayake E，et al. 2007. The fate of wild tigers. BioScience，57：508.

Farhadinia M. 2004. The last stronghold：cheetah in Iran. Cat News，40：11-14.

Farhadinia M，Hemami M R. 2010. Prey selection by the critically endangered Asiatic cheetah in central Iran. Journal of Natural History，44 (19-20)：1239-1249.

Frankham R. 1995. Conservation genetics. Annual Renew of Genetics，29：305-327.

Gilbert D A. 1991. Analytical DNA fingerprinting in lions parent-age，genetic diversity，and kinship. J Heredity，82：378-386.

Higgins K，Lynch M. 2001. Metapopulation extinction caused by mutation accumulation. Proceedings of the National Academy of Sciences USA.

Huang J，Christiansen P. 2011. A defense of the primitive cheetah skull. Science，331 (6021)：1136-1137.

Hunter L，Jowkar H，Ziaie H，et al. 2007. Conserving the Asiatic Cheetah in Iran：Launching the First Radio-Telemetry Study. CAT News，46：8-11.

IUCN. 2011-10-16. IUCN red list of threatened species. IUCN，Gland. www. iucnredlist. org.

Jonson W E，Drateh P A，Martenson J S. 1996. Resolution of recent relations with three evolutionary lineages of Felidae using motochondorial restriction fragment length polymorphism variation. Mammal Evo，3：97-120.

Johnson W E，Eizirik E，Slatter J P，et al. 2006. The late Miocene radiation of modern Felidae：a genetic assessment. Science，311：73-77.

Johnson W E，O'Brien S J. 1997. Phylogenetic reconstruction of the Felidae using 16S rRNA and NADH-5 mitochondrial genes. J Mol Evol，44：98-116.

Jonson W E，Stallery J P，Eizrick E. 1999. Dispatare phylogeographic patterns of melocular genetic variation in four closely related South American small cat species. Mol Ecology，1：79-94.

Kitchener A C. 1999. Tiger distribution，phenotypic variation and conservation issues. *In*：Seidensticker J. Riding the Tiger：Tiger Conservation in Human-Dominated Landscape. Cambridge：Cambridge University Press.

Lawton J H，May R M C. 1995. Extinction Rates. Oxford：Oxford University Press.

Leonard A C. 2005. Evolution of the extinct Sabretooths and the American cheetah-like cat. Current Biology，15 (15)：589-590.

Linden E. 1994. Tigers on the brink. Time，13：34-41.

Luo S J，Kim J H，Johnson W E，et al. 2004. Phylogeography and genetic ancestry of tigers (*Panthera tigris*) . PloS Biology，2 (12)：442.

Martin L D. 1989. Fossil history of the terrestrial Carnivira. *In*：Gittleman J L. Carnivore Hehavior, Ecology, and evolution. Cornell: Cornell University Press.

Masuda R, Lopez J V, Slattery J P. 1996. Molecular phylogeny of mitochondrial cytochrome b and 12S rRNA sequences in the Felidae: ocelot and domestic cat lineages. Mol Phylogenet Evol, 6: 351-365.

Masuda R, Yoshida M C, Shinyashiiki F. 1994. Malecula phylogenetic status of the iriomote cat Felis iriomotensis, inferred from mitochondrial DNA sequence analysis. Zoology Sci, 11: 597-604.

Masuda R, Yoshida M C. 1995. Two jananuese wildcats, the Tsushima cat and the Iriomote cat, show the same mitochondrial DNA lineage as the leopard cat Felis bengalensis. Zoolog Sci, 12: 655-659.

Matthew W D. 1901. Fossil mammals of the Tertiary of northeastern Colorado. Mem Amer Mus Nat Hist, 1: 355-448.

Matthew W D. 1909. Carnivora and insectivora of the bridger basin. middle Eocene. Mem Amer Mus Nat Hist, 9: 291-567.

Matthew W D. 1910. The phylogeny of the Felidae. Bull Amer Mus Nat Hist, 28: 289-316.

Mestel R. 1993. Saber-toothed tales. Discovery, 4: 50-59.

Miquelle D G, Pikunov D G. 2003. Status of the Amur tiger and Far Eastern leopard. *In*: Newell J P. The Russian Far East: A Reference Guide for Conservation and Development. California: Daniel and Daniel Publishers.

Miththapala S, Seidensticker J, O'Brien S J. 1996. Phylogeographic sub-species recognition in leopards (*Panthera pardus*): molecular genetic variation. Conservation Biology, 10: 1115-1132.

Nowell K, Jackson P. 1996. Wild Cats: Status Survey and Conservation Action Plan. Gland: IUCN/SSC Cat Specialist Group.

O'Brien S J. 1994. Genetic and phylogenetic analyses of endangered species. Annual Review of Genetics, (28): 467-489.

O'Brien S J, Johnson W E. 2007. The evolution of cats. Scientific American, 297: 68-75.

Piper P J, Cranbrook Rabett R J. 2007. Confirmation of the presence of the tiger Panthera tigris in Late Pleistocene and Holocene Borneo. Malayan Nature Journal, 59 (3): 259-267.

Piveteau J. 1948. Unfelida du pliocene du roussillon. Annales de Paleontologie, 34 (13): 3-28.

Riggs E S. 1934. A new marsupial saber-tooth from the Pliocene of Argentina and its relationships to other South American predaceous marsupials. Trans Amer Phil Soc, 24: 1-31.

Roelke M E. 1993. The consequences of demographic reduction and genetic depletion in the endangered Florida panther. Current Biology, 3 (6): 340-350.

Ryder O A, McLaren A, Brenner S, et al. 2000. DNA banks for endangered animal species. Science, 288: 275-277.

Schafer E H. 1963. The Golden Peaches of Samarkand: a Study of Tang Exotics. Berkeley: Vniversity of California Press.

Schultz C B, Schultz M R, Martin L D. 1970. A new tribe of saber-toothed eats (Barbourofelini) from the Pliocene of North America. Bull Uni Nobra St Mus, 9 (1), 1-31.

Scott W B. 1937. A History of Land Mammals in the Western Hemisphere. NewYork: Macmillan.

Seidensticker J, Christie S, Jackson P. 1999. Riding the Tiger: Tiger Conservation in Human-Dominated Landscapes. Cambridge: Cambridge University Press.

Slattery J P, O'Brien S J. 1998. Patterns of Y and X chromosome and DNA sequence divergence during the Felidae radiation. Genetics, 148: 1245-1255.

Sunquist M, Sunquist F. 2002. Wild Cats of the World. Chicago: University of Chicago Press.

Vella C. 2002. Robinson′s genetics for cat breeders and veterinarians. Oxford: Butterworh-Heinemann.

Warren J C. 1853. Remarks on felis smylodon. Proc Boston Soc Nat Hist, 4: 256-258.

Wilson D E, Reeder D M. 2005. Mammal species of the World: a taxonomic and geographic reference (3rd ed) . Baltimore: Johns Hopkins University Press.

第三章
如何寻找雪豹

雪豹是一种仅分布在中亚高山环境中且警惕性非常高的动物，喜欢在夜间活动。由于“隐秘”而“诡异”的生活习性，其很少为世人所知，是一种极其神秘的动物。几十年来人类对山地的过度开发和利用，导致其数量越来越少。你可能不相信，一些专门研究雪豹的人，在野外却不曾见过雪豹。

如果要保护或拯救一个物种，首先是要了解它的生存现状。近百年来，传统的方法主要是侧重于如何寻找到雪豹，而不是真正意义上的研究。人们一直在探索针对这种夜行性“诡异物种”的研究方法，如直接的与间接的，宏观的与微观的，活体的与无损伤的，野外的与动物园的，科研机构的与民间组织的(NGO)。间接研究方法是通过对雪豹的活动痕迹和食物资源等的调查，在没有直接对雪豹进行监测的情况下开展的研究方法，如雪豹粪便分析法、足迹分析法、雪豹食物资源调查法等。当然，还有特殊的方法，如利用警犬识别真假痕迹、问卷调查和社区监管等。直接研究方法是指通过现代的野生动物监测手段，对雪豹开展直接观测的方法，如红外自拍相机调查法、无线电和卫星项圈跟踪调查法等。活体研究通常只能在动物园里进行，而无损伤或非侵犯（如粪便采集与 DNA 分析）调查则可以在野外推广。本章将试图对雪豹的基本研究方法一一进行介绍，以期让更多人了解雪豹研究方法，深入浅出地熟悉雪豹这种珍稀濒危动物及其生存状况。

第一节　野外基本调查方法

正可谓“世界之大，无奇不有”。在大自然中，孕育着种种奇观胜景、珍禽异兽，有着无限的、有趣的奥秘等待着我们去发现和探索。雪豹作为高山之巅的神秘物种，一直得到国内外学者、动物摄影家、环境保护者、相关保护区工作人员及业余爱好者的关注。

对于初次参与雪豹调查的人员来说，如何开展雪豹的野外调查，需要哪些技能，还必须要掌握的相关基本方法有哪些，野外考察前要做何准备，研究地如何选择，野外生境类型有哪些及如何描述，野外如何识别雪豹个体及痕迹，怎样收集和处理野外资料及数据，这些问题都是需要了解的。另外，掌握野外生存本领与怎样做到户外安全等问题都是至关重要的。本节将试图提供一些比较实用的开展雪豹调查的基本方法。

一、野外考察准备工作（目的、可行性分析、选点、资料、工具）

开展雪豹的研究，最关键的还是提出有意义的科学问题，同时对这个问题有着广泛的兴趣（Karban and Huntzinger，2006）。解决或回答这个问题即是你的研究目的。当然，在确定科学问题前，要掌握国内外研究现状及发展动态，认识到哪些方面还存在疑问？就是常说的“为什么”。只要这样，你才会为了解决问题，开展野外调查，追寻原因。

对研究进行前期的可行性分析，制定研究方法、技术路线及关键技术等方案，可确保研究顺利开展。研究目的确定下来后，要考虑研究地点。具体研究地点根据研究内容来定，如要开展雪豹皮张贸易调查，选择的研究地点可能就在皮毛交易市场、海关、外贸公司等。而关于野外种群状况的研究，研究区域就是雪豹栖息地。不同动物所需的环境条件不同。雪豹多分布于高海拔地区的高山草甸、裸岩地带及山脊等生境。所选研究区域必须包括上述生境，以便于开展野外调查。出队之前的准备工作十分复杂，甚至包括边境通行证、保护区许可证书、单位证明、车马租用合同和批文等。事无巨细，都要考虑到。

雪豹种群数量稀少、栖息地海拔较高，不利于开展相关的野外调查工作。所以开展种群生态或繁殖生物学的研究，在交通、安全条件允许的情况下，尽量选择人为干扰小、野外种群数量相对多的地方进行观察或调查。这样可以增加在一定时间内可收集到的样本的数量，不至于落空。当然，对资源分布与种群状况调查，就不能人为选择样地，要全面地、自然地、随机地、合理地、客观地布设地点和路线，展开考察。

在赴野外前，不仅要准备相关文献资料，还需研究区域的地形图及手持卫星定位仪（GPS）。根据研究工作的内容及范围，选取相应比例尺的地形图。对研究内容，可设计相应调查统计表，以便于记录及避免漏测数据等。同时在野外调查期间，要不断改进、补充调查统计表。雪豹常昼伏夜出，且数量极其稀少，很难观察到个体。对雪豹的粪便、毛发等，要准备采集袋以便于采集，可在实验室通过分子水平鉴定雪豹个体及雪豹食性。野外考察、调查使用的仪器种类繁多，如单筒高倍望远镜、双筒望远镜、数码照相机、红外照相机、摄像机、无线电装置、手持卫星定位仪（GPS 导航仪）、测量工具等。

下面简单介绍在野外调查时，最常用的仪器（图 3-1）。

图 3-1　野外考察常用设备：照相机、望远镜、录像机、卫星定位仪、指南针、计数器

单双筒望远镜，各有优点。双筒望远镜小巧轻便，携带方便；倍数较小、视野大，便于迅速找到雪豹或有蹄类动物。单筒望远镜倍数较高，适合于观察远距离的目标动物，如对雪豹及其猎物行为时间分配的观察。

在中国，采用红外自动照相机拍摄雪豹的最早记录是在 2005 年年底（马鸣和徐峰，2006）。工作原理是当有一个活的、有体温的个体经过红外自动相机前面时，红外线感应器就会自动向照相机发出信号，开启闪光灯，完成对焦和拍摄，捕捉动物的身影。相机的架设地是决定能否拍摄到理想照片的关键。一般要架设在雪豹常出没的山脊、峡谷等地，或有其食物出现的地方，为了拍摄雪豹的不同侧面，自动相机的架设均是成对的。红外照相机可弥补痕迹调查的一些缺陷，如雪豹与豺（*Cuon alpinus*）、狼（*Canis lupus*）、猞猁（*Lynx lynx*）

的痕迹混淆问题（马鸣等，2005）。借助照相术还可以准确辨别物种，并且通过雪豹身体的斑纹、长相进行个体识别或标记，结合"标记重捕"原理，利用计算机及数学模型完成种群密度计算（Jackson et al.，2006）。

无线电跟踪是一种使用无线电发射器（项圈）、接收机和天线系统，对动物进行跟踪记录、活动范围和运动速度等有关参数测定的技术。设备主要有两部分组成，即无线电发射部分和无线电接收部分。无线电跟踪技术主要有步行、车辆、飞机和卫星等方法。雪豹常晨昏活动，行动十分隐秘，研究工作者难以寻觅和跟踪个体开展研究。目前，在蒙古国和巴基斯坦境内的雪豹研究已开始使用无线电跟踪设备，通过该方法对雪豹的领域范围、移动距离、活动节律及繁殖行为进行研究是有一定价值的（McCarthy et al.，2005），间接为其他方法提供较准确的数据。但是这种方法的实施难度较大，如成本高、活体捕捉风险大、政府审批及监管较严等。

二、研究地描述

每一种动物的生存环境，也叫栖息地或生境，是不一样的。野生动物生境是其赖以生存的场所，即生物个体、种群或群落能在其中完成生命史的空间（颜忠诚和陈永林，1998）。它不仅为动物提供食物、水等生命必需资源，同时为其提供生存、繁衍和躲避天敌的隐蔽条件（王金亮和陈姚，2004）。

我国幅员辽阔，具有丰富多样的生境类型，包括森林、草原、湿地、沙漠、海洋、农田等。森林生境是由树木为主体组成的生物群落，其物种丰富、数量大，有优良的隐蔽所和适宜的小气候条件。草原生境的地面开阔，缺少动物的隐蔽地，主要生活着穴居的啮齿类和快速奔跑的有蹄类及少数食肉类动物。湿地指陆地与水域间的过渡地带，包括沼泽、滩涂、水库、湖泊等，水鸟种类居多。荒漠包括沙漠、戈壁，其植被简单，但面积宽广，利于大中型兽类生活。雪豹活动于中亚高海拔的高原、高山裸岩、林线与雪线之间的生境，常年积雪，植被十分稀少，且地形陡峭。

生境的地理位置决定着生境中各生态因子的变化，从而影响动植物群的组成和分布。对生境进行描述，首先要介绍其地理位置。地理位置多用经纬度来表示，并描述其附近的山脉、河流、湖泊等，完整地交代考察区域的地形、地貌等特征。相关的气候、水文、地质结构、土壤性质、文化历史和社会经济等资料，你可以通过查阅历史文献和当地相关部门的资料来获得。对当地牧民人口数量、家畜数量、放牧区域、家畜是否丢失、是否有人偷猎野生动物等特殊资料，可设计相应的问卷开展调查。

研究区域的描述，也应该指出该地区主要的植被类型和其他动物资源。植被类型决定着栖息于此的动物种类。自然界中，生物和非生物保持着相对稳定的相互关系，同时生物间也存在着错综复杂的网状或链状食物关系。麦克阿瑟（McCarthy，2000）借鉴其他大型动物调查方法提出了食物量估算法，通过雪豹主要的食物，北山羊（*Capra ibex*）、岩羊（*Pseudois nayaur*）、盘羊（*Ovis ammon*）等的种群数量或密度估算雪豹的数量，当然这也存在一定的偏差。雪豹的食物种类丰富，除了比较容易观察到的有蹄类动物，如北山羊、盘羊，还包括小型哺乳动物、鸟类、爬行类等。各种食物在调查地点雪豹的食谱中所占比例很难得到准确的计算。此外，即使可以准确计算出环境中雪豹的可利用食物量，棕熊、猞猁、狼和狐狸等与雪豹食物组成接近的物种也会与雪豹竞争食物。它们的食物量的多少会直接影响雪豹可取食的食物总量（马鸣等，2011）。

三、雪豹的野外识别

中国有570多种哺乳类动物，占世界的10%以上（Smith和解焱，2009）。由于雪豹是夜行性动物，白天见到雪豹个体的概率很小。因此，开展雪豹调查时，不仅要掌握雪豹个体的外部形态特征，还要有识别雪豹活动时留下的痕迹、毛发等特征的能力。在野外考察前，通过查阅相关资料，了解研究区域内及相邻地区的动物种类，估计研究区内的可能栖息动物。通过学习雪豹及相似物种的生态习性，掌握雪豹可能留下的痕迹特征，以区别其他动物留下的痕迹。对野生兽类形态特征的识别，主要涉及体型、毛被、头骨、牙齿等方面的识别。

雪豹属于猫科内的大型兽，大小似豹，但头较小。颅骨较短而宽，前额隆起。四肢粗短、强壮，前足较后足发达。最明显的体型特征是雪豹的尾巴粗大且长，约为体长的3/4或全长。全身被毛灰白色，点缀着如开放的玫瑰花般的深灰和黑色的斑点及不规则黑环；胸腹部近于白色，没有斑纹。头部黑斑小而密。体毛较长、密而柔软。尾毛长且蓬松，北方的雪豹毛较长，粗而硬，黑白两色相间。骨骼和牙齿均似豹属，但雪豹的舌骨基本上骨化，不像豹属动物的舌骨中部为韧带性软骨能大声吼叫。雪豹特征明显，容易识别。

在动物界中，区分和识别种类除了借助图谱，常用的简易方法是检索表。在任何动物类群中，把同一类型的物种，如同一科或同一属，据一对或几对相对性状的区别，逐次归纳为特征截然不同的两个类群，再根据另一对或几对相对性状，将上面的每个类群再分成相对应的类群，通过“非此即彼”的交叉选择，逐个排除或证实。分叉检索，就是采用“是或非”的原理，直至最后确认其分类地位，便是检索表。理想的检索性状要对种群所有个体都适用，不论季节、年龄和性别，是绝对的、唯一性的，外部直观的，不用特殊仪器就可直接观察的，显著的和差异分明的特征，而不是模棱两可的特征。是比较稳定的，不来纳或没有过大的个体变异特征。常用的检索表有退格（定距）、齐头（平行）和连续三种类型。

中国猫科分属检索与鉴别（高耀亭等，1987年）

1. 体型较大，头体长在1.2米以上，舌骨骨化不完全 ………………… 2
   体型居中或小，头体长多在1.0米以下，舌骨骨化完全 ……………… 3
2. 体色棕黄，具黑斑或黑纹，头骨的鼻骨较狭长 ………… 豹属 *Panthera*
   体色灰白，具黑斑，头骨的鼻骨较短宽 ……………………… 雪豹属 *Uncia*
3. 体背具大型斑块，上犬齿特长 …………………………… 云豹属 *Neofelis*
   体背无大型斑块，上犬齿中等 ………………………………………… 4
4. 成体上前臼齿2枚 ………………………………………… 猞猁属 *Lynx*
   成体上前臼齿3枚 …………………………………………………… 5
5. 体较大，头身长1米左右 ………………………………… 原猫属 *Profelis*
   体小，头身长0.3～0.5米 …………………………………… 猫属 *Felis*

基于野生动物的生态习性、数量稀少等原因，很少有机会能近距离仔细观察动物的全部特征，尤其是雪豹这种夜行性动物。因此，记录和分析野生动物活动时留下的明显的痕迹，包括足迹、粪便、毛发、爪痕及食物残留物等，便成为间接识别物种的基本方法和技能。

兽类的足趾着地类型大致有4种：①蹠行型，是整个脚掌（包括踵、蹠、趾）着地行走模式，如熊、灵长类等；②趾行型，只用趾着地行走模式，如犬科、猫科动物；③半蹠行型，是指前后足着地不同，即后足蹠行型，前足趾行型的类型，如貂熊、紫貂、黄鼬等；④蹄行型，是仅趾端的蹄着地行走模式，如有蹄类动物等（马世来等，2001；马建章和贾竞波，1990）。

兽类典型的足皆具五趾，而猫科动物们足印却只显示四趾（第一趾退化或高位）。足迹的趾数多少，常常成为科之间鉴别的重要特征。还有脚掌面肉垫大小与形状，趾的排列及趾面肉垫的形状，爪的特点，足印的尺寸等都是种的鉴定依据（详见下一节）。有时甚至可以作为某些个体鉴别的依据（盛和林和徐宏发，1992）。例如，食肉目犬科动物前后足都是四趾印（大拇指高位或者退化），都是趾行型——小心翼翼地踮着脚尖走路，蹠蹠不着地，这与猫科动物完全一致。主要区别是犬科的爪不能收缩，而明显留下爪痕。棕熊的足迹特别大，前后足有差别，均为五趾，前足有发达的爪，后足蹠行型，最大的脚印长达30厘米（与人接近），都有明显的爪印。

对兽类在河边滩地、雨后湿土及雪地上留下的清楚足迹，一般要测量的内容和方法如下。

(1) 足印长：单足印的全长，即从足趾（指）的先端到足印（脚后跟）的最后点（图3-2）。

（2）足印宽：单足印的最大宽度。

（3）前爪长：前后单足最长趾印前所留爪印的最大长度（注意雪豹爪是收起来的，一般不留痕迹）。

（4）步幅：同侧同足从第一次出现到下次再现足印前缘相同点之间的直线距离（图 3-3）。

（5）跨（髋或胯）距：行进足迹链或一组足印横跨的最大宽度，也叫“步幅宽”或“步宽”，即左右足印最外点的宽度。

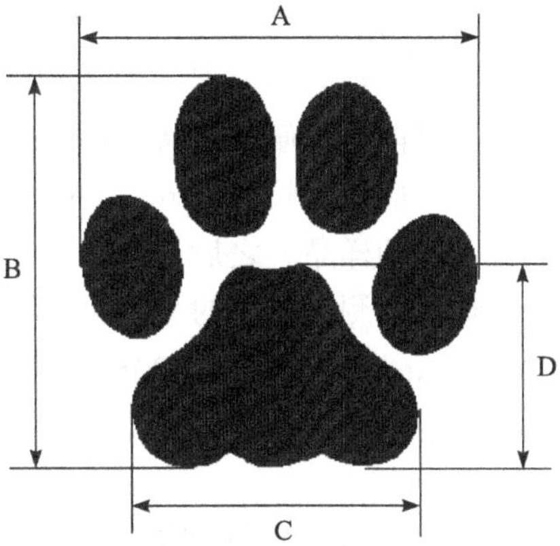

图 3-2　雪豹的足印测量

A. 足印宽；B. 足印长；C. 肉垫宽；D. 肉垫长

在新疆，没有其他大型猫科动物（如老虎、豹子等）痕迹的干扰，要识别雪豹痕迹，不是特别困难。它与野猫、狐狸、狼、猞猁、野猪、马鹿、棕熊等动物的痕迹大小或形状不同。成年雪豹的足印硕大，呈圆形，长 9～11 厘米，宽 7～9 厘米。平地行走时利爪不外露，四趾围绕肥厚的掌心（肉垫）排列，构成的图案如梅花一样漂亮。行走时的步幅通常在 1 米左右（图 3-4），跑动时步幅可达 1.6～2.3 米（图 3-3）。

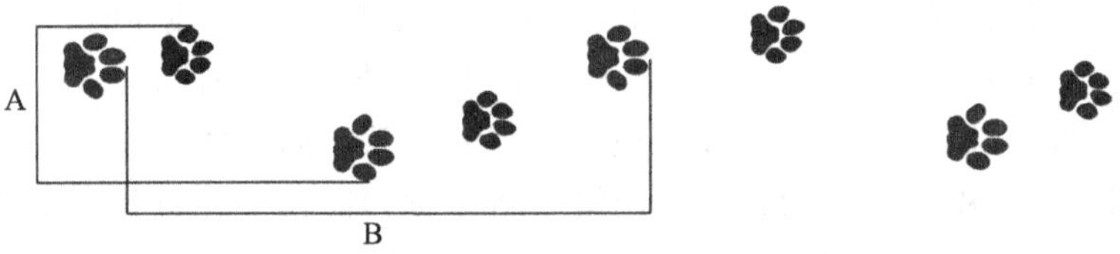

图 3-3　雪豹的足迹链（通常前后足印可能重叠）

A. 步宽（跨距）；B. 步幅

图 3-4　雪豹行走时的步态，脚后跟不着地（马尧 摄）

因与雪豹共栖的食肉动物有狐狸（*Vulpes* spp.）、欧亚猞猁（*Lynx lynx*）和狼（*Canis lupus*）等，故识别粪便尤为重要。但通过粪便鉴定物种存在一定困难。目前，粪便分析法也称遗传物检测法或遗留物检测法，是无损伤分析方法之一。应用线粒体（mtDNA）Cyt *b* 基因特异性引物对粪便样品进行鉴定，剔除有疑问的样品。之后，利用筛选的微卫星引物，对雪豹粪便样品进行基因分型分析，检测出不同的个体及性别，从而进行个体数和性别比统计（张于光等，2009；Janečka et al.，2008）。该方法也可用于其他遗传样品，如血液、毛发、肌肉、皮组织等的分析。

四、雪豹习性和行为的研究方法

在开展野生动物调查前，要熟悉动物的活动规律、栖息环境和食物类型等。因此，野生动物习性的研究是野外工作的主要内容。

食性是指动物取食的习性、地点、行为、时间、食物组成及其利用等。按食性的特化程度，食性分为广食性和狭食性；依据食物的性质食性分为植食性、动食性和杂食性。有些动物在不同的季节或不同的地区，食物组成也不同。常用的食性分析方法如下。

（1）野外直接观察法，指在野外直接观察雪豹进食的物种。

（2）肠胃内容物分析法，是指在获得研究物种的尸体或残体时，收集其肠、胃内未消化完的食物残余，通过形态和分子等手段鉴别食物种类。

（3）粪便分析法，指在野外发现并收集粪便后，回到实验室将其放入盆中用水浸泡，使其松散，仔细查验，用镊子将食物残骸挑出并分类后烘干。通过被食物种的宏观结构，如毛发颜色、结构及质地，残余的脚爪、牙齿、头骨、喙等，仔细区分大类。或者应用 DNA 技术来鉴别食物的种类（Chundawat and Rawat，1994；刘楚光等，2003；Shrestha and Wegge，2006；Shehzad，2011）。

（4）笼养试验：多在动物园中开展，可进行食量测定和喜好度的观察。

动物的活动规律、繁殖、行为及时间分配等方面的习性是长期进化的结果，是习性研究的重要内容。对大型动物活动规律、行为时间分配的研究，常采用直接观察法。通过直接观察，记录时间、野生动物所在地及发生的行为等。行为学取样方法，分取样和记录两大类。取样方法又可分为随机取样、扫描取样、定目标取样和行为取样等。记录方法分为连续取样和时间取样两种（Martin and Bateson，1986；蒋志刚，2004）。观察者在野外采集数据时可能会漏掉一些行为，这将导致数据可信度降低。这种遗漏的产生与物种、个体、行为单元和取样方法等因素有关。检验可信度的方法是在野外采样时，使用摄像机进行同步录像，回来后参照回放的录像仔细检查遗漏点，计算取样的准确率。对一些无法观察或不易观察的动物，在条件允许的情况下可采用无线电遥测来对动物的活动规律进行研究。无线电遥测可全天候精确地测定动物所处的位置，又不影响动物的自由活动，是一种较为理想的现代化研究手段。

对野生动物种群数量的研究，无论在实践上或理论上都有极其重要的意义。但是，如何尽可能准确地计算种群数量一直是野生动物研究的一个难题。对野生动物的计数有多种方法，但雪豹行为的机警和诡秘性、特立独行、夜间活动、高海拔分布等特点，给研究者带来巨大挑战。因此，探讨雪豹检测方法和制定统一可行的规则成为重要课题（McCarthy et al.，2008）。目前用到的方法很多，在下面的几节将对主要方法进行详细介绍。

（1）痕迹样线法（路线法、截距法）：考察者沿着固定的线路（或样带），长度 1 千米，观察统计所见到的样线内及两侧的动物或动物痕迹，记录数量和截距。如当时辨认不出痕迹是哪种动物，可进行测量、拍照及采集等方法，以便于后期识别和鉴定。

（2）红外照相法（或录像法）：借助红外照相机、摄影机等设备记录和识别动物个体，通过拍摄率和个体特征推算种群数量（见标记重捕法）。

（3）食物资源法（食物量估算法）：根据雪豹食物，如北山羊、岩羊、盘羊等的种群数量或密度来估算雪豹数量（McCarthy，2000）。

（4）空间分布样方法（地图标记法）：随机选取面积和形状固定的样方，通过计数样方内动物的个体数或动物活动的痕迹数，运用统计学的原理，来估计动物种群的数量。主要步骤如下：①划定样方；②求出样方的频数分布；③检验分布型；④利用分布格局求动物的数量。

（5）盐碱场观察统计法（样点法）：在一定时间内，在固定的观察点进行观察或计数。雪豹的主要食物有蹄类动物都需矿物食物和微量性元素，因此常到天然的或人工的碱场舔食。可利用这一特性，在碱场进行数量统计和观察。

（6）无损伤或非侵入性分析法（粪便分析法、DNA 个体识别法）：考察时收集雪豹的粪便、毛发等样品，通过基因分型分析，检测出不同的个体及性别，从而进行个体数和性别比统计。

（7）无线电跟踪法：使用无线电信号发射与接收的原理来判定野生动物的准确位置，是研究动物活动、习性、家域、领域的有效方法。

（8）卫星项圈：是一项应用于动物研究方面的地理信息系统（GIS 或 GPS）科技产品的延伸，它的主要用途是通过卫星定位记录受保护动物的行踪及路径，进而帮助调查人员更准确地开展生态学考察、栖息地分析、领域行为研究等。最终为建立 3S 地理信息系统数据库积累资料（刘雪华，2011）。

（9）问卷调查法（民间利用调查、贸易调查、市场调查、中药店调查、海关案件调查）：是调查者运用统一设计的问卷，向被选取的调查对象了解情况或征询意见的调查方法。设计合理的问卷，除了可以了解雪豹的分布状况、与牧民的冲突、狩猎与毛皮贸易等，对查明雪豹的历史分布区、文化典故、食物资源、繁殖洞穴和幼崽数量等也有一定价值。

（10）皮张及动物产品收购记录法：利用雪豹的毛皮、产品收购资料来分析长年的数量动态，并详细记录其来源、时间等。可获得皮张及产品的年际变化、资源被破坏的程度等资料。

（11）航空统计法：利用飞机统计动物，可以在空中直接进行目测统计，也可以利用航空摄影计数。多用于大型有蹄类动物（雪豹食物）的调查。

（12）遥感条带统计法：利用飞机或人造卫星做运载工具，用传感器在宇宙空间将地球上大范围地区内野生动物的电磁波辐射信号接收记录下来，经加工处理，变成人类肉眼可以直接识别的图像或数据，从而快速定期地监测野生动物的数量变化。多采用装有红外扫描器的飞机对野生动物进行条带式扫描。

（13）领域法（连线法）：根据其他方法了解雪豹领域的大小，计算研究地内可容纳的雪豹数量。首先是借助其他方法，在地图上标记某一只雪豹在不同方向活动的最远点，然后连线形成一个多边形的领域图，得出面积和密度等数值。

（14）标记重捕法：在调查某地段中，捕获一部分动物个体进行标记，然后放回，一定期限后进行重捕。据重捕到的动物中标记个体所占比例，通过数学模型估计该地段中个体的总数。

（15）雪后痕迹调查法：区别于传统的痕迹法，雪后开展痕迹调查可避免痕迹变形、重复统计等。这是针对雪地动物的特殊有效方法。

图 3-5　白天雪豹慵懒在巨石下、乱石堆边，伪装色极佳，很难被发现

（16）动物吼叫声音统计法：在发情期，雪豹常发出叫声。利用这一特征，可在一定的区域内查清发情雪豹的数量。要严格记录听到叫声的时间、方向及大致距离，如果有条件可用录音设备进行录制。

（17）轰赶与围赶法（遭遇法）：较为原始，花费人力和物力较大。对于隐蔽能力较强的雪豹来说（图 3-5），有一定的应用价值。可提高动物与观察者相遇的几率，便于开展调查。

五、种群生态与个体生态

种群是由同种个体组成的，占有一定领域的群体。种群是同种个体通过种内关系有机地组成的一个统一体或系统。种群生态学是研究种群结构、形成、发展和运动变化过程的学科。

种群的年龄分布是不同年龄组（成年、青年、幼崽）在种群内所占的比重或配置情况，对种群的出生率和死亡率都有很大影响。因此，对种群数量进行预测或预报，都离不开对种群分布或年龄结构的研究。同时，种群的性比或性别结构也是种群统计学的主要研究内容之一。因为性别通常只有雌雄两种，所以它比年龄问题简单得多。

许多哺乳动物两性毛色、体型、性状、生殖器等明显不同，区别并不困难。有些种类可用皮张、头骨、或角进行鉴别。但有些种类的两性区别需具备一定技术和经验，才能区分。一般来说，雄性兽类外生殖孔总是距肛门远些，而雌性生殖孔往往紧靠肛门。雪豹雌雄同型，但可根据行为、生殖孔形态、体型大小等来区别。

兽类繁殖力的大小，取决于怀孕率、胚胎数、妊娠期长短、年繁殖次数、性成熟年龄、育龄长短等因素。雪豹通常 1～2 月发情，每次发情持续 4～8 天，每天交配 20 余次，但时间都较短。妊娠期 98～105 天，一般在 4 月中旬或 5～6 月产仔，每胎 1～5 只，通常 2 只。2～3 岁达到性成熟，寿命可超过 15 岁。

种群年龄结构是种群生态学的重要内容。因此，鉴定种群年龄是极其有意义的工作，主要根据毛色、牙齿、生长发育及生殖器等确定兽类的相对年龄。哺乳动物牙齿的生长、数量和更换的顺序都与年龄相关，可根据这些特点判断其早期年龄。在成年后，由于进食会研磨牙齿，所以也可从牙齿磨损程度判定年龄段。幼年期生长发育速度较快，而成年的体重、体长几乎没有变化。

六、标本采集与分析

“只见雪豹皮，不见雪豹”一直是很多国内外学者的痛心呐喊。可想而知，雪豹不仅神秘，且数量稀少。因此，雪豹皮张、标本极其珍稀。动物标本可作为兽类分类、形态特征的基础。

采集的动物标本（无论是皮子，还是头骨）均系有标签，填写有编号、学名、鉴定人、采集期、采集地及测量数据等信息。标签的记录内容，可根据需要自行设计。更详细的内容可记载在野外记录本上。雪豹标本（尸体）的测量数据包括以下内容。

（1）体重：动物的整体重量。

（2）体长：自吻端至肛门或尾根的直线长度。

（3）尾长：从尾根到尾端的长度（图 3-6）。

（4）肩高：肩背部至前肢蹄底的直线距离。

图 3-6　考察队测量牧民家里的雪豹皮（标本），雪豹粗长的尾巴几乎与身体的长度接近

标本的制作是一项专门的技术，自然不能要求野外工作者都成为技术高超的技师，但应该掌握标本制作的一般技能。外形标本的完美程度，主要取决于完整的皮肤和标本的装填技术，剥皮是很重要的环节，多采用腹剥法。常用的防腐剂是三氧化二砷防腐粉，俗称砒霜。展出或陈列的标本通常是形态标本，而科研标本一般是假剥制标本，或只留一张皮，不占地方，也便于保存。

七、数据处理

在野外获得了大量的原始数据后，通过数理统计分析，得出野生动物的种群数量、生态习性和活动规律是研究的最终目的。由于生命过程的复杂性和随机性，原始数据通常是参差不齐的，必须采用数理统计的方法才能得到客观规律性的东西。首先要整理原始数据，从整理后的资料中得到初步的结论，在这基础上，才有可能运用数理统计模型对资料进行下一步的计算和分析。数据整理过程包括原始数据的可靠性审核、数据的归类和分组，以及数据的标准化。其次是统计分析，根据具体的研究内容和数据收集情况，选择合适的有效的统计方法。统计分析将数理统计的原理和方法应用于科学研究领域，对生物有机体开展调查和实验，目的是以样本的特征来估计总体的特征，对所研究总体进行合理的推论，得到对客观事物本质和规律性的认识。

野外调查获得的数据，要能简明地表达这群数据所反映的总体面貌，需要从中提炼出几个数值来表达群体最重要的特点。平均数、标准差、标准误等是最基本的统计参数。

（1）平均数是样本中许多变量的最有代表性的数值，可反映样本中各变量的集中趋势。

（2）标准差表示样本变量的变异程度，是根据样本中所有变量与平均数的差异来计算的。

（3）标准误是由样本标准差除以样本量的平方根所得。

（4）概率是用来度量自然界中事件发生的可能性。

（5）显著性检验，即对照组和处理组来比较取自两个不同样本数据之间的差异。一般程序如下：提出假设、统计检验和根据统计量判断接受还是拒绝零假设。

（6）方差分析，又称变异数分析或 F 检验，是用于两个及两个以上样本均数差别的显著性检验，包括单因素方差分析、多因素方差分析等。

现代的野生动物研究，大多是通过定量的分析，得出定性分析的结果。动物种群的数量变化、行为特征、繁殖和生活习性都是需要在样本量的水平上给予反映。数理统计已是野生动物研究的必要手段，可以毫不夸张地说，在现代野生动物科学研究中，离开了数理统计是难以写出一篇高水平的文章的（徐宏发和张恩迪，1998）。

第二节　活动痕迹与标记识别

痕迹学，是刑侦技术中比较深奥的一门学问。就像侦探寻找罪犯一样，不会放过任何蛛丝马迹。其实，跟踪雪豹也是一件非同寻常而又具有挑战性和极为有趣的事情。国际雪豹基金会（ISLT）对雪豹的痕迹调查有一套标准方法，被称为雪豹痕迹调查信息管理系统（SLIMS）。规定样线的长度 250 ～ 1300 米，宽度 10 米，每条样线之间的距离应该大于 1～3 千米。记录内容包括样线的 GPS 方位、样线长、雪豹痕迹种类、痕迹数量、栖息地特点、保护状况等信息。它通过样线调查，研究雪豹痕迹的类型、分布和密度，以此获得雪豹在栖息地利用和种群密度等方面的信息。通过对比不同地区的结果，可对不同国家和不同分布地区雪豹的生存现状进行比较和评估。

调查开始之前，必须进行队员的基本技能培训，至少掌握如何辨认痕迹和怎样填写调查表格。雪豹的痕迹可分为刨痕（scrapes）、足迹（pug mark or footprints）、粪团（feces）、尿迹（urine）、气味标记（scent spray）、毛发（hair）、卧迹（sleep site）及爪痕（claw rake）等，其中刨痕、足迹、粪便是雪豹的主要活动痕迹。

大多数痕迹是雪豹无意识留下的，如足迹、毛发、粪便等。只有嗅迹——就是一种带有刺激气味的液体，是其主动标记的痕迹，源于特殊的领域行为。当然，有的痕迹看似无意识，在其进化过程中逐渐演变成了有意识的动作或领域行为，如雪豹经常性地刨地动作，可能不仅仅是为了磨爪子或掩埋粪便。因为雪豹多在夜间活动，嗅觉导航显然优于视觉或听觉导航。一些痕迹是有形的，如粪便、毛发等；而另外一些痕迹可能是无形的，如气味、声音等。前者是可以看见的，而后者是看不见的。概括起来，痕迹的分类可以简单划分为有意识的或无意识的，有形的或无形的，平面的或立体的，可见的或不可见的，物质的或非物质的，宏观的或分子的，可嗅的或可视的等。千变万化不离其宗，痕迹密码深藏其中。

雪豹一般会在一些特定的地方留下痕迹，如山崖的底部，交叉路口或转弯处，有特殊标志物的地方（如突兀的巨石、木桩、孤立的灌丛、土堆等）有的标记是在大石块的侧壁，在峡谷、山口动物必经之地，在弯曲生长的植物体上（如树干上），或者是在其他不同类地形的边界区域。这种地形的边界是指两种地貌的交汇处，比如陡峭的山脊和垭口（达坂）的交叉处、河谷和山崖的交界处等。雪豹在其他平坦地区留下刨痕的可能性相对较小（Jackson and Hunter, 1996）。

一、雪豹有哪些活动痕迹

雪豹遗留的痕迹包括活动印记和个性标记，二者有时不易严格区分。刨痕、脚印、粪团、尿印、气味标记（嗅迹）、毛发、卧迹及爪痕等十余种痕迹，只有嗅迹是一种明显的标记。在天山托木尔峰保护区，脚印、刨痕、嗅迹、粪便是雪豹的主要活动痕迹。

（一）刨痕

刨痕是雪豹最常见的痕迹之一，其他常见痕迹依次是粪团、尿迹和气味标记等。刨痕有时单独出现，多时 20 余个集中在一起。猫科动物普遍喜爱清洁，刨痕应该源自雪豹掩埋粪便的行为。每一种痕迹都不是孤立的，刨痕上或附近常常有粪便和尿迹。刨痕分布的区域，应该是雪豹的卫生间。雪豹在一个区域活动后，特别是进餐以后，有 40％～60％的可能性留下诸如刨痕和粪便等痕迹。而且它喜欢在同一地点反复标记，刨痕表现得尤其明显，大小也不一样（图 3-7）。实际调查表明，有 50％～70％的雪豹的标记地点是多个刨痕或多种痕迹聚集在一起的重复标记地点。

图 3-7 雪豹的刨痕（30 厘米×22 厘米），通常会在后方堆起一个小土堆

雪豹在一年中的各个季节都可能在行动中留下刨痕，高峰期是每年的 12 月至次年的 3 月（可能冬季比较容易观测到）。当同一地区中同时有多只哺育期的雌性雪豹活动时，该地区最有可能留下刨痕。当不同个体雪豹的核心活动区相重叠时，雪豹留下的刨痕密度可能是一般情况下的 4 倍之多（Jackson and Hunter，1996）。可见雪豹的领域行为是多么的强烈，特别是在面对同类的时候。

在所有雪豹痕迹中，刨痕尤其是新鲜刨痕最能准确地反映雪豹在一个地区的活动。刨痕的直径通常为 35～65 厘米，深度为 8～14 厘米。要找到这种刨痕最大的难度在于刨痕不能长时间保存，在自然力的作用下很快就会褪去，尤其是雪豹在雪上留下的痕迹。在碎石地面、硬土地、冰冻地、植被茂密的灌丛和草地上也很难找到雪豹的刨痕。在地面扰动大，及地质、气象灾害频发的地段和季节，痕迹亦不容易保存，如风口、雨雪季节、融冻层、突发性洪水沟、泥石流滩地、雪崩和砾石滑坡地等。还应特别注意的是在低海拔地区，雪豹的刨痕也很容易与其他常见豹类及猞猁（*Felis lynx*）等相近物种的痕迹混淆。但在新疆并无除雪豹以外的其他豹类，其与猞猁的痕迹区别也比较明显（图 3-8，图 3-9）。

（二）足迹

在山区进行雪豹足迹和足迹链（footprints chain）调查时，对雪豹与其他相近动物脚印的鉴别和区分尤为重要。易与雪豹足迹混淆的物种在新疆主要是猞猁和狼，它们与雪豹的分布区有重叠。猞猁与雪豹亚成体的足迹大小、形状相近。一般现场只有一种痕迹时鉴别非常困难，只有在痕迹保存非常理想的情

图 3-8 分布比较广的猞猁（*Felis lynx*）

其显著特征是耳朵上的一撮黑毛“天线”和短小的尾巴，无论是毛皮色泽还是身体形状都与雪豹区别甚大。而且，猞猁在雪地上行走时，腿脚高高抬起，一步一个脚印儿，一般不会留下太明显的拖痕

况下才能区分。因此在雪豹痕迹鉴别过程中，多种痕迹（刨痕、爪痕、粪便等）在同一地点出现时较易确定。此外还应综合分析海拔、地形、生境类型对动物活动的影响，不同物种对栖息地的选择可能不一样。猞猁（*Felis lynx*）与雪豹的痕迹区别主要有以下几个方面（Jackson and Hunter，1996）。

（1）猞猁脚掌（足垫）相对于雪豹较小，其足迹中脚趾相对较细长，脚趾垫长与肉垫长的比值要比雪豹大。

（2）猞猁的步幅比雪豹小，猞猁一般为 36～50 厘米，而雪豹正常行进中步幅 70～90 厘米。小跑和奔跑中步幅甚至可达 120～200 厘米。

（3）猞猁足迹链的跨距比雪豹小，猞猁一般小于 18 厘米，而雪豹约为 25 厘米。所谓“猫步”，可能不易测量出跨距。但在跑动的时候，由于慌不择路，跨距比较明显。

（4）在深雪中行走时，雪豹由于尾较长，有时会在雪地上留下拖痕。而猞猁尾较短，不会有拖痕。

（5）北方的雪豹足垫间与猞猁相比有更多的毛，因而足迹可能比较模糊。

实际上，根据足迹大小判断猞猁足迹与雪豹足迹的差异，难度非常大，当地的猎人也会出错误。因为，在新疆有的猞猁个体也很大，与雪豹相差无几，几乎无法区别它们的足迹。这种猞猁俗称为“马猞猁”，可能是雄性猞猁。体型小一点的是“羊猞猁”，也许是雌性或亚成体。当然，也有地理差异或亚种差

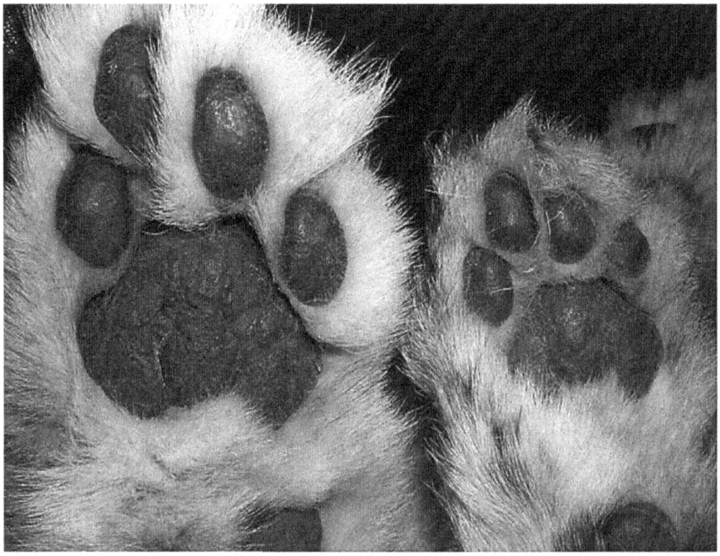

图 3-9　雪豹前足

雪豹的前足看上去是 4 趾，实际上有 5 趾（后置），只是在行走时大拇指不着地而已

异。遇到体型大的猞猁时（头体长 80～130 厘米），需要认真分析，除了上面几条，这里再介绍一些简单的识别办法（Jegal et al.，2010）。首先，在浅雪地或泥地上，可以看见雪豹前后足印有一定的叠加现象，而猞猁是分开的。在深雪中（深度大于 18 厘米），雪豹的足印完全叠加，一步接着一步，这样可以节省体力。所以在深雪里发现雪豹足迹链很难判断是几只雪豹，它们很会利用前面踩出的雪窝行走。其次，在猞猁足印中偶然可以看见爪子的痕迹，而雪豹足印中绝对是没有的。在雪地里行走时，雪豹会在足印之间拖出一条线，而猞猁则不会（它的脚抬得比较高）。最后，从环境选择上来说，猞猁的分布范围要大许多，欧亚大陆广泛分布，而雪豹只在狭窄的区域分布，对海拔和栖息环境选择相对苛刻一些。就是说猞猁分布的海拔要低一些，气候相对温暖一些。

另外，野狗、藏獒、狼（*Canis lupus*）和棕熊（*Ursus arctos*）等的足迹，除了在形状和大小尺寸上与雪豹不一样外，它们都有一个共同特点，就是爪子外露，喜欢张牙舞爪，行走时爪收不回来，足迹上方的几个爪尖的痕迹比较明显（图 3-10）。猫科动物包括雪豹在行走过程中爪子是收敛起来的（见第六章解剖图），一般不会留下任何爪痕（爪印）。如前所述，食肉目的犬科动物与猫科动物有许多相同的地方，前后足都是四趾（第一趾高位或者退化），趾行型，脚掌肉垫的形状也比较相似。在足迹大小尺寸上，雪豹与狼也比较接近。显著区别在于猫科动物的爪能够收缩，特别是在行走时爪缩入鞘内，足迹不会留下爪印，极其容易与犬科或鼬科动物足迹相区别。而棕熊的后脚明显巨大（常被误认为是野人），前后足均具五趾，前爪比较发达，后足属于蹠行型，前后足都有明显的爪痕。

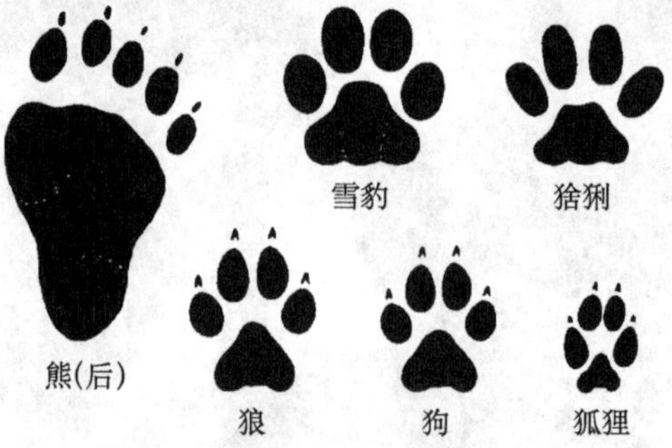

图 3-10　新疆猫科动物（雪豹、猞猁）、犬科动物（狼、狗、狐狸）与熊科动物的足印比较

除了上面的介绍，雪豹与狼的足印区别还有许多，如脚印肉垫与趾垫的比例关系，四趾的排列位置，肉垫的形状等。这些都需要考察者和野外志愿者仔细揣摩，留心观察，认真比对。雪豹的肉垫前端不是尖或圆的，而是略有凹陷，后方也不那么整齐，有三个波浪凸起。与狼比较，雪豹的脚印的长、宽比较接近，呈正圆形，而狼的脚印就比较瘦长，呈椭圆形（表 3-1）。老练的印记专家，不仅可以迅速判断某个足印是什么科、什么属、什么种的动物，甚至可以区分是哪一只个体：成年或幼体、亚成体，雄性还是雌性，张三或李四。因为在山区，食肉动物都比较分散，领域行为极强，上百平方公里的一条峡谷里可能就只有 1～2 只雪豹，通过性别、年龄、体重和其他方面个体差异的比较，完全可以区分不同的个体。这些都是经验之谈，需要观测者反复实践才能掌握。

表 3-1　常见犬科动物、猫科动物、熊科动物足迹特征比较

物种	类型	趾数/个	爪痕	足印宽/厘米	足印长/厘米	步幅/厘米	步宽/厘米
雪豹	趾行型	4	无	10～11	9～11	70～100	25
猞猁	趾行型	4	无	7～8	7～8	40～60	18
狼	趾行型	4	有	6～8	8～12	50～70	17
狗	趾行型	4	有	6～7	7～9	40～60	15
狐狸	趾行型	4	有	4～5	5～7	30～50	10
棕熊（后足）	蹠行型	5	有	12～16	20～30	90～120	30

注：以上步幅与步宽的数据都是相对数据，除了物种之间有差异，同一种的不同个体之间也会有明显差异，如同一只雪豹可能行走的速度（漫步、小跑、快跑、狂奔、跳跃）、环境介质（泥地、沙地、河滩、草地、雪地）、气候扰动（刮风、下雨、下雪、温度、地震、泥石流）等因素不同，测量数据也会完全不同，以上数据仅供比较和参考。

冬天的“雪后调查”，最容易发现雪豹的脚印和足迹链。有的时候，雪豹会沿着其他动物留下的兽道潜行，所谓“猫步”足迹链就如同一条直线。俗话说“螳螂捕蝉，黄雀在后”，当我们在追踪雪豹的时候，可能雪豹也正在跟踪自己的猎物。一些清晰的足印，可以通过测量脚掌大小、步幅等，判断雪豹的年龄（成或幼）、性别（雌或雄）及个体差异。2004 年 10～11 月，在托木尔峰考察期间，我们就在雪地上分辨出了 1 只母豹和 2 只幼豹的足印。其价值不亚于亲眼目睹或用红外自动相机拍摄到雪豹的身影。在其他季节，雪豹的足迹非常难以发现。特别是在夏季和秋季，草地、沙地、破碎的乱石坡上和硬地上的足印几乎无法辨认。只有在河边、泥沼地上的痕迹勉强可以保存和识别。一些痕迹随着时间推移和环境扰动，也会发生变形（图 3-11）。

（三）粪便

雪豹的粪便一般会保持很长时间，不分季节，在一些降水量少而且昆虫活动也较少的地方更是如此。粪便很可能会在有刨痕的地方出现，有相对固定的位置（厕所）。在尼泊尔山区的研究表明，仅有10%的粪便是在没有刨痕处单独被发现的（Jackson and Hunter 1996）。典型的情况是粪便处于一堆刨痕顶部或是在刨痕附近 1 米范围以内。雪豹排粪的动作是半蹲式的（图 3-12）。

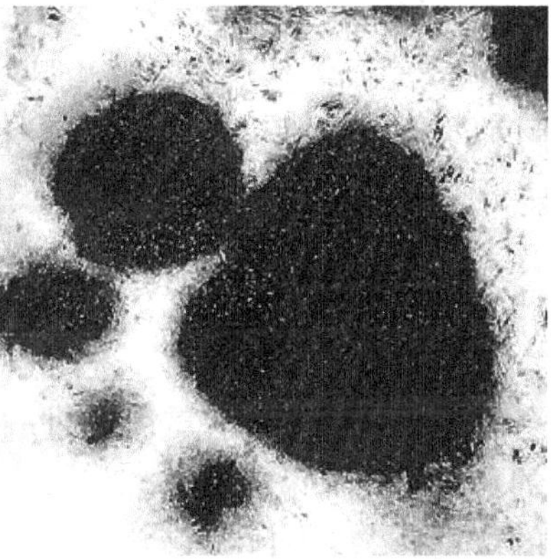

图 3-11　雪豹在雪地或者冰面上留下的足迹，随着时间推移痕迹也会发生变形

图 3-12　雪豹很讲卫生，这只雪豹正在如厕，通常大便之后带有后肢刨土的动作（掩埋行为）

雪豹粪便除了是雪豹存在的直接证据外，还可用于研究雪豹的栖息地利用，食物构成，相对丰富度或活动频率，家域范围与大小，以及通过DNA分析进行个体识别和性别鉴定，雪豹的种群密度，种群结构（性比），激素水平（是否发情），亲缘关系，疾病与寄生虫诊断等，是一种无损伤或非侵入的取样和分析手段，包含无限量的信息。

（四）气味标记（嗅迹）

夜行性动物多是通过嗅觉感知周围世界，它们打招呼的方式，就是“接吻”。最不雅的动作还有嗅屁眼、闻生殖器、觅粪堆和闻尿痕等。几乎所有食肉目动物包括猫科动物，都有肛门囊状嗅腺。它对标记领土、表明身份、吸引异性有着极其重要的作用。每一只雪豹的气味都是不同的，就如同人的指纹一样，属于独一无二的体味痕迹。通过这种气味，可以知道对方是否是亲戚，或熟悉的同伴，或陌生来客。

肛门囊状嗅腺简称“肛门腺”，位于直肠两侧，在肛门外括约肌和内括约肌之间，呈囊状。每次雪豹经过战略要塞或领域边界时，由肛门腺内皮脂腺分泌的具有特殊气味的液体，就会在肛门括约肌用力时，挤出一点来，喷射在明显的位置上。这些附着在岩石、树干、排泄物上的肛门腺液，传递着雪豹的身份、性别、年龄、族别、地位等许多信息。在繁殖季节，是雪豹发情、寻偶、示爱、进行社交行为的联络信号。平时，可能也是一种自我保护的武器——驱避作用。

图 3-13　寻找嗅迹是雪豹最重要的领域行为之一，嗅迹一般标记在突兀的岩石上面

雪豹一般在垂直的岩石面、巨石上或是山崖的底部作气味标记（图 3-13）。新鲜标记可以根据其强烈的气味和有些油性的斑迹分辨出来。这种物质是有挥发性的，需要反复标记、定期喷射。雪豹一般可以在离地70～85厘米高的地方作气味标记。从标记岩石上找到的毛发来看，标记岩石上有雪豹用面部或身体摩擦过的痕迹。在大多数气味标记地点几米的范围之内都能找到雪豹的爪痕或刨痕等。

（五）毛发

季节性脱毛对雪豹来说是一种自然现象。在雪豹生活过的洞穴、觅食地的卧痕、白天在山崖上歇息睡觉的地方及巡逻经过的灌丛上，都可能残留下毛发，这种痕迹便是雪豹的毛发痕迹。通过这些蛛丝马迹——毛发，提取DNA进行个体识别，是再精准不过的事情。雪豹有时会在岩石上喷洒气味标记，同时用脸或身体摩擦标记部位，在尖锐的棱角处蹭痒痒。在这种情况下，雪豹身上的毛发也有可能遗留在摩擦过的岩石上。毛发痕迹不仅可以证实雪豹的存在，也可用于雪豹的活动习性分析、分子鉴定和个体识别等。在样本量足够大的时候，可以用于地理亚种分类、个体数量、种群密度、家庭结构、领域范围、亲缘关系、族群健康状况等的分析和比较。

（六）爪痕

雪豹的爪子如刀片一样锋利，末端的钩子可以撕破猎物的皮肉。中文词组“爪牙”的意思，说明豹爪和獠牙互为帮凶，功能接近。雪豹经常会在领域内的树干或岩石表面定期留下爪子划过的痕迹（图 3-14）。这种深深的印记，可以保存较长时间。我们知道，家养的小猫都有挠沙发、刨桌腿、掏墙角和破坏家具的行为。其实它们是在磨爪子，目的无非是要修理趾甲，避免爪子生长过快嵌入肉里而伤着脚掌，以至于影响行走或捕捉猎物。当然，这种爪痕也可以认为是雪豹的一种标记行为，划定它的领地，证明它的存在，以防其他雪豹闯入它的领地。

图 3-14　雪豹喜欢在岩石或树干上磨爪子（修趾甲），这有时候也是一种标记行为

（七）卧迹

各种情况下都可能发现动物的卧迹或打滚的痕迹。白天雪豹喜欢在阳坡上歇息或晒太阳，居高临下，比较安全。当捕捉到较大的猎物，如马鹿、马驹、牦牛、北山羊等，一时吃不完，它会守候在旁边。连续几天，饱食终日，留下明显的卧痕和粪坨。发情季节，雪豹喜欢在地上打滚、撒欢。繁殖期雪豹会选择干燥、温暖的山洞布置自己的“洞房”或“产房”。有时母豹在地面铺上厚厚的“褥子”，即隔潮又舒适。这些“产床”或“育儿床”、栖息地、食台及平时下榻或卧息后留下的痕迹，是雪豹生活的重要线索。根据雪豹的卧迹，可以对雪豹开展生态学、行为学等方面的研究工作。

（八）叫声

冬季，在雪豹的发情期，寻找伴侣的雪豹会发出“嗷—唔，嗷—唔”的声音。这种夜半歌声，应该与雪豹的家域行为或性行为密切相关。除了嗅觉器官，听觉器官也是猫科动物比较敏感的器官。在寂静的夜晚，声音可以传播得很远，是联络感情的辅助信号。猫科动物那种撕心裂肺般的“叫春”，令人毛骨悚然。这也是一种显示其存在的痕迹证据之一。山区牧民有时通过这种叫声，判断雪豹出没的区域和行为变化，防范其偷袭家畜。

（九）血迹和遗留食物（猎物）

确切地讲，血迹是雪豹捕食和进食过程中留下的食物血痕。通过分析血迹和遗留物，可以了解到雪豹的食物组成及其他与食物相关的信息。通常雪豹每周捕到猎物的机会并不多，对那些个头比较大的猎获物（马鹿、牦牛、山羊、马驹、野猪等），除了饱餐一顿外，可能还要守护或隐藏食物，避免猛禽、乌鸦、狐狸、狼来偷吃。为了隐藏猎获物，雪豹可能会将尸体拖到沟谷里、悬崖上、洞穴内、灌丛中，储藏起来，慢慢享用。在追逐、搏斗、厮打、分解、转移猎物的过程中，会在地面上留下血迹和拖痕。如果你发现了雪豹猎食的战场或战利品，那么只要耐心等待，一定会一睹雪豹的真容。在野外，许多目击者都是在尸体或食台附近巧遇雪豹的。依照雪豹的个性，它是不会轻易放弃得来不易的食物的。

（十）尿迹

尿迹容易与气味标记（嗅迹）相混淆。其实二者是完全不同的物质，来源、味道、出现位置、面积、形状和作用亦不尽相同。雪豹撒尿有其随意性，位置通常在足迹链上或刨痕附近，属于有意或无意的“记号”。也有人认为尿迹是雪豹的第二张“名片”。特殊的气味，画地为牢，可能会使盘羊和北山羊四肢发抖，举步不前。如果狼或者狐狸闻见，则避之不及也。尿液中可能含有性别、性成熟、发情等信号——性激素成分，同样具有识别和导航的作用。为什么雪豹喜欢沿着固定路线巡逻？在山野里（方圆百里），它们很少迷失方向。

二、雪豹痕迹研究方法

（一）通过雪豹痕迹调查，确定雪豹的分布

在进行雪豹分布调查时，需根据环境条件和雪豹的生活特性，分析雪豹的潜在适宜分布区，从中选取发现雪豹活动可能性高的地区，作实地考察和行为观测。首先要对当地牧民进行一定范围的寻访，问卷调查的内容包括雪豹在当地的分布历史、生存现状、雪豹的主要食物如北山羊等在当地的种群状况、雪豹对家畜的袭击事件、当地的偷猎及野生动物保护情况等几个方面，以便全面了解雪豹的生存环境信息。根据访问的结果，结合栖息地的具体生态环境，选定痕迹调查的地点。

雪豹痕迹调查以冬、春季为主，夏季人类活动频繁并且山区降水较多，扰动大，痕迹不易长久保存，不适于进行雪豹痕迹调查。冬、春季人为干扰较少，并且有雪被覆盖后足迹新鲜、新旧易于区别、重复率低，更易被发现和统计，是适宜进行痕迹统计的季节（图 3-15）。

图 3-15 雪后痕迹调查

雪后痕迹调查是最基本的调查方法，其优点是痕迹新鲜、容易辨认、重复率低

在作雪豹痕迹样线调查时，样线均匀分布并且长度控制在 250～1300 米，样线间隔 1000～3000 米或以上。调查过程中详细计数样线左右 5 米范围内雪豹的痕迹数量、痕迹特征、痕迹新旧程度及痕迹点的生境特征，以便了解雪豹的生存环境。最后根据各个调查地区中雪豹痕迹密度情况，如每千米痕迹数，分析雪豹的分布范围和活动频繁程度（Jackson and Hunter，1996；马鸣等，2005；徐峰等，2006a；2006b）。

在调查痕迹的同时，还要记录环境信息（表 3-2）。样线内的环境描述包括大量的地理信息（如悬崖、山脊、山坡、山谷、溪流等）、坡度、破碎度（平坦、起伏、碎石、砾石）、植被情况（森林、灌丛、草原、荒山、裸岩）、放牧状况（种类、数量，是否季节性放牧）、其他野生动物及数量、附近人类活动（如旅游、采矿、水利工程等）、保护与管理建议等。通过痕迹调查来确定雪豹的分布区是简便易行的方法。在实际调查过程中，往往前期采用这种方法来进行初步的和大区域内的普查。要对一个区域内雪豹的分布范围进行系统详细的调查，还需要结合其他方法，比如红外自拍相机调查方法等。

表 3-2　雪豹主要痕迹调查表

观测者：　　　　日期：　　　　地点：　　　　样线编号：

样线长度（米）：　　起点经纬度：　　海拔：　　终点经纬度：　　海拔：

痕迹片区编号	观测顺序编号	痕迹类型及数量/个					痕迹新旧程度
		足迹	刨痕	粪便	嗅迹	爪痕	
1	1—1						
	1—2						
	1—3						
	1—4						
	1—5						
	1—6						
	……						
合计							

注：填表的同时，还要记录所走样线的环境描述（如悬崖、山脊、山坡、山谷、溪流等）、坡度、坡向、破碎程度（平坦、起伏、轻度破碎-有石头、中度破碎-碎石、重度破碎-砾石）、植被情况（森林、灌丛、草原、荒山、裸岩）、放牧状况（种类、数量，是否季节性放牧）、其他野生动物及数量、附近人类活动（如公路建设、旅游、狩猎、采矿、水利工程等）、保护与管理建议等。

（二）通过痕迹调查，研究雪豹的栖息地利用

1. 样方设置和栖息地特征测定

在调查区域内进行均匀样带调查以搜寻雪豹痕迹，有雪豹痕迹处即可认做雪豹利用的栖息地环境。在雪豹痕迹处布设 10 米×10 米的样方，作为标记样方，记录样方处的各种栖息地特征，如海拔、地形、植被类型、放牧状况、生境平坦度及样方坡向。同时随机选取 2 个 4 位数，从每个样带的起点按随机数指

定距离定点，并记录以上各种栖息地特征作为对照样方，与标记样方进行对比分析（McCarthy，2000）。雪豹痕迹的鉴别、样线表和生境特征划分标准参照Jackson和Hunter（1996）、马鸣等（2005）和徐峰等（2006a；2006b）。

栖息地各生态因子的类型划分方法如下。

海拔：海拔范围一般根据调查区域的实地情况进行设定，比如新疆天山托木尔峰地区，海拔范围为2000～4000米，海拔可划分为2000～2500米、2500～3000米、3000～3500米、3500～4000米四个等级。在北塔山地区，海拔范围为2000～3000米，可将其分为2000～2200米、2200～2400米、2400～2600米和2600～3000米四个等级。

地形：整个样方所处地形分为悬崖底部、山坡、山嵴和山谷四个类型。

植被类型：可简单分为荒原、草地、灌丛和森林四个类型。

放牧状况：可分为全年放牧、季节性放牧和非牧区三个类型。

生境平坦度：共分为平坦、轻度崎岖、中度崎岖和高度破碎四个等级。

样方坡向：共分为东、西、南、北4个等级，315°～45°为北坡；45°～135°为东坡；135°～225°为南坡；225°～315°为西坡。

需要特别注意的是，生境类型划分尽可能由同一人完成，尤其是生境平坦程度划分，因为生境平坦程度为相对主观的特征，由同一人完成估测可以尽可能减少系统误差。

2. 数据处理

采集了雪豹痕迹分布地点的样方和随机对照地点的样方数据后，可以用多种统计方法对其进行分析。例如，在动物栖息地选择和利用中常用的Vanderploeg-Scavia选择系数（W_i）和选择指数（E_i），常作为衡量雪豹冬季生境选择喜好程度的指标（Lechowicz，1982；魏辅文等，1999；张恩迪等，2006；徐峰等，2006a；2006b），其计算公式如下：

$$W_i = (r_i/P_i)/\sum(r_i/P_i)$$

$$E_i = (W_i - 1/n)/(W_i + 1/n)$$

式中，W_i为选择系数；E_i为选择指数；i为特征值，n为生态因子的特征值类别数；P_i为栖息地中具有i特征的样方数；r_i为雪豹利用具有i特征的样方数。E_i值介于-1～1。$E_i>0$表示雪豹偏好具有此种特征的栖息地，$E_i<0$表示雪豹避开具有此种特征的栖息地，$E_i=0$表示雪豹对此栖息地特征无选择倾向。

可运用主成分分析法对6个生境特征的生态因子进行分析，寻找影响雪豹栖息地选择的主要生境特征（刘振生等，2004；徐峰等，2006a；2006b）。相关的统计运算可以用SPSS（Software Package of Social Statistics）、SAS或R软件等实现。

上述这种通过对雪豹的痕迹分析来进行雪豹栖息地选择的研究是雪豹调查

初期常用的方法，所做的也主要是雪豹微生境的利用。随着3S包括遥感技术的不断发展，现在雪豹的栖息地利用研究也和其他大型兽类研究相似，是在3S包括遥感技术的帮助下，在更大尺度上进行雪豹栖息地选择和利用的研究。

雪豹栖息地利用的统计分析方法也和其他兽类栖息地利用研究的情况类似，在近年有了新的发展。从早期的选择系数和选择指数的计算、主成分分析的方法发展到logistic回归、多元回归的方法，再到近年随着模型选择和信息论指数统计方法的发展，现在多利用信息论指数的方法来进行模型选择，研究动物的栖息地选择和利用。

（三）通过痕迹调查，估算雪豹的种群密度和数量

通过雪豹的痕迹调查，估算雪豹的种群密度和数量，这主要是依据雪豹痕迹密度进行的。雪豹痕迹密度值是通过国际雪豹基金会的样线调查法（SLIMS）得出的。具体做法是在调查区内均匀布设样线，记录样线两侧5米范围内的所有雪豹痕迹，并记录痕迹地点的经纬度、海拔等信息。每条样线长度控制在250～1300米，以保证样线内的栖息地特征一致，每条样线间隔控制在1～3千米。调查区域内所有样线的平均痕迹密度就是该区域的平均痕迹密度（Jackson and Hunter，1996；McCarthy，2000；马鸣等，2005）。利用调查得出的雪豹痕迹密度，有两种方法可用来估算雪豹的种群密度。

1. *杰克森法*

就是将利用雪豹痕迹调查管理系统（SLIMS）调查计算出的雪豹痕迹密度分为高（>20个/千米）、中（5～20个/千米）、低（<5个/千米）三个等级。在痕迹高密度区，雪豹的密度为≥10只/100平方千米。在痕迹低密度区，雪豹密度为1～2只/100平方千米或者更低。中等密度雪豹密度区介于二者之间（Jackson and Hunter，1996）。这个方法非常简便，比较粗略地估计出雪豹痕迹与种群丰富度之间的对应关系。

2. *佛莫佐夫法*

根据经验公式，计算雪豹痕迹密度与雪豹种群密度之间的对应关系（Poyarkov，2002）。

$$P=1.57S/D$$

式中，P为雪豹种群密度（只/100平方千米）；S为痕迹密度（个/千米）；D为雪豹平均每天移动的距离（千米）；1.57是常数，是参考其他动物痕迹调查法得出的系数。

由于雪豹的特殊习性和隐蔽特性，对其进行研究非常不易。直到20世纪80年代，研究人员才第一次拍摄到野外雪豹的照片。因此在相当长的时间里，人们对雪豹种群数量的研究都是依据痕迹密度来进行的。国际雪豹基金会在2002

年推广了一套标准的雪豹痕迹密度调查方法，这套方法被推广到许多国家，是目前应用最广泛的方法。但是，它对雪豹的种群密度调查并不准确，存在许多偏差。例如，痕迹的位置、季节、当日天气状况等都会使得痕迹发生变化（图3-16）。对一些痕迹的界定，不同调查人员之间亦会有分歧。即使是很有经验的研究人员，在界定雪豹的一些痕迹诸如刨痕、足迹时也会有不同意见。因此这种方法存在很大程度上的主观偏差，并不能准确计算雪豹的种群数量，只能说明雪豹是否存在，并给出相对数量的多少。

图 3-16　雪豹的足迹链，经常会因为所处的位置、季节、天气状况等而日益模糊或变形

（四）通过粪便分子分析实现个体识别和最小种群估算

分子生物学技术是伴随人类“基因工程”而逐渐成熟的技术，它既能定性分析（如鉴定物种、识别个体与性别等），也可以定量分析（如最小种群数量估算、领域面积等）。粪便分析，无需捕捉和直接接触雪豹，亦是无损伤或非侵入性的分析方法之一。应用线粒体（mtDNA）*Cyt b* 基因特异性引物对粪便样品进行鉴定，剔除有疑问的样品。之后利用筛选的微卫星引物，对雪豹粪便样品进行基因分型，检测出不同的雪豹个体及性别，从而进行个体数量和性比研究（Janeka et al.，2008；McCarthy et al.，2008；张于光等，2008 年）。此方法也可用于其他样品，如毛发分析，进行遗传多样性、系统地理学、分子进化学、种群结构及发展趋势等的监测与研究。

根据雪豹粪便、毛发等的 DNA 分子标记计算雪豹种群数量的方法是目前最准确的计算方法之一。它可以精确到只（个体），准确计算出调查区域内雪豹的种群数量。但是它的问题是价格比较昂贵，通常一个样品的采集和分析就要花费 150～300 美元，样本量越多越好。野外采集困难重重，人力、物力、资金同样消耗巨大。有的时候 60％以上的粪便样品不是雪豹的，而是狼、牧羊犬、狐狸的。因此，目前很难在大尺度范围内推广这种方法来计算雪豹的种群数量。另一个问题是在不同国家或地区之间进行样品的运输也会遇到麻烦，不同国家有不同的法规，所以雪豹的组织样品或标本很难在国家和地区之间运输。如果在当地进行分析，又需要有一定的设备和技术人员，真正实施起来还相当困难。如果将来这种方法的价格能够下降，并且解决了实验条件的困难，简化操作过程，该方法无疑是一种准确的、适宜推广的、无损伤和干扰小的种群调查方法。

第三节　食物资源评估

食肉动物与食草动物，也就是捕食者与被捕食者（食物资源）的关系是非常复杂的关系，几乎无法预测数量比例和变化。它们的数量不完全正相关，具有滞后效应。例如，在鼠害严重的年份（大年），天敌的数量并不一定随之增长。那么，雪豹与有蹄类的关系，同样难以琢磨。除了需要知道雪豹的习性、繁殖状况、种群结构、捕食策略、活动范围等，还要考虑食物的可利用程度、质量、分布与数量等。

一、雪豹的捕食策略和主要食物

雪豹是一个机会主义捕食者，它不能像猎豹那样依靠速度主动出击取胜，也不能像狮子或灰狼，采取集群合作，围剿猎物。雪豹常常单独活动，采取潜伏、守株待兔、堵截或突然袭击等方式获取猎物。其食物范围非常广泛，甚至能捕杀比自身体重大 3 倍以上的猎物。因此，跟雪豹分布在同一区域内的几乎所有动物包括有蹄类动物都可能成为雪豹的食物，只有成年野牦牛和野驴除外（Schaller，1977）。雪豹的食谱包括有蹄类动物如岩羊、北山羊和盘羊等，调查有蹄类的数量、家庭结构、活动规律等，是雪豹食物调查的主要内容（表 3-3）。除此之外，还有小型兽类和鸟类也可能成为雪豹的食物，如鼠兔、野兔、雪鸡、石鸡等。不同季节，食谱也不一样。雪豹的食物还包括一些家畜，如马、黄牛、山羊、绵羊、家牦牛等。雪豹捕食家畜，常常会引起牧民们对雪豹的不满，有时甚至会引起牧民对雪豹的报复性仇杀，这也成为威胁雪豹生存的因素之一。

表 3-3　雪豹食物资源调查表

观测者：　　　　日期：　　　　地点：　　　　调查持续时间：

经纬度：　　　　海拔：　　　　观测面积：　　　　环境描述：

时间	物种名	幼体/只	亚成体/只	雄性/只	雌性/只	不确定/只	集群总数/只	行为	栖息地

注：附带记录观测距离、族群大小和分布关系、放牧情况（季节性放牧、全年放牧、无放牧）、家畜种类和数量、每年狩猎种类与数量、其他干扰和保护建议等。

（一）北山羊（*Capra ibex*）

北山羊俗称悬羊、野山羊（图 3-17），广泛分布于欧亚大陆的高山地带，海拔 2500～6000 米，堪称地球上分布最高的哺乳动物之一。分布在亚洲中部的北山羊各个亚种与其他地区的亚种一样，生活在非常陡峭的山地中，履险如夷。北山羊与雪豹的栖息地基本上是重叠的，它们都偏爱在这种环境中生活。北山羊是出色的攀登者，它们非常适应在陡峭山地中的生活，这种特殊的能力使它们能够有效地躲避天敌的捕杀。但是到了冬季积雪会影响北山羊的活动，因此在冬季北山羊的反捕食能力会减弱。北山羊通常集群觅食，在夏季一般在海拔 4000 米甚至更高的区域中活动。它们可能在坡度缓和的区域采食，但总是依靠悬崖躲避天敌的捕杀。北山羊在每年 12 月至次年 1 月进入发情期，在次年的 6 月或 7 月产崽。

图 3-17　在新疆天山山脉北山羊（*Capra ibex*）是雪豹最主要的猎物之一

（二）盘羊（*Ovis ammon*）

盘羊俗称大头羊，分布在亚洲中部的山地中。它们生活在没有树并且干旱的山地。盘羊一般集群活动，并且对人类活动的干扰非常敏感。盘羊的体形比北山羊、岩羊等山地有蹄类要大，成年的盘羊长有一对巨大而沉重的角，双角呈现明显的同心环形，与其他有蹄类形成明显的区别。

（三）岩羊（*Pseudois nayaur*）

岩羊也叫青羊，是青藏高原特有物种，一般分布在海拔 3000～5000 米林线以上的悬崖和岩石地带。它们喜欢在靠近悬崖的草地和灌丛中活动，悬崖是岩羊逃避天敌的重要区域，离悬崖越近越有利于岩羊躲避天敌的捕食。岩羊在青藏高原地区广泛分布，在新疆的一些山地如昆仑山、阿尔金山也有分布。岩羊一般雌雄同群，群体大小为 5～20 只（图 3-18）。岩羊在每年 12 月至次年 1 月进入交配期，幼羊一般出生在 5 月底至 6 月初。在青藏高原岩羊是雪豹最主要的食物。

图3-18　在新疆，岩羊（*Pseudois nayaur*）主要分布在南疆的阿尔金山、昆仑山、喀喇昆仑山

二、雪豹食物资源评估方法

在调查时，研究人员首先调查有蹄类动物在整个研究区中的分布情况，在此基础上选择有代表性的区域进行全面系统的调查，做到精确掌握代表性区域内有蹄类动物的种群数量。调查方法可参考前人的方法（McCarthy，2000；徐峰等，2011）。具体操作方法如下：首先对北山羊等有蹄类动物进行为期一周的定点观察，目的是寻找到尽可能多的有蹄类动物，并记录调查地区该种有蹄类的平均群体大小。然后，用尽可能快的时间，如 2～3 天，对调查区域进行全面样线调查，计数有蹄类动物在研究区域中的群数。最后，根据该种有蹄类动物平均群体大小和样线区域内的群数，得出该地区调查的有蹄类动物的种群数量。

一旦摸清了雪豹食物资源的储量，就可以着手推算雪豹的容纳量——种群数量或种群密度。计算密度的经验公式（McCarthy，2000；徐峰等，2011）

$$P=SW/150d$$

式中，P 为雪豹密度（只/100 平方千米）；S 为雪豹主要食物种群密度（只/100 平方千米）；W 为雪豹主要食物平均体重（千克）；d 为雪豹平均体重（千克）；150 是常数。

该方法是从雪豹的可利用食物资源量角度研究雪豹的种群密度，对雪豹的保护工作来说具有很强的参考性。它考虑了雪豹与其所在的生态系统中食物量的关系，通过该方法的研究即调查了雪豹的种群密度，同时也对其食物量进行调查，了解整个生态系统的健康状况，能更充分了解雪豹的生存环境和生存现状。难点在于计算时需要先了解食物资源的密度，才能得出相应的雪豹种群密度。

在偷猎严重的地区，食肉类与食草类的数量可能不成比例。例如，在阿尔金山自然保护区，近年有蹄类动物的数量非常庞大，而食肉类却非常罕见。原因是建立保护区以后，食草动物种群恢复比较快，而食肉动物的发展略微滞后。不是每个地区都可以用食物密度来计算雪豹的密度，这种方法存在一定的偏差和局限性。另外，雪豹的食物种类丰富，除了比较容易观察到的有蹄类外，如北山羊、盘羊、岩羊等，还包括小型哺乳动物和鸟类等。这些食物在研究地点雪豹食谱中占的比例很难得到准确的计算。就算可以准确计算出环境中雪豹的可利用食物量，但是还有棕熊、狼、狐狸、猛禽等与雪豹食物组成接近的物种，会与雪豹竞争食物。它们的食物量的多少会直接影响雪豹可取食的食物总量。因此，根据食物量来计算雪豹的种群数量，也很难做到精确，存在一定的不足。

第四节　利用高科技设备直接监测雪豹

随着现代科学技术迅猛发展，无线电跟踪、卫星定位、自动化监控、数字化图像传送、可移动的远程视频监视系统及电子计算机信息处理等技术等都在雪豹研究中得到了应用。这大大减轻了野外工作量和工作难度，扩展了人们的视野。坐在办公室里，一样能看到雪豹的一举一动。窥测范围无所不及，再鬼鬼祟祟的物种，也可以被监视和跟踪。要不了多久，雪豹将没有什么“隐私”可言。这也使得科学家和普通公众的某种好奇心得到了满足。

一、红外自拍相机调查法（标记重捕法）

红外自拍相机调查法是指借助先进的红外线感应自动拍摄相机，对一个特定研究区域内的雪豹进行监测，通过所拍摄到的雪豹及其他动物的照片，来研究雪豹的研究方法。红外自拍相机调查法最早被用于印度老虎的研究中。因为每只老虎身上的斑纹都不同，所以根据在不同地点拍摄到的老虎照片，可以分辨老虎的不同个体。这相当于对老虎进行了标记重捕调查，根据标记重捕法的计算模型，可以准确掌握一个区域内老虎的种群数量。雪豹研究也借助和引进了这种研究方法（表 3-4）。它曾被用于对尼泊尔、吉尔吉斯、中国、蒙古国等国的雪豹研究，取得了一些区域中雪豹的准确数据（图 3-19），但同时也存在一定的问题。

表 3-4　野外布设红外相机记录

安装者：　　　　　　布设日期：　　　　　　地点：

布设位点（GPS）：　　海拔：　　　　　　　相机编号：　　　　　环境描述：

检查日期	胶卷号	拍摄张数	有雪豹张数	对应相机编号	移动情况	胶卷更换	电池更换	记录者

注：安装完毕之后，每周巡检一次，调整机位，记录或回收胶卷或数码存储卡，检查或更换电池等。

图 3-19　在天山托木尔峰考察雪豹期间一次带去 50 台红外照相机

根据自拍相机的拍摄率来估算雪豹的种群数量，或根据自拍相机得到的照片分辨雪豹个体数来计算种群密度是相对准确的计算方法。它们被成功用在许多关于猫科动物的研究上，是成熟的方法。但是该方法并不完全合适对雪豹的种群数量的研究，它的准确性依赖于研究地点内雪豹的种群密度高低、拍摄时间的长短、研究地区雪豹的日活动距离以及家域面积的大小等。雪豹的种群数量非常低，很多地区每 100 平方千米内还不到一只，在这种情况下雪豹的拍摄率很低。因而数据量低，标记重捕法几乎无法精确应用，计算得出的也是一个范围很大的区间。没有足够的重捕率，很难得出准确的种群数量。因此这种方法的使用受到很大程度的局限。如果要在一个区域内进行红外相机布设，我们建议首先对该区域内的雪豹活动和分布情况进行细致的了解。在掌握这些情况的基础上，选择雪豹经常活动的区域布设相机，以获取尽可能多的雪豹照片，为精确了解雪豹的种群数量打下基础。此外，调查周期应该相对较长，调查的时间越长，获得的雪豹照片越多。还有就是足够数量的照相机（＞50 台）是必须的，这样可能扩大调查的面积，提高准确率和工作效率。

了解红外相机的类型、架设方法（图 3-20），需要参考专业手册和厂家的说明书，一般情况下无师自通。

（a）安装

（b）隐蔽与伪装

（c）方向和灵敏度测试

图 3-20　不同类型的红外自动相机及其架设方法，因地制宜，必须测试

二、无线电和卫星项圈跟踪调查法

无线电和卫星项圈被广泛地用于野生动物研究，对雪豹的研究也引入了这种研究方法。早在 20 世纪 80 年代，杰克森博士就在尼泊尔和印度对雪豹进行了无线电项圈的研究。在 1997 年前后，麦卡锡博士在蒙古国对雪豹进行了卫星项圈的跟踪研究。这两种方法基本类似，只是无线电项圈没有卫星项圈跟踪的范围大。

使用项圈跟踪调查法，首先要对雪豹进行捕捉，戴项圈。在这个过程中，要做到顺利地对雪豹进行麻醉、捕捉、测量和释放。雪豹的捕捉可以用陷阱捕捉法、诱笼捕捉法、麻醉枪捕捉法等。一旦雪豹入阱或入笼，对其进行麻醉和测量，然后快速为其戴上项圈，释放。因为过长时间的麻醉会影响雪豹的存活。

项圈一旦戴上，会定时发出信号。研究人员通过手持无线电电台监测雪豹项圈发出的信号，根据信号的强弱和方向判断雪豹的距离和方位，以此了解雪豹的活动规律及活动范围等信息。卫星项圈与无线电项圈类似，只是项圈发出的信号不需要研究人员在研究区域当地进行回收，而是自动发送到卫星上，然后通过地面接收器处理，之后反馈给客户，从而掌握雪豹的活动规律和活动范围的信息。

通过无线电项圈和卫星项圈的监测，研究人员可以了解一些雪豹的活动信息，如雪豹每天移动多长距离，同一区域中的不同雪豹之间保持多远的距离，它们是否有相互交流、跨界移动等。通过雪豹佩带项圈的研究，科学家还能了解雪豹的活动范围和家域面积等信息，以及雪豹的活动范围与哪些因素有关，如人类干扰、气候变化、自然灾害、食物量等因素。除此之外，GPS 项圈和卫星电话项圈等也被用于跟踪雪豹，有的项圈可以自动脱落和回收（图 3-21），对载体不构成伤害。总之，项圈法是研究雪豹行为的有效方法，并且该方法已被广泛用于包括雪豹在内的许多动物的研究。

图 3-21　无线电项圈和卫星项圈
（雪豹基金会提供）

第五节　问卷调查法

投石探路，设计合理的问卷，除了可以了解雪豹的分布状况、与牧民的冲突、狩猎与毛皮贸易等，对查明雪豹的历史分布区、文化典故、食物资源、种群状况、繁殖洞穴和幼崽数量等而言也有一定价值。一些牧民有目睹或猎杀雪豹的经历，不同群体、不同年龄、不同职业、不同文化背景的人，对动物的认知度也不一样。不同民族有不同的宗教信仰，他们对待野生动物的态度也是不同的。一些权威专家和机构给出的经验值多来自实地问卷调查。

问卷调查是其他调查的基础，伴随每次考察的开始和整个过程。实际上它参考了“流行病学调查”的内涵和经验。试想一下，细菌、病毒都是一些隐形杀手，看不见、摸不着，来无踪、去无影。想要知道其发生和传播的途径，只有采用问卷调查的形式。这和雪豹的情况有些相似，行为隐秘，难寻其踪。问卷调查一般包括普查、抽样调查、案例调查等。资料搜集的方式有面对面访谈、填表、信访和召开社区调查会等形式。其中，调查项目和调查表的拟定是个关键环节。调查表首先要阐明调查目的、填表要求、时间、地点、被访者的基本信息等。应该明确调查对象和地域等，随机抽样，具有统计学价值。问题的形式有开放式与封闭式两种，开放式的提问对答案不加限制，可自由发挥，如“描述山村牧民与雪豹冲突案例”。封闭式的提问，根据问题可能的答案，一一列出，提供多个选择，或非此即彼。这些都是可以量化的、客观的、有逻辑的及能明确回答的问题，如选择题，当地捕捉雪豹的工具：陷阱，铁夹，猎枪，毒饵，套子，猎犬，其他。问卷的设计以简单为原则（表 3-5），尽量避免学术词语、含糊不清的概念和敏感的问题。问卷调查主要在雪豹分布区或与其贸易相关的地点展开，可以随时随地进行（图 3-22）。

表 3-5　问卷调查简表设计

调查者：　　日期：　　地点：　　调查持续时间：

经纬度：　　海拔：　　是否保护区：　　环境描述：

编号	被访问者姓名	性别	年龄	民族	职业	是否见过雪豹	遇见时间	只数	有蹄类状况	冲突记录

注：为了保护个人隐私，姓名、职业可以不填，年龄可以按 10 年分组估计。实际调查内容非常多，可以根据需要设计问卷表格，如曾经是否听说过雪豹、对雪豹的基本知识来源（野外接触、书本、电视、广播、学校、老人讲述等）、当地放牧情况（季节性放牧、全年放牧、无放牧）、家畜种类和数量、野生有蹄类的种类和数量、牧业与食肉动物的冲突（每年损失数量）、传统狩猎与盗猎事件、牧民对野生动物的态度、其他干扰（如采矿、污染、水利与公路建设等）和保护建议等。

最后是问卷的整理、分析、归纳、总结和建立动态模型。从逻辑推理的角度来看，人们认识事物的方式可分为归纳和演绎。问卷调查法基本上是一门归纳性的科学。从“描述”与“分析”两个方面来体现它的归纳性。在描述中注重分析，在分析中贯穿描述。在基层社区，常用问卷调查的方法回答一些“有”或“没有”的是非问题。

所谓分析性描述，即人们常说的描述雪豹生物学特征，如形态、相貌、行为、数量等。去伪存真，将随访所得资料按不同地区、不同时间及不同人群特征分组，将目击者、猎杀行为或冲突事件等的分布情况真实地展示出来。其方法既基础又灵活，可以用曲线图、柱状图、地图等清晰地展示给大家，简单易操作。人们往往会从其结论中获得启迪，寻找真实的分布数据，引导人们进一步地探索与研究。

所谓描述性分析，即根据调查资料分析雪豹的分布和种群数量，提出种群消长假说。从方法学上来看是指那些已发展成熟的方法，如观察性研究、实验

图 3-22 问卷调查主要针对当地百姓，随时随地都可以进行（皮山县，2008）

性研究以及数学模型研究。其实，人们对某一事件的认识都需要反复经历分析性描述与描述性分析的过程。在分析性描述的基础上，可以比较容易地开展描述性分析。而当一项或多项描述性分析结束后，往往需要对此在更高的层次上作分析性描述。如此循环不已，反复验证假说，预测未来，直至事物的本质得到充分的揭示，完成从具体描述到宏观描述、从初步分析到深入分析的飞跃。最终提出保护建议和具体措施。

以下是 2012 年初国际雪豹组织设计的一个“案例调查”网络问卷——牧民与雪豹冲突的调查问卷（SLSS Human-Snow Leopard Conflict Survey）。设计非常简单，多为选择性回答，便于统计和分析，可供参考。

1. 你来自的国家和地区？
2. 请罗列当地主要牧放的牲畜品种？
3. 雪豹在当地的主要捕食对象（野生动物）？
4. 在当地，雪豹主要危害到哪些牲畜？
5. 过去的 10 年，雪豹捕食牲畜的数量是增加了还是减少了？

   A. 大幅增加（ ）B. 小幅增加（ ）C. 没有变化（ ）

   D. 略有减少（ ）E. 大幅下跌（ ）
6. 根据你的上述选择，10 年变化的主要原因是什么？
7. 出于气愤，或对牲畜的保护，是否存在牧民报复性杀害雪豹的情况？
8. 当地林业部门、政府或非政府组织是否采取了一些具体措施缓解这种冲突（包括雪豹伤害牲畜，牧民报复性杀害雪豹）？
9. 如果相关部门采取了措施，那么效果如何呢？

   以下请从两个方面回答：

(1) 在减少雪豹杀死牲畜方面：非常有效（ ）适度有效（ ）无效（ ）

(2) 在牧民报复性杀害雪豹方面：非常有效（ ）适度有效（ ）无效（ ）

10. 你们或者林业部门、政府、其他非政府组织，是否开展过关于人类与雪豹冲突的调查和研究？

11. 介绍你们所在地区人与雪豹冲突的其他见解（一般性观点或意见）。

第六节　其他的一些方法

事实上，“方法论”一直是雪豹研究中最为关键，也是极其头痛的事情。每次召开国际研讨会，一个中心议题就是探索和交流准确、有效的方法。目前还没有一个方法是切合实际、易于操作、经济实惠、准确无误的。就连寻找雪豹，都难上加难，观察就更是难于上青天。几年前，麦卡锡小组在吉尔吉斯斯坦调查雪豹，之后他们认为上述几种方法都存在缺陷，因人而异，误差比较大（McCarthy et al.，2008）。下面介绍几种辅助的研究方法。

一、利用猎犬识别雪豹痕迹

狗是人类最亲密的伴侣，也是科学家和保护工作者的助手。最近，有人尝试用训练有素的检测犬、猎犬、警犬或者侦缉犬，寻找和识别稀有物种的痕迹（Smith et al.，2006；Parker et al.，2008）。人们都知道狗的嗅觉及敏感度是人类的几百倍，常常被用来户外搜寻、雪地营救、军事侦察、稽查毒品、追拿罪犯、侦破重大案件、导盲和治疗等。对那些未知的物种，如处于濒危、珍稀、诡秘、夜行性的动物，分布密度极低，属于十分罕见的种类，就连一些非常昂贵的、高科技的检测仪器也拿它们没有办法。这时候，技术含量低、廉价而有效的检测犬就派上了用场。检测犬识别准确率可以达到100%，特别是对极其微弱的气味（3 ppb）都可以追踪到。利用狗寻找雪豹，首先要进行严格训练。然后，布设合理的样线，掌握风向，记录或搜集每一个寻找到的痕迹物。考察结果的分析与统计应该与其他痕迹调查法一致，这里不再细述。

二、在动物园观测雪豹行为的方法

几乎80%～90%关于雪豹生物学研究的数据来自动物园（见第八章）。就是说，在最近100年的时间里，人们用了80多年宝贵时间，待在动物园里观察雪豹，把揭示雪豹生命过程和保护雪豹的希望都寄托给了动物园。在人工饲养环境下，观察雪豹的方法与野外不一样。人们可以锁定某一个体或某几个个体，进行定期的行为观察——俗称“定动物法”（焦点法）。如果是全天记录雪豹的行为（吃、喝、拉、撒、走动、观望、吼叫、发情、打斗、睡觉……），不放过每一个细节，就是“全行为观察法”。你可以住在动物园，与动物朝夕相处；也可以通过饲养员的记录、兽医师的诊断，收集基本生理、生化数据，描述雪豹的生活过程、生命周期等；还可以利用闭路电视系统记录雪豹的一举一动，特别是在繁殖期。如果同时观察多只雪豹的行为，可以采用“行为扫描法”，定时记录每一只雪豹的行为变化（表 3-6）。这些观测数据，经过整理、量化、分析、总结，就可以找出一些规律性的东西，揭示某些密不可测的生命奥秘。这在野外几乎是不可能实现的。

表 3-6 动物园雪豹繁殖期行为扫描观测记录

观测者： 日期： 地点（动物园）： 天气： 持续观察小时：

时间	运动	观望	吃食	休息	打斗	排泄	交配	标记	其他
6:30									
6:40									
6:50									
7:00									
7:10									
……									

注：观测方法为每 5 分钟或 10 分钟扫描一次，同时可以观察多只雪豹的行为。

三、市场调查与贸易通道

市场调查看似简单，不用跋山涉水，就可以知道雪豹资源利用状况。而当你真正展开调查，却发现无从下手，大海捞针，难度不小。国际机构（如野生生物贸易监测网络 TRAFFIC 和德国自然保育协会 NABU）在 10 年前撰写过两份几十页的贸易调查报告，内容涵盖了阿富汗、不丹、印度、尼泊尔、巴基斯坦、哈萨克斯坦、俄罗斯、蒙古国和中国的市场。大部分资料来自文献、报刊、网络、通信、专家咨询和问卷调查等（Dexel，2002；Theile，2003）。

市场调查与问卷调查可以同时进行，但二者又不完全一样。市场调查必须见到实物，有的时候可能需要专家鉴定，如皮、骨、内脏器官的真伪，需要准确识别。调查的内容还应该包括时间、地点、产品名称、价格、数量、交易部位（皮、颅骨、牙齿、爪、肌肉、内脏等）、来源（产地）、猎杀方式、用途、年贸易量等。市场调查的地点不局限于自由市场、集市或巴扎，还有中药店、皮货商行、特产专卖店、外贸局、海关（稽查走私）、公安局（偷猎案件）、茶畜公司（收购档案）、制药厂、皮革加工厂、标本厂、博物馆等。甚至一些居民家里的收藏品，也属于调查的范围。有传统的中医利用猫科动物的记载。例如，《本草纲目》关于虎骨、豹肉的入药，有“壮筋骨，治疼痛”之奇效。

随着法制体系的逐步健全，许多买卖转入地下。国际社会禁止使用虎产品、切断贸易通道之后，豹骨替代虎骨已成事实。要想摸清楚实情，就要采取策略，但这往往是有风险的。最后的调查报告，是非常有价值的，特别是对政府管理部门制定决策方案而言。如果调查资料丰富，可以进行统计学分析，了解交易价格的变化、市场的需求、采集地点（货源）的分布、运输途径（贸易通道）、绘制路线图，掌握对野生资源的影响程度等。

四、地图学理论与方法——地理信息系统（GIS）

对一个分布区域不清楚、分散、稀少、正在迅速绝迹的物种，国际物种保护机构正在与雪豹基金会一起联合各方面力量，广泛搜集雪豹过去 100 年的文献分布资料、近 25 年的访问记录、近 5 年的考察记录等，通过地图的形式建立一个动态的时空监测模型——地理信息系统（GIS）。这是一个庞大的系统工程，包罗万象，功能极其强大。它集合了所有的信息，分层或叠加在地图上。里面甚至包括了化石分布信息、分子生物学最新结果、保护区资料、遥感和现场实时遥测数据等。将国内与国外、宏观与微观、历史与现代、生物与非生物、人口与经济、时间与空间、点与面的信息整合在一起，评估其分布面积、环境健康状况、食物资源、潜在的威胁（开矿、公路、偷猎、冲突、疾病、意外死亡）、种群数量及变化趋势等。一旦这样的监控体系建立起来，人们认知雪豹的能力就会大大提高，可以为雪豹的保护与管理提供最及时的信息服务。

五、分类学研究方法

从宏观的生物学研究方法，包括经典分类学、行为学、生态学、生理学、解剖学与形态学，到组织学、细胞学、遗传学、分子生物学等，几乎所有可以参与到动物分类研究的手段，都在雪豹分类地位的确定上纠结着，要么是将雪豹划为猫属（*Felis*），要么是豹属（*Panthera*），要么是雪豹属（*Uncia*）。太多的观点，至今争议不断。可能是猫科动物的特殊进化历程——保守的遗传链条，几十万年甚至上百万年的喜马拉雅造山运动和几次大的冰期过程，都不能改变它们之间的某些共性。

雪豹亚种的研究也同样滞后，可能是因为样品采集太困难，样本量太少，不具备统计分析的要求。一般的形态分类法，确认雪豹是单型种，没有亚种分化。而有的人则认为雪豹是个占山为王的特殊物种，孤立分布在不同的区域，被大沙漠、硬戈壁阻断，中间有上百至上千公里的隔离区，无法进行种间遗传物质的交流。因此，可以区分成 2～4 个地理亚种，分布在喜马拉雅山、唐古拉山、昆仑山、祁连山、帕米尔高原、天山、阿尔泰山等不同的角落（详见第五章和第六章）。怎样对这样一个神秘物种进行分类学研究，除了需要统一标准和改进方法，还需要采集更多样本进行分析。

这是一个充满未知数和想象空间的领域，需要继续探索下去（图 3-23）。

图 3-23　雪豹飞崖走壁

雪豹以飞崖走壁著称，人类很难生活在雪豹栖息的山崖上，在这样的地方调查雪豹难度非常大，一定要有充分的思想准备

参考文献

蒋志刚．2004．动物行为原理与物种保护方法．北京：科学出版社．

刘楚光，郑生武，任军让．2003．雪豹的食性与食源调查研究．陕西师范大学学报（自然科学版），31（专辑）：154-159．

刘雪华．2011．3S技术与中国野生动物生境评价．北京：中国林业出版社．

刘振生，曹丽荣，王小明，等．2005．贺兰山岩羊冬季对卧息地的选择．兽类学报，25（1）：1-8．

马建章，贾竞波．1990．野生动物管理学．哈尔滨：东北林业大学出版社．

马鸣，Munkhtsog B，徐峰，等．2005．新疆雪豹调查中的痕迹分析．动物学杂志，40（4）：34-39．

马鸣，阿布里米提，程芸，等．2004．新疆雪豹调查（培训）手册．乌鲁木齐：新疆保育基金（XCF）：1-24．

马鸣，徐峰，Munkhtsog B，等．2011．新疆雪豹种群密度监测方法探讨．生态与农村环境学报，27（1）：79-83．

马鸣，徐峰．2006．利用红外自动照相技术首次拍摄到清晰雪豹照片——新疆木扎特谷雪豹冬季考察简报．干旱区地理，29（2）：307-308．

马世来，马晓峰，石文英．2001．中国兽类踪迹指南．北京：中国林业出版社．

盛和林，王岐山．1982．脊椎动物学野外实习指导．北京：人民教育出版社．

盛和林，徐宏发．1992．哺乳动物野外研究方法．北京：中国林业出版社．

石建斌．1996．动物活动区、领域及其估算方法．生物学通报，31（3）：16-18．

王金亮，陈姚．2004．3S技术在野生动物生境研究中的应用．地理与地理信息科学，20（6）：44-47．

王宗祎．1963．狩猎动物资源调查的内容与方法．动物学杂志，（1）：36-38．

魏辅文，冯祚建，王祖望．1998．野生动物对生境选择的研究概况．动物学杂志，33（4）：48-52．

魏辅文，饶刚，李明，等．2001．分子粪便学及其应用——可靠性、局限性和展望．兽类学报，21（2）：143-152．

徐峰，马鸣，吴逸群．2011．新疆托木尔峰国家级自然保护区雪豹的种群密度和数量．兽类学报，31（2）：205-210．

徐峰，马鸣，殷守敬，等．2006a．新疆北塔山雪豹对秋季栖息地的选择．动物学研究，27（2）：221-224．

徐峰，马鸣，殷守敬，等．2006b．雪豹栖息地选择研究初报．干旱区研究，23（3）：471-474．

徐宏发，张恩迪．1998．野生动物保护原理及管理技术．上海：华东师范大学出版社．

颜忠诚，陈永林．1998．动物的生境选择．生态学杂志，17（2）：43-49．

杨奇森，冯祚建，王祖望．1999．3D-OCP——一种大中型野生动物家域研究模型．动物学报，45（2）：148-154．

张恩迪，滕丽微，吴咏蓓．2006. 江苏盐城自然保护区獐栖息地的质量评价．兽类学报，26（4）：368-372.

张于光，何丽，朵海瑞，等．2009. 基于粪便DNA的青海雪豹种群遗传结构初步研究．兽类学报，29（3）：310-315.

Chundawat R S, Rawat G S. 1994. Food habits of snow leopard in Ladakh, India. *In*: Fox J. Proceedings of the Seventh International Snow Leopard Symposium. Seattle: ISLT.

Dexel B. 2002. The Illegal Trade in Snow Leopards-A Global Perspective. Berlin: German Society for Nature Conservation.

Jackson R M, Hunter D O. 1996. Snow Leopard survey and conservation handbook. By ISLT.

Jackson R M, Roe J D, Wangchuk R. 2006. Estimating snow leopard population abundance using photography and capture-recapture techniques. Wildlife Society Bulletin, 34 (3): 772-781.

Janečka J E, Jackson R, Zhang Y Q, et al. 2008. Population monitoring of snow leopards using noninvasive collection of scat samples: a pilot study. Animal Conservation, 11 (5): 401-411.

Jegal A, Kashkarov E, Matyushkin E. 2010. Simple method to distinguish tracks of snow leopard and lynx. Bibliography of Snow Leopard Network.

Karban R, Huntzinger M. 2006. How to do Ecology: A Concise Handbook. Princeton: Princeton University Press.

Lechowicz M J. 1982. The sampling characteristics of electivity indices. Oecologia, 52 (1): 22-30.

Martin P R, Bateson P. 1986. Measuring behavior, an introductory guide. Cambridge: Cambridge University.

McCarthy K P, Fuller T K, Ma M, et al. 2008. Assessing estimators of snow leopard abundance. The Journal of Wildlife Management, 72 (8): 1826-1833.

McCarthy T M, Fuller T K, Munkhtsog B. 2005. Movements and activities of snow leopards in Southwestern Mongolia. Biological Conservation, 124 (4): 527-537.

McCarthy T M. 2000. Ecology and Conservation of Snow Leopards, Gobi Brown Bears and Wild Bactrian Camels in Mongolia. Amberst: University of Massachusetts.

Parker M, Smith D, Whitelaw A, et al. 2008. Use and Efficacy of Non-Invasive Survey, Monitoring and Discrimination of Rare Carnivores with Detection Dogs. Beijing: Proceedings of the Snow Leopard Meeting.

Poyarkov A D. 2002. Some Aspects of Snow Leopard Research Methodology. Seattle: Proceedings of the Snow Leopard Survival Strategy Summit.

Primack R B. 2000. A Primer of Conservation Biology. Sunderland: Sinauer Publ.

Schaller G. 1977. Mountain Mammals. Chicago: University of Chicago Press: 146-159.

Sharma K, McCarthy T, Johannson O, et al. 2012. Snow Leopards and telemetry: experiences and challenges. Seattel: Snow Leopard Network.

Shehzad W. 2011. Non-invasive Approach for the Diet Analysis of Snow Leopard (*Uncia uncia*) by Using DNA Barcoding. Seattle: ISLT.

Shrestha R, Wegge P. 2006. Determining the composition of herbivore diets in the Trans-Himalayan rangelands：a comparison of field methods. Rangeland Ecology and Management，59：512-518.

Smith A T，解焱 . 2009. 中国兽类野外手册 . 长沙：湖南教育出版社 .

Smith D A，Ralls K，Hurt A，et al. 2006. Assessing reliability of microsatellite genotypes from kit fox fecal samples using genetic and GIS analyses. Molecular Ecology，15：387-406.

Theile S. 2003. Fading footprints：the killing and trade of snow leopard. TRAFFIC International，Cambridge，UK.

第四章

野外考察杂记

雪豹考察前后历时 10 年，我们走遍新疆崇山峻岭——喀喇昆仑山、昆仑山、阿尔金山、帕米尔高原、天山、巴尔鲁克山、塔尔巴哈台山、阿尔泰山、北塔山、卡拉麦里山等，甚至涉足周边的省区或地区，如四川、青海、青藏高原（西藏）、祁连山脉（甘肃）、马鬃山（内蒙古）、克什米尔、西天山（哈萨克斯坦）、外阿尔泰-萨彦岭（蒙古国、俄罗斯）等。在中国西部的几大山脉，考察队员无不留下了足迹。中外专家跋山涉水，趴冰卧雪，追寻雪豹，历尽艰辛。有的时候队员们除了流血、流汗，还要默默流泪。其中的天灾人祸，种种阻挠，人间险恶，酸甜苦辣，难以诉说。以下是考察队员马鸣、徐峰、陈莹等人的亲身感受，这些经历，点点滴滴，记录了一些真实的故事。许多细节在其他章节里是看不到的。

第一节　曾经的动物王国

鹧鸪天·雪山之魂

王母瑶池聚众仙，西域雪峰生诸犍。

孟极有幸甩长尾，貔貅无意藏雪莲。

猎豺狼、斩牦牛，嘶鸣声起大地暗。
昼伏昆仑生无息，夜出天山没遮拦。

大猫雪豹，古称诸犍、孟极、貔貅或貊虞（见第一章），与老虎是近亲，是几百万年来喜马拉雅造山运动的杰作。华美的外表、神秘的行踪，已成为世人瞩目的明星（图 4-1）。

西部的雪豹考察，已近十年工夫。然而，始终进展缓慢，举步维艰，屡屡遭挫，难觅豹踪。特别是 2008 年 10～11 月的和田（七个县市）山区的痕迹调查，几乎以失败告终。难道昆仑山的雪豹就像内地华南虎、远东豹一样，行将灭绝了不成?

这次东昆仑山、阿尔金山之行，我虽承担鸟类区系研究任务，但雪豹寻踪依然是一个额外的差事。见到保护区张会斌和张翔两位副局长，首先了解到的就是雪豹分布与近年偷猎的线索。蛛丝马迹，一条都没有放过。他们也乐意配合开展一次不抱任何希望的调查。

向导吐尔逊和牧民艾里都认为 5～6 月或者 9～10 月不是寻找雪豹的最佳季节。他们建议我 12 月再来，可能会遇见一些脚印什么的。沿着雪地上的痕迹，你也许会追拍到雪豹鬼魅的影子。当然，前提是要有大雪。记不得已经有多少个冬天，没有下大雪了。

根据访问，在过去 30 年，当地牧民还是有一些关于阿苏来（雪豹）出没的记忆。1982 年前后，当时一个考察队猎杀了一只雪豹。1987 年冬天，在祁曼塔格山上，牧民遇见过一只母豹带着 2 只小豹。1996 年在阿尔金山主峰区（新疆与青海、甘肃交界处）抓获一偷猎者，缴得雪豹骨架一副（当时全豹售价不到 2000 元）。2006 年，管护站的工作人员还在阿塔提罕以南的祁曼塔格山中见到足迹和粪便。而在与西藏和青海接壤的阿尔喀山、大九坝、卡尔墩、求勉雷克塔格一带，人迹罕至，雪豹出没的问卷记录就比较多了。有人还遇见过雪豹追逐牧民羊只的场面，偶然也有自然死亡的雪豹尸体被探矿者发现。

只要有岩羊、盘羊或北山羊分布的地方，就一定会有较大型的食肉动物出没。辽阔的高原，是有蹄类的天堂，藏野驴、野牦牛、藏羚、藏原羚无计其数。依协克帕提沼泽中经常会有狼、狐狸藏身，还有西藏棕熊、猞猁、貂、獾子等。这次考察就多次遇见狼在湿地和草原之中扑腾，可能是想吃野鹅肉了。

2007 年 6 月 20 日，我曾经在青藏高原的冬给错纳一片大沼泽之中巧遇雪豹。保护区内并不缺乏降水，缺乏的却是原始森林。没有了树木和灌丛，湿地成为高原上生物最集中的地方。而雪豹下降到洼地中觅食，水鸟成群，野鸭如云，时下不失为一个极佳的选择。若长此下去，不免有“虎落平阳”之忧。

过去在外围的库木布彦山、玉苏普阿勒克塔格、阿斯腾塔格、木孜塔格、巍雪山、苏拉木塔格都有雪豹分布。经过这么多年的保护，这里成了野生动物

图 4-1 雪豹为夜行性动物，喜欢昼伏夜出，行为诡异
红外相机拍摄，2005 年 12 月 18 日

真正的避难所，有蹄类的种群数量有增无减，雪豹的数量却不增反降。究竟是什么原因，可能不是几句话能说清楚的。

作为四大无人区之一的阿尔金山库木库勒盆地，实际上是夹持在昆仑山和阿尔金山之间的一大片高原荒漠，海拔 3900～6900 米，大盆套着小盆（湖群），是世界上最为神秘的处女地。近年已经成为户外探险者挑战的顶级圣地。每年都有一些自驾车队偷偷闯入这一地区，甚至是核心区。他们有的沿着玉苏普谷地绕过阿雅克库木湖，越过风尘口达坂，直插鲸鱼湖。有的则走东部的库木库里沙漠，深入大九坝草原。还有的从可可西里、羌塘高原切入，如入无人之境。对那些素质低下、肆意妄为、歹毒心肠地驱车追逐野生动物的人，保护区管理局一点办法也没有。无须多言，就那么四五个管护站，点缀在 4.5 万平方千米面积周边，四通八达的区域、上千千米的保护区边界线，管理上的难度可想而知。

谁都知道，改革开放以后保护区曾经遭受过三次大的浩劫：一是淘金客的大举入侵；二是卤虫业失控；三是为了获取“沙图什”（Shahtoosh）的疯狂猎杀藏羚羊活动。它们造成极坏的国际影响。当然，几十年的过度放牧，逐渐放开的探矿、采矿政策，没有节制的探险活动等也对保护区造成巨大破坏。昔日的雪豹王国——世界上最后一片净土，已经不复存在。归根结底，无序的西部大开发运动，是对国家自然保护法的玷污和挑衅。破坏大于发展，贻害无穷，殃及子孙。

当地政府也不是完全放任自流，国法当头，经过几次大的治理“行动”，犯罪分子被遏制住了。大部分牧民也被逐步迁出了保护区。但是，一些披着合法外衣的开发项目还在悄悄进行中，周边的矿山炮声隆隆，车水马龙，正在围剿和蚕食着核心地区。

已经出现了这样一种奇特现象，食草动物种群健康发展，包括高原兔、喜马拉雅旱獭、黑唇鼠兔、斑头雁、喜马拉雅雪鸡和十几种有蹄类动物都十分昌盛，食物链似乎完美无缺。但生活在金字塔顶端的食肉类动物却消失了。我们不是在挑战和推翻传统生态系统理论，而是在探究现今地球出了什么毛病！

都是人类在作祟，中国十几亿人呢！在1989年《野生动物法》颁布之前，猎杀野生动物是没有节制的。就是在那个“一穷二白”的年代，国家相关部门或行业制定了一些类似的“狩猎法”和“有害动物防治法”。当然这些不是什么法规性文件，而是指导基层如何捕杀动物的操作方法或者守则。例如，20世纪60年代全民“灭四害”运动期间，捕杀一只狼或豹，是要奖励4只羊的。在昆仑山，有个叫喀尔赛的村子，就有这样的专门捕捉雪豹的猎户，一家几口以捕猎为生。在1970年以前，他们每次进山都可在无人区猎获2～3只雪豹。当时外贸部门大量收购豹皮，消灭害兽也是一件“光荣任务”。

那时狩猎的方法也很特别，都是使用自制的铁夹子，直径30厘米左右，有一根细铁链连着一个小铁块，当夹住雪豹时可以消耗体力并留下拖拉的痕迹。雪豹是一种非常笨拙的猫科动物，喜欢沿着固定路线活动，经常留下明显的痕迹（足迹、粪便、刨坑、尿迹、爪痕、嗅迹……）。这就给猎人提供了线索，就像我们当年在托木尔峰布设红外自动相机“捕捉”雪豹一样简单。但是，一旦夹住，就需要花费三四天时间去追踪、搏斗、杀死、剥皮、剔肉。

纵观以上记述，你可能已经数落出雪豹面临的种种问题。有组织的、持续的狩猎活动是造成雪豹绝迹的主要原因。根据繁殖力分析，草食动物种群恢复要远远快于肉食动物。这可能就是在阿尔金山——高原有蹄类的王国（图4-2），却见不着雪域之王——雪豹的奇怪现状的原因。

考察没有结束。我们翘首等待雪豹回归的那一天。

希望这个冬天（2011～2012年），有雪豹痕迹被发现。

图4-2　藏野驴（*Equus kiang*）

昆仑山-阿尔金山自然保护区是有蹄类的天堂，为什么这里却难觅雪豹的踪迹？

第二节　雪豹下天山之谜

2008 年 5 月 3 日上午，环塔克拉玛干沙漠汽车拉力赛第二赛段的比赛正在吐鲁番附近的沙漠戈壁上如火如荼地进行。突然，在卡恰克村远处的戈壁滩上有人发现了一只雪豹。最先目睹其芳容的裴先生驱车向前想探个虚实。当时他并不知道这就是只雪豹。

“这只猛兽正卧在沙坑里，像是在休息，或者吃什么东西”，裴先生后来回忆到。怕被攻击，他没有直接冲上前，而是环绕几圈，逐渐靠近。上午 11 点左右，正是沙漠之中“海市蜃楼”出现的时间，眼中的世界朦朦胧胧、虚虚晃晃。地平线上折射着炎热的气息，人影和车影都被扭曲了。附近的艾丁湖（海拔－153 米）早已蒸发殆尽，地面上的砾石锋利无比（图 4-3a），还有什么猛兽会来这里觅食呢?

这的确是一只天山上的雪豹，一只奄奄一息的猛兽，是中亚雪山之巅的神秘来客。

“它怎么会下到如此低洼的沙漠戈壁中来呢？顾名思义，雪豹应该生活在雪山之巅上。”裴先生迷惑不解，眼前发生的事情谁都不能相信。裴先生立即与当地警方联系，并同参与拉力赛的随行人员一起押送雪豹去了 25 千米外的托克逊县公安局。当记者赶到托克逊县公安局时，看到的只是一粗蒙面尸体，一只壮年雪豹的尸体。它皮毛的颜色发光而厚实，尾巴粗长，体态丰润，腹部微微隆起，似有孕儿在身。体长 1.05 米，尾长 0.97 米，属于成年雪豹（图 4-3b）。

县公安局法医仔细勘验了尸体，未发现有枪弹痕迹及外伤或骨折等，属于自然死亡。从雪豹口中溢出的血迹分析，应该与当年探险家余纯顺和科学家彭加木因遇极端恶劣环境条件暴毙于罗布沙漠的情形相类似。自治区派出了雪豹专家接手这一“案件”的调查、分析、处理和善后。

“是什么原因造成雪豹离开高山，下到这样一个不毛之地呢?”专家安尼瓦厄首先发问了。

离出事现场最近的卡恰克村，GPS 定位的海拔高度为－63 米。我们知道吐鲁番艾丁湖是中国最低的洼地，湖盆在海平面 153 米以下，属于世界第二低地。这里距离艾丁湖只有 30 千米。雪豹来到这里，无疑是创造了一个海拔最低、环境最干旱的世界分布纪录。

天山雪豹通常分布在海拔 2300 米以上的高度，也就是雪线与林线之间的高度。在偏北的阿尔泰山，雪豹有时也会下到 900 米的地方。因为北方比较寒冷，雪线的高度也要低于天山许多米。如果是在更南的昆仑山、喀喇昆仑山和喜马拉雅山，雪豹可能分布到海拔 5500 米以上。

有句成语“虎落平川被犬欺”，正好可以用来形容这只远离家园的雪豹的尴尬处境。遍地是廉价的铁丝网、高速公路网、电网、铁路、输油管线，雪豹没有退路，更无藏身之地。

还有一个成语“舍生取义”。有专家认为这只豹子可能患了不治之症，为了不传染给自己的孩子或者伙伴，下天山进沙漠和戈壁，在吐鲁番盆地自行了断了生命。生物界这种很崇高和离奇的故事，我们只在佛经中读到过。

(a)

(b)

图 4-3　一望无边的吐鲁番戈壁与雪豹

烈日炎炎，炽热火洲，2008 年 5 月 3 日，一只天山上的神秘来客横卧在吐鲁番戈壁沙海（裴培摄），遍地都是锥子一般锋利的碎石（a），这对雪豹柔软的肉掌是一个严峻的考验（b）

相反，裴先生则认为这只豹子的表现并不那么高尚，它有可能想进村子偷吃牧民的山羊。因为它的头是朝向这片绿洲的。雪豹通常也有这种习惯和行为，在食物短缺的季节和地方，它们喜欢白天潜伏在附近，夜间偷袭村子里的羊只。

5 月 9 日下午，我们访问了卡恰克村的村民。他们大多数都是维吾尔族人，世居此地，从来没有见过雪豹，也没有被偷袭的经历，只听说黑山有“伊毕利斯”（雪豹）。岩石裸露的“黑山”离这里大概 50 千米，海拔最高只有 1700 米，春季根本看不到积雪。

调查显示，天山中部偏东的甘沟段有北山羊分布，而北山羊是雪豹的食物基础。再向西 80 千米就可见到海拔 3300 米以上的雪山了。而北部著名的博格达雪峰（海拔 5445 米），距离此地也就 100 多千米。雪豹会是从这些地方来的吗？

另还有几种推测见于报端。

一是迷路说。春季天气变幻无常，雪豹遇上了恶劣的沙尘极端天气，而误入沙海。

二是饥饿说。因冬去春来，山区食物资源日益匮乏，母豹不得不离开天山进入沙漠觅食，不料遇难。

三是“爱情”说。我们都知道雪豹是一种独居的高山动物，只有在性成熟以后才有可能与配偶在一起。交配期的时间很短暂，之后就又分开了。在种群数量十分稀少的今天，呈离岛状分布的雪豹寻找配偶非常难。近亲交配就不可避免（如在动物园），在自然界也是如此。这只成年豹子为了寻找“爱情”而舍身沙海，真是个非常悲壮的寻情故事。

当然，关于这只雪豹死亡之谜，还有高速公路“阻断说”、“疾病说”、“自杀说”、“中毒说”和“怀孕说”等，不一而足，但都还不能被证实。为了不让发臭、腐烂、内脏出血的雪豹传染疾病，有人悄悄火化了这只雪豹。不过雪豹专家已经采集了豹子的DNA样品，不久的将来就可能揭开它的身世之谜，包括死亡原因和从哪里来等一系列问题。

（马　鸣）

第三节　“铁峰”突击队

在新疆西部的边界地区，有座海拔7435米的高峰——托木尔峰，在当地维吾尔族语言中的意思是铁峰。托木尔峰国家级自然保护区就座落在这里，在面积3000多平方千米的保护区中，有冰川、草甸、森林、草原，还有灌丛和裸岩。在如此多样的自然环境中，动物种类自然不少，北山羊、盘羊、豺狼、棕熊、狐狸、马鹿、雪鸡等珍稀动物都在这里有分布。而作为高山生态系统旗舰物种的雪豹，也世世代代生活在这片土地。

早在20世纪50～60年代，新中国成立后对新疆进行第一次野生动物资源调查时，在托木尔峰地区就有雪豹的记录。到20世纪70年代，由中国科学院组织的托木尔峰综合科学考察，再次在托木尔峰地区记录到了雪豹（林永烈，1985）。经过以上两次的调查，托木尔峰地区被确定为雪豹的分布区，人们认定这里有一定数量的雪豹长期生活在这里。可是到了80年代，事情发生了变化。

自20世纪80年代以来，美国著名野生动物学家夏勒博士对中国整个西部地区的野生动物，特别是雪豹进行了调查。1987年，夏勒博士来到了托木尔峰自然保护区。在为期13天的调查中，他和他的考察队员们调查了托木尔峰地区的两个主要山谷，但是让人遗憾的是此次调查中没有发现一只雪豹活体，只是发现了几处雪豹痕迹。雪豹在托木尔峰地区的生存状况让人担忧。更让人担心的事，在接下来的一年里发生了：10 多只雪豹在托木尔峰地区被非法猎杀。结合夏勒博士的调查报告，雪豹在托木尔峰地区的命运，让人揪心。整个托木尔地区还有多少雪豹分布，甚至还有没有雪豹的生存都成了一个谜。

2001 年，一起非法盗猎的案件，再次把人们的目光吸引到了托木尔峰地区。据保护区和当地林业部门的调查，成功破获一起当地牧民滥杀雪豹的案件。在人们为雪豹被盗猎感到悲伤的同时，雪豹再次走入人们的视野。

为进一步确定雪豹在托木尔峰地区的分布和生存状态，2004 年由中国科学院新疆生态与地理研究所和国际雪豹基金会组织的新疆雪豹考察小组再次进入了托木尔峰地区四个不同的河谷，考察范围在 1000 平方千米以上（图 4-4）。经过连续几年前后多次的雪豹考察，该地区雪豹的生存状态被展现在人们面前。

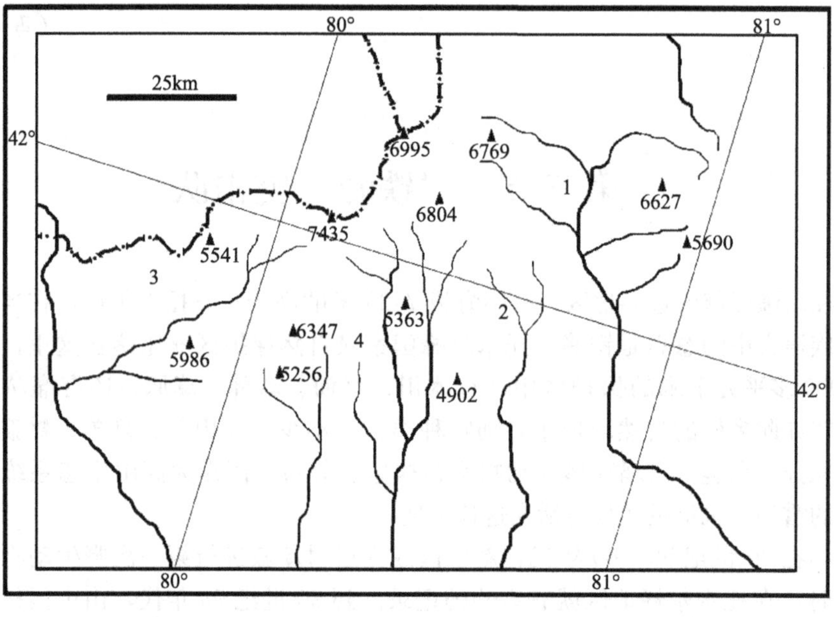

图 4-4　群峰耸立的天山托木尔峰保护区四个雪豹调查区域及先后 5 次考察地图（2004～2008 年）
1. 萨孜勒克，英艾买里，木扎特河谷冰川区；2. 库孜巴依河谷，博孜墩；3. 英也尔，库尔干，托木尔河谷，库马里克河上游；4. 苏布塔什，台兰河谷，塔格拉克牧场

在托木尔峰的四个主要山谷中都发现了雪豹的踪迹。在 50 台红外自拍相机的帮助下，雪豹考察小组成功拍摄到了雪豹的照片。这在国内尚属首次，雪豹——这一神秘的物种，继续在托木尔峰地区书写它的传奇。

一、我们的国际合作伙伴

雪豹，是一种名副其实的明星动物。虽然它只在中亚的高山地区有分布，可却吸引了来自全世界的广泛关注。在我们进行雪豹调查的过程中，就分别与来自英国、美国、蒙古国、印度、吉尔吉斯等国的专家们进行了合作考察（图4-5），他们对野生动物的关爱和他们每个人独特的个性都让我们印象深刻。

图 4-5　天山托木尔峰雪豹考察队，有来自印度、吉尔吉斯、阿拉斯加的专家和志愿者（2005 年）

来自美国的汤姆·麦卡锡博士，是国际雪豹基金会的技术顾问。21 世纪初，他组织和领导了国际雪豹基金会在雪豹分布国的科学考察和研究。20 世纪 90 年代，他在著名野生动物学家夏勒博士的引导下，开始了在蒙古国的雪豹研究。他是第一位用卫星项圈研究雪豹家域行为的研究者，把雪豹的家域范围由以前无线电跟踪时认为的几百平方千米扩大到了上千平方千米。

除了他在雪豹以及其他野生动物保护中所做的工作之外，麦卡锡博士还有一件小事给我留下了深刻的印象。2004 年秋天，汤姆来新疆考察新疆雪豹调查小组的工作情况，我们在一处非常普通的宾馆里给他安排了一个标准客房。中午入住后，发现这个宾馆才装修不久。下午他找到我，说房间里有种难以忍受的刺激性气味，让我帮助调换房间。于是我跟汤姆一起来到总台，协调换房间的事。很不巧，宾馆的房间几乎住满了，只剩一个套间。而套间的房价是普通标间的两倍。我们一起去看了房间，感觉真不错，有种舒适的居家感觉，比一般的标准间要宽敞得多。如果是以前我们接触的很多外国朋友，他们这时会没什么犹豫地选择调换到套间去，因为套间也只不过加了几十元而已。但是汤姆的话却让我至今记忆犹新。他说，“我不换到套间去，我只要一个普通的房间就好了，我不是付不起多加的钱，只是我们的经费都是基金会一点点募捐而来的，不容易。我不应该把它们花费到完全不必要的地方”。是啊，看似平常的话，却触动了我们。

二、野外调查中的苦与乐

2004 年我有幸加入了新疆雪豹考察小组。说到新疆，人们首先想到的可能是茫茫戈壁，无边的沙漠，以及终年积雪覆盖的高山，在这里作野生动物调查的辛苦可能只有尝试过的人知道。而被誉为高山上的幽灵的雪豹，更是以其栖息环境的高、险、难、神秘而著称，要想走近雪豹并对其进行调查，难度可想而知。在为期几年的雪豹考察中，我们从一个不知雪豹为何物的门外汉，到能够熟悉、辨认雪豹痕迹，并能成功拍到雪豹照片的研究者，这期间有不少让人难忘的回忆，而这其中的苦与乐，让人终生难忘。

（一）初见雪豹痕迹

还记得第一次去雪山调查，是在 2004 年的 9 月。那次我们先去了东部天山的一处牧场。在最初的几天里，调查并不顺利。不知道是因为雪豹生性害羞，见到陌生人会刻意躲避，还是因为我们选择的调查地区实在不适合雪豹生存，考察的头一周里一无所获，除了鸟类甚至连其他野生动物都很难见着，见到最多的是满山坡的羊群，以及草地上游人和牧羊人留下的酒瓶。恐怕这里最容易发现的不是野生动物，而是人类对自然环境的破坏和对野生动物生活的干扰。

接下来我们选择去人为活动干扰较少的北塔山边境地区调查。这天中午，我们开车沿着一条满是碎石块的路前行，因为满地是碎石，又是上坡，我们除了司机都下车步行，顺便寻找雪豹的痕迹。有着上周如此大范围调查的一无所获，我们都对这次路边调查不抱什么希望，可是惊喜还是不期而至。

这次，参与我们野外考察的指导专家是来自蒙古国的孟克曹格先生(Munkhtsog)，他的野外经验比较丰富，一眼就发现一处动物痕迹（图 4-6）。这是雪豹的刨痕，最常见的雪豹痕迹之一，也是最容易被人忽视的一类动物痕迹。通常野外发现的 30%以上的雪豹痕迹是这类刨痕。之所以说它容易被人忽视，是因为对雪豹刨痕只有在你对雪豹的生活习性和行为有了一定了解后才能认出来。它看似只是地上的一个被动物刨过的小土坑，实际上刨痕和气味嗅记一样是雪豹用来标记的一种记号。还有就是爪痕，似乎不仅仅是标记，可能还有“剪趾甲”的功能。它一般只在特定的区域进行这种标记，只有当你对雪豹的行为和生活习性有了了解，才会特别留意它们的存在。

（a）痕迹　　　　（b）雪豹爪痕

图 4-6　雪豹痕迹

来自蒙古国的孟克曹格（B. Munkhtsog）先生发现一处痕迹（a），他还发现树干上有雪豹的爪痕（b），有的时候爪痕的位置比较高，可以达到 1 米左右（阿尔泰山，2004 年）

队员们一听到孟克曹格先生说发现雪豹痕迹了，都为之一振，大家都围拢过去想见识一下找了这么多天的雪豹到底会给我们留下什么特别的印记。可是看到那刨痕时，又多少有些失落的感觉。因为我们觉得它完全跟雪豹联系不到一起，只是在地上有一个普通的动物刨过的土窝窝而已。虽然经过孟克曹格的讲解，我们了解到刨痕的特点，也了解到了雪豹的习性，但是第一次见到雪豹行迹那种有些失望的感觉还是留在了心底。其实现在回头想来，这些最常见的雪豹痕迹就跟野生动物考察一样，它并没有平常人们想象中那样神秘、新奇、有趣，更多的就是这样平淡的事和平常的生活，无处不在。但是就是这样的朴实的刨迹，朴实的考察，让我们了解雪豹，了解野生动物。

（二）雪豹高速路

无独有偶，找到了雪豹的第一处痕迹后，接下来的日子就变得容易多了。我们了解了更多的雪豹习性，似乎一切变得简单了许多。有一次我们发现了一处雪豹痕迹的集中地点，我们把它称为雪豹的“高速公路”（图 4-7、图 4-8）。

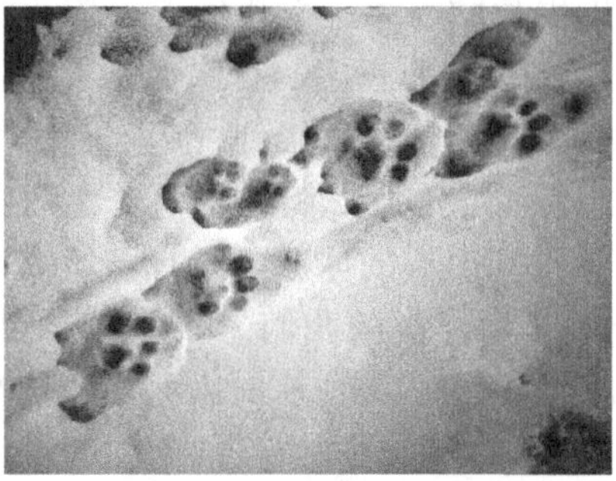

图 4-7　雪豹留下的足迹链，足印有大有小，是母雪豹领着小雪豹留下的足迹

图 4-8　雪豹粪便，竟然含有植物碎片

这时的考察，我们已经深入山里，这附近几百平方公里内都几乎没有人烟，是野生动物的理想栖息场所。中午吃过饭，我们分为两组分头调查。第一小组的任务是调查一个附近的山脊。山脊、崖底、达坂、豁口、岩洞都是雪豹偏好的活动区域。目前研究表明，这可能与这些区域有遮掩物，有利于雪豹隐蔽和观察周围地形，以及这里人为活动干扰较少有关系。

开始，上山脊的路并不好走，好在这条山脊并不是很高。爬上山脊以后我们惊奇地发现在上面沿着山脊走要比想象中平坦得多，容易得多。就在不远处，发现了一个小区域，集中了雪豹的几处痕迹，有刨痕和新鲜的粪便。由于地面坚硬，多数痕迹（如足迹、尿迹）很难被发现。随着样线往前延伸，一路都发现有刨痕标记。看来这真是雪豹的常用通道啊，我们戏称之为雪豹高速路。而根据我们后来的调查，雪豹的确有沿固定路线行走的习性。站在山脊上的这条雪豹通道上，我们想象着自己是只雪豹，从高处观察着山下人们的一举一动，清清楚楚。不知道看到越来越多的异类进入自己的领地，雪豹会有什么感想呢？它是否也有一丝无奈的感觉。

（三）雪豹的嗅迹有点咸

在找到了雪豹的刨痕、粪便、尿迹之后，雪豹的另一类痕迹——气味标记（嗅迹）也终于走入了我们的视线（图 4-9）。很巧的是我们发现雪豹这些痕迹的先后顺序正好是雪豹痕迹在野外调查时频次多少的顺序，刨痕最常见，粪便和足迹次之，而气味标记则是比较少见的雪豹痕迹。雪豹的气味标记也和刨痕一样，是一种对领地和活动区域的标记信号。它一般由雪豹臀部的腺体分泌，喷洒在悬崖的侧壁上，高度一般在 80 厘米左右，可以在石块上看到明显的印迹。如果在气味标记附近没有找到其他的痕迹，仅凭眼力和经验去观察气味标记是难以确认的。它通常不是孤立分布的，会与足迹、刨痕、卧迹、残留食物等痕迹相伴。

这次，我们也是在考察指导孟克曹格先生帮助下第一次找到了雪豹的气味标记（图 4-10）。它被喷在离地高度不到 1 米的突出石壁上。首次遇见了嗅迹以后，大家都很想跟它来个亲密接触，仔细看个究竟。大家聚到一起，有的用手摸，感受一下那种湿润；有的用鼻子闻，想看看它有什么特殊的气味。而我们也有人忍不住试着用舌头舔了几下，除了感觉到山石的冰凉，还有一丝咸味在口中。是啊，雪豹给同类留下的气味标记，身为异类的我们怎么能体会到呢？人类的嗅觉已经退化了，灵敏度可能不到野生动物的 1%。有时人们一厢情愿地想去了解和帮助野生动物们更好地生活，殊不知野生动物们目前面临的最大威胁恰恰是我们人类。

图 4-9　队长马鸣发现了雪豹留下的嗅迹，气味很浓

图 4-10　来自蒙古国的孟克曹格先生正在培训学员识别雪豹痕迹

（四）五渡红水河

经过第一次的雪豹考察，我们收获多多。在雪豹专家孟克曹格先生的帮助和指导下，除了没有见到卧迹和毛发有些遗憾外，对雪豹的其他痕迹都有了最直观的认识，对雪豹的生活习性也有更全面的了解。10 月中旬，我们转战到了新疆的托木尔峰国家级自然保护区，开始了中国雪豹考察小组第一次独立的雪豹考察。

托木尔峰地区用崇山峻岭、雪域冰峰来形容丝毫不过分，这里仅 6000 米以上的山峰就有 10 多座。当我们沿着河谷走进深山时，河谷两侧都是几千米高的大山。在这次考察中，我们首次采用雪后调查法，终于见到了雪豹的新鲜足迹，弥补了上次调查的缺憾。而最让我们记忆深刻的是五渡“红水河”（图 4-11）。

图 4-11　天山托木尔峰雪豹考察——冰冷刺骨的红河水，考察队员右起：买尔旦、徐峰、吴逸群（2004 年）

那是我们刚开始调查的日子，进入的第一个山谷是木扎特河谷。扎下第一处营地后，沿着河谷两侧开始了雪豹痕迹的调查。第一天没有什么特别的收获，但是有几处刨痕都把我们引入一个特别的支流河谷——红水河峡谷。

之所以说它特别，其一，是因为从河谷中流出来的河水是暗红色的，类似于铁锈般的红色；其二，是因为山谷看似很狭窄，在河谷的山口处最窄处仅有八九米宽，可是水流湍急，从地图上看在这河谷里却别有洞天，往里一直能走10余千米没有问题。而且据当地牧民说，这里面还有一个夏牧场。正是这些特别之处，勾起了我们的好奇心，我们决定明天进去一探虚实。

一大早吃过饭，我们便出发了。刚往山口里走了不到50米，我们就遇到一个难题。这红水河山口很窄，而河水在山谷里却还偏偏扭作一团，一会儿沿左侧山崖流动，一会儿又拐向右侧。因为谷中的牧民和羊群早已撤出山谷，转移去了冬牧场，河上搭建的简易桥也早已拆除，我们想进山谷就意味着要么爬上河谷两侧陡峭的石壁绕行，要么只能趟水而行。初冬的天气已经有些冰凉了，而山上融雪形成的河水在岸边已经结冰，其刺骨的寒冷更是可想而知。但是为了进山谷一探究竟，我们决定趟水过河。

在战胜了心里的恐惧和不安后，我们相互鼓励着下了水，把衣服装进背包，把鞋用鞋带系好搭在脖子上，摸着石壁我们开始一深一浅地趟河。河水果然很凉，刚进水那一刻一丝寒意从脚底传到身上。还好河不是很宽，走五六米就能到对岸。经过了最初的冰冷刺骨后，脚似乎有些麻木，那种冰的感觉也减轻了一些。到了对岸我们赶紧把脚和腿上的水尽可能擦干，穿上棉袜和靴子。回想刚才那种冰冷，心里还有一丝寒意，可是想着河谷中的另一个天地，觉得趟冰河也值得了。于是继续上路。

没想到没走多久河水再次拦住去路，又是只能趟河而过。这次心里虽然有些犹豫，可是没有刚才那么多顾虑了。我们渡过了冰河。没走几十米，河水再次拦住去路，我们再次趟水渡河……就这样我们一直渡到第五次河时，觉得不能再这么走下去了，河水冰凉，渡河很消耗体力，可是我们渡了五次河，却往前仅走了最多1千米路。按这样下去想走进河谷是不可能的，我们只好原路返回。而返回时发现河水似乎有些上涨，开始进山时到膝盖的河水回来时却几乎到腰部了。我们一边小心翼翼地过河，一边庆幸返回的及时，因为山里冰川随着上午气温升高，融雪更多，会让河水水位上升，这对我们而言也是很危险的。

经过来回几次的渡河后，我们终于安全地回到了营地。想想当天发生的事，有惊恐，有庆幸，还有些遗憾，但是却不后悔。虽然没有进到山谷，虽然没有发现雪豹的更多线索，可是五渡红水河本身对我们来说就是一种锻炼。

（五）坠入刺骨冰河

当我们进行第三次托木尔峰地区雪豹考察时，我们逐渐从没有野外经验、对雪豹没有太多了解的新人成为一位能独自进行雪豹调查的考察队员。正当我对自己更有信心，觉得自己有能力更好、更安全地完成考察任务时，却发生了考察开始以来最危险的事——人仰马翻掉进冰窟窿。

这次，是我们在保护区待的时间最久，天气最冷，也是最艰苦的一次考察。考察工作从 2005 年 10 月开始一直持续到 12 月底，我也几乎 3 个月没有出过山。这次我们的主要任务是在通过前期调查已对保护区中雪豹分布和活动习性有一定了解的基础上，用具有红外感应自拍功能的照相机对保护区的雪豹以及其他野生动物进行考察。红外相机拍摄目前已经成为一种成熟的野生动物调查方法，它能在对野生动物最少干扰的情况下，调查一个地区野生动物的种类、数量、活动习性，甚至能对一些具有身体斑纹的动物进行个体识别，其已被成功地运用到亚、非、欧、美等地的野生动物监测中。这也是我们这次选用这种技术进行调查的目的所在。

红外自拍相机架设好后，需要根据电池的电量去定期检查相机的工作情况，并更换电池和胶卷。因为相机布设范围广，面积达 200 多平方千米，分布较分散，所以我们常会分头去检查相机。而我意外掉进冰河这天，就是我独自一个人骑马去检查最远处的两台相机。也许是在野外待的时间长了吧，这样类似的工作也做过很多次了，骑马渡河也很多次了，这次出去也就没有像以往那么刻意地注意安全。而意外往往在麻痹大意时最容易发生。

当天我骑的是一匹考察队最好的黑马，它力量大而且活泼。骑上它我就想尽快做完工作，好尽快返回营地。前期的工作的确蛮顺利的，因为路线熟悉，很快把沿途的相机检查完毕，到了最远一个点（图 4-12）。做完工作以后，其实心情是很放松的，想想接下来只要骑马顺利返回营地就好了。托木尔峰营地和相机是在木扎特河的两侧，这次出来因为要沿途检查相机，所以我一出营地就要先渡河，然后沿着山坡骑行。可是河对岸营地一侧的路比较平坦，可以不用在山坡上颠簸骑行，为了能更快地返回营地，我决定冒险渡河，然后走平路快速疾驰骑回营地。

有野外经验的人都知道，骑马渡河时渡河点的选择是有讲究的，所以要熟悉河道的环境（图 4-13）。根据河水的深度、流速、河宽，选择合适的渡河点。冬天河面有冰时更是要小心选择渡河点。我们往常渡河时，都是在营地附近渡河，那边河面宽，但是河水浅，河流缓，渡河没有危险。今天我打算穿越的渡河点河面本来不是很宽，我完全是在对河道没有任何了解的情况下，冒险渡河。当时已是 12 月，天气非常冷，看起来河面冰冻层很厚，只有河道中间 3 米左右宽度区域没有冰，是湍急流水。当时我真是大意了，小看了这 3 米没有冻起来的河，结果造成这次意外。

图 4-12　天山托木尔峰雪豹考察队志愿者库班正在记录雪豹足迹链

图 4-13　我们经常骑马上山，走在后面的是印度猫科专家拉古（2005 年）

当我骑马朝河对岸走，一直走到河中央都没什么事，看到前面只有 3 米宽的河道，我甚至都没有犹豫就骑马踏进了河中。当时就感觉马突然一沉，心里第一反应，完了。我整个人连马一起掉进了河水中。还好河水并不太深，大约到我胸部。还好那天我穿得很厚，除了毛衣、外套，还加了厚厚的一件羽绒服。还好河面不宽，我一伸手就抓到了对面的冰。最庆幸的是我掉下马那一刻，脚没有被马蹬或马索套住。如果脚被套住了，马被吓惊了，就算我有天大的本事也没法脱身。现在回想起来，还是会后怕。怪自己莽撞，庆幸自己好运。

在河水里泡了个全身湿透，如同一只落汤鸡。我很快就爬上了对岸的冰面，可是我骑的马就没这么幸运了。马在河水里浸泡的时间比我还久，而且它要爬上冰面难度更大。马的四肢只能向下伸展，不可能像人一样劈叉，或向前平铺开来，匍匐前进。在冰河里，黑马四肢僵硬，这样无疑增大了它上冰的难度。一度我用劲拉着马的缰绳想帮它跳出河水，可是在它前肢跃上冰面那一刻，冰就承受不住重量塌陷了。糟糕的是，不但马又掉进了河里，我也跟着又掉进了河里。如此尝试过六七次以后，我和黑马都累得直喘气，它还是没有上来。唯一庆幸的是我们都离岸边更近了一步，我完全有责任帮助它摆脱危险。此时，我站在冰面看着河水里浸泡的黑马，心里有一丝痛意，还有一丝绝望。感觉我没有能力把它从河中救出来，对不起患难兄弟。我从来没有这么近距离、这么认真看过马，突然发现马有一双很黑、很亮的大眼睛。此时它的眼神让我为之一震，它以一种近似于哀求和无助的眼神看着我。是啊，此刻方圆十多千米范围内只有我和它两个生命，只有我能帮它，它能帮我，其他什么也指望不上。

看着马的眼睛，我决定再努力一回。就这样，我再一次拉马，它再一次跳跃，我们一步步接近岸边。河水越来越浅，冰层越来越厚。不知道是尝试第几次以后，它终于跳了上来。那一刻它就像一个胜利者一跃跳上了冰面，在冰上挺直了身体，抖掉浑身的冰凌，朝天发出一声长鸣。是啊，终于可以松口气了。

这次，我和我骑的黑马一起体验了冰河的刺骨，我们相互鼓励战胜了寒冷，可是我们并不是胜利者。我为我的鲁莽付出了代价，还要让我的黑马跟我一起受累。有时候人在几近绝望时，会爆发出巨大潜力。但是我们应该时刻记住安全第一的原则。一个人出野外时，不应该鲁莽，不应该大意，也不应该让自己和队友去冒险，哪怕队友是一匹马。

（徐　峰）

第四节　山川在哭泣

过去常说“国破山河在”，现在可能要改变一下这个看法。我们的国家越来越强大，全世界人民有目共睹。但是在开发资源的过程中，人们忽略了环境保护，急功近利。在短短几十年内，东部的大型动物就全部绝迹（如华南虎、金钱豹），山河已经被破坏得不成样子了。在西部，因为人口稀疏，尚残存一些野生动物。然而，随着西部大开发如火如荼般地展开，野生动物的天堂不复存在。雪豹是衡量山地生态系统是否健康最好的指示物种，如果雪豹消失了，就不仅仅是个“山河破”的问题。实际上，早在30多年前国家就开始在西部建立自然保护区，在20多年前就颁布了野生动物保护法，约10多年前出版了红皮书（汪松，1998）。就是这样也没有能遏制住物种灭绝的速度。经过近10年的野外考察，这种担忧愈加强烈。人类还能节制自我，保护好家园、保护好地球吗?

一、阿尔泰山：正在消失的雪域神灵

过去，中、哈、俄、蒙四国交汇的阿尔泰山脉有着极其丰富的动植物资源。七百多年前，成吉思汗的部下挥兵西进，途经阿尔泰山（当时称为“金山”），满目“松桧参天，花香弥谷”，那是一番什么样的景色呢？现在，我要为阿尔泰山哭泣了。随着现代人类开发活动的不断加剧，栖息环境遭到破坏，许多物种已经消失。9月，当我们来到边界附近的查汗郭勒，已经是白雪皑皑。沿着山谷访问当地的哈萨克族老人，其中有84岁的奥萨别克、75岁的别江汗和80岁的巴依木拉特老人。他们对雪豹的记忆多停留在40年前，有的甚至源自父辈。现

在这里的年轻人很少知道雪豹，“雪山之神”正濒临灭绝。

雪豹减少的一个主要原因是食物匮乏，盗猎如此猖狂，北山羊似乎已经绝迹（图 4-14）。在阿尔泰山东部，雪豹比其猎物北山羊销声匿迹的时间还要早，因此我们认为直接猎杀是阿尔泰山东部雪豹种群迅速消失的另外一个主要原因。在青河县毕多拉的家，我们看到了一张完整的雪豹皮（图 4-15）。虽然年代比较久远，是先辈留下的传家宝，但毛色依然很鲜亮，“就好像昨天它还在呼吸”，国际雪豹基金会的专家孟克先生和研究小组的其他成员都有些震撼。

沿着乱石沟进入阿尔泰山针叶林区，海拔 1888 米。走在后面的“巡洋舰”左前轮差一点脱落，刹车也失灵了，如果不是有石头顶着，可能已经翻入峡谷。下午在“三道海子”附近遇到雪坡，汽车开始甩屁股打滑，我当然是心惊肉跳。海拔 2300 米，只好就地扎营。当日行程只有 40 千米。附近没有牧民，根本租不到马匹。

第二天上午，考察队分成 3 组开始样线调查，一些队员是带伤工作，情绪十分低落。我和买尔旦在雪地上发现了一些动物的足迹。松树林中有一种来自北方的黑色松鼠，在山顶上还见到一群红嘴山鸦、岩雷鸟、赤颈鸫、高山鼠兔和雪兔等。两天共完成 8 条样线。中午，由于突降大雪掩盖了一切痕迹，我们无法继续工作。下山的退路也将被阻断，只好冒雪提前撤离。俗话说“上山容易下山难”，道路非常滑，车里的队员们都捏着一把汗。据说这里还残留了一段“成吉思汗古道”，当年成吉思汗的大军西征，风尘仆仆，所向披靡。今天我们却是沿着这条古道溃退的，心中不无感慨。

图 4-14　偷猎者搜集的北山羊的角

图 4-15　只见皮子，不见影子——这是 2004 年考察队在阿尔泰山牧民家中见到的情景

二、北塔山：中蒙边境线附近一个孤独的家族

9 月 20 日，队伍来到北塔山地区。考察队多次接近中蒙边界线，沿途有

三道铁丝网，中间是界碑。在 90 号界桩附近发现了雪豹的刨痕、粪团和尿迹。从地图上看，北塔山非常孤立，四周都被戈壁包围，山峰的海拔都在 3300 米以下。虽然它属于阿尔泰山山系，但它们之间是不连贯的。向东是哈甫提克山、小青崌羚山和黑崌羚山，与东部天山似乎有一些瓜葛。雪豹的栖息地也同样被荒漠隔断，因此处境非常危险。北塔山山势平缓，如果不是位于长期封闭的边界地带，雪豹及其他野生动物就会无处藏身。因此我们希望尽快在这里建立一个跨国界的自然保护区，尽早拆除那些影响物种迁移和交流的铁丝网。

下午考察队分成两个组调查时，买尔旦险些迷路。因为当地的牧民已经转场，没有见到一个人（实际一直是边界无人区）。我告诉来自雪豹基金会的孟克曹格先生，如果遇见中国的军人，由我来解决，我有中国政府的批文；如果遇见蒙古国的巡逻兵，他出面对付。当时孟克曹格先生确实有点紧张（嘴唇发抖）。后来，在青河边界，我们几乎是驾车在边界禁区的铁丝网边一路狂奔（注：已得到当地武警的许可）。当天下午在一泉水边扎营，附近有北山羊、石鸡和山鹑。海拔 2017 米。夜晚大家围住篝火，讨论野外工作中存在的问题，专家孟克讲了一些野外工作方法和注意事项。

第二天，队员蒋可威在营地附近芨芨丛中套住一只野山鹑，经过拍摄和鉴定，队员买尔旦十分小心地将其释放了。在北塔山我们多次遇见成群的北山羊和难以记数的红腿石鸡。这里雪豹的食物资源还比较充足。据孟克先生讲，在蒙古国一侧，雪豹有时要下降到海拔 900 米的戈壁草原中觅食或者去另外的山头寻找配偶。卫星和无线电跟踪显示，其活动半径为 20～40 千米。雪豹孤僻的性格，通常单独活动。有时竟然为了寻找对象而冒险进入平原，俗话说“虎落平川被人欺”，如果在 100 平方千米密度没有 2～3 只，那么找对象就会出现困难。有人已经在为野生豹的近亲交配和种群退化而担心。

在海拔 2463 米处，我们居然见到了山那边蒙古国平坦的大戈壁。中午，开始下雨加雪，气温骤然下降到零度以下，我们只好在北塔山森林管理所借宿，这里离中蒙边界只有几千米。孟克先生告诉我不要走太远，以免路滑或者迷路。汽车几乎是在云中穿行。我是驾车新手，却一直在前面探路。全天行程 94 千米。

三、东天山：你见过雪豹吗

驱车离开木垒哈萨克自治县，向南进入东部天山（木垒—奇台—吉木萨尔段），行程约 40 千米。公路状况不是很好，但是夏季这里有旅游者的营地。中午我们在牧民再乃拉家的小帐篷中吃午饭。下午开始登山，上到海拔 2772 米的区域，样线调查没有找到任何痕迹，山坡上的“鬼见愁”让我们举步维艰。我们把希望放在问卷调查上，我们同时对比了雪豹、狼及其他动物的足迹。在遇见牧民时，我们提出许多疑问，如

“你以前见过野生的雪豹吗?”

“什么情况下猛兽会同时袭击多只家畜?”

“圈舍和围栏的作用?”

“当雪豹出现，牧羊犬为什么没有反应?”

“狼害、豹害、猪害、熊害、鼠害……究竟有多么严重，都是真实的谎言?”

“雪豹攻击过人吗?”

“雪豹一次可以吃掉一头牛吗?”

“雪豹会上树吗?”

“雪豹喜欢沿着固定路线活动吗?”

……

一些近乎是儿童提出的问题，看上去有点幼稚，被戏称为新版“十万个为什么”（见附录）。可以说这些世界性的难题，几乎让报刊和杂志给搅乱了。只有当地的牧民比较清楚真相。我们的动物学家有时也在制造谬论和谎言。或者是因为雪豹数量太少啦，分布太高啦，难度太大啦，行为太诡秘啦，昼伏夜行啦……

才是9月中旬，帐篷附近的小河就已经开始结冰。早晨9:00，全体队员离开营地，向南部山峰进发。15:00到达木垒县与鄯善县交界的博依鲁克达坂（海拔3331米），每小时上升100米，速度太慢了。我当时是心急如焚，因为在这个地区连续两天样线调查依然没有发现任何痕迹。对面山坡上可见5～6家牧群，过度放牧的影响随处可见。我们还在一处“夏窝子”附近发现了步枪子弹壳。傍晚回到营地，年轻队员中有多人受了伤，不是足后跟被新鞋帮儿磨破，就是脚掌被磨出了血泡。个人装备还是有一些问题的。

在奇台草原站，我们邀请了县畜牧局的草原监理热西提先生，他曾经是“芨芨湖保护区”管理站站长，非常熟悉当地路线和野生动物的分布情况。当我们访问县林业公安派出所和林业局时，一些过去的案件使我们感到震惊，什么是罪恶之源？除了愚昧无知和贫困，腐败也是一大毒瘤。虽然这几年社会上大部分枪支已经被收缴，而一些官员打猎的恶习还是没有改（图4-16）；民间使用“狼夹子”也还比较普遍，市面上也有公开的销售。在狼害严重的地区，屠杀是被默认的。因此，误伤雪豹就不可避免。调查显示，不是狼的数量增加了，而是牧群的数量迅速扩大，狼没有别的选择。在控制“狼害”的谎言之下，这个地区的雪豹几乎也被消灭光了（图4-17）。

图 4-16 国家禁枪已经 20 多年了，但是偷猎者比比皆是

图 4-17 雪豹被夹断腿后挣扎至死。仔细看看这只僵死的雪豹，一条腿搭在背上，拧成了麻花，尸体已经发臭（易清华，李兴强 提供）

四、西天山：喜悦与悲哀的泪水

西天山托木尔峰国家级自然保护区位于中、哈、吉三国交界地区，“托木尔峰”的意思是“铁峰”，是天山最高峰，海拔 7345 米。“新疆雪豹研究小组”选择四个不同地区（流域）展开了调查，如破城子与木扎特河流域、博孜墩与库孜巴依河流域、英也尔及托木尔河流域、塔格拉克与琼台兰河流域等。共布设样线 42 条，其中约 15 个样线有痕迹出现，有痕迹出现的样线数占样线总数的比例接近 36%，是痕迹密度比较高的区域。同时采集粪堆 10 多个，可进行 DNA 或食性分析。这期间还访问了上千位维吾尔族、柯尔克孜族、汉族的当地居民和外来的开发者，包括牧场干部、牧民、地质队员、矿工、司机、兽医、商人、林业官员、护林员、边防军人、警察等，向他们散发了许多我们自己编写的宣传资料。考察队员估计在天山托尔木峰地区 4500 平方千米的范围内有一个可以维持的雪豹最小种群，总数在 120 只左右，每 100 平方公里不足 3 只。

30 年前保护区的魏顺德先生和我在这里考察，历时近 4 个月，曾经骑骆驼进入木扎特河谷，那时这里几乎没有人烟，也没有道路，骆驼的脚掌都磨破了，一路是血迹。现在公路已经通到各矿区，金矿、玉石矿、大理石矿、煤矿等，重型卡车络绎不绝（图 4-18），有多个铁桥横亘大河。人类活动严重干扰了野生动物的栖息环境，盗猎成为矿区人们主要的业余活动（图 4-19）。

几年前日本 NHK 的一个摄制组在小库孜巴依追踪北山羊和雪豹。他们买了几只家羊做诱饵，采用红外技术守候雪豹多日没有结果。现在日本人在核心地区还设置了自动监测站。而我们在这个区域工作，阻力非常大，威胁来自许多方面。我们经常要受到各种伤害，包括心理的和肉体的，外部的和内部的，自然的和人为的。将士们在前线卖命，除了流血、流汗，还要流泪。我时不时在内心呻吟，托木尔峰再高也有顶，木扎特河再长也有尽头。山里四条腿的猛兽再凶猛，我们也能对付，包括可能遇见的熊、野猪、狼和雪豹。而两条腿动物——人的虚弱和险恶，我们却无法面对。

图 4-18　天山托木尔峰保护区内采石场及重型卡车络绎不绝

图 4-19　保护区内山坡上的暗套，多为附近矿区的工人或地质队员所为

10 月 30 日，清晨起来，营地附近雪地上居然有 3 条清晰的足迹链，步幅、形状和大小各异，分析是一雌雪豹携带二幼崽子。大家喜出望外。抓紧时间计数、拍摄、记录、分析、鉴定、测量。下午马队到达离吉尔吉斯斯坦边界 5 千米的地方，雪豹的痕迹增加了。这里是绵延 3000 千米天山山脉的最高峰——托木尔峰（海拔 7435 米）的所在地，托木尔冰川和托木尔冰河就在脚下。这里 6000 米以上的高峰就有 15 座，有各类冰川 509 条。也是吉尔吉斯斯坦、哈萨克斯坦、中国三个国家的交界处。动物学家极少涉足这个地区。

11 月 2～5 日，去塔格拉克牧场和琼台兰河流域考察。在保护站负责人玉素甫的安排下，我们很快解决了马匹和向导问题。听说 2001 年在琼台兰河上游的苏布塔西，有个叫拜克图·朱玛适的柯尔克孜族牧民夹获了一只雪豹，后被发现，判刑 10 年。这件事在当地影响非常大，对野生动物保护起到积极作用。我们对“苏布塔西”产生了浓厚的兴趣。

当我们骑马经过苏布塔西，雪地上 300 多个雪豹足迹引起了我们的注意。难道那只被猎杀的雪豹又复活了？它是沿着山脊下到河边，穿过大片云杉林来到宽阔的峡谷。它在散步？寻找配偶？或者食物？还是饮水？这里海拔只有 2541 米。傍晚，我们过河在一个羊圈附近扎营，这里已经是针叶林的上限。在雪地上发现另外一些足迹，附近有北山羊、黄鼠、野猪、狼、狐狸光顾。在山坡上亲眼目睹一只野猪狂奔。快到营地时，买尔旦的脸部被坐骑踢伤，嗷嗷乱叫，疼痛异常。实际上我们每个队员都是带着伤病坚持野外工作，一天也没有间断过。

第二天，我们骑马趟过台兰冰河。有一处雪豹痕迹是踏在我们昨天的马蹄印上的，还有不少鲜红的血迹。看来我们的周围就有一只雪豹活动，它好像十分好奇我们的到来。

五、谁能拯救中亚雪豹

在国际雪豹基金会和新疆自然保育基金会的全力支持下，我们新疆雪豹小组的调查工作圆满结束了。这次考察有许多插曲是值得回味的，特别是要感谢当地居民和政府部门的大力支持，如保护区、林业、畜牧、公安派出所、武警和边防部队等的帮助，如果没有他们的密切配合，完成这种高难度的调查几乎是不可能的。

雪豹（*Uncia uncia* or *Panthera uncia*），属于世界级的濒危物种，被纳入国家一级保护动物名单（图 4-20），别名草豹、艾叶豹、荷叶豹。当地许多民族都称其为"伊利毕斯"或"伊瑞毕斯"（Irbis），"皮斯"（塔吉克语），或"查汗尼瑞斯"（蒙古语，意为白色金钱豹）。北方汉民也称其为"大灰猫"、"大花猫"、"大狐狸"、"大花狗"等，不一而足。因为隶属猫科，国外也有人称之为"大猫"（big cat）。其头圆，尾粗而特长，有时相当于体长。成年豹体重 35～45 千克，体长 1.1 米，尾长约 1 米。全身灰白色，布满暗色环斑。仅分布和生活在中国西部及其相邻的中亚山区雪线附近，多数情况下如猫一般顽皮和温顺，昼伏夜出，行为极其诡秘。

图 4-20　孤寂的雪豹——雪山上的幽灵

在克孜布拉克煤矿我们访问了路边的羊倌白克图，一位柯尔克孜族小伙子，今年他放的 350 只羊中约有 10 只山羊被雪豹吃掉。在托木尔峰地区，我们访问了 90 多位当地人，其中 22.6 % 的牧民的羊只或牦牛被雪豹袭击过。特别是这几年，野山羊患一种怪病（口蹄疫或者疯牛病?），大批死亡。雪豹没有了食物来源，攻击家畜的事件增加。这加剧了牧民与野生动物之间的紧张关系，牧民们非常伤脑筋。当然不能排除狼的危害，在一些地方狼的数量远远高于雪豹的数量，分布范围也更大。

谁能帮助当地牧民摆脱这种困境？谁来拯救处在濒危状态的雪豹？依靠国际组织、人民政府、NGO（非政府组织）或者当地百姓？我们感到迷茫。然而，引进"绿色赔款"机制，扶持贫困的牧民，保护比较凶猛的珍贵动物，是现今国际流行的做法。在有些国家，以政府补助形式来保护雪豹的做法已经产生了良好效果。

据了解，在俄罗斯西伯利亚图瓦山区和蒙古国的阿尔泰地区，家里的牛羊被雪豹咬死的农户，都可以从当地政府的动植物保护部门得到赔款，他们称之为“绿色赔款”。这是世界自然基金会和国际雪豹基金会当地办事处的环保人士为了保护雪豹所采取的一项积极措施。他们用这种方法避免受损害的农户对雪豹实行报复，阻止猎杀。

新疆也可以借鉴这种经验，补偿牧民因保护雪豹带来的损失。具体做法之一是，可以组织当地的特产，如畜毛手工艺品，拿到外国或内地沿海城市进行拍卖，所得收入再返还到牧民及其保护雪豹的工作中。另外，还有一些措施值得推广，如改变高山牧放习惯，在保护区内尽量减少牧群数量，夜间应该收回散放的牛马羊，加固圈舍等。由于近年来采取了有效的保护措施，中亚哈萨克斯坦国的雪豹数量开始逐渐回升，雪豹数量从 20 世纪 80 年代的近 200 只，上升到目前的近 230 只。

六、托木尔峰野外考察日记（摘抄）

追寻“雪山隐士”——激动人心的故事……

第一次发现雪豹的痕迹——心中的疑问……

雪豹啃了红外相机——这是我的餐桌……

红外相机——第一次记录下“隐士”真容……

研究人员首次与两只雪豹狭路相逢……

接踵而来的好消息令我们激动不已（图 4-21）。终于等到了考察队带回来的信息，下面的考察日记将带大家一同走进新疆天山（图 4-22）、昆仑山、喀喇昆仑山、帕米尔高原、阿尔泰山、北塔山，去追踪“雪山隐士”——雪豹的身影！

图 4-21 中外队员驻扎在天山托木尔峰保护区的夏季营地

图 4-22 初冬营地

在野外我们不仅是学者，还是师傅、马夫、车夫、伙夫、大夫……

1. 10 月 18 日，战斗就要打响了

今天是一个振奋人心的日子，我们筹划已久的第四次新疆雪豹联合考察正式开始了。带着几卡车的设备和干粮，考察队离开乌鲁木齐，前往阿克苏。历经重重困难，10 月 21 日，队伍终于在太阳落山后到达木扎特谷的尽头。这里海拔 2400 米，当地牧民已经在大雪降临前退出了峡谷，所以，羊圈成了我们温暖的营地，“地窝子”是我们的厨房，大地就是我们的餐厅。大家不知疲劳，围坐在一起，喝奶茶、吃馕，异常兴奋。皓月当空，河水滔滔。初冬的天山木扎特大峡谷已经有了积雪。

2. 10 月 22 日，架设宝贝“武器”——红外相机

吃过早饭，我们迫不及待地开始检查安装红外线自动照相机，这回带来 50 台自动相机，给雪豹拍写真可全靠它们啦！听说，无论是白天还是黑夜，当一个有体温的物体经过相机前面时，红外线感应器就会自动向照相机发出信号，开启快门和闪光器，从而捕捉到它的身影。不过，大家心里还是有点忐忑不安，雪豹生活在高海拔地区，一向昼伏夜出，行踪诡秘，它曾经躲过了人们的视线，摆脱了无线电跟踪，卫星监测也拿它无计可施。面对更先进的“武器”，雪豹会赏光吗?

3. 10 月 23 日，红外自动相机上岗了

这几天，考察队分成两组，一组向东过河去对面山坡上布设照相机。我和库万，还有木拉明，三人骑马进入险峻的“铁锈河谷”。一路上，我们惊喜地发现了很多新鲜的痕迹（图 4-23），凭经验判断，有雪豹的足迹、刨痕还有尿迹等。一群北山羊就在前方距离峡谷上方不远的草地上。看来，这附近一定有雪豹在活动。我们立即行动，在海拔 3000 米的山脊线上，在有雪豹痕迹的峡谷中，一对对相机成功架设。最后检测电池、胶卷、GPS 的参数设置一切正常，我们的宝贝“武器”顺利上岗，正式开始工作了！

(a) 测量雪豹步幅

(b) 发现雪豹母子足迹链

图 4-23 雪豹痕迹测量和拍照，托木尔峰保护区位于中国、哈萨克斯坦、吉尔吉斯斯坦三国交界处附近

4.11 月 5 日，发现雪豹的“嗅迹”

花彩雀莺在灌丛中跳跃，赤颈鸫和长尾雀也在营地附近活动。今天我独自一人去“铁锈河”检查照相机。在一处巨石下发现雪豹喷射的嗅迹，附近还有明显的刨痕和足迹链。通过分析，我们推测雪豹一个月左右会光顾一次“铁锈河”，其他时间它去了哪里，没人知道。但愿，红外线照相机能帮助我们解决这些疑问。

5.11 月 7 日，雪豹“咬”伤照相机

色日克苏谷，我带着助手检查 23 号和 24 号照相机，意外地发现照相机的外壳竟遭到过袭击！通过上面的咬痕，我们断定，这是雪豹作的案！雪豹为什么要发火呢？原来附近有一群北山羊在活动，而相机布设地正好是北山羊的饮水地，也是雪豹伏击北山羊的最佳地点。雪豹的领地意识那么强，哪里容得其他动物来占领。我们仿佛能看到，雪豹一边愤怒地“啃”着相机，一边咆哮：“谁胆敢入侵我的地盘，打那 11 只北山羊的主意，这可是我餐桌上一年的食物呀！”这就是雪豹的可持续发展观。

第四次新疆雪豹联合考察，由中、美、英、吉等 6 国科学家共同参与，不但是目前雪豹研究史上规模最大的一次科学考察，而且也是我国第一次在考察中应用红外线自动照相机拍摄雪豹的活动（图 4-24）。

6.11 月 21 日，世界上最幸运的人

今天，我们成了世界上最幸运的人，红外相机不辱使命，成功抓拍到了“雪山隐士”的身影！这位大功臣是设置在阔克奇山谷布设的 38＃照相机，它在 10 月 25 日夜里就遭遇了访客。被“抓”拍的是一只成年雪豹，正高高翘起尾巴，“标记”自己的势力范围！它全身灰白，上面点缀着如玫瑰花般的深灰色和黑色的斑点，尾巴几乎和身体一样长，头小而圆，就像一只可爱的大猫！经统计，在第一批回收的 10 个胶卷中，不但有石鸡、赤狐、草兔等的写真，竟然还有两张雪豹的玉照！多年的野外考察，没能一睹这种神秘的高山动物，这一次红外相机帮我们圆梦。所有人沉浸在成功的喜悦中，久久不能平静！

7.11 月 23 日傍晚，与雪豹狭路相逢

这天下午，太阳一落山，山沟里很快就暗了下来。队员朱玛红和向导木拉明收工往驻地走。快到开依勒克营地时，突然发现对面定定站着两只雪豹！此时，朱玛红激动得不知如何是好，木拉明稍微镇定些，毕竟他常在山里放牧，野外的动物见过不少。正当朱玛红猜测雪豹会作出何种反应时，两只雪豹缓缓朝身后退去，一步一挪，既不惊慌，也没狂奔，在队员惊恐不安的注视下，从容不迫地择道离去，消失在茫茫暮色中……

8.11 月 30 日，“大黄河”历险

今天我们将涉水去东面的琼色日克苏，再布设一些照相机，扩大调查的范围。河面已经结冰了，我们穿着橡胶水裤，壮着胆子在冰面上行走，终于顺利

图 4-24　在天山木扎特河谷考察队利用红外自动相机拍摄到的雪豹照片（2005 年 12 月 23 日）

地将 04＃照相机从沟口移到峡谷更深的角落。但是，当徐峰单独骑马去阿克奇谷换电池和胶卷，在返回的途中，竟连人带马一起坠入冰窟窿中，浑身湿透，差一点丢了性命。看着他可怜兮兮一脸苦相，我们只能尽快帮助他换下冰柱子一般重重的棉裤，多多安慰他一下。

9. 12 月 7 日，寒冷与毅力的艰苦考验

山里的最低气温降到零下 20 多度，夜里许多照相机停止了工作，锂电池和蓄电池的使用寿命都缩短了，相机里的红外感应器也变得迟钝或者完全失灵了。我们发现，在野外有许多雪豹经过的痕迹，甚至有只雪豹驻足在自动相机前面，却没有被拍照。设备出现的问题令我们焦急和颓丧，而营地的生活也越来越艰难，帐篷里的矿泉水早就冻得硬邦邦的，寒冷冻得人无法入睡，我们只好挤到牧民放羊临时居住的地窝子里过夜，看着伶鼬来回追逐着野鼠，打发漫漫长夜（图 4-25）。在天气晴朗的时候，队员们继续观测北山羊的觅食活动及种群结构变化（图 4-26）。

图 4-25　在吐盖别里奇，考察队成员马鸣、库班和徐峰等就挤在牧民的羊圈边上过夜

图 4-26　观测北山羊的集群行为

10.12月下旬，圆满完成任务

12月23日，营地只剩下我们三个人，已经是困难重重，危机四伏。根据山路状况、气候条件、设备的故障等一系列问题，我们不得不决定提前结束野外工作。12月25日，我们收回了所有的相机。值得庆幸的是，在极度恶劣的气候条件下，红外相机最终拍摄到雪豹照片约32张，还拍摄到北山羊、野猪、草兔、石鸡、赤狐、貂熊等22张照片。队员们在经受了冬季的寒冷、长夜的寂寞、雪山道路的崎岖险峻、落入冰河的危险、野外风餐露宿的艰苦、高海拔疾病的折磨、可怕的交通事故等，最终圆满完成了任务。12月27日傍晚，我们赶在大雪封山之前安全返回乌鲁木齐!

七、爱心与谎言

《伊犁晚报》在2005年8月刊载了一幅两人怀抱两只小雪豹的照片。这两只小雪豹，据说是被当地人“捡”来的。现在这两只小雪豹被关在动物园里或者交换到其他城市，当时没有人去追究偷猎者。小雪豹被捡来了，也没有人去处理它们（指放归自然）。之前，就有人放出风来，说这两只幼雪豹是被小孩捡到的。这在高海拔无人区怎么可能发生，显然是在钻法律的空子，未成年人可以不承担法律责任。2008年5月类似的事件又在伊犁地区发生了，到底是捡还是偷猎，成为焦点。试想一下，谁家的孩子被人捡走了，母亲都会很着急的。而且小雪豹说捡就捡走了，可能吗？明明是个盗贼，却被标榜为救助野生动物的英雄。堂而皇之，人们又捐款，还大张旗鼓地为他歌功颂德（图4-27）。而小雪豹呢，从此改变了命运。这意味着判了这些小雪豹一个终身监禁，完全失去自由。我们一再说，关塔那摩监狱再好，有空调，有肉吃，怎么样？它们被终身监禁在那里，从小失去了母爱。它们没有繁殖的自由，没有生活的空间，没有学习的机会，进去的那天就意味着被判了一个无期或死缓。失去妈妈的孩子不如草（图4-28），这种“爱心”是极其不道德的。所以这种事情不能再发生了，这是我们的观点。呼吁人们捡到野生动物千万不要带回家，更不要送到“动物园”，或者什么“救护站”和“救护中心”之类的地方。进去就只有死路一条（参见第八章）。

我们强烈地感觉到这种事情不能一而再、再而三地发生了，谎言总有被揭穿的时候。2007年5月，一只奄奄一息的雪豹被送到阿克苏动物园。这只雪豹是怎么受伤的？有人说它是摔伤的，雪豹会把自己的下巴（颌骨）摔碎吗？这又是一个极其荒唐的故事，年年都在发生——事实是被人追打致残（据统计，动物园里70%的雪豹入园时都有外伤，有的肢体残缺）。后来，这只雪豹被关入一个小笼子里，它只能卧着，没法活动，很快毙命。所以说你把它关起来以后，它的寿命并非有野生状态下那么长。这里究竟是谁之过？猫科动物都面临着相同的命运，包括东北虎，国内基本上已经绝迹了。华南虎在野外也没有了。还有其他的猫科动物包括金钱豹、云豹、金猫、雪豹都面临同样的问题。因为它们是猫科动物，是食肉动物，生活在“金字塔”的顶端，面临的危险非常大的。

图 4-27　将奄奄一息的雪豹关在一个小小的铁笼子里，展开募捐活动

图 4-28　这些人是否真的这么有爱心？几乎年年都有“捡到”小雪豹的事情发生，失去妈妈的孩子像棵草

这究竟是爱心，还是狠心，是关心，还是贪心？你看看那些拍摄自动物园的录像和照片就清楚了。在南疆某个动物园内我们看见有一个这样的“爱心捐款箱”——箱子大小比旁边的豹笼子还高出一截，什么“救助国际濒危动物雪豹”的标语历历在目，再看旁边这只雪豹被关在一个很狭小的空间里（不足 1 平方米），这就是发生在我们身边的故事。这些人真的有爱心吗？这些人真的如此地呵护雪豹吗？这是在干什么，一看就明白了。图财害命，一些人是掉进了钱眼里！

我们的爱心，我们的营救最终的结果是什么？我们花费了很大的代价，我们究竟做了什么？这都是应该值得思考的问题。在天山南部库尔勒的一个营救现场，铁夹上僵死的雪豹已经发臭。前面我们提到的血腥场面，有的是发生在阿克苏地区，有的是发生在伊犁哈萨克自治州，有的则发生在遥远的喀什地区。几乎全疆各地都有案例，为什么这样的案件能够频繁地发生呢？

雪豹将要灭绝了，人类能伸出救援之手吗？2008～2009 年我们在各地巡回报告，题目是“讲不完的雪豹故事”，以此来宣传国家的法律、法规，告诉公众雪豹的处境。然而，我们感觉到非常困惑，势单力薄。我们从事的雪豹研究的内容主要就是以下几点：第一，我们要进行痕迹调查，想通过雪豹的足迹、粪便、爪痕等，来了解它们的活动和分布情况；第二，我们利用红外相机去拍摄它，证实它的存在和数量现状；第三，我们要知道它的食物状况，如北山羊、岩羊、盘羊的生存和种群数量；第四，我们要调查它的环境问题，它究竟面临哪些危险。另外，我们采集到一些毛发和粪便，作 DNA 分析。我们要了解雪豹和公众、民众、牧民的利益冲突，我们怎么去保护它，这些都是我们要做的工作。不久前，我在一次国际会议上向大家介绍中国的雪豹保护情况，包括中国的法律和法规，中国的野生动物市场和贸易，还有中国的自然保护区，非法偷猎的情况，怎样去保护这些物种等。国际上关心雪豹的人非常多。

我们国家有非常好的法律，《野生动物保护法》1989年颁布，到现在有20多年了，你打雪豹是要判刑的，我们依然没能做得很好。我们还有许多很好的法律和法规，在贸易方面，禁止交易野生动物的皮子和骨头。明令禁止的还有豹骨代替虎骨，2006年前后我们已经颁布了这些法律和法规，而且禁止中药利用。但是我们管理得都很不好，像国际组织专家所说的，你们说得多做得少。我国有2350个自然保护区（现在大概有3000多个），其中有2%～3%、40～50个自然保护区跟雪豹有关，都在高海拔区域，甚至有塔什库尔干这样专门针对雪豹的保护区，我们是不是把雪豹保护好了？你可以看到市场上情况非常糟糕，那么多的豹皮。说来说去我们感觉非常气愤，实际上我国政府很重视这个问题。2006年国务院副总理回良玉曾经针对新疆雪豹皮张贸易与保护现状有过批示。这个批文就是让我们严厉去打击这种黑市贸易，政府的态度是明确的。我们现在就要提出建议，怎么去做。

（马　鸣）

第五节　昆仑山考察记

从文献记载中，我们就知道“昆仑之墟”是一个令人神往的地方。它西起帕米尔高原，一直延伸到阿富汗甚至抵达与塔吉克斯坦交界的位置，向东穿越新疆、西藏、青海一直到四川若尔盖草原。根据我在1986～1992年参与的喀喇昆仑山-昆仑山综合科学考察的数据，它可以绵延3000公里，当然包括一些支脉。昆仑山的海拔最高7500多米（相连的喀喇昆仑山最高峰乔戈里峰海拔达8611米）。

2008年10～11月，我们新疆雪豹项目组用了39天的时间对中部昆仑山作了一个全面的调查。调查地点有民丰、于田、策勒、和田、皮山等县，主要是在中部昆仑山的位置上，包括安迪尔河流域、克里雅河流域、阿克赛河、玉龙喀什河、喀拉喀什河（和田河）等上游约11条大峡谷（图4-29）。在这个范围里，我们最高上到了海拔5300米的区域，跨度为600多千米。范围太大了，这只能是一次非常粗浅的勘察。希望将来有第二次、第三次深入的考察。我们布设46条样线，其中仅有8条有雪豹痕迹（约占17%）。

以下是日记摘抄，如同流水账，记录了野外考察的艰辛和昆仑山上雪豹面临的状况。

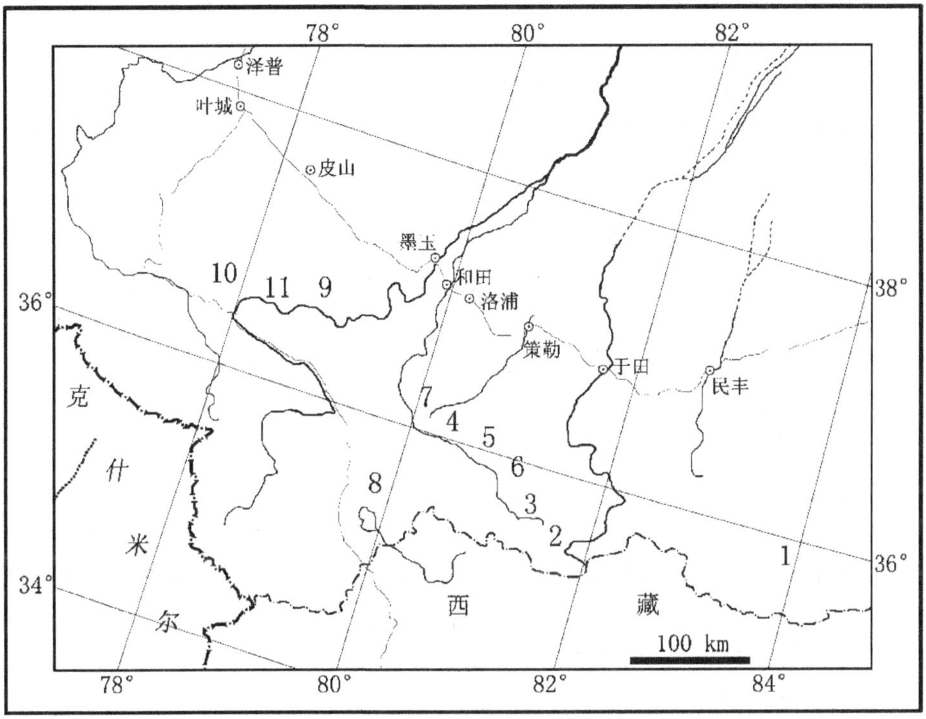

图 4-29　昆仑山雪豹考察路线与地点（民丰、于田、策勒、和田、皮山）示意图

1. 康吐坎，卡尔塞，库牙克，安迪尔河上游，民丰县；2. 克里雅河峡谷上游，卡亚克迪，满达勒克，普鲁村，于田县；3. 巴什喀拉苏，阿热勒力克，博斯坦，于田和策勒县交界；4. 独木村，其维克，策勒县；5. 牙门，塞瓦克大队，布藏，萨尔隆，亚其，策勒县；6. 乎拉山，阿克赛河谷，博斯坦，策勒县；7. 金矿（海拔 5300 米），阿合奇，乌鲁克萨依，恰哈，策勒县；8. 木孜塔格（冰山），玉龙喀什河（玉河），奥米沙，喀什塔什，皮夏，布雅，和田县；9. 芒萨，苏纳克，杜瓦，墨玉与皮山县（固玛）交界；10. 康阿孜，瑙阿巴提（塔吉克乡），克里阳，皮山县；11. 乌拉其，康克尔（柯尔克孜乡），桑株，阔克塔格，皮山县（固玛）

一、像鸟儿一样向南飞

1. 10 月 14 日（星期二），晴，5～13℃，乌鲁木齐—达坂城—托克逊—库尔勒

上午参加中国科学院新疆生态与地理研究所学术会议，讨论研究成果与报奖事宜。之后，去自治区林业局，提交一个“艾比湖鸟类迁徙报告”。这是 10 月初才完成的一项调查任务，与世界银行和亚洲开发银行的 GEF 项目有关。

接近中午 11:30（当地时间），我们驱车离开乌鲁木齐前往南疆库尔勒，正式开始昆仑山雪豹考察活动。

途中在达坂城白杨河遇见一只喜鹊，惊喜不已。研究生梅宇和胡宝文都是第一次在新疆境内见这种鸟。这无疑是个好兆头。其他鸟还有槲鸫、乌鸫、渡鸦、麻雀等，种类和数量都非常少。途经甘沟和榆树沟时，因为赶路而多次超速被偷拍。在库米什和乌什塔拉我们的国产吉普“战旗”的时速达120多千米，难以置信。

傍晚，到达库尔勒，入住阿尔金山宾馆。

2.10月15日（星期三），晴，库尔勒—轮南—塔中—民丰

早晨8:00，天刚亮就离开了库尔勒。直插轮南伴行线，途中遇见两只白尾地鸦和大量漠雀。不时有小鸟被汽车碾死在路上。我们的研究生收集了几只漠雀尸体，制作标本。在轮南访问当地百姓，发放宣传小册子。人们都说这些年胡杨林中的野生动物少了，野生动物传播的疾病多了（口蹄疫、狂犬病、SARS、禽流感、鼠疫、疯牛病、艾滋病……）。这都是人类自己在造孽呀。百姓的内心如明镜一样。

中午穿越沙漠公路，鸟类也在迁徙。鸢和白尾鹞一直在向南飞行，它们的速度几乎达到每小时30～40千米。它们沿着沙漠公路绿色通道飞行，有时惊起灌木丛中的小鸟。这些猛禽只需要一天就可以飞越500多千米宽的塔克拉玛干沙漠。在石油基地“塔中”有许多垃圾堆和污水坑，鸟类也非常喜欢在这里停留。一个路标上写着“沙漠驿站”，名副其实。

这条公路应该是塔克拉玛干的第二条沙漠公路了。全线绿化，人工种植梭梭、沙拐枣、红柳等，还有野生的罗布麻和芦苇。每4千米就有一个抽水站，虽然是咸水，灌溉植物还是没有问题的。今天，管护的工人正在实施最后一次抽水和滴灌，下周就要放冬假了。通常是一对夫妻管理一个灌溉站，全线有上百个站呢。护林员的一切补给是外面提供的，包括水、食物。每人每月的收入800元，夫妻俩合计1600元。见到我们停车，他们就有说不完的话。我们给他们发放宣传册子。营地附近有什么鸟他们非常清楚。他们没有电视可看。可想而知他们有多么寂寞。

经过近800千米奔驰，晚8:30到达民丰，住绿洲宾馆。

3.10月16日（星期四），晴，民丰—萨勒吾则克—康吐坎—昆仑山

万里昆仑，山势险峻。昆仑山属于青藏高原的一部分，历史上是雪豹的主要分布区。1986～1992年，中国科学院综合考察委员会、喀喇昆仑山和昆仑山综合科学考察队等联合全国十几个科研院所，首次在这个地区考察野生动物（吴玉虎，1996）。当时没有发现野生雪豹，只是在当地外贸部门搜集到一些信息。考察队在从叶城去阿里的路上遇见过狼，生物学学者冯祚建、马鸣、武素功、吴玉虎、武云飞、张学忠等参加了这次大规模考察，目睹了高原狼的雄姿。

访问当地人，都说西藏有雪豹，昆仑山上没有。我们不相信。

上午在县城里进行准备，附带在民丰郊外附近观鸟。野地里有水鸟和猛禽。

民丰县是和田地区最小的一个县，人有六七万人，贫困而落后。1987 年我们开始在这个地区调查野生动物，前后考察有 10 多次。小县城的变化不大。去年 5～6 月我们曾经在昆仑山中的叶亦克考察，没有发现雪豹的痕迹。

中午与当地向导莫思荣先生会合，一起吃饭。下午离开民丰，向南行驶，直接上昆仑山。途经几十千米的沙漠地带，多亏有当地汽车在前面带路，才没有迷失方向。有一群毛腿沙鸡从空中飞过。我们当夜摸黑入住康吐坎一个牧民家中。这个小村庄有 100 多户农户，370 多口人。大多都是一些放牧的维吾尔族村民。访问几位老人，也都没有见过雪豹。他们将雪豹称为“伊利毕斯”，简称“伊丝”，和其他地方的称呼不太一样。

二、尼雅：除了雪鸡，还有岩羊

1. 10 月 17 日（星期五），晴，康吐坎—卡尔塞—库牙克

来到昆仑山，我们一直在打听一个叫“肖尔库勒”（咸湖）的地方。那里与西藏交界，是藏羚羊的一个重要繁殖地。2005～2007 年乔治·夏勒（Dr. George B. Schaller）博士多次在这里考察，并建立了保护区。现在这里野生动物的状况如何，我们非常关心。据说因为经费问题，当地保护区建设困难重重。当初夏勒博士提议建设的管护站半途而废。

这里有一条山路直通西藏阿里地区，途中有叫“双湖”和“火山口”的地方，海拔在 5000 米以上，是近代地质学家向往的去处。这里采矿的历史非常悠久，据当地牧民说，约 100 年前就有官府针对采矿业设卡收税。在我们进入山区时，隆隆的炮声和硝烟让我们十分震惊。如此偏僻的地方，却有这么大规模的开采活动。据说有许多重型车辆进入山区，矿区有许多机械和工人。

在卡尔塞，果真有一个矿产部门设立的卡子。西部采金热，一直蔓延到了昆仑山中。负责人阿尤甫要我们出示“通行证”。我们自己带的任何证明都不管用。好在有移动电话跟县里领导联系，几番周折，暂时放我们通过了。

到达库牙克已经是下午了。一只受了伤的喜马拉雅雪鸡（*Tetraogallus himalayensis*）在山坡上缓慢行走。

因为我们考察队只有一辆汽车，缺少汽油补给。我们只能将“战旗”吉普车停放在牧民买买提明布拉特家附近，轻装徒步进行考察活动。

附近没有村庄，只有临时放牧点。一些牧民们已经开始转场（图 4-30），找不到其他代步的工具，如骆驼、牛、马、骡、驴子等。羊群的数量比较大，过度放牧依然是这里危害环境的棘手问题（图 4-31）。

图 4-30　冬季到了，民丰县的牧民开始转场

图 4-31　过度放牧依然是当地危害环境的严重问题

2.10 月 18 日（星期六），晴，库牙克

气温在零度以下，河水已经结冰了。初来乍到，两眼一抹黑。实际上我们距离库牙克和肖尔库勒非常近了。在库牙克曾经有国民政府时期设的卡子，是收税的。而库牙克和肖尔库勒之间的区域看上去非常平坦和开阔，有去西藏的道路。只可惜我们没有足够的汽油去闯荡羌塘地区和阿里地区了。

上午，考察队四人徒步上山，一直向南，进入昆仑山。我们以为进入了“无人区”，却遇见麦特逊库尔班，38 岁，正在赶毛驴，有 11 匹。他从小在山里长大，没有见过雪豹，连豺狼都没有见过。他说山上还有牧民在放牧，矿点上也有一些人，我们都不敢相信。不是说下雪了，矿工和牧民都撤出山了吗？

在一处坟地，居然有游客留下的垃圾。

山里有牧民利用太阳能照明，文明与蛮荒只有一步之遥。

当晚我们借住在牧民艾尼莎汗的地窝子里。为了轻装，我们什么也没有携带，睡袋和帐篷都落在吉普车上。主人没有足够的棉被，只好与研究生胡宝文两个人合盖一条破旧的被子。一夜辗转反侧，无法入眠。

3.10 月 19 日（星期日），晴，库牙克

早晨在山坡上遇见几个妇女，都是牧民。这条山沟至少有 5 户牧民。我们向主人打听去山里的线路，他东指西指，就是不愿意我们沿着山谷进去。其他人也说那里非常危险，河水、冰瀑、积雪、飞石，根本无法行走。

为什么牧民不赞成我们进这个昆仑峡谷呢？

我们兵分两路，一路上山沿着山脊调查，一路下沟顺河道深入。我就不信这个邪，我们期待着能遇见积雪和飞石。有积雪意味着容易发现动物的痕迹，落飞石说明上面有动物行走。我和莫思荣沿着河谷一直向南急行 4 个多小时，有十几千米的距离。确实遇上冰瀑和飞石，还有一个因为滑坡形成的碎石坝，将河流阻断。好在水流不大，没有形成淤塞湖。飞石是岩羊在绝壁上走动时滚

下的。有岩羊就应该有雪豹，我们的眼睛顿时一亮，仔细寻觅蛛丝马迹。在野外，我们不会放过任何线索，包括遗留在岩石上的雪豹足迹、刨痕、尿迹、嗅迹、粪便、剩余食物、毛发等。

深谷里有猎人的足迹，不免令人失望。沿途可能有他们布设的陷阱和铁夹（昨晚在牧民的地窝子里就见过这种夹子），这也许就是他们不愿意我们进深沟的原因吧。实际上我们入住的这家牧民（图 4-32）的经济状况是比较差的，家徒四壁，狩猎应该是不得已而为之。

图 4-32　民丰县的当地牧民和他们的家——身后的“地窝子”（黑洞）也是我们的临时驻所，冬暖夏凉

4. 10 月 20 日（星期一），雪加冰雹，沙尘暴，库牙克—卡尔塞—康吐坎—安迪尔—民丰

我们住在老牧民买买提明布拉特家。老人已经 76 岁，妻子托哈提汗也已经 74 岁，生有 5 个女儿，老两口经常自己上山放羊。老人对我们非常热情，把我们当成了他们的孩子。临别时我们将大米和清油留给了老人。

在南疆昆仑山北麓，经常会遇到这样的困惑：向导不熟悉路，翻译不尽如人意。通常为了控制考察队的人数，脚夫、驴夫、翻译、伙夫和向导最好由一人担当。地广人稀，犹如大海捞针，要找到这样合适的人选就如同找雪豹一样，非常困难。就是这样，我们完成了第一阶段尼雅山区的雪豹调查。在返回的路上，遇见采金矿的几辆青海回民的重型卡车，他们正在往山里运送物资。这个冬天昆仑山应该非常热闹。

在卡尔塞与康吐坎之间，一只黑尾地鸦站在雪地里，非常近的距离，我用GPS定了位，还拍摄了一些清晰的数码照片。

卡尔塞是一个被遗弃的村庄，交通闭塞，残垣断壁，如同一座古城。30多年前这里还是人民公社的一个生产大队。过度放牧、植被退化、沙漠化加剧应该是这里的困境所在。拉货的大卡车从民丰到卡尔塞需要走4天，路程只有约150千米。

在康吐坎又访问了一些老人。1972年前后有人在阿克苏卡子夹住过雪豹，地点在肖尔库勒以东。

我们一出昆仑山就遇上了沙尘暴，道路难行，半夜才到达民丰，狼狈不堪。

5.10月21日（星期二），晴，多沙尘，民丰—于田

美国人乔治·夏勒（Dr. George B. Schaller）20世纪80年代前后就来中国研究大熊猫。之后在青藏高原考察有蹄类和食肉类动物，他对雪豹也略知一二（见《青藏高原上的生灵》，2003，康蔼黎 译）。2007年，他从民丰上昆仑山调查藏羚羊时，已经72岁了。我们现在27岁的年轻人都无法与之相比。前怕狼后怕虎，他们缺乏的不仅仅是勇气，还缺乏为科学献身的精神。有的年轻人不知道珍惜时间和生命，以为出来考察就是旅游，惭愧无比呀。

上午修整。拜访民丰县林业局、地矿局等相关部门。因为山里没有森林，林业官员对山里的野生动物状况并不清楚。昆仑山的关键问题还是管理问题，目前政府部门的经费和人员都非常缺乏。国际上有人认为，中国的一些官员只会说不会做，缺乏敬业精神。在最近出版的《人与生物圈》——雪豹专辑（2008年，第六期）上有一篇国际雪豹基金会负责人托马斯的文章——《保护需要从意识转为行动》，切中时弊。

在昆仑山区几乎没有任何野生动物保护与管理措施。恶劣的环境，也是一个限制因素。山高皇帝远，偷猎者无处不在。“靠山吃山，靠水吃水”的传统观念根深蒂固（图4-33）。

下午考察队移师于田。与原县长库尔班江见面，了解当地的野生动物保护与管理情况。

于田，当地人称“克里雅”，是古代西域三十六国之一的“于阗国”。毛泽东主席曾用诗词赞美于田：“一唱雄鸡天下白，万方乐奏有于阗。”于田县现有人口25万，是昆仑山北麓人口比较多的一个大县。向导莫思荣就来自这个县，他喜欢与玉石打交道，经常进山寻宝。

(a)

(b)

图 4-33 冬季是于田县猎人们最活跃的季节，他们架苍鹰（*Accipiter gentilis*）出外狩猎（a），布设巨大的捕兽夹或狼夹子（b）

三、克里雅：终于发现雪豹足迹

1.10 月 22 日（星期三），晴，多沙尘，于田（克里雅）—兰杆乡—普鲁村

上午，与当地林业、畜牧官员见面，一起吃饭。当务之急是寻找合适的翻译和向导。在原县长库尔班江的建议下，抽空去于田附近的也西库勒湿地观看天鹅和野鸭。到处都在开发旅游资源，什么“红柳王”、“核桃王”，为了吸引游客编了许多故事。连野天鹅都成了他们的道具。

我与库尔班江 26 年前就认识，那时我们昆仑山综合考察队就住在他家里。他从小在昆仑牧场长大，熟悉山里的一草一木。他回忆：“以前山里的狼非常多，都成灾了。文革以后就突然销声匿迹了。”狼的消失，隐患无穷。雪豹也深受牵连。当地人还告诉我们，现在敢打猎的都是领导干部和有抢的执法人员。国家法律和政府的管理非常严明，老百姓很少打猎了。

下午，补充一些物资（水果、蔬菜、馕、清油、水、汽油），离开于田县城，去昆仑山中的普鲁村。

途中观察到大群鸬鹚沿着克里雅河向南迁徙，还有几群毛腿沙鸡在路边觅食。我们要经过“昆仑渠首电站”和“克里雅水文站”，看到这些标志性建筑就知道考察队的地理位置了。傍晚我们到达被沙尘和寒冷包围的普鲁村，立即开展访问和调查。这里有许多牧民见过雪豹。1987 年 10 月有人夹住了雪豹，皮子 500 元卖到了乌鲁木齐。牧民家里还有弓形铁夹子，这让我们感到诧异。问卷调查结果显示，随着牧民年龄增加，见过雪豹的人们的比例也在增加（图 4-34）。各县都是这样，往事如烟，一切都聚焦在过去。这反映出近年雪豹数量急剧下降的趋势，已经越来越难遇见雪豹了。

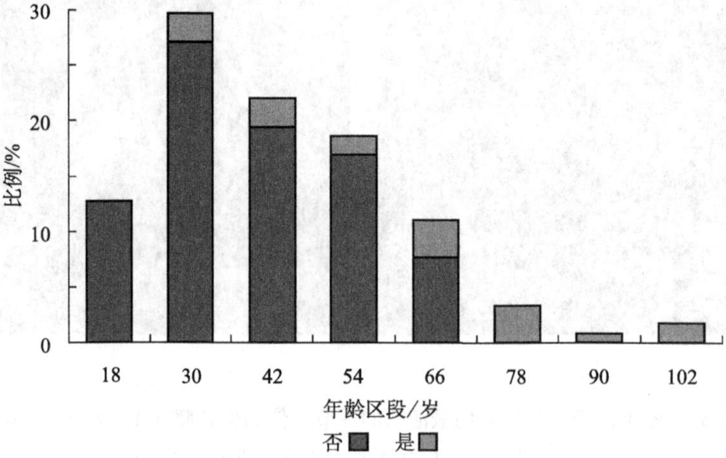

图 4-34　于田县问卷调查结果分析（$n=118$）

X 轴为年龄组，Y 轴为知道或见过雪豹的牧民比例（淡色）和从来不知道（深色）雪豹的牧民比例（%）。从图中可以看出这里有一定数量的牧民见过雪豹，特别是年龄比较大的老人遇见率比较高，年轻人几乎都没有见过雪豹

2. 10 月 23 日（星期四），晴，多沙尘，普鲁—阿拉乔依卡子—断桥

开始准备毛驴和进山的装备，与向导艾提尼牙孜讨论计划和毛驴租金。在村子里访问老人依然是最主要的工作。在这里，有许多牧民见过雪豹。苏布塔什、卡亚克迪、赛克斯库勒、阿什库勒（阿其克库勒）、乌鲁克库勒、阿克苏卡子、可克亚达瓦、哈也勒克、苏巴士、卡巴克塔什、苏布拉塔什……大家一直在重复这些地名——都是曾经见到过雪豹的地方。特别是艾提尼牙孜今年 10 月还在山上遇见雪豹，他在当地算是比较职业的向导，经常往来于普鲁村与“火山口”之间。由于 2008 年的大地震（据说在 8 级以上）中国科学院和国家地震监测中心的科学家多次来这里考察，乌鲁木齐探险协会的王铁男、邢睿等穿越普鲁线，向导都是这位艾提尼牙孜。他在和田地区已经非常出名了，绰号“依它红”。

2008 年 8 月，新疆探险协会的一些队员也在乌鲁克盆地拍摄到雪豹足迹。

上午，驱车去探路。向南约 20 千米有新中国成立初期建的木桥。当年西藏解放，解放军曾打算从这里进西藏。后来大炼钢铁，繁忙了一段时间。据说在 1978 年木桥断开。

在昆仑山区，当地少数民族喜欢驯苍鹰（*Accipiter gentilis*）。一些牧民冬季闲着无事，就架鹰去山里狩猎，一去就是十天半月。一位乡干部说："现在羊肉涨价了，吃野味就比较划算。"

下午在村子边的林子里拍摄到斑姬鹟和橙胁蓝尾鸲，二者都非常罕见。后来，经过核对前者是中国鸟类新纪录，这是此次昆仑山科学考察最大成果。意外收获，惊喜无比。新纪录已经发表在《动物学研究》2008 年 12 月第六期，该期封面附有斑姬鹟的照片。

3. 10 月 24 日（星期五），晴，多沙尘，普鲁—阿拉乔依卡子—断桥—昆仑山—满达勒克

天不亮我们就起来了。实际上一夜都没有睡好，我们都期待着这次冒险。驴队在阿拉乔依驿站与我们汇合，四驴加四人组成的考察队正式出发（图 4-35）。崖边的桥断了，我们必须下到谷底，淌过冰河。然后绕过海拔 6488 米的库台克力克雪山。驴队在前面艰难行进。其中有两匹黑驴，一老一少，老黑驴 15 岁，多次去过西藏，已经认识山路，小黑驴 5 岁，正当壮年，力量非常大，就是不听话。我很喜欢小黑驴，过冰河时绝不会让你落入水中。

考察队的目标是跨越昆仑山北纬 36°线，进入 35°的无人区，在 4000 米以上雪线附近布设样线。力争根据普鲁村牧民的问卷调查所得到的分布地点信息，找到雪豹痕迹和其他相关的线索（图 4-36）。

图 4-35　昆仑山科学考察队——我们最好的伙伴是骡子、毛驴、马、骆驼、牦牛

图 4-36　在于田县普鲁山区寻找雪豹痕迹

骑毛驴对于我来说驾轻就熟，其他年轻人有些胆怯，特别是在过冰河时耽误不少时间。

冬季狩猎依然是当地的传统，有一只老狼被猎人处死后，抛尸路边，可能是要警告狼群不得进犯。实际上这里已经有很多年没有见到狼了。我们将这只狼的头骨带回研究。

经过七个多小时“急行军”，考察队在满达勒克扎营。附近首次发现了雪豹足迹，队员们兴奋异常。

4.10 月 25 日（星期六），多云，满达勒克—苏布拉塔什—卡亚克迪

可能是太疲劳了，我们从天黑睡到天亮，有 12 个小时。营地就在河边，伴随一夜的涛声。

克里雅河上游有许多矿点，铁矿、金矿、玉矿、钼矿、铜矿、煤矿……因为交通不畅，而没有开采。过去修筑的山路还有痕迹，50 年前全民“大跃进”、“大炼钢铁”时期，这里有几千人驻扎。之前就有古商道，驼队穿梭于西藏或者印控克什米尔地区。据说王震将军、王恩茂政委当年率领的解放军要进西藏，也走过这条路。冬季河水小，封冻以后道路要好走许多。因为海拔都在 4000 米以上，艾提尼牙孜说普鲁村的牧民夏季只有极短的时间来这里放牧。大多数时间只有科考人员、探险家和找矿者在这里出现。

下午我们连翻三座山，趟过无数峡谷河湾（图 4-37），在卡亚克迪扎营。向导说前面就是硫黄达坂（海拔 5114 米），翻过去是双湖（阿什库勒、乌鲁克库勒）和火山口。

营地附近有 20 多只岩羊下山来喝水，遇见我们急奔雪峰之巅。可见这里的野生动物非常怕人，偷猎严重。今天一路上都有雪豹痕迹出现（图 4-38），还有一处足印是在沙地上，河水湍急，涨落不定（图 4-39），痕迹遗留时间应该不久。

图 4-37　我和我的小毛驴，过冰河

图 4-38　在于田县克里雅河谷发现雪豹痕迹，惊喜若狂

5.10 月 26 日（星期日），晴，卡亚克迪—塞勒克库拉木

今天我们已经接近北纬 36°线，谷底的海拔也在 4000 米附近。在最远的一

图 4-39　跨越激流险滩，梅宇就是在这个乱石谷中的沙滩上看见了雪豹足印

个矿点，毛驴已经不能行走。过河只好脱鞋子、脱裤子下水了（图 4-40）。非常寒冷呀！

其实骑毛驴也不是一件容易的事情，梅宇曾经几次差一点被毛驴掀翻到河里（图 4-41）。下午在塞勒克库拉木出现了野牦牛的足迹，我们开始小心翼翼。艾提尼牙孜说这个家伙极其可恶，体形硕大，脾气古怪，杀伤力极大，属于落单的那一类，体重有一吨多，经常将小毛驴顶翻在地上。

许多人找矿冻死在峡谷中。有一位比较年轻的，可能被洪水困在了路上，或者被野牦牛逼入了死角，没吃没喝，还遭受严寒。我们看到他的遗体畏缩在巨石缝里，样子非常悲惨和恐怖。1998 年一位淘金的老人死在下山途中，有同伴将他安葬了。而这个孤独的年轻人却一直卷曲在狭窄的巨石间，不能瞑目。队员梅宇掏出几块水果糖祭祀他的亡灵，愿他能够找到自己的归宿。

下午，一只白鹡鸰在帐篷旁边等候我们，附近居然又出现了红胁蓝尾鸲和戴菊。迁徙途中的小鸟，命运如无头的苍蝇一样可悲。艾提尼牙孜为我们煮了他自己配制的神秘药茶，具有许多功能，如驱浊气、防恶心、暖胃肠、预防高山反应、不胀胃、不放屁、提精神、防水土不服等。当地人对放屁是非常忌讳的。

因为目睹了死亡的场面，加上高山反应和疲劳，傍晚我们没有吃任何东西。据说附近可能有雪豹或其他猛兽的窝（图 4-42），高山营地笼罩在恐怖的氛围之中。

图 4-40 进入深谷，没有毛驴骑的时候，我们只好挽起裤腿，涉冰河，寒冷刺骨

图 4-41 骑毛驴，涉冰河，勇敢的探险家

图 4-42 寻找雪豹痕迹，这里极有可能是雪豹的巢穴

6.10 月 27 日（星期一），晴，卡亚克迪—苏布拉塔什—阿拉乔依——普鲁

清晨刮起了大风，帐篷发出哗啦哗啦的声响。我们以最快的速度收拾营帐，装好驴队，向山下撤退。

现在的克里雅河上游基本是个无人区。但是，在历史上这里曾经有许多矿点、商道、驿站和居民点等，就像前面所提到的，这里还有一条已经废弃的通往西藏拉萨和克什米尔的山道。其中的故事耐人寻味。

早在公元前，张骞出使西域三十六国。唐僧玄奘西天取经，就路过这些国家。1717 年（康熙五十六年），策妄阿喇布坦率部从这里入西藏。1723 年（雍正元年），青海的罗布藏丹津也走这条路进入西藏。1878 年（光绪四年），清军追杀白彦虎时，这条路被毁，“蹊径遂绝”。这条路上雪崩、泥石流、洪水经常发生，悬崖小路，处处有危险。而 19 世纪下半叶（1885），俄国人普热尔瓦尔斯基企图从普鲁村上青藏高原，也因道路崎岖而放弃。当年瑞典人斯文赫定（Sven Hedin）从克什米尔进入西藏北部，更是几个月见不着人烟，就有“千山鸟飞绝，万径人踪灭”的感觉。

这几天队员们在当地向导艾提尼亚孜（维吾尔族）的带领下，依靠四匹毛驴，携带帐篷、睡袋、食品等野外物资，沿着克里雅河深入昆仑山无人区。考察队经过艰难险阻，骑毛驴、趟冰河、翻达坂，冒着生命的危险，到达海拔 4000 多米的山区。很快在距离普鲁村 20 多公里的地方找到了雪豹痕迹。也有遇见岩羊，但更多的是尸骨（图 4-43）。考察以徒步为主，有时借助小毛驴渡过冰河。连续 4 天，平均每天行走 20 多千米山路。最多一天行走 9 个小时，约 30 千米。向南深入高山区 60～70 千米，在海拔大于 3700 米、夜里温度为零下 5～10 摄氏度的营地，度过了几个漫长的不眠之夜。队员忍受了高山反应的痛苦，经历了尸横路边和野兽袭击的恐惧，风餐露宿，圆满完成了于田县野外样线调查任务。这里真要深切地说一声“谢谢各位了”。

图 4-43 随处可见岩羊角，雪豹的食物资源可能还是比较丰富的（策勒县，2008 年）

7.10 月 28 日（星期二），晴，普鲁—巴什喀拉苏—博斯坦

普鲁人与其他地方的维吾尔族人不一样，不仅是服饰，在长相和习俗上也有不同。这里是东西方文化交汇之地，历史背景比较复杂。我们在普鲁村滞留

了大半天，全村的人正在集会庆祝抗震救灾工程的落成，包括许多新的民居、学校、卫生院、办公室等。这里是一个多地震的地区，2008 年 3 月遭遇特大地震，政府给每户几千元的重建补助。百姓们欢天喜地，歌颂政府、感谢共产党，载歌载舞。

从普鲁村到博斯坦乡，只有几十公里路，我们不用下山就已经进入了策勒县的地盘。策勒最有名的去处可能是达玛沟佛教遗址群了。考察队本来是要去策勒县城补给和休整的，现在也没有时间考虑这些了。我们急切期望早日找到雪豹，顺利完成昆仑山科学考察。

沿途经过巴什喀拉苏，海拔达到 3340 米，雪地上有狐狸足迹和牦牛的尸体。附近有石鸡、金雕、高山兀鹫、岩鸽、角百灵、褐背拟地鸦、黄嘴山鸦、褐岩鹨、红背红尾鸲、褐翅雪雀、黄嘴朱顶雀等。这些鸟类都是在高海拔地区生存的物种，与雪豹生活的环境非常接近。

傍晚抵达博斯坦。在街头，我们遇到了一些异样的目光。这是个比较大的绿洲，有招待所、商店、电话，手机也能用了。好像还有军队驻扎，夜间竟然吹响了熄灯号。最近和田地区的恐怖暴力活动有抬头的趋势，境内外的恐怖分子，相互勾结，8～10 月已经暗杀了几个无辜的平民和军警。安全部门到处张贴“通缉令”，追剿杀人犯。所以在如此偏僻的地方听到军号声就不觉得奇怪了。

四、策勒：神秘野兽“曲盖”

1. 10 月 29 日（星期三），晴，博斯坦—奴尔

上午访问当地村干部和牧民。这里至少有 10 人见过雪豹。有一位退休干部，名字叫吾布力卡森库尔班，曾经在供销社工作，1982 年收购到一张雪豹皮。

买买江的家里还有三个弓形夹，是专门用来夹岩羊的。经常进山找矿的艾斯卡尔和阿布都海瓦尔，在 2002～2005 年也多次遇见过雪豹。这些当事人都提到一个地名，就是“阿克赛河谷”。阿克赛河源于昆仑山，与克里雅河毗邻，相距 10 千米，是猎人去得最多的地方。在新疆，夹岩羊、打狼而误伤雪豹的事件，屡见不鲜。

当地还出现了一件怪事。狼已经消失 40 多年，牧场的羊群很长时间没有被野兽袭击了。最近几年，被列为国家重点保护动物的“曲盖”（豺，*Cuon alpinus*）卷土重来，不时袭击牧场的羊群。人们对“曲盖”非常无奈，它出没无常，猎枪被没收了，夹子也不怎么管用。“曲盖”特别狡猾。2007 年牧场有人捉到两只小曲盖（幼豺）。我们拍摄到其中的一只，被关在乡政府附近的院子里，确实是豺（图 4-44）。

图 4-44　被当地团场捕捉的国家级保护野生动物——豺（*Cuon alpinus*），现在国内已经非常罕见（策勒县，2008 年）

访问一些老牧人，他们说过去这里有盘羊。现在已经不多了，可能在洛浦县的铁克力克山（海拔 5450 米）上还有少量分布。迈地赛里木，55 岁，小时候曾经见到父亲夹住一只雪豹，皮子卖给了供销社。

晚上考察队在奴尔找到了落脚点。并与牧场领导崔和、郑其国等一起吃晚餐，了解当地牧业与野生动物资源情况。

2. 10 月 30 日（星期四），晴，奴尔—独木村—其维克

在南疆，语言障碍可能影响访问的结果，但在策勒县因为有兵团屯垦戍边几十年的历史，汉话的普及率比其他地方要高，许多牧民和牧工会说一些汉语，使得问卷调查相对容易。

今天去独木村调查。如今的独木村与 20 年前我们昆仑山—喀喇昆仑山考察队考察时所见的独木村相比，交通条件有了巨大的改善。据说在其维克有兵团连队的“受精点”（配种站），6000 多只羊要集体在这里人工授精。正是如此，这里还是“曲盖”偷吃羊只事件频发之地，半个月损失 60 多只羊。因为羊群已经承包到户了，牧场不负任何责任，牧工有苦难言。我们见到副连长闵军，向他们建议如何预防“曲盖”和狼的袭击。根据邻国的经验，加固羊圈可以预防猛兽攻击。还有政府的绿色补偿或者财产保险，可以缓解野生动物与牧民家畜的冲突。

有些好的经验在我们这个国家是行不通的，因为国情不一样。在这里放牧几乎没有羊圈（图 4-45），特别是在集中配种的阶段。政府补贴也因为贪污腐败和不诚信的社会风气，而无法执行。唯一的办法就是利用军事化的管理方法去消灭这些猛兽，包括豺狼、土豹子、藏马熊、雪豹和新疆虎。过去几十年，兵团就是这样干的。20 世纪 50～60 年代，团场的牧工放羊都背着步枪，狼非常多，夜间都不能睡觉。现在中部昆仑山的大型猛兽已经基本绝迹，现实就是这么悲惨。

图 4-45　昆仑山区过于简陋的羊圈，羊群很容易受到猛兽袭击（2008 年）

3. 10 月 31 日（星期五），晴，奴尔—牙门

1987～1988 年中国科学院喀喇昆仑山—昆仑山综合考察队生物组去牙门考察，我乘坐的进口越野车“巡洋舰”深陷河道，被突发洪水覆盖。第二天等洪水退去，才将面目全非的越野车营救出来。今天故地重游，感慨颇多。

访问证实策勒县境内的昆仑山上还有雪豹，特别是在靠近于田的交界地带，而且有不少目击者在最近几年还见到过雪豹。据说有人猎获了一只雪豹，一些人还吃了雪豹肉。这些都使得考察队对寻找雪豹踪迹充满信心。

今天驱车去牙门，途中经过奴尔乡的塞瓦克大队，还有一些地名非常奇怪，如亚其、萨尔隆和布藏。因为交通条件比较好，牙门早已经被开发成为旅游区，附近各县包括和田市的人都来这里度夏，山坡上有许多蒙古大帐。在海拔 3600 米的地方还有铁矿井，有几条大狗守护，我们不能轻易接近。登上海拔 4000 米的雪山，我们只能见到山鸦、雪鸡和狐狸。其他大型兽类，连足迹都没有。显然旅游和采矿的干扰非常大，今天我们感到很失望。

考察路上，我们还遇到一些可笑的事情。当我们拿出照片向赶巴扎（集市）的牧民提问时，有的牧民竟然把雪豹误认成了老虎（尤勒瓦斯），还有人说是猞猁或者野山猫（木轮）。更荒唐的回答是狗或者狼（布热），甚至豺或狐狸（吐里盖)。维吾尔族牧民一向是幽默的，但此时令人哭笑不得。显然，他们关于雪豹的知识非常有限。在电视普及率如此之高的今天，人们不认识雪豹，特别是在雪豹主要分布地区，人们不知道雪豹是何物，实在令人疑惑。有时感觉民间访问如同捕风捉影一般不靠谱。

分析问卷调查结果，也证明了当地牧民拥有的关于雪豹的信息非常少。原因之一，可能是他们大多都是半农半牧，已经定居了，较少进入深山放羊。

4.11 月 1 日（星期六），晴，奴尔—博斯坦

清早见到牧场负责人崔和，聊起了当年在七连吃雪豹肉的事情。还见到派出所的所长杨保江，一起去他的办公室浏览了他们拍摄的雪豹偷吃羊的照片。最近，在山里发生了几起羊群被袭案件，开始认为是矿区的狼狗所为，后来说是雪豹。根据爪痕，我们判断还是那个叫“曲盖”或者“阿久”（豺）的东西干的。

显然在兵团控制的地区，要找到雪豹是非常非常困难的。这里人口密集，旅游业发达（图 4-46）。我们决定改变计划，返回博斯坦乡。一方面是要寻找当年猎获雪豹的当事人，一个叫大乎拉的牧工。另一方面，我们期望进入阿克赛河谷实地调查，核实猎人们提供的信息的准确性。

下午正好赶上博斯坦乡的巴扎日，人山人海。我们见到了向导阿布都海瓦尔，他正在集市里和面、打馕、烤包子，没有时间与我们商量进山的计划。在翻译伊利亚尔的带领下，我们去拜访驯鹰人麦提肉孜，他家里有一只年轻的苍鹰，据说可以捉野兔和野鸡。巴扎集市上有大量弓形铁夹子出售（图 4-47），这里的狩猎依然是公开、合法的。听乡里女公务员说，2006 年有个外地商人来捕捉和收购昆仑山的雪鸡，与乡政府有合作协议。雪鸡是国家级重点保护动物，受到《中华人民共和国野生动物保护法》（1988 年）的法律保护，县和乡一级政府是没有权利捕捉和饲养的。

图 4-46　昆仑山里的旅游业（策勒县）

图 4-47　因为禁枪，牧区的狩猎工具发生了变化，巴扎上随处可见供出售的简易弓形捕兽夹（策勒县，2008 年）

五、乎拉山：尾随偷猎者

1.11月2日（星期天），晴，博斯坦—阿克赛河谷

一夜公鸡叫，就如同更夫在报时，我无法沉睡。这里的鸡都是在大树上过夜，叫起来声音非常大。一唱雄鸡天下不白，二唱、三唱还是不白。我就是这样等待天亮。

因为今天要进山，当地时间5:00我们就起来了，先去找到17岁的翻译伊利亚尔，他的老奶奶不放心他去，僵持了一会，然后一起去向导阿布都海瓦尔家。离开博斯坦乡时天还没有亮。

大约在8:00我们驱车抵达阿克赛河谷的沟口，已经没有路可走。我们将心爱的“战旗”停放在河边，背着考察装备、食物、帐篷和睡袋，徒步进入阿克赛河谷。

10:50，我们发现了偷猎者居住的岩洞，还有几只岩羊的尸骨和剔下的鲜肉。锅碗和被褥还在，人已经隐藏。定位和拍照后，我们继续前进。

这个峡谷确实有许多猎物，20～30只岩羊集群在两侧的山坡上吃草。沿途有20多具尸体。因为受到国家保护，偷猎者不敢将野山羊的皮和头骨带出山去，他们只需要肉。

我们期望摆脱猎人们的干扰，一直向纵深挺进。直到没有人的足迹的地方，队伍才停下来扎营。营地的位置已经接近北纬36度线，行进速度有很大提高。

远处山坡上的岩羊受到了惊吓，四处奔跑，扬起一片尘土。向导阿布都海瓦尔说：“一定是有狼或者雪豹在追击它们。”营地附近就有岩洞（图4-48），该不是雪豹窝吧？

(a) (b)

图4-48 昆仑雪山营地

2.11 月 3 日（星期一），晴转雪，阿克赛河谷

河乌在冰河中嬉戏，鸣叫声不时传入帐中。

我们因为轻装进山，没有携带防潮垫、毡子和褥子。只能睡在潮湿、冰凉的地上。附近植被稀疏，找不着新柴，烧水也成了问题。再加上海拔高，水烧不开。早晨只好吃冰凉的食物。浑身已经冻透了，一点儿也没有胃口吃干馕。最后决定先徒步前进，等身体走热了，再就着河水吃点东西。

山高皇帝远，这里真是偷猎者的天堂，沿途的尸骨越来越多。近 60 年来的政府鼓励和市场需求，还有为了完成外贸出口任务大量收购野生动物皮子和肉，刺激了当地的狩猎业。

下午 15:00，行走了大约 15 千米的羊肠小道（直线距离可能只有 5 千米），小心翼翼，我们终于到达阿布都海瓦尔几年前找金矿和水晶矿时曾经目睹过雪豹的地方。环境适宜，岩羊也比较多，食物资源充足。有几处疑似雪豹繁殖的岩穴，遮风避雨。就是没有发现雪豹的痕迹，连狼的痕迹也没有。返回时梅宇多次掉入冰河中（图 4-49），膝盖骨也受了点伤。队伍摸黑回到三号营地，队员们情绪失落，已经有了内讧的苗头。有人质疑我们是在拼命，还是在玩命呢？我说是在革命，我们这是要革偷猎者的命呀。

夜里，天空又开始下起小雪。

图 4-49　团结互助，小心翼翼，涉冰河，卧雪地，天当被，地当床……（策勒县，2008 年）

3.11 月 4 日（星期二），风雪，阿克赛河谷—乎拉山—博斯坦

一夜的雪，营地被覆盖在银色的世界里（图 4-50）。气温降到了－10～－6℃。

在乎拉山上寻找那个叫"大乎拉"的猎人，真是大海里捞针呀。我们在雪地上看到了他的足迹，就是追不上他的人影。这个大乎拉已经有70多岁了，是个非常重要的雪豹目击证人。山路有雪路滑，行走要格外小心。大乎拉非常机警，他可能行动比我们更快，躲藏了起来。

图 4-50　大雪封山——最艰难的日日夜夜（策勒县）

在水晶矿，海拔3845米，我们采集了一些多边形的晶体样本。雪地上有不少岩羊的足迹链，它们的活动范围非常大。这里还是艾斯卡尔目击雪豹的地方，当时有5个人看到了雪豹。

向导阿布都海瓦尔每年上山六七次，都是为探矿的老板带路。有一次上山找金子，陷入羌塘绝境42天。没有吃的，几个汉族人就将毛驴杀了。这事让阿布都海瓦尔耿耿于怀，好像所有的不幸都与此事有关，包括沿途见到的白骨堆，触目惊心。那次他们还遇见了雪豹、岩羊、野牦牛、藏野驴、藏羚羊等。

雪后的山谷非常寒冷，连烧火的植物也见不着（图 4-51），大家都不愿意玩命了。速战速决，天黑之前队伍赶到了谷口停车地点。寒风飕飕，我们迅速开车离开阿克赛河谷。因为气温过低，没走多远吉普车发电机的皮带断裂。只能依靠电瓶维持发动机的供电，在半道上车就抛锚了。我们寻求警方的支援，半夜更换了电瓶，狼狈不堪，总算到达博斯坦乡。

路遥知马力，日久见人心。这一夜又是无法入睡的一夜，失败的痛苦和队友们相互间的不信任，内讧与不和谐的阴影笼罩在大家的心头。本来可能深入高原，上到海拔4000米以上的地方，检查不同的生境（不仅仅是河谷），分散考察，多停留一点时间，向两侧山脊发展（那里岩羊很多）。结果是大家拉帮结派，勾心斗角，制造不和谐的氛围，最终半途而废，一无所获，以失败告终。

图 4-51 昆仑山野外营地，穷山恶水，几乎找不着可以烧火取暖的薪柴，仅有的一撮干草顷刻就灭了，队员们一个个情绪低落，策勒县（2008 年）

六、奴尔：吃雪豹肉不是传说

1.11 月 5 日（星期三），晴，博斯坦—奴尔

上午修车，更换皮带和防冻液。研究生梅宇因为受伤而提前撤离。他搭长途车先去山外不远的中国科学院策勒生态站休整，之后返回乌鲁木齐。

下午考察队转移到策勒县的奴尔，这里牧业比较发达（图 4-52），属于兵团管辖，见到戴焕喜工程师。他也是当年吃雪豹肉的证人之一。

图 4-52 喀喇昆仑山—昆仑山上的牧业（策勒县，2008 年）

这个故事发生在20多年前。有人说是在1986年，还有人回忆是在1988年的10～11月。一些细节已记不清了。当年，牧场职工卡普上山夹岩羊，发现夹子夹住了一个凶猛的怪物。他差一点被这个怪物扑倒。没有办法靠近，只好下山请来七连副连长大乎拉（维吾尔族），用枪射杀了这个怪物（另外一种说法是雪豹的爪子被夹住，因流血过多而死亡）。他们当时剥了皮子，弃尸体而归。

当我们在山里寻找这些当事人时，知道卡普已经过世了。退休的副连长大乎拉上山打猎去了，几天都不在家。

实际上，几年前我们就听说了这件事情。这次期望核实这个怪物究竟是什么东西。据说它的耳朵呈圆形，头也是圆的，略比狗大，有四颗锋利的獠牙，非常明显；身上有暗色圈圈，比较特殊；手掌和爪子大而有力；肉没有什么特殊的味道；肋条骨不是扁的，而是圆的，如同筷子一样；骨头都是青色的；尾巴又粗又长；皮子卖了400元钱。这些描述来自不同的见证人，他们异口同声说这个怪物是一只雪豹。后来，皮子在广州被警方截获，立案调查，在牧场引起不小的轰动。如果是其他野生动物的皮子，绝不会有这种强烈的反应。

2.11月6日（星期四），晴，奴尔—乌鲁克萨依—阿合奇—金矿

在策勒县考察了10余天，没有找到任何线索。大家都不甘心。

听说西边开辟了一条通往后山的新路，可以驱车上到海拔5300米的区域，是金矿老板自己开的“天路”。我们决定前往一探究竟。

向导莫思荣和当地派出所的指导员郑其国愿意为我们带路，因为金矿管理非常严密，戒备森严，需要类似的“通行证”。他们俩可以帮助我们通关。

在经过乌鲁克萨依时，我们专门去访问了当地的百岁老牧工吐地阿訇。他在20世纪80年代前后带着儿子去和田河上游淘金子时，遇见一只母豹带着两只小豹，相距只有200米，看得非常清楚。我们还访问了他的儿子（58岁），回答是一样的。

下午，我们来到金矿卡子。经过交涉，同意我们宿营和上山考察。在生活营地附近，我们爬上海拔4000米的雪山，见识了“金矿之路”的险峻，还看到一台被泥石流埋没的挖掘机，像是被水泥浇灌了一般凝固在泥石中（图4-53）。这是一条违背国家设计标准的山道，我们的越野车“北京战旗”要爬上这条路是非常危险的（图4-54），坡度可能在45度左右，非常陡峭，徒步都有一定的难度。有四支外省的淘金队伍驻扎在此，这些来自山东、福建、青海、甘肃的淘金者，要么特别有钱，挥金如土；要么就是穷得叮呤当啷，富有不要命的赌徒般的冒险精神，梦想一夜暴富。他们修路采矿，各不相让。青海人可能因为资金、道路、矿脉存在问题，而中途放弃了争夺。

国家矿产资源任意被私人矿主开采和掠夺，显然是不合适的。

图 4-53 机械化——疯狂的采金大军涌入昆仑山（策勒县，2008 年）

图 4-54 昆仑山上的“天路”，海拔 5000～6000 米（2008）

3. 11 月 7 日（星期五），晴，大风，金矿—恰哈

天不亮，我们就起身，期望搭乘矿区的大卡车上山。私下与狠心的金矿主管交涉，他死活就是不同意。昨天沟通好的，现在又反悔了：“花钱也不行。”他还规定，沿途不许拍照。山上会有什么不可告人的东西呢？他还断言：“海拔高、路途远、很危险，你们上不去的。”

不管山道险、雪山高、路途远，我们决定徒步登山。无限风光在险峰。

山鸦和兀鹫在为我们欢呼，雪鸡和岩鸽在为我们指路，鼠兔和岩羊目送我们出征，岩鹨和雪雀与我们相伴而行。山路边都是裸岩，风吹石头滚，几乎没有植被。强烈的紫外线，加上雪地反射，高山反应与雪盲令人痛苦不堪。这哪里是人能待的地方呀。这些高原生命吃什么，如何生存，令我们疑惑、沉思、感动和钦佩。

早 7:00 离开营地，约三个小时后我就率先抵达海拔 4719 米的位置，垂直上升了约 1000 米。这里有一个维护公路的棉帐房，住着七八个民工，任务就是清理路面的积雪和冰石，保证畅通。大约半年时间，除了乌鸦，他们没有见到过什么大的野生动物。他们问我有多大岁数了，有如此胆量和体力，惊叹不已。工人们出门离不开汽车，每走一步都会气喘和心跳。队员胡宝文因体力不支，在半道上就抛弃了食物和矿泉水。

下午 13:15，我独自在海拔 5306 米处完成了这次昆仑山考察最高点的一个调查样线。大约用了六个小时，上升了 1500 多米，见到了高山之巅的无限风光。高处不胜寒，这里的岩石已经完全风化，迅速隆升的山体，碎石遍地，好像随时都在经历地震、滑坡、雪崩、地裂、风蚀、火山喷发。

这里修路、开山放炮（图 4-55），对考察干扰非常大。再加上山尖大风吹，砾石滚动，没有留下太多动物痕迹。返回时只在山坡上看到几条足迹链，隐隐约约。我们知道雪豹喜欢“天马行空，独往独来”式的生活方式，找到痕迹也不容易。

在昆仑山，问卷调查和痕迹调查越来越像是在捕风捉影，一些线索非常模糊。考察难度比其他地方都大，要想找到“铁证”，如同登天。

图 4-55　炸药库——采矿、修路，开山放炮，对野生动物干扰非常大（策勒县，2008 年）

4.11 月 8 日（星期六），晴，恰哈—布雅

这次科学考察，我们十有八九是失败的。就是说，进入了 10 条山谷，其中只有 1 条取得了成果（10%的遇见率）。可能是因为我个人对困难预计不足，对艰苦环境认识不够充分，前期的准备和训练不到位，野外资金和装备差等，需要认真检讨和自省。经过几十年的野外考察，我们注意到有几种人是不能上昆仑山的，也是不配与之为伍的。在出队之前必须严格考量，包括医学检查和心理测试。甚至要写保证书，立生死状，精神一旦崩溃了，人就变态了，队伍也就没有了战斗力，简直就是没救了，教训呀。

他们会是一些什么人呢？一是“诗人”，幻想主义者，浪漫情调与现实的差距太大了，最后理想中的“万里昆仑”只是一个“穷山恶水”的代名词而已。二是“书呆子”，就是特想读万卷书的那种人，眼高手低，把科学考察理解成了“游山玩水”，理想与现实无法衔接。关键时刻就掉链子溃不成军了。三是心理素质比较差的人，意志薄弱，能力偏移，艰苦条件下不能控制自己的情绪，或者是潜伏性精神分裂症患者，属于软件有问题，智商和情商都比较低，遇到困难就会露馅。四是身体也就是生理素质不合格的，所谓硬件不过关者，如恐高症患者、呼吸系统先天缺陷者、心脏病患者、肌肉缺陷、骨病或山地行走不协调者等，都是绝对不能上昆仑山的。总之，我们还是要提倡“一不怕苦，二不怕死”的革命精神。勇于面对困难，敢于挑战自我。如果血液里还残留有一点点冒险、探险的遗传物质，结果可能会有所改变。在野外要有乐观情绪和积极向上的态度，队伍里缺少这样的灵魂人物，气氛就比较压抑。考察队屡遭失败，队员拖累也是因素之一。本来可能进入更高的海拔、不同的生境，较长时间地寻找痕迹，可惜现在只能草草收场了。

今天移师和田县，直接越过县界去布雅煤矿。在这里我们受到了最高规格的接待，在穷乡僻壤里居然住上了宾馆。

从10月28日至今，考察队在策勒县滞留了12天，策勒县是调查天数最多的一个县。我们走访了博斯坦乡、奴尔乡（包括兵团一牧场）、乌鲁克萨依乡、恰哈乡等地。问卷调查涉及240余人次，包括一些百岁老人（图4-56），策勒县是访问人数和地点最多的一个县。考察队员从不同峡谷5次进入昆仑山，最高海拔升至5300多米，调查样线达16条，其是布设样线最多、海拔最高的一个县。队员们趴冰卧雪，苦苦寻觅，而结果并不令人满意。

图4-56 访问百岁老牧人，看雪豹图片，总能回忆起许多关于雪豹的故事（策勒县，2008年）

谁都知道，昆仑雪山有着雪豹生存和繁衍的极佳生境。食物条件也算丰富，有岩羊、盘羊、北山羊、藏羚羊、藏原羚、藏野驴、野牦牛、高原兔、喜马拉雅旱獭、藏雪鸡、喜马拉雅雪鸡、石鸡、西藏毛腿沙鸡、雪雀、鼠兔等。如果没有了雪豹，谁能填补食物链中这个最为重要的环节呢？熊、虎、豺和狼已经绝迹了，难道只有“人”这个万物之主来填补？

观鸟和访问成了路途中的首要任务，可以缓解长途跋涉的枯燥和无聊。在策勒河谷，我们看到了一条深切河沟一直从昆仑山上伸入戈壁和塔克拉玛干沙漠。宽阔的沟谷内有人居住和开垦，多是一些半农半牧者。

七、和田：高处不胜寒

1.11月9日（星期天），晴，布雅—喀什塔什（皮夏）

和田地区属于新疆南部最贫困、最落后的地区。地理位置也比较偏僻，其南部与西藏和克什米尔接壤，北部是塔克拉玛干大沙漠。境内有著名的昆仑山和喀喇昆仑山。和田河的两大支流，都源于昆仑山，一个是玉龙喀什河，另一个是喀拉喀什河。和田地区辖七县一市，人口180多万，主要集中在沙漠绿洲之中，山区人口稀少，境内70％～80％的区域为高原无人区和沙漠。我们现在活动的区域是玉龙喀什河的上游。2007年8～9月，俄罗斯的一个探险队在玉龙喀什河漂流，付出了惨痛的代价：3人死亡，1人失踪。

所以，当地的向导和派出所的民警都劝我们明年5月再来，他们愿意带我们进山寻找雪豹。“现在已经入冬了，天冷路滑，遇上大雪就会全军覆没”，派出所的所长吐逊尼牙孜这样告诫我们。他去年参加了营救俄罗斯人的行动，对这个地区非常熟悉。他们不能理解下雪对我们意味着什么，我们需要雪，需要雪地上的痕迹，冬季调查雪豹恰逢其时呀！

和田县大约有11个乡，其中只有喀什塔什（皮夏）一个乡位于昆仑山区，属于纯粹的牧业乡。下午我们在喀什塔什乡调查，发现存在许多环境问题。一是采矿业，露天采煤和挖玉石对植被的破坏非常严重。二是旅游业，这里离城市近，交通便利，慕士塔格雪山下游客如织。三是畜牧业，过度放牧已经造成植被退化。四是疫病防治，为了控制鼠疫，当地采取了灭旱獭的行动，斩尽杀绝。五是人口问题，计划生育失控，许多家庭生育有十几个孩子。六是贸易与狩猎业，合法与非法并存。狼已经被消灭，雪豹同受其害。野生动物的命运都是相同的。七是养殖业，近年各地大力开展珍禽养殖，捕捉野生动物成风。新疆南部共有五个地州，其中的四个地州建立了雪鸡养殖场，即阿克苏地区、喀什地区、巴音郭楞蒙古自治州、和田地区。这些雪鸡养殖场多数与林业部门有关，有的就建设在自然保护区内。捕捉、饲养、运输、买卖、检疫五证齐全（图4-57），都有通天的本事。有的鸡场只捕不养，依靠倒卖种鸡维持。喀什塔什的雪鸡养殖场老板在当地大肆收购野生的喜马拉雅雪鸡（*Tetraogallus himalayensis*），每只100～150元。牧民说：“附近山里早就已经没有雪鸡了。”

图4-57　昆仑山上的雪鸡（*Tetraogallus himalayensis*）养殖场，合法捕捉，廉价收购，五证齐全，肆意毁坏自然资源（和田县，2008年）

2.11月10日（星期一），晴，喀什塔什（皮夏）—奥米沙—玉龙喀什河

昨天没有找到合适的翻译和向导，考察队滞留在喀什塔什过夜。今天是星期一，乡政府官员都该返乡了，他们通常都住在和田市里。今天可以与其交涉，请求支援。我们中午才从米那尔古丽副乡长和喻迎新书记那里确定了翻译和向

导人选。之后就匆匆前往奥米沙——喀什塔什乡第九大队所在地探察，又一次领略昆仑山深处奇特而危险的盘山道和闭塞的世外桃源。奥米沙是一个小村子，有 200 多人，牲畜 5000 多只。

晚饭后我们去拜访了几位老牧人。拜扎依提，70 岁，1957 年见过阿索（雪豹），后来还听到阿索的叫声“喵儿——喵儿——”他的妻子奴尔尼沙汗也记得这些事情。

托乎提库尔班阿訇，68 岁，记得 20 世纪 50～60 年代村里有人夹住过雪豹，尾巴有 1 米长。他的妻子罕特热木尔汗讲述了这样一个故事：雪豹如果被人揪住了尾巴，头和颈就会僵硬而不能转过身子。这是她的父亲告诉她的，我们觉得非常有趣，或许说明过去人与雪豹的关系相当密切。

夜访结果：1955～1961 年，老人们在古勒克、吾再拉哈、瓦勒盖吉明、沙特曼等地见过雪豹。

我们还问到许多关于狼的问题。以前这里有狼吗？狼是什么时候消失的？最近发生的野兽吃牦牛事件，究竟是什么野兽干的？老人们回忆，1980 年以前牧民打狼是要奖励羊的，打到一只狼奖励一只羊，捕获三只狐狸也会奖励一只羊。1953 年，有狼进到村子里。之后狼就越来越少了。

热杰甫阿吉（80 岁）说：“现在狼没有了，阿久（豺 *Cuon alpinus*）却多起来了。一年有 200 多只羊被阿久吃掉。损失大，怎么办？政府允许打阿久吗？”

其实，阿久（豺）早已经被纳入国家级保护动物名录（1988 年）。

3. 11 月 11 日（星期二），晴，奥米沙—玉龙喀什河（玉河）—木孜塔格（冰山）

在奥米沙，狡猾的向导开出了天价，可恶的翻译同流合污。上午 8:50，准备出发的驴队迟迟不能上路，原因是从昨晚到现在一直在讨价还价。最后我决定不要带翻译了。这样不仅可以满足向导的要求，也减少了开支，还可以减轻野外装备和食物重量。来到昆仑山，我们的所有向导都曾经为矿老板带过路，有的还参加过国内或国际探险和救援活动，知道山外的行情。

看看地图，今天要去玉龙喀什河的西岸，进入别仁界尕牙依拉克（草原），在海拔 6638 米的木孜塔格冰山脚下探索无人区的奥秘。这又是一次具有挑战性的和令人神往的历险。

经过 3 小时翻越，考察队来到玉龙喀什河边的一座铁索桥上。桥是 1972 年建的，专门用于春秋两季的牲畜转场。和田盛产玉石，当地人简称这条玉龙喀什河为“玉河”，不无用意。深谷夹持着一条碧蓝色的玉河，映衬着木孜塔格（冰山），景色格外迷人。大河的附近还有人在放牧牦牛和毛驴，我们心中的“无人区”根本就不存在。所谓的“无人区”，其实就是无人管理区，失落的感觉油然而生。要在昆仑山上找到一片净土是多么不容易呀！

向导奴里牙孜，只有40岁，却已经抱上了孙子。他的两个儿子都轮换在山上放牦牛，家里还有120只羊。我们要去的峡谷原来就是他家放牦牛的地方，奴里牙孜在牵着我们的鼻子走，一举两得。在深山里，他的小儿子看见我们到来，高兴得不得了，他可以被替换回家了。

我们几个人挤在奴里牙孜家的地窝子里，度过了这个寒冷的夜晚。

4.11 月12日（星期三），晴转阴，雪，玉龙喀什河（玉河）—木孜塔格（冰山）

靠山吃山。传统的狩猎和偷猎行为在昆仑山非常猖獗。我们在昆仑山区考察期间，发现大量被遗弃的岩羊皮子和角。枪支虽然已经被没收了，但是昆仑山区许多家庭都藏有弓形兽夹子和钢丝套子，巴扎上也极容易见到这些狩猎的工具，价格便宜，10～20元钱就能买到一副兽夹。延续了千百年的传统狩猎业至今依然如故，兴旺发达。主要原因还是管理问题，山高皇帝远，在昆仑山区几乎没有任何野生动物保护与管理措施。宣传也不到位，老百姓根本不知道雪豹究竟面临什么样的危机，野生物种消失会带来什么样的灾难。

这里是玉龙喀什河的一个支流。虽然有几户人还在放牧，让我们多少有一点失望。但是，远处木孜塔格雪山的诱惑，尽是海拔6000米以上的群峰，还是给了我们“寻找无人区”的冲动。队伍沿着深谷乱石堆和冰瀑拾级而上，以最快的速度向上攀登。河水虽然已经结冰了，流水声却非常大。褐背拟地鸦（地山雀）、暗腹雪鸡、鹪鹩、褐岩鹨、领岩鹨、黄嘴山鸦、金雕、胡兀鹫、高山岭雀……随时都会出现在附近。山坡上的岩羊也悠然自得，有的在吃草，有的在漫步，还有几只懒散地卧在草地上，晒太阳呢（图4-58）。

图4-58　在昆仑山上又遇见了几群岩羊，它们与环境融为一体，很难被发现
这一群至少有20只，数一数看，头羊在哪儿？食肉动物的食物资源应该没有问题（和田县，2008年）

海拔越高，岩羊越多。有一群岩羊在海拔4500米的高度驻足，头羊挺立在崖顶，母羊们看上去无忧无虑。其他野兽的足迹印也越来越多了，包括狐狸和阿久的痕迹。而我们的希望却越来越渺茫。在白茫茫的雪山上，竟然没有丝毫的雪豹痕迹。

在雪山之上行走，我们不会放过任何线索，包括天上飞的和地下跑的，连遗留在雪地和岩石上的任何野兽的足迹、刨痕、尿迹、嗅迹、粪便、剩余食物、毛发等都不会放过。我们就像福尔摩斯一样机警。全天在雪山上寻找了十几个小时，一无所获。雪豹你在哪里呀？小鹪鹩唧唧叫，在冰河边跳来跳去。

雪花飘落的石谷，显得格外宁静。

借着朦胧月光，我们深一脚浅一脚地回到营地（图 4-59）。

图 4-59 昆仑山科学考察，和田县当地牧民协助考察队搬运行李和其他辎重（2008 年）

5.11 月 13 日（星期四），雪，玉龙喀什河（玉河）—奥米沙—喀什塔什（皮夏）

见面说一句“哎丝啦玛，艾莱崆牡”应该是穆斯林最标准的问候语，比“亚克西木”正式多了。向导奴里牙孜和他的儿子每天都要诵经，特别是早晨趴在雪地上诵经祈祷，相当虔诚。

外面飘着雪花，银白色的世界。营地还剩下五个人，都集中在地窝子里烤火。我们带的饼干、牛奶、芝麻糊、香肠、茶叶、牛肉干、方糖和水果都被吃光了。干馕和泡不熟的方便面已经没人理睬。这里远离文明的世界，偶然加一块岩羊肉或骨头在面汤里，味道鲜美无比。实际上，营地边的一处地窝子就有许多岩羊皮（图 4-60）。显然，岩羊肉只是小菜一碟。最让我们惊讶的是附近发现了几副北山羊的角，形状与天山托木尔峰的完全不一样，我们一直以为北山羊已经绝迹了，这里应该是岩羊的天下。

雪豹考察队踏着白雪，赶着毛驴队，伤心地离开了这条河谷。在触目惊心的绝壁上，因为其覆盖了白雪而更加难行。来时心情迫切，而无所畏惧。返回时才感觉到道路的艰险，好像对面的山都在移动，天旋地转。听说过晕车、晕

图 4-60 偷猎现象在和田县非常严重，我们在昆仑山里发现的一摞岩羊皮子（2008 年）

船、晕飞机，却没有听说过晕驴或晕走路。

下午，在队伍快要到达奥米沙时，从木孜塔格山下、玉龙喀什河上游传来隆隆炮声。那是在开山修路，还是在采矿呢？公路已经修筑到海拔 4000～5000 米的区域，矿点可能很快延伸到海拔 5000～6000 米的位置（藏北）。西部大开发的速度比我们想象的还要迅猛。由计划经济向市场经济转变的“后资本主义”时代，可能是一个唯利是图的时代？

寒冷和失落，队员们已经无心恋战。草草收兵，只好来年再说吧。

深夜，我们住进了喀什塔什温暖的小旅店。这里距离布雅矿区不远，距离和田市只有 100 多千米。

6.11 月 14 日（星期五），雪，喀什塔什（皮夏）—布雅监狱—玉龙喀什河—和田市

访问牧民时，我们经常指着照片上的雪豹这样提问：“伊利毕斯”罢莫？这是维吾尔语，意思是这里有雪豹吗？为了避免误会，我们还会手指远处的雪山加上一句“木孜塔格罢莫”，意思是说“那雪山上有吗”，还可以理解为“有雪山吗”。

实际上是怕牧民误以为我们在问“你家里有雪豹皮吗”这种简单的提问，容易造成误会。牧民显然最怕惹麻烦了，这是要吃官司的。

对补充的那句问话“木孜塔格罢莫”，机敏的年轻牧人吐逊尼牙孜竟然这样回答我：“木孜塔格罢，伊利毕斯幺克。”犹如阿凡提一样聪明和幽默。

意思简单明了：木孜塔格（冰山）还在那里，雪豹已经没有了。

真是这样吗？我们满脑子疑惑地离开了木孜塔格山下的喀什塔什。没有告别，只有忧伤。

下午，我们经过布雅煤矿监狱，停留了几个小时，为近百位干警作报告，题目是迎合新形势和新潮流的“深入学习实践科学发展观专题讲座”。野外考察一个多月，山外全党全国人民都在学习“科学发展观”精神，政治形势日新月异，变化如同经济发展一样迅猛，我们还压根就不知道改革之道花样翻新如此之快。我们就像桃花园里出来的人，有“洞中数日，世上千年”的感觉。前几天路过这里，监狱领导和赵主任听说我们是中国科学院的专家，千载难逢，不由分说就要留下我们（见 11 月 8 日的日记）。目的是要完成一件重要的政治任务。实际上我讲座的内容却是正在进行中的昆仑山考察项目“新疆雪豹研究与保护”，理论联系实际，受到干警们的欢迎。通过食肉动物雪豹和狼面临的问题和这几天在“木孜塔格”看到的案例，加上一系列真实的图片，生动解释所谓“科学发展观”与环境破坏之间的矛盾，这还不算离题。

宣传和教育也是此次考察的一项任务。在国内一些地区，法律条文与执法部门是脱节的。干部“执法”意味着具有至高无上的权力，鱼肉百姓就成了某些人的恶习。2008 年 7 月 27 日，在北京奥运会召开之前，新疆塔城的一个政法委书记在林业公安局长的陪同下打猎（这本身就违法），竟然将瓜农当成野猪打死。我们的某些领导就是“黑社会”的老大，法律再好也不管用。法律条文的制定是约束老百姓的，对于他们而言简直就如同手纸。

新疆野生动物保护部门就有这么个干部，以为自己就是法律的化身。他曾经带领着林业公安威胁我们考察队：“中国科学院的科学家，未经许可，也不可以研究雪豹。”这么蛮横的人，还能干什么好事，中国的法律都是他家的了？

八、皮山：西天取经之路

1. 11 月 15 日（星期六），晴转阴，和田—皮墨垦区—杜瓦

收到地方台和央视新闻消息：有人在伊宁捡到两只小雪豹，在家中圈养了半年，已经吃掉 200 多只鸡和 20 多只羊，现在需要社会各界的爱心捐助。一时间，媒体上赞美之辞像雪花一样飘来。

鬼才相信这种愚弄大众的新闻。已经有记者认为，这是个大骗局。母豹有可能已经被枪杀，偷猎者和偷猎行为又一次被美化成了救助野生动物的英雄和英勇事迹。可以说这是又一个新版的“中国周老虎”故事，失去母爱的幼雪豹再次成为公众娱乐的对象。核心问题已不是真与假的问题，而是地方官员与偷猎者密谋，借此炒作，梦想发雪豹财。

上午，修车、补车胎、更换冬季机油，并与驻和田市的地区林业局和生产

建设兵团畜牧局的负责人联系，了解野生动物保护、采矿、草原畜牧业的情况。

中午，带着疲惫的身体和极度糟糕的心情进入这次昆仑山雪豹调查的最后一个县——皮山县。我们计划以最快的速度完成对杜瓦、苏纳克、皮山、阔克塔格、克里阳、瑙阿巴提塔吉克乡、桑株、康克尔柯尔克孜乡及乌拉其等地的考察。国际雪豹基金会（SLT）与新疆自然保育基金会给我们的野外考察任务是 20 天，现在考察已经超月，人心即将崩溃了。

路经兵团新开发的皮墨垦区，我们观察到大群的水鸟，包括灰雁、鸬鹚、红嘴鸥、白骨顶、赤麻鸭、赤嘴潜鸭、秋沙鸭等。

下午驱车抵达杜瓦。有数千工人的煤矿和水泥厂使得杜瓦乌烟瘴气。看到肮脏不堪的小镇街道，我就想起几天前一位当地维吾尔族朋友说的话："你们快给中央写报告，让这些采矿的人都滚蛋！只要有他们在这里，昆仑山就不会有雪豹。"百姓的呼声啊。

果真就是这样，访问了一些农牧民，都说这里已经没有雪豹，深山也没有。我们的心顿时凉了半截。

据旅社的郑老板说，这里人好赌博，喜欢搜集狼骨头（毕石），愿意出高价购买（300～600 元/个）。猎人就设夹子四处捕捉豺狼，偷猎现象非常严重。

2.11 月 16 日（星期日），晴，杜瓦—芒萨—苏纳克—皮山（固玛）

对杜瓦的考察必然以失望开始，以绝望告终。十有八九还是失败，完全是兵败麦城。

上午 9:00，昨天约好的翻译兼向导阿布都热西提始终没有出现。去他家和单位找，都没有结果，令人焦急万分。我们从北京时间 9:00 就在找他，一直到新疆时间 9:00，浪费了 2 个小时。

经过郑老板推荐，我们在街上找到拜克当翻译。他对当地的情况可能更熟悉一些。今天是"巴扎天"，赶集的人络绎不绝。我们不时随机地拦住路人，采访和发送宣传手册。有一批人是从和田县来的，借道运送物资；有 3 人甚至在为深山里的玉石矿送炸药；还有两位偷猎者，见到我们提问，神色极其慌张。向导拜克瞅见马背上的野山羊皮，才明白了其中的秘密。

这里与墨玉县、和田县交界，往来人员比较复杂。中午到达苏纳克村，有 10 户人家，都是妇女。男人都去赶巴扎了（赶集）。院落中有岩羊皮。

下午我们在山谷里遇见了阿布都热西提，原来他带领一个私企老板去找矿了。他将答应的事情都抛到了脑后。在他看来，找矿也许比找雪豹更有诱惑力。看到他，就知道杜瓦这条线没辙了。除了骗子，还有小偷。人性中的阴暗、堕落、无耻、懦弱、无奈都在这条路上展现了出来。

傍晚，我们决定离开乌烟瘴气的杜瓦矿区，驱车 200 千米向西去皮山。

皮山位于和田地区最西端，与喀什地区的叶城县交界。当地人称皮山为“固玛”，人口 20 多万。有维吾尔族、汉族、回族、塔吉克族、柯尔克孜族等不同民族。几个有疑问的物种是在这里被外国探险家发现的，如中亚夜鹰（*Caprimulgus centralasicus*）、南疆岭雀（*Leucosticte sillemi*）等。

来到皮山县境，考察队要在三个地点展开工作，即杜瓦、桑株（柯尔克孜乡）、康阿孜（塔吉克乡）。塔吉克族和柯尔克孜族都是中亚著名的高山民族，是我们这次调查和访问的重点对象。

3. 11 月 17 日（星期一），雪，皮山—阔克塔格—瑙阿巴提（塔吉克乡）—康阿孜—克里阳—桑株

雪豹喜欢在晨昏或者夜里出来活动，研究方法就不同于其他动物。首先是访问，或者叫“问卷调查”，从初步了解雪豹的现状。其次是痕迹调查，样线法是最常用的方法。最后是雪豹食物资源调查，如北山羊、岩羊、盘羊种群数量统计。因为这些有蹄类动物都是在白天活动，比较容易观察，可以根据野山羊的数量间接知道雪豹的潜在储量。还有遗留物 DNA 分析，可能从毛发、粪便之中确认个体。红外自动相机拍摄、无线电跟踪、人造卫星跟踪也已经应用于雪豹调查，目的都是知道雪豹的分布和数量。

上午去皮山县林业局查资料。之后在文化馆见到阎小强先生，了解桑株岩画的历史。

今天的焦点是瑙阿巴提塔吉克乡。这个塔吉克乡，1982 年成立，有塔吉克族牧民 800 余人，牲畜上万只，是皮山县最小的一个乡。据说这些塔吉克人500～400年前经过阿富汗来到昆仑山里，是战争还是饥荒逼迫他们来到这里就不得而知了。

为了反恐，这里沿途各乡都设了卡子，盘查极其严格。村民或村干部可以随意翻动你车内的行李，检查你的证件。

我们首先去最远的康阿孜村访问，并进行样线调查。村民玉素甫，53 岁，从来就没有见过雪豹，只遇见过“阿久”（豺）。而他的父亲在 50 年前见到过“艾瑟”(雪豹)。这种情况类似于其他地方，60 岁以上的老人们多少都有雪豹方面的信息和经历。通过问卷数据统计，可以判断雪豹消失的大概时间。

天上下着雪，我们在瑟瑟寒风中完成了卫星定位和样线调查。因为时间特别紧迫，我们连夜赶往本次昆仑山考察的最后一站——桑株。深夜入住“玛纳斯旅社”，这是一家由柯尔克孜族人开办的私家旅社。

4. 11 月 18 日（星期二），晴，山里有雪，桑株—康克尔（柯尔克孜乡）—乌拉其—和田

从桑株到康克尔 20～30 千米路程。我们一大早就前往康克尔柯尔克孜乡，

准备徒步进入山谷无人地带进行样线调查。因为雪雾弥漫，景色极为绚丽。薄雪铺地，为痕迹调查创造了极佳条件。样线分别布设在河谷、山脊、台地、山坡、崖下、河床沙地等不同环境，期望知道雪豹对栖息生境的喜好。问卷调查，一些牧民说在附近相邻的叶城县（热丝干）还有雪豹的分布。

在一巨石边，我们找到了桑株岩画遗址。古代中亚的岩画记载了上万年的历史故事，多以记录野生动物行为和生殖器图腾为主（详见第一章）。寻找岩画之中的雪豹，也是我们考察的一个目标。桑株岩画一直是个谜团，它已被严重毁坏。据我们所知，它是昆仑山中为数不多的岩画遗迹，有不少人类学家和动物学者对它表示了浓厚的兴趣。我们发现它与阿尔泰山和天山的岩画有许多相似之处，特别是针对北山羊的描绘，夸张手法如出一辙。是否有后人进行杜撰或涂鸦，值得怀疑。现在这里的北山羊和马可波罗盘羊已经十分罕见了。

当年东晋和尚法显、唐僧玄奘去西天取经，可能就走过这条路。这里也有一条通往西藏和克什米尔的古商道，过去有一些穆斯林兄弟甚至从这里穿过昆仑山和喀喇昆仑山，去阿拉伯国家朝圣。到了 19 世纪，许多外国探险家从这里进出中国，包括早期的几位博物学家，在新疆南部采集中亚夜鹰（*Caprimulgus centralasicus*）、地鸦和南疆岭雀等。20 世纪 50 年代中期，在西藏土地改革期间，中国人民解放军的一支队伍从这里进入阿里地区，接管了当地政府（至今西藏的许多地方依然属于新疆军区管辖）。随着新藏公路叶城至阿里段的贯通，这条线路就被基本遗弃了。

我们在雪地上布设样线，发明的“雪后痕迹调查法”，是非常理想的寻找方式。沿着古道向南快速徒步 2 个多小时（10 余千米路），除了羊脚印，什么也没有被发现。回来时遇见几个找矿的人。看上去鬼鬼祟祟，犹如塔利班恐怖分子。

5.11 月 19 日（星期三），晴，和田—沙漠公路—和田河—塔里木河—阿拉尔（阿克苏地区）—沙雅

为什么桑株古道如此出名？

为什么解放军最后选择了桑株峡谷，而没有选择从皮山、于田、和田的山路去西藏呢？原来 1951 年前后，解放军的一支部队是打算从昆仑山中段登上西藏的，但是途中的恶劣气候、瘴气、缺氧和剧烈的高山反应，几乎全军覆灭。后来部队改道桑株，发现路况不仅好走，而且离喀什较近，补给方便。这是我的父辈（岳父大人杨伯斗）告诉我的一些情况。

从桑株上去，翻过桑株达坂就是三十里营房，经过康西瓦和甜水海，翻越 5200 米的界山达坂，就是西藏阿里地区了。当年，解放军经常利用骆驼运输物资，往返需要 2 个多月的时间。行军途中，不能随意在峡谷中停歇，严格控制饭量，以唱歌来提神。如果有人倒下，要立即抬到山顶，空气流畅，反而会好

一些。对骆驼和马匹，要以不停的呼喊来警告其步伐，防止昏睡和坠崖。有一次，老驼生病了，战士们不期望它挡道，就将它牵到一边，等其他骆驼走远了以后，再将其推下悬崖。为什么不宰了吃肉呢？那时候不缺肉，一把小刀就能换一只羊。老驼坠崖时发出的巨响和群鸟争食的场面，现在也不能被忘记。

离开和田之前，我们专门去地区林业局访问，了解昆仑山自然保护区的建设情况。从野生动植物保护办公室齐军主任那里了解到，在他的工作生涯和记忆里，整个和田地区的昆仑山区近20年没有雪豹的记录。之前的那些报道和传说，如同云雾缥缈，忽隐忽现，在人们的记忆之中逐渐消失。

走出和田绿洲，我们在塔克拉玛干大沙漠中的第三条沙漠公路上急驰，这条新公路沿着和田河直通阿克苏河，缩短了我们与托木尔峰的距离。

2005年10～12月，我们利用先进的红外自动相机首次在托木尔峰成功拍摄到了清晰的雪豹照片，在国内外引起了轰动。这是一段最美好的回忆。那辉煌的时刻何时能重现呢？

6.11月20日（星期四），晴，沙雅—库车—轮台—库尔勒

在从和田去沙雅的路上，有一只母骆驼被汽车撞死。是否是野骆驼不得而知。可怜的母驼腹中有一幼驼，即将临产。

沙雅的变化很大，夜间的喧闹让我们不能入睡。20世纪90年代初期，我们在这里研究黑鹳及白尾海雕的繁殖行为。观察点设在帕满水库，沿着塔里木河流域找到几十个黑鹳巢，观测了几个月。后来还环志了几只将要离巢的幼鸟。我们比较熟悉塔里木河边的这个小城。现在的沙雅，夜晚灯火辉煌，宾馆爆满。浮华之极，街道已经不能辨认。全球经济衰退，好像对这里没有任何影响。

一切皆源于腐败、贫困、无知。落后不是理由。

上午在结然力克水库统计到近百只大天鹅，还有几十种水鸟。考察队下午离开沙雅县。夜晚经过库车、轮台到达库尔勒。在巴州宾馆美餐一顿，洗个澡，大睡一觉。终于将我们从疲惫困苦的阴影中解放出来。

7.11月21日（星期五），多云，库尔勒—和硕—库米什—托克逊—达坂城—乌鲁木齐

今天《中国青年报》报道了新疆伊宁雪豹事件，对在草地上捡到小雪豹提出质疑。一些记者打电话来采访。本来是“自娱自乐”，现在演变成了“大众娱乐”。新疆雪豹研究小组又一次成为公众的焦点。

我们因为没有到现场调查，发表的一些观点被媒体利用和曲解。互联网竟然有人说这是“周老虎”第二，存在谎言和欺诈。我们被卷入一场无聊的是非之争中。

新疆维吾尔自治区林业局“野保办”的负责人史军也来电话探寻解决小雪

豹的意见。我说："山里有人吃雪豹肉呢，什么事情都会发生。"他立马回应："还有人强奸母雪豹了呢！别开玩笑了。"

2005～2008年，分别在阿克苏地区、喀什地区、巴音郭楞蒙古自治州、塔城地区、克拉玛依市、伊犁哈萨克自治州等地，每年都有小雪豹或者大雪豹被人"捡到"。最后都被敲锣打鼓送进动物园或者救护中心。其实这是对它们宣判了死刑，缓期执行而已。管理体制落后，与腐败、愚昧是分不开的。国家的政策非常好，法律也基本健全，就是执行不到位，当地政府不给力。

从库尔勒到乌鲁木齐，大约500千米。考察队翻越天山，经过吐鲁番盆地和达坂城，绕过博格达雪峰，安全回到了乌鲁木齐。谢天谢地，终于圆满结束了这次为期39天的雪豹考察。

夜幕下的乌鲁木齐，被污浊的空气包围，令人窒息。

九、伊犁：雪豹案件的发源地

12月初，不顾昆仑山考察的疲劳，新疆雪豹研究小组成员冲破各种干扰和重重阻力，秘密前往新疆伊宁县喀拉亚尕奇乡张培伟的家，调查伊宁小雪豹事件。当然，在见到小雪豹之后，我们也与当地林业部门、宣传部门和县乡领导见面和交流，重点讨论小雪豹的补偿、救助、饲养与去向问题。

乌鲁木齐至伊宁路程约700千米。考察队向西翻过天山果子沟，来到伊宁县喀拉亚尕奇乡（伊宁市与张培伟家之间只有20多千米路程），就直接去了圈养小雪豹的羊圈。两只小雪豹依偎在一起，非常可爱，一雌一雄，行为乖巧。与在野外一样，兄妹俩喜欢在傍晚或凌晨活动，嬉戏、玩耍、吃东西，平时都在屋里睡懒觉。它们的身体生长迅速，已经有20多千克重了。因为从小就离开了父母，无依无靠，一直生活在恐惧之中。在电视监控器里，我们观察了小雪豹的行为。它们俩胆子非常小，一旦主人抱走一只，另一只就会紧随其后，二者形影不离，可怜兮兮。

在见到雪豹之后，考察队才公开了身份。结果非常戏剧化，有冲突，也有误会和猜疑。我们看到了健康成长中的两只小雪豹，并且测量了体重、体长、尾长等数据，拍摄和录制了图像资料。其中一只小雪豹可能因为整天困在黑屋子里，缺乏日光浴和合理的饮食，患了软骨症——佝偻病（图4-61）。后来，我们还跟随张培伟去了喀拉亚尕奇乡的夏牧场，上到天山有积雪的裸岩区域，实地考察了张培伟捡到小雪豹的地点，发现一些痕迹，确认这里是雪豹的分布地。所有的疑惑和误会基本得到了澄清。

图 4-61　新疆雪豹研究小组专业人员与“捡到”雪豹的羊倌见面，两只小雪豹年龄约有 7 月，体重 20 多千克（伊宁县，2008 年 12 月）

然而，实质问题并没有得到解决。大家希望当地政府、林业保护管理部门、中国科学院、国际雪豹基金会和新疆自然保育基金会能有所反应和作为。

小雪豹今后的饲养与去向问题，很快成了焦点。当地有如下争议。

（1）移送新疆野生动物救护中心，可能设在 700 千米外的乌鲁木齐“天山野生动物园”。

（2）留在当地的动物园或者救护中心，就在伊宁市内。当然，附近的几个自然保护区也可以收容，如巩留林场库尔德宁自然保护区、巴音布鲁克自然保护区等。

（3）就地保护，不挪窝。就留在伊宁县喀拉亚尕奇乡（原产地），或者干脆就放在张培伟家的羊圈里，委托他们代管。

（4）中国科学院或国际雪豹基金会或新疆自然保育基金会负责接管，成为科学实验的对象。公众有这个建议，这在国外是最简单和普遍的办法。

（5）尽快放归自然。当然不是现在。难度比较大，也不是不可能。这让我想起 2007 年以来拯救中国虎基金创办人全莉女士将一对华南虎送到非洲去“放生”（见拯救中国虎基金网站），管理部门意见很大。国内已经没有适宜华南虎生存的环境，不送非洲还会送哪里呢？

就地保护方案是专家的意见，当地政府包括林业部门可能不会接受。他们的领导倾向于将它们送往救护中心，目的之一是要靠小雪豹带动旅游经济，成为形象大使，供人们观赏。其实，就是为了两个字“赚钱”。

另外，根据新疆雪豹研究小组这次实地调查，认为通过试验，逐渐放归自然是有可能的，理由如下：①这个地区确实有理想的雪豹栖息地；②小雪豹还保持了野性和捕食的能力；③现在的小雪豹非常健康，在进入成年、达到性成熟以后，会更加凶猛；④喀拉亚尕奇乡和张培伟家的人愿意参与和协助进行这种试验。这是坚持“就地保护”基本原则的一种方式，值得试验。

那么，林业部门、中国科学院、国际雪豹基金会和新疆自然保育基金会能在这里面做些什么呢？有人认为，小雪豹一天天长大，可能危及左邻右舍。它们自身的安全也得不到保障。张培伟甚至提出 20 万元的补偿条件。新疆雪豹研究小组专家认为，林业部门、中国科学院、基金会三方可以提供技术支持，可以在资金上适当给予补偿，可以监督整个过程，最后给老百姓一个交代。当然，这里面存在巨大困难，就是如何与林业部门合作，如何与当地政府合作，如何与张培伟合作。

还有一些人可能不赞成释放小雪豹，也不赞成移送救护中心。那么谁来饲养小雪豹，也是意见不一，僵持、扯皮，困难重重。他们的问题非常多，如昂贵的饲料（活鸡、活鸭、活羊），饲养地（笼舍）的改造与加固，试验点的建立（应该是在雪山上），野化地的选择，工作人员配制和几十万元的酬劳等。

人们只顾赚钱，小雪豹的死活只能先搁置在一边。最后是不了了之。

（马　鸣）

第六节　边境踏访寻出路

每个明晰的结果背后都可能隐藏着错综复杂的理由。雪豹，这个鬼魅般的物种，长久以来一直雄踞于中亚的崇山峻岭之中，与世隔绝。生性孤僻的它，为何在近几年频繁地出现在我们的视线中，并以偷吃牲畜的方式一再搅扰牧民的生活呢？2007 年 3 月下旬，我以新疆自然保育基金协调员的身份，任国际雪豹基金会的随同翻译和助手，与马龙（D. Mallon）先生一行前往新疆阿克苏地区的托木尔自然保护区调研雪豹的生存状况。

托木尔峰国家级自然保护区位于新疆阿克苏地区的温宿县境内。1980 年由自治区人民政府批准成立为省级自然保护区，2002 年 12 月由国务院批准升格为国家级自然保护区。托木尔峰自然保护区是以保护高山冰川和其下部的森林、野生动植物及其生存环境为主的综合性保护区，规划面积 2376 平方千米。这一地区是由三条东西向的山脉和一条南北向的山脉组成的天山山脉最高的山结，是连接东西南北天山的区域，也是西伯利亚与帕米尔、昆仑山之间物种交换桥梁的重要组成部分，同时也是我国最大的冰川作用中心。海拔 7435 米的天山主峰托木尔峰耸立其间，此外还有克其喀尔峰等 40 余座海拔在 5000 米以上的雪峰。

图 4-62　天山托木尔峰野外考察（2004 年）

这里是人类文明的边缘，是中、哈、吉三国交界处，是雪豹、北山羊、雪鸡等山地生灵领地的起始。为期 10 余天的“边境”踏访（图 4-62），所收集的资料繁杂程度远远超出了我个人的理解范围，我只好如实地记录，以期更多的人来思考并解决冲突，还“边境”一个安宁。

一、牧民与雪豹的冲突

牧民和野生动物可以说分属于两个没有国界的王国，二者同样没有决策权，同样为生存而终日交织、纠结、奔波在这块土地上。复杂关系的阐述就将从这两个矛盾主体开始。

托木尔自然保护区是一个综合性保护区。核心以冰川为主，是阿克苏饮用水的源头。塔里木河 70%水量由这里的冰川提供。缓冲区为森林，试验区为草原。雪豹活动范围局限在冰川内，大部分处于核心区，小部分在缓冲区。

牧场有夏草场、冬草场之分。夏草场（5～9 月）是雪豹的分布区，遭受雪豹和狼的双重威胁。冬草场（海拔 2000 米以下）非雪豹的分布区，此时狼的危害更大。相对于雪豹，牧民更不喜欢狼、野猪。狼一晚上能咬死 15～16 只羊，它们仅吸噬内脏。据温宿县畜牧局统计，1999～2004 年，包孜墩、阿科布拉克、吐拉克牧场由狼造成的牲畜损失量如下：羊 200 多只、牦牛娃子 100 多只、马驹 70 多匹。此外，狼几乎通吃牧民饲养的所有动物。2007 年 2 月就有破城子牧民的狗死于狼口。过去每年 4 月下旬，牧民顺着雪地里狼的脚印，入狼洞掏狼娃子，这在当时是要得到奖励的，而于今却被野生动物相关保护条例严厉禁止。为了应对狼害，牧民只好骑马巡逻，晚上睡在羊圈，以歇斯底里的吼叫来驱赶狼群。

据说2000年前后，有一个大人和一个13岁的孩子设夹子捕狼，结果雪豹进入陷阱，并被打死。后来大人被判坐牢10年，小孩被罚款5000元。2001年7月，有人在海拔3400米的山里夹到一只雪豹，7月20日左右被发现。森林公安和塔克拉克管理站的护林员一起出动抓捕肇事者。查获的雪豹的骨头和豹皮被分藏2处。罪犯被判10年有期徒刑，罚款1万元。2001年以后，政府向乌什、拜城、阿瓦提县等9个县下放文件，宣传如何保护国家一级、二级保护动物。高额的罚金和严明的法规使牧民再也不敢擅自伤害雪豹。

就在这种情形之下，2006年11月，在四小队煤矿，一只雪豹一晚上居然吃了5只羊，第二晚又吃掉了5只。到了第三晚，牧民只好拉网罩住羊圈，并亲自把守羊圈。冬季食源萧条，接连两晚被吃的10只羊表明这只猛兽饥肠辘辘。按前面的说法，冬草场应少有雪豹的干扰，那么这次寒夜里的偷袭又作何解释？而且，雪豹不像狼群那样嗜杀成性，雪豹只单独活动，一次是吃不了一只羊的。

北山羊是雪豹在托木尔地区的主要野生食物来源。尽管中国保护区的管护条件差，但20世纪80年代保护区成立至今，野生动物的数量明显增加，包括北山羊、野猪、赤狐、野兔、雪鸡等。北山羊一般都在高海拔地区活动，只有在5～6月的哺乳期，成年羊带着小羊下山吃草，时常能见到20～30只北山羊组成的羊群。但到每年的11月，北山羊因疫病（如皮肤病、口蹄疫）而成批死亡，由此可能造成雪豹冬季食物的稀缺。包孜墩管理员阿布都说："北山羊能在乱石中跳跃，纪律性高。40只吃草，必有一只放哨，很难捉到。所以雪豹喜欢（抗捕食力弱的）牲畜。"但人的强悍是所有与之打过交道的动物理应畏惧的，狼群仗着势众，敢于在人眼皮子底下瞄准肥嫩的绵羊，而独行侠雪豹要有这番胆量，估计是饿得不行了。

保护区内其他与人有直接关系的野生动物状况如何？石貂或扫雪比过去多了，村子附近就能看见，它会偷吃鸽子、鸡，会咬人，不好饲养，2006年在天山度假村它就咬死过12只鸡，其毛皮可以做皮帽、领子。牧民讨厌的野猪数量也在上升。至于憨重的棕熊和马鹿，每年都有机会登雪峰的塔克拉克站管理员买买提说已经多年没有见过了。雪豹的痕迹，还是可以遇见的（图4-63）。

仅凭单薄的表象就对任何事物下定论是相当草率的。例如，对狼的保护具有很多的争议。有报道称，内蒙古乌后旗狼害成灾。丰足的牲畜供养了大群的狼，狼群便可能与雪豹争食冬季里稀缺的北山羊。再例如，北山羊遇见率的提高可以表示其野外数量的回升，但也可以表示人类进一步入侵了它们的地盘，对它们产生了聚集效应。密度增高进而引发了疫病的交叉感染，最终造成北山羊的成批死亡。机会主义觅食的雪豹也可能由于适宜的生境变小，才不得不频繁和牧民接触。自然界的食物网链环环紧扣，只有对保护区进行长期监测（图

4-64），兴许才能够解释这些疑问吧。

图 4-63　发现雪豹的梅花足印

图 4-64　天山木扎特河谷野外考察营地

二、草料争夺之战

保护区护林员长期坚守野外，对动植物种群变化有着最直观的感受。保护区的成立使野生资源遭破坏的压力得到缓解，北山羊、野猪、石貂等野生动物的遇见率上升。但野生动物和牲畜共享的食物——草场却每况愈下。游牧也一改往昔逐水草而生的浪漫，成了草料争夺大战。

托木尔自然保护区的牧民在保护区的核心带、缓冲带、实验区均有分布，放养马、绵羊、山羊、黄牛、牦牛等。很多地方原本能见 1 米高的草，现在只有不到 20 厘米草。在我们走访的几个峡谷沿途，羊群随处可见。雪豹基金会的马龙博士就指着山坡上蘑菇形的草丛说，这是由羊的食草偏爱造成的。为了抢食青草，5 月底便有牧民的羊开始啃吃青草，致使草长不高，不能开花结果。这些羊儿不喜欢吃的蘑菇形的草丛，就是毒草丛了。

根据调查，塔格拉克牧场的载畜量就达 20 000 多只，大库孜巴依护林点的载畜量达 8000～10 000 只。破城子管理站附近草场 6～9 月有来自破城子大队的 54 户牧民，按每户 350/400/500 只来计算，近 3 万只羊，而管理站的河对面便是拜城的种羊场。游牧规则以塔格拉克牧场为例，6 月至 9 月中旬抵大台兰夏季牧场；9 月中旬至 11 月中旬抵小台兰秋冬季牧场；11 月中旬至 3 月中旬抵扎木台，买下当地的苞谷或棉花地，喂食庄稼杆子或青储饲料；3 月中旬至 6 月中旬抵小台兰春季牧场；6 月中旬回到村子。草场甚至庄稼地得到最大限度的利用。走在通往小台兰管理站尘土飞扬的运煤路上，仔细往河对岸瞅，才能辨识出青草稀疏、黄土裸露的贫瘠山坡上竟趴拉着近百头的绵羊，拍下来倒可以发到网上来场数羊比赛。破城子管理站的管理人员评论道：“在新疆发展畜牧业的大方针下，托木尔自然保护区的草场有点过牧。”

总也填不满的羊肚和那些刨根问底的羊蹄，早已颠覆了羊温柔可人的模样。但牲畜是无知和无辜的，我们日益增长的肉食需求大大刺激了畜牧业的发展。加之草场管护制度的不完善，放牧者一味追求利益最大化，而忽视草场恢复，才导致过牧的发生。包孜墩站管理员阿布都在保护区生活、工作了 36 年，他给我们介绍了草场的所有权由地主—公家—私有的转变过程。地主占有期间，草场依据面积、草生长状况划分等级，羊少草多，羊肥得连尾巴都崩了。如今的塔格拉克牧场草场，羊归公家所有。而乡里的羊都是私有的，草场要自己掏钱买。兵团的羊私有，地却归公家所有。三种所有制，其中兵团的所有制最不利于草场管护。公家的草场部分租给其他牧民，对剩余的草场，由于羊私有便毫无节制地增加载畜量。对租来的草场，租户自然也尽可能地多养羊来增加利润。阿布都眼看着草场的衰败，心里很是着急。他说“这里的牧民过一年算一年，100 只算放羊，200 只、300 只照样放，根本不在乎草场的状况”。强烈建议控制牲畜数量，卖掉多余的羊只，并让多余的劳动力外出打工、种地或拾棉花，只是年轻人不愿意干。看来，放牧的生活方式在当地根深蒂固，要转型是需要些时日的。

塔格拉克牧场原属于国有牧场，原载畜量不大，但在草场分割给个人后，过牧问题越发突显。现正在进行的股份制改革，已经进行到第 4 年，计划试验 8 年。牧民将草场费通过塔格拉克牧业有限公司交至温宿县草原站、畜牧局。计划 2007 年或 2008 年让一部分地休牧，控制牲畜数量。但至今尚未实施，因牧民享有草场 30 年。其他缓解牧压的措施，如圈养在新疆很难实施，因为新疆多是山地草场，运输草料困难重重。

在经济欠发达区开展雪豹保护的首要难题就是贫困。在温宿山区，牧民收入属包孜墩最好，年人均收入 1300～1500 元，最低也有 900 元。而平原区农民的年人均收入是 2000～5000 元，差距还是很大的。在丰盛的宴席上，保护区人员纷纷出谋划策，提出种种可能增加牧民收入的途径，如种药材（雪莲、贝母），饲养珍禽异兽（雪鸡、雉鸡、北山羊、盘羊），搞旅游度假村，为游客出租马匹，定居农耕和园艺，设法提高农副产品的附加值（如兜售酸奶、手工艺品）等。

尼泊尔雪豹专家也曾对新疆林业厅建议，“新疆是农业大省，畜牧大于 1/4，应设法改变传统牧业结构，将遥远地区（雪豹栖息地）的牧民退下来定居，并给予一定的补偿金，以减轻牧民与雪豹之间的矛盾”。但是目前资金不足。近年，保护区开始进行 2 期生态移民工程（2007～2009 年），采用行政手段，以 1 户 3 万元的补偿方式，将夏季草场位于缓冲区的 26 户牧民外迁，定点放牧。虽然这里是自然保护区的管理范围，但世世代代生活在山区的牧民们也有“草场证”，形成了林区和草场“一地多证”的权属重叠的现象。所有相关事宜均要与温宿县政府协商，而农牧民所享有的30年不变的草场权正是2期工程进程中最大的阻碍。牧民不愿意离开世世代代居住的大山、河流、草原、森林、小屋和羊圈（图4-65）。

图4-65　天山托木尔峰山区牧民的圈舍

三、各方地界争端

我们聘来的维吾尔族司机依明江，一贯为有钱人开车，是个挺会享受的乐呵汉子。要不是一路上好酒好烟好言待他，他早就吃不消这颠簸之苦，把我们撂在半道撒手不干了。依明江是个好向导，对保护区的地形相当熟悉，连当地的牧民都很热情地招呼他。4月1日，我们从破城子管理站出发，依着从边界流淌的河往里驶。依明江大声抱怨道："我每年都要接待内地的珠宝商来此选购玉石，给这些人开车，不仅食宿好，而且油水也很多。"我笑着听但不接话茬，转头见车窗外几个外乡人在路边忙活。下车问询，他们都迅速走开。原来，每年9月至次年4月为野生麻黄药效最好的采摘期，温宿县制药厂收购医用，当地政府允许合理开发。采矿、采药对于当地牧民来说是明令禁止的，却限制不了这些外地人。他们受雇于人，偷采盗挖，再深夜潜出保护区。若被拦下，罚个200～500元便不了了之。沿途遇到的矿点不少，有大理石矿1处、铜矿3处、金矿2处、玉矿1处、铝矿1处，其中一些属探矿。据说只要你有钱，并探明矿产所在，便能得到当地政府的采矿许可，保护区形同虚设。温宿县政府还准备在林区大规模开采铜矿，保护区不同意但也没有办法阻止。雪豹的命运令人担忧（图4-66）。

图 4-66　雪山之王雪豹的出路在哪里？

1994 年 10 月 9 日国务院令第 167 号发布的《中华人民共和国自然保护区条例》的第十八条有如下规定：“自然保护区可以分为核心区、缓冲区和实验区。自然保护区内保存完好的天然状态的生态系统以及珍稀、濒危动植物的集中分布地，应当划为核心区，禁止任何单位和个人进入。除依照本条例第二十七条的规定经批准外，也不允许进入从事科学研究活动。核心区外围可以划定一定面积的缓冲区，只准进入从事科学研究观测活动。缓冲区外围划为实验区，可以进入从事科学试验、教学实习、参观考察、旅游以及驯化、繁殖珍稀、濒危野生动植物等活动。”而未经批准，任何单位和个人不得擅自移动自然保护区的界标。这样一来，保护区地界的划定势必对当地政府开发利用资源形成阻力。保护区和温宿县政府之间，先有林权证与草场证的纷争未定，现又有采矿等因素使保护区三个区域的地界迟迟无法确定。保护区原本设计面积要大于现有面积，原应包括现在的一些居民区、前山带，这正是温宿县不同意，经协商后缩小的缘故。这些都使原任温宿县副书记的托木尔自然保护区现任局长万某处在相当微妙的位置。

首先是采矿所引起的生境破坏。新疆农一师五团煤矿（也称农一师电力公司煤矿），草皮滑坡，煤灰把山体染黑。巴依里煤矿（建华厂煤矿），山体里头煤层自然着火，致使山体表面的植被无法生长，但煤矿开采依旧在有序进行。小库孜巴依、小台兰煤矿等多处于森林边缘，林地底下被掏空，会引起塌方、地表水下沉等。而位于林区下面的矿点正是北山羊 4～5 月繁殖、活动的地方。

其次是矿区人为活动增多给保护区带来的消极影响。保护区内共有一乡两场，总人口近 2 万人（农牧业、矿业），实验区内约 1 万人。建火场、五团、四小队、大库孜巴依、克孜布拉克、破城子六大矿区，有矿工 3000 多人，若加上亲属 6000 多人，每个矿点还拥有若干个分散的采矿点。煤矿的矿主和矿工大多来自内地其他省区，如隶属五团的小库孜巴依煤矿。他们只为赚钱，缺乏环境保护意识。

管理站多设在保护区通道入口处。管理站必须登记每个矿点的矿主身份和矿工人数，并设立哨卡检查过往车辆是否携带猎物、枪支、伐木工具等。包孜墩管理站有邻近煤矿的 2 个护林点，监察矿工的行踪。但矿工人数众多，活动分散，采伐、偷猎和盗挖药材时有发生（图 4-67）。没收兽夹便成了护林员日常巡护工作中很重要的一项内容。由于保护区地处温宿县的管辖范围，管理人员对一些违法行为束手无策。

图 4-67　天山托木尔峰保护区内偷伐林木的现象时有发生（2004 年）

2006 年，吐拉沟从事违法行为的人，被护林员抓获并关在温宿县。由于当时通信不灵，没能及时地和领导沟通。事后，领导说："该挡得挡，不该挡的别挡。"又如，2006 年四小队的水泥厂有人偷采黑色的石头。管理员出面交涉，当事人说马上补办手续，但接连拉了数月，到 2007 年又继续开采，依然没有任何手续。遇到这些棘手的事情，保护区有规定，管理员可以向上级反映，却无权直接向森林公安反映。森林公安只负责大事，如偷猎、非法采矿、偷砍木头，其他事情一概不予理会。由于权力有限，加上不敢和这些违法分子发生正面冲突，森林公安只好放任自流。野地里的管理员都期望保护区能尽早成立森林派出所，这样威慑力可能会加强。

最后是决策层意见分歧，管理混乱。温宿县政府有些人不配合保护区管理工作，主张放牧、开矿、石油勘探等。于是便出现了某些行为经过县政府的批准，却没得到保护区允许的尴尬局面。这些可以经过政府批准而未得到保护区允许的事情，屡屡发生。这说明某些手握重权的人不仅缺乏生态保护和可持续发展意识，对法律的了解也很欠缺。

四、管理尚存缺陷

根据《中华人民共和国自然保护区条例》，国家级自然保护区，由其所在地的省、自治区、直辖市人民政府与有关自然保护区行政主管部门或者国务院有关自然保护区行政主管部门管理，国家给予适当的资金补助。

托木尔国家级自然保护区至今仍挂牌于天山林场。2003 年保护区从自治区级升格到国家级。保护区管理站也于 2005 年正式转变为管理局。保护区面积约 23.76 万公顷，从 1993 年至今，国家只配备了 5 个人员编制，根本不够开展管理工作。就算当前的 40 个野外编制和 20 个管理局编制，对于偌大的管护面积而言也仍显人手不足。加上原林场的退休职工家庭困难，只有天山林场的编制才基本保证现有工作的开展。而针对林场的“重点公益林”管护，国家是有拨款的。保护区内有管理站 5 个，分别建在各个峡谷的通道入口处，主要负责检查过往车辆和人员登记。每个管理站在林区内又分设数个护林点，有护林员每周 1～2次的骑马或徒步巡护，巡护工作内容包括森林防火、重点森林保护、没收兽夹、防偷猎、向牧民宣传国家相关政策等，其重点在于森林防火，在夏天还得兼顾旅游。另聘有当地牧民为义务护林员，每个林班一个，如有状况发生，及时向管理员举报。每月工资 200～400 元，每次奖励相当于工资的 30%。每个管理站管护范围为由管理站所在位置出发，沿通道向外 5～6 千米，向保护区内深入 3 千米的区域。其中，塔格拉克管理站管护面积最大，每人管护 3000～4000 亩林地，工资每年近10 000元。巡护交通工作有马匹、汽车、摩托。每年 2～3 次深入保护区，每次5 天。护林员的生活用电由电力公司提供，而巴依里护林点的燃料由附近煤矿提供，包括我们进入护林点的道路也是为煤矿运输而修建，这说明保护区的基础设施与矿区之间存在一定的依存关系。而有些林区交通不便，加上管理人员没有草场份额，无法满足马匹的饲料要求，只能徒步巡护，大大降低了巡护效率。

人手不足及管理员素质不高成为瓶颈。托木尔自然保护区现有林区管理人员多是原林场职工，文化水平多为小学、初中、中专，高中的很少。虽然他们的主要职能由原来的伐木转变为现今的管护，可知识技术水平与管护的实际要求相差甚远。例如，维汉两种文字的护林员巡护日志是在 2006 年才开始推行的，记录内容直观、不系统。处于保护区领导层的三把手万局长原是温宿县副书记，专业公检法。哈书记原是绿委办主任，但主管平原林场。刘书记林业科班出身，但主搞行政。据说国外的保护区领导层主要从野外工作人员中提拔，野外管护的经验对保护区规划的指导至关重要。而托木尔自然保护区野外管理人员素质普遍不高便阻碍了这样的人才提拔机制。另外，偌大的管护面积紧缺工作人员。例如，管护面积最大的塔克拉克管理站，在每人管护 3000～4000 亩林地的基础上，仍需 4 名工作人员，有时保护区不得不招聘临时工（合同工）。

长期以来，保护区缺乏员工培训和科考监测，资源状况不清楚。在野生动植物考察方面，种群数量资料严重匮乏。主要由中国科学院于 1977～1978 年开展的大范围气象、生物、冰川考察报告，仅有 3～4 本书介绍保护区生物资料。塔格拉克管理站 2005 年动工，2007 竣工，站内设有鸟类环志、水文冰川监测办公室。管理人员的工作也因此新增了测量水温等内容。冰川项目所需的硬件、软件据说国家已为其备齐，而兰州冰川站每年会派人来观测冰川变化情况。也有日本的个人组织前来察看冰川状况，但主要是为了搜集登山资料。2006 年 7 月，有俄国人调查冰川和植被。但凡外国人进入考察，都必须经过保护区的审核批准。1991 年，日本登山队因雪崩死了 3 人。1996 年，3 个日本人进山拍北山羊和雪豹。2004 年，俄国人小台兰探险 2～3 天。1998 年，6 个美国人参与冰川考察。

现有的旅游度假村缺少生态评估，对野生动物干扰比较大。天山度假村又名天山森林公园，属自治区级森林公园，是小库孜巴依管理站的所在地。其余管理站得管护几条沟，而小库孜巴依只需管护一条沟，是为了节约人员来保证夏季的旅游。公园具有企业性质，员工享有福利。公园门票每人 10 元左右，年收入近 10 万元。赚得的收入补贴保护区工作人员，每人每月午餐费 8 元，交通费 240 元。保护区管理局多种经营科王科长说："天山森林公园开展生态旅游所得经费可用于保护区的保护，为牧民提供新的经济来源，减少牧民对牧业的依赖，降低草场压力。"但马龙博士建议度假村应做好垃圾处理工作，并跟踪评估发展旅游对保护区生态带来的负面影响。

保护区驯化野生动物，是不得已而为之的经济策略。小库孜巴依管理站站长李建华于南京林业大学的自然保护区管理专业毕业，是保护区内难得的高材生。他在工作期间，曾捕捉野生动物如雪鸡等以用于参观或驯化饲养，但都以失败告终。据说捕捉和圈养过的几百只雪鸡都死于鸡瘟。他驯养过 4～5 只不足月鹅喉羚的小崽子，都没有繁育成功。1 只北山羊喂得太饱被撑死，另一只北山羊想翻越栅栏，被活活戳死。包孜敦管理站的阿布都的野生动物饲养也统统失败。

保护区 1983 年开始禁伐，但无法阻止牧民的砍伐。另外，管理员会将倒木以 180～400 元/立方米的低价卖给牧民，用于修建栅栏、房屋、桥梁等。木材的市价是 1800～2300 元/立方米。

缺少短期、中期和长期规划，未来的管理工作将举步维艰。2003 年，托木尔自然保护区正式升为国家级自然保护区。保护区建设1期和2期工程资金的70%由中央提供，30%由地方配备。1期工程资金刚到位，主要解决工作人员的办公和住宿问题。2期工程主要解决保护设备配备以及生态移民问题。目前的工作重心是为重点公益林林班打界桩，一年又一年，还处于初级阶段。至于生态监测、旅游评估、草场状况调查、自然资源信息系统建设等事关保护区职能发挥的重要事项却几近空白。马隆（D. Mallon）博士也感慨一个国家级别的保护区居然没有若干年的规划！

雪豹是具有巨大保护价值的旗舰种，也是高山生态系统不可多得的指示物种。实施科学严密的雪豹保护计划，将会惠及高山林区的大多数相关物种，包括人类自身，进而有利于高山林区的生物多样性保护（图4-68）。10天对评估整个保护区来说时间太短，而且收集到的信息也不全面。但这样的评估所反映出来的问题已经相当的棘手。资金、人力资源的不足，不禁让人担心托木尔国家级保护区也可能出现其他保护区已经出现的重建设不重管理、重旅游经营不重管护的现象。希望本文的事实罗列能引起更多专家的关注，并希望他们给予宝贵的意见和技术支持。在这还想对长期坚守野外、尽心管护这片高山雪林的保护区的工作人员们表示由衷的感谢！

图4-68　天山雪峰再高，也有顶；塔里木河再长，也有尽

骑着牦牛和马匹上天山托木尔峰考察雪豹的人们，正在朝着哈萨克斯坦和吉尔吉斯斯坦边境挺进（2004年），他们期待着某个时候，人类不会涂炭生灵，不会再伤害雪豹

（陈　莹）

参考文献

阿克苏地区林业局动植办．2007. 国际雪豹基金会对托峰保护区进行考察．新疆林业，(3)：11.
程芸．2004. 新疆雪豹保护．新疆自然保育基金．
程芸，白韫雯．2005. 新疆雪豹贸易调查报告．乌鲁木齐：新疆自然保育基金．
戴嘉琦．2004. 雪豹：绝望的冰山来客．绿叶，(6)：37-39.
丁冬，马鸣．2006. “雪山隐士”被偷拍．小哥白尼，(7)：14-17.
克德尔汗．2008. 高山雪地上的猛兽——雪豹．新疆林业，(4)：29.
林永烈．1985. 天山托木尔峰地区的兽类区系. 见：中国科学院登山科学考察队. 天山托木尔峰地区的生物. 乌鲁木齐：新疆人民出版社：1-19.
刘先平．2011. 我的山野朋友——追踪雪豹．济南：明天出版社．
马鸣．2005a. 谁来拯救中亚雪豹？大自然，(2)：6-8.
马鸣．2005b. 追踪新疆雪豹．小哥白尼，(3)：15-21.
马鸣．2006a. 科学家首次揭开新疆雪豹的真面目．科学画报，(5)：40-42.
马鸣．2006b. 守候雪豹的 71 个日夜．森林与人类，(9)：72-89.
马鸣．2007. 雪豹考察日记（摘选）．大自然探索，(5)：56-57.
马鸣．2008a. 红外拍摄日记．人与生物圈，(6)：26-35.
马鸣．2008b. 雪豹下天山之谜．人与生物圈，(6)：44-45.
马鸣．2010. 揭开雪豹的神秘面纱．见：新疆文化厅，中共乌鲁木齐市委宣传部，乌鲁木齐市图书馆．新疆话语．北京：文化艺术出版社：241-261.
马鸣．2011. 曾经的雪豹王国．户外探险，(11)：124-125.
马鸣，徐峰．2006. 利用红外自动照相技术首次拍摄到清晰雪豹照片．干旱区地理，29 (2)：307-308.
马鸣，胡宝文，梅宇，等．2010. 昆仑山中段初冬鸟类调查及其多样性分析．干旱区研究，27 (2)：230-235.
人与生物圈记者．2008. 中国雪豹小组在行动．人与生物圈，(6)：18-25.
沈石溪．2009. 雪豹悲歌．杭州：浙江少年儿童出版社．
吐尔逊•吐拉克．2008. 我看到两只小雪豹幼崽．新疆画报，43 (4)：83-83.
汪松．1998. 中国濒危动物红皮书，兽类．北京：科学出版社．
王博．1992. 昆仑山的雪豹．大自然，(2)：31-32.
王铁男．2004-10-16. 托木尔峰探险日记．户外资料网（www.8264.com）．
吴新华．1998. 喜马拉雅山雪豹．中国西藏，(2)：49.
吴玉虎．1996. 秘境昆仑科学探险纪实. 西宁：青海人民出版社．
西北平原．2009. 雪豹——神秘而凄美的故事．乌鲁木齐：新疆美术摄影出版社．
徐爱春．2008. 高原上的雪豹隐居之地．人与生物圈，(6)：46-59.
徐峰，陈莹，马鸣，等．2008. 天山雪豹何以开始偷袭家畜？人与生物圈，(6)：36-43.

徐新林．2008. 探寻新疆雪豹．新疆画报，43（04）：80-83.
易清华．2006. 雪豹娃娃历险记．小哥白尼，（3）：46-48.
袁帅．2008. 四川雪豹录像拍摄全程随访．科学大观园，（9）：9-11.
智峰．2008. 留住她，就是留住一个健康的系统．人与生物圈，（6）：4-5.
智峰，楚波．2008. 三十年前他与雪豹数次相遇．人与生物圈，（6）：60-69.
Mallon D P，McCarthy T M. 2002. 雪豹生存策略．乌鲁木齐：新疆自然保育基金．
Ma M. 2008. Research and conservation status on Snow Leopards in China. International Conference on Range-Wide Conservation Planning for Snow Leopards，Beijing，China，9-11 March 2008.
Ma M，Hu B W，Mei Y. 2008. Survey on Snow Leopards *Uncia uncia* in Kunlun Mountains，Xinjiang，China. Urumqi：Xinjiang Snow Leopard Group，XIEG/CAS/ISLT/XCF：1-108.
Ma M，Xu F，Mardan T，et al.，2004. Report on the Distribution and Density of Snow Leopard *Uncia uncia* in Tomur，China. Urumqi：Xinjiang Snow Leopard Group，XIEG/CAS/ISLT/XCF：1-32.
Ma M，Xu F，Wu YQ. 2005. Camera Trapping on Snow Leopard in the Muzat Valley，Tomur Feng Nature Reserve，Xinjiang，P. R. China（October～December 2005）．Urumqi：Xinjiang Snow Leopard Group，XIEG/CAS/ISLT/XCF：1-22.
McCarthy T M，Breitenmoser U，Breitenmoser-Wursten C. 2008. 又一个被推向濒危的旗舰种. 人与生物圈，（6）：1.
McCarthy T M. 2008. 保护需要从意识转为行动．人与生物圈，（6）：6-17.
Munkhtsog B，Ma M. 2004. Report on Snow Leopard Field Survey and Methodology Training in the Northern Xinjiang. Urumqi：Xinjiang Snow Leopard Group，XIEG/CAS/ISLT/XCF：1-35.
Schaller G B. 2003. 青藏高原上的生灵．康蔼黎译．上海：华东师范大学出版社：1-333.
Snell R，Bayarjargal A（巴雅拉）．2008. 雪豹企业——来自蒙古国的故事．夏树译．人与生物圈，（6）：70-75.

第五章

雪豹的分布与数量（兼地理亚种讨论）

雪豹喜欢独来独往，昼伏夜出，行为诡秘。一些研究雪豹的专家，从来没有在野外见过雪豹，如国际著名雪豹专家乔治·夏勒博士在新疆、青海、西藏等地考察雪豹几十年，也只是“只见其皮，不见其形”。世界上究竟还存活有多少只野生的雪豹呢？专家有的时候也会被问住，甚至尴尬地不知道如何回答。然而，这却是一个被无数次问到并需要我们认真去回答的问题。

近年，根据国内外一批老专家的调查资料，估计全球的雪豹种群数量为3500～7000只。误差区间如此之大，但人们好像并不太介意。业内人士都知道这已经是非常过时的数字了。只有当政府保护部门或国际基金组织需要确定向哪里拨发保护基金的时候，详细的分布区和精确的种群数字才变得更加重要。

第一节　雪豹的地理分布

大约在230年前，也就是雪豹未被科学家发现和定名之前，雪豹的分布范围可能比现在大许多。自从欧洲列强知道中亚山峦之中深藏着如此高贵的动物，雪豹的噩运就开始降临。从地图上看（图 5-1），它可以西抵伊朗与土库曼斯坦交界的波斯山脉（东经 57°），东至俄罗斯远东地区的阿穆尔河流域（东经 135°），北达西伯利亚腹地（接近北纬 60°），南到中国云南丽江地区与缅甸北部山区（北纬 25°）。短短 200～300 年，雪豹的分布面积迅速萎缩，与其他大型猫科动物一样面临灭绝的危险。以下从不同的层次介绍雪豹在世界、中国、新疆的分布情况。最后，简单介绍雪豹垂直分布的南北分异。

一、雪豹在世界的分布

雪豹主要生活在亚洲中部那些境内有高山或高原的国家和地区，如中国、阿富汗、不丹、印度、蒙古国、尼泊尔、巴基斯坦、俄罗斯、哈萨克斯坦、吉尔吉斯斯坦、塔吉克斯坦、乌兹别克斯坦等。这些地方都环绕在中国西部的边境地区。在苏联解体之前，雪豹仅分布于 8 个国家。苏联解体以后，雪豹分布国增加到 12 个国家（详见第十章）。其活动的区域面积加起来可达 120 万～240 万平方千米（图 5-1）。虽然雪豹的分布范围比较广，但是它们的密度非常低，平均每 100 平方千米不到 1 只，且呈岛屿状分布于中亚的各个山头。因此雪豹的总数量仍然非常少，属于珍稀濒危动物。

长期以来，对雪豹分布范围大小、历史变迁，科学家没有形成统一的认识。其最北可能跨过北纬 54°～60°的范围，甚至迁徙至远离现有分布区 3500 千米的地方。还有一些记录显示在北极圈靠近楚科奇—堪察加半岛的地方也曾经有雪豹活动痕迹，当地人称雪豹为雪猫（Kashkarov，2012）。当然，是否与阿穆尔虎、远东豹等大猫痕迹相混淆，尚待核实。

除了以上所说的 12 个国家外，对最南缘的缅甸有没有雪豹仍然存在争议。有人认为缅甸北部山区与中国雪豹分布区西藏和云南交界，在历史上可能有雪豹分布（Mallon，2003）。许多年前当地有人出售雪豹皮，在山区也有人见过雪豹的痕迹。甚至近年有猎人见过雪豹，并且也偶然有人猎杀过雪豹。在中缅两国边境附近有一座海拔 5881 米的高峰，名字叫开加博峰（Hkakabo Razi），属于东部喜马拉雅山脉的一部分。其北部是西藏的察隅县，是有雪豹分布的（尹秉高和刘务林，1993）。在与云南交界的高黎贡山、横断山都曾经有过雪豹记录（国家林业局，2009）。然而，由于长期的独裁和封闭政策，人们对缅甸北部的情况知之甚少。

雪豹是喜马拉雅造山运动的产物。根据化石记录和分子进化生物学研究，雪豹的诞生与青藏高原隆升关系密切，与晚新生代青藏高原的地质构造事件及气候重大转型期呈现一定的相关性（魏磊等，2011）。从整个世界范围来看，雪豹主要分布在中亚的高山和高原地区，如喜马拉雅山、喀喇昆仑山、帕米尔高

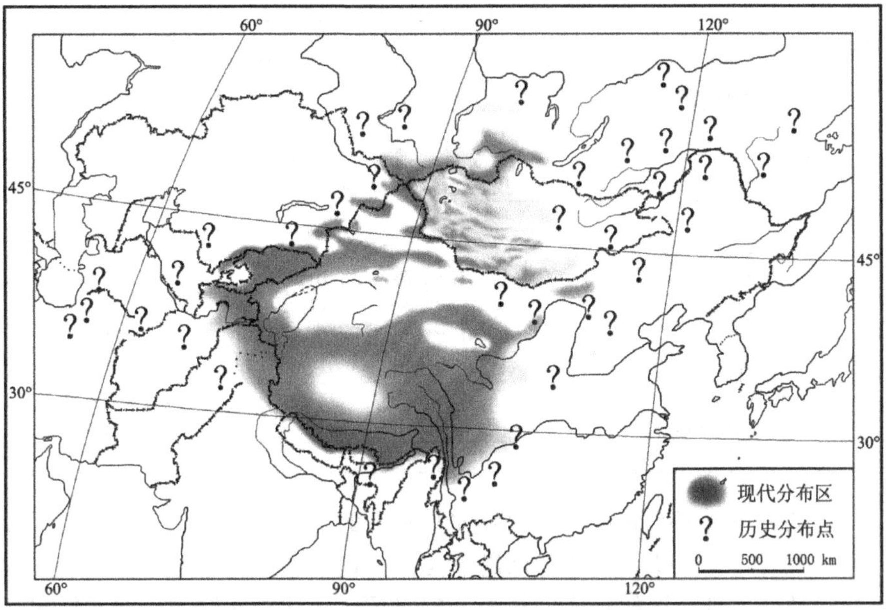

图 5-1 世界雪豹分布示意图——环绕中国约 12 个国家，面积在萎缩中

原、昆仑山、天山和阿尔泰山等地。在青藏高原，因为它平均海拔超过了 4000 米，而且很多地方是无人区，被认为是雪豹的最主要分布区之一。几乎整个青藏高原都应该有雪豹的生活。

然而，在高原内部，地势比较平坦，辽阔的荒漠草原，缺乏悬崖和隐蔽的灌丛，也不一定适合雪豹生存。与猎豹不同，雪豹是不善于快速奔跑的，它们的生存策略是不一样的。雪豹完全不能适应过于平坦的地形和奔跑如飞的猎物。雪豹是否能捕食藏羚羊，这方面资料缺乏，还需要进一步调查。

从雪豹整个分布区的地理特征来看，南部地区的海拔一般比较高，如在尼泊尔的部分地区及印控拉达克地区，雪豹几乎都在海拔 4000 米以上的区域中活动。而在雪豹分布区的北缘，如蒙古国、俄罗斯和中国新疆北部等地区，雪豹活动区域的海拔明显比南部地区低许多。在有些地区甚至一过了海拔 2000 米就有雪豹的活动。国外雪豹的活动范围，记录最低的地点海拔高度只有 900 米（McCarthy，2000）。而在新疆的艾比湖地区，人们多次遇见雪豹出现在海拔 200～300 米的区域。甚至在吐鲁番盆地，雪豹出现在海平面以下的区域（马鸣，2008 年）。这些都是最极端的记录，并不代表雪豹真实的生活环境。

特别要指出的是新疆作为雪豹的重要分布区，它恰好位于雪豹分布区的中心位置，与新疆相邻的 8 个不同国家或地区都有雪豹的存在。因此，新疆雪豹分布范围的大小和数量的多少，会直接影响雪豹在整个世界范围的分布和数量（张荣祖，1997；马鸣等，2005）。雪豹在不同国家的分布面积见表 5-1。

表 5-1　雪豹世界分布及生存面积估计

序号	分布国家	地区或山脉	适宜生境面积/平方千米
1	阿富汗	帕米尔高原、兴都库什山脉、瓦罕谷地	80 000
2	不丹	喜马拉雅山脉	10 000
3	中国	青藏高原、帕米尔高原、天山、阿尔泰山等	400 000～1 100 000
4	印度	克什米尔地区、喜马拉雅山脉	95 000
5	蒙古国	阿尔泰山、唐努乌拉山	130 000
6	缅甸	北部山区	?
7	尼泊尔	喜马拉雅山脉	30 000
8	巴基斯坦	克什米尔地区、喀喇昆仑山脉	80 000
9	俄罗斯	阿尔泰山、唐努山、萨彦岭	130 000
10	哈萨克斯坦	天山、阿拉套山	71 000
11	吉尔吉斯斯坦	西天山南脉	126 000
12	塔吉克斯坦	帕米尔高原	78 000
13	乌兹别克斯坦	南天山	14 000
	合计	12～13 个国家	1 244 000

对雪豹分布范围的界定是雪豹研究最基本的工作之一。一般在一个区域开展雪豹研究时，首先要搞清楚的问题就是这个区域有没有雪豹。如果有，它们会在什么地方出现，这就是人们最关心的事情。在这类研究中，通常针对一个小区域，如一个保护区，开展雪豹的分布范围考察相对比较容易，并且也能做到准确。但是，针对大区域，如整个新疆、整个青藏高原地区乃至整个中国或整个世界范围内雪豹分布范围的调查，是很难做到精确的。它需要多位有经验的研究人员和专家们，在同一时期开展调查，甚至需要采用统一的方法，开展跨地区、跨行政区、跨地理单元、跨国家的联合行动。只有经过长期、深入的统一调查，才能得出相对准确的结论。目前，全世界总共有多少只雪豹，它们都生活在什么地方，还没有准确的答案。这个问题还有待于雪豹研究人员们在今后的工作中通过不断的努力，进一步地完善相关的研究结果来回答。

根据最新的统计数据，在 12 个雪豹分布国中，已经有 9 个国家利用红外相机拍摄到野生雪豹（图 5-2），即阿富汗斯坦、尼泊尔、印度、巴基斯坦、塔吉克斯坦、吉尔吉斯斯坦、俄罗斯、蒙古国、中国。

二、雪豹在中国的分布

中国是雪豹的最主要分布国家，在全世界 12～13 个有雪豹分布的国家中，中国的雪豹数量是最多的，分布面积是最大的。就全世界而言，雪豹的活动区域为 124 万～240 万平方千米，其中一半（60 万～120 万平方千米）在中国境内；全世界雪豹的数量在 4500～7350 只，其中生活在中国的至少有 2400～3500 只。中国是所有 12 个雪豹分布国家中，数量最多的一个超级大国，其总数远远超过其余 11 个国家资源量的总和。雪豹在我国主要分布于青藏高原和新疆，此

图 5-2　新疆天山雪豹研究团队于 2005 年 10～12 月首次拍摄到雪豹在野外的生活照片

外在甘肃、四川和内蒙古等几个省区亦有雪豹分布的记录（图 5-3）。

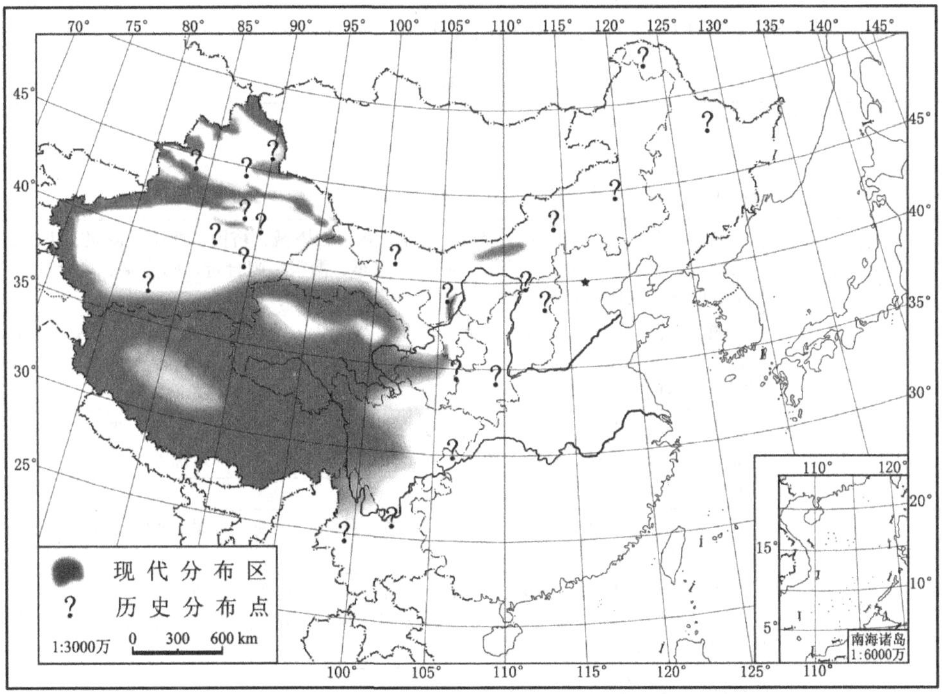

图 5-3　雪豹在中国 9 个省区的分布示意图

从雪豹在中国的分布范围来看，它主要分布在我国的青藏高原和新疆两个区域（图 5-2）。其中青藏高原的绝大部分地区都适合雪豹的生活，这一区域也是雪豹最主要和最连续的生活地区。从新疆的情况来看，雪豹主要生活在新疆的几大山系之中，如天山、昆仑山、阿尔泰山等。雪豹在我国的其他地区仅有零星的分布和记录，如云南、宁夏、四川、内蒙古等，这些地区中有些曾经是雪豹的活动范围。但是，随着人口迅速增加，雪豹的分布范围逐渐缩小。在近年的考察中，一直没有发现雪豹的活动。因此，现在这些地方有没有雪豹的活动是存疑的。还有一些地区，雪豹只在很有限的小范围中活动。在中国除了青藏高原和新疆外，雪豹在其他地区几乎难以生存，就是有也都是很小的种群，在有限的区域中活动。雪豹在这些区域中的分布是不连续的和孤立的，很容易绝迹。

到目前为止，雪豹究竟在中国的哪些地区有分布，数量有多少，还没有系统的调查和准确的数据。仅有一些针对某一区域或某一保护区的研究结果，缺少大尺度的考察和准确的统计。东北林业大学的马建章院士等 2002 年收集各地数次野生动物考察中的资料，及雪豹考察的结果，对中国各地雪豹的分布作了总结。目前，这是我们了解雪豹在我国分布情况的最主要的参考依据。此外，西宁动物园的廖炎发和谭邦杰（1990）和中国科学院动物研究所的杨奇森研究员（Yang, 1994）等也分别收集了一些雪豹在青海、西藏等地的分布信息，有些还比较具体，这也是我们了解雪豹在中国各地分布情况的重要参考资料（表 5-2）。

表 5-2　雪豹在中国的分布表

省区及适宜面积/平方千米	地区或县市
内蒙古 5 000	阴山、乌拉山、大青山、乌拉特后旗（中蒙边境区）
新疆 670 812	阿勒泰、布尔津、哈巴河、福海、富蕴、青河、塔城、裕民、博乐、温泉、伊犁、玛纳斯、阜康、哈密、托克逊、轮台、库车、温宿、阿合奇、阿克陶、塔什库尔干、叶城、皮山、和田、策勒、民丰、且末、若羌等
青海 20 450	贵德、互助、门源、祁连、天峻、都兰、格尔木、贵南、兴海、治多、杂多、囊谦、玉树、称多、曲麻莱、玛多、玛沁、久治、班玛、达日等，及柴达木盆地周围及大柴旦的部分山区
甘肃 6 000～10 000	舟曲、迭部、卓尼、玛曲、碌曲、夏河、临潭、康乐、临夏、永登、陇西、和政、永昌、武威、张掖、临泽、肃南地区、肃北地区、阿克塞、天祝等
宁夏	贺兰、银川、泾源（六盘山）
四川 6 500～10 000	白玉、石渠、巴塘、得荣、色达、德格、甘孜、新龙、理塘、炉霍、冕宁（凉山）、汶川、若尔盖、小金、天全、宝兴、大邑、平武等
西藏 650 000	昌都、左贡、察隅、洛隆、丁青、那曲、巴青、比如、当雄、拉萨、贡嘎（山南）、尼木、曲水、旁多、吉隆、日喀则、定日、洛扎、萨迦、帕曲、申扎、普兰、日土、阿里和双湖地区等
云南 9 184	德钦（横断山脉）、贡山（高黎贡山）、中甸、丽江等
山西 ？	山西北部？

雪豹分布在中国的西部高原和多山地区，如青藏高原、蒙新高原、云贵高原等。仅就新疆、西藏、青海、甘肃、四川五省区来说，总面积就接近国土面积的一半（453 万平方千米），占据了半个中国。在这样大的区域里，要想调查清楚雪豹分布，谈何容易。由于早期缺少大区域综合考察的资料，所以对雪豹分布和数量情况的了解有相当一部分来自动物园的捕捉和收购。这其中尤其以廖炎发和谭邦杰（1990）的工作为主。他们根据动物园收集到的雪豹的产地来源，对雪豹在中国的分布情况作了粗线条的归纳。

根据对以上资料的总结，雪豹在中国各地的详细情况大致如下。

（一）西藏的雪豹

西藏地域广阔，面积 122 万平方千米，仅次于新疆。全境内几乎都是高山和高原，常年积雪，野生动物资源丰富，并且西藏的大部分地区人烟稀少，是雪豹的理想生活环境。西藏的主要山地，如喜马拉雅山、冈底斯山、唐古拉山、念青唐古拉山、横断山、可可西里山、喀喇昆仑山、昆仑山等都应该有雪豹的分布。但是，由于西藏特殊的生态环境，相关的考察非常少，因此有关雪豹的资料也非常少。

据冯祚建等（1986）、尹秉高和刘务林（1993）、张荣祖（1997）记载，在昌都、左贡、察隅、吉隆、丁青、巴青、比如、定日、洛隆、曲水、旁多、日喀则、洛扎、帕曲、萨迦、拉萨、贡嘎（山南）、那曲、当雄、尼木、申扎、普兰、双湖等地有雪豹分布。1966 年，在珠穆朗玛峰北坡海拔 5300 米考察营地见过 1 只雪豹，附近还有一些足迹链。2008 年 10 月，中国科学院的一个考察队在冈底斯山附近海拔 5100 米的帕龙错南面平坦的草原上拍摄到 1 只独行雪豹（谢昌卫，2008）（图 5-4）。2009 年 3 月，在日喀则地区定日县绒辖乡仓木坚村发现 1 只雪豹，身长 120 厘米，尾长 120 厘米，身高约 50 厘米，全身灰白色布满黑斑，是一只成年雪豹。此雪豹在杀死一头成年奶牛后，被村民围堵在山洞中捕获。2011 年，在阿里地区班公湖附近有牧民捉到 1 只雪豹。2011 年 8 月，在山南贡嘎县当地牧民捉到 3 只小雪豹，其中 2 只被当地人饲养至今。2012 年 1 月 12 日，央视记者在那曲拍摄到雪豹，相距 200 米，并记录雪豹袭击牦牛。

（二）青海的雪豹

青海省属于青藏高原的一部分，面积 72 万平方千米（约为青藏高原面积的 1/3），平均海拔在 3000 米以上。早期中国动物园饲养的雪豹大都来自青海省。研究表明，自 20 世纪 50 年代中期以来，中国各地的动物园在青海相继进行了 60 多年的雪豹收集工作，捕捉地点的分布区域占青海总面积的 2/3 左右。迄今，青海省依然是动物园雪豹的主要来源地。

图 5-4　中国科学院的一支考察队在冈底斯山拍摄到雪豹，2008 年 10 月（谢昌卫 摄）

廖炎发统计了西宁动物园 1968～1984 年雪豹的收集情况，对各地动物园在青海收集雪豹的情况作了汇总（廖炎发，1983 年；1984 年）。结果表明，动物园共收集了来自青海各地 20 多个县的雪豹，包括海东地区的互助县，海北藏族自治州祁连县和门源县，海西蒙古族藏族自治州的格尔木市、都兰县、乌兰县和天峻县，玉树藏族自治州的曲麻莱县、杂多县、称多县、治多县、玉树县和囊谦县，果洛藏族自治州的玛沁县、班玛县、达日县、玛多县和久治县等，海南藏族自治州的贵德县、贵南县和兴海县等。也就是说在青海的 38 个县市中，确定有雪豹分布的至少有 20 个县。

而 1984 年 7 月《光明日报》的报道称“雪豹在青海遍布六个州的 27 个县”，这还不包括青海西南部的无人区。《青海经济动物志》（李德浩等，1989）的记载更加完整，几乎 60%的行政县有雪豹分布。2010 年 7 月，有人在可可西里无人区活捕到 2 只小雪豹。因此，根据以上各方面资料可以看出雪豹在青海的分布范围相当广泛，并且种群数量也较多（详见后），是我国雪豹的主要分布区之一。

（三）新疆的雪豹

新疆是中国最大的省区，面积 166 万平方千米，占国土面积的 1/6。中国最长的几个山脉都位于新疆，这些山脉均适合雪豹的生活，详细分布资料可见下一节。从外贸部门和动物园收集雪豹的情况来看，新疆的资料并不是很多（穆新春，1993；刘恺，2001）。有资料记载乌鲁木齐与北京的动物园曾在新疆北部的阿尔泰山、北塔山、哈密东部的天山及新疆西北部的塔城山区收集到雪豹。这些地区确定是雪豹的原始分布区。后来在南疆的喀什、阿克苏、巴音郭楞蒙古自治州等地也捕捉到过雪豹。

而新疆其他地区的雪豹分布情况由于没有太多资料记载，也没有动物园收集过雪豹，资料并不是太多。但是，新疆的自然条件和动物区系都与青海相似，面积则比青海大一倍多。所以，新疆雪豹的分布范围和数量应该不比青海少。新疆的主要山地应该都有雪豹的活动，如整个天山、昆仑山、阿尔金山、阿尔泰山等，只是相应的考察研究比较少，因此没有太多的文献数据（图 5-5）。

（四）甘肃的雪豹

甘肃的雪豹主要集中在祁连山地区，这也是中国雪豹的主要产地之一。祁连山位于青海和甘肃两省之间，1976～1985 年，在这个地区曾经先后采集到 10 多只雪豹（孙养性，1983）。此外，在位于甘肃酒泉地区的镜铁山、当金山、马鬃山和黑山也都曾经发现过雪豹的踪迹。在甘肃省南部和东部与青藏高原为邻的区域，如甘南藏族自治州的西倾山、岷山、阿尼玛卿山也曾有雪豹的记录。据王香亭（1991）的研究，在康乐、和政、临夏、永昌、武威、张掖、临泽、肃南、肃北、阿克塞、天祝、卓尼、玛曲、碌曲、夏河、舟曲、迭部等地都有雪豹分布。1989 年 7 月初，考察队于肃北盐池湾进行鸟类调查时，在野马南山与党河南山遇见一只雪豹成体。《甘肃日报》报道，2002 年 6 月 29 日，在陇西县首阳镇王家沟的麦田里，发现一只稀有动物——雪豹。这是陇西多少年里从未见过的稀罕事。2009 年 4 月下旬，临泽县沙河镇兰家堡村，不明真相的村民竟然将 1 只雪豹当成“大猫”或“大狐狸”抓了起来。此地距雪豹分布地祁连山区约有 60 千米远。这只雌性雪豹约 3 岁，刚刚成年，体长 80 厘米，体重约 40 千克。

（五）四川的雪豹

根据《四川经济动物志》（1980 年），四川的雪豹主要集中在四川的西部，如雅安、天全、宝兴、汶川、若尔盖、小金、金川、康定、炉霍、甘孜、稻城、白玉、新龙、德格、理塘、石渠、色达、巴塘、得荣、冕宁、凉山等。也有资料研究表示，雪豹在四川西部的北到阿坝、南到凉山、西到巴塘和德格一带都有分布。这些地区都与西藏和青海接壤，如横断山脉、巴颜喀拉山脉、邛崃山脉等，都是青藏高原的延伸，在动物区系及组成种类上也基本一致。因此，认为这些地区都有雪豹的分布。特别需要指出的是四川的宝兴，是国内动物园较早收集到雪豹的地方（1955 年），对中国动物园雪豹的人工饲养和保护来讲具有特别的意义。

图 5-5　雪豹是中国西部高山裸岩地区的特有物种，分布省区不超过 9 个

近年，在卧龙、石渠等地都拍摄到过野生雪豹。四川是中国的人口大省，人类与雪豹的冲突也在不断加剧（彭基泰，2009）。2008 年 3 月，在北京举行的“雪豹分布国保护计划”国际会议上，四川省甘孜藏族自治州林业局展示了甘孜藏族自治州石渠县当地喇嘛于 2007 年 10 月 8 日拍摄的雪豹视频，据称这是国内首个野外雪豹录像。

（六）内蒙古的记录

很久以前有人说在内蒙古的阴山（大青山、乌拉山）有雪豹分布。但是，这些地区山地的面积很有限，像雪豹这样的大型猫科动物需要更大的活动空间。在干旱地区，通常 1000 平方千米只能容纳 2～4 只雪豹。包头以西约 10 千米的乌拉山，最高海拔 2324 米，据说在海拔 1500～2000 米一带就有雪豹出没。即使在阴山或中蒙边境确实有雪豹的分布，它们的生存状况也可能是非常困难的，具有很大的偶然性。赵肯堂等报道，1963 年曾在阴山发现雪豹的活动，因此在这一地区过去应该是有雪豹的。1960 年 6 月 22 日，在内蒙古乌拉山，1 只雪豹窜入羊群之中，拖走一只羊，后用铁夹将其捕获（高耀亭等，1987）。但是，因为缺少系统的调查研究，现在在这些地区还有没有残余雪豹族群，仍是个疑点。

据人民网消息，2011 年 4 月 9 日下午，内蒙古乌拉特后旗两牧民去戈壁滩草场赶羊的时候，发现羊群前方有一只“大花狗”卧在地上。他们靠近用褡裢抓住后，发现这是 1 只雪豹，体长约 1 米，体重约 40 千克，是一只雌性的年轻雪豹。从 2009 年中蒙边境地区撤除铁丝网，让出野生动物通道后，每年不断有野驴、黄羊、盘羊、狐狸、狼等大量的野生动物从蒙古国进入该旗境内觅食，时而还发生狼吃羊的事件。

（七）宁夏的消息

来自宁夏的记录非常少。过去在贺兰山可能有雪豹分布，因为在这里岩羊、盘羊、马鹿、狍子、麝都有分布。也有观点认为，贺兰山的雪豹、狼和猞猁等在 20 世纪 80 年代已基本灭绝。而位于宁夏南部的六盘山与青藏高原遥相呼应，也是雪豹的历史分布区。据新华网报道，2011 年 2 月 23 日，泾源县六盘山镇村民朱俊清说，这两年林子“稠”了，野生动物又多了起来。他曾经在山林里远远看见过雪豹，“被豹子吓坏了”。但豹子好像也怕人，没有走近。最为突出的是野猪，它们“结伴”下山，啃食、踩毁农田，行踪在周边两三千米范围内的村里均有出现，已到了成灾的程度。

（八）云南的记录

来自云南的记录比较少，主要分布地点可能是在滇西北地区与青藏高原接壤的大山之中，如德钦（横断山脉）、贡山（高黎贡山）、中甸、丽江等（王应祥，2003；国家林业局，2009）。

（九）其他地区的记载

近 70 年来，有记录的分布地区还包括东北（阿部余四男，1944 年；寿振黄等，1962 年）、山西等地（高耀亭等，1987；张荣祖，1997；国家林业局，2009）。时过境迁，留下诸多疑点。正如前文所说，雪豹除主要分布在青藏高原和新疆等地外，在其他地区的分布都比较零散。在新中国成立前，雪豹皮在许多毛皮商店中都可以看到，而根据当时调查的结果，这些毛皮大多来自内蒙古、宁夏、山西等地。但是，这几个地区究竟是雪豹毛皮的集散地还是产地并不清楚，也缺少相应的研究。在俄罗斯远东地区，如阿穆尔河北部、贝加尔湖东部等，都有雪豹的记录。雪豹最远可能扩散到黑龙江流域。这从另一个方面说明，100 多年来雪豹分布区域在迅速缩小（图 5-6）。

近年，由于雪豹日益受到国内外专家和民众的关注和重视，雪豹的相关研究也越来越多。目前国内雪豹分布方面的研究工作主要以特定的区域调查为主，比较有代表性的是新疆雪豹研究团队对新疆包括中蒙边境北塔山、木垒东天山、

图 5-6　一只愁眉苦脸的雪豹在四处徘徊，它的命运如何，完全掌握在人类的手中

托木尔峰西天山、青河阿尔泰山及昆仑山境内的雪豹分布情况作的系统调查。研究结果表明雪豹主要在中蒙边境的北塔山地区、天山的中西部地区、阿尔泰山地区活动，而木垒东天山和昆仑山地区雪豹数量非常少或者没有（徐峰等，2005；马鸣等，2005）。

在青海，以北京动物所蒋志刚研究员为首的研究团队，对都兰地区的雪豹分布情况作了调查，研究确认了该地区确有雪豹分布，并探讨了雪豹的保护及其与当地牧民的和谐相处等问题（Xu et al.，2008）。

以北京林业大学时坤教授为首的研究团队则对新疆塔什库尔干地区的雪豹分布进行了研究，通过痕迹调查和红外自拍相机等方法的调查，确认了雪豹在该地区的分布（Shi et al.，2009）。

三、雪豹在新疆的分布

据文献记载，新疆的雪豹主要分布在天山、阿尔泰山、昆仑山、喀喇昆仑山、帕米尔高原等地区（钱燕文等，1965；李都等，2000；阿布力米提，2003）。具体分布地点几乎囊括了新疆全部 13 个地州市的 90%以上的县（图 5-3）。以下按照行政区划逐一介绍。

乌鲁木齐市：雪豹分布区包括乌鲁木齐县（南山）、达坂城区、天山博格达山（海拔 5445 米）、水西沟、托里乡、艾维尔沟、后峡、南山胜利达坂（海拔 4100 米）、一号冰川等地。2009 年 7～8 月，徒步者在艾维尔沟发现 1 具雪豹尸体。

昌吉回族自治州：昌吉、呼图壁、玛纳斯（天山）、米泉、阜康（博格达峰，海拔 5445 米）、吉木萨尔、奇台（北塔山，海拔 3321 米）、木垒山区等。2000 年冬天，摄影家赵君安和李学亮等在穿越 216 国道（卡拉麦里山）时遇见 1 只雪豹，它正在尾随一群鹅喉羚。2009 年，玛纳斯县清水河乡两村民担心牲畜遭到雪豹袭击，在后山放牧时采取下套的方式猎捕 1 只雪豹，之后用石头将其砸死。

石河子市南部山区，属于天山北坡，过去可能有分布。

克拉玛依市的独山子区位于天山北麓，曾经有人在翻越天山的独库公路上多次遇见和捕捉到雪豹。

博尔塔拉蒙古自治州：博乐（赛里木湖周围山地）、温泉（阿拉套山、别珍套山）、精河（艾比湖及甘家湖附近山地）。1998 年 3 月，在艾比湖周边海拔 200～300 米的巩哈泉水库，1 只雪豹因捕捉野鸭踏破薄冰而落入水中，后来被捉送动物园（姚剑敏，1998）。无独有偶，2011 年 12 月 11 日，1 只成年雪豹再次出现在这个区域，被摄影爱好者拍摄到（图 5-7）。

图 5-7　雪后的 2011 年 12 月 11 日，一只雪豹再次出现在艾比湖附近的荒漠之中（樊海洲 摄）

伊犁地区：伊宁、霍城、尼勒克、新源、巩留、察布查尔、昭苏、特克斯等。2008 年 5 月，有人在伊宁喀拉亚尕奇捕捉到 2 只幼雪豹。在中国科学院巩乃斯河上游的一个冰雪站，有人曾经捕捉到雪豹，并吃掉了雪豹肉。

塔城地区：塔城、额敏（塔尔巴哈台山）、裕民（巴尔鲁克山）、托里、和布克赛尔（萨吾尔山）、乌苏（天山）、沙湾（南山）。2008 年 5 月，有摄影爱好者在独库公路拍摄到 1 只成年雪豹（徐新林，2008）。2008 年 8 月，在与哈萨克斯坦交界的塔尔巴哈台山的棕熊沟，有雪豹袭击了牧民的小牛。2011 年 7 月，中国科学院在乌苏境内的古尔图河上游拍摄记录到 3 只雪豹（1 成 2 幼）。

阿勒泰地区：阿勒泰、布尔津（友谊峰，海拔 4374 米）、哈巴河、吉木乃、福海（阿尔泰山）、富蕴（可可托海）、青河。2007 年 8 月，据当地牧民反映，在中蒙边境地区经常可以遇见雪豹的痕迹和活动的身影，种群数量至少为 12 只。

哈密地区：哈密（哈尔里克山，海拔 4888 米）、巴里坤、伊吾（东天山）。过去发生在东天山的雪豹案件比较多，有人在口门子以东哈尔里克山区捕捉到幼豹，并吃过雪豹肉。

吐鲁番地区：吐鲁番（博格达山区）、托克逊、鄯善。吐鄯托盆地被天山环绕，野生动物摄影家冯刚等人在其南部的库鲁克山脉的塔勒克布拉克多次遇见雪豹及其痕迹。2005 年 5 月，在托克逊县境内海拔－63 米处记录到 1 只雪豹，属于自然死亡。这是目前记录的雪豹出现的海拔最低点（马鸣，2008 年）。2005 年有人在吐鲁番大河沿镇附近一煤矿，见到用酒精浸泡的雪豹蹄趾和爪，据说该煤矿工人与同伴用铁夹夹住雪豹，然后肢解了尸体。另据鄯善县皮展乡柯柯亚村老牧民司马义·乌拉音反映，从 20 世纪 80 年代至今，在附近的天山上，他曾 4 次看到雪豹，最近的一次是在 2000 年。80 年代初，雪豹经常窜到牧业点吃家畜，并发生过众人围捕 1 只雪豹的事件。

巴音郭楞蒙古自治州：库尔勒（天山）、轮台、焉耆、博湖、和硕、和静（巴音布鲁克）、尉犁（钱燕文等，1965）、且末（昆仑山）、若羌（阿尔金山、祁曼塔格山）。2005 年 8 月在巴音布鲁克考察期间，见当地保护区管理人员收留了 2 只小雪豹。2006 年 10 月，当地猎人在罗布泊以北的库鲁克塔格附近遇见 2 只雪豹。2009 年 12 月，轮台县村民先后两次在该县北山用土制猎枪和铁夹猎杀雪豹 2 只。

阿克苏地区：温宿（托木尔峰，海拔 7435 米；汗腾格里峰，海拔 6995 米）、库车、拜城、乌什、柯坪等。近年，在拜城与温宿交界的木扎特河谷多次发生雪豹袭击牧民羊只事件，是新疆雪豹案件最多的地区之一（图 5-8）。2004 年以来，新疆雪豹小组至少 4 次进入托木尔峰地区考察雪豹，并在木扎特河谷拍摄到 32 张雪豹照片。2009 年 8 月，当地林业部门负责人吐尔逊·吐拉克在拜城县山区遇见 1 只雌性雪豹带领着 4 只小雪豹。此前，2007 年 7 月 1 日还是这位吐尔逊，跋山涉水，来到阿克苏地区乌什县北部牙曼苏柯尔克孜族乡的南天山库库鲁木草场（海拔 3220 米的高山地带），深入雪豹繁殖的洞穴，拍摄到 2 只当年出生的小雪豹（吐尔逊·吐拉克，2008）（图 5-9）。

图 5-8　雪豹上树

(a)　　　　　　(b)

图 5-9　新闻发布会：2007 年 7 月 1 日吐尔逊·吐拉克在新疆乌什县拍摄到雪豹幼崽

克孜勒苏柯尔克孜自治州：阿图什、阿合奇（天山南脉）、乌恰、阿克陶（帕米尔高原）。2003 年，在阿克陶县的克孜勒陶乡，有 1 雪豹因为偷吃牧民羊只被打死。在恰尔隆，有人曾经遇见 1 只母豹带领 5 只幼崽。这是目前野外窝崽数最高的一个记录。

喀什地区：莎车、泽普、叶城（喀喇昆仑山）、塔什库尔干（帕米尔高原）。2000 年 9～10 月，有人在新藏公路驱车追逐 1 只雪豹，将其逼上电线杆。后来，这只雪豹被打死、剥皮、食肉、泡酒。2002 年和 2003 年国际组织分别出版了两份关于雪豹的全球贸易调查报告，将喀什的巴扎锁定为雪豹产品的贸易集散地之一（Dexel，2002；Theile，2003）。2002 年年底 2003 年年初，1 只 1 岁雌性雪豹在麻扎大坂因饥饿失去捕食能力，后被边防军人捡到。这期间至少有 3 只雪豹被当地人捕捉。2010 年 6～7 月，又有 1 只 1 岁雄性雪豹被帕米尔高原当地牧人捕获，不久便被喀什保护部门释放（图 5-10）。

图 5-10　来自帕米尔高原的喜讯：送小雪豹回家（喀什二中 谢林冬 摄）

和田地区：和田（昆仑山）、皮山（喀喇昆仑山口、神仙湾）、策勒、于田、民丰等。2008 年 10～11 月，新疆雪豹研究小组在昆仑山区获得雪豹痕迹证据。向导依他红也多次在克里雅河上游的火山口附近遇见雪豹。同期，探险家王铁男、邢睿等也在这里拍摄到雪豹足迹。在奴尔，当地牧场职工曾经捕捉到并分食过 1 只雪豹，剩余的骨骼被用来泡酒治病（详见第四章）。

据阿布力米提（2003），雪豹在新疆的栖息环境和种群分布面积如下：①阿勒泰山地：海拔 2600～3500 米的草原、混合林、草甸草原、苔藓带，种群分布面积约 15 000 平方千米；②天山山地（包括东部天山、中部天山、西天山、准噶尔界山）：海拔 2100～3500 米的山地荒漠草原、草原（冷季草场性景观）、针叶林、草甸草原，种群分布面积约 81 000 平方千米；③昆仑山、阿尔金山和帕米尔高原：海拔 3800～5500 米的无森林山地、山地荒漠、高山草原、高寒荒漠、高寒—高原草原等，种群分布的面积约为 164 000 平方千米。总面积约 27 万平方千米。这些数字比较保守，误差也比较大，明显低于当地林业部门（2000 年）和马建章先生约 67 万平方千米的估计面积（Ma et al.，2002）。

2004 年以来，新疆雪豹研究小组先后对新疆及相邻地区多个区域的雪豹分布现状进行了调查。具体情况如下（图 5-11）。

2004 年 9 月，在新疆木垒县东部天山、中蒙边境北塔山、青河县阿尔泰山进行雪豹分布考察。通过近 1 个月的考察，确认在中蒙边境的北塔山地区为雪豹的分布区，并基本确认在这一区域至少有 3 只雪豹活动。

2004 年 10～11 月，对新疆托木尔峰国家级自然保护区的雪豹进行考察。此次考察的地点为托木尔峰的 4 个主要山谷，以及中国、吉尔吉斯斯坦、哈萨克斯坦边境地区。通过考察确定在 4 个主要区域中，除一个区域外都有雪豹分布，

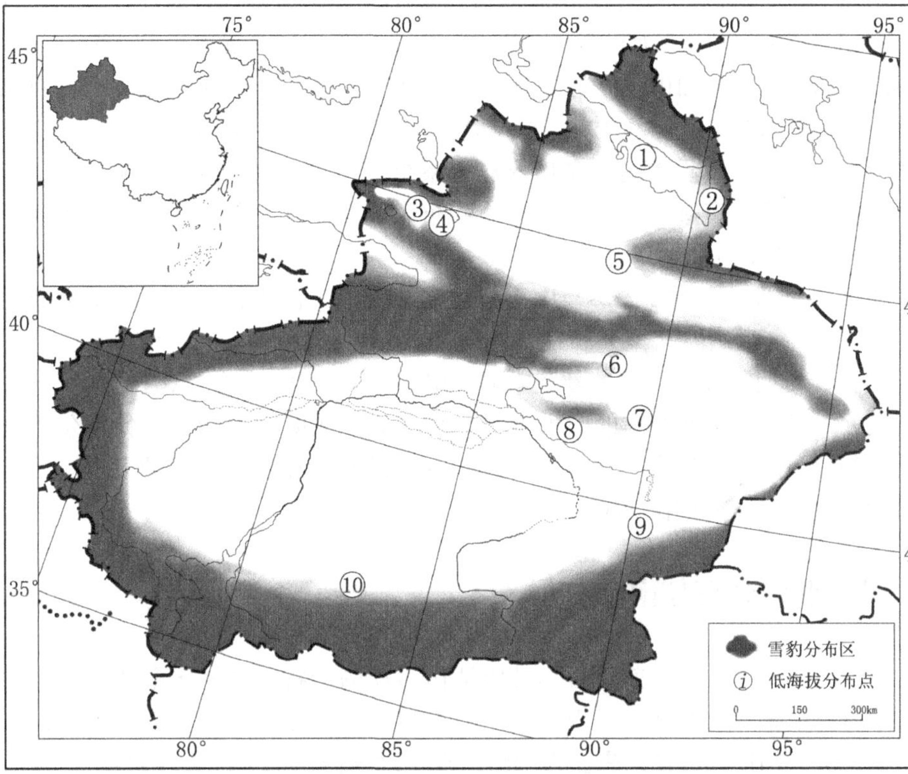

图 5-11　新疆雪豹分布及 10 个低海拔分布点

图中数字为几个极端低海拔记录点：①科克阿尕什，福海县；②布尔根河狸保护区，青河县；③艾比湖 89 团附近，博乐市；④博乐 81 团（艾比湖附近）；⑤卡拉麦里保护区，吉木萨尔县；⑥吐鲁番盆地，托克逊县；⑦库鲁克塔格，鄯善县；⑧塔里木河下游，铁干里克，尉犁县；⑨阿尔金山北麓，若羌县；⑩安迪尔胡杨林，民丰县

并记录到多处雪豹活动的痕迹，包括刨痕、爪痕、足迹、气味标记以及雪豹捕食家养牦牛后吃剩的尸体等。

2005 年 6 月，再次对新疆托木尔峰国家级自然保护区的雪豹进行了考察。这次考察的主要目的是深入位于保护区中心的、高海拔并且在其他季节不易接近的区域。通过考察，我们发现了雪豹活动的痕迹。这次考察还对雪豹的主要食物北山羊进行了分布和数量的统计。

2005 年 10～12 月，对托木尔峰国家级自然保护区木扎特河谷两侧沿岸总面积 250 平方千米的区域进行了系统的调查，包括雪豹痕迹调查、食物资源调查、红外自动相机的种群监测调查等。通过近 3 个月的考察，系统了解了雪豹在该区域的活动范围、活动规律、种群密度和数量。并且开展了关于雪豹的主要食物北山羊的行为、分布、种群密度和数量、栖息地利用等方面的研究。

2006 年 10～11 月，项目组马鸣等 4 人次前往蒙古国考察雪豹。

2008 年 10～11 月，对昆仑山中部和西部的广泛区域开展了雪豹考察。考察区域涉及和田地区的和田、民丰、于田、策勒、皮山 5 县约 11 个山谷。经过东西长 600 多千米、南北宽约 100 千米、行程 5000 多千米、覆盖面积 6 万平方千米的考察，对该区域雪豹的分布情况有了系统的了解。研究结果表明，在该区域中，雪豹的活动痕迹非常少，雪豹的分布区域也非常有限，在该区域的大部分地区没有雪豹的分布。

2010 年 9 月，中方 4 人参与中巴公路巴基斯坦一侧克什米尔、喀喇昆仑山考察。

2011 年 5 月和 9～11 月，新疆雪豹小组在东昆仑山、阿尔金山进行了调查。

最近，以北京林业大学的时坤教授为首的研究团队则对新疆塔什库尔干地区的雪豹分布进行了研究，通过痕迹调查和红外自拍相机等方法的调查，证实了雪豹在该地区确实存在（Shi et al.，2009）。

四、垂直分布与南北分异

雪豹应该是 300 万年前后喜马拉雅造山运动的产物。根据化石考证和分子生物学研究结果，大约在 640 万年前"始豹属"才逐渐形成。在 370 万年前左右，狮、虎、豹逐渐分化出来。雪豹的出现与地球内部的大陆板块移动、碰撞、断裂、地壳隆升密切相关。这个时期应该是 290 万年之后，随着青藏高原迅速抬升，雪豹才找到独立发展的空间和机会，横空出世，与老虎等大型猫科动物分家，成为食肉动物之中最为独特的一支，傲立于中亚群峰之巅。

雪豹的栖息环境离不开悬崖峭壁，离不开雪山，离不开风化的裸岩地貌。雪豹的垂直分布，南北差异是非常巨大的。从北纬 26°到北纬 58°，雪豹的分布区域跨越了约 4300 千米的距离。随着纬度的增加，雪豹栖息地分布的垂直高度逐渐降低，可以从海拔 6000 米降低到 600 米。制约其变化的根本因素应该是温度，当然还有地理环境、植被和食物等基本制约因素。我们知道，随着纬度的增加，气温逐渐降低，雪线和林线也随之降低。调查显示，雪豹主要生活在雪线与林线之间的裸岩地带。在西藏南部，包括珠穆朗玛峰地区，雪豹最高可达海拔 6000 米左右的地方。到了昆仑山和帕米尔高原，雪豹的分布范围的海拔为 4000～5000 米。在天山山脉，雪豹分布范围的海拔降低到 2500～4000 米。在阿尔泰山，分布范围的海拔为 1000～3000 米。在俄罗斯的萨彦岭或蒙古国的戈壁阿尔泰山，雪豹偶尔会出现在海拔 900 米的地方。

近年，在新疆的天山北部、南疆和吐鲁番盆地有 10 余个极端低海拔记录（表 5-3）。其中，两个记录来自艾比湖附近海拔 200～300 米的区域（姚剑敏，

1998），一个记录则来自托克逊县海拔－63米的戈壁滩（马鸣，2008年），还有一个记录是在卡拉麦里山216国道附近，海拔约为700米。雪豹为什么会下天山进入盆地，这至今依然是个谜（详见第四章第二节）。其原因可能是多方面的，包括季节迁移、追随猎物、寻找配偶、迷失方向、人类干扰（如过度放牧、矿区开山放炮、高速公路、探险和旅游）、全球气候变化和栖息地丧失等。

表 5-3 新疆雪豹垂直分布的10个极端低海拔记录

序号	地点	县名	时间	海拔/米	野外记录	环境	信息来源
1	科克阿尕什	福海	1989年2月	500～700	迷路，捕获，后来逃逸	荒漠	福海县志（马东）
2	布尔根	青河	2007年4月	1200～1400	当地人巧遇，逃跑	荒山	初红军，2011年
3	艾比湖	博乐	2011年12月11日	约230	偶遇，拍摄到照片	梭梭、红柳荒漠	樊海洲，2011年
4	巩哈泉	博乐	1998年3月20日	200～300	雪豹上冰面掉入水库，活捕，后送往动物园	水库、农田	姚剑敏，1998 沈玉林等，1998年
5	卡拉麦里	吉木萨尔	2000年冬	700～1000	雪豹正在追逐鹅喉羚	荒漠草原	赵君安等，2011年
6	卡克恰	托克逊	2008年5月3日	－63	1具尸体	砾石戈壁滩	裴培，2008年
7	库鲁克塔格	鄯善	2004年11月	1100～1200	遇见2只雪豹及足迹	罗布泊戈壁滩	冯刚，2008年
8	铁干里克	尉犁	1960年	900～1000	在芦苇丛中捕获1只雪豹	沙漠、芦苇丛	钱燕文等，1965
9	安迪尔	民丰	1961年夏季	1000～1100	病态，体力不佳，困在沙漠中，后来被捕	沙漠腹地胡杨林	王博，1992年
10	阿尔金山北麓	若羌	2005年10月	1500～2000	2次见到雪豹足迹	野骆驼保护区的荒山	袁磊，2005年

当然，垂直分布不单单受纬度变化的影响，在同一个地方，可能还会随着季节的更迭而改变其分布高度。在中纬度地区，不同季节随着气温变化，雪豹的分布高度也是有变化的。它也可能根据降雪的厚度及猎物的移动而变换垂直高度（所谓一天有四季）。在交配季节（冬季），雪豹还有可能为了寻找配偶，下降到河谷、盆地或洼地，穿过辽阔的平原去另外的山头相亲。幼雪豹在长大成熟必须分家的时候，可能会远走他乡。亚成体离家出走而迷失方向的情况也时有发生。在阿尔泰山脉，采用无线电项圈或卫星跟踪技术，已经证实了雪豹的移动范围相当大，有的时候可能去80千米以外的地方活动，家域范围远远超出1500平方千米，最大可在面积为4500平方千米的圆形区域内活动（McCarthy et al.，2005）。

第二节　雪豹的数量

对于一个在夜间活动的动物而言，要调查清楚它们的数量是非常困难的。更何况是生活在高海拔无人山区、远离人世、行为诡异的雪豹。大家都知道，国际雪豹基金会给出的全球雪豹种群数据是3500～7000只，其误差非常大，可信度也很低。近年，一些高科技的仪器被应用在了雪豹跟踪和数量调查方面，取得了一些成果。例如，利用红外照相机拍摄和监测雪豹的活动，通过身体的花纹和脸谱进行个体识别，继而借助“重捕模型”推算种群数量；利用人造卫星项圈跟踪技术，掌握雪豹的家域（领域）和移动距离的大小，推算每100平方千米雪豹的分布数量——种群密度；利用粪便的DNA遗传物质分析，了解个体差异，统计采集区域内的雪豹个体数量（详见第三章）。虽然手段先进、方法多样，却因为成本太大，而无法大范围跨界推广（McCarthy et al.，2008；马鸣等，2011）。

一、全球雪豹的数量

所谓“全球”，也仅仅指中亚雪豹原始的分布区——中国及其相邻的10几个国家。这里不包括世界各地动物园的数据（详见第八章）。在全球范围内，到底有多少只雪豹还生活在这个世界上，我们并没有一个准确的答案。由于雪豹生活环境的特殊性，想要把所有雪豹生存的区域全都调查一遍几乎是不可能的。因此，专家们一般首先对一个区域进行详细的调查，摸清一个区域雪豹的数量和生存现状，然后以这个地区的调查结果为依据来推测更大范围内雪豹的数量。比如，首先对新疆某个保护区中雪豹的数量进行长期的和系统的监测，得出该保护区中雪豹的数量和密度，之后把这一密度数据和整个新疆雪豹的适宜面积数据结合起来，得出新疆雪豹的数量。以同样的方法，专家们可以得出中国雪豹的数量和世界雪豹的数量。因为这种研究方法得出来的关于雪豹数量的数据的准确性差，所以对全世界范围究竟有多少只雪豹还有争议，人们通常只能给出一个很大的范围区间。目前，大家普遍接受的全世界雪豹数量是4500～7350只，每100平方千米不到1只。其中，中国的雪豹数量是2500～3500只，占据了全世界雪豹总量的绝大多数（表5-4）。

表 5-4 世界各国雪豹的种群密度与数量估计

国家	密度/（只/100 平方千米）	种群数量/只	文献出处
阿富汗	0.25～0.40	100～200	McCarthy et al.，2003；Mishra and Fitzherbert，2004 年
不丹	0.6～1.2	100～200	McCarthy et al.，2003
中国	0.63～0.88（局部 2～3）	2500～3500	马鸣等，2005
印度	0.21～0.63（局部 6～10）	200～600	Chundawat et al.，1988 年;Fox et al.，1991 年
哈萨克斯坦	0.25～0.40	180～200	Annenkov，1990 年；Zhirjakov，1990 年
吉尔吉斯斯坦	0.20～0.50	150～500	Koshkarev，1989 年；2000 年
蒙古国	0.54～1.20	700～1200	Green，1988 年；Schaller et al.，1994；McCarthy，2000
尼泊尔	1.0～1.67	300～500	Jackson and Ahlborn，1990 年；Oli，1994 年；Ale et al.，2007 年
巴基斯坦	0.25～0.53	200～420	Schaller，1976 年；1977 年；Hussain，2003 年
俄罗斯	0.12～0.15（局部 0.5）	150～200	Heptner and Sludskii，1992 年；Poyarkov and Subbotin，2002 年
塔吉克斯坦	0.10～0.28	180～220	Bykova，2002 年
乌兹别克斯坦	0.14～0.50	20～50	Kreuzberg-Mukhina，2002 年

其中，一直没有关于阿富汗雪豹数量的详细数据，特别是由于连年的战争，世人对该地区雪豹的生存情况一无所知。不丹境内有多少只雪豹也是一个未知数，因为它位于喜马拉雅山系，所以这里肯定有雪豹生活，但是数量有多少大家并不知道。1997 年杰克逊根据不丹雪豹的种群密度（每 100 平方千米 1 只）估计不丹雪豹的数量为 100 只左右。但是这个数据是否准确，至今也没有人核实过。中国是雪豹分布最集中的国家，在青藏高原和新疆，都有不少雪豹生活着，中国雪豹数量的情况将在下文中详细阐述。

印度的雪豹主要分布在印控克什米尔地区。在印度，在至少 18 个保护区内都可能有雪豹生活，但是关于印度雪豹数量的研究却非常有限，只在海姆斯国家公园进行过类似的研究。研究表明，在该保护区 1200 平方千米的土地上生活着 75～120 只雪豹。基于这个数据，专家们估计全印度雪豹的数量应该为 200～600 只。

蒙古国土面积大，人口稀少，许多地方都是雪豹的潜在分布区。因此，蒙古雪豹的数量也应该比较多。蒙克草哥、马龙、夏勒、麦克阿瑟等先后在蒙古研究过雪豹的分布和数量，其中以麦克阿瑟博士的研究为代表。他几乎考察了蒙古国所有可能的雪豹活动区域，并据此计算出蒙古雪豹的数量应该为 700～1200 只。

尼泊尔国土面积不大，属于独特的山地国家，有相当一部分国土位于喜马拉雅山地区，因此也是雪豹最主要的分布国家之一。并且，在国际组织的帮助下，尼泊尔的雪豹研究工作也一直处于世界的前列。杰克逊博士自 20 世纪 80 年代开始就在尼泊尔研究雪豹，1990 年他根据尼泊尔雪豹的适宜栖息地面积计算出，尼泊尔雪豹的数量应该为350～500只。并且，他认为雪豹主要分布在尼泊尔北部，即中尼边境地区。

巴基斯坦东北部地区是雪豹在巴基斯坦的主要分布地区，尤其是有争议的克什米尔地区。和其他国家的情况一致，经过多次考察，巴基斯坦雪豹在各个保护区的分布情况，还比较清楚。但是，该国究竟分布有多少只雪豹也是个谜。杰克逊等人在汇总多年调查资料并比较其他国家和地区雪豹数量情况的基础上得出巴基斯坦雪豹的数量应该为200～420只。

苏联也曾是雪豹最主要的分布国家之一。据统计，在苏联解体之前，共计40多万平方千米的广大地域中有1000～2000只雪豹生活，其中吉尔吉斯斯坦和塔吉克斯坦是雪豹最主要的分布地区。现在在这一区域中生活着1200～1400只雪豹，占苏联地区雪豹总数的75%以上。苏联解体之后，在俄罗斯估计有150～200只雪豹；在乌兹别克斯坦有100只雪豹，在哈萨克斯坦有180～200只雪豹。而西天山是雪豹在苏联地区的最主要分布区之一，吉尔吉斯斯坦和塔吉克斯坦的雪豹就主要生活在天山山脉上。

二、中国雪豹的数量

中国雪豹的数量是所有有雪豹分布的国家中最多的，达到2500～3500只，拥有全世界雪豹数量的60%左右。但是，这些雪豹在各个省、自治区分别有多少，仍然是个很难回答的问题。与上文所述的计算各个国家分别有多少只雪豹的情况类似，计算中国各地的雪豹数量也不是件容易的事。目前也只能是根据雪豹的密度和分布区的大小来估算。

在汇总夏勒、廖炎发、福克斯、杰克逊、杨奇森、马建章、马鸣、蒋志刚等雪豹专家或团队研究的基础上，我们对中国各个省、自治区雪豹的数量重新作了统计（表5-5）。该结果比之前福克斯等（1994年）统计的中国雪豹数量（2000～2500只）稍多一些。国家林业局（2009）的最新统计数字是4100只。我们认为，数据变化如此之大，主要原因是中国雪豹的研究工作还不充分，对很多雪豹的分布区中的雪豹还没有系统的调查。近10年来，随着雪豹受到越来越多的关注，相关的工作也更多地展开，为我们更准确地统计雪豹在中国的数量提供了数据基础。

表5-5　中国各地区雪豹的种群密度、数量和主要分布地区

地区	雪豹数量/只	种群密度/（只/100平方公里）	主要分布地区
西藏	600～900	0.125	西藏全境，如喜马拉雅山区等
青海	700～900	1.5～2.0	青海全境，如可可西里、昆仑山等
新疆	1000～1200	1.93	天山、昆仑山、帕米尔高原、阿尔泰山等
四川	100～200	2.08	四川西部如雅安等

续表

地区	雪豹数量/只	种群密度/（只/100 平方公里）	主要分布地区
甘肃	400～500		马鬃山、祁连山等
云南	30～70		云南西北部横断山等
内蒙古	10～30	0.20	阴山等
宁夏	10～30		贺兰山、六盘山等
合计	2850～3830	0.63～0.88	约 8～9 个省区的 200 多个县

新疆究竟有多少只雪豹，上面的数字其实也不准确。随着研究工作开展得越来越多，手段越来越先进，工作越来越深入，我们对新疆的雪豹数量肯定会掌握得更准确。这是一个动态的、变化的数据管理系统，需要长期监测、积累和评估。没有任何专家或研究机构敢于武断地公布这些数据。在雪豹研究领域，也没有什么权威可言。目前已知的国际雪豹专家，大多数都生活在远离雪豹分布的国家，如美国、英国，一生之中从来没有遇见过雪豹，偶然的几次考察，蜻蜓点水，显然太粗浅，夸夸其谈或自以为是，可信度低。而本土的科学家，大多缺乏自信，在国际上没有话语权，为人又低调、谨慎、保守、自觉形秽。

在 20 世纪 80 年代，夏勒博士曾在新疆的天山、昆仑山和帕米尔等地作过雪豹的考察。当时的考察确实发现了雪豹的痕迹和线索，但是并不多。因此夏勒博士估计整个新疆的雪豹数量大概为 750 只左右（夏勒，1998 年）。在之前的很多年中，关于整个新疆雪豹数量的考察几乎没有开展过，仅有一些关于野生动物在新疆某个地区的分布和数量的粗略考察。例如，钱燕文等（1965）在新疆南部的鸟类和兽类考察中记录过雪豹在当地的分布情况；中国科学院托木尔峰综合考察队，在进行托木尔峰生物考察时采集到雪豹的标本；而中国科学院昆仑山综合考察队，也有对考察区域雪豹的分布等信息的描述。但是，以上的研究都仅是对新疆某一个具体地区的动物区系或资源考察，因为不是专门针对雪豹的考察，所以获得的雪豹的信息就十分有限，对雪豹数量的统计几乎没有涉及。

直到 2004 年，中国科学院新疆生态与地理研究所的马鸣研究员领导的新疆雪豹研究小组对雪豹在新疆的分布和数量进行了考察研究。该研究小组对天山、阿尔泰山、昆仑山等多处雪豹分布区的山地进行了系统考察，并采用多种研究方法，在以天山托木尔峰国家自然保护区为代表的地区进行了雪豹种群密度和数量的研究（马鸣等，2006），以此来研究雪豹在新疆的数量。研究结果显示，雪豹在新疆的种群密度为 2～3 只/100 平方千米。结合雪豹在新疆的分布面积，新疆雪豹研究小组认为，新疆雪豹的数量应该为 1200 只左右。

第三节　分类与亚种分歧

雪豹属于食肉目，猫科，豹亚科动物（图 5-12）。豹亚科的成员又统称为大型猫科动物，与猫亚科的主要区别是可以发出吼声，包括云豹属、豹属和雪豹属。雪豹到底是属于豹属（Genus *Panthera*），还是雪豹属（*Uncia*），这一争论一直是猫科动物分类学的热点之一。

图 5-12　我是谁，我来自哪里？
（由红外相机自动拍摄于天山托木尔峰）

一、关于属的争议

国内关于雪豹归属的看法，一直比较混乱。除了到底是豹属（*Panthera*）还是雪豹属（*Uncia*）的争论，还有学者坚持将雪豹归入猫属（*Felis*）。时至今日，雪豹的分类地位尚未得到一致的认识。Allen（1908 年）经过研究比较，在大型猫类的猫科下设立了豹亚科，下隶二属，即豹属（*Panthera*）和雪豹属（*Uncia*）。主要是依据它们舌骨骨化不完全和舌骨具腱的长短而设立的。Ellerman 等（1951）结合了前人的一些看法，把大型猫类——雪豹、豹、狮、虎列为豹属，豹属下又列四个亚属。将雪豹列在豹属中得到越来越多的学者的承认，我国也大都采用这个分类原则。

约翰逊等（2006 年）在《科学》杂志上发表的对猫科动物线粒体和细胞核基因所作的研究，第一次完整构建出了清晰明了的猫科动物世系图。与众不同的是，他们认为雪豹与豹属的老虎（*Panthera tigris*）亲缘关系最接近。

雪豹在体形、头骨、牙齿、骨骼结构上均似豹属。但是，雪豹的舌骨基本上骨化了，而豹属动物的舌骨中部为韧带性软骨。狮、虎等动物能大声吼叫，雪豹却只能嘶嚎。雪豹的吻端部侧观似为圆突状，而豹属动物较垂直。雪豹的鼻端毛区部分超过鼻孔，而豹属动物则裸露。雪豹的足趾、足垫间长有较浓密的硬毛。雪豹在进食的姿态上，不像豹属动物趴着撕咬，而是蹲着用前脚爪来抓食物吃。

在饲养条件下，雪豹的繁殖较困难。另外，雪豹与虎、豹等动物很难进行杂交，而且没有产生过杂交种。而狮、虎、豹、美洲豹相互之间能够进行杂交，并且有过杂交种的记录。可以将雪豹看做大型猫（狮、虎、豹等）与小型猫（金猫、豹猫等）的一个过渡类型。据此，也有人认为将雪豹单列为一个独立的属较为适宜（Wozencraft et al.，2005）。

二、种与亚种分化

物种（Species）是独立或与其他类群之间存在生殖隔离的并在自然界中占据特殊生态位的类群。而亚种（Subspecies）则是形态上有一定的差异，存在地理隔离，但是遗传上能够相互融合，并可以交配繁殖，是可育后代的居群。对亚种的定义及亚种的划分标准问题，一直到现在仍旧没有统一的答案，并很容易引起分类学上的错误。一些有歧义的物种或亚种，一直处于分久必合、合久必分的状态。

迈尔（1953 年）提出亚种是种下表征相似的并可以杂交繁殖可育后代的居群的集合，分布在该种分布范围内的某一地区，与本种内的其他居群有差异，它是为了分类方便而建立的单元，而不是演化单元。亚种往往是地理性的，即地理亚种（geographical subspecies）。但也有生态亚种（ecological subspecies），这类亚种的分布不像地理亚种那样受气候和地貌的限定，而是受植被或更小的生境生态变动的控制（Agapow et al.，2004 年）。

迈尔等（1991 年）分别在对早期所建立的脊椎动物分类学原理进行修改和补充后，提出了确定亚种的三个基本条件：①具有独立的生态位——独立的空间分布格局；②具有独立的种群进化历史；③形态差异与分子差异相一致。上述定义的本质是，亚种是形态和地理分布上彼此不同的种群集合体，同一亚种应享有一特定的地理区域或栖息地；它们在遗传上彼此不同，具有系统进化上一致的表现型特征。相对于同种的其他亚种具有独特的进化历史，且在生殖上是相容的。总而言之，如果相互之间的地理屏障等障碍消失，亚种居群个体之间的基因交流或经过交配繁殖可育后代是完全可能的。

三、雪豹的亚种分类问题

学术界学者普遍认为雪豹是个单型种，不存在亚种分化。虽然，在大约300万年前雪豹作为物种的地位就已经确立，而且占山为王的习性，每个山头或山脉就像岛屿一样，隔离开来。为什么它没有继续演化出一些地理亚种呢？最简单的解释，就是野生雪豹近亲繁殖率比较高，遗传性状相对稳定。但这只是一面之词。

人们对雪豹种以下的分类情况知之甚少，主要原因是人们对雪豹的了解非常肤浅。雪豹野外种群数量本身极少，难以接近，其生活地区气候条件恶劣，无法进行野外种群形态、生态和习性差异的比较研究。现有资料中，只有世界哺乳动物手册（Wilson and Mittermeier，2009；Wozencraft et al.，2005）记载雪豹至少有两个亚种，即生活在中亚西北部至蒙古国和俄罗斯境内的指名亚种（*Uncia uncia uncia*），生活在中国天山西部和喜马拉雅地区的天山亚种（*Uncia uncia uncioides*）。

而相距数千千米的雪豹家族们，被分割在不同的山头上。它们很少远途迁徙，长期以来天各一方，占据不同的地理区域——地理单元，老死不相往来。一条大江，或是一片沙漠，就可能阻断它们的基因交换。几百万年过去了，沧海桑田，在不同的气候条件下，植被、水、土、食物都不一样，怎么没有造就不一样的雪豹呢？根据“一方水土养一方人”的理论，加上达尔文的“物种进化”思想——所谓“岛屿效应”，在中亚高山上形成一些地理亚种是不成问题的。只是雪豹总是藏头不露尾，隐居山野，我们对它们的了解非常少。

其实，正如我们上面所分析的，来自各国的不同亚种分类观点，还是有一些的。但是这些观察混乱不堪，各自为政，有的仅根据一张皮子定名，未被学术界普遍认可或接纳。现在汇总如下，以供各位参考。

（1）贝加尔亚种 *Panthera uncia baikalensis-romanii*（Medvedev，2000），依据贝加尔湖周围山脉上的雪豹命名。目前依然是无效命名，需要进一步核实。

（2）阿尔泰亚种 *Panthera uncia irbis*（Ehrenberg，1830），可能是指名亚种的同物异名。

（3）锡金亚种 *Panthera uncia schneideri*（Zukowsky，1950），仅根据采自锡金的一张皮子定名，也属于无效命名。

图 5-13　踮着脚尖走路，藏头露尾，活动在灌丛之中，总是在夜间出来
项目组用红外自动相机拍摄到的雪豹大多数只露出大尾巴，走路时踮着脚尖，后足跟永远不着地

（4）天山亚种 *Panthera uncia uncioides*（Horsfield，1855），指分布于中国西部和喜马拉雅山脉的雪豹亚种。

（5）指名亚种 *Panthera uncia uncia*（Schreber，1775），见于中亚北部的俄罗斯、蒙古国等。

我们知道，雪豹主要分布在华夏大地上，却出现了众多乱七八糟、离奇古怪的名称。时至今日，动物分类学研究还是西洋人的天下。可见近代中国人在动物分类学这个领域还很落后。其实，名字就是一个符号，其作用是方便大家使用和交流，大可不必这么较真。假设以上 5 个亚种都是成立的，它们也脱离不开中国西部的山山水水。相信不久的将来国人会在雪豹研究方面，有所作为，后来居上。

四、雪豹命名之历史回顾

西方学者给雪豹“科学定名”，已经有近 240 年。最初，史瑞博（Schreber）居然用硬币名“盎司”（Ounce=*Uncia*）命名雪豹。当你阅读其早期的著作，盎司来盎司去的，尽是铜臭味，低俗至极。当然，这根本不是人类认知雪豹的全部历史，也不是已知最早的定名（见第一章）。实际上，古代中国人上千年以前就已经使用过“金钱豹”或“银钱豹”之类的名称（见明·李时珍《本草纲目》），不能不说这是一次“重复”或“重名”。依照优先原则，雪豹学名“盎司”是无效的。为了便于学术交流，我们暂且接受国际上普遍采用的拉丁名体系和规则，统一为物种命名。对雪豹（*Uncia uncia*）或是“盎司豹”，约定成俗，只能一笑了之。

下面简单回顾近代雪豹分类研究的几个重点历史时段——分类纪元，了解不同分类观点的变化、争议和谬误。举一反三，窥视一斑。

1758 年，双名法创始人林奈（Linnaeus）最先命名猫属（*Felis*）。同时将狮、虎、豹等大型猫（大猫）都纳入这个属。

1761 年，布冯（Buffon）最早在其著作《自然史》中提及雪豹（详见后）。

1775 年，史瑞博（Schreber）根据在土库曼斯坦或伊朗的库博塔格（Ko-pet-Dag）发现的标本，最早为雪豹定名 *Felis uncia*。显然，他将雪豹与狮、虎、豹放在一起，同归入了野猫属。

1816 年，奥肯（Oken）建立了豹属 *Panthera*。

1830 年，艾伦伯格（Ehreberg）根据阿尔泰的模式标本，将雪豹定名为 *Felis irbis*。这个定名显然被当做重名，一直未被后人承认。但是，其拉丁名字 irbis（伊瑞碧斯），是很人性化的，没有铜臭味，尊重中亚各国少数民族语言（方言）对雪豹的习惯称呼，比较贴切。

1841 年，我们看到后来史瑞博的著作（Schreber，1841 年）也采纳了“伊瑞毕斯”（*Felis irbis*）这个名称（图 5-15），定名人居然是穆勒（Müller）。其实，穆勒可能是这个名称最早的使用者之一。博科克（Pocock，1930）认为艾伦伯格的定名是最初的，前面的都是讹传（详见后）。

1854 年，格雷（Gray）最先将 *Uncia* 确立为属名。雪豹终于有了自己的属（姓氏）。奇怪的是，其名称沿用 *Uncia irbis*，而不是 *Uncia uncia*。

1855 年，霍斯菲尔德（Horsfield）将采自尼泊尔的模式标本定名为 *Felis uncioides*。

1895 年，马兹其叶（Matschie）竟然将雪豹错误地定为金钱豹的一个亚种（*Leopardus pardus uncia*）。这个属名也非常离奇——虎猫属 *Leopardus*。

1916 年，博科克（Pocock）依据体型与舌器构造的不同，提出豹亚科应分为 2 属：豹属和雪豹属。再次正式将雪豹升格为独立的一属，即雪豹属 *Uncia*（单型属）。

1930 年，博科克（Pocock，1930）重新核对了雪豹的模式产地，澄清了百年疑团。雪豹的模式产地应该是新疆的阿尔泰山，而不是以往记录的伊朗或土库曼斯坦。这两个国家已经没有雪豹分布了。

1945 年，辛普森（Simpson）将狮、虎、豹、雪豹、美洲豹、云豹统列入豹属。

1950年，佐科夫斯基（Zokowsky）将采自锡金的一张雪豹标本皮子定名为锡金亚种（*Uncia uncia schneideri*）。

1951年，艾勒曼（Ellerman）结合前人的看法，把大型猫类——雪豹、豹、狮、虎统统归入豹属（*Panthera*）。

1982年，郑作新在《脊椎动物分类学》中，依然坚持230多年来的习惯，沿用猫属于雪豹（*Felis uncia*）。原因不详。

2000年，梅德韦杰夫（Medvedev）发现雪豹的贝加尔亚种（*Uncia baikalensis-romanii*，或 *Panthera uncia baikalensis-romanii*）。这个奇怪的亚种名是无效的命名，需要进一步评估。

2006年，约翰逊（Johnson）等根据分子生物学研究成果，在《科学》杂志撰文，明确指出雪豹与老虎的亲缘关系最近（见第二章和第六章），应该纳入豹属（*Panthera*）。

2011年，魏磊等在《中国科学》上撰文，根据虎、豹和雪豹线粒体基因组全序列测定，认为雪豹与狮子的亲缘关系最密切。

分分合合，就这样来去无常。动物学家们真的很无聊，也很无奈。世界之大，无奇不有。雪豹就是这样被学者们在4～5个属之间挪来挪去。最初是猫属，后来是雪豹属，再后来是豹属或虎猫属，至今还没有定论。现在又拿雪豹与老虎攀亲戚，也有观点认为雪豹与狮子如同姐妹关系，比豹子和老虎更亲近（魏磊等，2011）。甚至还有人认为雪豹与犬关系较近（Watanabe et al.，2000年）。中外科学家闭门造车，形而上学，制造了一个又一个荒诞不经、无稽之谈的东西。他们在自娱自乐，也愚弄了大众，确实非常离谱。雪豹没有归属，找不到家的感觉，是不是很可悲呢？更让人担心的是，有一天雪豹灭绝了，人类却还不知道它究竟为何物。神秘的高山幽灵，来也匆匆，去也匆匆。

五、雪豹身世之谜

雪豹生活在中亚高山上，现在看起来没有任何疑问，就像“喜马拉雅山就在那儿”一样简单、具体、明确。

然而，大约240年前欧洲人布冯或史瑞博在给雪豹定名时却对其了解很少，连其分布及原产地都不清楚，拉丁名称就更加怪异了（图5-14）。我们现在已经找不到他当初发表的这个物种的原始文献、模式标本、图片资料等，只能根据后来一些分类学者发表的文章，探寻这个物种最初的模式标本产地。

什么是模式？模式是动物分类和命名最重要的概念，是分类阶元的核心和命名的基础。根据国际生物学联合会第四次修订的《国际动物命名法规》（International Code of Zoological Nomenclature）（1997 年）的解释，种的模式是一个或一组标本，称为模式标本，包括正模标本、等模标本、副模标本等。该法规共有 18 章 90 条，对模式产地、时间、定名人、生活史、形态描述、附图、公开发表、优先律、时效性等都有严格要求。模式标本（不包括活体）应该永久保存，即便是这个物种已消失了，名称依然有效，不可以再用于其他生物的命名。

种的名称由属名和种名构成（双名法），亚种的名称由属名、种名、亚种名构成（三名法）。这个动物命名法，应用于已知的现生种类、已灭绝动物化石及其各级分类阶元的科学命名，涉及科、属、种以及亚种和动物产物（如粪便、脚印等）。国际命名法规的制定，能有效地管理和协调各国学术界，统一认识，改变了长期以来动物命名的混乱局面，减少了同物异名、同名异物、同物多名等现象。

图 5-14　雪豹就生活在中亚高山上，对其身世和分类地位却一直存在争议

雪豹的命名，是很不规范的。首先，其来路不明，属于“三无产品”。其次，名称怪异，庸俗不堪，与生物特征和当地名称相去甚远。遗憾的是，因为它不在上述国际法规有效约束时间以内，无法更正。按照规则，发表于 1931 年

之前的命名只要语法上符合规定就可以了。然而，什么是可以接受的语法呢，除了西方的文化，难道就可以不尊重其他民族的文化、历史、地理、传统和习俗吗？这种形式主义，导致在表面上看语法是通过了，内容却荒诞不经。前面提到，布冯（Buffon，1761 年）或史瑞博（Schreber，1775）将雪豹命名为“盎司豹”（Once=Ounce=*Uncia*），这完全是无厘头的东西，可耻又可笑（英文雪豹名称 Ounce 如今已很少被欧美国家采用，形象的 Snow Leopard 取而代之。但拉丁文学名盎司 *Uncia* 已经是板上钉钉子——无法改变了）。也许盎司只是个巧合，不属于资本主义或拜金主义的范畴，它跟金币、银币的重量单位或币值无关（现在英国用镑做货币单位，镑以下是先令或便士，只有在重量上才用盎司，1 英镑=16 盎司）。

还有人估计雪豹的英文名称 Ounce 和拉丁文学名 *Uncia* 可能都来自古法语的 *once*。难道真是巧合？Once 本来是指欧洲猞猁一类的大猫（猞猁的名称 lynx，就是由 le once 或者演变的 lonce 和 L'Once 派生来的），后来就天方夜谭、张冠李戴地用到雪豹头上。同样，美洲虎的学名 *onca*，也来源于这个字根。因与 *once* 有冲突和重复，而改用 *Uncia*，它们的发音是一样的。这样一些没有道理的名字，重复多次使用，而且将错就错，牵强附会，经不起推敲。法理和情理说不过去。

1775 年，史瑞博给雪豹起名字时，非常草率。他可能依据的是波斯市场上的一张皮子，或者是阿拉伯驯兽师牵着的一只猛兽，甚至就是一些文献汇集，没有任何证据，捕风捉影。他可能压根就没有见过雪豹，用现在的话来说就是“科学态度”有问题，不够严谨。后来，有人根据间接的线索，认为模式产地是库博塔格（Kopet-Dag），位于伊朗或土库曼斯坦。这个地名后缀“塔格”就是山的意思，应该是中亚最熟悉的词根，在新疆很常见。而从现有的分布资料和濒危程度来看，模式标本产自伊朗的推测，难以自圆其说，留给后人无限猜想。波科克（Pocock，1930）依据各方资料，推翻了布冯或史瑞博的定名，而认为艾伦伯格（Ehreberg，1830）是第一个真正发现雪豹的人，也是为雪豹定名的第一人。他当时采纳了中亚各民族喜闻乐见的名称“伊瑞毕斯”（*Felis irbis*）。最后，根据艾伦伯格的描述，将雪豹的模式产地重新确认，指名亚种的产地名正言顺地被划定在新疆北部的阿尔泰山地。

这个错误究竟出在哪里？实际上后来史瑞博的著作（Schreber，1841 年），一度也采纳了“伊瑞毕斯”（*Felis irbis*）这个正确命名，定名人竟然是穆勒（图 5-15）。看来混乱是后人造成的，而不是史瑞博本人。在这里笔者郑重为雪豹正名（*Panthera irbis* 或 *Uncia irbis* 或 *Irbis irbis*），还原一个真实的雪豹，希望学术界能够接受。

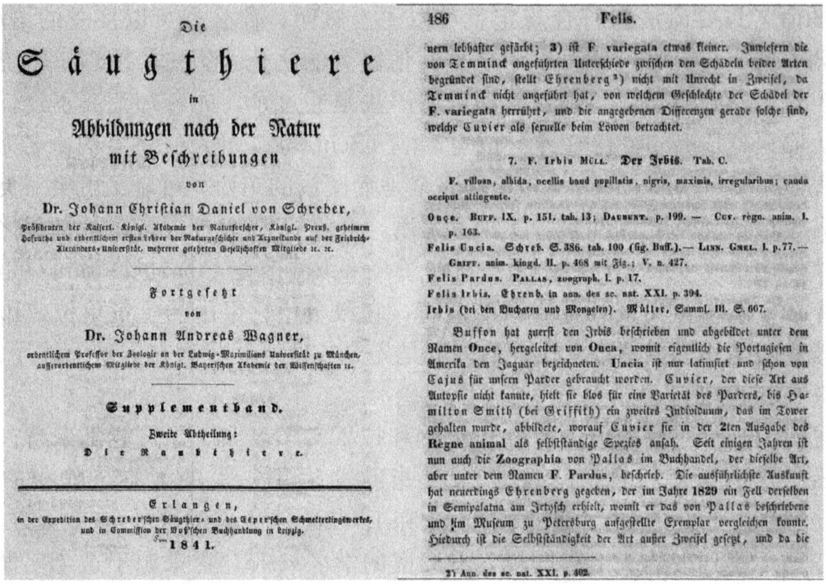

Die

Säugthiere

in

Abbildungen nach der Natur

mit Beschreibungen

von

Dr. Johann Christian Daniel von Schreber,

Präsidenten der Kaiserl. Königl. Akademie der Naturforscher, Königl. Preuß. geheimem Hofrathe und ordentlichem ersten Lehrer der Naturgeschichte und Arzneikunde auf der Friedrich-Alexanders-Universität, mehrerer gelehrten Gesellschaften Mitgliede 2c. 2c.

Fortgesetzt

von

Dr. Johann Andreas Wagner,

ordentlichem Professor der Zoologie an der Ludwig-Maximilians Universität zu München, außerordentlichem Mitgliede der Königl. Bayerischen Akademie der Wissenschaften 2c.

Supplementband.

Zweite Abtheilung:

Die Raubthiere.

Erlangen,

in der Expedition des Schreber'schen Säugthier- und des Esper'schen Schmetterlingswerkes, und in Commission der Voß'schen Buchhandlung in Leipzig.

1841.

486 Felis.

nern lebhafter gefärbt; 3) ist F. variegata etwas kleiner. Inwiefern die von Temminck angeführten Unterschiede zwischen den Schädeln beider Arten begründet sind, stellt Ehrenberg [2]) nicht mit Unrecht in Zweifel, da Temminck nicht angeführt hat, von welchem Geschlechte der Schädel der F. variegata herrührt, und die angegebenen Differenzen gerade solche sind, welche Cuvier als sexuelle beim Löwen betrachtet.

7. F. Irbis Müll. Der Irbis. Tab. C.

F. villosa, albida, ocellis haud pupillatis, nigris, maximis, irregularibus; cauda occiput attingente.

Once. Buff. IX. p. 151. tab. 13; Daubent. p. 199. — Cuv. règn. anim. I. p. 163.

Felis Uncia. Schreb. S. 386. tab. 100 (fig. Buff.). — Linn. Gmel. I. p. 77. — Griff. anim. kingd. II. p. 468 mit Fig.; V. n. 427.

Felis Pardus. Pallas, zoograph. I. p. 17.

Felis Irbis. Ehrenb. in ann. des sc. nat. XXI. p. 394.

Irbis (bei den Bucharen und Mongolen). Müller, Samml. III. S. 607.

Buffon hat zuerst den Irbis beschrieben und abgebildet unter dem Namen Once, hergeleitet von Onca, womit eigentlich die Portugiesen in Amerika den Jaguar bezeichneten. Uncia ist nur latinisirt und schon von Cajus für unsern Parder gebraucht worden. Cuvier, der diese Art aus Autopsie nicht kannte, hielt sie blos für eine Varietät des Parders, bis Hamilton Smith (bei Griffith) ein zweites Individuum, das im Tower gehalten wurde, abbildete, worauf Cuvier sie in der 2ten Ausgabe des Règne animal als selbstständige Spezies ansah. Seit einigen Jahren ist nun auch die Zoographia von Pallas im Buchhandel, der dieselbe Art, aber unter dem Namen F. Pardus, beschrieb. Die ausführlichste Auskunft hat neuerdings Ehrenberg gegeben, der im Jahre 1829 ein Fell derselben in Semipalatna am Irtysch erhielt, womit er das von Pallas beschriebene und im Museum zu Petersburg aufgestellte Exemplar vergleichen konnte. Hiedurch ist die Selbstständigkeit der Art außer Zweifel gesetzt, und da die

2) Ann. des sc. nat. XXI. p. 402.

图 5-15　史瑞博著作的影印件（Schreber，1841 年），内容是对雪豹比较原始的描述（486～489 页），在这本书中雪豹的拉丁名称是“伊瑞毕斯”（*Felis irbis*），定名人居然是穆勒（Müller）。疑团越来越大，已经牵扯出第 4 个定名人。正如前文所述，穆勒其实只是最早使用这个名字的人，而不是真正的命名人，最早的定名人应该是艾伦伯格（Ehreberg，1830）

六、雪豹定名人之争——史瑞博（Schreber）和布冯（Buffon）

如前所述，雪豹定名人是史瑞博（图 5-16），他名不见经传，中国人很少听说过这个人。其全名是 Johann Christian Daniel von Schreber（约翰·克里斯蒂安·丹尼尔·冯·史瑞博），简称 J. C. D. 史瑞博（1739～1810）。他是植物药理学家、分类学家、博物学家。1739 年，出生在欧洲一个叫威森斯的地方。威森斯现在属于德国的图林根州，史瑞博可以算是一个德国人。然而他却在哈勒（德国）和乌普萨拉（瑞典）学习医学、自然科学和神学，是近代分类学鼻祖瑞典人林奈的门徒和追随者。1769 年，他成为埃尔兰根大学医药和植物学教授，后担任埃尔兰根植物园主任，与林奈私交甚笃，书信往来频繁。1787 年，他被选为瑞典皇家科学院成员。

1758 年，植物学家林奈发表《自然系统》第十版，首次将植物命名规则（双名法）引入动物命名领域。随后，史瑞博步其后尘，也参与到对哺乳动物的命名过程之中。1774 年，他开始编写多卷本的世界哺乳动物著作（*Die Säugetiere in Abbildungen nach der Natur mit Beschreibungen*，1774～1804），依照双名法为许多动物定名。就像一些追逐名利的人喜欢抢注商标和专利一样，他们轮番对采自各地的物种命名，包括植物、昆虫、脊椎动物等，不管有没有标本，也不管采集的信息是否完整。1775 年，在史瑞博将雪豹命名为“盎司”时，他只有 36 岁，作为年轻的植物学家，他可能有一点浮躁、轻率、可耻和操之过急，给后人留下许多麻烦和疑惑。

阴差阳错，另外一个关于布冯（Buffon）与雪豹定名的故事，终于被挖掘了出来。这可能是涉及此案的第四个人，前面提到的史瑞博、穆勒（Müller）、艾伦伯格（Ehreberg），另当别论。当然，这是一段支离破碎的历史，疑点很多，非常纠结，需要认真考证。现在，有人认为最早的定名人可能是布冯（1761 年），而不是史瑞博（1775 年）。而且，最早的名字“盎司豹”也是讹传，可能来自当地人的方言。根据布冯的描述，这种体型较小的豹子，被伊朗人训练来狩猎，分布于伊朗（Persien）、北非（Barbarey）、印度（Ostindean）、中国等地。后来的人，根据当时的绘画判断其“大花斑”特征与雪豹接近，就认为布冯或史瑞博记录的可能是雪豹（图 5-17）。其实，这只被缔造出来的“四不像”动物很有可能就是伊朗豹（*Panthera pardus saxicolor* 或 *P. p. ciscaucasica*）的亚成体或变异个体，也有人认为其是美洲豹（*Panthera onca*）。到了 1930 年，博科克（Pocock）发现布冯和史瑞博的记录是错误的，第一个雪豹记录者应该是艾伦伯格（Ehreberg，1830）。艾伦伯格根据阿尔泰山的模式标本（皮子），将雪豹定名为地地道道的本地名“伊瑞毕斯”*Felis irbis*（1830）。然而，博科克没有证据推翻布冯和史瑞博等前人的命名和描述，只能保留“盎司”一名。

我们建议还是采纳 *Irbis irbis*，或 *Uncia irbis* 或 *Panthera irbis*（Ehreberg，1830）。现在，如果我们以科学的态度面对历史，公正地站出来纠正这一谬误，应该为时不晚（图 5-18）。还雪豹一个真面目吧！

图 5-16 J. C. D. 史瑞博（1739～1810）肖像

图 5-17 最初的雪豹插图原件

注意，图中动物的定名人是布冯，而不是史瑞博。图中这个四不像的“怪物”的身体形态、尾巴的模样、标注时的错误名称及定名人都扑朔迷离，它既不是伊朗豹，也不是美洲豹，更不是雪豹或草豹。问题也许出在后人的移花接木上乔治·布冯（G. L. L. Buffon，1707～1788），也算是个赫赫有名的人物，是18世纪法国最著名的博物学家，有自然史之父的美誉。布冯生于法国的蒙巴尔，年轻时学习过数学、物理学和植物生理学等，文学天赋和素养非常高。对于现代科学来说，布冯所作的最大贡献乃是编著了44卷本的《自然史》，被认为是一部大百科全书，经久不衰，至今依然再版。在这部著作中，布冯提出了许多与“进化论”有关的思想。他的这些进化论观点，为系统进化论的形成和发展铺平了道路。尽管在其论述中，并未详细描述物种变化的根本原因和进化方式，但他依然是近代以科学精神探讨进化论问题的早期博物学家。他还是生物地理学、地质学的早期理论家，认为不同地区有不同物种，区系（fauna）发生是不一样的。他倡导“生物转变论”，指出物种因环境、气候、营养的影响而变异，这些观点对后来的进化论有直接的影响。达尔文称布冯为“以科学眼光对待这个问题的第一人”（见《物种起源》）。布冯对林奈的分类体系和自然史观嗤之以鼻。《自然史》的文学价值也很高，书中关于动物形态的描绘尤富艺术性、趣味性、想象力。布冯以科学的观察为基础，用形象的语言为各种动物勾画出了一幅幅生动的肖像，使得全书内容极为充实、有趣、生动。中文版的《自然史》是非常值得一读的。

图5-18　展现在我们眼前的是一个真实的、尾巴翘起的、悠然自得的雪豹（*Uncia irbis* 或 *Panthera irbis*）

参考文献

阿布力米提．2003．新疆哺乳动物的分类与分布．北京：科学出版社．

方盛国，冯文和．1996．大熊猫DNA指纹在野生种群数量调查中的应用．兽类学报，16（4）：246-249.

冯祚建，蔡桂全，郑昌琳，等．1986．西藏哺乳类．北京：科学出版社．

高行宜．2005．新疆脊椎动物种和亚种分类与分布名录．乌鲁木齐：新疆科学技术出版社．

高耀亭，汪松，周嘉樀，等．1987．中国动物志，兽纲，第八卷．北京：科学出版社．

国家林业局．2009．中国重点陆生野生动物资源调查．北京：中国林业出版社．

李德浩，王祖祥，武云飞，等．1989．青海经济动物志．西宁：青海人民出版社.

李都，马鸣，时磊，等．2000．中国新疆野生动物．乌鲁木齐：新疆青少年出版社．

廖炎发．1983．青海雪豹地理分布的初步研究．中国动物园年刊，6：97-100.

廖炎发．1985. 青海雪豹地理分布的初步调查．兽类学报，5（3）：183-188.
廖炎发，谭邦杰．1990. 中国雪豹地理分布的初步研究．中国动物园论文集，1：109-115.
刘恺．2001. 雪豹维生素 A 缺乏症的治疗．动物园，8：100-101.
马鸣，Munkhtsog B，徐峰，等．2005. 新疆雪豹调查中的痕迹分析．动物学杂志，40（4）：34-39.
马鸣，徐峰，Chundawat R S，et al. 2006. 利用自动照相术获得天山雪豹拍摄率与个体数量．动物学报，52（4）：788-793.
马鸣，徐峰，Munkhtsog B，et al. 2011. 新疆雪豹种群密度监测方法探讨．生态与农村环境学报，27（1）：79-83.
穆新春．1993. 新疆雪豹的分布和人工饲养．首都师范大学学报（自然科学版），14（2）：79-82.
彭基泰．2009. 青藏高原东南横断山脉甘孜地区雪豹资源调查研究．四川林业科技，30（1）：57-58.
钱燕文，张洁，汪松，等．1965. 新疆南部的鸟兽．北京：科学出版社．
孙养性．1983. 土法捕捉雪豹．中国动物园年刊，6：68-69.
吐尔逊．吐拉克．2008. 我看到两只小雪豹幼崽．新疆画报，43（4）：83.
王香亭．1991. 甘肃脊椎动物志．兰州：甘肃科学技术出版社.
王应祥．2003. 中国哺乳动物种和亚种分类名录与分布大全．北京：中国林业出版社.
魏磊，吴孝兵，诸立新，等．2011. 豹属线粒体基因组分析．中国科学，生命科学，41（9）：699-713.
谢昌卫．2008. 冈底斯山发现雪豹．人与生物圈，（6）：16-17.
徐峰，马鸣，吴逸群．2011. 新疆托木尔峰国家级自然保护区雪豹的种群密度．兽类学报，31（2）：205-210.
徐峰，马鸣，殷守敬，等．2005. 新疆托木尔峰自然保护区雪豹调查初报．四川动物，24（4）：608-610.
徐峰，马鸣，殷守敬，等．2006a. 新疆北塔山雪豹对秋季栖息地的选择．动物学研究，27（2）：221-224.
徐峰，马鸣，殷守敬，等．2006b. 雪豹栖息地选择研究初报．干旱区研究，23（3）：471-474.
徐峰，马鸣，殷守敬，等．2007. 新疆北塔山地区雪豹及其食物资源调查初报．干旱区资源与环境，21（3）：63-67.
徐新林．2008. 探寻新疆雪豹．新疆画报，43（04）：80-83.
杨奇森，冯祚建．1998. 雪豹．见：汪松．中国濒危动物红皮书——兽类．北京：科学出版社：132-135.
姚剑敏．1998. 营救雪豹．大自然，（5）：24.
尹秉高，刘务林．1993. 西藏珍稀野生动物与保护．北京：中国林业出版社.
张荣祖．1997. 中国哺乳动物分布．北京：中国林业出版社．
中国科学院登山科学考察队（林永烈）．1985. 天山托木尔峰地区的生物．乌鲁木齐：新疆人民出版社．
中国科学院西藏考察队（钱燕文，冯祚建，马莱龄，等）．1974. 珠穆朗玛峰地区科学考察报告．北京：科学出版社．

Agapow P, Bininda O, Crandall K A, et al. 2004. The impact of species concept on biodiversity studies. The Quarterly Review of Biology, 79 (2): 161-179.

Dexel B. 2002. The illegal trade in Snow Leopards-A global perspective. Berlin: German Society for Nature Conservation.

Ehrenberg M. 1830. Observations et donees nouvelles sur le tigra du nord et la panthere du nord. Ann Sci Nat, 21: 387-412.

Ellerman J R, Morrison-Scott T C S. 1951. Checklist of Palaearctic and Indian Mammals 1758 to 1946. London: Trustees of the British Museum Natural History.

Fox J L, Chundawat R S. 1988. Observations of snow leopard stalking, killing and feeding behavior. Mammalia, 52 (1): 137-141.

Hemmer H. 1972. *Uncia uncia*. Mammalian Species, 20: 1-5.

Heptner V G, Sludskii A A. 1992. Mammals of the Soviet Union. New Delhi: Amerind Publishing.

Horsfield T. 1855. Brief notices of several new or little-known species of mammalia. Ann Mag Nat Hist Ser 2, 16: 101.

Jackson R, Ahlborn G. 1988. Observations on the ecology of snow leopard in west Nepal. *In*: Freeman H. Proceedings of the 5th International Snow Leopard Symposium. Seattle: ISLT: 65-87.

Jackson R, Hunter D O. 1995. Snow Leopard Survey and Conservation Handbook. Seattle: International Snow Leopard Trust.

Jackson R, Roe J D, Wangchuk R, et al. 2005. Surveying Snow Leopard Populations with Emphasis on Camera Trapping-A Handbook. Sonoma: The Snow Leopard Conservancy.

Jackson R, Roe J D, Wangchuk R, et al. 2006. Estimating snow leopard population abundance using photography and capture-recapture techniques. Wildlife Society Bulletin, 34 (3): 772-781.

Jackson R. 1996. Home range, movements and habitat use of Snow Leopard (*Uncia uncia*) in Nepal. Thesis, University of London.

Jackson R, Wang Z Y, Lu X D, et al. 1994. Snow leopards in the Qomolangma Nature Preserve of the Tibet Autonomous Region. *In*: Proceedings of the Seventh International Snow Leopard Symposium, Xining: 85-95.

Janecka J E, Jackson R, Yuquang Z, et al. 2008. Population monitoring of snow leopards using noninvasive collection of scat samples: a pilot study. Animal Conservation, 11 (5): 401-411.

Johnson W E, Eizirik E, Pecon-Slattery J, et a1. 2006. The 1ate Miocene radiation of modern Felidae: a genetic assessment. Science, 311: 73-77.

Kashkarov E. 2012. Discoveries of the Snow Leopard in most marginal areas in the north. Rhythm Journal, 1: 61-63.

Koshkarev E. 1984. Characteristics of snow leopard movements in the Tien Shan. International Pedigree Book of Snow Leopard, 5: 15-21.

Koshkarev E. 1990. On the environment-related stability of snow leopard populations in connection with their distribution in the natural habitats and changes for spread within the USSR. International Pedigree Book of Snow Leopard, 6: 37-50.

Ma J Z, Zou H F, Cheng K. 2002. The distribution and status of snow leopard in China. *In*: McCarthy T. Contributed Papers to the Snow Leopard Survival Strategy Summit. Seattle: ISLT: 209-212.

Mallon D P. 1984. The snow leopard in Ladakh. International Pedigree Book of Snow Leopard, 4: 23-37.

Mallon D P. 2003. An early record of Snow Leopard in Myanmar. Cat News, 39: 24-25.

McCarthy K P, Fuller T K, MaMing, et al. 2008. Assessing estimators of snow leopard abundance. Journal of Wildlife Management, 72 (8): 1826-1833.

McCarthy T. 2000. Ecology and conservation of Snow Leopards, Gobi Brown Bears, and Wild Bactrian Camels in Mongolia. Amherst: Ph. D. Thesis, University of Massachusetts Amherst.

McCarthy T, Chapron G, Network S. 2003. Snow leopard survival strategy. Seattle: International Snow Leopard Trust, Snow Leopard Network.

McCarthy T, Fuller T K, Munkhtsog B. 2005. Movements and activities of snow leopards in Southwestern Mongolia. Biological Conservation, 124 (4): 527-537.

Medvedev D G. 2000. Morphological differences of the snow leopard from Southern Transbaikalia. Proc Irkutsk State Agricult Acad, 20: 20-30.

Pocock R I. 1930. The Panthers and ounces of Asia. J Bombay Nat Hist Soc, 34: 64-82, 307-336.

Pokrovskij V S. 1976. Snow leopard. *In*: Large Carnivores. Moscow: Lesnaya Promyshlennost' Press: 82-96.

Poyarkov A D. 2002. Some aspects of snow leopard research methodology. *In*: McCarthy T. Contributed Papers to the Snow Leopard Survival Strategy Summit. Seattle: International Snow Leopard Trust: 138-140.

Schaller G, Li H, Talipu R, et al. 1988. The snow leopard in Xinjiang, China. Oryx, 22 (4): 197-204.

Schaller G B, Tserendeleg J, Amarsana G. 1994. Observations on snow leopard in Mongolia. *In*: Fox J L. Proceedings of the 7th International Snow Leopard Symposium. Seattle: ISLT: 33-42.

Schreber J C D. 1775. *Felis Uncia*. Die Saugthiere in Abbildungen nach der Natur. 1774-1855. Tafeln 100. (Text vol. 3, 1777.)

Shi K, Zhu F D, Shi J, et al. 2009. Reconfirmation of snow leopards in Taxkurgan Nature Reserve, Xinjiang, China. Oryx, 43 (2): 169-170.

Theile S. 2003. Fading footprints: the killing and trade of snow leopard. TRAFFIC International, Cambridge, UK.

Wilson D E, Mittermeier R A. 2009. Handbook of the Mammals of the World. Vol 1,

Carnivores. Barcelona：Lynx Edicions.
Wozencraft W C，Wilson D E，Reeder D M. 2005. Mammal species of the World：A taxonomic and geographic reference. Baltimore：Johns Hopkins University Press.
Xu A C，Jiang Z G，Li C W， et al. 2008. Status and conservation of the snow leopard *Panthera uncia* in the Gouli Region，Kunlun Mountains，China. Oryx，42（3）：460-463.
Xu F，Ma M，Wu Y Q. 2010. Recovery of snow leopard *Uncia uncia* in Tomur National Nature Reserve of Xinjiang，Northwestern China. Pakistan Journal of Zoology，42（6）：825-827.
Yang Q S. 1994. Further study on the geographical distribution and conservation of snow leopard in Qinghai，China. *In*：Proceedings of the Seventh International Snow Leopard Symposium，Xining：73-77.
Zhan X J，Li M，Zhang Z J， et al. 2006. Molecular censusing doubles giant panda population estimate in a key nature reserve. Current Biology，16（12）：451-452.
Zukowsky L. 1950. Grossauger，die Hagenbeck entdeckte. D Zool Garten（N F），17：211-221.

第六章

生物学特征（研究与发现）

雪豹除了本身行为神秘莫测以外，其早期的发现、定名及模式产地（身世）也一直扑朔迷离。有人认为模式标本发现于遥远的波斯（伊朗）或者土库曼斯坦，可那里现在没有雪豹的分布。也有人认为应该是在中国发现，因为根据当时大清帝国的版图，雪豹只分布在那里，没有第二个国家可言。波科克依据各方资料，最后将模式产地重新确定——指名亚种就是在新疆北部的阿尔泰山脉（Pocock，1930 年）。

现在分析其中的来龙去脉，非常复杂。当时布冯（Buffon，1761 年）或史瑞博（Schreber，1775 年）发现雪豹时，看到的绝对不是野外的雪豹，而可能是在市场上买卖的一张皮子，或者贵族苑囿中的宠物。其来源的神秘性，包括性别、年龄、采集时间、地点、形态特征、猎获人、贸易过程（路线），都不清楚。其属于无模式标本、无模式产地、无原始准确描述的“三无产品”，使发现者和后来的读者都无法确定其真实身份。甚至可以这样推断，当年布冯或史瑞博压根就没有见到过雪豹，完全是杜撰出来了这么一个像“盎司豹”一样的东西。后来，定名时竟然闹出一些笑话，这就是雪豹的身世之谜（见前一章）。

时至今日，关于雪豹的知识 60%～80%都来自动物园或皮革市场（标本），剩下的都是道听途说，野外生物学数据少之又少。

第一节　雪豹的基本资料

雪豹是介于大型猫（狮、虎、豹等）与小型猫（金猫、豹猫等）之间的一个过渡类型，分类地位比较特殊。新疆或者中亚当地的少数民族称呼雪豹为“伊瑞碧斯”（Irbis），包括维吾尔族、哈萨克族、柯尔克孜族、塔吉克族、蒙古族等。他们在山区放牧、狩猎、迁徙，世世代代与雪豹打交道，最了解雪豹，也最有发言权。早期西方列强们披着科学的外衣，偷偷摸摸进入中亚山地采集标本，干着屠杀和掠夺的勾当。他们肆意妄为，张冠李戴，弄巧成拙，留下的只能是疑惑、尴尬、苦涩和笑柄。

雪豹

学名：*Uncia uncia*（Schreber，1775）

英文名：Snow Leopard，或者 Ounce（盎司豹）

俗名：艾叶豹、草豹、荷叶豹、银钱豹、打马热、斯（藏）、皮斯、伊瑞碧斯（新疆）

分类位置（界、门、纲、目、科、属、种）

动物界 Animalia

脊索动物门 Chordata

脊椎动物亚门 Vertebrata

哺乳纲 Mammalia

真兽亚纲 Eutheria（Placentalia）

食肉目 Carnivora

猫形亚目 Aeluroidea

猫科 Felidae

豹亚科 Pantherinae

雪豹属 *Uncia*（或归入豹属 *Panthera*，详见前一章的分类讨论）

雪豹 *Uncia uncia*

一、外形描述

雪豹属于大型野兽。大小似豹，头颅比豹小，吻部较短。身体长而敦实，前腿较短，臀部比肩部要略高一些，因此看上去总是撅着屁股，身体向前倾斜。它的体型不像其他大型猫科动物，如狮、虎、豹那么匀称，这也许是对山地或坡地的一种适应。头体长 110～130 厘米；肩高 55～60 厘米；尾长 80～110 厘米；体重 38～55 千克，雄豹偶然达 75 千克（表 6-1）。

表 6-1　雪豹身体各部位测量数据对比

	雄性（♂）	雌性（♀）	亚成体	幼体（180 日龄）
体重/千克	40～75	35～50	30～50	8～15
头体长/厘米	110～130	90～120	80～100	60～70
肩高/厘米	50～60	45～55	45～55	45～50
尾长/厘米	80～110	80～100	60～80	50～60
足印长/厘米	9～11	8～10	8～10	3～6
足印宽/厘米	9～11	8～9	8～9	3～5
耳长/厘米	6～8	6～7	6～7	4～5

雪豹的头小而圆，似乎与身体不合比例（图 6-1）。双耳也比较短小，隐藏在绒绒的毛发之中。

图 6-1　新疆雪豹研究小组 2005 年采用红外自动相机在天山托木尔雪峰拍摄到的两只雪豹

尾巴最为特殊，又粗又长，其长度几乎等于身体的长度。尾毛长而柔软蓬松，看上去硕大无比的尾巴，强直有力，很少拖在地上。只有在年迈、疲惫不堪、受伤或患病时，才可能拖着尾巴行走。关于雪豹尾巴的功能，有许多说法。首先是平衡功能，这个不言而喻。雪豹的栖息环境多为陡峭的山崖，在上面行走或跳跃，尾巴的功能不可小觑。有时，在跨越几米到十几米宽的山涧时，尾巴的功能就不仅仅是平衡器了，可能还有方向舵、降落伞或尾翼的作用。其次，保暖的功能，在冰天雪地里，雪豹睡觉时可以用尾巴做“围脖”来围住头部，特别是护住裸露的鼻腔和吻部。当然，还有一些更离奇的说法，如利用晃动的尾巴引诱旱獭出洞，像扫把一样打扫身后的足迹——踏雪无痕（如狐狸），像鞭子一样驱赶猎物（如狼），具有威慑力的武器——高高举起的“大棒”恫吓入侵者，炫耀和吸引异性的招牌——象征“性器”的辅助工具，等等。当然，长尾巴除了有优点，可能也有缺点。在新疆昆仑山和西藏，牧民知道，一旦擒住雪豹的尾巴，它就会身体僵直，不能动弹，很快被置于死地。如此粗大的尾巴绝对妨碍了雪豹的运动速度，它们很不适合快速追击和远途跋涉。遇到没膝深的大雪，它们就不得不耷拉着尾巴行走，艰难无比。毋庸置疑，平时拖着长尾巴的雪豹懒懒散散，你很少能在平坦的草地上遇见雪豹的身影，它们只适宜于崇山峻岭。

雪豹全身灰白色，与雪山环境融合在一起，这是大自然的神奇造化。头部毛较短，身体毛长密而柔软。底绒丰厚，背部每平方厘米绒毛达到4000根，保温效果极佳，这是其他猫科动物无法比拟的。体毛长4～6厘米，冬毛较浓密、较厚实、光滑柔软、色泽分明。分布区域越偏北毛也越长，尾部和腹部的针毛最长可达8～12厘米。一年可能换两次毛。

图6-2 雪豹皮及其致密的毛色图案（局部）：荷叶形状斑纹、中脊线密集分布

通体布满黑斑和黑环。头部黑斑小而密，背部、体侧及四肢外缘有不规则的黑环，越往后黑环越粗大。体侧至臀部的一些黑环形若植物的叶片，故雪豹亦俗称为“艾叶豹”或“荷叶豹”。背部及体侧穿插有一些小黑点。在背部黑斑由肩后部开始沿着中脊线密集排列，隐约形成3～5条粗线（图6-2），环环相扣直至尾根。尾背面有10余个黑环，后部的黑环边宽而大，至尾端最为粗著，尾端黑色。耳内侧灰白色，边缘黑色。鼻尖裸露呈肉色或黑褐色，胡须颜色黑白相间。颈下、胸部、腹部、四肢内侧及尾下均为乳白色。冬夏体毛密度及毛色略有差别。幼雪豹通体发黄或呈浅烟灰色，绒毛散乱，身上黑环不明显，似黑斑状，轮廓不清，黑褐和灰相杂。

舌面长有许多角质化的倒刺，舌尖和舌缘的刺形成许多肉状小突。前足5趾（大拇指高位），后足4趾（第一趾退化）。雪豹喜欢踮着脚尖走路（趾行型），总是小心翼翼的。前足比后足宽大，具有良好的攀爬、稳定、防滑、攻击功能。趾端具角质化硬爪、略弯，尖端锋利，行走时巧妙缩回，藏而不露（图6-3）。掌垫与趾间均具有较浓而长的粗毛，具有保温和防滑的作用。

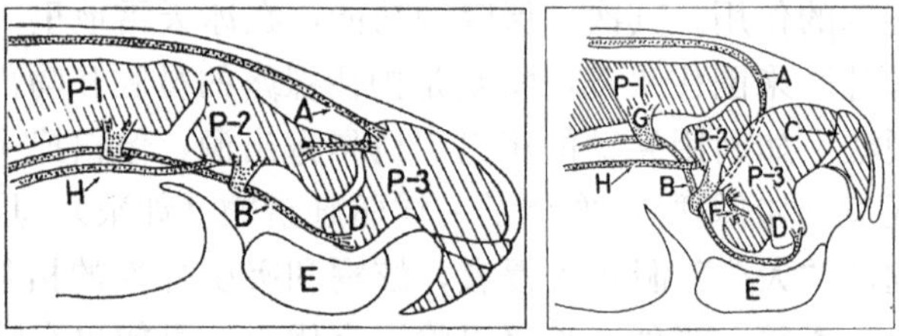

图6-3 豹趾和爪子伸与缩解剖图（Fowler，1998）

左图：伸展的豹爪子；右图：缩回的豹爪子（正常行走状态）；A. 总趾伸腱；B. 深屈腱；C. 第三趾骨的爪冠；D. 第三趾骨的屈肌结节；E. 趾垫（肉垫）；F. 背韧带；G. 趾骨的近趾环状韧带；H. 浅趾屈腱；P. 趾骨

腹下有3对乳头。肛门部有一对腺体孔。

眼虹膜呈蓝色或黄绿色，在强光照射下，瞳孔缩为圆状。

雌、雄没有明显差异，有时雄兽个体略大于雌兽。

二、骨骼特点

区分不同的兽类，主要根据的是头骨的形态和齿式。特别是颏骨和牙齿的形态，包含了很多捕食习性和活动特点等信息。另外，脚趾的形态也成为分类定种的依据。猫科动物外形十分相似，俗话说"照猫画虎"，就是因为猫和虎十分相像。但是，它们在形态、生态和行为习性上还是存在着较大差异的。自林奈 1758 年对动物实行双名制以来，学者们从分类学的角度，对猫科动物的形态特征进行了广泛的研究。然而，雪豹是高度濒危的动物，数量稀少，形态学解剖材料难得，因此研究困难。一些研究主要集中在动物园圈养个体的外形描述及已故个体的骨骼、牙齿等的形状特征解剖等（图 6-4）。

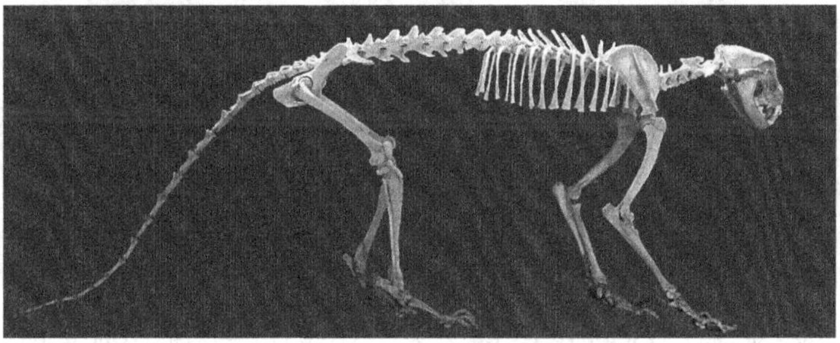

图 6-4　轻巧、简单、修长的雪豹骨架结构（制作：梁林）

（1）头骨：雪豹与豹（*Panthera pardus*）的头骨相似，二者只在大小上差异明显（图 6-5）。但雪豹头骨略短宽，而近于圆形（表 6-2）。脑室较大。鼻骨短而阔，最大鼻骨长度不超过 50 毫米。吻部、额骨和眶间距亦宽。上颌骨额突出部超过鼻骨的额突部。颅形稍宽而近于圆形。额骨宽，眶后突与颧骨眶均较长而尖锐。鼻骨短宽，其前端尤为宽大。颧弓粗大。上颌骨额突呈三角形，且超过鼻骨的后端。成兽的人字嵴、矢状嵴高耸，尤老体更为显著。翼状骨的突起向后伸出，尖而细直。鼓室扁而低，副枕突较长，在下方超出听泡（图 6-6）。下颌骨骨体宽厚，下缘平直（中国动物志，1987）。

表 6-2　天山雪豹头骨主要测量数据（Heptner and Sludskii，1972）（单位：毫米）

特征	雄性（♂）			雌性（♀）			总平均值
	最小	最大	平均	最小	最大	平均	（n=13）
颅全长	174	190	186	175	179	176	180
枕基长	159	174	169	160	167	163	167
颧宽	121	137	129	121	130	125	127
眼窝宽	42	44	43	39	42	41	42
眶后宽	47	52	50	46	53	49	49

续表

特征	雄性（♂）			雌性（♀）			总平均值
	最小	最大	平均	最小	最大	平均	(n=13)
下齿列长（含犬牙）	56	62	60	56	60	58	59
下齿列长（不含犬牙）	43	48	46	43	45	44	45
上颌裂齿基长	23	25	24	23	25	24	24

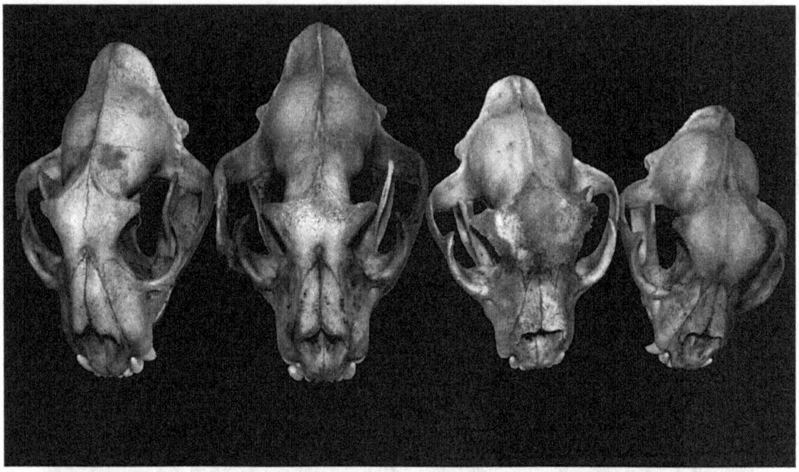

图 6-5　金钱豹（*Panthera pardus*）头骨（左 2 件）与雪豹（*Uncia uncia*）头骨（右 2 件）实物比较，二者在大小上差异明显（制作：蒋可威）

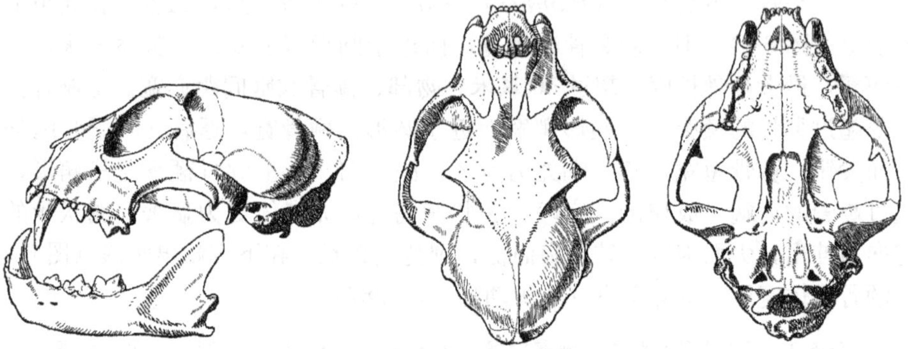

图 6-6　雪豹头骨及其细微结构三面视图

（2）脊椎：猫科动物脊椎骨数目大同小异。根据中国科学院新疆博物馆的雪豹骨架：颈椎 7 枚，胸椎 13 枚，腰椎 7 枚，荐椎 3 枚（愈合），尾椎 26 枚（或有记录 28 枚）。与胸椎关联的肋骨有 13 对（图 6-4）。

（3）牙齿：猫科动物与犬科动物有共同的祖先，具有犬科动物一样发达而锐利的犬齿或獠牙，是捕食者撕裂猎物的重要武器。猫科动物牙齿的数量要比犬科动物少许多。但上下两对犬齿既坚固又细长，是刺穿猎物动脉或心脏的利器。它的下巴和头骨之间的肌肉很发达，收缩时极为有力，借助锋利的牙齿，能够咬断猎物的脖子和骨头。上、下门齿各 6 枚，均呈一横列，中央的一对门齿较小，外侧门齿较大。犬齿发达，其内侧刃部锐利。上颌前臼齿左右各 3 枚，第二枚前臼齿形小，仅具一个齿尖。第三枚前臼齿侧扁，呈三角形，在主尖之后有一不甚明显的低尖。上裂齿外侧具 4 个齿尖，第二尖峰（前尖）最大，高而尖，内缘前端仅具一个低小齿尖（原尖）。臼齿形小似横列。下前臼齿左右仅具 2 枚，第一、第二前臼齿缺如，第三、第四前臼齿均发达。第三前臼齿侧扁呈“山”字形，主尖位中央，前后各有一小齿尖。第四下前臼齿主尖高大，位于中央，前有一小齿尖，后有二小齿尖。下臼齿形大，后齿尖峰略高于前尖峰。雪豹齿式为 3・1・3・1/3・1・2・1=30。而幼兽的齿式变化比较大，数量明显少于成兽。3 个月幼兽的乳齿式或为 3・1・2・0/3・1・2・0=24。

（4）其他指标：体温 38～39℃。染色体数 2n=38。1～3 月发情，妊娠期 98～103 天。主要在 5～6 月产崽，窝崽数 2～5 只，偶尔 6 崽。雪豹 2～3 岁性成熟，寿命 13～21 年（动物园记录）。

第二节　栖息地选择

生活在高山上的动物，要能经受住强烈紫外线的照射、稀薄的氧气及巨大的温差。它们与世隔离，是比较特殊的一类动物。雪豹，就是一种生活于高海拔山地的大型猫科动物。因为它特殊的生活环境，雪豹的相关研究一直非常少。雪豹的栖息地环境与它们的分布区域有非常密切的联系。因为，雪豹主要生活在中亚的高山地区，从大环境上来讲，主要活动于高山和亚高山的高海拔地区。夏天常常在雪线附近及林线以上区域活动，仅在冬天因为食物迁移和环境温度变化等，活动区域才有所下降。这体现出雪豹活动区域的垂直变化和季节性迁移的规律。此外，雪豹的栖息地还与其纬度分布有一定的关系，例如，在雪豹分布区域的南缘，拉达克地区，雪豹几乎常年在海拔 4000 米以上的区域活动，但在雪豹分布的北缘，如蒙古国、俄罗斯及我国新疆天山和阿尔泰山等地，冬季雪豹常在海拔 1500～3000 米的栖息地中活动，甚至远行 600 多公里到海拔更低（900 米）的地方觅食。这也体现了雪豹栖息地环境多样、适应性强的特点。

栖息地指动物生活的周围环境，即动物个体、种群或群落在其生长、发育和分布的地段上，各种环境因子的总和。而关于野生动物栖息地选择的研究，是动物学研究的一个基本而又重要的领域。在新疆阿尔金山、昆仑山、天山东部、北塔山、阿勒泰山和天山西部的托木尔峰自然保护区等 20 多个区域进行的雪豹痕迹的样方调查，表明雪豹对海拔、地形、植被类型、放牧状况及生境平坦度等特征均存在选择性。

图 6-7　天山托木尔峰地区雪豹的栖息环境，森林线以上的裸岩区

从小环境的角度来讲，雪豹在不同地貌的山地中，对其活动区域，即栖息地也有选择性。例如，在栖息地选择划分方面，常把地貌分为山脊、山坡、谷地等类型，植被则分为草地、灌丛、森林等（图 6-7）。雪豹偏好在隐蔽性好、不易被人发现的山坡、山谷、灌丛中活动，会避开平坦的草地、山坡。这种活动习性体现了雪豹对微栖息环境的选择和需要。因为雪豹对大环境的栖息地选择已经体现在其分布区域当中，所以本节将会主要介绍雪豹对微生境的选择，介绍雪豹对不同地貌、植被类型等栖息地特征进行选择的研究方向及主要的研究结果。

一、生境描述与痕迹调查

关于雪豹栖息地的研究断断续续有 100 多年历史（图 6-8）。大约 20 世纪 80 年代前后，对雪豹进行系统的、有统计价值的分析和研究的学者，应该是以夏勒、杰克逊、福克斯等为代表的动物学家们。他们开创性地对野生状态中的雪豹进行了研究，其中涉及雪豹栖息地研究。

图 6-8　天山雪豹及其栖息环境，融为一体（刘恺 摄）

夏勒曾在 1970～1975 年对巴基斯坦生活在山地的兽类动物们进行过系统调查，其中就有雪豹，这是对雪豹在野生环境中进行的较早研究。在研究结果中，他提到雪豹在野外非常罕见，它们主要生活在高海拔地区。并

且，由于当地野生动物很少，雪豹要么要搜索很大的面积来寻找食物，要么就只能去捕食家畜，生存现状很艰难。杰克逊（1979 年）在他的研究报告中记录了雪豹，但是在他早期的研究中只对雪豹的栖息地环境进行了简单的描述，并没有专门的研究。福克斯等的研究也与此相类似（Fox and Chundawat，1988）。观察与描述是早期雪豹栖息地研究的共同特点。在后期的雪豹研究中，人们越来越关注雪豹栖息地质量及破碎化方面的研究，引入数学模型或量化野外观测数据。相关研究也越来越多，并且越来越细致。

经过早期的经验积累，人们对雪豹的分布区域、活动规律等有了一定的了解，随着观察到雪豹的机会越来越多，人们有了进一步定量研究雪豹栖息地的需求和能力。雪豹隐秘的生活习性导致对其进行直接观察非常困难，因此通过雪豹的主要活动痕迹分布情况及数量、密度，来了解雪豹的主要活动区域和栖息地选择强度，成为雪豹研究的主要手段和方法。这一方法一直沿用至今。

国际上统一的痕迹调查法最早由杰克逊提出，在其介绍雪豹调查标准方法的书中对该方法有详细的描述（Jackson and Hunter，1995）。这本书的问世标志着雪豹痕迹调查法的成熟。随后，许多雪豹研究者在此基础上对雪豹的痕迹调查法进行一定的改进，并且在雪豹的栖息地选择研究中充分应用了痕迹调查法，用定量的方法通过雪豹的痕迹，研究了雪豹的栖息地选择。其中，最有代表性的工作当属麦克阿瑟博士在蒙古国开展的利用痕迹法对雪豹栖息地进行的研究（McCarthy，2000）。

首先，根据雪豹痕迹的种类、特点和调查方法，把雪豹痕迹分布地点的栖息地特征划分为海拔、地形、植被类型、放牧状况、生境平坦度及样方坡向等几种类型，再对其进行详细分类。将有雪豹痕迹分布的地点作为标记样方，然后利用随机数字表，选择对照样方进行对比，用统计分析的方法（比如卡方检验、二项分布检验等）进行检验。通过比较雪豹活动地点栖息地的特征与随机地点的不同，说明雪豹偏爱在什么样的环境中活动。

麦克阿瑟（2000 年）在蒙古国的研究表明，雪豹的栖息地选择会受到隐蔽性、食物及人为活动的影响。雪豹倾向于选择悬崖底部和山嵴作为栖息地，而避开山坡和较开阔的山谷；偏好灌丛，而避开森林和平坦的开阔地；倾向于选择非放牧区域活动；倾向于选择植被较好的北坡，避开南坡。雪豹会避开坡度小于 20°的区域，而倾向于在坡度大的陡峭崎岖的山麓活动。这一研究结果系统地、定量化地分析了雪豹对栖息地选择的偏好情况。并且，此工作也得到了其他学者们在其他区域研究的印证，是利用痕迹定量分析雪豹栖息地的典范。

二、项圈监测

随着雪豹受到越来越多人的关注，许多学者和志愿者投身于雪豹的研究和保护。一些专门从事雪豹研究和保护的组织和机构也相继涌现，比如新疆自然保育基金、新疆雪豹研究小组、雪豹基金会（ISLT）、雪豹保护协会、雪豹网络等。在这种背景下，人们对雪豹研究的投入越来越大，雪豹研究也越来越深入。一些高科技手段也被不断引入雪豹的栖息地选择研究当中，如无线电项圈和卫星项圈跟踪研究的方法。

项圈监测的方法，要求研究人员熟悉雪豹的分布区域和活动习性，具备一定的捕捉、麻醉、释放猫科动物和安装项圈的能力，对研究人员的要求较高。项圈本身需要的资金投入较大，特别是卫星项圈。因此，虽然这种方法能够直接地、长期地监测雪豹的活动地点和区域，是雪豹栖息地选择的最直接证据，但是由于以上种种因素的限制，这种方法并没有像痕迹分析调查那样被广泛地应用于雪豹的研究，只是在尼泊尔（Jackson，1996；Oli，1997）、巴基斯坦、蒙古国（McCarthy，2000；McCarthy et al.，2005）等少数国家应用过。

项圈监测的方法，其实和痕迹调查法类似。只是获取雪豹活动地点信息的方式不同，处理数据的方式不同。项圈监测，是给雪豹戴上项圈后，项圈设置每隔一定时间发出一次信号，根据信号的方位和强弱可以判断雪豹所在的位置和移动的距离。而雪豹所在位置的信息就是其栖息地的信息。根据一段时间的监测，在积累了一定的雪豹活动地点信息的基础上，用地理信息系统（GIS）的方法提取雪豹活动地点的信息，包括海拔、坡度、坡向、植被类型等。用图层叠加和模型分析的方法建立一个雪豹活动地点分布的动态模型，即可以预测监测区域或者更大区域雪豹的分布范围和潜在分布区。同时，也能对一定区域内雪豹的栖息地选择作分析，从而研究雪豹的栖息地选择。

研究表明，雪豹对栖息地环境具有明显的偏好。雪豹会避开地势平坦的区域，更常在陡峭、崎岖的山地活动；雪豹会避开坡度平缓的地区，更喜好在坡度为20°以上的区域中活动。这一研究结果与之前痕迹调查的结果类似，再次证明雪豹的活动受到地势、地貌的显著影响。隐蔽性是其栖息地选择的首要影响因子。此外，用项圈监测的雪豹栖息地选择结果还表明，雪豹的栖息地与研究区域内北山羊的分布区域明显重叠，并且会随着北山羊不同季节分布区域的变化相应地发生变化，而与其他小型哺乳动物的关系不显著，与家畜的分布区域及季节性变化的关系同样不明显。此外，结果还表明雪豹的食物是以大型有蹄类为主，对小型哺乳动物的依赖程度低，对家畜同样很少捕食。这一结果也说明雪豹对当地牧业的影响程度有限，完全有可能实现雪豹与当地牧民的和平相处。

三、红外自动拍摄相机监测

红外自动拍摄相机监测方法用于雪豹的研究，是近几年才兴起的。其主要目的是判断雪豹在一个地区是否有分布，并且用于监测雪豹种群数量的研究。红外相机监测，可以获得准确的分布地点。如果这种地点的信息积累到一定程度，该方法可以和痕迹调查法、项圈调查法结合，用于雪豹栖息地的研究当中。

红外相机用于野生动物的研究，主要得益于近年来数字拍照和摄像技术的普及，以及红外触发技术的发展。这几项技术的发展使得红外触发的自动拍照相机、摄像机用于野生动物研究成为可能。并且这些设备成本低，可以普及很多保护区和科研人员手中，使得这种方法可以被广泛地利用。如今，一台国产的红外触发自动拍摄相机只要 1000 元左右，甚至更低。而在七八年前，红外触发自动拍摄相机几乎全部依赖进口，一台要 5000 元以上。所以，这项研究方法的广泛推出，完全得益于科技的迅猛发展。

在野生动物研究领域，红外自动拍摄相机最早用于对印度虎的标记重捕和种群数量的研究。印度学者发现每只老虎身上的斑纹都不同，可以根据斑纹对老虎进行个体识别，从而实现标记重捕法的种群监测研究。随着这个方法日渐成熟并得到大家的广泛认可，红外自动拍摄相机调查法被广泛地用到许多野生动物研究当中，特别是猫科动物的研究。国内雪豹的相关研究最早出现于 2005 年（图 6-9），以马鸣为首的团队（马鸣等，2006）、以蒋志刚为首的团队（Xu et al.，2008）、以时坤为首的团队（Shi et al.，2009）分别在新疆、青海等省区开展了相关的研究。因为此方法在雪豹中的应用还处于摸索阶段，现阶段主要还是用来确认雪豹在一个地区是否有分布。要作到长期监测，拍摄到足够的照片进行个体识别和标记重捕，还需要资金和技术支持。同样，要作到长期积累，掌握足够的雪豹栖息地的信息，更需要长期的监测。

图 6-9 新疆项目组利用红外自动相机记录托木尔峰的雪豹（2005 年），大部分拍摄于夜间

四、北塔山调查结果

在调查过程中共设了 89 个样方，其中 59 个为雪豹活动痕迹标记样方，30 个为随机选择的对照样方。通过对样方内不同生境特征的统计分析，得出雪豹对不同生境特征的选择系数、选择指数及偏好（表 6-3）。

表 6-3　新疆北塔山地区雪豹对秋季生境的选择利用

生态因子	等级 i	P_i	r_i	选择系数 W_i	选择指数 E_i	选择结果
海拔/米	2000～2200	35.71	49.18	0.3752	0.2003	喜爱
	2200～2400	31.75	27.87	0.2392	−0.0221	随机
	2400～2600	17.46	13.11	0.2047	−0.0997	随机
	2600～3000	15.08	9.84	0.1777	−0.1689	不喜爱
地形	悬崖底部	14.29	21.31	0.3905	0.2194	喜爱
	山坡	23.02	14.75	0.1678	−0.1967	不喜爱
	山脊	40.48	50.82	0.3287	0.1360	喜爱
	山谷	22.22	13.11	0.1545	−0.2361	不喜爱
植被类型	荒原	7.94	8.20	0.2994	0.0898	随机
	草地	26.19	26.23	0.2903	0.0746	随机
	灌丛	50.00	57.38	0.3326	0.1418	喜爱
	森林	15.87	8.20	0.1497	−0.2510	不喜爱
生境平坦度	轻度崎岖	25.40	16.39	0.2103	−0.2264	不喜爱
	中度崎岖	26.19	24.59	0.3058	−0.0430	随机
	高度崎岖	48.41	59.02	0.3971	0.0873	随机
放牧情况	非牧区	33.33	44.26	0.6574	0.1360	喜爱
	季节性牧区	66.67	55.74	0.4139	−0.0942	随机
坡向	东坡 45°～135°	21.43	19.67	0.2301	−0.0415	随机
	南坡 135°～225°	28.57	9.84	0.0863	−0.4869	不喜爱
	西坡 225°～315°	22.22	21.31	0.2404	−0.0197	随机
	北坡 315°～45°	27.78	49.18	0.4437	0.2793	喜爱

注：P_i 为栖息地中具有 i 特征的样方数；r_i 为雪豹利用具有 i 特征的样方数。

就海拔而言，雪豹倾向于选择海拔 2000～2500 米的区域，而避开海拔 2500～3000 米的区域。在地形上，雪豹偏好谷底，避开山坡。在植被类型上，雪豹偏好灌丛。从放牧状况来看，雪豹避开牧区。在生境平坦度方面，雪豹则会避开轻度平坦的区域，这与前人研究结果相符。我们也观察出雪豹常出没在有灌丛且隐蔽性好的地方。

主成分分析结果显示，前三个主要成分特征值大于 1 的主分量反映了总信息量的 75.76%（表 6-4）。其中，放牧状况对第一主分量的影响最大，表明人为干扰会对雪豹的栖息地选择产生明显影响。植被类型和地形对第二主分量的影响大，说明雪豹倾向于选择草地和灌丛，而避开林地。雪豹喜欢在悬崖底部和山脊活动，而避开山坡和山谷。生境平坦度或破碎度对第三主分量影响也大，说明雪豹会刻意避开轻度崎岖的开阔地区。

表 6-4 新疆北塔山地区雪豹秋季栖息地主分量分析结果

生态因子	主分量		
	1	2	3
海拔	0.608	−0.391	−0.237
地形	−0.653	0.564	−0.336
植被类型	−0.550	−0.592	0.201
放牧状况	0.902	−0.137	−0.082
生境平坦度	0.307	0.385	0.830
坡向	0.601	0.474	−0.243
特征值	2.369	1.213	0.964
信息量	39.479	20.215	16.070
累计信息量	39.479	59.695	75.764

五、托木尔峰地区调查结果

（一）生境选择喜好

在调查过程中共设了197个样方，其中110个为雪豹活动痕迹标记样方，87个为随机选择的对照样方。通过对样方内不同生境特征的统计分析，得出雪豹对不同生境特征的选择系数、选择指数及偏好（表6-5）。

表 6-5 托木尔峰保护区雪豹对生境因子选择利用情况

特征	等级 i	P_i	r_i	选择系数 W_i	选择指数 E_i	选择结果
海拔/米	2000～2500	26.09	36.84	0.3111	0.1089	喜爱
	2500～3000	45.65	43.86	0.2116	−0.0832	随机
	3000～3500	20.29	10.53	0.1143	−0.3726	不喜爱
	3500～4000	7.97	8.77	0.2424	−0.0154	随机
地形	悬崖底部	5.07	7.02	0.3350	0.2523	喜爱
	山坡	18.12	12.28	0.1641	−0.0985	随机
	山脊	34.06	29.82	0.2120	0.0292	随机
	山谷	42.75	50.88	0.2881	0.1806	喜爱
植被类型	荒原	12.32	8.77	0.1767	−0.1718	不喜爱
	草地	38.41	29.82	0.1927	−0.1294	不喜爱
	灌丛	31.16	38.60	0.3074	0.1029	喜爱
	森林	18.12	22.81	0.3124	0.1109	喜爱

续表

特征	等级 i	P_i	r_i	选择系数 W_i	选择指数 E_i	选择结果
生境平坦度（破碎度）	平坦	10.14	8.77	0.86	0.2369	随机
	轻度崎岖	23.19	24.56	1.06	0.2902	随机
	中度崎岖	47.10	56.14	1.19	0.3265	喜爱
	高度崎岖	19.57	10.53	0.54	0.1474	喜爱
放牧情况	非牧区	13.27	15.79	0.5511	0.0486	随机
	季节性牧区	86.73	84.21	0.4495	−0.0532	随机
坡向	东坡 45°～135°	14.49	29.82	0.4583	0.2941	喜爱
	南坡 135°～225°	15.94	17.54	0.2451	−0.0099	随机
	西坡 225°～315°	42.75	45.61	0.2376	−0.0254	随机
	北坡 315°～45°	26.81	7.02	0.0583	−0.6218	不喜爱

注：P_i 为栖息地中具有 i 特征的样方数；r_i 为雪豹利用具有 i 特征的样方数。

（二）主要影响因素

主成分分析表明，前 3 个特征值大于 1 的主分量共反映了总信息量的 77.12%。其中放牧状况和生境平坦度对第一主分量影响最大，反映雪豹在冬季喜欢在中度崎岖的山地活动而避开高度崎岖的山区。坡向和地形对第二主分量的影响最大。而地形对第三主分量影响也最大，说明雪豹喜欢在坡向朝东的悬崖底部和山谷活动（表 6-6）。

表 6-6　新疆托木尔峰自然保护区雪豹冬季栖息地主成分分析结果

变量	主分量		
	1	2	3
海拔	0.586	0.517	0.074
地形	−0.271	0.654	0.605
植被类型	0.664	0.456	−0.184
生境平坦度（破碎度）	−0.745	0.239	0.357
放牧状况	0.795	−0.066	0.421
坡向	−0.291	0.683	−0.597
特征值	2.130	1.430	1.067
信息量	35.507	23.826	17.791
累计信息量	35.507	59.333	77.124

（三）栖息地选择的原因

从对两个地区的调查结果来看，影响雪豹栖息地选择的因素有很多。首先，隐蔽性对雪豹尤其重要。雪豹属大型猫科动物，采用伏击方式捕猎，这需要很强的伪装能力。崎岖的山地和灌丛隐蔽性好，雪豹在谷底活动同样是基于此目的。而在草原、草甸、荒漠和山坡等开阔地活动不仅不利于雪豹自身的安全，还会影响雪豹的捕食成功率。其次，人类活动也会影响雪豹的栖息地选择。随着牧业的发展，很多雪豹的适宜生境已变成草场，而过度放牧已成为雪豹栖息地丧失的主要原因之一，雪豹袭击家畜事件也时有发生。在冬季，由于食物资源匮乏，雪豹袭击家畜的问题尤其突出，牧民报复性案件也随之增加，更加剧了雪豹的濒危程度。其他人为活动如采矿业和旅游业的发展，也影响了雪豹的栖息地选择，并威胁雪豹及其他野生动植物的生存。当然，除了隐蔽性和人为干扰外，还有许多其他影响雪豹栖息地选择的因素，如食物丰富度、环境质量、水源、物种竞争、气候变化、栖息地岛屿化、破碎化等，它们与雪豹栖息地选择的关系还有待进一步地研究（徐峰等，2006b）。

雪豹一般栖居在空旷多岩石的地方。在祁连山海拔 3100～4500 米的山顶脊部，珠穆朗玛峰北坡 5400 米高的雪地上都见过雪豹的足迹。雪豹经常在永久冰雪、高山裸岩及寒温带的环境中活动（图 6-10）。它常在雪线附近和雪地间互动，故名“雪豹”。它全身长毛之下又有着浓密的底绒，能够抵御严凛的寒风。足垫和垫间的丛毛在冬季可以防滑抗冻，在夏季可以减少岩石对脚掌的灼烫。

图 6-10　雪豹活动区域

雪豹活动的区域都是人类难以抵达的高山峻岭，那里气候寒冷，空气稀薄，紫外线照射强烈；而雪豹的活动时间多在夜里，显示出雪豹对特殊环境的适应雪豹平时独栖，仅在发情期前后才成对居住。它们一般有固定的巢穴，设在岩石洞中、乱石凹处、石缝里或岩石下面的灌木丛中，大多在阳坡上。雪豹往往好几年都不离开一个巢穴，窝内常常有很多雪豹脱落的体毛。巡猎时也将灌丛或岩石作为临时的休息场所。由于毛色和花纹同周围环境特别协调形成了良好的隐蔽性，雪豹很难被发现。以下将本小节内容简单归纳为三点。

（1）隐蔽性是影响雪豹栖息地选择的主要因素。从上述样方调查的结果和雪豹生境选择的喜好可以看出，放牧状况、植被类型、地形和生境平坦度是雪豹栖息地选择的主要影响因素。在这些生境特征中，雪豹会选择非牧区、灌丛、悬崖底部和山脊活动。雪豹主要分布于边境地区，我们的结果与邻国的基本一致。雪豹的这种栖息地选择，主要原因可能是这些地区隐蔽性好，雪豹在其中活动不易被发现。雪豹和许多猫科动物一样采用伏击的方式捕食，因而其自身活动的隐蔽性就显得非常重要。在崎岖山地、悬崖底部及山谷中活动可以很好地隐蔽自己，无论对保障自身安全或保证其捕食的成功率都有重要作用。雪豹喜欢在灌丛中活动，而避开荒漠，原因也可能是雪豹喜好选择隐蔽性好的区域活动。此外，雪豹像其他猫科动物一样为夜行性动物，而体色与环境色调相似，即使在近距离也很难被直接观察到，也说明雪豹的活动确有很强的隐蔽性。

（2）食物对雪豹栖息地选择的影响。食物和隐蔽场所，会对动物的栖息地选择产生直接影响。而主要食物的密度，会影响雪豹在一个地区的种群数量。雪豹的食物主要为高山地区活动的有蹄类动物，如北山羊、盘羊和岩羊等，偶尔也以中小型啮齿类和鸟类动物等为食（Jackson and Hunter，1995；McCarthy，2000）。在北塔山地区，分布的有蹄类和托木尔峰地区基本一致，主要为北山羊和盘羊。其中北山羊主要在亚高山区活动，盘羊主要在低山荒漠区活动。据此次对当地牧民的访问调查和实地调查，在北塔山和托木尔峰地区雪豹主要以北山羊为食。北山羊主要活动在陡峭的悬崖、崎岖的山地及灌丛，这与雪豹的栖息环境相一致。说明北山羊作为雪豹的主要食物，其生存环境和雪豹的栖息地选择之间具有一定的相关性。但是，这种相关作用会产生多大影响、如何影响、是否能说明食物因子会影响到雪豹的栖息地选择等，都有待进一步研究考证。

（3）雪豹栖息地选择受人为干扰影响明显。调查结果还显示，放牧情况也是影响雪豹栖息地选择的主要因素之一。在牧区和非牧区两种生境中，雪豹倾向于在非牧区活动。北塔山位于中蒙边境，调查中发现除紧靠边境线的禁区外，其他区域均有牧民放牧。而且，一些牧场已开始开荒耕作，并建成了“无鼠害示范区”，这使当地的自然生态系统产生了巨大的变化。托木尔峰地区地处中吉边境。调查中发现除紧靠边境线的禁区外，其他区域均有牧民放牧。而且一些牧场已开始开荒、耕作、采矿、旅游。还有一些山谷成为冬牧场，冬、夏季均有牧民放牧，使得家畜与野生动物的“草场竞争”问题十分突出。这些人为活动对野生动物的活动产生了巨大干扰和影响。放牧、采矿、旅游和草地耕作是导致雪豹栖息地丧失的主要因素。而在托木尔峰地区这几种情况均存在，这些人为活动对当地雪豹的生存将产生巨大威胁。

第三节　行为观察

雪豹在珍贵的大型肉食动物的行列中，具有极为特殊的位置。从名字上看就可以知道，它属于经常栖居于高山雪地上的动物，神秘莫测，也是肉食动物中栖息地海拔最高的物种，雄踞在冰峰雪岭之上，远离尘嚣，颇有“天马行空，独来独往”的气势。在青藏高原和中亚的高海拔山区，雪豹是当地的顶级捕食者，处在食物链的最高层。同时，他们居住在世界上最高、最冷、氧气稀薄、强烈紫外线照射、非常荒芜（风蚀破碎）、生态极其脆弱的恶劣环境中。雪豹的生存和发展，也是当地乃至全球环境健康状况良好的指示器。

它们分布十分分散，栖息地包括孤立、散乱、狭长的山系和贯穿中亚沙漠、高原、喜马拉雅山区的混合地区。雪豹一般生活在海拔2500～4500米的地区，在喜马拉雅山地区，它们偶尔也会爬到海拔5500米以上的地方。而在雪豹分布的最北端，也可以发现它们在海拔600～1500米的地区活动（Heptner and Sludskii，1972；Fox，1989；Schaller et al. ，1994）。

在不同的地方，雪豹分布不同。通过痕迹调查可以发现，在不同山脉和环境中痕迹密度有一定的差异性。在悬崖下、山脊、河床、山坡、台地（阶地）、谷底等不同地形中雪豹的痕迹数量有明显差异，通常雪豹比较喜欢在阶地（台地边）、谷底或悬崖下留下痕迹。而不同的植被类型，如裸地、草地、灌木丛、森林等之间也同样存在着差异。有灌木丛的地方，隐蔽性较好，是雪豹最常出没的地方。分布地点、环境等的不同，也可能造就了雪豹多种多样的行为，以及不同地点间行为的差异。

动物的行为各式各样，极其复杂，如繁殖期对配偶的需求、占有领域、捕食策略、繁育后代、储存食物等。动物行为实际上是动物个体和动物社群适应内外环境变化（刺激）所作的反应，是对周围的生物和非生物环境所作的动态适应。总体来说，动物的行为可以分为觅食行为、栖息地选择、社群行为、动物通信等。雪豹作为一种濒危的高山动物，肯定有很多特殊的行为不为人们所了解，值得我们去不断地观察和研究。

一、捕食行为

雪豹昼伏夜出，每日清晨和黄昏为捕食、活动的高峰。喜独居，感官敏锐，性机警，行动敏捷，善攀爬、跳跃等。雪豹粗大的尾巴和略短的前腿，很不适应快速奔跑。因此，捕食方式是以猫科动物特有的伏击式猎杀为主，辅以短距离快速追杀。在捕食之前，雪豹通常有一个“洗浴”的动作（图 6-11），就是在地上打滚，有说是为了消除身上的异味。捕食北山羊、岩羊、盘羊、斑羚、鹿类，兼食雪鸡、黄鼠、野兔等小型动物，偶尔以旱獭充饥。

图 6-11　雪豹在捕食之前，通常有一个就地打滚的动作（洗浴），有专家说是为了消除身上的异味

在喜马拉雅山地区的研究表明，雪豹平均每天需要进食 2 千克的食物（Jackson and Ahlborn，1989）。也就是说，雪豹每年需要消耗 730～1200 千克的食物。如果通过列举一个食物清单来解释雪豹的营养需求的话，大概就是一只雪豹每年消耗 9 只岩羊、51 只旱獭、10 只野兔、12 只鼠兔、3 只山羊、1 只绵羊再加上 1 头牛。如果雪豹无法猎取家畜的话，它们则需要 12 只岩羊、64 只旱獭、13 只野兔和 5 只鼠兔。如果 7～9 只雪豹组成的群体，要想维持一个比较稳定的生态系统，则需要 1700～2000 只岩羊组成的羊群（Sharma et al.，2006）。食肉动物都有“多杀”行为，加上意外抛弃、受伤放弃（未能入口）、浪费等，其所需的年捕获量为 110～160 只岩羊。既然雪豹需要大量的营养来维持自身的生存，它就需要不停地捕食来满足自身的新陈代谢。

格瑞伯格利用卫星定位技术，对雪豹围绕杀猎物（尸首）的移动距离模型进行了研究（Gronberg，2011）。发现雪豹每捕杀一只猎物，平均会在附近停留 3.2～3.5 天（总体范围 1～11 天）。也就是说雪豹每周捕食 1～2 次。如果没有外界干扰的话，它们一般非常靠近猎获物（尸体），守在附近。大概距离尸体 43～60 米，这可能是为了保护它们的食物，以免被渡鸦、兀鹫、秃鹫、狐狸、狼等偷食。猎物的性别、年龄、种类和大小，都会影响雪豹在食物附近停留的时间，而且也会影响雪豹食物与观察点之间的最大距离。与之形成鲜明对比的是欧洲猞猁，它们的活动范围，距离猎物平均距离有 1254～1810 米（Falk，2009）。在其他地方的动物，如美洲狮、老虎、豹子等，它们会把猎取的食物拖拽 50～400 米的距离，隐藏起来，防止其他的食肉动物偷食（Beir et al.，1995；Karanth and Sunquist，2000）。雪豹在猎物上花费的时间，在不同季节间没有太大变化。雄性和雌性雪豹在猎物上停留的时间也基本没有差别，原因之一可能是它们的体型相似（雌性 35～40 千克，雄性大约 45 千克），需要差不多的能量。另外，也发现亚成体平均在猎物上花费的时间要比成体长，这可能与它们捕食的猎物较少、能力较差、身体发育的需求较大有关。

雪豹是天生的捕食高手。雪豹猎取食物的方法主要有两种：一种是借助隐蔽物，逐渐接近食物，突然主动予以袭击；另一种是埋伏在岩石后、小路旁、灌丛下或水源地附近等待动物走过，守株待兔（图 6-12）。雪豹是典型的机会主义者，身体结构决定了它不能像猎豹那样依靠速度和耐力追捕猎物。当走来的动物距离数米至数十米远的时候，雪豹突然跳起，接连跳几下（每跳跨度 6～7 米远，最远 14 米）就可以将动物捕捉到。如果没有捉到，一般不再继续追赶。当捉到猎物后，先用爪子将动物按倒在地上，然后咬喉部或者臀部（寿振黄，1962）。

图 6-12　雪豹是机会主义者，等待时机，轻轻爬行、潜伏，逐渐靠近、伺机袭击猎物，在它所处的生态系统之中打遍天下无敌手

由于雪豹身上的花纹色彩与裸岩块斑相似，野山羊很难辨别出来，所以雪豹很容易隐蔽，迷惑对方。雪豹慢慢靠近野羊，待走近时，突然跃起，以其矫健灵活的躯体接连跳几下便可扑倒猎物（图 6-13）。一般先食腹部、内脏，然后再吃肌肉，最后食骨头。用“柿子先挑软的捏”或“欺软怕硬”来形容，很是贴切。雪豹取食的地点比较隐蔽，不易被其他动物发现。如果猎物是一头成年牦牛，一次吃不完，雪豹就会守护在尸体附近，严加看管。吃食物时会像小猫一样蹲着用前爪抓着肉，以臼齿撕裂咬食。

图 6-13　雪豹在山坡上奔跑，飞檐走壁，追杀猎物北山羊

许多动物遇见雪豹都会两腿发抖、魂不附体、不知所措，可以夺路逃生者寥寥无几

雪豹捕食对象众多，而且不同地点的雪豹，捕食的生物种类也不同。总体来说，主要有北山羊、岩羊、盘羊、马鹿、狍、旱獭、野兔等；也喜食高山的雪鸡、马鸡、虹雉、红腿石鸡等。在冬季食物缺乏时，潜至村舍或牧场附近盗食山羊、绵羊、马匹、毛驴、黄牛等家畜。在托木尔峰地区，有时雪豹也袭击牦牛群或猎取掉队的牛犊，制服 3 倍于自身重量的猎物。目前为止，问卷调查数千人次，网络调查数万人次，还没有发现雪豹袭击人类的记录。分析原因，一方面雪豹分布区远离人类的聚集地，另一方面雪豹对捕食对象具有相对的专一性，且雪豹的数量非常稀少，绝不可以卵击石与人较量。其实，雪豹是大型猫科动物中最温顺的一种，它们最惧怕的就是人类。在雪豹与人类的冲突之中，

却发生过无数起人吃雪豹的事件，这是后话（见第七章）。

虽然雪豹凶猛异常，但它们并不是每次捕食猎物都能成功。有很多人记录其行动失败、未能捕到猎物的情况。杰克逊曾经记录过四次雪豹捕食的场景，最后都以失败告终。一次是两只雪豹追逐41只惊吓过度的塔尔羊，其中一只先冲入羊群中，吓得羊群乱窜，最后雪豹放弃了追捕。第二次是一只成年雄雪豹的经历，它慢慢地潜伏靠近一只成年岩羊，靠近时突然冲刺，在坡度约15°的高山草甸区，以全速追逐岩羊，结果岩羊急速地向右转弯，使雪豹精心策划的这场战斗以失败告终，岩羊跑掉了。第三次，一只成年雪豹，蹲守了约30分钟，观察150米外的8只岩羊的动静，它不停地转圈观测，心里也是焦急不安，最后，潜伏着慢慢靠近，到草的高度太低、无法隐蔽的时候，雪豹开始奔跑、冲向羊群，而羊群却马上向坡下奔去，使得雪豹的计划落空，在接下来的几天，这只雪豹都没有捕到食物。最后一次，同样也是一只成年雄雪豹，从上坡慢慢靠近岩羊群，雪豹快速地走近猎物，当还有20米的时候，岩羊发现了雪豹，开始不停地跳跃奔跑，而雪豹却丝毫没有奔跑或追逐的意思，慢慢地停了下来（Jackson，1996）。可能，它已经明白自己很难抓住这只猎物，就主动地退出了角逐，保存体力等待下一次出击。

上述故事告诉我们，随着环境的变化，有蹄类动物与猫科动物的较量将愈演愈烈。谁胜谁负，除了拼智慧、速度、力量、杀伤性武器（牙齿或爪）以外，足下的较量尤为重要。试想，雪豹柔软的脚掌如果与坚硬的有蹄类动物四蹄竞赛，显然甘拜下风（非洲草原上的猎豹是个例外）。虽然，雪豹柔软的脚掌利于潜伏和偷袭，适应于在草地上匍匐前进，偷偷摸摸，无声无息。然而，如果全球气候变化持续下去，干旱加剧，雪线上升，风化砾石遍地，将不利于软足动物行走。雪豹由于捕食将会更加困难必然会走向灭亡。20世纪亚洲猎豹的灭绝，应该是个前车之鉴。它们的优势，将变成劣势。显而易见，就目前的形势发展，加上人类这个刽子手的介入，可以断定最终雪豹不会是有蹄类动物的对手。

二、社群行为

雪豹是高山物种，独往独来，喜欢在夜间活动，数量极其稀少，不容易被人发现。除了发情期和育幼时间，它们基本都单独活动。因此，要观察雪豹的社群行为，非常困难。目前，野生状态下的社群行为观测和研究，几乎一片空白。

在繁殖季节，雪豹成对同居。它们在早春交配，由于发情期正值杜鹃花期，故有“杜鹃花开豹闹春”的说法。雪豹发情期一般在1～3月。此时，它们食欲不振，经常嘶叫，相互寻找。若两只雄兽相遇，则必有一番恶斗。雌兽的发情期每次为5～7天，它们在发情阶段，日交配约十余次，每次时间都较短。交配姿态与虎、豹相同。交配时，雄豹发出特有的鸣叫声。若没有怀孕，雌兽则过1～2月后再继续发情、排卵。交配期过后，雌、雄各自回到自己的领域，不再见面。妊娠期3个月左右，一般在5月产崽，每胎2～4只，少则1只，多则6只。大多在清晨生产。刚出生的幼崽体重320～567克，体质很弱，叫声似小猪。闭着眼睛，7～9天后才睁眼，5周后开始走动。前半个月雌豹精心护理、哺育它的幼崽，很少离开。一个月后幼崽体重可达1～1.5千克，一个半月后幼兽能开始吃一点碎肉。估计幼兽在2～4个月时就可以跟随母豹外出活动（图6-14）。幼崽在18～28个月时开始独立生活。2～3岁时性成熟。在野外的寿命一般为15～18年，也有18～22年的说法。有些圈养的雪豹可以活到21岁。目前，已有在动物园中成功繁殖的报道。

图6-14　母雪豹与幼崽

雪豹通常是“单亲家庭”，特别是在妊娠期和抚育期母雪豹躲进深山，远离尘世，母亲悉心呵护幼崽，关怀备至，母子亲密无间。为了避免食物竞争的压力，雄性雪豹远走他乡，完全不参与育幼活动

雪豹的活动范围比较大，而其每天的移动距离是有限的。研究发现，雄性与雌性之间的距离是雪豹之间最普遍保持的距离间隔（居中）。它比雄性与雄性之间的距离间隔要大（4.8千米）。然而，最大的平均距离间隔却发生在雌性与

雌性之间（7.8 千米）。当雌雪豹进入发情期的时候，雄雪豹会靠近雌性雪豹，保持约 500 米的距离。每天 19：00～22：00，频繁地吼叫，持续好几天（McCarthy，2000）。雌雪豹分娩、产崽以后，其活动范围的核心区既不与其他的雄性雪豹交叉，也在其他雌性雪豹活动区的外围。这时雪豹和它的幼崽很少与其他雪豹交流，保持相对的安全和安静。

雪豹并不是始终独处和绝情的动物。偶尔，它们也会遇到同伴，并一起度过一段时间。在蒙古国的研究，两次发现陌生雪豹间共享食物的情况。在秋天，雄性雪豹去拜访雌性雪豹，并分享雌性雪豹的食物。这对雌、雄雪豹之间并没有争斗或排斥对方的现象（Gronberg，2011）。这种行为在美洲狮、美洲虎、老虎、豹都有发现。它们并不是发情期的一对情侣，却能这样和谐地共享食物。这说明，雪豹虽然独处，但是也并不是始终与其他同类个体保持敌对状态。

有人曾对国家公园和动物园雪豹的社群行为进行了研究（Freeman，1982）。数据显示，在动物园生活的雪豹与成对生活的动物的行为表现出许多相似性。

（1）性别淡化：雪豹雌、雄异形不明显，而且超过半数的行为没有显著的不同。这是动物园内长久成对活动的物种所表现的特征。

（2）共同休息：这在单配型（一夫一妻制）的物种中非常普遍。在雪豹社群中，这与一对雪豹相处时间的长短及彼此间在靠近休息上花费的时间有密切关系。新配对的雪豹，平均只有 6.3％的时间共同休息。相处 1 年以上的雪豹，共同休息的时间占到 20.9％。

（3）雄豹亲昵行为：在单配制的物种中，雄性比雌性亲昵或梳妆打扮频率更高。尽管对雪豹社群装饰行为的研究较少，但是有 99％的把握肯定雄雪豹比雌雪豹亲昵或装饰打扮频率要高。雄豹的忍让，有利于和谐相处。

（4）同步性：在对合趾猴的研究中发现，长期成对生活在一起的动物，整个种群 73％的时间活动行为基本相同。在一对雪豹中，也存在高度的一致性。例如，当一只雪豹在静坐的时候，在同一时间，另一只雪豹只有 1％的概率，不是在静坐；当一只在卷曲上嘴唇的时候，另一只只有 5％的概率不会做这一行为。

（5）相互作用水平：在单配制物种中，交互作用水平很低。一对很好地结合在一起的物种，它们不需要花费太多的能量达到强烈的社会交互作用。简单地说，单配制的基本特点就是雄性个体和雌性个体睡觉、梳妆等都在一起。

显然，雪豹喜欢独居的习性，可能与环境和食物条件有关。如果食物丰富，像猎豹或狮子一样群居也不是不可能。此外，在性行为、雌性选择、社群内容忍度等方面，猫科动物都有很大的相似性。总体来说，雪豹的社会习性非常复杂，在繁殖期雌性的攻击力或护幼行为甚至比雄性要强。因此，只有对其进行长时间的监测、研究，才能取得较真实的数据。

三、动物的通信

动物间所有的社会相互作用都包含着信息交换，哪怕是世界上最孤独的动物——雪豹（图 6-15）。通信是由一个个体发送信息，包括视觉、听觉、化学的信号（嗅觉）、触觉等，另一个个体接受信息，并做出相应的行为反应的过程。利用通信，动物彼此之间可以相互识别，包括种间、种内、异性、亲属、母子。通信可以减少动物之间的竞争。例如，在领域争夺过程中，恐吓动作（信号）就可以结束争斗，避免能量消耗，以及身体伤害。通信还能促成个体行为的同步化。例如，在发情期，雌、雄雪豹需要同时进入相应的生理和行为状态，以保证繁殖的成功率。通信还有助于维系社群内个体之间的关系，尤其是亲代与子代之间的亲密关系。物种的信息交流是维系生物遗传多样性、生生不息、永续发展的基础。

对于分布离散的物种而言，通信的作用很重要。雪豹的身体姿态、毛色鲜亮程度等视觉通信，有助于吸引异性。而且，在野外，也发现了雪豹留下的刨痕、爪痕、嗅迹、粪便等。雪豹活动经常留下刨痕，可能源于掩埋粪便的习性。刨痕（刨坑）有时是单独出现，有时是多达 20 个集中在一起。雪豹在一个地点活动后，留下刨坑的可能性达 60% 左右。在雪豹留下的所有刨痕中，有近一半是在已经留有刨痕的地点再次留下的痕迹。在岩石或粗树干上也可以发现雪豹的爪痕（磨趾甲），与刨痕的位置不同。一般在气味标记地点附近几米的范围内都能找到雪豹用爪子刮擦的痕迹。通常，某种痕迹不会孤立出现或存在，相互间必然有一些关系。

图 6-15　只有在繁殖季节（交配期）雌雄雪豹才走到一起，和谐相处

在活动频繁的地点雪豹会进行气味标记。通常在岩壁底部 70～85 厘米高的地方能看到这种油性液体残留的痕迹，有时散发特殊的化合物气味。雪豹也会在野外留下尿迹，人们容易将其与气味痕迹混淆。与尿迹标记相比，气味标记的来源和方式不同，喷射面积也比较大，但效果可能一样。气味标记属于化学通信，雪豹以各种姿势将分泌物留在环境中。

利用这些信息，雪豹可以识别是否

为自己同种个体。在繁殖季节，雌雄个体，有时会通过这些在环境中留下的信息，寻找到对方。或者通过不停吼叫，引起对方的回应。在同一区域中，如果一只雪豹个体发现了其他个体留下的痕迹，它可能就会换个方向，寻找别的领域，避免种内的竞争。另外，这也是一种占区行为。如果雪豹利用这些信息，能够识别熟悉的亲属的话，这也成为它们保持联系、互通信息的好方法。利用这种方法告诉对方自己的消息，显然要比当面问候方便得多。说不定，它们还会利用亲属的信息，经常走亲访友呢。

四、其他行为

许多学者的研究都表明，雪豹主要是夜行性的动物。外出活动多在早晨、黄昏和夜里，在一天中的其他时间很少活动（图 6-16）。雪豹上山、下山有一定路线，从雪踪上观察，喜走山脊和溪谷，在有深厚雪层的地区，经常沿着踩出的小路行走，而不到雪层上去（寿振黄，1962）。其实，雪豹并不喜欢特别寒冷的环境，雪豹也会被冻死。2008 年年初，在新疆温泉县就发生过雪豹被冻死的事件。雪豹也不太喜欢大雪，雪厚超过 30 厘米，它就不能适应，也找不着食物。雪豹更不喜欢在松软的深雪中行走，因为这非常消耗体力。一旦踩出小路，就总是喜欢在路上面行走。为什么它喜欢在山脊上漫步，除了视野开阔，还因为山尖上经常刮风，雪都被吹开了，雪层相对薄一些。

图 6-16 孤寂的雪豹，喜欢天马行空，独往独来，只在天黑了才出行

用无线电遥测技术进行研究，发现雪豹经常沿着突出的地形和边缘行走（Koshkarev，1984；Mallon，1984a；1984b）。它们选择突出的地点作为休息的地方，居高临下，进退自如，如突出的大岩石、悬崖外角等处。喜欢在山脊线附近、悬崖旁或者其他视线好的地方睡觉（Jackson，1996）。雪豹在休息时很像是在睡觉，但是很容易被吵醒，警觉性较高，即使是像鸟叫这样的环境中普遍的声音，都能把它唤醒（McCarthy，2000）。

因为雪豹的活动路线较为固定，沿着雪地足迹设置陷阱，易被偷猎者捕获。这也是这种可爱的雪山尤物的笨拙之处，与狼相比实在是不够狡猾。加之豹骨与豹皮价格昂贵，人类不断捕杀雪豹，使雪豹的数量急剧下降，人类的活动给这种大型猫科动物带来了巨大的生存压力。没有人确切知道野外现存多少只雪豹，估计野生种群数量仅有几千只左右。雪豹虽然已被列入“国际濒危野生动物红皮书”，但是保护雪豹的任务仍然十分艰巨。它需要每一个国家、每一个保护区、每一个人都行动起来，抵制破坏行为，维护雪豹的生存家园。不然，用不了多久，我们就再也无法在野外看到这一神奇的高山物种了。

第四节　雪豹的繁殖习性

为了延续种族，雪豹会冒着找不着对象的危险，四处漂泊。季节性强和单配制是雪豹繁殖的特点，就是说它们实行严格的一夫一妻制，而且只在冬季的特定时间段走到一起交配。平时，它们都是孤独的幽灵，在深山老林里游来荡去。可悲的是雪豹的孤僻性格，再加上栖息地的“岛屿化”隔离效应，寻偶之路相当艰难，结果是常常失之交臂，错过一年一次的繁育机会。也许你不会相信，正是由于寻偶太难了，在自然界里猫科动物近亲交配司空见惯，特别是在栖息地被分割、片段化、破碎化之后，寻偶之难，难于上青天。

对于新疆雪豹研究小组而言，要调查雪豹繁殖习性更是难上加难。雪豹栖息于崎岖高山地带，使得野外调查工作几乎无从下手，生态数据相对缺乏。特别是关于雪豹的交配、洞穴、产崽、育幼等研究的资料，寥若晨星。要知道野生雪豹的研究明显少于其他猫科动物，大部分资料来自动物园（Freeman，1983）。

一、巢穴

雪豹平时喜独栖，仅在发情、育崽时才成对居住。雪豹巢穴通常设在岩石洞中、乱石凹处、石缝里、岩石下或灌木丛中，且大多在阳坡上。雪豹有沿用旧巢穴的习惯，母豹往往好几年都不离开一个巢穴。巢穴内有很多脱落的体毛，附近还有吃剩下的动物骨头。1955 年，在四川省宝兴县金梵山上发现的雪豹巢窝，面积约有 1 平方米，地上有 15～20 毫米厚的毛层。由于层层积累数年，且经常睡卧，毛已被压成毡片状，是很好的铺垫，非常暖和（寿振黄，1962；高耀亭等，1987）。

二、发情与交配

雪豹不像其他猫科动物那样每年会有几个发情期，它们每年只有 1 次发情期。交配期通常在每年的1月末至3月中旬，也就是一年之中最寒冷的季节。圈养条件下，雪豹的发情期在每年1～2月。此时，它们的食欲不振，经常嘶叫，相互寻找。若两只雄兽相遇必有一番恶斗。交配期受地理位置及环境气候等因素的影响，在拉达克，雪豹的交配季节在3～4月（Fox et al.，1988），也有在4～5月的（皮埃尔·内莱，2007）。每到交配时节，无论是雌性还是雄性雪豹都会留下自身的痕迹。它们通常把食物残渣、粪便、尿液甚至自身的体味等留在行经之地最显著的位置，可作为异性觅偶的标记。对雪豹在野外的交配行为尚无确切记载，部分学者仅观察和描述了圈养雪豹的交配行为（图6-17）。

图6-17 在最寒冷的冬季，雪豹走到一起完成神圣的婚配仪式（1月），为来年开春播下幸福的种子（5月产崽）

在发情期，雌、雄雪豹频繁地相互理毛，做出亲昵的样子，雄性较为主动。雪豹的发情期可以持续2～8天（Rieger，1984；Fox，1989），交配周期为3～6天，每日交配大约10余次，每次时间都较短，仅数秒或10余秒。交配姿态与虎（*Panthera tigris*）、豹（*Panthera pardus*）相同。交配时，母豹趴在地上，雄豹骑跨在其背后，这时雄性雪豹会发出特有的鸣叫声。若没有怀孕，雌豹会在一个月后继续发情。雄性雪豹交配后毫不眷恋地离家出走，留下雌豹生儿养女。在人工饲养状态下，首次通过长时间监测妊娠期雌性雪豹的类固醇激素分泌，发现在冬季雌雄雪豹生活饲养在一起可促进其繁殖（Kinoshita et al.，2011）。

三、怀孕与产崽

雪豹的妊娠期为90～105天（Kuznetsov and Matyushkin，1962；Fox，1989）或98～103天（Guggisberg，1975）。产崽季节因地区不同而不同，常在春末夏初（4～7月）的清晨产崽（Freeman，1971；Freeman and Braden，1977）（图6-18）。在动物园，也有过3月或4月产崽的记录（Koivisto et al.，1977）。在日本饲养的雪豹每年3～8月（通常5月）都有可能产崽（Tomita，2010）。在南半球，如澳大利亚的悉尼动物园，繁殖季节与北半球正好相反，可在10～11月繁殖。

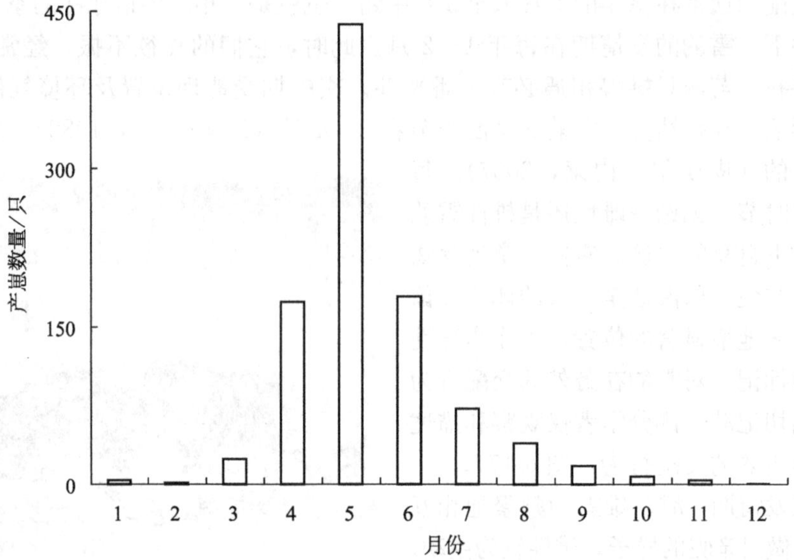

图 6-18　雪豹在动物园产崽时间分布（n=960），主要集中在 5 月，非常接近于自然界的状况（Blomqvist，2008）

窝崽数，即每胎产崽量，通常为2～3 只，产 2 只的记录比较多。国际动物园谱系数据是比较权威和翔实的（Blomqvist，2008），其样本量接近1000只（图 6-19）。有记录表明，窝崽数最多可达 6 只。而在野外很少有产 1 只的情况（寿振黄，1962；Schaller，1977；Freeman and Hutchins，1978；Koivisto et al.，

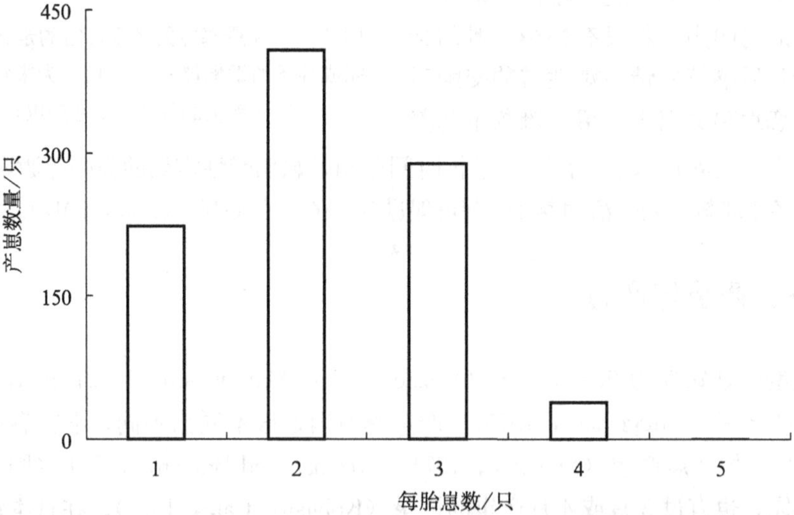

图 6-19　雪豹在动物园产崽的数量分布（n=960），可见每窝产 2 崽的数量最多（Blomqvist，2008）

1977；Fox et al.，1988）。2003 年前后，在帕米尔高原，当地阿克陶县恰尔隆乡干部石燕林书记在一雪豹窝内遇见 5 只幼雪豹，这是目前国内的最高纪录，非常罕见。在 2009 年 9 月 29 日，新疆阿克苏地区林业局干部吐尔逊在拜城县遇见 1 只雌性雪豹带领着 4 只小雪豹。可见，在人烟稀少的山区，人类活动干扰比较小，食物资源相对丰富，雪豹的自然繁殖力还是比较高的。

四、哺乳与生长

刚出生的幼崽体重 300～600 克，体质孱弱，5～15 日龄（平均 9 日龄）后才睁眼（Frueh，1968；Koivisto et al.，1977）。10 日后开始慢慢爬动。在前半个月，雌豹精心护理、哺育它的幼崽，很少离开。25 日龄后幼崽体重可达 1.5～2 千克，6～8 周后幼兽可吃一点碎肉（Freeman，1983；Fox，1989）。幼兽 2 个月时的体重可达 4 千克，体长 60 多厘米，并可跟随母豹外出活动。3 个月的幼豹体重可达 6.5 千克，体长 80 厘米左右。乳齿式为 3·1·2·0/3·1·2·0=24。估计幼兽在 3～4 个月时便可以跟随母豹离开洞穴，一并捕食。1 岁时雪豹幼崽体重可达 25～30 千克（Juncys，1964 年；Marma and Yunchis，1968；Kitchener et al.，1975；Gaughan and Doherty，1982 年；O' Conner and Freeman，1982 年）。陶玉静和陈辉（1997）报道了笼养雪豹身体发育的变化趋势（表 6-7）。

表 6-7 笼养雪豹的身体生长发育（陶玉静和陈辉，1997）

日龄/日	50	65	80	110	150	160	180
全长/厘米	59	67	74	86	109	112	120
尾长/厘米	29	31	33	45	49	50	58
肩高/厘米	13	18	20	25	35	44	45
胸围/厘米	30	31	31.5	35	39	48	50
体重/克	2050	2700	3200	4600	7250	7600	8000

在秋季这个丰富多彩、食物相对充足的季节，常可以看到年龄相仿的小雪豹在一起嬉戏、玩耍，雌性雪豹则悠闲地在一边眯眼打盹。雪豹通常喜欢在雪地上打滚——“雪浴”（图 6-20），小雪豹也很热爱在雪坡上相互追逐、打闹、奔跑、翻腾。“雪浴”具有舒筋活血、清理皮毛的作用。到小雪豹长到 18～22 个月时，这个共享天伦之乐的幸福场景才不得不忍痛解体，幼豹脱离家庭，结伴远走他乡。像其他动物一样，为了生存，它们都要各自去追寻自己的生活了。

图 6-20　特别喜欢“雪浴”的小雪豹，一生之中几乎没有多少机会下水洗澡

五、性成熟

雪豹通常在 2～3 岁可达性成熟，圈养雪豹 2 岁可达性成熟，雌性在 2 岁后开始有繁殖能力（Kitchener et al.，1975；Blomqvist，2008）。然而，有报道说雌性雪豹 4 岁以后才产下第一胎（Blomqvist and Stern，1982）。廖炎发等基于西宁动物园 17 年的观察记录，发现雌性雪豹大约在 3 岁性成熟，雄性要到 3.5～4 岁。雪豹野外寿命 10 余年，在动物园寿命可达 21 年（Blomqvist and Stern，1982）。而动物园的雌性雪豹可繁殖到 15 岁（Wharton and Freeman，1988）。根据 344 只已知年生活史（龄谱）资料分析，4～12 岁应该是雌性雪豹繁殖的最佳年龄，到 14 岁还有 6%的个体依然具有繁殖能力（图 6-21）。雄性虽然也在 2～3 岁性成熟，但它们的生育期比雌性更长，有的在 17～19 岁时依然具有繁殖能力。

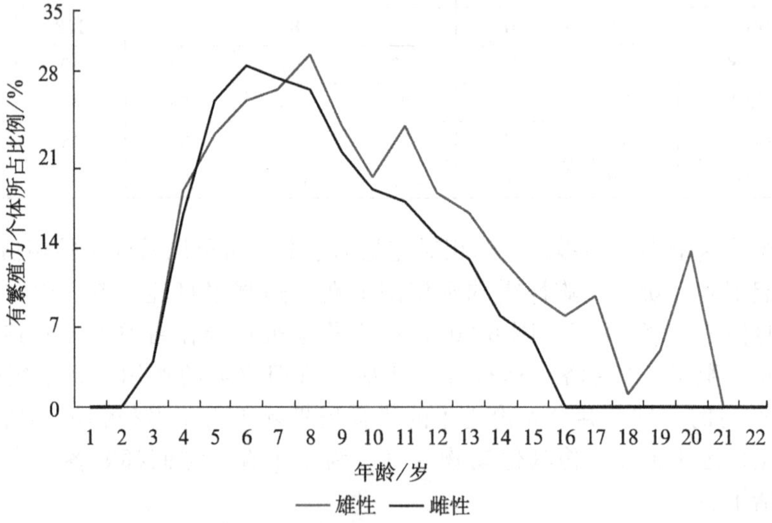

图 6-21　动物园雪豹繁殖阶段分析（$n=344$），约 2 岁以后性成熟，5～8 岁繁殖能力达到顶峰（Blomqvist，2008）

六、人工饲养与繁殖

由于雪豹生活于高海拔地区，它们很难适应低海拔地区的湿度、温度、气压和日照变化。动物园中的雪豹还经常患有体内寄生虫、肺炎、结核病和猫类肠炎及腹炎等疾病。目前，在国外已有一些动物园成功地繁殖了雪豹（图 6-22），国内能繁殖雪豹的动物园数量很少（见第八章）。位于青藏高原东北边缘的青海省西宁市人民公园，利用其独特的地理优势，于 1984 年首次在中国成功繁殖笼养雪豹，解决了人工饲养条件下雪豹的繁殖问题。然而这只是昙花一现，没有继续下去，至今未形成饲养繁殖种群（Liao，1994b）。北京动物园于 1955 年开始饲养雪豹，直到 1995 年才成功完成人工环境下雪豹的繁殖，之后就不了了之。乌鲁木齐动物园最早在 1948 年饲养雪豹，至今没有繁殖记录。

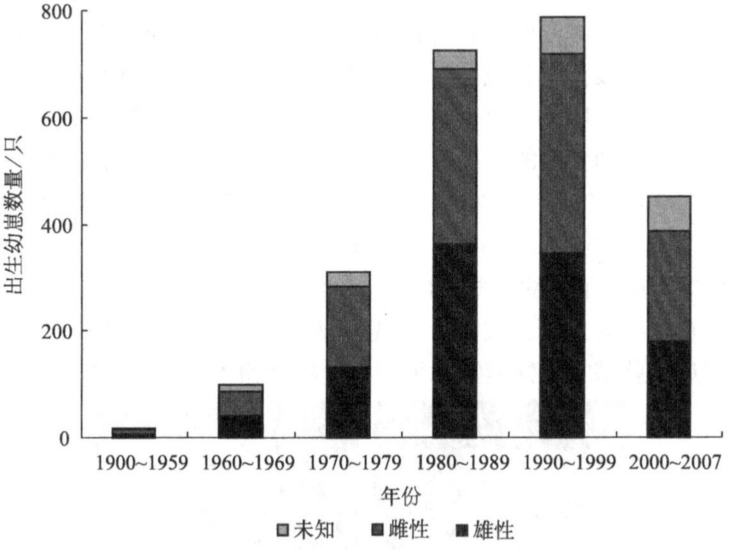

图 6-22　西方动物园百年（1900～2007 年）繁殖数据分析

20 世纪末出现一个繁殖高峰，1990～1999 年雪豹幼崽出生数量每年平均为 79 只，性比接近 1∶1，结果喜人（Blomqvist，2008）

第五节　食物及食性

动物获得营养是生存的本能，包括寻找猎物、获取、加工、摄入、贮藏、守护等过程。动物主要依靠取食获得能量和合成自身组织的物质，维持新陈代谢。所以，取食行为可以被视为生命的基础。取食的策略是用尽可能少的时间和精力，去获得尽可能多的能量收益。动物在取食过程中，面临着种间和种内竞争。同一生境中的不同物种，往往觅食不同对象以避免竞争。此外，猎食者还要对付被捕食者的反抗，并防御其他动物趁机来袭。因此在食物的选择上，不仅要考虑营养价值和适口性，还要考虑取食所花费的精力、时间与安全性。由于雪豹行为机警和习性诡秘，常夜间活动于高海拔裸岩地区，给研究者带来巨大挑战，且雪豹数量极其稀少，不容易被人发现，野外直接观察雪豹的捕食及进食过程较难。所以，对雪豹的食性调查多采用间接调查的方法，如粪便、食物残骸分析调查及问卷调查等。

用雪豹粪便分析其食性是一种相对简捷且最常见的研究方法，属于无损伤取样的方法之一，可以粗略了解雪豹在自然状态下摄取的食物种类。因与雪豹同域分布的食肉动物还有狐狸（*Vulpes* spp.）、棕熊（*Ursus arctos*）、欧亚猞猁（*Lynx lynx*）、獾子（*Meles meles*）、豺（*Cuon alpinus*）和狼（*Canis lupus*）等，故识别和区分不同种类的粪便尤为重要。雪豹粪便较粗，直径 2.0～3.5 厘米，长 11～16 厘米。

在野外发现雪豹粪便时，在详细观察记录后将其装袋保存。回到实验室后将其放入盆中用水浸泡，使其松散。仔细查验，用镊子将食物残骸挑出，分类后烘干，通过被食动物的宏观结构（毛发颜色、结构及质地、残余的脚爪、牙齿、头骨等）来鉴别食物的种类，并访问当地牧民与猎人进行辅助鉴定（Chundawat and Rawat，1994；刘楚光等，2003）。基于宏观手段识别食物物种的方法存在局限性（Shrestha and Wegge，2006），且结果的说服力不强，舍扎德首次通过 DNA 技术分析了雪豹在蒙古国的食物组成（Shehzad，2011），以及野生食物和家畜在食物中的比例。实际上当我们掌握了某一个地区的动物区系组成和资源状况以后，就基本上知道雪豹可能捕食的动物了（图 6-23）。

(a) 草兔　(b) 石鸡　(c) 北山羊　(d) 野猪

图 6-23　托木尔峰地区雪豹潜在的捕食对象：草兔、石鸡、北山羊、野猪

（项目组利用红外相机拍摄）

雪豹昼伏夜出，常独居，行为诡异。每日的清晨及黄昏时候为捕食、活动的高峰。它们白天很少出来，或者躺在高山裸岩上晒太阳，或躲入岩穴睡大觉。其感官敏锐，性情机警，行动敏捷，极善于攀爬和跳跃。雪豹的猎食范围较大，喜欢沿着山脊行走数公里至数十公里甚至上百公里去觅食。然后沿着河流、溪谷回到巢穴。一般外出一次往返要6～7天，这符合它的进食周期，即雪豹饱餐一顿后可以一个星期不进食（吴新华，1998；马鸣等，2006）。由于雪豹粗大的尾巴可做掌握方向的“舵”，其在跃起时可空中转弯，机动灵活，所以捕食的能力很强。雪豹的捕食方法以猫科动物特有的伏击式猎杀为主，辅以短距离快速追杀。一击未果便舍弃而去，绝不恋战。

猎物的种群数量和分布决定着食肉动物的种群数量和分布（吴国生，2009）。雪豹活动的地理范围与它捕食的主要猎物有着密切的关系（李华文，2005；徐峰等，2006b），主要食物的密度会影响到雪豹在一个地区的种群数量（McCarthy，2000）。雪豹进食时，用前爪抓食物吃，而不是像它们的近亲豹属动物那样趴在地上，直接下嘴撕咬（张劲硕和赵耀，2008）。刘楚光等（2003）根据雪豹栖息地自然景观的垂直变化，根据雪豹的取食程度，将其食物分为最主要、主要、较主要及次要四类，并探讨了雪豹栖息环境与食物的关系。

雪豹性情凶猛而力强，位于食物链的最高端。雪豹的食物种类丰富多样，且受地域和季节的影响，食谱变化不一。大多数猎物重60～80千克。有报道说，雪豹可以捕杀比自己体重大3倍以上的猎物，如成年的野牦牛及野驴（Schaller，1977；Jackson and Ahlborn，1988；Fox，1989；王香亭，1991年；李华文，2005）。雪豹主要以中型有蹄类动物为食物，也捕食小型哺乳动物和鸟类。有时还袭击大型动物的幼崽，如牦牛、家牛、马匹等。食谱内容比较丰富，可达60余种（表6-8）。冬天食物匮乏时，雪豹潜至低山区村舍或牧场附近偷食家畜和家禽。有的学者在雪豹粪便中发现苔草（*Carex* spp.）、嵩草（*Kobresia* spp.）、猪毛菜（*Salsola collina*）等植物（刘楚光等，2003）。在新疆天山托木尔峰地区，也发现雪豹粪便中含有植物碎片及灌木枝条，令人困惑（马鸣，2008年）。这些植物是随食物带入的，还是身体需要而有意摄取的，尚待进一步研究。

表6-8 野生雪豹的食物组成（食谱）

食物种类	捕食地区	参考文献
岩羊（*Pseudois nayaur*）	青藏高原、祁连山、昆仑山、喀喇昆仑山、喜马拉雅山脉	吴国生，2009；张劲硕和赵耀，2008；张于光等，2009；刘楚光等，2003；Dang，1967；Schaller，1977；Jackson，1979a；1979b；Mallon，1984a；Fox，1989；Chundawat and Rawat，1994；McCarthy，2000
北山羊（*Capra ibex*）	阿尔泰山、北塔山、托斯特山、天山、帕米尔高原、昆仑山、阿尔金山、喜马拉雅山脉	刘楚光等，2003；马鸣等，2005；徐峰等，2006；Schaller，1977；Mallon，1984a；McCarthy，2000；Chundawat and Rawat，1994；Jackson，1996；Shehzad，2011

续表

食物种类	捕食地区	参考文献
西伯利亚北山羊 (*C. sibirica*)	阿尔泰山、北塔山	Dang, 1967; Schaller, 1977; Jackson and Ahlborn, 1984; Mallon, 1984b; Fox, 1989; Chundawat and Rawat, 1994; Jackson, 1996; McCarthy, 2000
捻角山羊 (*C. falconeri*)	喜马拉雅山脉、喀喇昆仑山	Schaller, 1977; Jackson, 1979a; 1979b; Mallon, 1984a; 李华文, 2005
野山羊 (*C. agegrus*)	喜马拉雅山脉	Schaller et al., 1987; 1988; Fox, 1989; Chundawat and Rawat, 1994
山羊 (*C. hircus*)	托斯特山	Shehzad, 2011
盘羊 (*Ovis ammon*)	阿尔泰山、北塔山、天山、托斯特山、帕米尔高原、青藏高原、喜马拉雅山脉	Schaller, 1977; Jackson, 1979a; Mallon, 1984a; Fox, 1989; Chundawat and Rawat, 1994; 张劲硕和赵耀, 2008; 徐峰, 2006年; Chundawat, 1990; Fedosenko, 1982; Annenkoy, 1986; Shehzad, 2011
东方盘羊 (*O. vignei*)	喜马拉雅山	Chundawat, 1990; 李华文, 2005
绵羊 (*O. aries*)	喜马拉雅山脉、托斯特山	Schaller, 1977; Jackson, 1979a; 1979b; Fox, 1989; Chundawat and Rawat, 1994; Shehzad, 2011
喜马拉雅塔尔羊 (*Hemitragus jemlahicus*)	喜马拉雅山中段	张劲硕和赵耀, 2008
斑羚 (*Naemorhedus goral*)	喜马拉雅山	张劲硕和赵耀, 2008
藏原羚 (*Procapra picticaudata*)	青藏高原	张劲硕和赵耀, 2008
藏羚羊 (*Pantholops hodgsoni*)	青藏高原	?
石羊	?	吴新华, 1998
鹅喉羚 (*Gazella subgutturosa*)	卡拉麦里有蹄类保护区	本书
野牦牛 (*Bos grunniens*)	喜马拉雅山脉; 阿尔金山; 青藏高原	Mallon, 1984a; SLSS, 2003; Schaller, 1977; Jackson and Ahlborn, 1988; Fox, 1989
野骆驼 (*Camelus bactrianus*)	阿尔金山	袁国映等, 2012
马鹿 (*Cervus elaphus*)	天山、青藏高原	Fedosenko, 1982; Annenkoy, 1986
白唇鹿 (*C. albirostris*)	青藏高原	刘楚光等, 2003
白臀鹿 (*C. elaphus macneilli*)	四川、西藏	汪松, 1998
狍(*Capreolus capreolus*)	天山、昆仑山	Fedosenko, 1982; Annenkoy, 1986
野猪 (*Sus scrofa*)	阿尔泰山、天山、帕米尔高原、昆仑山、阿尔金山	Fedosenko, 1982; Annenkoy, 1986
马麝 (*Moschus sifanicus*)	青藏高原	汪松, 1998; 刘楚光等, 2003; 张劲硕和赵耀, 2008
林麝 (*Moschus berezovskii*)	青藏高原	?

续表

食物种类	捕食地区	参考文献
藏野驴（*Equus kiang*）	阿尔金山、青藏高原、昆仑山	SLSS，2003 年；Schaller，1977；Jackson and Ahlborn，1988；Fox，1989
叶猴（*Presbytis* spp.）	喜马拉雅山	?
旱獭（*Marmota* spp.）	阿尔泰山、北塔山、天山	Dang，1967；刘楚光等，2003；Chundawat and Rawat，1994；李华文，2005
喜马拉雅旱獭（*M. himalayana*）	喜马拉雅山	Schaller，1977；Jackson，1979a；Mallon，1984a；Schaller et al.，1987；1988
红旱獭（*M. caudata*）	帕米尔高原	刘楚光等，2003；Chundawat and Rawat，1994；Fox，1989
灰旱獭（*M. baibacina*）	阿尔泰山	刘楚光等，2003
鼠兔（*Ochotona* spp.）	天山、青藏高原、喜马拉雅山	刘楚光等，2003；Schaller，1977；Fox，1989；Chundawat and Rawat，1994；Chundawat，1990；张劲硕和赵耀，2008
黄鼠（*Citellus* spp.）	阿尔泰山、天山、帕米尔高原	Mallon，1984a；Schaller et al.，1987，1988；Jackson，1979a
野兔（*Lepus* spp.）	喜马拉雅山	Jackson，1979a；Schaller et al.，1987，1988a；Chundawat and Rawat，1994
高原兔（*L. oiostolus*）	青藏高原、阿尔金山、喜马拉雅山	Chundawat，1990；Fox，1989；Schaller，1977；汪松，1998；刘楚光等，2003
草兔（*Lepus capensis*）	天山、帕米尔高原、阿尔泰山	张劲硕和赵耀，2008；Mallon，1984a
长毛藏兔（spp.）	喜马拉雅山	李华文，2005
多种鼠类（spp.）	喜马拉雅山	刘楚光等，2003；Chundawat，1990
仓鼠属（*Cricetulus* spp.）	青藏高原	刘楚光等，2003
田鼠属（*Microtus* spp.）	青藏高原	刘楚光等，2003
沙鼠（spp.）	天山	张劲硕和赵耀，2008
多种鸟类（spp.）	北塔山、天山、青藏高原	Chundawat and Rawat，1994；McCarthy，2000；徐峰等，2011
野鸭（*Anas*），野雁（*Anser*）、鹤类（*Grus*）	阿尔金山、青藏高原	本文
野鸡（*Phasianus colchicus*）	天山、昆仑山、青藏高原	Mallon，1984a；Schaller et al.，1987，1988；
雪鸡属（*Tetraogallus* spp.）	阿尔泰山、北塔山、天山、帕米尔高原、昆仑山、青藏高原、喜马拉雅山	Dang，1967；Schaller，1977；Jackson，1979a；Fox，1989；Chundawat and Rawat，1994；张劲硕和赵耀，2008
阿尔泰雪鸡（*Tetraogallus altaicus*）	阿尔泰山、北塔山	Annenkoy，1990
红腿石鸡（*Alectoris rufa*）	北塔山	Annenkoy，1990
石鸡（*A. chukar*）	阿尔泰山、北塔山、帕米尔高原、托斯特山	徐峰等，2007；Schaller，1977；Jackson，1979a；Chundawat and Rawat，1994；Shehzad，2011
欧石鸡（*A. graeca*）		Annenkoy，1990；Fox，1989

续表

食物种类	捕食地区	参考文献
雪鹑（*Lerwa lerwa*）	青藏高原、喜马拉雅山脉	张劲硕和赵耀，2008；Schaller et al.，1987，1988a；Mallon，1984a
藏马鸡（*Crossoptilon crossoptilon*）	青藏高原	张劲硕和赵耀，2008
虹雉（*Lophophorus* spp.）	青藏高原、喜马拉雅山	张劲硕和赵耀，2008
家牦牛（*Bos grunniens*）	天山（家畜）	马鸣，2008
狗	新疆	本文
家山羊	天山、北塔山、昆仑山、阿尔金山、喜马拉雅山	刘楚光等，2003；Chundawat and Rawat，1994；Schaller，1977；Mallon，1984a；Schaller et al.，1987；1988；
家绵羊	天山、帕米尔高原	刘楚光等，2003；李华文，2005
家牛（黄牛等）	天山、阿尔金山、喜马拉雅山	Fox，1989；Chundawat and Rawat，1994；Jackson，1979a
家骆驼（双峰驼）	天山	Fox，1989；人与生物圈，2008
家禽（鸡、鸭、鹅）家畜	喜马拉雅山	Chundawat，1990；Mallon，1984b
植物成分（枝条、叶子、果实）	天山	刘楚光等，2003；马鸣，2008

据王香亭（1991年），在甘肃阿克塞，1975年有人遇见1只雪豹袭击野牦牛犊。当雪豹咬住气管将牦牛犊压在足下时，众野牦牛前来营救。雪豹毫不示弱，前后左右抵挡。前面来牛时，雪豹张牙舞爪吓退众牛。后面来袭时，雪豹则扬起粗大的长尾巴，上下鞭打和左右挥舞，众野牦牛不敢接近。偶尔靠近被围住，雪豹会暂时放弃猎物，主动进攻，驱散牛群。如此反复，最终将猎物制服。

成年雪豹的体重约为45千克，每天需要的食物重为1.5～2.5千克（Wemmer and Sunquist，1988年）。假设1只雪豹每天的食物为2千克（体重的5%以下），雪豹的生物量耗损即可算出，所需食物的数量也可被确定下来（Chundawat and Rawat，1990年）。杰克逊等估计1只雪豹每年的猎物需要量是20～30只成年岩羊（Jackson and Ahlborn，1984年），而麦卡锡预计雪豹在1年内将捕捉12～15只北山羊（McCarthy，2000）。在拉达克地区的一个小山村，一只雪豹一个冬季可捕食1头雌性牦牛，至少95只羊，其中34只为一家牧民的（Mallon，1984b）。一只生活在印度克米斯自然保护区的雪豹，平均每年需要捕食5只盘羊、9只藏兔、25只旱獭、5头家羊、1头绵羊及15只野鸡（李华文，2005）。有的学者认为，成年雪豹每10～15天捕杀1只大型猎物，可维持3～4天，有时可长达一个星期。木拉托夫先生基于10年在帕米尔高原的考察结果表明最优“捕食者与被捕食者的比率”为1∶55（Muratov SH and Muratov RS，

1989），即1只雪豹对应55只北山羊，才能达到基本平衡（这种比例结果并未排除雪豹还捕食其他的猎物）。这个数据比我们以往想象的要高出许多，特别是在新疆，要维持一个健康的种群，需要多么丰富的资源量呀。该结论在野外得到了验证，即当比值接近1∶55时，雪豹很少或者就不会袭击周边区域的家畜。有的学者认为雪豹每年需要从猎物，如岩羊、牧民的羊、旱獭和鸟类中进食730～1200千克的肉。如果加上丢弃和浪费的食物，每年150～230只岩羊才可能满足1只雪豹的需要（Ahlborn，1988年；Oli，1994；Chundawat and Rawat，1994）。

雪豹的食物种类多样（图6-23，图6-24），除了有蹄类外，还包括小型哺乳动物、鸟类等（表6-8）。很难调查清环境中所有雪豹的食物总量究竟有多少。因此，在无法准确统计一个地区雪豹的各种猎物在雪豹食谱中所占的比例及所有食物的可利用量的情况下，在采用“食物量调查法”计算雪豹的种群密度时，通常只考虑雪豹最主要食物有蹄类的数量。不考虑有蹄类以外其他猎物的原因有两个方面：一是这些猎物在雪豹的食物组成中所占的比例远小于有蹄类；二是除了雪豹外，狼、豺、狐狸等食肉动物也以有蹄类、小型哺乳动物和鸟类等为食，它们同处于一个食物网络当中，有共同分享的机会和权利。因此，在计算雪豹食物可利用量时，扣除有蹄类外的其他动物，是考虑到其他竞争物种对雪豹可利用食物量的影响。

图6-24　夏季，肥硕的旱獭（*Marmota* spp.）是雪豹的重要食物之一；冬季，旱獭都躲进洞穴冬眠了，食物种类变得单调了许多

目前专家认为雪豹种群数量下降的主要原因还包括食物资源的短缺和栖息地环境的丧失。例如，北山羊数量的下降，家畜对其栖息地的占领等。在自然界，给定的食物资源和栖息地面积，总是能够维持一定的种群数量。然而，当这种大自然的平衡被人类的活动破坏时，雪豹的种群数量势必下降。当北山羊的数量下降时，雪豹肯定会寻找其他的猎物作为北山羊的替代物。这也很好地向我们解释了为什么雪豹袭击家畜现象越来越多，并且经常发生在人口数量增长的分布区。近年来在昆仑山、帕米尔高原、天山，马可波罗盘羊的数量也在持续下降。人类活动的干扰使这种喜欢在较为开阔的河谷活动的物种，被迫转移到更为崎岖的山地上生存，而崎岖的地形带恰好是雪豹喜欢狩猎的地方。因

此，这些物种也比以往更容易遭受雪豹的猎杀。雪豹与盘羊、北山羊同呼吸共命运，它们的种群数量都在同步下降。兔死狐悲，息息相关。

第六节 移动距离与领域范围

领域行为的发展是动物为了保持种族、个体之间私密空间的一种高度进化的生活方式。在这种情况下，动物实际上无须看到或接触到其他个体就能发出信号，以此向其他个体表示它的领域权。除了觅食、社交、求偶、育幼、贮存、休憩、运动等基本的领域需求以外，有效的标记领域可以减少冲突的发生，并可将生物体有效散布到特定的区域，以增进资源的最有效利用。相比之下，人类在领域控制方面完全退化到必须使用法律（隐私权）、门锁、围墙、强权、铁丝网、界桩、武力的地步，这都是题外话了。

雪豹作为一种凶猛的食肉类动物，其活动距离长，领域范围非常大。除了进食和生育期间，它们几乎每天都在不停地变换位置。近年来，科学家利用红外照相、痕迹分析、粪便分析、食物资源研究、无线电遥测、卫星跟踪等方法对雪豹进行动态监测，初步了解到一些雪豹活动的规律。

无线电跟踪和卫星跟踪等动态监测手段，实施难度较大、成本高、活体捕捉风险大，而且政府审批与监管非常严格。但该方法对雪豹的领域范围、移动距离、活动规律及繁殖行为的研究是有价值的，间接地为其他方法提供了较准确的数据。卫星定位技术的产生与应用，对野生动物移动模型的建立，起到了巨大的推动作用。利用地理信息系统，在一定程度上，减轻了野外工作负担，获取的实验数据也更准确。

一、日常移动和活动模型

雪豹善于运动，经常变换活动空间，在野外跟踪观测雪豹的移动情况和建立活动模型，工作量大，难度高，有时也有一定的危险性。虽然如此，仍有很多的动物学家积极到野外跟踪、检测雪豹的活动情况，也取得了较多的研究成果。

杰克逊等对尼泊尔的雪豹进行标记研究，利用无线电遥测技术记录到711次移动的数据。目前，还没有证据证明捕获并安装无线电标记装置会影响动物的行动、行为和活动方式。因为，被标记的动物还会定期经过它们被捕获的地方，并没有什么异常反应（Sunquist，1981；Samuel，1994年）。记录发现，雪豹在某一地区所有连续活动的日期中，72%的时间待在不同的位置。而且，活动范围遍及整个区域 64%～74%的面积。这表明，雪豹有每天变换停留地或休息地点的趋势，除非它们在进食及护食期间，或者在雌雪豹刚产下幼崽时，它们基本在相同的地点休息。

通过无线电遥测技术测得，每只雪豹在连续几天的活动中，平均最小直线移动距离为 0.85～1.61 千米（表 6-9）。雄性移动距离比雌性略远，但是差距不是特别明显。不同个体之间，总体来说，平均线性移动距离为 1.12 千米。整体移动范围差距比较大，为 0.21～6.72 千米。雪豹每天活动的线性移动距离，表示的是日移动直线距离，而不是真实的曲线移动距离。它比真实的移动距离要小得多。雪豹每天的活动距离，并不能显著正确地反映它们的活动范围。它们在捕食前的移动距离，明显大于捕到猎物后的移动距离。在不同性别及不同季节的情况下，它们的活动距离并没有太大的变化。

表 6-9 利用无线电遥测技术测得雪豹连续几天活动的直线移动距离（Jackson，1996）

雪豹编号	连续活动天数	平均距离（D±SE）	最大距离/千米	频率分布/千米/%		
				<1.0	1.0～2.0	≥2.0
M1	12	1.61±0.31	3.37	33.3	33.3	33.3
M2	68	1.31±0.13	4.74	52.9	30.9	16.2
M3	19	0.95±0.13	2.15	63.2	26.3	10.5
F1	88	1.09±0.11	6.72	55.7	35.2	9.1
F2	45	0.85±0.09	2.35	73.3	17.9	8.9
所有雄性	99	1.27±0.10	4.74	52.5	30.3	17.2
所有雌性	133	1.01±0.08	6.72	61.6	29.3	9.0
所有个体	232	1.12±0.06	6.72	57.8	29.7	12.5

在连续多日不停的活动中，在接近 90%的情况下，雪豹移动距离为 2 千米左右。其中雄性占 82.8%，雌性占 90.9%。有 58%的概率，它们的活动距离小于 1 千米。只有 3%的雄性和 2.25%雌性活动距离会大于 4 千米（表 6-9，图 6-25）。

当雌雪豹产下幼崽时，它的移动距离会大幅度下降。在最初的 4～5 天，它显然不想离开巢洞。可能是因为体力有限，而且还要不停地给小雪豹喂奶，无法外出活动。再过几天，由于饥饿，雪豹必须外出捕食了。在这段时期，它去了许多不同的地方，但是距离巢洞的距离不超过 400 米。当她吃完食物之后，就又回到了洞中，去照顾她的孩子。在接下来的几天中，雪豹主要待在洞中，期间出去过两次，但是都没有走太远，最远移动距离也没有超过 1 千米。这只母雪豹在分娩的前 10 天和后 15 天里，平均每天移动距离为 0.66±0.11 千米。在小雪豹 6～12 个月的年龄段，雌雪豹带着小雪豹平均每天线性移动距离为 1.23±0.17 千米。与之相对应的是，雌雪豹在未分娩之前平均每天移动距离为 1.01±0.09 千米。雌雪豹在生产前期、中期和后期的移动情况与整个群体相比，只是略有差异。但是，如果仅拿分娩之前和之后相比的话，则差异很大。

雪豹是夜行性动物，准确地说它们更喜欢在晨昏活动（图 6-26）。

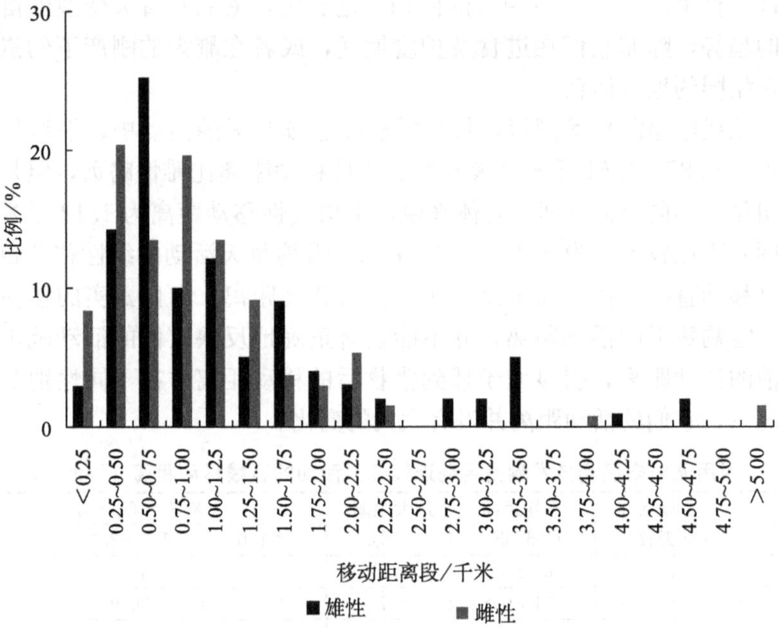

图 6-25　雪豹连续数日移动距离的频率分布，主要集中在 1 千米左右（Jackson，1996）

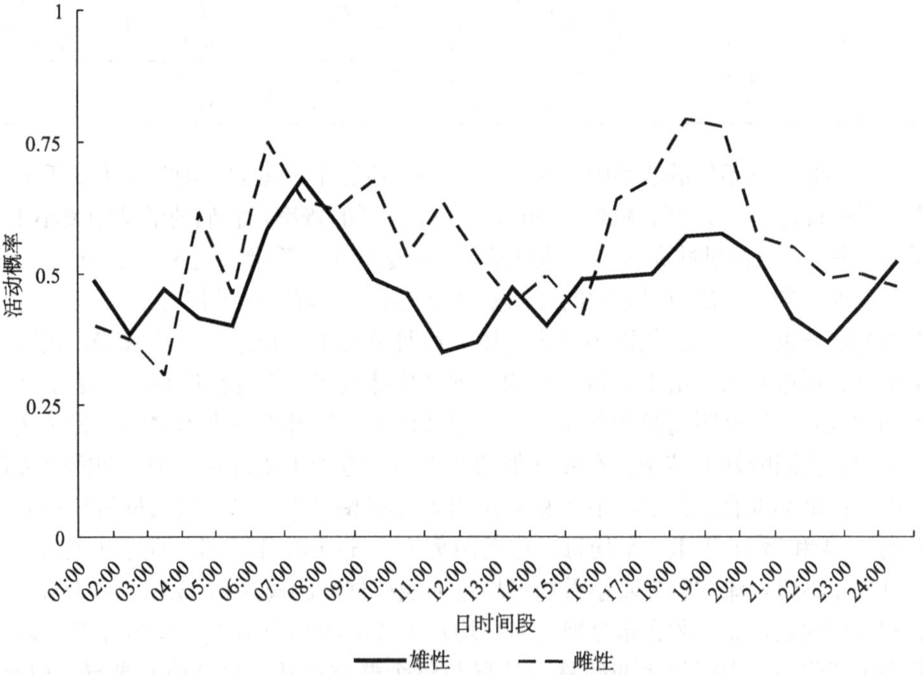

图 6-26　雌雄雪豹一天中不同时间的活动概率，都有两个明显的峰值（Jackson，1996）

雪豹的活动模式和一天中不同的时间段有很大关系，在 05:00～08:55 和 16:00～19:00，雪豹的活动情况，与一天中其他的白天时间很不一样，而与 20:00～03:55 这段时间，基本相似。每天 04:30～08:25 和16:00～19:55，是其活动最频繁的时期；在 08:30～15:55 和 20:00～04:25，其活动频率减少。将所有的数据整合起来，如图 6-26 所示，在 07:00 和 18:00 左右的两个时间段，出现两个明显峰值，即在这两个时段雪豹活动最频繁。总体上，雪豹黎明前开始活动，持续 5～6 个小时，然后在中午休息。在 15:00 左右，活动又开始增强，持续活动数个小时，一直到黄昏以后。我们可以把它称为晨昏模型。虽然不同个体活动情况差异较大，但是它们积极活动的时间一般都是在黎明和黄昏时刻。

雪豹在白天的活动情况及单个个体的活动模式，变化不太明显。但是从整个种群总的活动情况来看，是有差别的。从图 6-27 中可以看出，夏季雪豹活动时间与春季、秋季、冬季略有不同。夏天时，雪豹白天的活动也很频繁。晨昏活动模型，基本显示的是在春天、秋天和冬天采样观察的情况。而在夏天，黄昏活动时间加长，反映的是这一时期的极限活动时间，而不是正常的雪豹活动模式了。而且，在巴基斯坦、印度、吉尔吉斯斯坦等国，都观察到了在不同季节之间，雪豹在不同海拔之间移动的现象（Roberts，1977；Koshkarev，1989）。

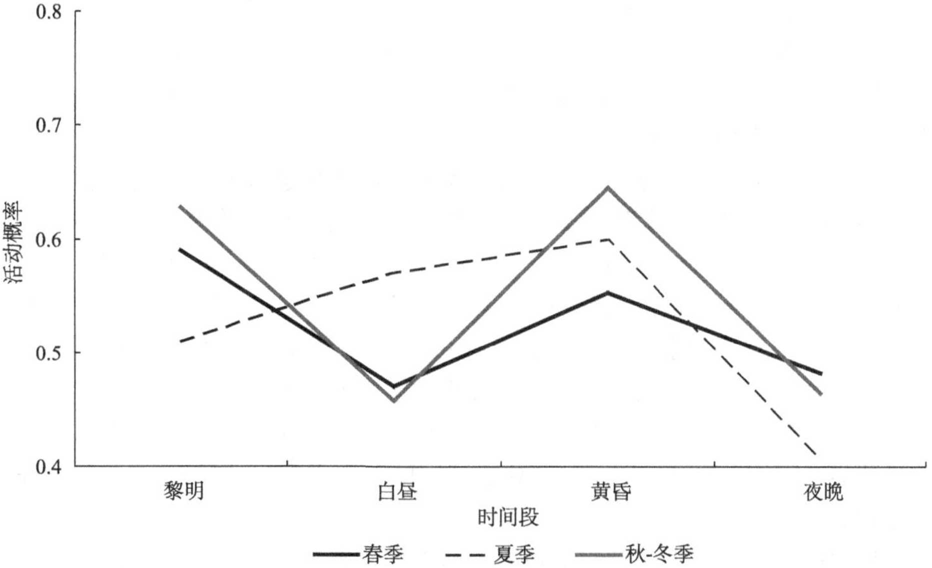

图 6-27　野生雪豹在不同季节中的日活动规律比较（Jackson，1996）

雪豹是善于活动的，除了在进食和育幼期间，它们几乎每天都在移动。由于栖息地地形非常险峻、复杂，它们在连续几天的活动中，只移动了 1 千米或者更少的直线距离并不奇怪。它们的实际移动距离，要比遥测数据大得多。足迹显示，它们经常迂回绕行、折返、曲折前进（Jackson，1996）。例如，雪豹要想从一个山头到达相隔 500 米的另一个山头，则需要下到深谷中，穿越大量障碍物，遇到悬崖、灌丛或者河流，就必须绕道前行。短短 500 米的直线距离，可能要消耗雪豹大量的时间和精力，实际行走里程超出直线 3～4 倍。

目前，还没有人测量过它们每天实际的运动距离。在对美洲狮的研究中，有人发现，它们的实际移动距离约是直线距离的 1.5 倍（Sweanor，1990）。根据地形估计，雪豹的真实移动距离应该不止 1.5 倍，应该要多得多。

麦卡锡等利用地面测控雷达跟踪技术对蒙古国雪豹的活动范围、活动方式及栖息地的利用进行了研究。他们给两只雄性雪豹戴上了项圈，对其进行跟踪监测。后来又改用卫星追踪技术，取得了较好的效果。研究结果表明，雪豹种群一天中平均 37.3%的时间是在活动的。在每天的 12:00～18:00，活动频率最低。在 20:00～04:00，活动频率最高。随着季节的变化和日出日落时间的改变，雪豹的活动频率也稍有变化。例如，在冬天低温情况下，雪豹会在晚上早些时候和早上晚些的时间，适当增加活动频率。

从其中一个个体的活动形式和季节性波动来看，其 32.1%的活动时间在夏天，37.3%的活动时间在冬天。每只雪豹在连续几天的活动中，平均最小直线移动距离为 5.1 千米（总的范围为 0.54～10.77 千米）。整个调查群体 41%的时间连续移动距离小于 1 千米，59%的时间小于 2 千米。卫星追踪技术帮助实验者确定，移动距离大于 12 千米的现象并不非常罕见，约占 14%的时间，其中最大移动距离为 27.9 千米。在雪豹移动距离的变化中，季节性波动非常明显。在夏天的平均连续移动距离要比冬天长很多。

除了连续几天的移动之外，雪豹每天的移动距离也被测量和记录。雪豹是一种懒惰的动物吗？在食物资源丰富的地区，雪豹的活动范围是比较小的。白天蹲在山上晒太阳，伸伸懒腰（图 6-28），打发一天的时光。研究发现，雪豹每天的平均移动距离要比相应的平均连续移动距离大。这表明，雪豹在活动期经过某一地方，过一段时间，它又返回到同一个地点休息（出现零位移记录）。从而使整个直线移动距离没有得到充分计算，连续几天总的移动距离，要比每天移动距离的总和小一些。夏勒等人曾观测到，在蒙古国有一只雄性雪豹在连续多日的活动中，多次利用同一地点休息（Schaller et al.，1994），这正好验证了以上观点。

根据地面测控雷达测量的结果，计算出雪豹在连续的移动中，活动范围为 14～142 平方千米。当利用卫星追踪技术测量的结果进行计算时，其中一只雪豹的连续活动范围为 58～4530 平方千米，相比以前的数据，这个活动范围可能更合理一些。如果去掉一些附加活动地点（偶然的或临时的领域外活动），保守估计的话，其活动范围为 1590 平方千米左右，这比利用无线电跟踪或地面雷达测

图 6-28　白天不好动的雪豹正在伸懒腰，做出行前的准备和热身；一天中的大部分时间它都在睡觉

控的结果要大许多。

雪豹的活动范围如此之大，它们是独居动物，各自都有属于自己的领域，因此，个体之间需要保持一定的距离。研究发现，雄性与雌性之间的距离是雪豹之间最普遍保持的距离间隔。它比雄性与雄性之间的距离间隔要大（4.8 千米）。然而，最大的平均距离间隔却发生在雌性与雌性之间（7.8 千米）。在雌性雪豹进入发情期的时候，雄雪豹会靠近雌雪豹，与其保持约 0.5 千米的距离。

对一只带着幼崽活动的雌性雪豹进行跟踪监测，发现其活动范围的核心区既不与其他的雄性雪豹交叉或重叠，也在其他雌性雪豹活动区的外围。这只雪豹和它的幼崽很少与其他雪豹交流（McCarthy，2000；McCarthy et al.，2005）。独居的生活习性，在这里又得到了充分体现。雪豹在幼崽时期便已适应了这一生活特点，并在种群中继续保持。

二、家区的结构和利用模型

“家区”也叫巢区、家域，可能比领域范围要小。家区是指动物用来日常活动、收集食物、交配、繁殖后代的地方（Burt，1943）。还有人认为，家区是能够保证单个动物或其家族的生活需要，并且动物经常地在该空间中进行日常活动的区域（孙濡泳，2001）。由于各国专家追踪雪豹活动地区研究地点不同、地形复杂、因人而异、研究技术的限制等，对每只雪豹的家区进行测量并不是一件容易的事。因此，雪豹整体的活动范围也很难测定。对其活动范围的研究也基本依靠估算的方法。

家区的大小，间接地反映了雪豹活动范围的大小。雪豹在自己的家区中，可以充分地利用熟悉的自然资源，保持良好的生存与繁殖状态。雌性雪豹有沿用旧洞穴繁殖的习惯，为了安全生育和照顾后代，其活动范围非常有限，几乎与世隔绝。在尼泊尔地区，雪豹的家区面积为 11～179 平方千米（Jackson，1996）。其中在位于北部喜马拉雅地区的安纳普尔纳自然保护区，雪豹的家区为 13.9～22.3 平方千米，平均为 19.1 平方千米。在印度，有人跟踪研究了一只成年雄性雪豹 70 天，并估计出它的家区大约为 19 平方千米（Chundawat，1990）。在蒙古国，夏勒报告称，在 41 天的研究中，估测出雪豹家区是 12 平方千米（Schaller，1994 年）。

不同地区的雪豹，其家区面积不同。与当地的自然环境、物种丰富度和其他外界因素干扰有密切关系。雪豹的家区与生活在非洲不同地区普通豹的家区大小相似（Bailey，1993；Hamilton，1976；Smith，1978），比生活在山区的非洲豹的家区小，非洲豹的家区为 40～49 平方千米（Norton，1987 年），比生活在亚洲其他地方的豹家区又大一些（Seidensticker et al.，1990；Eisenberg and Lockhart，1972）。

三、异常的迁移活动

虽然动物的居住或栖息地一般是固定的，但由于外界环境的变化或动物种群本身的数量变化，动物往往要离开原来的栖息地而发生迁移或扩散。雪豹同样也会发生迁移的情况，在俄罗斯西伯利亚境内，就有人观测到这种行为。

在阿尔泰—萨彦岭山脉的东部，俄罗斯境内贝加尔湖地区，有关雪豹的资料非常少。但是仍然可以证明，早期这里有雪豹存在。1914 年，Grum-Grzhimailo 曾报道说，在阿尔泰山和萨彦岭山脉附近，雪豹是稀有的动物。其他的一些研究人员，也承认那里有少量的雪豹分布（Scalon，1936 年；Bobrinsky，1944；Stroganov，1962；Medvedev，2003 年）。最近在南西伯利亚萨彦—舒申斯克保护区记录到 15 只雪豹。2011 年 3 月，当地专家为其中 1 只雪豹佩戴了项圈，监测它们的迁徙活动。在这里，过去雪豹曾被称为“雪猫”。俄罗斯专家认为，尽管它们栖居于北方寒冷地区，却并不特别爱雪。如果积雪超过 30 厘米厚，就不适宜其生存，就会出现迁移行为。

在 20 世纪 80 年代，两名俄罗斯猎人跟踪雪豹留下的痕迹，发现其从布里亚特地区开始，沿着河流一直朝伊尔库茨克地区迁移，这只雪豹尾巴在地上留下的拖痕有 14 厘米宽，狼狈不堪。这并不是唯一记录到的雪豹在北方迁移的情况。1986 年，动物学家阿尤珀夫和一些猎人，发现一只从图伦向伊尔库茨克方向迁移的雪豹留下的痕迹，迁移总长度约有 360 千米。同时，在另一个地方，猎人在巴毕泰河地区发现另一条雪豹的痕迹，它从这儿离开，去向图瓦。这可能是雪豹在最北部迁移的例子之一了（Medvedev，1990）。估计雪豹在其他的分布地区，也会出现这种迁徙行为。

在 2000 年冬天，新疆摄影家赵君安等在穿越 216 国道的时候，在卡拉麦里保护区遇见 1 只雪豹，风雪之中正在尾随一群鹅喉羚（*Gazella subgutturosa*）迁徙。这里远离天山、阿尔泰山和北塔山的雪豹原始繁殖地 220～330 千米，海拔非常低（500～700 米）。雪豹可能因为追随猎物而深入准噶尔盆地。2005 年 5 月初，在新疆天山中部的托克逊县境内海拔－63 米的地方发现 1 只雪豹尸体，属于自然死亡。这是目前记录的海拔最低点（马鸣，2008）。显然，这不是雪豹的原始分布地点，此地远离皑皑雪山，它来自何方，它跋涉了几百千米，我们不得而知。2011 年 4 月初，1 只雌雪豹出现在内蒙古乌拉特后旗中蒙边境地区，被当地牧民抓获，估计是在跨境迁移。为了食物或者寻找配偶，雪豹有的时候可迁移 600 多千米。据 2011 年 12 月 11 日新疆日报网的报道，户外人士樊海洲等在艾比湖洼地茫茫雪原拍摄到 1 只雪豹。早在 1998 年 3 月就有人在艾比湖附近捕捉到 1 只落入冰湖的雪豹。可见，在冬季或春季，北方的雪豹确有远途迁徙的行为（图 6-29）。

图 6-29　雪地上的幽灵，嬉戏的雪豹，奔跑如飞，追逐猎物。在北方寒冷的冬季，雪豹会迁徙吗

雪豹迁移可能有多种原因。例如，当地的生境被破坏，不适宜雪豹生存；食物减少，无法满足生存需求；年轻雪豹成熟后离家出走，寻找配偶；自然灾害，如冬季西伯利亚大雪封山，造成食物季节性短缺；疾病的流行，使雪豹大量死亡；人类的过度捕杀，逼迫雪豹远走他乡。而在萨彦岭山脉东部地区，雪豹的迁移可能主要是由生境破坏引起的。雪豹的减少是从地质工作者进入以后才开始的，当地企业在山上开采矿石、修筑公路、放炮、采伐树木，大肆破坏环境。牧民迁入、增加放牧，也使得雪豹的活动区域减小。虽然山上仍有一些

野生动物活动，但是环境过度破坏，使得雪豹不再适合在这里生存，逐渐迁出，到别的地方另寻出路。

第七节　遗传多样性和分子生物学进展

自从知道有雪豹这种生物以来，科学家就想尽一切办法搜集有关它们的信息，深入雪山寻找雪豹的踪迹。在以往的研究过程中，科学工作者主要采用直接观察、痕迹分析、红外照相、食物资源分析、遥感追踪等方法，对雪豹的形态特征、分布情况、种群密度、领域范围、栖息地特征、移动距离、活动规律、迁徙路线、行为生态等作了一系列的研究。

然而，由于雪豹数量稀少，再加上它们生活的地区地形复杂、山势险峻，人类很难深入探索，所以，在野外研究雪豹的过程中，科学家面临着许多常人无法想象的困难。自然环境和技术条件的限制，使得在许多地域无法对雪豹进行深入研究，并且对有关雪豹生命机能和遗传进化方面的知识也知之甚少。这时，我们就急需一种技术，既可以克服自然条件的限制，又可以补充我们对雪豹研究的盲点。而分子生物学的引入适逢其时，它像“救世者”一样给走入穷途的雪豹研究带来了一场革命。各种分子技术的研究如雨后春笋不断涌出，将雪豹的研究带入了一个崭新的高潮。

一、国内外研究回顾

进入 20 世纪以来，分子生物学理论和技术迅速发展，将整个生命科学的研究提升到一个全新的阶段。许多先进的技术已成为动物系统学、保护生物学等学科研究的先进手段，帮助动物系统学家从分子水平上解决了不少系统学中悬而未决的疑难问题。近些年来，国外许多生物学家通过分子生物学手段，应用蛋白免疫距离、DNA 杂交、异型酶电泳、反转录病毒的遗传、性染色体基因和化学信号等方法技术研究大型猫科动物。利用先进的分子生物学手段对猫科动物的系统发生（Collier and O'Brien，1985；Salles，1992）、遗传变异（Spong et al.，2000）、保护遗传（Eizirik et al.，2001；Uphyrkina et al.，2002）、性染色体 DNA 排序（Pecon et al.，1998 年）等做了大量工作。雪豹因其物种的特殊性与重要性，自然也少不了分子生物学方面的研究。

在巴基斯坦、蒙古国、尼泊尔等，雪豹分布国研究者都开始应用先进的分子手段研究雪豹生存状况并提出保护策略。早在 20 世纪 80～90 年代，一批科学家首次提出建立珍惜濒危物种基因库，其中就包括提取雪豹遗传物质，保存雪豹遗传信息。

瓦瑟提出了雪豹遗传学研究的新技术，对血液中的DNA进行分析，探讨雪豹的遗传多样性（Wasser，1998），并且，他验证了从粪便中提取的DNA与血液中提取的是完全相同的。因此可以更方便地从雪豹粪便中提取遗传信息，而不用再采用危险的方法到野外捕捉雪豹了。

学夫渡边等利用cDNA与氨基酸序列分析技术探讨系统发生关系，认为雪豹与犬的关系较近（Watanabe et al.，2000）。2008年，杰克对巴基斯坦一保护区的雪豹进行GPS定位，并且尝试对其DNA进行检测，明确地记载了当地雪豹的信息（Jack，2008年）。

戴维斯等用分子生物学技术，研究了大型猫科动物间的系统进化关系（Davis et al.，2010），并通过系统发生树分析了雪豹与狮、虎、豹、美洲豹等其他猫科动物之间的亲缘关系，认为雪豹与老虎的关系较近（图6-30）。

图6-30　无论是在形态还是习性方面，雪豹都是一个特立独行的动物，与狮、虎、豹相去甚远

近些年来，随着技术的不断发展进步，对雪豹的研究力度也逐渐加大。杰尼卡等将非损伤性基因技术与红外照相法相比较来考察雪豹分布情况，将两种方法结合使用可以更好地确定雪豹的分布密度（Janečka et al.，2011）。卡玛查亚等也利用非损伤性基因技术对尼泊尔干城章嘉峰（Kangchenjunga）保护区的雪豹数量进行了调查，并确定了雪豹的最小数量及雌雄比例等（Karmacharya et al.，2011）。

在英国、美国、日本等发达国家，科学家除了到中亚各雪豹分布国研究雪豹之外，也会对本国动物园内的雪豹进行研究，尤其是分子生物学方面的检测。村田等应用线粒体DNA（mtDNA）分析技术对日本一动物园内饲养的雪豹进行疾病感染情况检测，发现了新的寄生虫感染（Murata et al.，2003）。英国的斯提多斯等对动物园内饲养的一只幼年雪豹出现的雪豹脑脊髓病和小脑退化等症状进行了研究。这为雪豹的保护和人工饲养条件下的健康检测提供了很大帮助，同时也扩展了分子生物学应用于雪豹保护研究的前景（Stidworthy et al.，2008）。

在国内，应用分子生物学先进技术来研究动物比以前有了很大发展，但是对雪豹这一珍稀动物的研究较少，还处在起步阶段。在未来的一段时间内，雪豹的遗传多样性及分子生物学研究，将成为研究的重点。

1996 年，于宁等研究了雪豹的线粒体 DNA，并对其分类地位进行探讨。分析认为雪豹不应单立为属，而应为豹属的一员。但鉴于雪豹在形态、行为、核型和 mtDNA 等方面不同于豹属其他种类，他们认为雪豹应视为豹属中的一个有效亚属（于宁等，1996）。

2008～2009 年，张于光等通过粪便 DNA 分析技术调查雪豹种群数量和遗传多样性。用线粒体 DNA*cyt b* 基因特异性引物对采集的粪便样品进行鉴定，并对雪豹的基因型和遗传多样性进行统计分析。研究结果也进一步说明了该技术在雪豹种群监测和遗传多样性研究中的可行性（张于光等，2008；2009）。

魏磊等（2008b）基于线粒体控制区序列分析探讨豹属分子系统发生关系，重建了豹属物种的分子系统发生树。结果表明，雪豹应与狮、虎、豹及美洲虎等一起并归于豹属，不应该另立为雪豹属。2011 年，他们又采用 PCR 扩增方法，测定了虎、豹和雪豹线粒体基因组全序列。基于线粒体合并序列和线粒体全序列，推测了豹属的分子系统关系（魏磊等，2011）。结果显示，豹属由虎、豹、雪豹、美洲虎、狮和云豹组成，云豹并归于豹属。

随着人们认识的不断增加和研究技术的快速发展，国内外研究者正努力寻求更先进、更高效的技术手段研究雪豹。通过坚持不懈的研究，不断丰富对雪豹的认识，更好地保护雪豹，使这一濒危物种长久地生活下去。

二、遗传多样性研究

遗传多样性是生态系统多样性和物种多样性的基础和核心，是物种保持其进化潜能的基本条件，也是物种保护遗传学研究中十分重要的参数。广义的遗传多样性是指地球上所有生物（动物、植物、微生物）所携带的遗传信息的总和。而狭义的遗传多样性主要指种内不同群体间及同一群体内个体间的遗传变异总和。

一般而言，遗传多样性的直接表达形式是遗传变异的高低。遗传多样性高的种群其生存力强，濒危物种种群的遗传多样性相对较低，特别是一些小种群。小种群的数量少，往往导致近亲交配、遗传漂变等，使遗传多样性进一步枯竭。因此，在保护遗传学中，只有掌握物种多样性水平高低及其种群的遗传结构，才能制定有效的保护策略和措施。

（一）非损伤性取样研究

在分子生态学的研究中，传统的取样方法通过杀死动物来获得新鲜的组织样品，或通过捕获动物来抽取血液、采集毛发、羽毛等分析样品。这些方法对珍稀濒危动物来说是很难实现的。为了避免取样对动物造成伤害，出现了一种新的取样方法——非损伤性取样，就是在不干扰、不触及或伤害野生动物本身的情况下，通过收集脱落的毛发或羽毛、粪便、尿液、食物残渣、鹿角等，利用这些遗留实物样品提取动物 DNA，从而进行生物个体遗传信息的分析。

研究者越来越普遍应用非损伤性采样和分子方法来研究濒危物种的遗传多样性（Waits et al.，2005 年），这为雪豹的种群监测和遗传多样性研究提供了有效的途径。其中，粪便收集是所有非损伤取样中最简单有效而且对野生动物影响最小的一种取样方法。在分子生物学出现以前，粪便分析在动物研究领域中主要用于物种鉴定、食性分析、动物分布、领域和密度研究等，应用范围狭窄而且误差较大。分子生物学技术的发展，使得原先不起眼的动物粪便在生物研究中的地位陡然上升。新鲜粪便中夹杂着许多活的肠道上皮细胞，人们可以从粪便残存的细胞中提取动物的线粒体 DNA 进行遗传分析。因此，从粪便中获得遗传物质，可以为分子生态学研究提供可靠的生物样品，分析出科学、准确的研究数据。粪便 DNA 分析已然成为动物遗传多样性研究领域最炙手可热的技术。

通过对雪豹粪便 DNA 中多种遗传标记的识别，研究者可以对雪豹的种群数量、领域边界划定、生活史、种群遗传结构和遗传多样性等方面进行深入的研究。研究过程中，研究人员先在野外雪豹分布区采集疑似雪豹粪便样品；然后将粪便带回实验室，提取粪便样品中的遗传物质，扩增后接着进行测序分析。利用软件将所有的 DNA 序列与数据库中的雪豹 *Cyt b* 基因（EU839715，107bp）比对。*Cyt b* 基因又称细胞色素 *b* 基因，是基因序列的一部分，其结构和功能被研究得较为清楚。由于细胞色素 *b* 基因具有高度变异特性，来自同一物种的该基因相似性高，序列间差异较小，而与其他的食肉动物的序列差异较大。所以，可以通过 *Cyt b* 基因的比对，来鉴定样品是否来源于雪豹。

有人利用线粒体 DNA、微卫星 DNA 分析等非损伤 DNA 技术，对中国青海、印控拉达卡和蒙古国大戈壁三个不同国家的地区，以及青海三江源自然保护区、西藏羌塘自然保护区和甘肃阿克塞县三个国内雪豹分布地的雪豹，开展种群数量、遗传结构与多样性调查。主要从等位基因频率、有效等位基因数、基因杂合度、单倍型间遗传距离、核苷酸多样性等多个方面对雪豹群体进行遗传多样性分析。分析结果显示，各等位基因频率很不均衡；随着基因减少、杂合性降低，雪豹种群内个体的平均适合度也随之降低，而使种群的生存力不断下降，出现瓶颈。上述雪豹基因序列中等位基因分布不均匀，基因杂合度较高，群体具有丰富的遗传多样性，但不同群体之间还是缺乏基因交流。青海、西藏、甘肃三个地区的雪豹遗传差距较大，与其他珍稀野生动物一样，具有一定的遗传多态性（周芸芸，2010）。

遗传多样性研究表明，虽然在过去的几十年里，雪豹的种群数量急剧下降，但其遗传多样性水平并没有显著下降。这也表明种群遗传多样性的丧失并不是与种群数量呈同步下降的。对雪豹种群间遗传交流的研究显示，理论上雪豹的基因交流已能抵制遗传漂变的作用，也可以防止种群分化的发生。但是，目前环境恶化速度加快，加上人类活动干扰等导致了雪豹的生境片断化、破碎化、岛屿化，严重影响了种群之间的基因交流。另外，自然地理因素也对生态因子有着规律性影响，从而控制了其种群分化。

实际上，自然界的雪豹也存在找不着配偶的难题——近亲繁殖比较普遍。这也许不是一件坏事，雪豹能够维持一个稳定的性状，是长期繁殖适应的结果。几百万年来，雪豹一直孤立分布在不同的山头上，并没有产生亚种分化，就是一个很好的证据。

（二）诱导多功能干细胞研究

应用细胞生物学的方法，保存动物的遗传物质，也将有助于挽救濒危灭绝的物种。澳大利亚莫纳什大学的科学家们从动物园内一只成年雪豹的耳组织样本中获取诱导多功能干细胞（图 6-31）。诱导多功能干细胞是由一些多能遗传基因导入皮肤等体细胞中，使其重编程而得到的一种类似胚胎干细胞的细胞类型。

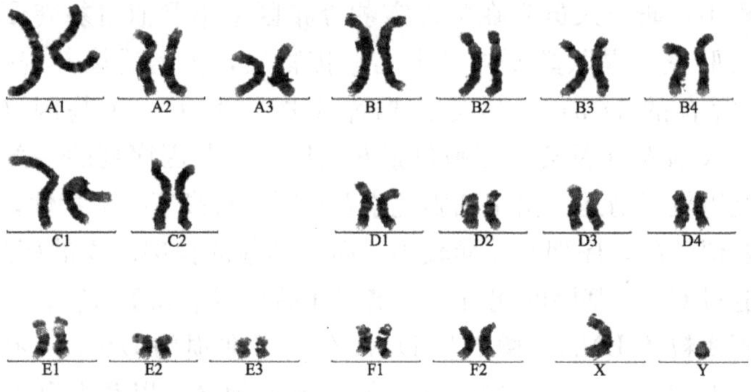

图 6-31　雪豹诱导多能干细胞染色体数目（Verma et al.，2012）

从动物体内获取生殖细胞是非常困难的，而干细胞在机体内可分化成所有类型的细胞，这就意味着，它们有潜力分化形成生殖细胞。通过雪豹体细胞实验产生诱导多功能干细胞，再利用诱导多功能干细胞的潜力，分化成生殖细胞（图 6-31），进而创造完整的雪豹后代（Verma et al.，2012）。此项突破为将来克隆动物，或为了繁育而冷冻保存遗传物质和其他辅助再生技术提供了较大可能性。为雪豹种群的延续和发展提供了很大希望。

遗传多样性是生态系统多样性和物种多样性的基础。对雪豹遗传多样性的研究，有助于进一步了解雪豹进化的历史和适应潜力，有助于推动雪豹的保护生物学研究，也有助于对雪豹这一生物资源的保存和利用。

三、分子生物学进展

分子生物学是从分子水平上研究生物大分子的结构与功能，从而阐明生命现象本质的科学。这是一门生物学和化学之间跨学科的研究工作，其研究领域涵盖了遗传学、生物化学和生物物理学等学科。分子生物学主要致力于对细胞中不同系统之间相互作用的理解，包括 DNA、RNA 和蛋白质（酶）生物合成之间的关系以及了解它们之间的相互作用是如何被调控的。

随着分子生物学技术的日益发展，分子生物学研究和越来越多的学科相结合，大大扩展了原有的研究范围。分析动物线粒体基因序列这一分子生物学手段，已被广泛应用到探讨动物系统进化关系上来。细胞内的遗传物质主要存在于细胞核中，也有一部分遗传物质存在于线粒体内，这部分就被称为线粒体 DNA。基因具有分子量小、呈母系遗传方式、无组织特异性及基因组结构高度保守等特点，成为探讨动物种间亲缘关系、系统进化的重要遗传标记。动物线粒体控制区进化速度快，遗传变异大，也很适合于作种内、种群或个体间的遗传分化研究。于是，现代科学家利用对雪豹线粒体基因组结构尤其是控制区结构的测定（图 6-32），结合 DNA 序列分析，来重点探究雪豹系统进化过程。

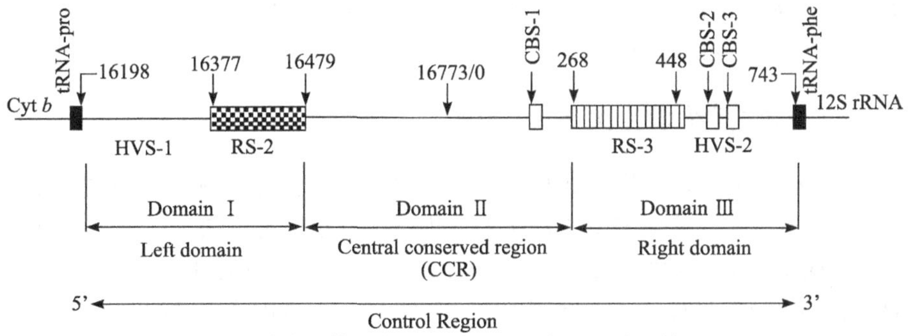

图 6-32　雪豹线粒体控制区序列结构示意图（魏磊等，2008b）

（一）豹属进化时间

现存的猫科动物起源于晚新生代，是世界上进化最为成功的食肉动物。除大洋洲和南极洲外，猫科动物广泛分布于亚洲、非洲、欧洲、北美洲和南美洲。

化石和分子证据显示，猫科动物在距今1500万～1000万年从共同的祖先快速演化而来。利用线粒体基因序列来探讨猫科动物的系统进化关系，是一种辅助的研究方法。因为线粒体基因组在基因结构、基因排列方式和表达模式等方面均显示了极大的多样性，这种多样性可能反映了真核细胞不同的进化路线（Saccone et al.，1990）。目前，线粒体基因是一个能够从基因组水平上来分析动物系统发生的分子标记，可以从线粒体基因组序列信息、基因组成及基因排列方式等进行多方位的分子进化研究。因而线粒体基因组全序列成为研究动物分子系统发生最有力的证据之一（Wu et al.，2007）。

豹属作为最晚进化而来的一个类群，其系统进化关系逐渐成为了研究的热点。古生物学证据显示，最早的豹属物种的化石来自更新世时期的东非和欧洲，距今大约200万年（Hemmer，1978）。根据分子和生化数据分析，豹属分歧时间最早在距今200万～100万年。而Janczewski等（1995年）采用分子生物学方法进行分析，推测豹属约在300万年前从豹亚系中分离出来，豹属内各物种间的相互分离在距今300万～100万年发生。Bininda-Emonds等（1999）基于合并的系统发生信息提出，豹属各物种间在距今420万～210万年发生分歧。Davis等计算得出豹属的基本分歧时间在距今431万～380万年。在距今370万～270万年，雪豹和虎相互分离开来，成为单独物种。韦恩等认为，豹属大约是在距今至少500万年前从猫科中分化出来（Wayne et al.，1989）。魏磊等的分析显示豹属在大约1130万年前从猫科中分出，形成独立的一支。

各方面观点分歧很大。也有人认为，豹属从猫科中分化出来以后，其内各物种也逐渐发生分离。分歧事件发生在地质年代的晚中新世和早上新世，约在866万年前豹属内的物种开始发生分歧。首先是云豹与其他物种分离，粗略的时间范围为距今930万～520万年。随后，虎约在655万年前分离出来；而雪豹约在463万年前才与其他物种分离开来。

（二）雪豹系统发生关系

有关豹属动物系统发生关系的研究已经持续了很长时间，相关的出版物很多。但是，到现在为止，豹属的系统进化关系仍然没有很好地解决。其中部分原因是在上新世时期，豹属动物的辐射扩散过于迅速，物种形成时间还不足100万年。而且在物种分歧的过程中，不同家族之间还可能存在基因渗入情况。所以，局部的系统关系可能比较复杂，无法统一。

近些年来，研究者利用古生物学、形态学、生物化学、分子生物学等手段对豹属系统发生关系作了大量研究，很少有两种完全相同的观点。在构建的分子进化树中，都或多或少的存在差异（图6-33）。有的研究认为雪豹与狮亲缘关系较近，有的观点则认为雪豹与虎、豹或者云豹关系较近。目前，有关雪豹的分子生物学研究，基本也集中在对雪豹系统发生关系的讨论。虽然，对具体的进化关系还无法取得一致结果，但国内外学者基本都认同雪豹隶属于豹属，对其系统发生关系的研究也一直在进行当中。

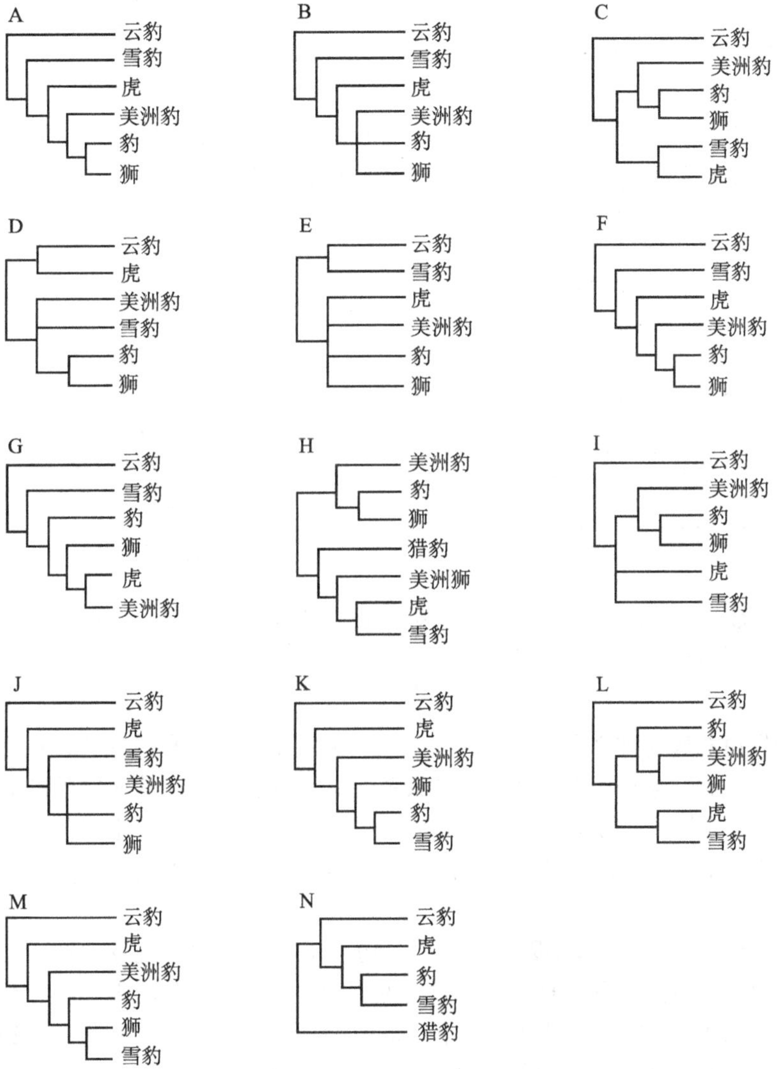

图 6-33 混乱的豹属动物系统进化研究观点（Davis et al.，2010，略有补充）

注：A、B——基于形态学研究，C-N——基于生物化学和分子生物学研究

A：Herrington（1986 年），Christiansen（2008 年）；B：Hemmer（1978 年），Salles（1992 年）；C：Johnson 等（1996 年），Davis 等（2010）；D：Janczewski 等（1995 年）；E：Johnson 和 O' Brien（1997）；F：Bininda-Emonds 等（1999 年）；G：Mattern 和 McLennan（2000 年）；H：Bininda-Emonds 等（2001 年）；I：Jae-Heup 等（2001 年）；J：Pecon-Slattery 等（2004 年）；K：Yu 和 Zhang（2005）；L：Johnson 等（2006）；M：Wei 等（2009）；N：魏磊等（2011）

对物种线粒体基因序列进行分析已成为研究动物分子系统发生关系的主要手段。戴维斯等利用建立矩阵和系统进化树的方法，分析豹属大型猫类的系统发生关系（图 6-34）。在进化树中，云豹位于豹属的外群，狮和豹、雪豹和虎分别聚为姊妹物种（Davis et al.，2010）。在构建的两种进化树中，有根树反映了树上物种或基因的时间顺序，包含唯一的节点，将其作为树中所有物种的最近共同祖先，即雪豹与其他大型的豹属动物都来自共同的祖先。而无根树没有方向性，只反映分类单元之间的距离而不涉及谁是谁的祖先的问题。他们认为这一进化树上反映的系统关系是目前对豹属内各物种的亲缘关系最准确的表达。从中可见雪豹与老虎的关系最为密切。

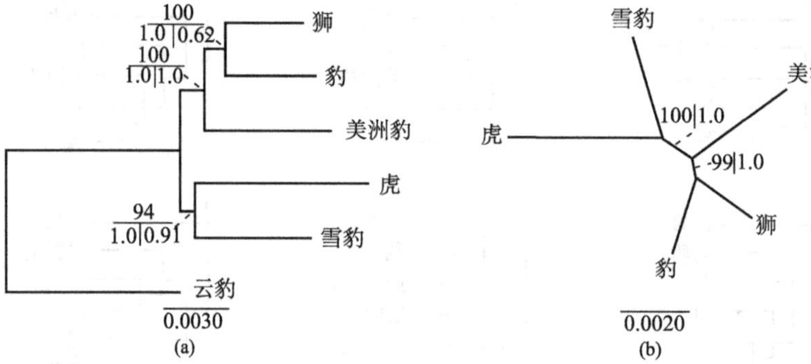

图 6-34　最大似然法（ML）构建的系统发育树——有根树与无根树（Davis et al.，2010）

（a）有根系统树，雪豹与老虎为姊妹关系；（b）无根系统树，除了与老虎关系密切，雪豹与美洲豹也比较接近

为探讨豹属物种之间的系统发生关系，测定了虎、豹和雪豹的线粒体控制区全序列，结合其他 5 种猫科动物的同源序列进行分析，重建豹属物种的分子系统发生树。结果表明，豹属除由传统的物种狮、虎、豹及美洲虎组成外，雪豹应并归于豹属。目前，分子生物学不支持将雪豹另立为雪豹属的观点。云豹与豹属构成姊妹物种。

魏磊等人基于线粒体基因合并序列，构建了猫科动物系统发生树。其结果显示，10 种猫科动物分为两群，第一群由虎、豹、狮、美洲豹、雪豹和云豹 6 个物种组成，云豹位于分支的最基部；第二群由猞猁、美洲狮、猎豹和家猫组成。从构建的拓扑树可见，单一的豹属系群由虎、豹、狮、美洲豹、雪豹和云豹组成；狮和雪豹聚为姊妹物种；豹和狮、雪豹聚为姊妹群；虎在系统发生树中位置较为明确，靠近分支的基部，在云豹之后发生分化，虎与美洲豹［豹（狮、雪豹）］4 个物种构成姊妹群关系。云豹发生分化较早，在系统发生树中位于分支的最基部（Wei et al.，2008 年）。

另外，魏磊等人还比较了不同的方法，利用 7 个线粒体基因合并序列构建出分子进化树（图 6-35）。建立分子进化树所采用的方法为最大简约法（MP）、最大似然法（ML）及贝叶斯（Bayesian）推断法。比较各系统树的拓扑结构可见 MP、ML 和贝叶斯树在各物种的聚类关系上一致。虎、豹、狮、美洲豹、雪豹和云豹 6 个物种聚为类群Ⅰ；家猫、猎豹、猞猁和美洲狮聚为类群Ⅱ。进化树中自展值和贝叶斯近似值是用来检验所计算的进化树分支可信度的，值越大说明分枝的可信度越高。云豹处在各系统树分支的最基部，在节点处的自展值和贝叶斯树节点处的近似值分别为 95%、88%和 0.89，具有较高的支持。狮和雪豹仍以较高的自展值和贝叶斯近似值聚为姊妹物种，在节点处的自展值和近似值分别为 98%、92%和 0.98。豹构成（狮、雪豹）这一分支的姊妹群，在节点处的自展值分别为 55%、58%和 0.57，在节点处没有得到高自展值的支持。美洲豹作为豹（狮、雪豹）这一分支的姊妹群，在节点处的自展值分别为 71%、78%和 0.94，在节点处得到中度的自展值支持。虎与美洲豹（豹（狮、雪豹））4 个物种构成姊妹群关系，在节点处的自检举值和贝叶斯树节点处的近似值分别为 98%、95%和 0.91，得到高自展值的支持。

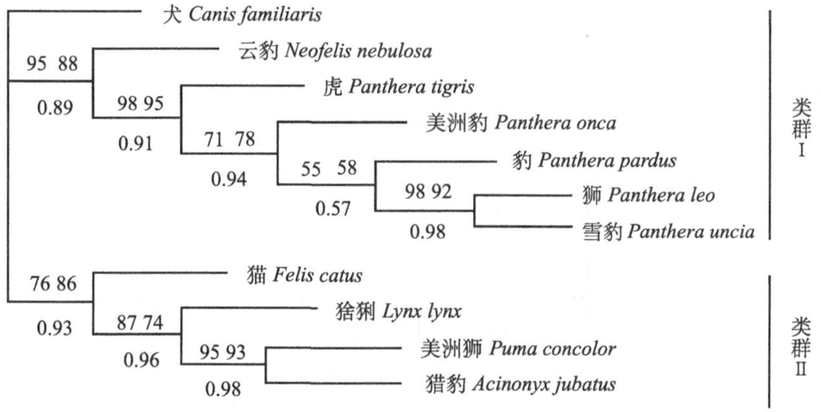

图 6-35　基于 7 个线粒体基因合并序列构建的分子系统树，雪豹与狮子为姊妹关系（魏磊等，2008b）

分支上方数字代表置信度，分支下方数字代表贝叶斯近似值

最近，魏磊等凭借 7 种猫科动物的线粒体基因组全序列及另外 14 种脊椎动物的线粒体全基因组序列构建系统发生关系树（图 6-36）。结果显示 6 个猫科物种被分为两支，一支包括云豹、豹、虎和雪豹；另一支由家猫和猎豹组成。在前一分支中，云豹处于分支的基部；虎与豹和雪豹构成姊妹群关系；豹与雪豹亲缘关系最近，构成姊妹物种。各分支节点处的自展值和贝叶斯近似值都为 100%和 1.0。但是，在整个分析过程中，由于没有狮和美洲豹的线粒体基因组全序列数据，所以豹属物种的系统关系在此分析中不能得到完整和精确的确定（魏磊等，2011）。

分子生物学手段多样，技术先进。除了系统进化研究之外，也可以应用于

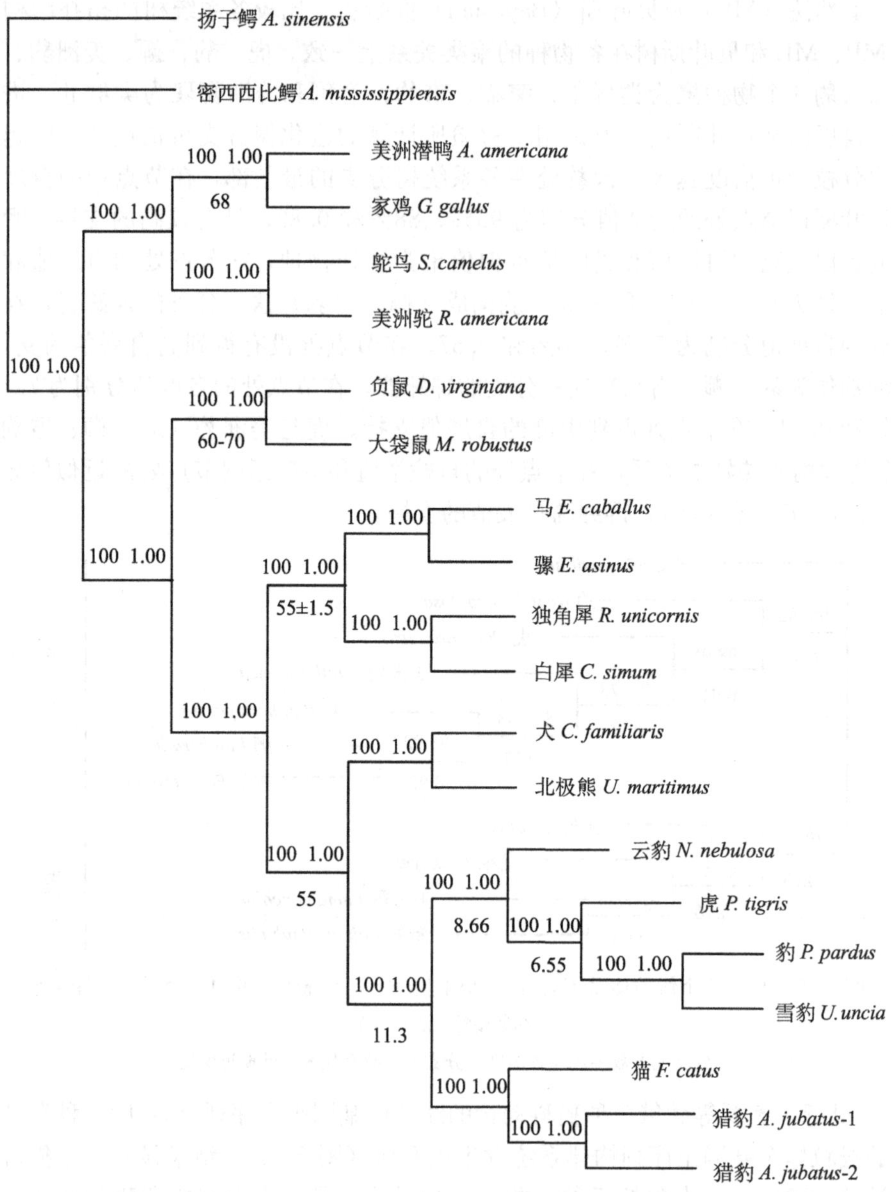

图 6-36 基于线粒体基因全序列构建的分子系统树，雪豹与金钱豹为姊妹关系（魏磊等，2011）
分支上方数字分别代表 ML 树的置信度和贝叶斯近似值，下方数字代表分歧时间（百万年）

雪豹种群分布与密度检测，种群特征考察，生理、病理分析、寄生虫检测、遗传多样性检测、保育研究等几乎每一个研究方向（Janečka et al.，2011；Karmacharya et al.，2011）。分子生物学应用前景广阔，在将来的一段时间，应用分子生物学方法研究雪豹的生存信息，将成为雪豹研究的热点，也将逐渐解决雪豹面临的诸多难题。应用分子生物学技术，将对很多以前因技术或环境限制而无法研究的内容，进行全面深入的探索，为雪豹的研究和保护提供更多、更新的科学依据。

四、雪豹分类与归属讨论

关于雪豹分类的讨论已延续了两个多世纪，虽然早期的研究者对雪豹的名称、分类进行了定位，而且还得到了一些学者的支持。但是，并不是所有的科学家都认同这些观点（见第五章）。后来的研究者开始用不同的方法和手段，试图彻底弄清雪豹的分类、系统进化关系，但是结果却不尽如人意。

在DNA研究出现之前，分类学家很难对猫家族进行系统分类。因为它们的化石记录稀少，且许多骨头或牙齿没有独特性（Pei，1934年）。曾有一项计划将猫家族分为大猫和小猫，雪豹恰好介于它们之间，难以界定。这样，它们的进化历史也显得模糊不清。但是，现代分子技术的发展，使得猫科家族的分类出现重大转机，对其分类变得更加具体和准确。但雪豹这一物种，由于其采样不易，研究的困难可想而知。其分类地位，几经转换，在历史上出现了许多种说法，它先后被列入了猫属、豹属、雪豹属、虎猫属等。很多观点认为雪豹与虎、狮子、金钱豹、美洲豹等亲缘关系较近，但始终没有形成一个统一的定论。

猫属（*Felis*）：两个多世纪以来，兽类系统分类学者一直在探讨雪豹属的分类地位问题。1775年，Schreber将雪豹定名为*Felis uncia*；1830年，Ehrenberg将雪豹定名为*Felis irbis*；1855年，Horsfield将雪豹定名为*Felis uncioides*。在早期，由于通信不便，不同国家之间交流不通畅，雪豹被不同的作者以不同的名字命名，但是他们都把雪豹列入了猫属。即使进入20世纪中后期，辛普森（1945年）、郑作新（1982）等一些国内外知名学者，仍沿用猫属于雪豹。此外，还有人认为应该将雪豹列为猫属的一个亚属。

这可能与当时的研究方法有关系，早期的分类研究主要靠形态分析、行为描述。在雪豹定名时甚至没有模式标本，原产地也不清楚。所以，只能靠皮子的形态特征对其进行分类。成年雪豹体型比老虎、狮子等大型兽类要稍微小一点，介于大型猫与小型猫之间。早期的分类学认为雪豹个体相对于大型兽类要小一些，就将其与小型猫类放到一起，列入了猫属。甚至有可能只看到了幼年雪豹个体或皮毛，并没有见到成年的个体，就对其进行了分类命名。

雪豹属（*Uncia*）：在19世纪，当时传统的分类观点认为，豹属由虎、豹、狮和美洲豹组成，雪豹不能并归于豹属，应单独立为雪豹属。Oken（1816年）和Gray（1854）把其列为雪豹属，并指定模式种为雪豹。Pocock（1917）修订猫科动物分类时，在猫科下将大型猫类列入豹亚科，依据舌骨骨化是否完全和舌骨具腱的长短，下设豹和雪豹两属。从而，也将雪豹单列为一属。此属级系统分类地位得到当时一些学者的承认，延续至今。

总体来说，早期将雪豹列入雪豹属主要依据的是形态、骨骼、行为等方面的区别。雪豹在体形、头骨、牙齿和骨骼的形式、构造上均似豹属。但是，雪豹的舌骨基本上骨化了，而豹属动物的舌骨中部为韧带性软骨，狮、虎等动物能够大声吼叫，雪豹却只能嘶嚎。雪豹的吻端部侧观似为圆凸状，而豹属动物较垂直。雪豹鼻端毛区能超过鼻孔部分，而豹属动物则裸露。雪豹的足趾、足垫间长有较浓密的硬毛。在进食的姿态上，不像豹属动物趴着撕咬着吃，而是蹲着用前脚爪来抓食物吃。另外，雪豹与虎、豹等动物很难进行杂交，而且没有产生过杂交种。而狮、虎、豹、美洲豹之间能够进行杂交，并且有过一些杂交种记录。因此，将雪豹看做是大型猫（狮、虎、豹等）与小型猫（金猫、豹猫等）的一个过渡型，单列为雪豹属。

虎猫属（*Leopardus*）：虎猫属主要由生长于北美洲和南美洲的小型花纹猫科动物组成。1895 年 Matschie 将豹和美洲豹两个种列入虎猫属，而雪豹被认为是豹的一个亚种（*Leopardus pardus uncia*）。研究者可能是凭借形态学上的观察，认为雪豹介于老虎和猫之间，从面部特征到体型大小上近似于老虎与猫的结合体，所以将雪豹放入虎猫属中。但是，认同雪豹隶属于虎猫属的学者并不多，这种观点也没有持续很长时间。

豹属（*Panthera*）：后来，一些科学家认为虎、豹、狮、雪豹、美洲豹等约在 1000 万～600 万年前共享同一个祖先。既然来自同一个祖先，它们的亲缘关系就应该不会太远。1951 年，Ellerman 等结合前人的看法，把大型猫类——狮、虎、豹、雪豹放在一起列入豹属，进入狮虎豹不分家的时代。

近些年来，利用分子生物学先进手段，对豹属存在争议的分类地位、进化关系及分歧时间等进行的研究层出不穷。在探讨物种的系统关系上，不同的分子标记所含的系统发育信息存有差异，得出的结果也不完全统一（图 6-33）。但基于线粒体全序列和线粒体基因合并序列的分析，以及不断提供的新的证据，都倾向于将雪豹并归于豹属，作为其中的一个种。

国内外研究者也在不停地提出新的研究结果来证明这一学说。于宁等（1996）利用雪豹的线粒体 DNA 构建了雪豹和金钱豹的限制性内切酶图谱。限制性内切酶图谱的比较，显示出两物种的遗传物质基因组明显趋异。根据文献记载，这种差异未到属级分化的程度，所以认为雪豹不应单立为属，而应是豹属的一员。但鉴于雪豹在形态、行为、核型和 mtDNA 等方面不同于豹属其他种类，应将雪豹视为豹属中的一个有效亚属。

约翰逊的研究团队，一直在跟踪研究雪豹系统进化（Johnson and O'Brien，1997；Johnson et al.，2006）。他们整合化学信号、线粒体控制区序列和线粒体与核基因数据进行分析，通过序列比对认为雪豹隶属于豹属，而且与虎具有较近的亲缘关系。Mattern 和 McLennan（2000）利用形态学、细胞学及许多分子数据分析豹属的系统关系，而雪豹位于豹属系统关系分支的基部，所以它应该是豹属中的一员。于黎和张亚平分析了 6 个线粒体基因和 3 个核基因的合并序列，得出雪豹与豹构成姊妹物种关系（Yu and Zhang，2005）。巴克利·比森等基于线粒体与细胞核基因数据分析得出雪豹与豹、美洲虎、虎构成姊妹群关系（Buckley-Beason et al.，2006）。最近，魏磊等测定线粒体基因序列探讨豹属分子系统发生关系，构建系统发育树。基于线粒体控制区序列分析，认为雪豹属于豹属，云豹与雪豹具有较近的亲缘关系而构成姊妹物种。而基于 5 个蛋白编码基因组合和 7 个线粒体基因组合的系统分析，认为狮和雪豹为姊妹物种。或利用线粒体全序列的系统分析认为豹与雪豹关系较近，构成姊妹物种。从分子角度出发，他们认为雪豹与豹属其他成员并无显著差异。

如上所述，利用分子生物学方法进行的一系列研究都直接证明了雪豹是隶属于豹属的一个种。研究过程中，学者们对雪豹与狮、虎、豹等物种具体亲缘关系的观点并不一致，有可能是由取样不同或研究方法、具体操作的差异引起的，但这并不影响雪豹的归属问题。因此，这一观点得到了绝大多数学者的支持。

五、青藏高原隆起与雪豹进化的三个阶段

雪豹作为青藏高原的特有物种，其分歧事件的发生、辐射演化和种形成过程（时间范围 460 万～182 万年前）与青藏高原的构造事件和气候的转型相一致。板块地质学研究表明，在中国西南，青藏高原的隆起是多阶段、非均匀、不等速的过程。但发生在晚新生代 800 万年前、360 万年前、250 万年前和 170 万年前的几次大的构造事件和强烈隆起过程，对高原的崛起有重要意义。分子估计的雪豹主要分支事件、种群扩张和种化过程也发生在这几个时期，证明了雪豹的起源和演化与地球内部的板块碰撞、青藏高原阶段性隆起所导致的环境变化密切相关。

800 万年前，是北半球多数地区气候和环境发生重大转型的时期，如阿拉伯海上的涌流增强，显示印度洋季风出现或增强。拉萨西北羊八井地堑断裂活动也发生在 800 万年前后，临夏盆地在 625 万～778 万年前后开始地层颜色永久性改变和干旱气候急剧发展，亚洲内陆气候干旱增加，印度和东亚季风开始形成。这些都表明，青藏高原的自然环境在 800 万年前后有过剧烈的变化，沧海桑田，古地中海或古特提斯海退缩。这时起源于亚洲的豹属在 1130 万年前后从猫科中分化出来，并进入其演化历程。

距今450万年前后，西北高原开始隆起。350万年以后，柴达木盆地进入成盐期，现代亚洲季风开始出现，该阶段被称为青藏高原运动A幕。这一时期雪豹与豹属的其他物种发生分化（463万年前），原始的雪豹可能由于某种特殊或偶然的机会进入尚在隆起中的青藏高原，揭开了高原环境中生存竞争的前幕，这是雪豹演化过程的第一阶段。

在260万年前，亚洲季风系统稳定建立，高原向更高的海拔发展，这一时期是青藏高原隆起的第二阶段，被称为青藏高原运动B幕。随着气候等生态条件的逐步稳定，雪豹在长期的生存竞争中，从形态、行为及生理等方面对高原环境产生了重要的适应。此时期可能是雪豹演化为高原特有种的重要时期，为雪豹演化过程的第二阶段。特殊的雪域高原环境，崎岖陡峭，低温与寒冷，极度缺氧，强烈的宇宙辐射，练就了雪豹一身的钢筋铁骨（图6-37）。

图6-37 经过几百万年的进化，雪豹形成了自己独特的形态特征、行为模式和领域范围

青藏高原的崛起，造就了雪豹。距今约170万年前后是雪豹种化的主要时期，也是气候发生重大转型的时期，青藏高原已接近于现今的高度，该时期是青藏高原隆起的第三阶段，被称为青藏高原运动C幕。这一时期，分布于高原上的雪豹开始向周边地区辐射扩散，并最终演化成高原特有物种。雪豹分歧事件与辐射演化过程与青藏高原地质事件和气候转型在时间上基本吻合，暗示雪豹种的起源和扩散可能与青藏高原阶段性隆起所导致的环境变化密切相关，雪豹种群的分布格局可能是高原阶段性隆起和气候重大转型的直接结果（魏磊等，2011）。

最近几百年，全球气候变化异常。特别是最近，青藏高原气温升高显著，并导致喜马拉雅地区大量冰川融化。雪豹的生存环境受到气候变化的影响，致使一部分雪豹走下高原，进入了以前从未涉足的低海拔地区。从而与人类产生了更多的交集，也伴随着矛盾和冲突的增加。由此可见，雪豹今日的演化情况，仍然没有摆脱青藏高原气候变化的影响。如果有一天青藏高原的雪山融化、冰川消失，气候剧烈变化，到时雪豹将会面临怎样的处境呢？它们会随着雪水走下高原，还是和冰川一起消失在高原上？这一切都未可知也。

参考文献

阿布力米提．2003. 新疆哺乳动物的分类与分布．北京：科学出版社．

方盛国，冯文和．1996. 大熊猫 DNA 指纹在野生种群数量调查中的应用．兽类学报，16（4）：246-249.

高行宜．2005. 新疆脊椎动物种和亚种分类与分布名录．乌鲁木齐：新疆科学技术出版社．

高耀亭，汪松，周嘉樀，等．1987. 中国动物志·兽纲（第八卷，食肉目）．北京：科学出版社．

侯向群，马鸣，马尧．2009. 新疆雪豹生存或者灭绝．新疆人文地理，(2)：21-39.

黄斌．2010. 非损伤性取样法在珍稀濒危动物遗传学研究中的应用．生物学通报，45（7）：9-10.

金煜，景松岩，张长社，等．1995. 中国猫科动物毛的结构与属间划分．野生动物，(4)：29-35.

李都，马鸣．2000. 中国新疆野生动物．乌鲁木齐：新疆青少年出版社．

李华文．2005. 喜马拉雅雪豹．大自然探索，(8)：48-51.

廖炎发．1985. 青海雪豹地理分布的初步调查．兽类学报，5（3）：183-188.

廖炎发．1995. 青海雪豹的收集、饲养、繁殖、疾病诊治及其保护工作．见：中国动物园协会. 中国动物园论文集第二辑．上海：中国大百科全书出版社上海分社．

廖炎发，罗焕文，刘德宁，等．1986. 雪豹饲养与繁殖的初步研究．兽类学报，6（2)：93-100.

刘楚光，郑生武，任军让．2003. 雪豹的食性与食源调查研究．陕西师范大学学报（自然科学版），31（专辑）：154-159.

刘振生，曹丽荣，王小明，等．2005. 贺兰山岩羊冬季对卧息地的选择．兽类学报，25（1）：1-8.

马鸣．2008. 红外拍摄日记．人与生物圈，(6)：26-35.

马鸣，Munkhtsog B，徐峰，等．2005. 新疆雪豹调查中的痕迹分析．动物学杂志，40（4)：34-39.

马鸣，徐峰，Chundawat R S，et al. 2006. 利用自动照相术获得天山雪豹拍摄率与个体数量．动物学报，52（4)：788-793.

马鸣，徐峰，Munkhtsog B，et al. 2011. 新疆雪豹种群密度监测方法探讨．生态与农村环境学报，27（1)：79-83.

皮埃尔·内莱．2007. 雪地独行者．人与自然，(11)：28-31.

钱燕文，张洁，汪松，等．1965. 新疆南部的鸟兽．北京：科学出版社．

寿振黄．1962. 中国经济动物志（兽类）．北京：科学出版社．

孙濡泳．2001. 动物生态学原理．北京：北京师范大学出版社．

陶玉静，陈辉．1997. 人工救护和饲养野生幼雪豹观察报告．动物学杂志，32（6)：36-38.

汪松 . 1998. 中国濒危动物红皮书 . 北京：科学出版社 .
王彦，马鸣，买尔旦・吐尔干 . 2012. 雪豹（*Uncia uncia*）研究的文献计量评价，生态学杂志，31（3）：766-773.
魏辅文，冯祚建，王祖望 . 1998. 野生动物对生境选择的研究概况 . 动物学杂志，33（4）：48-52.
魏辅文，冯祚建，王祖望 . 1999. 相岭山系大熊猫和小熊猫对生境的选择 . 动物学报，45（1）：57-63.
魏辅文，饶刚，李明，等 . 2001. 分子粪便学及其应用——可靠性、局限性和展望 . 兽类学报，21（2）：143-152.
魏磊，吴孝兵，晏鹏 . 2008 a. DNA 分子标记在猫科动物系统发生关系研究中的应用 . 安徽师范大学学报，31（5）：43-47.
魏磊，吴孝兵，晏鹏 . 2008 b. 基于线粒体控制区序列探讨豹属分子系统发生关系 . 动物分类学报，33（4）：712-719.
魏磊，吴孝兵，诸立新，等 . 2011. 豹属线粒体基因组分析 . 中国科学：生命科学，41（9）：699-713.
吴国生 . 2009. 青海省都兰县沟里乡智玉村野生雪豹调查 . 畜牧兽医杂志，28（6）：33-34.
吴新华 . 1998. 喜马拉雅山雪豹 . 中国西藏，(2)：49.
徐峰，马鸣，吴逸群 . 2011. 新疆托木尔峰国家级自然保护区雪豹的种群密度 . 兽类学报，31（2）：205-210.
徐峰，马鸣，殷守敬，等 . 2005. 新疆托木尔峰自然保护区雪豹调查初报 . 四川动物，24（4）：608-610.
徐峰，马鸣，殷守敬，等 . 2006a. 新疆北塔山雪豹对秋季栖息地的选择 . 动物学研究，27（2）：221-224.
徐峰，马鸣，殷守敬，等 . 2006b. 雪豹栖息地选择研究初报 . 干旱区研究，23（3）：471-474.
徐峰，马鸣，殷守敬，等 . 2007. 新疆北塔山地区雪豹及其食物资源调查初报 . 干旱区资源与环境，21（3）：63-67.
杨奇森，冯祚建 . 1998. 雪豹 . 见：汪松 . 中国濒危动物红皮书——兽类 . 北京：科学出版社：132-135.
杨奇森，夏霖，马勇，等 . 2005. 兽类头骨测量标准 I：基本量度 . 动物学杂志，40（3）：50-56.
于宁，郑昌琳，王行亮，等 . 1996. 雪豹线粒体 DNA（mtDNA）研究及其分类地位的探讨 . 兽类学报，16（2）：105-108.
袁国映，张宇，袁磊，等 . 2012. 罗布泊自然保护区 . 北京：科学出版社 .
张得良 . 2009. 幼年雪豹的试养报告 . 特种经济动植物，1：6-7.
张恩迪，滕丽微，吴咏蓓 . 2006. 江苏盐城保护区獐的栖息地选择 . 兽类学报，26（1）：49-53.
张劲硕，赵耀 . 2008. 雪豹：雪山之王 . 科学世界，4：66-69.
张荣祖 . 1997. 中国哺乳动物分布 . 北京：中国林业出版社 .
张于光，Janecka J E，李迪强，等 . 2008. 基于粪便 DNA 的雪豹种群调查和遗传多样性 . 动物学报，54（5）：762-766.

张于光，何丽，朵海瑞，等．2009. 基于粪便DNA的青海雪豹种群遗传结构初步研究．动物学报，29（3）：310-315.

郑生武．1985. 藏狐的食性资料．兽类学报，5（3）：222-240.

郑生武．1994. 中国西北地区珍稀濒危动物志．北京：中国林业出版社．

郑涛，费荣梅，吴孝兵．2005. 从12S rRNA和Cyt b基因部分序列研究13种猫科动物的分子系统关系．动物学报，51（4）：630-639.

郑作新．1982. 脊椎动物分类学．北京：农业出版社．

中国动物志编委会．1987. 中国动物志，兽纲，第八卷，食肉目．北京：科学出版社．

周芸芸．2010. 基于分子粪便学的雪豹保护遗传学研究．中央民族大学硕士学位论文．

Fowler M E. 1998. 动物园与野生动物医学（下）．刘鸿道译．台北：淑馨出版社．

Agapow P M，Bininda-Emonds O R P，Crandall K A，et al. 2004. The impact of species concept on biodiversity studies. Quarterly Review of Biology，79（2）：161-179.

Ale S B，Yonzon P ，Thapa K. 2007. Recovery of snow leopard *Uncia uncia* in Sagarmatha (Mount Everest) National Park，Nepal. Oryx，41（1），89-92.

Annenkoy B P. 1986. Brief information on snow leopard. Rare animals in Kazakhstan. Alma-Ata：Nauka.

Annenkoy B P. 1990. The Snow Leopard (*Uncia uncia*) in the Dzungarsky Alatau. International Pedigree Book of Snow Leopards，6：21-24.

Avise J C. 2000. Phylogeography：The History and Formation of Species. Cambridge：Harvard University Press.

Bailey T N. 1993. The African Leopard：Ecology and Behavior of a Solitary Felid. New York：Columbia Univ Press.

Beir P，Choate D，Barrett R H. 1995. Movment patterns of mountain lions during diffrent behaviours. Journal of Mammalogy，76（4）：1056-1070.

Bininda-Emonds O R P，Gittleman J L，Purvis A. 1999. Building large trees by combining phylogenetic information：a complete phylogeny of the extant Carnivora (Mammalia) . Biological Reviews，74（2）：143-175.

Blomqvist L. 2008. The captive snow leopard in 2007. International Pedigree Book for Snow Leopards，9：2-9.

Blomqvist L，Stern I. 1982. Reproductive biology of the snow leopard *Panthera uncia*. International Pedigree Book of Snow Leopards，3：71-79.

Bobrinsky N A. 1944. Otrjad histsnyje. V. /en. Opredelilel Mlelwpilajuslsih SSR：109-161.

Buckley-Beason V A，Johnson W E，Nash W G，et a1. 2006. Molecular evidence for species-level distinctions in clouded leopards. Current Biology，16（23）：2371-2376.

Burt W H. 1943. Territoriality and home range concepts as applied to mammals. J Mammal，24（3）：346-352.

Christiansen P，Harris J M. 2005. Body size of Smilodon (Mammalia：Felidae) . Journal of Morphology，266（3）：369-384.

Chundawat R S，Rawat G S. 1994. Food habits of snow leopard in Ladakh，India. *In*：Fox

J. Proceedings of the Seventh International Snow Leopard Symposium. Seattle: ISLT.

Chundawat R S. 1990. Habitat selection by a snow leopard in Hemis National Park, India. International Pedigree Book of Snow Leopards, 6: 85-92.

Collier G E, O'Brien S J. 1985. A molecular phylogeny of the Felidae: immunological distance. Evolution, 39 (3): 473-487.

Dang H. 1967. The snow leopard and its prey. The Cheetal, 11: 47-58.

Davis B W, Li G, Murphy W J. 2010. Supermatrix and species tree methods resolve phylogenetic relationships within the big cats, *Panthera* (Carnivora Felidae). Molecular Phylogenetics and Evolution, 56 (1): 64-76.

Dinerstein E, Loucks C, Wikramanayake E, et al. 2007. The fate of wild tigers. BioScience, 57 (6): 508.

Doherty J, Wharton D. 1986. Breeding management of the snow leopard at the New York Zoological Park. *In*: Freeman H. Proceedings of the Fifth International Snow Leopard Symposium. Bombay: Conway Printers Private Ltd, 173-179.

Driscoll C A, Menotti-Raymond M, Roca A L. 2007. The Near Eastern Origin of Cat Domestication. Science, 317 (5837): 519-523.

Eisenberg J F, Lockhart M. 1972. An ecological reconnaissance of Wilpattu National Park, Ceylon. Smithsonian Contributions to Zoology, 101: 1-118.

Eizirik E, Kim J H, Menotti-Raymond M, et al. 2001. Phylogeography, population history and conservation genetics of jaguars (*Panthera onca*, Mammalia, Felidae). Molecular Ecology, 10 (1): 65-79.

Ellerman J R, Morrison-Scott T C S. 1951. Checklist of Palearctic and India Mammals, 1758 to 1946. London: British Museum (Natural History).

Falk H. 2009. Lynx behaviour around reindeer carcasses. Master Thesis, Uppsala: SLU.

Fedosenko A K. 1982. The snow leopard. Mammals in Kazakhstan, Alma-Ata, Nauka (Russian), 3 (2): 222-240.

Fox J L. 1989. A Review of the Status and Ecology of the Snow Leopard (*Panthera uncia*). Seattle: International Snow Leopard Trust.

Fox J L, Chundawat R S. 1988. Observations of snow leopard stalking, killing and feeding behavior. Mammalia, 52 (1), 137-141.

Fox J L, Sinha S, Chundawat R S, et al. 1988. A field survey of snow leopard in northwestern India. *In*: Freeman H. Proceeding of the Fifth Intemational Snow Leopard Symposium. International Snow Leopard Trust and Wildlife Institute of India, Bellevue, Washington, USA and Dehradun, India.

Freeman H E. 1971. A preliminary study of the behaviour of captive snow leopards *Panthera uncia*. International Zoo Yearbook, 11: 217.

Freeman H. 1975. A preliminary study of the behavior of cative snow leopards. Int Zoo Yrb, 15: 217-222.

Freeman H E. 1977. Breeding and behavior of the snow leopard. The World's Cats, 3: 36-44.

Freeman H. 1982. Characteristics of the social behavior in the snow leopard. International Pedigree Book of Snow Leopards，3：117-120.

Freeman H E. 1983. Behavior in adult pairs of captive snow leopards *Panthera uncia*. Zoo Biology，2（1）：1-22.

Freeman H E，Braden K. 1977. Zoo location as a factor in the reproductive behavior of captive snow leopards *Uncia uncia*. Zool Garten，47（3/4）：280-288.

Freeman H E，Hutchins M. 1978. Captive management of snow leopard cubs. Zool Garten，48（1）：49-62.

Frueh R J. 1968. A note on breeding snow leopards（*Panthera uncia*）at St Louis Zoo. International Zoo Yearbook，8：74-76.

Gray J E. 1854. The ounces. Journal of Natural History Series 2，14（83）：394.

Gronberg E. 2011. Movement patterns of snow leopard（*Panthera uncia*）around kills based on GPS location clusters. Uppsala：Swedish Thesis.

Guggisberg C A W. 1975. Wild Cats of the World. New York：Taplinger Publ Comp.

Hamilton P H. 1976. The movements of leopards in Tsavo National Park，Kenya，as determined by radio-tracking. Master's Thesis Univ Nairobi，Nairobi，Kenya.

Hemmer H. 1972. *Uncia uncia*. Mammalian Species，20（1）：1-5.

Hemmer H. 1978. The evolutionary systematics of living Felidae：present status and current problems. Carnivore，1（1）：71-79.

Heptner V G，Sludskii A A. 1972. [Mammals of the Soviet Union. Vol III：Carnivores（Felidae）.] Vyssha Shkola，Moscow（in Russian）.（Engl. transl. edited by R. S. Hoffmann，Smithsonian Inst. and the Natl. Science Fndn，Washington DC，1992）.

Higgins K，Lynch M. 2001. Metapopulation extinction caused by mutation accumulation. Proceedings of the National Academy of Sciences USA，98：2928.

Hussain S. 2003. The status of the snow leopard in Pakistan and its conflict with local farmers. Oryx，37（1）：26-33.

ICUN. 1996. Red List of Threatened Animals. IUCN，Gland.

Jackson R. 1979a. Aboriginal hunting in West Nepal with reference to musk deer and the snow leopard. Biol Conserv，16（1）：63-72.

Jackson R. 1979b. Snow Leopards in Nepal. Oryx，15（2）：191-193.

Jackson R M. 1996. Home range，movements and habitat use of snow leopard（*Uncia uncia*）in Nepal. Ph. D. Thesis，University of London（External Programme），London.

Jackson R，Ahlborn G. 1988. Observations on the ecology of snow leopard in west Nepal. *In*：Freeman H. Proceedings of the 5th International Snow Leopard Symposium. ISLT and Wildlife Institute of India Seattle：65-87.

Jackson R，Ahlborn G. 1989. Snow leopards（*Panthera uncia*）in Nepal- Home range and movements. National Geographic Research，5：161-175.

Jackson R，Fox J L. 1997. Snow leopard and prey species workshop in Bhutan. Cat News，27：18-19.

Jackson R, Hunter D O. 1995. Snow Leopard Survey and Conservation Handbook (2nd ed). Seattle: ISLT.

Jackson R, Roe J D, Wangchuk R , et al. 2005. Surveying Snow Leopard Populations with Emphasis on Camera Trapping-A Handbook. The Snow Leopard Conservancy, Sonoma, California.

Jackson R M, Roe J D, Wangchuk R , et al. 2006. Estimating snow leopard population abundance using photography and capture-recapture techniques. Wildlife Society Bulletin, 34 (3): 772-781.

Janecka J E, Jackson R, Yuquang Z, et al. 2008. Population monitoring of snow leopards using noninvasive collection of scat samples: a pilot study. Anim Conserv, 11 (5): 401-411.

Janečka J E, Munkhtsog B, Jackson R M, et al. 2011. Comparison of noninvasive genetic and camera-trapping techniques for surveying snow leopards. Journal of Mammalogy, 92 (4): 771-783.

Jonson W E, Drateh P A, Martenson J S. 1996. Resolution of recent relations with three evolutionary lineages of Felidae using motochondorial restriction fragment length polymorphism variation. Mammal Evo, 3 (2): 97-120.

Johnson W E, Eizirik E, Pecon-Slattery J, et al. 2006. The 1ate Miocene radiation of modern Felidae: a genetic assessment. Science, 311 (5757): 73-77.

Johnson W E, O' Brien S J. 1997. Phylogenetic reconstruction of the Felidae using 16S rRNA and NADH-5 mitochondrial genes. Journal of Molecular Evolution, 44 (Suppl. 1): 98-116.

Jonson W E, Stallery J P, Eizrick E. 1999. Dispatare phylogeographic patterns of melocular genetic variation in four closely related South American small cat species. Mol Ecology, 8 (12): 79-94.

Karanth K U, Sunquist M E. 2000. Behavioural correlates of predation by tiger (*Panthera tigris*), leopard (*Panthera pardus*) and dhole (*Cuon alpinus*) in Nagarahole, India. Journal of Zoology, 250 (2): 255-256.

Karmacharya D B, Thapa K, Shrestha R, et al. 2011. Noninvasive genetic population survey of snow leopards (*Panthera uncia*) in Kangchenjunga conservation area, Shey Phoksundo National Park and surrounding buffer zones of Nepal. BioMed Central Research Notes, 4: 516.

Kinoshita K, Inada S, Seki K, et al. 2011. Long-term monitoring of fecal steroid hormones in female snow leopards (*Panthera uncia*) during pregnancy or pseudopregnancy. PLoS One, 6 (5): e19314.

Kitchener S L, Meritt D A , Rosenthal M A. 1975. Observations on the breeding and husbandry of snow leopards (*Panthera uncia*) at Lincoln Park Zoo, Chicago. International Zoo Yearbook, 15: 212-217.

Koivisto I, Wahlberg C , Muuronen P. 1977. Breeding the snow leopard (*Panthera uncia*) at Helsinki Zoo, 1967-1976. International Zoo Yearbook, 17: 39-44.

Koshkarev E P. 1984. Characteristics of snow leopard movements in the Tien Shan. International Pedigree Book of Snow Leopard: 15-21.

Koshkarev E P. 1989. The Snow Leopard in Kirgizia. Frunze: Ilim Publishers.

Koshkarev E P. 1990. On the environment-related stability of snow leopard populations in connection with their distribution in the natural habitats and changes for spread within the USSR. International Pedigree Book of Snow Leopard, 6: 37-50.

Kuznetsov G V, Matyushkin E N. 1962. The snow leopard hunts. Priroda, 12: 65-67.

Lawton J H, May R M C. 1995. Extinction Rates. Oxford: Oxford University Press.

Lechowicz M J. 1982. The sampleing characteristics of electivity indices. Oecologia, 52 (1): 22-30.

Leonard A C. 2005. Evolution of the extinct Sabretooths and the American cheetah-like cat. Current Biology, 15 (15): 589-590.

Liao Y F. 1994a. Snow leopard distribution, purchase locations and conservation in Qinghai Province, China. *In*: Fox J, Du J. Proceedings of the Seventh International Snow Leopard Symposium. Seattle: ISLT: 65-72.

Liao Y F. 1994b. The care, breeding and diseases of snow leopards in Qinghai, China. Seattle: International Snow Leopard Trust.

Ma J Z, Zou H F , Cheng K. 2002. The distribution and status of snow leopard in China. *In*: McCarthy T. Contributed Papers to the Snow Leopard Survival Strategy Summit . Seattle: ISLT: 209-212.

Mallon D. 1984a. The snow leopard in Ladakh. International Pedigree Book of Snow Leopards, 4: 23-37.

Mallon D. 1984b. The snow leopard, *Panthera uncia*, in Mongolia. International Pedigree Book of Snow Leopards, 4: 3-10.

Mallon D. 1987. An ecological survey of the snow leopard in Ladakh. M. Sc. dissertation submitted to Univ. of Manchester, Manchester.

Mallon D P, Bacha M S. 1989. Ecology and management of the Hemis National Park. Report to the Department of Wildlife Protection, Jammu and Kashmir Government.

Marma B B , Yunchis V V. 1968. Observations on the breeding, management and physiology of snow leopards (*Panthera uncia*) at Kaunas Zoo from 1962-1967. International Zoo Yearbook, 8: 66-74.

Masuda R, Yoshida M C, Shinyashiiki F. 1994. Malecula phylogenetic status of the iriomote cat *Felis iriomotensis*, inferred from mitochondrial DNA sequence analysis. Zoolog Sci, 11: 597-604.

Masuda R, Yoshida M C. 1995. Two jananuese wildcats, the Tsushima cat and the Iriomote cat, show the same mitochondrial DNA lineage as the leopard cat *Felis bengalensis*. Zoolog Sci, 12: 655-659.

Mattern M Y, McLennan D A. 2000. Phylogeny and speciation of Felids. Cladistics, 16 (2): 232-253.

May R, Lawton J H, Stork N. 1995. Assessing Extinction Rates. Oxford: Oxford University Press.

Mayr E, Linsley E G, Usiger R L. 1953. Methods and Principles of Systematic Zoology. New York: Mcgraw-Hill Book Inc.

Mayr E, Peter D. 1991. Ashlock: Principles of Systematic Zoology. New York: Mcgraw-Hill College.

McCarthy K P, Fuller T K, Ma M, et al. 2008. Assessing Estimators of Snow Leopard Abundance. J Wildlife Manage, 72 (8): 1826-1833.

McCarthy T. 2000. Ecology and conservation of Snow Leopards, Gobi Brown Bears, and Wild Bactrian Camels in Mongolia. Amherst: PhD Thesis of University of Massachusetts Amherst.

McCarthy T, Chapron G. 2003. Snow Leopard Survival Strategy. Seattle: ISLT and SLN.

McCarthy T, Fuller T, Munkhtsog B. 2005. Movements and activities of Snow Leopards in Southwestern Mongolia. Biological Conservation, 124 (4): 527-537.

McKenna M C, Susan K Bel. 2005. Classification of Mammals. New York: Columbia University Press.

Medvedev D G. 1990. The snow leopard in the eastern Sayan Mountains. Int Ped Book of Snow Leopards, 6: 7-19.

Mishra C. 1997. Livestock depredation by large carnivores in the Indian trans-Himalaya: conflict perceptions and conservation prospects. Environmental Conservation, 24 (4): 338-343.

Mishra C, Van W S, Ketner P, et al. 2004. Competition between domestic livestock and wild Bharal Pseudois Nayaur in the Indian Trans-Himalaya. Journal of Animal Ecology, 73 (2): 344-354.

Murata K, Yanai T, Agatsuma T, et al. 2003. Dirofilaria immitis infection of a snow leopard (*Uncia uncia*) in a Japanese zoo with mitochondrial DNA analysis. The Journal of Veterinary Medical Science / the Japanese Society of Veterinary Science, 65 (8): 945-947.

Muratov S H , Muratov R S. 1989. Ratios of predators and prey, according to registration on the Murgab River. All-Union Meeting on Problems of Cadastre and Regis Braden.

Novikov G A. 1956. Carnivorous mammals of the fauna of the USSR. Moscow: Zool Inst, Acad.

Nowak R M. 1999. Mammals of the World . Baltimore: Johns Hopkins Univ Press.

Oli M K. 1994. Snow leopards and blue sheep in Nepal: densities and predator-prey ratio. J Mammalogy, 75 (4): 998-1004.

Oli M K. 1997. Winter home range of snow leopards in Nepal. Mammalia, 61 (3), 355-360.

Oli M K, Taylor I R, Rodgers M E. 1994. Snow Leopard (*Panthera uncia*) predation on livestock: an assessment of local perceptions in the Annapurna Conservation Area, Nepal. Biological Conservation, 68 (1): 63-68.

Pocock R I. 1917. The classification of existing Felidae. Ann Mag Nat Hist Ser, 8, 20: 64-82, 329-350.

Poyarkov A D. 2002. Some aspects of Snow Leopard research methodology. *In*: McCarthy T. Contributed Papers to the Snow Leopard Survival Strategy Summit. Seattle: ISLT: 138-140.

Rieger I. 1984. Oestrus timing in ounces, *Uncia uncia*, Schreber (1775) . International Pedigree Book for Snow Leopards，4：99-103.

Roberts T J. 1977. The mammals of Pakistan. London：Ernest Benn.

Roth L T，Armstrong D A，Barrie T M，et al. 1997. Seasonal effects on ovarian responsiveness to exogenous gonadotrophins and successful artificial insemination in the snow leopard (*Uncia uncia*) . Reprod Fertil Dec.，9：285-295.

Roth L T，Swanson F W ，Wildt E D. 1995. Snow leopard（*Panthera uncia*）sperm longevity in vitro is not influenced by protein or energy source supplements but is affected by buffer source. Theriogenology，43（1）：309.

Ruedi D. 1984. Zoo Basel—the first breeding success with snow leopards. International Pedigree Book of Snow Leopards，4：73-74.

Ryder O A，McLaren A，Brenner S，et al. 2000. DNA Banks for endangered animal species. Science，288（5464）：275-277.

Saccone C，Lanave C，Pesole G，et a1. 1990. Influence of base composition on quantitative estimates of gene evolution. Methods in Enzymology，l83：570-583.

Salles L O. 1992. Felid phylogenetics：extant taxa and skull morphology（Felidae，Aeluroidea). American Museum Novitates，3047：1-67.

Schaller G B. 1975. Mountain mammals in Pakistan. Oryx，13（4）：351-356.

Schaller G B. 1977. Mountain Monachs：Wild Sheep and Goats of the Himalaya. Chicago：Univ Chicago Press.

Schaller G B. 1980. Stones of Silence：Journeys in the Himalaya. New York：Viking Press.

Schaller G. 1998. Wildlife of the Tibetan Steppe. Chicago：University of Chicago Press：175-188.

Schaller G，Hong L，Talipu R，et al. 1988a. The snow leopard in Xinjiang ，China. Oryx，22（4）：197-204.

Schaller G B，Gransden C P. 1980. Movement patterns of Jaguar. Biotropica，12（3）：161-168.

Schaller G B，Li H，Lu H，et al. 1987. Status of large mammals in the Taxkorgan Reserve，Xinjiang，China. Biological Conservation，42（1）：53-71.

Schaller G B，Ren J，Qiu M. 1988b. Status of snow leopard（*Panthera uncia*）in Qinghai-Province and Gansu Province-China. Biol Conserv，45（3）：179-194.

Schaller G B，Tserendeleg J，Amarsana G. 1994. Observations on snow leopards in Mongolia. *In*：Fox J ，Du Jizeng. Proceedings of the Seventh International Snow Leopard Symposium，Xining：33-42.

Schmidt A M，Hess D L，Schmidt M J，et al. 1993. Serum concentrations of oestradiol and progesterone and frequency of sexual behaviour during the normal oestrous cycle in the snow leopard（*Panthera uncia*）. Journal of Reproduction and Fertility，98（1）：91-95.

Seidensticker J C，Sunquist M E，McDougal C W. 1990. Leopards living at the edge of the Royal Chitwan National Park. Nepal：415-423.

Sharma S，Thapa K，Chalise M，et al. 2006. The snow leopard in Himalaya：a step towards their conservation by studying their distribution，marking habitat selection，coexistence with other predators，and wild prey-livestock-predator interaction. Conservation Biology in Asia，

12：184-196.

Shehzad W. 2011. Non-invasive Approach for the Diet Analysis of Snow Ieopard (*Uncia uncia*) by Using DNA Barcoding. Seattle：ISLT.

Shi K，Zhu F D，Shi J，et al. 2009. Reconfirmation of snow leopards in Taxkurgan Nature Reserve，Xinjiang，China. Oryx，43（2）：169-170.

Shrestha R，Wegge P. 2006. Determining the composition of herbivore diets in the Trans-Himalayan rangelands：a comparison of field methods. Rangeland Ecology and Management，59（5）：512-518.

Simpson G G. 1945. The Principles of Classification and A Classification of Mammals. New York：American Museum of Natural History.

Skalon V N. 1936. Malerialy k poznaniju fauny juznyh granils Sibiri. Zveslija Prolivolsumnogo Inslilula Sibiri.

Slattery J P，Obrien S J. 1998. Patterns of Y and X chromosome and DNA sequence divergence during the Felidae radiation. Genetics，148（3）：1245-1255.

Smith R M. 1978. Movement patterns and feeding behavior of the leopard in the Rhodes Matopos National Park，Rhodesia. Carnivore，1（3）：58-69.

Spong G，Johansson M，Bjorklund M. 2000. High genetic variation in leopards indicates large and long-term stable effective population size. Molecular Ecology，9：1773-1782.

Stidworthy M F，Lewis J C M，Penderis J，et al. 2008. Progressive encephalomyelopathy and cerebellar degeneration in a captive-bred snow leopard (*Uncia uncia*). Veterinary Record，162（16）：522-524.

Stroganov S U. 1962. Zveri Sibiri. Tom 2，Hislsnyje.

Sunquist M E. 1981. The social organization of tigers (*Panthera tigris*) in Royal Chitawan National Park，Nepal. Smithsonian Contributions to Zoology，No 336.

Sunquist M E，Sunquist F. 2002. Wild Cats of the World. Chicago：University of Chicago Press.

Sweanor L L. 1990. Mountain lion social organization in a desert environment. M S Thesis，Univ of Idaho.

Theile S. 2003. Fading footprints：the killing and trade of snow leopard. TRAFFIC International，Cambridge，UK.

Tomita Y. 2010. Regional Studbook for the Snow Leopard，*Uncia uncia*. Hino：Tama Zoological Park.

Turner A. 1997. The Big Cats and Their Fossil Relatives. New York：Columbia University Press.

Uphyrkina O，Miquelle D，Quigley H et al.，2002. Conservation genetics of the Far Eastern leopard (*Panthera pardus orientalis*). Journal of Heredity，93（5）：303-311.

Verma R，Holland M K，Temple-Smith P，et al. 2012. Inducing pluripotency in somatic cells from the snow leopard (*Panthera uncia*)，an endangered felid. Theriogenology，77（1）：220-228.

Wasser S. 1998. Snow Leopard Genetics：New Techniques. notes：Full Text at URL Journal

Title: Snow Line, 16: 8.

Watanabe M, Sugano S, Togashi T, et al. 2000. Molecular cloning and phylogenetic analysis of canine beta-casein. DNA Sequence: the Journal of DNA Sequencing and Mapping, 11 (3-4): 295-300.

Wayne R K, Benveniste R E, O'Brien S J. 1989. Molecular and biochemical evolution of the Carnivora. *In*: Gittleman J L. Carnivore Behaviour, Ecology and Evolution. London: Chapman and Hall: 465-494.

Wei L, Wu X B, Jiang Z G. 2009. The complete mitochondrial genome structure of snow leopard *Panthera uncia*. Molecular Biology Reports, 36 (5): 871-878.

Wharton D , Freeman H. 1988. The snow leopard in North American: captive breeding under the species survival plan. *In*: Proceeding of the Fifth Infemational Snow Leopard Symposium. Settle: ISLT.

Wilson D E, Mittermeier R A . 2009. Handbook of the Mammals of the World. Vol. 1. Carnivores. Barcelona: Lynx Edicions.

Wu X B, Zheng T, Jiang Z G, et a1. 2007. The mitochondrial genome structure of the clouded leopard (*Neofelis nebulosa*) . Genome, 50 (2): 252-257.

Xu A C, Jiang Z G, Li C W, et al. 2008. Status and conservation of the snow leopard *Panthera uncia* in the Gouli Region, Kunlun Mountains, China. Oryx, 42 (3): 460-463.

Xu F, Ma M, Wu Y. 2010. Recovery of snow leopard *Uncia uncia* in Tomur National Nature Reserve of Xinjiang, Northwestern China. Pakistan Journal of Zoology, 42 (6): 825-827.

Yu L, Zhang Y P. 2005. Phylogenetic studies of pantherine cats (Felidae) based on multiple genes, with novel application of nuclear β-fibrinogenintron 7 to carnivores. Molecular Phylogenetics Evolution, 35 (2): 483-495.

Zhan X J, Li M, Zhang Z J, et al. 2006. Molecular censusing doubles giant panda population estimate in a key nature reserve. Current Biology, 16 (12): R451-R452.

Zhiryakov V A, Baidavletov R. 2002. Ecology and behaviour of the snow leopard in Kazakhstan. Selevinia, 6: 1-4.

第七章

保护与管理

雪豹作为亚洲高山生态系统中的指示物种，处于食物链的顶级。它不仅是中亚高山地区与青藏高原地区最具代表性的物种，也可以看做世界高山动物区系的典型象征。它的分布范围从中亚阿富汗延伸到俄罗斯贝加尔湖和中国西藏的东部高山区域。其特殊的分布特点及生活环境，给那些试图了解它们的人们造成了很大困难。雪豹也因为其美丽的皮毛在市场上奇货可居，而经常成为被捕杀的对象。

国际野生生物贸易监测组织（TRAFFIC）的一项研究表明，对雪豹皮毛、骨骼及其身体其他部分的交易使得雪豹正面临严重威胁。虽然在许多雪豹分布国已开始实施禁猎法令，将雪豹纳入禁止猎杀和买卖的物种，并支持濒危物种国际贸易大会上通过的关于禁止经营雪豹皮、骨国际贸易的决议（CITES）。然而，雪豹生活的这些高山地带多是些政治敏感地区，执行法律的力度难如人意。并且气候变化引起的栖息地恶化、雪豹猎物的减少、狩猎活动的盛行、雪豹与当地牧民间的矛盾冲突，以及保护管理不力等，都成为当前雪豹生存所面临的潜在威胁。

近些年雪豹的生存状态引起了世界各国的广泛关注。形式多样的保护措施也在各国如火如荼地开展起来，并在一定范围内取得了成效。在多年的研究经验为雪豹保护工作带来光明前景之时，如何积极有效地开展雪豹研究与保护工作依然是各国科研人员关注的焦点。雪山之兽能否在雪山永驻？我们的保护工作能否带给雪豹最直接的福祉？若干年后的雪豹生存环境是否会有所改善？雪豹的野生种群能否恢复？自然保护区的功能是什么？动物园是否会成为雪豹的最后归宿？这些问题都值得所有保护者去思考（图 7-1）。

图 7-1 雪豹的最后归宿在哪里

第一节 雪豹在国内外的法律地位

雪豹属于国家一级重点保护野生动物，早已纳入《野生动物保护法》（1989年）的保护范围，是《中国物种红色名录》中的濒危物种（1998 年），是世界自然保护联盟（IUCN）红皮书濒危物种，还是《濒危野生动植物种国际贸易公约》（CITES）附录Ⅰ物种，《保护野生迁徙动物物种公约》（CMS）附录Ⅰ物种。这暗示了雪豹的危险处境，预示着在不久的将来野生雪豹可能会不复存在。

一、国际性公约

从 1975 年起雪豹就被列入 CITES 附录Ⅰ中，从此与雪豹有关的所有国际贸易，都被缔约国严格禁止。2010 年，在第 15 届 CITES 缔约国大会中，明确指出所有的亚洲大型猫科动物都受到非法贸易和使用活体及身体器官的威胁，并呼吁公约缔约国尤其是分布国能完善国家立法、加大打击力度，停止所有亚洲大型猫科动物的非法捕杀和贸易。然而，到目前为止，12 个雪豹分布国中仍有吉尔吉斯斯坦和塔吉克斯坦没有加入物种贸易缔约国。在不同的国家，实施和执行公约的规定也不尽相同，履约水平参差不齐。

1985 年，雪豹又被列入《保护迁栖野生动物物种公约》（CMS）附录 I。1988 年，雪豹被世界自然保护联盟（IUCN）红皮书列为濒危物种。这在一定程度上也表明了雪豹在整个分布区或部分区域内已经处于濒危状态。CMS 签署国也达成一致，有义务去保护和恢复雪豹栖息地，阻止或减少所有可能影响雪豹迁徙的障碍及影响雪豹生存的威胁因素。在 2002 年 9 月的德国波恩会议中，雪豹被列为 CMS 与当地警察局协定的联合行动物种，以加强基层社会的保护力度。同时，《濒危野生动植物种国际贸易公约》（CITES）也与 CMS 签署了谅解备忘录，共同保护雪豹及其栖息地。目前，12 个分布国中只有 6 个国家是 CMS 缔约国，即印度、哈萨克斯坦、蒙古国、巴基斯坦、塔吉克斯坦和乌兹别克斯坦。

另外，其他国际公约，都同样对雪豹倍加重视。例如，在《生物多样性公约》（CBD）中还提出，尽管雪豹种群的保护和恢复已经被列入一些分布国的国家生物多样性保护战略和行动计划之中，但是对雪豹活体、毛皮和骨骼的非法贸易等严重影响雪豹生存的行为，却始终没有受到重视。

二、国家级保护

值得注意，雪豹在所有的分布国都是受到法律保护的。但是，一些法律并不是非常有效的，有些因为惩罚太轻，不足以起到威慑作用；有些则存在重大漏洞，如同一张废纸。再加上政府层面对生物多样性保护缺乏认识，教条主义，官僚主义，公众宣传教育滞后，一线的野生动物保护执法人员和巡护人员的设备简陋、工资偏低，大大降低了他们的工作积极性和效率。另外，一些地方的腐败和贿赂也严重阻碍了法律的有效执行。

雪豹保护行动首先是在蒙古国、巴基斯坦、俄罗斯、尼泊尔、乌兹别克斯坦这 5 个国家展开的。尽管阿富汗在 2002 年时就已经颁布了在全国范围内禁止捕杀雪豹的禁令，但是收效甚微。中亚连年纷飞的战火，不仅给阿富汗、巴基斯坦、吉尔吉斯斯坦人民带来了无尽的灾难，也使得这些地区分布的雪豹生存面临着严重的威胁。尽管，少数的雪豹在战乱中侥幸存活了下来，却又面临着新的威胁。一些旅游者密集的巴扎（集市）及外国军事基地附近经常可以看到作为商品出售的雪豹皮毛。

印度的环境与林业部门于1988年制订的国家雪豹保护计划，重点是区域保护。但是此计划却从未被贯彻下去。2004年，国际雪豹基金会印度办公室与印度政府协商，敦促政府同意接受雪豹保护战略与行动计划，并发布了关于雪豹保护项目的一系列文件。为国际组织、国家机关、民间人士之间的沟通与合作铺平了道路。

蒙古国于2006年新颁发的《国家保护政策》，取代了1999年制订的保护计划。但蒙古国依然是唯一拥有官方认可的允许雪豹“运动狩猎”（又叫“战利品狩猎”）项目开展的国家。2010年，全球雪豹网络致信蒙古国自然环境和旅游部长，希望其政府能帮助推进雪豹的保护工作，并强调国际社会非常关注蒙古国政府签发允许猎杀4只雪豹的许可，希望其取消此许可。2011年3月蒙古国政府仰仗其世界20%的雪豹资源量，通过了决议，允许外国人在2011年猎杀4只用于科学研究的雪豹。世界为之一片哗然。实际上没有一个国家的公民敢以身试法，去蒙古国猎杀雪豹同样如此。此事不了了之。

巴基斯坦起草的雪豹保育战略，虽然还没有得到政府的官方认可，但是它的一些规定已经在执行之中。

在中国，野生动物保护事业自20世纪80年代初期开始蓬勃发展，建立了许多与雪豹有关的自然保护区。1988年，颁布实施《中华人民共和国野生动物保护法》，雪豹被纳入国家一级重点保护物种名单。1996年，出于社会安全和维稳需要而颁布的“禁枪令”（《中华人民共和国枪支管理法》），对中国野生动物保护事业发展起到了积极促进作用。随后，各省区都有相应的野生动物保护政策和法规出台，雪豹及其猎物等大型野兽的保护也因此得到极大的发展和重视，并取得一系列重要的成就。鉴于几千年中国传统中药对豹骨和内脏的利用所造成的雪豹威胁，中国政府从2006年起开始全面禁止从野外猎捕豹类、收购豹骨。禁止用豹骨产品替代虎骨入药。国家食品药品监督管理局专门向全国各省、直辖市、自治区发出通知，各类豹骨中成药将一律退出药材市场。通知规定，凡非内服中成药处方中含豹骨的品种，一律将豹骨去掉，不用代用品。对内服中成药处方中含豹骨的品种，则责成相关药品生产企业予以替代或减去。

三、新疆的保护现状

新疆地广人稀，野生动物曾经相当丰富。1958年的“大跃进”和之后的三年自然灾害，使得农业生产接连几年严重受损，许多野生动物被猎杀来充当食物，补充人体蛋白质。1966～1976年，“文化大革命”期间，社会动乱、人民失控。文化、教育、法律、人性和道德受到践踏，社会秩序荡然无存。野生动物保护一度被忽视，陷入低谷。一些县政府加强了对野生动物的商业性捕杀，外贸部门也开始大量收购野生动物皮子，如在天山东部放开围猎，出现装满野驴、鹅喉羚（黄羊）、马鹿、北山羊、盘羊、野猪等野生动物的卡车，政府机关和部队定期分发野生动物肉类制品。

近些年来虽然中国政府加大了野生动物保护力度，但有关法规的执行仍很困难。随着西部大开发如火如荼地展开，栖息地破坏严重。同时，用毒饵、电网、步枪和铁夹狩猎野生动物的现象仍时有发生。因此，许多地区的野生动物数量继续减少，野马、马鹿、赛加羚和盘羊等种群数量曾经相当大的物种现在也已很少见，或在一些地方绝迹了。

雪豹和其他野生动物一样，在近几十年内数量锐减。20 世纪 60 年代中期，雪豹资源受到了巨大破坏。在 1955～1965 年的 10 年中，天山西部的伊宁地区政府平均每年收购 30 张雪豹皮，1965 年曾达到 135 张。为了保护畜牧业，很多地方开展猎狼运动，这期间昆仑山上的雪豹几乎被猎杀干净。尽管 1988 年中国政府完善了野生动物保护法规，但是雪豹仍然在被捕杀，雪豹皮及附件品仍在市场上出售和流通。在一些人烟稀少的偏远地区，仍然能见到野生动物资源受到破坏的现象。

即使如此，雪豹在很大的范围内仍有余留，尚未彻底绝迹。新疆的喀喇昆仑山、昆仑山、阿尔金山、帕米尔高原、天山、北塔山、准噶尔界山、塔尔巴哈台山、阿尔泰山等依然是雪豹的主要分布区。只是现在的分布区域更加远离人类聚居地，呈“岛屿”状残存于 5300 千米边境无人区，或未开发、未开放的地区。

第二节　偷猎让雪豹数量锐减

雪豹，因为其美丽的皮毛，在市场上奇货可居。对其需求量居高不下，而经常成为被捕杀的对象。在分布区的许多地方，雪豹皮是传统的居家装饰物、吉祥物、传家宝、挂件、纪念品、褥子或服装制品等。它们不仅是身份地位的象征，也是一件极具价值的礼品和观赏品。对豹骨作为虎骨替代品的需求，在传统的亚洲医药贸易中也不断增加。动物园和博物馆收藏活体动物和标本，尤其是小豹崽的活体诱捕和销售，用于私人动物园，可能在某些地区成为威胁的主因。因雪豹偷袭家畜，而引起牧民报复性杀戮，也是雪豹数量锐减的一个原因。有组织的犯罪在许多地区的非法贸易中非常频繁，雪豹也可能在不分青红皂白的诱捕和毒杀其他野生动物的运动中，成为无辜的受害者。

一、目的与用途

偷猎的目的和用途是多方面的。有的具有合法性的外衣，但大部分是非法的（注意这里用的是“偷猎”一词）。上段基本上罗列了全部猎杀或捕捉雪豹及其死亡的起因，如皮毛利用、赚钱（贸易）、观赏、礼品、药用、动物园展出、博物馆收藏、科学研究样品、报复性杀戮（保护牧群）、民间一般肉与器官利用等。

下表是近年问卷调查的结果，如今对雪豹的利用可能与早期的利用不尽相同（表 7-1）。其中还搜集了报纸、杂志及网络上的一些信息。还有的“利用”可能并不伤及雪豹，如捕捉后放归自然——放“虎”归山、跟踪观测和拍摄精美照片等。这里只是一个简单的统计，并不全面。

表 7-1　新疆雪豹产品的偷猎案件统计与用途分析（随机调查）

案件种类（用途）	案例数/件	所占比重/%	发生地区
皮毛利用（家庭或个人收藏）	51	13	新疆各地
市场公开销售（赚钱及内外贸易）	24	6	喀什、克孜勒苏、伊犁、乌鲁木齐等
药用案（骨骼、内脏、豹鞭）	36	9	克孜勒苏、巴音郭楞、和田、阿克苏、乌鲁木齐等
小饰件（爪、牙、颅骨）	11	3	乌鲁木齐、喀什、伊宁等
动物园捕捉（活体饲养），包括掏窝捉幼崽	60（幼崽14只）	16	不包括北京、西藏、青海、甘肃等多年捕捉及累计 200～500 只饲养量
博物馆展示（制作标本）	25	6	乌鲁木齐、石河子、温泉、新源、伊宁、阿克苏、库尔勒、和硕、若羌、克拉玛依（乌尔禾）等
科学研究（DNA 样品）	15	4	乌苏、托木尔峰、和田、若羌等
牧民报复性杀戮（保护羊群）	15	4	塔城、伊犁、拜城、温宿、塔什库尔干、和田等
打狼或猎羊误伤雪豹（多利用铁夹、陷阱）	12	3	和田、克孜勒苏、巴音郭楞、阿克苏、玛纳斯、木垒等
被牧羊犬、藏獒或野犬围攻	4	1	木扎特河谷、温宿、拜城等
意外、疾病、自然灾害、狼袭击（天敌因素）	9	2	裕民、温泉、木垒、哈密、巴音郭楞、温宿、叶城、喀什等
民间一般性吃雪豹肉事件	17	4	和田、喀什、和硕、伊宁、新源、哈密、托克逊、乌鲁木齐等
野外巧遇、追逐、观测、拍摄等	64	17	独库公路（天山）、艾比湖、昆仑山等
民间捕捉、饲养、救援、释放（放生）	7	2	哈密、巴音布鲁克、拜城、塔什库尔干等
听说过、信息模糊或去向不明案件	37	10	温泉、拜城、克孜勒苏、哈密等各地
合 计	387	100	

雪豹的“案件”统计，产品用途或去向，是非常难搞清楚的。我们看到的只是表面现象，冰山一角。在有限的时间里或狭窄的范围内展开调查，不免有偏差。许多是不能公开的秘密，如个人隐私、赃物、嫌疑、个人收藏，或是害怕法律追究而不可示众的东西。这里只能算是随机抽样调查，包括民间问卷调查、市场抽样调查、海关贸易记录、药材公司收购数据、公安局案件统计、动物园历年的物种名单、报刊资料汇总和网络信息分析等的一个综合结果，局限于新疆或西部，得到的是一个大概的发展趋势。其中也包括一些典型事件、范例、故事，正面的或负面的，隐蔽的或公开的，有文字记录的或道听途说的。当然，对小道消息，要追根寻源，尽量反复核实。既然是“案件”，就会有不可告人的东西，就可能暗藏杀机，但一定是客观存在、真实的事件。不是捕风捉影，不是栽赃诬陷，也不阿谀奉承相关部门，掩盖真相。里面有蛛丝马迹的分析、科学鉴定、理性判断、反复推理、顺藤摸瓜，即使有遗漏、有冤假、有错判，也是少数，不痛不痒，不影响总体走向的分析。

显而易见，上述约 387 个事件或案例可能有重复（表 7-1）。仔细分析，一个鲜活的个体，可能在“游街示众”之后，被送进了动物园（牢狱）、私人作坊（屠宰场）、公共标本馆、学校、研究所、实验室等。也有的进了药店、皮货巴扎（市集）、餐馆、酒店或黑市等秘密场所。有的被肢解，渠道不同，不同器官反复利用。还有一部分去向不明，人间蒸发（约占 10%）。

动物园的资料有案可查，乌鲁木齐动物园最早的饲养记录是 1948 年（穆新春，1993）。但是，动物园之间的交换，进进出出，谱系缺失，也有弄乱的时候。乌鲁木齐动物园曾经从甘肃阿克塞引进 3 只雪豹，没有繁殖成功，最终结果也不清楚。因此，动物园雪豹来源比较复杂，不完全是单向输送出去，也有外来的种源。最近 10 年，新疆至少有 5 个城市收留过活体雪豹（详见第八章）。

统计结果表明，所谓各种“利用”案例就占一半左右（47%～51%），包括皮子、骨骼、肉及内脏的利用。标本制作、科学研究和收藏也占据了 23%，其中主要是研究性机构、学校、保护区陈列馆、旅游景点、商业机构、私人会所保存的实物。有一些特殊的事例，如班禅喇嘛给某小学赠送雪豹标本，某中学举办动物（含雪豹）标本展览等。还有一些更奇怪的事，乌鲁木齐某企业老板、某酒店经理等有收藏标本的癖好，他们竟能够买通管理部门，得到许可，大量收集雪豹标本，并公开陈列在私人会所里（图 7-2）。国法与尊严，荡然无存。

还有一些案例属于“偶然”事件。例如，吃雪豹肉，小概率出现，总共 17 起，占不到 4.4%，社会影响不会太大，也无碍大局。随着社会进步，这些现象慢慢会有改变。据说现在敢吃雪豹肉者，除了有钱的老板，就是腐败的官员，一般老百姓是没有胆量的，也没有机会的。范围不大，只是很丢中国人的脸，让世人惊讶和不可思议（图 7-3）。

图 7-2 传统与现实——墙上挂着雪豹皮，高朋满座。2007 年 11 月拍摄于乌鲁木齐某地（程芸 摄）

图 7-3 山区盗猎案件频繁发生，许多是外来人员作案（吐尔逊 提供）

二、猎杀方式

通过查看历年的偷猎案件并汇总得知，雪豹被猎杀的情形大致可分为两种：第一种是被专业猎捕，明目张胆，性质恶劣；第二种属于误伤，或者因为利益冲突造成的杀戮。其实，原因多种多样，方式也层出不穷，不是这么简单。

狩猎者通常使用小口径步枪、猎枪、私制土枪、步枪、铁夹、钢丝套、棍棒、捕兽器（陷阱）、电网、毒饵等进行猎取。被猎杀的雪豹采取就地解剖、剥皮、取骨、初步加工，之后再运用现代化交通工具运往外地出售。专业猎捕者有着一条龙的销售渠道，组织严密，除非通过朋友介绍或特殊的需求关系，否则很难进入这个圈子。因为圈子中的人都知道猎捕雪豹是非法的，而且被查处后，惩罚是严重的，可能会被判刑，所以行动极其隐秘。

民间狩猎用的铁夹子直径 30 多厘米，夹子上有一条细铁链，连着一个小铁块。它的作用是使雪豹在被夹住后逃窜时消耗体力，同时拖拉出痕迹便于追踪寻觅。2008～2011 年，新疆雪豹研究小组在天山、昆仑山、阿尔金山考察期间，依然见到当地巴扎（集市）大量出售这种铁夹。因为枪支和弹药管理严格，一些保护区的牧民还在使用这种低廉的夹子行猎。

在西藏、青海、新疆牧区，雪豹吃牛羊，人杀雪豹被认为是理所应当的事情。过去在高原上，猎杀雪豹有多种多样的方式，步枪、猎刀、棒子、弓箭、陷阱、毒药、地箭、石头、暗套子等都是些常用的土办法。当地牧民还根据雪豹喜欢将牲畜杀死后，先饮食血液和内脏的习性，创造出了一种简单有效的猎杀雪豹方式。每次发现家中的牲畜被雪豹杀死后饮食血液，牧民都会悄悄地埋伏在旁边。等雪豹喝饱血液后，趁其不备，拉住雪豹的尾巴，使其僵直而无法回头，然后用藏刀、木棍或石块将其打死。在青藏高原，这样的方式持续到20世纪80年代，每年猎杀量为20多只，最多时达80只。直到当地恢复宗教信仰，雪豹才得以幸免于牧民的猎杀。1986年前后，在西藏阿里地区牧民持枪击毙1只雪豹，皮子只售出100～200元，而骨架售价达700元，雪豹鞭、内脏（心脏、肺、肝、胃、肾、胆、肠子）、肉被当地藏民和汉民（包括考察队员）分吃掉了。

据文字记载，在新疆20世纪60～70年代的狩猎活动相当频繁，阿尔金山、昆仑山靠近西藏一带的专业狩猎户，常常在海拔4000米以上的高山上狩猎雪豹。他们首先找到雪豹撒尿、排粪的地点，将粪便及带有尿迹的砾石、沙土小心翼翼地收集起来，再在原地将夹子埋设好后，把收集到的秽物均匀地撒在附近。通常他们进山一次，会带四五个夹子，在无人区跋涉一星期左右，埋设妥当就返回山下。再过七八天，带上干粮及结实的红柳木棒踏上征程，通常不会空手而归。据说有一次，埋设的夹子被雪豹拖走，猎人便沿着痕迹追踪。追了两天，终于撵上了右前肢被夹住的雪豹，便开始与雪豹搏斗。搏斗期间，每当猎人用木棒击打雪豹的头部，雪豹总是把屁股对准猎人，并用它那粗长的尾巴横扫反击。因为海拔较高，猎人的高山反应严重，抡起棒子打不了几次就开始气喘吁吁、上气不接下气。雪豹也变得极度虚弱，搏斗一阵后，人躺在地上喘息，雪豹也卧在一旁休息。就这样，打一阵，停一阵，逃一阵，追一阵，用了两天时间才将雪豹击昏（王博，1992）。随后猎人将雪豹筒皮剥出，把肝脏（带胆囊）、肾脏及油采取出（山区民间作为强壮驱寒剂用），血淋淋的胴体被抛下山谷。

在一些地方雪豹被误捕或误伤，往往与经济利益相关，成为人与豹冲突的焦点。一般雪豹被兽夹夹住，或误食毒药、误入绳套、落入陷阱等案件很难被发现和统计。雪豹误入陷阱后，通常无法得到救治，受伤后即被打死或饿死。有的流入贸易市场，有的被埋掉或丢弃，也有的上交给当地野生动物主管部门。2007年5月6日，1只饥饿的成年雄性雪豹偷偷下山，来到阿克苏地区温宿县与拜城县交界的种羊场牧业四队。在偷猎了牧民的一只绵羊后，被一群牧羊犬追撵，从30多米高的山崖上跌落后摔昏了过去，造成下颌骨粉碎（估计是被人击打所致）。后被当地牧民“救助”，移交给拜城县老虎台乡野生动物保护部门救治。再后来送阿克苏动物园，这只受伤的雪豹身体有所恢复。

2009年8月16日，在温宿大峡谷景区一侧谷内发现一具雪豹干尸。躯干无明显外伤，但双后足明显缺失。据判断这只雪豹极有可能被当地牧民放置的捕狼工具“狼夹子”误伤后腿，而无法脱身。在生死关头，雪豹咬断已骨折但筋肉相连的双足，自救逃离危险区域。但后来因腿伤较重，无法返回附近高海拔雪山区域，而且它完全丧失觅食能力，导致雪豹带伤往低海拔区域躲藏。进入温宿大峡谷其中一条支谷的山腰后，因伤痛和饥饿而死亡。这种案件每年都在发生，新疆雪豹的命运令人担忧。

三、偷猎分析

下面根据近年来新疆各地有关雪豹活动的诸多记录，包括媒体关于非法雪豹贸易的报道、文献记载、问卷调查、农牧民关于雪豹伤害家畜的举报以及公安部门查处偷猎雪豹案件及公布的参考资料等，对雪豹偷猎案件进行综合整理、归纳和分析（图 7-4）。

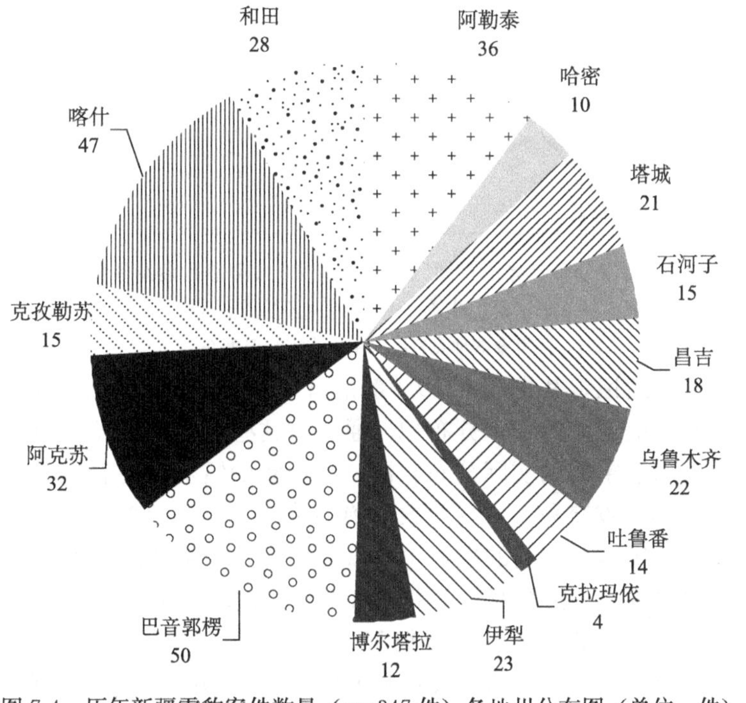

图 7-4　历年新疆雪豹案件数量（n=347 件）各地州分布图（单位：件）

新疆的昆仑山、帕米尔高原、天山、准噶尔的阿拉套山及阿勒泰山区域，活动着占世界种群数量 1/3 的雪豹。从雪豹偷猎案例发生的地点来看，据不完全统计，喀什地区有 47 件、巴音郭楞蒙古自治州约 50 件（包括阿尔金山、昆仑山、天山等）、阿克苏地区 32 件、克孜勒苏柯尔克孜自治州 15 件、伊犁地区 23 件、塔城（乌苏）21 件、哈密地区 10 件、阿勒泰地区 36 件、博尔塔拉蒙古自治州 12 件、昌吉回族自治州 18 件、石河子 15 件、乌鲁木齐 22 件、吐鲁番地区 14 件、克拉玛依 4 件、和田地区 28 件等，合计 347 件（中心城市可能包括一些跨国案件、跨省案件、非本地案件等)。这些案件的分布态势，与雪豹实际分布区域比较吻合（图 7-5)。

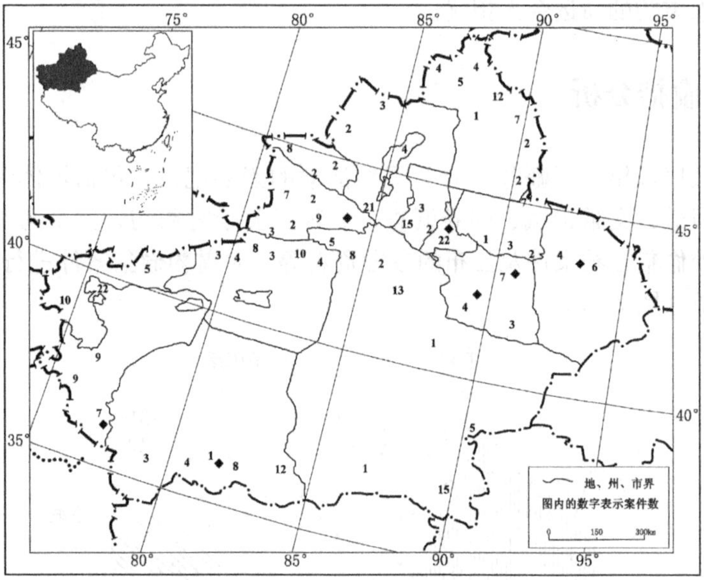

图 7-5　新疆雪豹案件分布趋势示意图（n=347 件），天山带是案件多发地区，在昆仑山、阿尔泰山也有一些案件（不完全统计）

有◆的地点曾经发生人吃雪豹肉事件

上述 15 个地区，其中约有 80％都是雪豹偷猎案件发生比较频繁的地方。这些地方也是新疆雪豹的集中分布地。通过对这些偷猎案件发生地分析，从另一方面也反映出了雪豹的实际分布状况。被偷猎的雪豹面临着毛皮、骨骼、活体及身体其他部分被交易、最终导致灭绝的威胁，并且随着市场需求加大，利润居高不下，牧民捕杀雪豹的次数也在日益增多。新疆西南部地区的喀什市场不断壮大，已经成为中国西部乃至中亚和西亚毛皮交易的中心。

虽然新疆雪豹偷猎活动从 20 世纪 50 年代起就已经有了大规模的行动，但是从分析结果可以看出，雪豹偷猎案件从 60 年代后才开始见诸报端和科技文献，之前鲜有报道。在后来的 40 年里雪豹种群数量锐减，盗猎雪豹案件却在迅速飙升（图 7-6)，雪豹资源受到了巨大的破坏。但是，由于法律的不健全，更多的人并没有意识到破坏雪豹资源是违法行为，偷猎活动仍然在秘密进行。直到 20 世纪 80 年代，中国政府开始建立自然保护区，逐渐完善了野生动物保护法规，人们的意识才开始渐渐发生变化。1990 年后，雪豹偷猎活动受社会关注的程度有所提高，特别是到了 2000 年以后，雪豹偷猎活动受到全社会的极大关注和谴责，对偷猎活动的打击力度上了一个新台阶。此后，偷猎案件才开始频频见报，不可否认，这也是全人类保护雪豹的巨大成就之一。

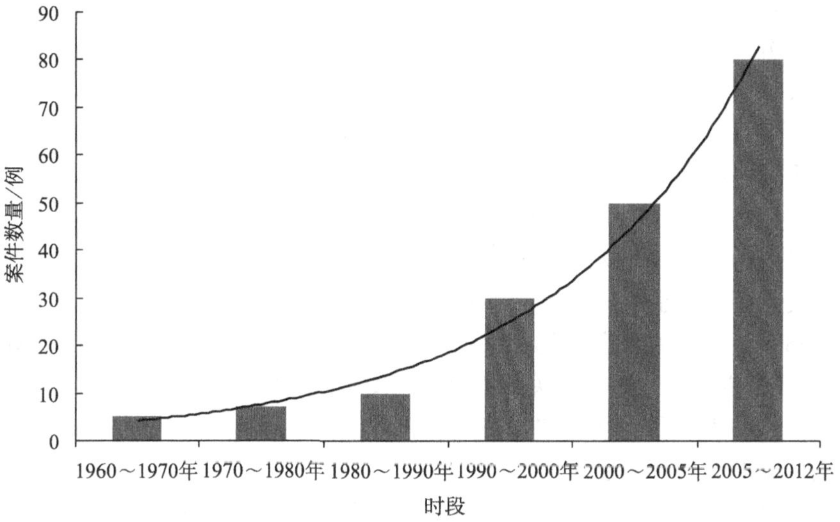

图 7-6　据不完全统计，历年雪豹案件数量上升趋势分布图（1960～2012 年）

四、案件记录

以下所有案件均有公开的报道，实属可贵。那些大量来路不明或来自邻省和邻国的案件未被统计。下面罗列的肯定只是其中的一少部分。但从中可以看出事件的分布地点、猎获方式、用途与下落、价格变化、处罚力度和发展趋势。

1961 年夏季，在塔克拉玛干沙漠腹地民丰县的安迪尔胡杨林中，有人曾捕获到 1 只雪豹。据牧民讲，这只雪豹好像有病，跑不动。

1965 年，在尉犁县芦苇丛中，曾有人捕获到 1 只雪豹。

1975 年冬，在民丰县叶亦克乡卡尔赛村牧民家中，见到 1 张雪豹皮。

1978 年，在民丰县卡尔赛正西 30 千米的达完图牧业连队（民丰县安迪尔国有牧场），见到 2 张雪豹皮。

1978 年，昆仑山一带牧民为防备狼袭击绵羊群，在羊圈附近埋设夹子，捕获到 1 只雪豹。

1982 年，在民丰县西部尼雅河上游的塔卡勒克村，收购 1 张雪豹皮。

1985 年，被告人达瓦加甫从温泉县查干屯格乡三牧场牧民那木生加甫处购得雪豹皮一张；1987 年又从伊犁哈萨克自治州霍城县萨尔布拉克镇牧民努尔赛提处购得雪豹皮两张（其中一张雪豹皮连骨）。经加工后 3 张皮一直存放家中。后来案发，受到处理。

1987 年 10 月，在于田县栏杆乡，一牧民用铁夹子夹住了 1 只雪豹。后将皮子以500元的价格卖到了乌鲁木齐。

1989年2月，福海县科克阿尕什乡的村民抓住1只雪豹，后来逃逸。那年的雪很大。

1992年11月5日，阿合奇县牧民卡日白克在山上夹住雪豹1只，上交给当地派出所后，被派出所干警木沙江收为已有。克州林业公安科1993年9月15日处以罚款，并依法处理违法人员。

1995年8月，当地人在福海县红山嘴口岸，从1名蒙古国籍人员手中购买2张雪豹皮，存放在家中。2003年年初被查获。

1998年，当地森林公安局在喀什地区艾提尕集贸市场从皮毛贩卖商处查获并没收18张雪豹皮。后经有关部门决定上交上级主管部门。

2001年6月，约6名犯罪嫌疑人在乌什县亚曼苏乡拜代力边防站附近的阿克提凯草原设铁夹子非法捕杀1只雪豹。

2001年7～8月，在温宿县托木尔峰国家级保护区内塔格拉克牧场苏普塔什草原朱麻什等2人用两只捕兽夹猎杀了1只成年雪豹。阿克苏公安边防机关破获了此案件，温宿县人民法院在博孜墩乡召开公判大会对犯罪嫌疑人处以10年刑罚和上万元罚金。

2001年11月，在拜城县黑英山乡的阿里屯吐什尤喀科依希科地段设铁夹子非法捕杀1只雪豹。

2002年1月28日和2月4日，伊犁哈萨克自治州特克斯县加拉巴克喀尔卡牧民赛力克携狩猎工具“喀甫坎”（狼夹子）进入山地冬牧场，把夹具设置在雪豹出没的道路上，连续猎杀2只雪豹。

2002年7月，乌什县牙满苏乡农民亚森·艾买提与同村4名农民一起放牧时布设的猎捕夹子夹住1只雪豹，并将受伤的雪豹残忍杀害。后被乌什县边防大队和公安机关查获，从农民亚森·艾买提家中收缴雪豹整皮1张，雪豹骨头若干块。

2003年4月13日，乌鲁木齐县公安局林区派出所破获雪豹贸易案件，犯罪嫌疑人以1100元的价格购买了雪豹皮1张，狼皮1张，及大量马鹿产品。

2003年4月，阿克陶县克孜勒陶乡十村村民打死1只雪豹，后被阿克陶县林业派出所查获并立案处罚。

2003年5月，阿克苏地区乌什县人民法院对5名偷猎雪豹的案犯处以刑罚和罚金。

2003年9月8日，犯罪嫌疑人乌力却在拜城县老虎台乡用铁夹夹住1只雪豹，在出售途中被警方抓获。追回雪豹皮、雪豹骨及狐狸皮和狼皮。

2004年1月11日，乌苏地区破获一起非法猎杀、出售雪豹皮、骨案件，缴获雪豹皮1张、雪豹骨1副。

2004年1月17日，哈密市公安局林业公安分局查获了一起倒卖动物毛皮、肉的交易，并抓获了2名嫌疑人。犯罪嫌疑人在自家冬窝子羊圈附近用大铁夹非法捕捉了1只雪豹，并用石头将雪豹砸死，搬运回家，剥皮、剔骨后窝藏。被缴获的皮张和骨肉，经野生动物保护专家鉴定后，确认这是1只7～8年生的成年雪豹，收缴的肉、骨与皮张相吻合。

2004年2月16日，新疆拜城县牧民非法猎杀雪豹，仅以150元的价格出售了雪豹毛皮和骨头。

2004年4月14日，伊宁县林业公安，一举破获非法猎杀、出售雪豹案。收缴雪豹皮子3张（1张新、2张旧）、狼皮3张、狐狸皮1张、单管猎枪1支、猎夹1副等野生动物制品。

2004年4月27日，哈密市德外力乡1牧民在放牧时发现1只冻死的雪豹，在将其剥皮割肉后准备出售时被抓获。

2004年9月5日，哈密地区森林公安局破获一起非法出售雪豹的特大案件，抓获犯罪嫌疑人2名，收缴雪豹1只。

2005年7月，在库尔勒市库尔楚海拔3200米的高山上，一只雪豹被偷猎者安放的铁夹子夹住了左腿，造成粉碎性骨折。在挣扎的过程中，用力过猛，造成肩胛处的骨头脱臼而死亡。这只死亡的雪豹身体长约1米，尾巴与身体几乎等长，体重40多千克，雌性，初步判定是1岁多的幼豹。随后准备将死亡雪豹制成标本进行保存。

2006年3月30日～4月1日，1只下山偷猎牧民牲畜的成年雪豹在拜城县种羊场四队，被8只牧羊犬咬伤，并围困在一棵大树上。后被牧民救助下来，交给阿克苏动物园。牧民称其为“大灰猫”。

2006年6月，拜城县一牧民倒卖雪豹的骨头被拜城县人民检察院以“非法买卖国家濒危野生动物罪”批准逮捕。经查，2005年8月，拜城县种羊场牧业一队40岁的牧民乌斯曼·普拉提在阿克达克草场放牧期间，发现山坡上有一只雪豹被铁夹子夹住前腿，已经死亡多日。他用随身携带的刀子将死去的雪豹剥皮、剔骨，把雪豹皮连同雪豹肉扔在附近山涧一煤田火区内烧掉，把雪豹骨头带回家收藏。几天后，以400元的价格将雪豹骨卖给本地牧民乌某。购得雪豹骨后，乌某担心被警察抓获，数月来一直都不敢出手。直到森林公安民警闻讯找上门来，当即将购买来的雪豹骨头如数上缴，并配合警方将倒卖雪豹骨的乌斯曼·普拉提指认出来。

2006年8月，在乌鲁木齐二道桥百货商店，有人竟然出售雪豹皮衣（图7-7），这件皮大衣由4～5只雪豹皮制成。

2006年11月4日，塔城地区森林公安机关在乌苏市查获一起非法收购出售国家一级重点保护野生动物雪豹案。正在准备出售雪豹的犯罪嫌疑人被当场

图 7-7 乌鲁木齐市二道桥商店出售的雪豹皮大衣，一件大衣需要用 4～5 只雪豹皮缝制而成

抓获。并从其租住的房屋内查找出雪豹死体 1 只，雪豹皮 1 张，国家二级重点保护野生动物雪鸡 10 只，国家二级重点保护野生动物马鹿鹿鞭、鹿肾和国家一级重点保护野生动物北山羊肉若干千克。

2007 年 2 月 19 日，温泉县阿吾提非法杀害雪豹案告破。此案因嫌疑人在指认现场时，畏罪跳崖身亡而不了了之。

2007 年 5 月 6 日，1 只饥饿的成年雄性雪豹偷偷下山来到拜城县种羊场牧业四队，在偷猎了牧民的一只羊后，被牧羊犬追撵，从 30 多米高的山崖上跌落后摔昏了过去，造成下颌骨粉碎性骨折。被牧民救助后，移交给阿克苏拜城县老虎台乡野生动物保护部门救治。次年，在阿克苏动物园不治身亡。

2007 年 11 月至 2008 年 1 月下旬，犯罪嫌疑人哈某等多次使用铁夹子和钢丝套等工具，先后非法猎杀雪豹 4 只、野貂 5 只，以及马鹿 2 只。6 名犯罪嫌疑人已被伊犁哈萨克自治州检察院批准逮捕。哈某涉案金额达 50 多万元，后被判刑 12 年。

2007 年 12 月 31 日，温泉县公安局森林派出所接到群众报案，有牧民在位于温泉县城西北方约 30 千米的木瓦特山上发现一只雪豹幼崽尸体。经检查鉴定，死亡的雪豹年龄在 1 岁左右，体长约 70 厘米，初步判断因饥饿而死。这是继 2007 年“2・19”阿吾提非法杀害雪豹重大案件之后，再次在博尔塔拉蒙古自治州境内发现雪豹踪迹。

2008 年 12 月 22 日，伊宁县马某因非法贩卖 1 张雪豹皮、非法收购 9 根马鹿鞭及其他野生动物制品，被法院判处10年有期徒刑并罚金8万元。

2009年，玛纳斯县清水河乡两村民担心牲畜遭到雪豹袭击，在后山放牧时采取下套的方式猎捕1只雪豹。之后2人用石头将雪豹砸死。警方在村民家的一只大木箱中发现了豹皮、骨头及部分内脏。雪豹皮连尾巴的长度有2米多长。两犯罪嫌疑人因涉嫌非法猎捕杀害珍贵濒危野生动物罪被依法逮捕。

2009年12月，轮台县7名村名先后多次在该县北山用土制猎枪和铁夹猎杀国家一级保护动物雪豹6～8只，另外还有棕熊和北山羊数只。其中的2只雪豹已经被分别以5900元和7000元的价格卖掉。

2009年8月16日，在温宿县大峡谷景区发现一具雪豹干尸，其躯干无明显外伤但双后足缺失。极有可能是被当地牧民放置捕狼夹误伤，之后雪豹咬断双足自救逃离。但因腿伤较重和饥饿而死亡。

2010年6月，新疆喀什地区塔什库尔干县1只年轻雪豹在猎杀牦牛时被三只牧羊狗围困在石头缝隙中。随后牧民用麻袋将其逮住，喂养20余天放归帕米尔高原。具体释放地在皮斯岭，皮斯在塔吉克族语中意为雪豹。

五、医药收购

雪豹产品的收购，过去的外贸局、茶畜公司、医药部门、小商贩都可能介入其中。多部门管理，档案混乱，数据分散，可查阅的资料有限，特别是一些骨骼、器官、豹鞭、肉类产品，很难鉴定其种类和真实来源。阿布里米提（1989年)、冯祚建（1990）曾经报道新疆南部野生动物产品的收购数量。某些部门每年收购雪豹皮或骨骼都在10件以上，这些都是合法和公开的。

阿合奇县医药公司从1989年11月至1990年先后从不法分子手中收购国家一级保护动物雪豹骨4架，计10.85千克，从中获利3351元（1990年11月30日立案)。新疆西南部克孜勒苏柯尔克孜自治州（简称克州）医药公司，在1987～1990年共收购豹骨23.22千克。克州医药公司从售出的豹骨中非法获利6716元。根据《中华人民共和国刑法》第117条的规定，其行为已构成犯罪（1991年2月立案)。

1984年前后，中国科学院伊犁河谷巩乃斯积雪站附近蒙古族牧民猎杀了2只雪豹，当地蒙古族人与工作人员分食了豹肉，味道极其鲜美（可能是年轻雪豹)。而1副全骨架只卖27元，可代替虎骨泡酒入药，治疗产后痛风等。工作人员带回全骨架，在乌鲁木齐小十字药材公司，按斤论价，全骨架收购价仅为110元。而当时的黑市价已经超过1000元/架。

雪豹鞭或豹胆被认为有极高的药用价值，每副豹鞭价格1000～3000元，很难见着。

第三节　贸易威胁和民间利用

豹子的贸易可以追溯到丝绸之路形成之初。我们知道，古西域人、古波斯人和古埃及人都喜欢驯豹，用于狩猎。这个传统在中亚、西亚和北非已经延续几千年。后来又被汉朝、唐朝、元朝的王公贵族喜爱，引入胡人驯豹和巡猎，成为朝廷上下最为时髦和酷好的运动项目之一，皇帝出巡无不携豹而行（见第一章）。而当年欧洲人布冯（Buffon，1761 年）或史瑞博（Schreber，1775 年）为雪豹定名所依据的第一号标本，竟然就是来自波斯商人买卖的宠物。可见豹子贸易的历史是多么的悠久。

一、国际贸易

尽管雪豹在 1975 年就已经被列入了《濒危野生动植物种国际贸易公约》（CITES）附录Ⅰ中，但有些雪豹分布国直到 20 世纪 90 年代才签署这个条约，逐步禁止捕捉和贸易。甚至有少数国家至今尚未加入这个限制性的公约，处于失控状态。随着跨境贸易的增多，存在于国际和国家内的雪豹活体、毛皮及骨骼贸易成为影响雪豹生存的最大威胁。尤其是在中亚地区，尽管各国法律严禁野生动物活体及身体其他部分的贸易，但是，除了不丹以外，其他所有的分布国都很难贯彻这些法令和规章。地球不能仅仅依靠这些公约、法规和法律去约束人类。那些自然、人性、道德、伦理、宗教、习俗的力量是不可忽视的。法律只是道德的底线，如果法律如同手纸一样，那么整个社会就堕落、腐败、沦丧了。全人类会有觉悟的一天吗？

（一）中亚雪豹贸易发展简史

前面提到丝绸之路、西域文明与豹子贸易的关系，因历史太久远而无从核对贩运的究竟是些什么种类，每年有多少只？至少有 3～5 种豹子被列入朝廷纳贡的贸易名单，如亚洲猎豹、金钱豹、雪豹等。单从 1971 年出土的唐朝太子墓《胡人驯豹图》中，我们就能窥视一斑（见第一章）。近代中亚的雪豹贸易主要针对毛皮和活体。较早记录活体雪豹贸易，可以追溯到 16～17 世纪，正是康乾盛世前后（1654～1799），中国的版图比现在要大一倍。当时波斯商人从中亚山区猎户手里收购活豹，然后贩卖给西亚或欧洲的上流社会，经过训练后用于贵族巡猎、苑囿展示、收藏或家庭宠养。

到 1884 年，面对西方，当时的吉尔吉斯斯坦是雪豹活体和毛皮的主要产出国（图 7-8）。其次是塔吉克斯坦、哈萨克斯坦和蒙古国等。1884～1905 年，至少有 954 张毛皮流入市场，年均 45 张。其中 90%来自吉尔吉斯斯坦的伏龙芝城，也就是现在的比什凯克。其余 10%来自哈萨克斯坦。到了 20 世纪，达到一个顶峰，全球雪豹皮年贸易量增长至 500～800 张，偶然可能达到 1000 张，其中苏联占据了 50%（Heptner and Sludskii，1972）。当然，1000 这个数字有一些随意性、偶然性和过于简单，绝对不是真实的年流通量或年猎获量，而是有重复统计、有连年叠加或市场需求的刺激及汇集效应。或是数年市场累计或库存积压的结果，囤积居奇，存在大小年现象。就像下面提及的动物园最大年存活或年饲养量 700 多只（不包括中国），是不同年龄、不同来源、累计至少 10～20 年（寿命）、再加上人工不断繁殖补充的总量。这个 1000 张皮，确实够夸张，如果不是失真和杜撰，或数据基本属实，这对雪豹野生种群是毁灭性的打击！试想，一个如同大熊猫一样濒危的物种，分布于人类无法栖居、极端恶劣的环境之中，繁殖力并不很高，野生种群究竟是多少，怎么会有如此大的猎获量呢？现在看来，有一点天方夜谭，真是难以置信。也许在那个野蛮、邪恶的年代确实如此。但绝对不是一个持续、普遍存在的现象，毕竟野生种群就那么几千只，采集和运输是非常困难的。不然，雪豹家族就会像亚洲猎豹、新疆虎、华南虎、金钱豹一样，迅速绝迹。

随着苏联解体及中亚各个共和国的独立（哈萨克斯坦、吉尔吉斯斯坦、乌兹别克斯坦和塔吉克斯坦等），与雪豹及其他濒危动物有关的盗猎和非法贸易事件也被广泛报道，引起世人关注。野生动物数量的急剧下降，而雪上加霜的是独立后的各共和国来不及改良社会法制与经济体制去阻止诸多物种的灭顶之灾。吉尔吉斯斯坦曾经是世界上雪豹第二大分布国，1999 年时的野生数量已经比原有种群减少了至少 50%～80%；其他三个共和国的雪豹，也为满足毛皮贸易、活体交换及骨头的需求，受到不同程度的削减。到 20 世纪末期，雪豹骨骼常被用做虎骨的替代品，提供给中国和亚洲其他国家传统中药市场。尽管同为独立联合体，这些中亚国家却并不依附于俄罗斯的贸易，而是增加与中国的贸易，增进与中国的交流。

从 1761 年西方有了第一次对雪豹的形态描述，到 1872 年第一个雪豹在莫斯科动物园被展出，足足经历了 100 多年的时间。19 世纪末到 20 世纪初，有人从吉尔吉斯斯坦和塔吉克斯坦捕捉活体雪豹运往欧美及苏联的动物园，每年都有十几对雪豹被活捉。全球至少有 300 家动物园曾经饲养过雪豹，可能不包括那些研究机构、马戏团或私人收藏等。如果加上动物园自己成功繁殖的数量，世界各地动物园雪豹存活数最多时达 700～1100 只（合计）。保守估计，20 世纪累计饲养量有 3000～6000 只，相当于现存野生种群的数量。这是一个很可怕的数字，反映了人们对雪豹的喜爱程度（图 7-8）。

图 7-8 活体雪豹成为世界各国动物园的抢手货

野外捕捉的雪豹通常死亡率非常高，在动物园生存的平均寿命很短，终身监禁，暗无天日。被捕捉的雪豹常常是刚抵达动物园就会很快死去，这也使得这些地区的人对捕捉雪豹的兴趣一直不减。20世纪 40～50 年代，在吉尔吉斯斯坦的普热瓦斯地区就活捕了 375 只雪豹。20 世纪 50 年代，仅在三年时间里，在吉尔吉斯斯坦的伊塞克地区又活捉了 50 只雪豹。1958 年，仅上半年就捕捉了 14 只。20 世纪 50 年代，从塔吉克斯坦的帕米尔高原东部售出 50 只雪豹。1963～1967 年，捕获 64 只雪豹；1979 年，捕获 2 只雄性雪豹。随着野外种群数量的减少，捕捉的难度加大，活体贸易的数量也下降。

这些活体的雪豹，主要提供给世界各地的动物园。动物园除了饲养外，更多的是用于国际人工繁殖项目。早期有 90％以上用于人工繁殖的活体雪豹都来自塔吉克斯坦和吉尔吉斯斯坦。从 20 世纪 80 年代起，欧美动物园为提高饲养雪豹的生存率和繁殖率付出了很大努力，并希望能通过繁殖补充野生种群。但事实证明所做的努力多数都是虚伪的、无用的、白费的、徒劳的，浪费了大量人力、物力和资金，哗众取宠而已。时至今日，没有一家动物园愿意将饲养的雪豹放生，给其自由。就是在全球经济出现危机的时期，人类自身难保，自顾不暇，动物园艰难维持，雪豹再次沦落为摇钱树，被贩卖或抛弃，人工繁殖停滞不前。另外，活体标本也受到许多私人收藏者钟爱，并且从过去到现在，野外捕获或人工繁殖的雪豹，一直都被作为国家首脑间交换的礼物，下场极其可悲。

如今，即使活体捕捉和贸易在塔吉克斯坦小范围内持续进行，但活体贸易已不再是对雪豹生存的最大威胁。最大威胁可能来自栖息地破坏、破碎化，生存环境恶化和食物缺乏。然而，毛皮贸易在更大的范围内实施，无法杜绝。雪豹的毛皮被制成皮大衣、帽子及其他服装制品，也作为一种传统装饰壁挂，备受吉尔吉斯、哈萨克、塔吉克、蒙古和中国新疆各民族的喜爱。

2000 年，在吉尔吉斯斯坦奥什南部的吉尔吉斯城建城 3000 年纪念活动上，就展出了一张雪豹皮。哈萨克斯坦总统纳扎尔巴耶夫，在他的就职仪式上身穿由雪豹毛皮制成衣领的哈萨克民族传统服饰。2001 年，吉尔吉斯斯坦时任总统阿卡耶夫曾赠送一张雪豹皮给哈萨克斯坦总统，作为庆祝他 60 周岁的寿礼。2010 年 4 月，吉尔吉斯斯坦时任总统巴基耶夫政府被推翻，人们在巴基耶夫家的后花园里发现一个私人动物园，内有 2 只天山雪豹，还有棕熊、金雕、猎隼、天鹅等珍稀动物。2011 年 1～2 月，第七届亚洲冬季运动会在哈萨克斯坦的阿斯塔纳和阿拉木图举办。本届亚冬会吉祥物是一只名叫“伊尔比”的雪豹。这一神兽象征着力量和独立，体现哈萨克斯坦精神。无独有偶，2011 年 2 月 27 日，经过俄罗斯全民投票，2014 年索契冬奥会组委会宣布雪豹、北极熊和兔子为这届冬奥会的吉祥物。一只手持滑雪板的雪豹从 9 个候选吉祥物中脱颖而出，以 28%的得票率高居榜首，成了俄罗斯的明星。从上述事例可见雪豹在中亚分布区的受喜爱程度。

(二) 世界各国贸易数量

哈萨克斯坦在 21 世纪初期才开始出现关于豹骨贸易的报道，尽管在之前的 100 多年几乎每年都有 6～10 只雪豹被盗猎，却没有任何人因此被举报或逮捕。报道称 1990 年上半年有数张雪豹皮在阿拉木图被出售给外国人。1993 年的当地报纸刊登私人收购雪豹毛皮的广告。1994～1995 年，有 10 张雪豹皮以 3000～7000 美元的单价被售出。2002 年夏，哈萨克斯坦富商以旅游的名义前往吉尔吉斯斯坦，私下收购雪豹活体，每只 2.5 万美元。哈萨克斯坦的雪豹生存状况非常糟糕，它们岌岌可危，已经接近灭绝的境地。

吉尔吉斯斯坦的雪豹种群在 20 世纪 90 年代遭到高强度偷猎而急剧缩减，数量从 1500 只锐减至 300 只。尽管吉尔吉斯斯坦从 20 世纪 50 年代便开始禁止雪豹偷猎，但在那时所处的苏维埃时代仍有个别属于所谓的国有“动物园团体”的人士被允许活捉雪豹，并送往世界各地的动物园或动物研究机构。据了解，在 1936～1988 年就有至少 420 只雪豹被捕捉。一直到 1991 年吉尔吉斯斯坦独立，这些“动物园团体”才被解散，也从此终止了雪豹的官方商业出口。21 世纪初，吉尔吉斯斯坦爆发“郁金香革命”，国家失控，一度处在动荡之中，秩序混乱，雪豹资源继续遭受巨大的破坏。

过去，在吉尔吉斯斯坦雪豹皮的价格仅等同于 1 匹马或者 5 只绵羊。但很快这个价格就有了翻天覆地的变化，根据收购地点和质量不同，雪豹的冬皮单价在 1993～1994 年上升为 500～2000 美元。雪豹偷猎贸易案件也屡见不鲜，20 世纪 90 年代中期几乎有一半的雪豹种群被猎杀。1994 年冬天，在波克罗夫卡村，有人兜售 12 张采集自泰尔斯凯山脉北坡的雪豹皮。另有人在卡拉库尔兜售 10 张 1993～1994 年采集的雪豹皮。

为了加强对雪豹的保护力度，1999 年德国一个自然保护社团（NABU）同吉尔吉斯斯坦的环境部门签署了双边合作协议，共同开展雪豹保护项目，并成立了一支反偷猎团队，又叫雪豹执法队（Gruppa Bars）。雪豹执法队通过秘密调查，查获了为数不少的贸易案件，并了解到大多数情况下外国人是毛皮贸易的潜在买家。1998 年，一名女子在正准备以 800 美元的价格出售 2 张雪豹皮时被捕。1999 年 10 月，一名男子尝试通过中介以 1000 美元的价格出售 1 张带有头骨的雪豹皮，在首都比什凯克被捕。2000 年 9 月，一名男子因以 800 美元的价格出售 1 张带有头骨的雪豹皮被捕。2000 年 12 月，一名男子因以 6000 美元的价格出售 1 只受伤的老雪豹被捕。2001 年 2 月，两名女子在比什凯克的一家饭店试图以 1000 美元的价格出售 1 张带头骨的雪豹皮被捕。数天之后，在比什凯克的另一家饭店销售纪念品的女老板试图以 350 美元的价格售卖一张雪豹皮被捕。2001 年 2 月，马纳斯国际机场的一名职员以 1000 美元的价格兜售 1 张新剥制的并带着血肉的雪豹皮和骨骼。2001 年 6 月，比什凯克工业大学的一名学生以 900 美元兜售一张带头骨的旧雪豹皮。2001 年 9 月，一名来自伊塞克湖地区的男性居民在比什凯克的一家饭店以单价 500 美元出售 2 张雪豹皮被捕。2001 年 12 月，一名男子以 1000 美元兜售 1 张雪豹皮被捕。2002 年 2 月，一名男子以 1500 美元兜售 1 张雪豹皮被捕。

1999～2002 年，吉尔吉斯斯坦的雪豹执法队缴获 3 只活的雪豹幼崽和 16 张雪豹皮。110 名盗猎者或交易者被捕，缴获枪支 162 支，彻底销毁 232 个陷阱，119 个普通陷阱及 79 个为雪豹特制的陷阱。逮捕罪犯的过程和深入贸易调查揭示，吉尔吉斯斯坦的雪豹贸易结构包括有组织的（顾客通过该网络可以订购）和无组织的（机会性）两类。有组织的贸易网络属于跨境联系，东至中国，向西北延伸，穿越哈萨克斯坦，抵达俄罗斯，包括数名专门为濒危物种商讨价格的商人，并在当地有猎人为他们服务，与中国的贸易是由生活在吉尔吉斯斯坦和中国新疆的维吾尔族人所操控。国际野生物贸易研究组织于 1998 年调查发现在吉尔吉尔斯斯坦和中国边境的大量雪豹毛皮非法贸易，带头骨的雪豹皮单价为 500～1500 美元，活体单价为 5000～11 000 美元。还没有可靠信息表明是否存在骨头贸易。

在塔吉克斯坦有报道的毛皮贸易，包括雪豹和天山棕熊。在帕米尔高原，当地吉尔吉斯族人每年猎杀 7 只雪豹出售给外国人。1995 年在某集市上 1 张雪豹皮的要价为 300～400 美元。同年，10 张雪豹皮被当地海关缴获。2000 年 12 月 10 日，吉尔吉斯斯坦的雪豹执法队（Gruppa Bars）缴获一只受伤严重的 6 个月大的小雪豹。据了解，该雪豹是当年 6 月在塔吉克斯坦的帕米尔高原被捕获的。莫斯科一家狩猎公司在网上发布雪豹狩猎的消息，称狩猎 1 只雪豹只需 7520 美元，还可以得到濒危野生动植物种国际贸易公约委员会的许可证。狩猎时间一般在 10 月下旬或者 3 月末 4 月初，并在网上贴了一张猎人肩扛雪豹的照片，标注说照片拍自塔吉克斯坦帕米尔高原的一条峡谷。

据统计，1951～1959 年，乌兹别克斯坦共有 29 张皮被销售，尽管数量不多，但每年也大约有 10 只雪豹被猎杀或捕获。1990 年乌兹别克斯坦政府缴获了一张据称采自哈萨克斯坦的雪豹皮。1998 年当地巡查员在接受野生物贸易研究组织采访时透露，当地人曾采集天山棕熊和雪豹皮出售到国外。

阿富汗数十年笼罩在美、俄超级大国干涉的战乱之中，民不聊生，雪豹资源更是遭受灭顶之灾。在一些巴扎（集市）及美军军事基地附近经常可以看到作为商品出售的雪豹皮毛。持续的武装冲突使雪豹和其他野生动物成为直接受害者。在阿富汗活跃着 3000～4000 名职业狩猎人，还有更多人直接涉足走私动物毛皮到巴基斯坦、中国等。大部分的雪豹皮出口欧美市场。直到今日，阿富汗的毛皮交易从未停止。尽管阿富汗在 2002 年时就已经在全国范围内颁布了禁止捕杀雪豹的禁令，但是收效甚微，高额利润使一些贫苦的阿富汗人情愿违反狩猎法去猎取雪豹。战乱、贫穷使得阿富汗猫科动物命运艰难，美国驻阿富汗大使馆的环境顾问克莱顿·米勒曾说："如果回顾一下阿富汗历史，会发现其实该国的大型猫科动物的种类比整个欧洲的猫科动物都多。但是，现在这个国家没有被列入濒危物种的只有家猫了。"帝国主义的战争罪行、虚伪的西方文明、可耻的西方价值观及所谓"多国维和部队"涉及濒危物种毛皮和骨骼的贸易，至今还在延续着，这个饱受战争蹂躏的国家的雪豹及其他野生动物生存现状堪忧。

俄罗斯的毛皮贸易历史悠久，那时的大型捕食者的毛皮及熊胆都是出口畅销的动物产品。莫斯科和加里宁格勒也逐渐成为合法及非法的毛皮交易中心，客源不仅有俄罗斯本土，还涉及国外。现在一张雪豹毛皮在黑市能卖到 5000～15 000 美元。由于俄罗斯野生动物保护的标准较低，又缺乏有效的控制手段，盗猎濒危物种日趋猖獗。从 20 世纪 90 年代开始，蒙古国的雪豹皮定期进入俄罗斯市场。每年冬天从阿尔泰山地区入境的雪豹皮至少有 10 张，这些雪豹皮售价每张仅为 50 美元左右，比俄罗斯本地的最低价还低 4～5 倍。豹骨贸易在俄罗斯没有被直接记录在案，在俄蒙边境也不为人知。然而，中俄野生动物贸易迅速增长，可入药的野生动物名单和数量不断扩大，除了中国内地，相关产品还运往中国香港、日本、韩国和中国澳门等地。

蒙古国人猎杀雪豹主要是为了获取毛皮以挂在毡房的墙壁上做装饰或者出售。在蒙古国首都乌兰巴托的公共场所，如餐馆、宾馆、商店等也能见到公开展示的豹皮。1992～1995 年，蒙古国海关和公安共计缴获 84 张豹皮，平均每年 20 张，其中的 35%属旧皮。每到春季雪豹常常被放在动物尸体附近的陷阱夹住，或者被狩猎北山羊的猎人遇到而误杀。据历史统计数据，1908 年有 80 只雪豹被捕杀；1927 年 40 只；1929～1932 年，每年 20 只；1933 年 10 只；1934 年 40 只；1934～1944 年每年 15～25 只；1968 年 40～50 只。随着执法方式和力度的加强，豹皮及其他部位的交易有降低的趋势。目前，蒙古国的雪豹资源量已经跃居世界第二，为 700～1300 只，约占全球总数的 20%，仅次于中国。

蒙古国曾是唯一拥有官方认可的雪豹狩猎运动项目的国家。过去每年的 10 月 16～28 日，在蒙古国狩猎是合法的。直到 2011 年，在本国 NGO 和国际组织的推进下蒙古国才取消了雪豹狩猎的许可。但是，依然允许外国人猎杀 4 只雪豹，用于所谓的科学研究。狩猎运动项目曾给当地雪豹的生存带来了极大的威胁。此消息一经发布立即引起了雪豹关注者的强烈反应，全球雪豹网络又给蒙古国政府写信，强调此事件的重大影响，如此许可的发布只会使蒙古国政府在雪豹保护方面的国际形象大打折扣。在雪豹保护者们的极力关注及社会舆论的压力下，蒙古国政府最终取消了此项决定，从此世界上再不存在任何猎杀雪豹的相关许可。

蒙古国 1986 年运动狩猎的费用是每只雪豹 11 200 美元，另加 5000 美元，可附带一只盘羊、北山羊或者鹅喉羚。2000 年，一名西班牙女子在一次非法猎杀雪豹的过程中受重伤。2002 年，政府向美国猎人开放，允许一支历时 19 天的狩猎雪豹远征队进入分布区，收取费用为每人 2.5 万美元。并且，他们可以在乌兰巴托的街道上以非常低的价格向当地猎户购买豹皮。

运动狩猎，也被称为休闲狩猎、奖品狩猎（trophy hunting)、战利品狩猎或游戏狩猎等。2006～2012 年，中国政府曾多次企图开放国际狩猎市场，均遭到民众的强烈反对。其实，猎手的目的并不是获取猎物并出售，而是享受狩猎、追逐的乐趣和运动刺激，并将猎物作为纪念品永久保存。杀死一只猎物的许可证价值往往高达几万美金。如果加上与狩猎相关的服务费、交通费，花费更加巨大，已经远远高于猎物本身的经济价值。如果管理得当，其对当地的保护是有利的，成为偏远社区扶贫和物种保护的资金来源。1992 年，一个德国狩猎团体得到政府许可在帕米尔高原狩猎马可波罗盘羊和雪豹，均价 4000 美元。他们在狩猎过程中，通常需要动用价格不菲的军事或者民用直升机。

豹皮和豹骨交易在尼泊尔都有记录。尼泊尔首都加德满都是出了名的猫科动物毛皮非法交易中心，毛皮交易由克什米尔人控制。20 世纪 70 年代，国际雪豹保护运动在尼泊尔兴起，偷猎雪豹以获取毛皮的行为便开始登记在案。20 世纪 80 年代末，毛皮仍在公开售卖，尽管受到来自国际公众的反对和施压后，交易已经转入地下，但依然存在。1979 年，据杰克逊的调查，当地猎人售卖雪豹皮每张可挣 10～50 美元，相当于他一年的现金收入。1993 年的一项调查发现虽然毛皮需求量看似降低，但毛皮商店却越来越多。1988 年，在加德满都的一家毛皮店内出售有诸多猫科毛皮商品，并发现4件由雪豹皮制成的长衫及2顶帽子。1989年，在一家五星级宾馆以3000美元的价格售卖一件雪豹皮大衣。印度和尼泊尔之间存在一条有组织的野生动物贸易通道，在加德满都有很多克什米尔的商人，而斯利那加、查谟、克什米尔又是印度毛皮交易中心。由此推断许多被售卖的物种很可能来自印度，由于这些地区政治动乱，许多克什米尔人迁居至加德满都，但他们仍然与原住地做着毛皮买卖。

欧洲国家虽然不是雪豹的分布国，但雪豹的皮骨贸易依然存在。在德国有诸多走私者在试图将雪豹皮从蒙古国通过布拉格走私进入德国时被捕。2002年9月，一名男子试图通过网络售卖1张带头骨的雪豹皮，最低要价199欧元。2002年在法国南部缴获一只从吉尔吉斯斯坦被用汽车运经南斯拉夫、土耳其、埃及、摩洛哥和西班牙的雪豹。1991年，有俄国人在华沙文化宫殿附近以300兹罗提的单价售卖2张雪豹皮。一名俄国人试图在索波特出售1张豹皮。1992年一名猎人从蒙古国进口1张豹皮，还有一家狩猎商店将1个雪豹头作为战利品展示。2006年在伦敦附近的一家皮货商铺发现8件用“大猫”皮革制成的裘皮大衣，其中包括雪豹、金钱豹和老虎皮子。警方说，自1995年以来约有3万件濒危动物制品被查获。

二、中国的雪豹产品市场

中国作为雪豹分布数量最多的国家，同时也是雪豹生皮、熟皮、骨骼和活体贸易最大的市场。在这里甚至雪豹的鲜肉、豹鞭、爪子、牙齿也被利用或交易。家丑不可外扬，官方禁止报道贸易数据。因此，这里讨论的资料大多是来自国外游客的观察和述说（Dexel，2002；Theile，2003）。其实，国内的毛皮、骨骼和活体货源不仅局限于中国本土，还包括中亚周边的国家，如蒙古国、吉尔吉斯斯坦、哈萨克斯坦、塔吉克斯坦、阿富汗、尼泊尔、印度和巴基斯坦等国。在许多边远城市，如伊宁、喀什、塔城、阿勒泰、乌鲁木齐、拉萨、日喀则、那曲、樟木、狮泉河、西宁、临夏、兰州、满洲里、呼和浩特等，雪豹产品以各种途径、不同方式源源不断流入中国内地。

随着国民经济迅速增长，中国内地的富人越来越多。对奢侈品的需求也越来越大，有钱人挥金如土，完全没有动物保护意识。中国的雪豹皮来自国外走私或者本土贩运，崭新的生皮或熟皮在中国的大江南北都有销售（图7-9）。虽然雪豹毛皮交易遍布中国，新疆的喀什仍不断壮大成为中国西部的毛皮交易中心。曾到过喀什的游客称见到数十张雪豹皮正被售卖，除了这些，喀什东巴扎销售的毛皮大多来自中亚周边国家或地区，包括中国西藏、克什米尔、巴基斯坦、阿富汗、塔吉克斯坦、吉尔吉斯斯坦、乌兹别克、哈萨克斯坦等。随着市场需求增大，当地牧民捕杀雪豹的次数逐年增多。2000年之前，雪豹皮在新疆一度可以极其容易且公开地购买，单价在1000美元左右。

图7-9 在一些偏僻的集市，野生动物皮张包括雪豹皮筒被肆意销售（IFAW提供）

1993年，两名牛津大学的学生在喀什花了100美元购得2张雪豹皮。1996年，一名德国登山者在喀什大巴扎的一家商店内见到5～10张雪豹皮，并称在这里随机选取的商店都售卖雪豹皮。因此，这肯定不是唯一的一家。1999年，一名旅游者在喀什的艺术手工艺公司见到出售的雪豹皮。2000年，两名德国游客称在喀什市场上见到出售的雪豹皮（图7-9）。2001年10月，阿克苏一牧民因设陷阱在托木尔峰自然保护区捕杀雪豹，被警方逮捕并被判处有期徒刑10年。新疆特克斯县的一哈萨克族牧民分别在2002年1月28日和2月4日各捕捉1只雪豹，同年3月17日被伊犁森林公安抓获。2011年有人一年从和硕那里一共得到8只雪豹尸体，其中6只被运往内地。

其他省区的情况一样糟糕。1984年，12名来青海省某乡的少数民族被拘捕，1972～1984年，他们共猎杀28只雪豹，包括5只成年豹、6只亚成体和7只幼崽（小于1岁）。1983年2～5月，在青海省中部杜兰村附近的山上，8人打死18只雪豹并捕捉到1只幼豹，幼豹在被捉后不久便死去。之后，这些赃物被卖给采购商。据青海省官方报告，1988～1995年，60只雪豹被报死亡。1990年2月25日，青海省湟中县的5名村民在可可西里杀害14只雪豹。根据青海林业厅统计，1990年以来，仅青海一个省就有超过100只雪豹被猎杀。青海中部秀沟地区的雪豹数量急剧下降，1990年6月，青海西宁公安在一户牧家中缴获40张雪豹皮。1989年8月，青海囊谦县的一村民试图售卖1只野外新捕获的雪豹，这只雪豹在确定买主之前死亡。1990年11月，一个半游牧牧民捕获1只雪豹幼仔并将其出售给一位研究者，之后研究者给这只幼豹带上无线电项圈，并放生。在当地一张成年豹皮的价格为300～500元，而豹骨是每千克600～800元。1996年8月，青海玛沁县2名盗猎者被捕，并收缴雪豹皮1张。2001年11月，西宁车站商贸大楼出售2张幼仔毛皮。

四川省靠近青藏高原地区产雪豹，松潘县和九寨沟也是雪豹毛皮的两个主要集散地，货源包括西藏、青海、甘肃、宁夏和毗邻地区。据调查，1998 年松潘出售的雪豹皮超过 20 张，九寨沟 5 张。2000 年，一名德国游客在松潘县见到路边的小摊贩公开售卖雪豹皮，并称雪豹皮深受日本游客的青睐。

在西藏，民间信奉佛教或喇嘛教，不提倡杀生，特别是对待野生动物的保护理念，不同于其他民族。但是，30 多年前开展的破四旧、反封建与反迷信运动，一些牧民放开了杀戒。在政府开发和扶贫政策的倡导下，形势所迫，个别地区逐渐形成一定的猎杀和交易雪豹产品的势头，那些年国家收购的野生动物毛皮达到 253 万张，平均每年 10 万张。20 世纪 90 年代之前，雪豹一直被当做害兽控制，西藏政府允许牧民和农民捕杀雪豹。政府部门或民间自由分发或超低价售卖枪支弹药，再通过现金补偿来回收雪豹皮，最后出售给雪豹皮大衣制造商获取项目资金。但是，随着利润的不断攀高，越来越多的雪豹皮流入黑市。之后，只有不到 30% 的雪豹或其他猫科动物的毛皮能最后回收至政府的项目监督局。据尹秉高和刘务林（1993），1970 年仅昌都地区一年就有 60 只雪豹被捕杀；1990 年 1～6 月吉隆县捕杀了 11 只。在拉萨公开销售的雪豹皮也不在少数，全西藏每年猎杀 20 多只雪豹，最多时达 80 只。2000 年，野生动植物保护国际（FFI）的一名官员在西藏旅游途中见到 5～10 张售卖的雪豹皮。当时雪豹皮的价格非常低，一个贫穷的牧民出售一张雪豹皮虽然仅获 9～18 美元，却已能满足牧民的基本生活问题。另有一名西藏游牧民设陷阱捕杀 2 只雪豹，以 500 元出售，仅等同于两只小牦牛的价格。

甘肃省既是雪豹分布地，也是黑市销售点和集散地（图 7-10）。它接纳来自青海、新疆、西藏、四川、内蒙古等省区的雪豹产品，然后销往内地。2007 年 7 月，甘肃临夏警方与青海警方密切配合，顺藤摸瓜，一举将犯罪嫌疑人马某抓获，并在其家中查获国家一级保护野生动物雪豹皮 27 张、头颅 3 个、骨架 2 副。另外还查获云豹皮 1 张、熊皮 1 张、猞猁皮 2 张及骨架 8 副，连同其他野生动物毛皮共计 104 张。马某供认，2006 年 11 月至 2007 年 7 月，他先后以 1200～2000 元

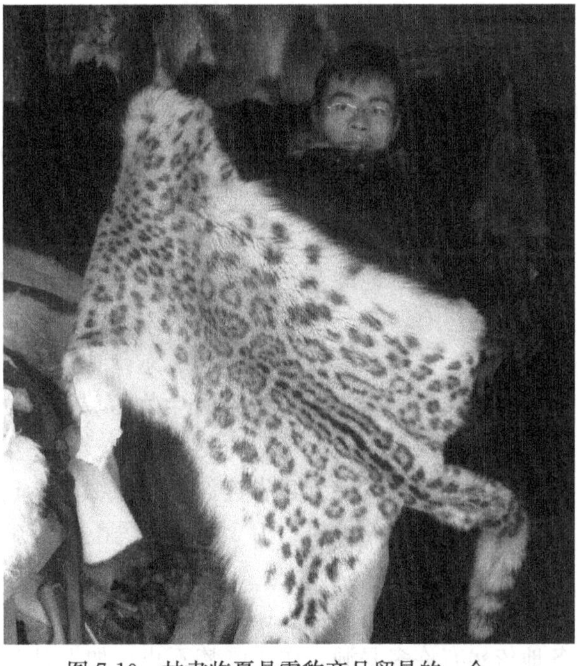

图 7-10　甘肃临夏是雪豹产品贸易的一个集散地（田磊磊 提供）

的价格从青海、西藏两地收购了30多张雪豹、云豹、猞猁等动物毛皮和一批骨架，并以4000元的价格出售过两张雪豹生皮。2008年6月，国际环境调查机构（Environmental Investigation Agency，EIA）雇员在甘肃某地调查时发现有13张雪豹皮和13张金钱豹皮在市场上公开出售，甚至还有1张完整的老虎皮。显然，甘肃的通道作用，举足轻重，成为中国最重要的雪豹生皮或熟皮贸易走廊。

在甘肃临夏、三甲集和兰州的另外一次调查发现，用雪豹皮碎片缝制的马甲和雪豹地毯也出现在市面上。这是为了逃避整张雪豹皮子贸易的风险性和使得贸易更加隐蔽（田磊磊，2008）。这样，皮子价格也发生了巨大的变化，为500～10 000元。随着保护力度的加大，毛皮贩子贩卖成品的形式，也发生着变化。市面上也有整块的雪豹皮做成的马甲，但马甲表面是看不出来的，因为毛皮外面包裹了一层布料。调查中见到的碎片缝制成的马甲有两张，但估计市场中流通的数量远远大于两张。因为，有许多皮马甲从表面是看不出来的。在甘肃，雪豹贸易除了我们知道的以上贸易外，动物园参与的贸易也是重要的组成部分。调查人员走访了兰州市动物园，得知动物园中的雪豹于2007年年底已经死了。还了解到动物园中的雪豹来自甘肃的酒泉、阿克塞地区，为当地农民或牧民抓获。而当谈起死亡雪豹皮子的时候，动物园中的工作人员便撇开了话题。其实动物园也是早就和毛皮贩子联系好了珍贵动物皮毛的销售渠道，内外勾结，物尽其用。

在无雪豹分布的地区，也存在雪豹毛皮贸易，如北京、山西、陕西、河北、山东、河南、江苏、上海、浙江、福建、广东、香港地区、台湾地区等。其中混杂有各种野生动物皮制品，如整皮挂件、小工艺品、饰物、椅垫、地毯、褥子、皮衣和标本等。显然，这些都是违法的行为。2002年，北京翠宫饭店附近的毛皮店内有1张雪豹皮被制成沙发罩出售，价值6000元人民币。但此销售店员并没有意识到销售雪豹制品是违法行为。除了甘肃临夏、河北辛集、山东招远、浙江海宁等地的皮子交易中心，最近四川自贡也有一个皮革城，野生动物皮张应有尽有。东部沿海的交易商一般只是中间人，将收集到的皮子再转手到中国台湾、中国香港、中国澳门、东南亚。大部分野生动物毛皮原料源自中国内地，天津一家店主告诉国际野生物贸易研究组织的调查员，数名来自东北和东部沿海的买主曾经购买雪豹皮当壁挂。1999年5月，约17张来自内蒙古、上海和福州的雪豹皮在福建省连江县被收缴。2011年3月，在浙江海宁有两件雪豹裘皮大衣出售，价格约为5万元人民币。要知道一件裘皮大衣需要4～5只的雪豹皮。

雪豹在中国属于一级保护物种，是禁止猎杀和贸易的。但是，法律归法律，各地依然有许多漏洞，盗猎屡禁不止，加上某些人素质差、落后、腐败、无知、贫困、传统习俗和管理水平低下，即使有种种原因也不能推卸政府管理者的责任。国际组织包括国际雪豹基金会对此表示高度关注。

三、贸易及价格分析

鉴于雪豹非法贸易的特殊性质——夹带、走私、黑市、秘密交易等，其活动范围及商品价值很难估计。尽管如此，仍有大量证据表明在国内及国际上存在雪豹活体、毛皮、豹骨、豹肉及其他相关物品的交易。

最虔诚的喇嘛教国度——不丹王国，是 12 个雪豹分布国中唯一没有也未曾有过雪豹商业贸易记录的国家。豹皮贸易在其他 11 个分布国都有记录，豹骨交易在中国、尼泊尔、蒙古国和哈萨克斯坦都有过报道。活体交易发生在许多国家，包括吉尔吉斯斯坦、中国、巴基斯坦和塔吉克斯坦。欧美发达国家，包括美、英国、德国、法国、芬兰、澳大利亚、日本等，是动物园雪豹交易、交换最活跃的国家，也是收藏数量最多的国家。

中国是唯一囊括豹皮、豹骨、活体甚至豹肉交易的国家，市场需求量和容纳量非常大。贸易集散地有河北辛集、山东招远、甘肃临夏、浙江海宁、四川自贡等地的皮革城，安徽亳州和四川成都中药材市场等。活体及其他相关物品迎合不同的市场需求，但可以肯定中国已经替代欧美和苏联成为最大的雪豹贸易国和消费国。同时，中国也拥有数量最多的雪豹种群资源，可以轻易获取国内外的雪豹资源，来满足市场需求。

全球每年野生动植物贸易总额达上亿、几十亿甚至上百亿美元，许多是隐性消费。非法野生动植物贸易的利润相当高，仅次于毒品交易。沃尔弗顿大学的一项研究表明："在大多数有利可图的非法野生动植物交易中，犯罪分子正向有组织化发展。那些高度组织化的犯罪团伙，利用走私其他商品的路径（如轻武器、毒品和贩卖人口），来走私野生动植物产品。"

在中亚和俄罗斯，野生雪豹种群面临的威胁来自毛皮和活体的市场需求，及执法力度的薄弱。后者不但对走私起不到威慑作用，反而进一步刺激该行为的发生。低廉的罚金和高额的报酬，促使更多的人铤而走险。诸多证据表明，前苏联的某些大规模犯罪团伙参与雪豹非法交易，令社会暴力不断升级。同时，高失业率、贫困、动乱、收入不均等，也诱使人们偷猎雪豹及其食物获取利益。

毛皮、豹骨及活体雪豹交易的价格信息相当零散，毛皮价格随地域而异。其中，俄罗斯由于需求量大而价格最高，蒙古国的价格最低。价格也能反映交易的组织化程度，以及参与的交易者数量。通常贸易链中的环节越多、路线越长，价格越高。

目前，不丹和乌兹别克斯坦没有任何关于毛皮交易的信息。中国的价格因时因地而异，从 1993 年 2 张皮卖 100 美元，到 2002 年 1 张皮在喀什能卖到

1000 美元。青海省 1 张成体豹皮价值 300～500 元人民币。西藏自治区 2002 年的价格为 2 张皮 500 元人民币，而 1992 年为 50～100 元。在巴基斯坦，2001 年在拉合尔 1 张皮价值 15 000 卢比。尼泊尔豹皮价格为 10～50 美元。在蒙古国，2002 年乌兰巴托的街市上当地猎人仅以 25 美元的单价卖出豹皮。类似的低价在俄蒙边境有过记录，约 50 美元一张皮子。相比之下，同年俄罗斯偏远地区的最低单价为200～250美元，而莫斯科黑市的豹皮单价则为 5000～15 000 美元，非常悬殊。哈萨克斯坦，1998 年的单价为 300～700 美元。而邻国的吉尔吉斯斯坦带头骨的豹皮单价为 800～1500 美元。1995 年，塔吉克斯坦豹皮价格约为 500 美元。在巴基斯坦，1 张皮能卖 1000 美元。2001 年，阿富汗北部城市法扎巴德的一家商店以 500 美元的价格出售 1 张豹皮。在美国，《濒危野生动植物种国际贸易公约》出台以前，1984 年豹皮单价为 9000 美元，1995 年一名商人试图以 8000 美元出售 2 张豹皮及 1.5 万美元出售另外 1 张。

过去，豹皮大衣在欧美富裕国家和日本能卖到 6 万美元。如此高的价格假如在俄罗斯或者西方国家能够实现，那么交易的中间利润相当可观（相当于收购价的 200 倍）。通常好品质的大衣是由雪豹冬皮制成。这主要取决于皮张的大小和皮毛的质量，冬毛价高，夏毛价低。一件成衣需要 5～8 张雪豹皮。1986 年在中国，一位美国游客以 1100 美元的价格购得一件豹皮大衣。1989 年，在尼泊尔一家五星级宾馆以 3000 美元的价格出售 1 件豹皮大衣。

豹骨的价格信息很少。1986 年，在西藏阿里地区 1 件完整的雪豹骨架，约值 700 元人民币，比皮子和肉贵 2～3 倍。1987～1990 年，在新疆克孜勒苏柯尔克孜自治州，外贸公司或医药部门收购的豹骨每千克价值 300 元左右。1994 年前往西藏自治区的游客称花约 190 美元可以获得一副豹骨骨架。在中国的其他地区，豹骨能卖到每千克 600～800 元人民币，黑市每千克价格高达 300 美元。最近的一副雪豹骨骼价格是整件 7000 元人民币，每只雪豹骨骼重量 2～3 千克，药用单价 1800 元人民币/千克。1 副豹鞭的价格为 1000～3000 元（表 7-2），市场上极其罕见。

表 7-2　国内雪豹产品一般价格估算

产品目录	1960～1980 年	1980～2000 年	2000～2012 年	地点
新鲜全尸/（元/只）		900～1 100	10 000～30 000	新疆
全皮，生皮或熟皮/（元/只）	20～40	300～2 500	7 000～15 000	新疆、西藏等
完整生态标本/（元/件）		2 000～3 000	20 000～50 000	不公开交易
成品裘皮大衣/（元/件）		5 000～8 000	60 000～80 000	浙江海宁
骨架/（元/副）	110	700～1 000	5 000～7 000	西藏、新疆
头骨（标本）/（元/副）		300～500	1 000～4 000	新疆
药用骨骼/（元/千克）	50～100	300～500	1 800～2 600	新疆
牙齿/（元/颗）		50～80	300～600	四川、新疆
爪子（趾甲）/（元/个）		20～50	100～180	新疆
形态标本/（元/件）		1 000～3 000	10 000～30 000	各大城市

续表

产品目录	1960～1980年	1980～2000年	2000～2012年	地点
豹鞭——生殖器/（元/副）		100～200	1 400～3 000	新疆
脂肪与内脏（心、肝、胆、肺、胃、肠子）/（元/千克）		?	?	
雪豹生肉/（元/千克）			160～200	四川
餐馆雪豹熟肉/（元/碟）			128	四川
人均月收入/（元）	20～100	300～1 000	2 000～8 000	新疆及其他西部各省
人民币（¥）：美元（$）	11：1	8：1	6：1	中国

注：有的是收购价、黑市价，价格偏低，而不是正式的商品出售价。人民币的比价 60 年来有一定变化，人们的月收入水平也有巨大变化。因此需要综合了解消费水平，换算价格变化关系，评估真实的价格走向。

以上基本是市场上交易价格的平均值，进价要远低于此价，中间的利润基本都可以达到暴利的程度。例如，头骨作为骨骼的附属产品，进价与其他骨骼一致，但是近两年单独一个头骨的价格就可以占到全身价格的 1/3 以上。雪豹的四枚犬齿，未作任何加工，价格超过一整个头骨，若是再作包银或包金处理，那么价格会翻至少 4～5 倍。雪豹爪，亦是如此。雪豹的肉、油脂、鞭、胆囊、内脏等本是无用之物，但是也被商家开发利用了。这些器官基本是无本钱的东西，是随着皮张白送的，利益确实是实实在在的。肉和内脏基本没有出现在新疆市场，大部分尸体都有变质的情况，偶尔有新鲜尸体也是整具出售的，或是和骨架一起出售的，价格无法单独估算。胆囊由于是最先变质的器官，所以除非新鲜尸体，否则很难保存，基本无法出售。偶尔有听说用胆囊泡酒的，但市场上没有见到。

近年，购进整具尸体的交易量占新疆市场的 1/4，但是绝不会在市场上公开出现，基本为地下交易，价格不稳定。从 2004 年至今遇到的情况来看，价格为 6000～15 000 元人民币。典型的例子，如 2012 年年初一只冷冻成体，全长 2.6 米左右，估重 50 千克，整具售价 15 000 元人民币，单独计算皮张（生皮）7500 元人民币，其余尸体 7500 元人民币。又如 2011 年年底 3 只幼体，全长 1.2 米左右，单只体重 8～10 千克，交易总价为 20 000 元人民币。2011 年冬，一具雪豹的残存干尸，交易价 4000 元人民币，尸体腐败，仅头部和四肢末端保留有皮毛，作为骨架交易，价格已经不菲。2010 年冬，整具尸体（成体）价格在 13 000元人民币左右。2008～2009 年，整具尸体（成体）价格在 10 000 元人民币左右。以上均为一手或二手交易价（收购价），若是流入到药材市场或毛皮市场，那么市场价要远高于此价（图 7-11）。

标本大部分是为私人制作的，基本上不会流入市场。而且，收藏者多是有权有势之人。目前，在国内能拿出来展示的标本，基本都属于各个标本馆或标本公司的作品，成品标价都为几十万元。物以稀为贵，越是濒危，人们越想得

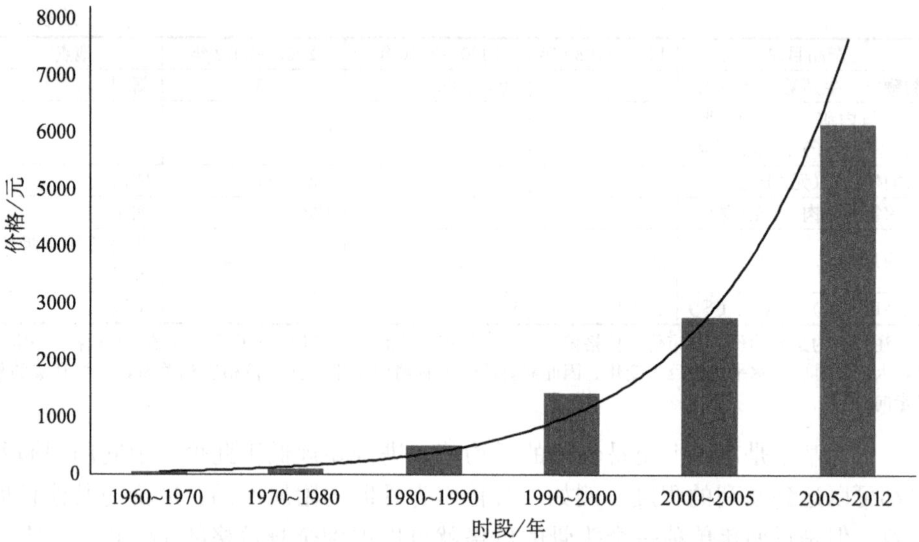

图 7-11　新疆雪豹产品价格上升趋势（未考虑人民币贬值和人民工资收入的同步变化）

到，越是珍稀，人们越想品尝。

雪豹活体几乎只能在动物园中见到，私人并无饲养记录。曾经有人偶遇活体，根本无法出手，饲养成本也很高。所以，即便遇见受伤或误捕到的活体，也会被处理掉。这里的“处理”实际上就是屠宰（处死）。

四、消费与路径

关于豹皮、豹骨、活体、豹肉的消费市场的信息并不多见。据目前所掌握的信息，中国和俄罗斯已经替代了欧美市场成为豹皮的最大消费市场。10 多年前，中国新疆售卖来自中国西部及中亚国家的豹皮，当地的店主们称日本人是主要买家。但没有信息反馈这些游客回到日本后豹皮的去向，可能多为私人收藏或家庭利用。豹皮也被运往工业中心，并在全世界范围内售卖。一些豹皮被倒卖到中国台湾甚至中国香港、中国澳门、南亚。从中亚独联体国家产出的豹皮，很容易被运往莫斯科或者加里宁格勒，并经东欧进入欧盟，这条贸易路线是臭名昭著的大规模走私野生动物的主要路径。1994 年，有豹皮在华沙销售。2000 年，有走私者试图通过东欧走私豹皮进入德国，并最终被逮捕。这些事例都进一步证实东欧是走私雪豹毛皮产品的主要路径。

有证据显示，吉尔吉斯斯坦的豹皮向西进入俄罗斯，向东传入中国。有的通过各种路径，最终抵达阿拉伯国家甚至土耳其。沃尔弗顿大学关于野生动物贸易的最新研究表明“野生动物走私者使用的路径常常很复杂，使当局很难跟踪及拦截”。走私通道一般选取国际贸易控制盲区，如执法能力较弱或者缺少相关法律约束的中度开发国家，即所谓“金三角”地区，或者是为了鼓励改革开放、自由贸易、市场经济而宽松法治的边境地带。再就是中亚动荡不宁、征战频繁（如阿富汗）和法制混乱的独联体国家。

虎骨或者其他大型猫科动物的骨头在亚洲、澳大利亚、美洲和欧洲是传统中药的配方材料之一。当今虎骨稀缺，雪豹的骨头作为替代品越发重要。其产品的成分萃取、深加工、片剂化，入药含量和资源量已无法估算。活体交易主要发生在吉尔吉斯斯坦。从吉尔吉斯斯坦出发，活雪豹被运往中国、俄罗斯、欧洲、美国或者阿拉伯联合酋长国等。豹肉在中国和蒙古国有被食用的报道。印度和尼泊尔的宗教仪式会使用雪豹头骨。

过去，雪豹皮及其他部位的交易主要出现在像欧洲和中东这些非分布的国家和地区。而分布国的外国游客很显然已经形成了雪豹交易的另外一个市场。皮毛是需求的主产品，不仅活的雪豹被交易，其满足亚洲传统制药市场的其他部位也被广泛用来交易。传统中药中豹骨的应用如同虎骨，被认为是传统的中医药材。其化学成分，如骨骼富含磷酸钙、蛋白质、骨胶原等，功效以抗炎、镇痛、镇静、安神、抗惊厥、减缓风湿类以及相关疾病类所带来的痛苦，强身健体，无任何副作用。豹的肝、肾、脾、胃、肠子等内脏经过烧灰研末，或制成丸剂、浸酒、煎汤等，可祛风湿、强筋骨、镇惊安神、去头风白屑，还主治风寒湿痹、筋骨疼痛、四肢拘挛、腿脚麻木、腰膝酸楚、小儿惊风抽搐等。有报道，豹骨的镇痛作用与虎骨和狗骨相似。雪豹的骨骼经风干、加工、研磨，比其他器官容易保存，最终被用来交易和入药。

五、新疆的雪豹贸易

新疆是中国最重要的雪豹分布区，占据了全球约 1/3 的种群数量。新疆与另外 11 个雪豹分布国中的 8 个为邻，其喀喇昆仑山、昆仑山、帕米尔高原、阿尔金山、天山、阿拉套山、准噶尔界山、塔尔巴哈台山、北塔山及阿勒泰山区的雪线附近是新疆雪豹的主要分布地。历史上 80%～90%的县有雪豹分布，总活动区域占新疆总面积的 16%～41%（见第五章）。

作为雪豹的集中分布地之一，新疆林业和环保部门在雪豹保护方面做了大量工作，并取得了显著成就。仅在新疆塔什库尔干地区，夏勒博士当年认定雪豹数量低于 40 只，但据目前的调查，即使是保守的估计雪豹数量也应有数倍的增长。但是，与此同时，新疆的雪豹面临的威胁也日益严重，特别是近些年来，由于人口增长及人类活动加剧、过度放牧、全球气候变暖，雪豹的栖息地环境不断恶化，其猎物也在持续减少。而对雪豹种群最严重、最直接的威胁还是以进行雪豹制品贸易为目的的非法猎杀。因此，政府部门、科研单位和民间机构通力合作，对这些人为致危因素进行深入细致的调查研究，剖析根源，十分必要。在此基础上做出现状评估与走势预测，以作为决策者和执法者的行动依据和参考方略，就显得格外重要和迫切。

在上述分布区内，主要是牧区，由于人们视雪豹为家畜的捕食者和为了获取其华贵的毛皮，雪豹被大量捕杀而濒临灭绝。

“无可驯服的雪豹，渗露着丝丝神秘。自由地漫步在白茫茫的喜马拉雅高山地带……”在20世纪60年代末，当这则介绍雪豹皮衣的广告开始出现时，用这种充满奇异魅力的猫科动物的皮毛制作的大衣，已经在西方国家风靡起来，并成为流行时尚。据估计，每年猫科类动物皮毛制品的国际交易额高达3000万美元。

直到20世纪70年代初期，雪豹皮毛制品的国际贸易才正式被禁止。1971年，国际皮毛制品贸易联合会忠告其会员国家，终止雪豹皮毛的交易活动。1975年，濒危野生动植物种国际贸易公约（CITES）严令禁止雪豹的皮毛交易。1988年，中国政府颁布《中华人民共和国野生动物法》，雪豹被列为国家一级保护动物。

然而，在新疆雪豹制品的非法贸易依旧存在，特别是在喀什、伊宁、乌鲁木齐、阿勒泰等地仍有贩卖活动。如果说20世纪60年代雪豹及其制品交易市场的形成是出于它的皮毛华贵，能满足欧美女性时尚与虚荣，那么如今雪豹及其制品交易市场的存在，则主要是因为其价格升值，且具有下述新用途：第一，整张雪豹皮用于猎奇装饰，时髦创新；第二，雪豹骨、豹鞭入中成药，强筋健骨；第三，野生动物园的活体捕捉、收集与活体交换，奇货可居；第四，标本制作、出售、展览，用于科学和教育；第五，馈赠礼品或收藏，雪豹皮、头骨、爪、牙及其制品常作为礼品用于馈赠，也有用于个人收藏。随着人类文明和社会进步，已经很少有女人敢穿着豹皮大衣，招摇过市，炫耀财富。

那么，雪豹制品的贸易通常在哪儿进行呢？

在新疆，各地土特产巴扎（自由市场或集市）、小商贩的地摊、旅游景点的礼品店、皮毛商场、服装店、黑市窝点、海关交易场所，公开或非公开的地方，都有可能成为野生动物制品买卖的场所。雪豹制品的购买者主要是来自北京、福建、广东、上海等地的商人或旅游者，而新疆本地人较少奢侈到收藏或摆设雪豹产品的地步。贩卖者一般情况下也不会是偷猎者，他们多是在新疆境内各县之间相互倒卖，得到货源，然后再带出疆。但具体流向讳莫如深，并不是很清楚。少数民族如维吾尔族、哈萨克族、藏族、回族等的有关人员活动在市场最前沿，他们涉及猎取、处理、收购、运输、加工、交货、出售等环节。而最后隐蔽的主要流通者与利益获得者，则可能多是人口占多数的汉族居民。

新疆哈密、阿勒泰、伊犁、巴音郭楞蒙古自治州（巴州）、克孜勒苏柯尔克孜自治州（克州）、阿克苏、和田地区是新疆雪豹的几个主要分布区，但似乎又是被外界普遍忽视的重要角落，雪豹保护事业基础较新疆其他地区更薄弱，相关信息的收集整理工作尚未真正启动。近年，来自阿克苏、克州、巴州调查者的数据多是有关非法偷猎的。而在雪豹制品贸易方面，每家皮革店里都挂出了很多野生动物皮张，如狼、狐狸、野猫的皮子，但很少敢有雪豹皮公开出售。贸易渠道和货物量都不清楚。

喀什是国际雪豹产品的主要集散地。早在 100 多年前，喀什就已经成为臭名昭著的西方探险家、博物学家、商人、军事间谍、偷猎分子经常觊觎、光顾、停留、驻足的地方，也是中西方物资交流和贸易的驿站。根据国际野生物贸易研究组织在 1996 年和 2003 年发表的报告，在喀什的巴扎和旅游商店里，1996 年一件大的雪豹皮黑市价可高达 4000 元人民币，比较小的皮张价格也达 2500 元人民币。黑市上的雪豹皮通常是很难确定其真正来源的，这是因为喀什地区是雪豹的重要分布地，周围有西藏、克什米尔、喀喇昆仑山、昆仑山、帕米尔高原、天山等，它还与吉尔吉斯斯坦、塔吉克斯坦、阿富汗、巴基斯坦等雪豹分布国为邻，有多个通商口岸和数千公里的边界线。在这些地方，偷猎雪豹、走私皮张和雪豹骨骼等产品曾经是非常严重的事情。夏勒博士 1985 年在中国西部地区调查雪豹时，即已发现喀什是各种动物毛皮重要的中转站。

乌鲁木齐乃新疆维吾尔自治区的首府，是政治、文化、商业、交通的中心，也是中国雪豹贸易的另一个中转站。在二道桥国际大巴扎，来自各地包括邻国的野生动物皮、爪、鹿鞭、骨骼、标本及其他附属产品琳琅满目，多是具有中亚特色的“土特产”。2004 年，新疆自然保育基金组织与雪豹项目组开展市场调查时，在一个小商贩的“黑窝点”（家中）见到 3～4 张雪豹皮，其中有的看上去是比较年幼的个体，斑纹不是非常清晰。2006 年，曾经有 1 件雪豹皮制成的裘皮大衣公开陈列，售价只有 2000 元人民币。有一个体商贩摆出的雪豹爪子总计 50～60 个，相当于 3 只雪豹的爪子（图 7-12）。每个雪豹爪（弯钩状趾甲），价格为 20～50 元人民币（现在已经升值 400～500 元人民币/个）。当然，在严打时期，柜台上的商品都被隐藏起来。一旦风声平息，又被堂而皇之地摆了出来。奸商与警察一起玩猫捉老鼠的游戏。有经验的顾客，投石问路，也能找到所需的产品。为了应对高压管制的态

图 7-12 乌鲁木齐市国际大巴扎出售的雪豹爪（趾甲），数量相当于三只雪豹的爪子

势，巴扎上的许多交易是秘密进行的。

2007 年秋末，在一次国际合作项目中，我们有机会陪同几位外国专家参观了新疆一位知名企业家的办公室。一层楼的办公环境令所有人叹为观止，而最让人惊讶的是这层专属办公楼里摆满了琳琅满目的野生动物标本，珍稀鸟类、兽类标本，毛皮、头骨比比皆是，在一面墙上仅雪豹皮就挂有 4 张（图 7-13）。若不是提前知道这是办公楼，一定会认为这是某单位的标本馆。大楼的后院有几个外观并不起眼的毡房，应该是用以接待来宾的处所。毡房里面装饰得非常亮丽，依然是到处挂满了动物毛皮及头骨标本。一张漂亮的雪豹皮被横挂在毡房的中央，该企业家则兴致勃勃地向众人介绍他的收藏。细想一下，一个企业家怎么会收藏这么多珍稀动物的标本，甚至公开向外人展示？到底是谁给了他那么多的许可，能够如此无法无天？这是一个值得深思的问题。

图 7-13　乌鲁木齐某公司于 2007 年 11 月向外宾公开展出的收藏品（程芸 摄）

六、民间利用

野外考察时，经常可以在牧民的毡房里遇见雪豹皮饰品。这些物品如同传家宝，是不会出售的。有的家庭将豹皮制成皮褥子，具有非常好的实用价值。最极端的例子，是一些地方的人们竟然敢吃雪豹肉下酒。总之相当一部分雪豹产品没有进入黑市，就被原地消化了。所谓“民间利用”就是指这种当地居民对雪豹资源的自然利用，完全不同于西方变态的奢侈品消费风潮。它反映的是一个国家、一个民族、一个地区的风土民情、传统习俗、文化和历史。以下归纳几条。

（一）全皮挂件——原生态猎奇

厚实的绒毛、别致的艾叶图案、华贵的大尾巴，自然而优雅。在亚洲中部，雪豹的毛皮被不同民族视为上乘物品，较少被制成皮件、地毯、帽子或其他服饰。通常只作为一种传统装饰壁挂，整皮悬于家中，备受乌孜别克族、柯尔克孜族、哈萨克族、塔吉克族、蒙古族人的崇拜和宠爱。过去，人们对豹皮是有敬畏感的，只能高高悬挂，而不可以垫在身下。《本草纲目》中有这样的解释：“不可藉睡，令人神惊。”野外考察，经常在当地少数民族家中见到雪豹皮，大多是挂在毡房的龙骨上，是身份的象征，也是富足的展现，还更有一点像是供奉的神灵。现代城市人崇尚原生态，实际上是一种返璞归真的表现。豹皮还有驱虫的功能，放在家中可以辟邪。豹死留皮，人死留名。自然而然的传统习俗，可见一斑。

（二）骨及内脏——传统中药材

传统中医药材将虎骨纳入其中，认为其具有固肾益精、强筋健骨、益智延年、舒筋活血、通血脉等功效（见李时珍《本草纲目》）。1973 年《濒危野生动植物种国际贸易公约》严格禁止附录所列濒于灭绝物种的一切国际商业贸易，一些传统中药品种，如犀角、虎骨、麝香、熊胆、象牙等均在被禁止之列。中国在野生药材资源保护方面也于 20 世纪 80 年代开始做出一系列相应的政策立法。1993 年 5 月 29 日起正式禁止出售、收购、运输、携带、邮寄虎骨，取消虎骨药用标准，不得再用虎骨制药。与虎骨有关的所有中成药停产，但鼓励虎骨代用品的开发研究。

雪豹骨骼，它的用途如同虎骨一样，被认为是传统的中医药材，用于筋骨疼痛、风寒湿 、四肢佝挛、麻木、腰膝酸楚，具有追风定痛、强壮筋骨的功能。自从国家明令禁用虎骨入药以来，豹骨成为原来含虎骨成药的替代品，导致豹骨的用量有所增加。然而，动物药治病只是根据古代医药书籍的记载，以及传统的习俗和信仰，迷信“吃什么补什么”，借助秘方增加药效形象和神秘性。但是，迄今并没有权威的科学理由和临床试验证据支持虎骨、豹骨等动物药的治疗价值。只是一些以前的中医药典，对豹骨入药有一点说明。然而《中国药典》2000 年版从附录中剔除了豹骨。新版药典已不再把豹骨作为中药来收载和流通。2006 年，中国也已全面禁止从野外猎捕豹类和收购豹骨。国家食品药品监督管理局还专门向全国各省、直辖市、自治区发出通知，各类豹骨中成药将一律退出药材市场，规定凡非内服中成药处方中含豹骨的品种，一律将豹骨去掉，不用代用品。对内服中成药处方中含豹骨的品种，则责成相关药品生产企业予以替代或减去。并有医药界人士指出，可用高原鼢鼠骨、狗骨或者牛蹄壳代替豹骨，其功效不会有太大影响。

然而，即使如此，在今天现代化城市北京的街头，我们仍然可以发现一些藏民在公开贩卖豹骨、豹鞭，也并不乏购买者。由此可见，把豹骨和豹鞭作为中医入药的传统观念，为非法市场提供了不小的生存空间。

（三）嗜雪豹肉——吃了豹子胆

民间俗语“吃了熊心豹子胆”，形容这个人胆子忒大，竟然敢吃豹子胆。

在问卷调查和案件分析的时候，竟发现民间真有 10 多次吃雪豹的记录。不得不说这是个“中国特色”，我们知道中国南方有吃猴子、硕鼠、青蛙等的风俗。灵长目可以说是人的同类，和吃人肉没有什么区别。世人皆知中国广东和广西有吃猫肉的风俗，而在东北有吃狗肉的风俗，百无禁忌。最近还有人因吃猫肉死亡的事件见诸报端，国人好奇心重，嗜欲无限，令老外汗颜。在民间也流传着雪豹肉能增强人的性能力的说法。藏医还认为雪豹的肉能医治肾功能上的问题。雪豹肉也因此被作为一道极具异乡风情的佳肴而大受欢迎。1987 年，和田地区曾有人在猎杀雪豹后，集体将肉吃掉，并把雪豹内脏和骨骼用来泡酒。2000 年，在四川成都科华中路的一家餐馆，雪豹肉被卖到每盘 128 元人民币的高价。在成都街头竟然有人公开叫卖腌制的“雪豹腊肉”，每千克40～50 元人民币。也有人在网上出售雪豹肉，每千克 160～200 元人民币。2001 年，某部队战士驱车追逐一只雪豹，将其逼上电线杆，然后捉回吃肉、泡酒。近年，在乌鲁木齐某大酒店依然有人制作雪豹宴，供内部人士消费。

另外，民间还流传雪豹的肝脏（带胆囊）、豹鞭、肾脏及油脂分别有着不同的医治功效。新疆当地传统的维吾尔医会利用雪豹的脂肪，涂抹皮肤治疗伤口。取食豹鞭之后会造成肾上腺皮质激素的分泌增加，从而会摆出一副天不怕地不怕的架势——天下舍我其谁的样子。在雪豹分布区，民间认为，雪豹的肾脏及油能起到强壮驱寒作用（王博，1992）。雪豹鞭有调节内分泌，益肾壮阳之功效，价格不菲（表 7-2）。

问卷调查发现，吃过雪豹肉的记录至少有 15～17 次，人数众多。参与者有国有牧场（团场）职工、边防军人、司机、林场工人、干部、科学家、技术员、地质工作者等。时间多在经济困难时期（1949～1999 年）。地点涉及新疆南部的昆仑山、喀喇昆仑山、天山等，范围相当大。可以肯定，当地的少数民族对这些是有禁忌的，山区的佛教徒、穆斯林群众都不会吃雪豹肉。因此，吃雪豹肉的多是没有信仰的汉族人。

（四）动物园——刺激捕捉与交换的场所

雪豹在中国的动物园中属于稀有物种，自然有许多动物园都想收藏这个物种以吸引游客。20 世纪 50～80 年代，动物园未经国家林业局的批准，擅自从野外活捕雪豹用于饲养、展示的情况非常普遍，这也给雪豹非法捕猎与贸易提供了市场。从 1955 年开始，北京动物园就曾经在四川、青海、新疆设点，专门从民间收购或捕捉当地的雪豹。那时没有法律意识，捕捉肆无忌惮。据统计，目前国内约有 30 多家动物园收养过雪豹，民间捕捉数量惊人。但成功繁殖者却寥寥无几，只有北京和西宁两地繁殖过几只，但很快就夭折了。因此，动物园的异地保护收效甚微。

可以说中国动物园繁殖野生动物的技术还不成熟，加之饲养种群小，结构不合理，过于分散，近亲繁殖严重。经常会有媒体大肆渲染，为饲养雪豹寻找配偶。2002 年 2 月，《北京晚报》刊登的一则消息，为八达岭野生动物园的两只雌性雪豹姐妹寻找配偶，一时引起了社会轰动。究其原因，到底是动物园当局缺乏物种保护的协调能力？还是动物园雪豹种群数量太少？但无论怎样这都增加了捕捉野生雪豹的压力，负面作用大。

20 世纪末，乌鲁木齐动物园曾经奇怪地从甘肃阿克塞县（祁连山）捕捉到 3 只幼雪豹，进行饲养和展出。2003～2004 年，至少有 3 只雪豹被喀什山区的当地人捕获，其中的两只被送给野生动物园。动物园其实还是雪豹“贸易”的最佳场所，合理合法，冠冕堂皇。由于缺乏繁殖能力，大多数中国动物园似乎时刻准备着接纳或收购活捉的雪豹。为了寻求刺激，乌鲁木齐天山野生动物园专门建立了“猛兽园”，大肆收购和捕捉珍稀食肉动物。国际动物交换也时有发生。1992 年 5 月，吉尔吉斯斯坦赠送北京动物园 2 只雪豹幼仔。1997 年 9 月，荷兰的鹿特丹市送往上海动物园 3 只雪豹，用以交换中国的珍稀动物叶猴。

（五）活体标本——馈赠礼品或收藏品

如上所述，除了自己捕捉，北京动物园、上海动物园和哈尔滨动物园都曾经收到过国际上馈赠的礼物——活体雪豹。活体标本一直受许多私人收藏者的钟爱，还有人打着科学的幌子，捕捉、运输、饲养、驯化、交换雪豹。并且，从过去到现在，野外捕获的雪豹一直都被作为国家首脑之间交换的礼物。最典型的例子，是吉尔吉斯斯坦时任总统巴基耶夫竟然在自家后花园收养 2 只野生雪豹。2010 年 4 月事发之后，被世人痛骂，可耻之极。

除了活体雪豹外，雪豹的皮、爪、鞭、牙、颅骨等“土特产”也常作为礼品用于馈赠或个人收藏。据说雪豹趾甲最大的消费群体是在云南、四川、西藏地区，作为耳坠和项链的装饰品，有避邪的说法。在成都某药材市场，竟然有 400 多颗雪豹牙出售，价格 400～500 元/颗。一副豹鞭的价格甚至相当于一张皮的价格（表 7-2）。在乌鲁木齐国际大巴扎也有大量雪豹产品出售，还有用来做服装及其装饰品的。另外，较大的雪豹指甲还常被冒充华南虎的指甲出售。

雪豹也常被制作成标本用以销售、展示或收藏。有的企业通过网络推销其雪豹产品。2004 年曾在新疆天池举办了一期标本制作培训班，有来自各地的几十人参加。之后展示了当年新制作的一具雪豹标本。据报道，新疆各地有数百位制作标本的专业或民间人士，各大学、研究机构都有标本馆，收藏量达几十万件，业余爱好者更是不计其数。2005 年 7 月在库尔勒没收了一只在天山中被夹住的雪豹，后来也被制作成了标本（图 7-14）。2011 年，新疆和硕县至少有 8 只雪豹被猎杀，其中 6 只被运往内地。近两年雪豹案件呈突发之势，最多一年达 27 起。目前，在乌鲁木齐、阿克苏、库尔勒等地都有雪豹标本公开展示。

七、雪豹贸易路线图

图 7-14　雪豹标本制作成为热门行业（汪永基 摄）

贸易制品流向何方？过去几十年都是通过外贸部门收购，然后出口到苏联或西方发达国家，换取外汇。改革开放之后的 30 年，情况有了根本变化。私有化进程加快，一些先富裕起来的人，开始收藏奢侈品。就目前掌握的资料，大部分雪豹产品由外销转为内销。甚至周边国家的雪豹产品也大量涌入中国，由过去的出口转向现在的进口。当然，过去可能是合法的，现在变为非法走私。2004 年以来，新疆雪豹研究小组在北京、河北、甘肃、西藏、青海、新疆等地展开广泛的市场和贸易调查，微服私访，深得其中奥秘。尽管掌握了一些资料，但也只是凤毛麟角（图 7-15）。

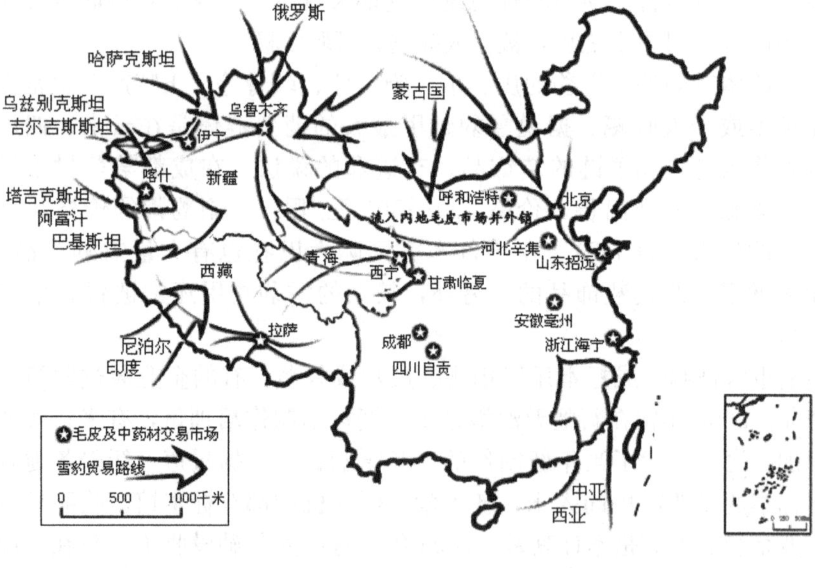

图 7-15　雪豹产品贸易路线示意图，国内外有 10 余条贸易通道（合并为 4 个方向）

近年，雪豹及其制品在市场上的流动大致有四个方向，其中的三个多少都与新疆有关系。

一是从中亚国家到新疆，加上本地的猎获产品，一起销往东部。近年开放的口岸增加了许多，疆内国境线约5300千米，走私的渠道很多，包括邮路、公路汽车、火车、飞机等。根据哈萨克斯坦的保护人士提供的消息，每年哈萨克斯坦有6～10只雪豹遭偷猎。之后皮子走私进入新疆，雪豹身体的其他部分则被用来制作中药。一张雪豹皮的价格是哈萨克斯坦人年均最低收入的60倍。曾有游客在新疆喀什市场见到出售中的十几张雪豹皮，大部分源自中亚相邻的国家。保守估计，北边的中蒙、中俄边境每年也有几十件雪豹皮流入中国。

二是青藏地区到四川阿坝和甘肃临夏贸易链。四川的松潘和九寨沟，是游客云集之地，来自四川、青海、甘肃、宁夏、内蒙古、西藏、新疆和毗邻地区的雪豹产品，多在这些地点流动。松潘和临夏是出名的野生动物贩卖或中转站。1998年和2008年的调查揭示，每年松潘有20多张雪豹皮在销售，而九寨沟有5～10张，临夏有30张以上，成都的中药材市场某个商贩就有400枚雪豹牙齿批售。

三是中国西南部至东部地区的一些产品来源与途径，浙江海宁基本是成品皮革中心。皮子多直接来自西藏和青海，可能有的来自蒙古国、俄罗斯，或者来自南亚包括与西藏交界的印度、尼泊尔等地。运输途径包括空运、海运、铁路、公路等。1999年5月，17张雪豹皮在福建连江出售，这个案例反映中国东部市场对雪豹皮的需求情况。中国东部的商人大多数是中间商，将收购的毛皮转手至中国台湾、中国香港、中国澳门或东南亚。根据中国台湾野生动物贸易调查显示，绝大多数的野生动物毛皮来源于中国内地。

四是内蒙古北部与东北部贸易渠道，主要与蒙古国、俄罗斯交易。约有19个与蒙古国和俄罗斯通商的贸易口岸，边境线长达4200多千米。已经有一些案件发生在二连浩特、满洲里、呼和浩特、策克、满都拉、包头等地。2004年2月查获的3件雪豹皮走私案，价值30余万元人民币，是走私犯经阿日哈沙特口岸从蒙古国走私入境的。之后这3张豹皮作为生态标本，被移交至满洲里市博物馆。自从苏联解体后，偷猎事件飙升，大量雪豹及其制品直接从俄罗斯的阿尔泰和蒙古国戈壁进入中国边境市场，之后销往内地，如四川自贡、山东招远、河北辛集、浙江海宁等地的皮革城。

新疆的大部分雪豹皮毛及其他产品除了产自本地外，还有一些来自西藏、克什米尔地区、巴基斯坦、阿富汗、塔吉克斯坦、乌兹别克斯坦、吉尔吉斯斯坦、哈萨克斯坦、俄罗斯、蒙古国等（图7-16）。偶然也有来自内蒙古、甘肃、青海的记录。20世纪末，乌鲁木齐动物园曾经从甘肃阿克塞县（祁连山）捕捉3只幼雪豹饲养和展出。当然，新疆本地也产出一部分。运输路线相当复杂，国内的线路有新甘线、新青线、青藏线、新藏线等。如由西藏经青藏公路运到青海，在西宁或格尔木停留后进入新疆，并在乌鲁木齐交易，最后又流向内地。还有一些雪豹制品越过边境线进入西藏和新疆，或直接来自西藏阿里地区（新

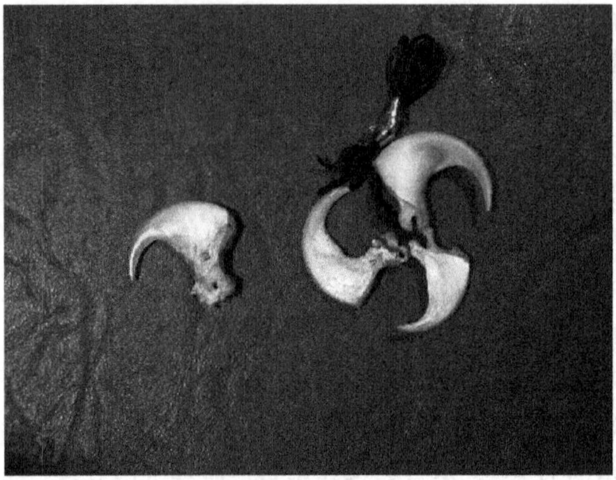

图 7-16　乌鲁木齐大巴扎集市雪豹爪饰件

藏线），通过隐蔽的地下运输线进入新疆或其他地区。新疆本地的雪豹皮主要来自喀什（帕米尔高原）、和田（昆仑山、喀喇昆仑山）、阿克苏、库尔勒（天山、阿尔金山）、乌鲁木齐（南山）、昌吉（北塔山）、伊宁（西天山）、博乐（别珍套山、阿拉套山）、塔城（准噶尔界山、塔尔巴哈台山）、阿勒泰（阿尔泰山）、哈密（东天山山脉）等地区。

第四节　环境恶化与管理缺陷

这一节涉及两个方面，即环境恶化——西部大开发与全球气候变化的“天灾”，人为祸害——猎杀、栖息地破坏和雪豹产品利用的“人祸”。二者搅和在一起，雪上加霜，严重威胁了雪豹的生存。虽然，在新疆雪豹栖息的高山地带，多是沿着国际边境线延伸的区域，对有些区域两国之间还存在边界争议，不对外开放，属于军事禁区或无人区。从某种程度来说，这种情况保护了雪豹。因为，敏感的边界地区一般禁止居住、放牧、旅游、采矿、商贸活动等，很长时间无人入内，也使这些地区成为实际上存在的“自然保护区域”。但是，这毕竟是局部地带和有限的时间（1949～1979 年，约 30 年）。现在，大部分边界地区已经基本解禁，改革开放短短 30 年，边区环境已经开始破碎化。百万大裁军，边防空虚，一些地区甚至成为三不管的区域。

随着栖息地退化和破碎化，非法狩猎引起的天然猎物减少成为雪豹生存潜在的威胁。另外，牲畜过度放牧引起的栖息地退化，大规模的资源开发、采矿、道路建设和城市化在雪豹分布区内日益增加，也直接威胁到雪豹的生存。问题多多，仁者见仁，智者见智。以下不厌其烦地一一罗列出来，供大家讨论。

一、天然食物资源缺乏

非法或违规狩猎引起雪豹天然猎物减少。因为缺少相应的管理条例，山地有蹄类动物因人类对其皮毛、肉类等的需求而被过度捕杀。许多地区的非法狩猎可能远远超过了合法狩猎量（每年 10%～15%种群数量），造成雪豹食物资源的减少。在昆仑山的一些地区，人们为获取旱獭皮、控制疫病、保证家畜有充足的草场，而灭绝性地消灭光了旱獭、鼠兔及其他啮齿类动物。大量的野生动物偷猎案件使得有蹄类动物迅速减少，雪豹失去了食物来源而不得不将目光瞄向了家畜。雪豹也因此激起了牧民的愤怒，牧民开始对雪豹实行猎杀以示报复。从 20 世纪 90 年代开始，就不断有猎杀有蹄类野生动物的案件被媒体报道。例如，1992 年 4 月 17 日，克州乌恰县乌斯满库尔班等四人，以打狼为借口借出公社的半自动步枪，猎杀了两只马可波罗盘羊，并以每千克 4 元的价格出售给当地农民。同年乌恰县阿不力克木在境内收购野山羊角 120 副。2001 年，阿克陶县林业派出所指导员艾尔肯托拉普伙同三名偷猎者，在阿克陶县盖孜猎杀四只北山羊，后被当地森林公安局抓获并移交司法部门处以刑罚。2003 年 3 月 18 日，乌恰县黑孜苇乡阿依布拉克村民，非法捕杀国家一级保护野生动物北山羊，已依法对其进行处罚。新疆乌鲁木齐市二道桥偷猎北山羊重大案件，约 431 只北山羊角，价值 189.9 万元，如图 7-17 所示。

图 7-17 发生在 2011 年 6 月的案件（阿布力米提 提供）

疾病传播或家畜竞争，同样引起天然猎物减少。由疾病引起的有蹄类数量明显下降，也成为雪豹攻击家畜的一项重要原因。近年各种疫病泛滥，包括疯牛病、口蹄疫、禽流感、鼠疫、狂犬病、森林脑炎等，对野生动物也构成了威胁。天然食物资源减少，雪豹与牧民的冲突加剧，并且攻击家畜事件的增加，更加剧了牧民与野生动物之间的紧张关系。2004 年，在我们的一次野外调查中就发现天山区域的野山羊因口蹄疫爆发而大批死亡，雪豹和狼等野生动物没有了食物来源。它们被饥饿驱使，不得不铤而走险偷袭家畜，因此遭到当地牧民的拼命反击（猎杀）。另外，过度放牧使猎物的食物资源减少，导致野生食草动物的减少，而增加了猛兽捕食家畜的风险。

这也因此挑起冲突，引起牧民的报复性杀害，而最大的损失出现在本地猎物物种减少的地方。在牧民使用低劣防卫措施的地方，如过于简陋的羊圈、牛圈，问题也非常严重。

二、过度放牧家畜

过去，新疆牧区多采取轮放制，风吹草低见牛羊，山区有明显的四季牧场之分。随着牲畜存栏数的成倍增加，草场过载，轮放期缩短或取消，造成严重的植被退化和土地贫瘠化。一些牧民不得不迁移到更高的地方去放牧和居住。当人和家畜侵入雪豹的领地，或雪豹的天然猎物因与家畜争夺草场而被驱逐，落荒而逃，远走他乡，或由于其他原因而食物减少时，雪豹可利用的空间和食物不能满足自身的需求，便会对家畜进行攻击。因此，绵羊、山羊、马匹、年幼的牦牛和骆驼等，常常成为雪豹喜食的对象。甚至在有些地区雪豹会直接闯进简陋的家畜圈舍，杀死绵羊或山羊。掠食家畜的情形在冬天会增加，因为这时雪豹的天然猎物变得稀少或迁移别处，而且猎食行动由于厚厚的积雪而变得更加困难了。

作为家畜的捕食者，牧民对雪豹充满了敌意。过去在昆仑山的一些地区进行季节性放牧时，雪豹捕食家畜的现象很少发生。此时，破坏更大的是狼的侵害，但却很少有人认识到这一点。例如，20 世纪 80 年代末在塔什库尔干自然保护区内的马里昂公社，每户家庭平均一年丢失 3.6 头家畜，他们都认为大部分家畜是被雪豹捕食的，狼的捕食只占到了一小部分。

三、道路、围栏的阻隔

快速发展的公路建设，严重割裂了雪豹的分布区，切断了物种迁移和遗传多样性交流的通道。在分布区内，公路的修建不但使来往的人及车辆增多，惊扰了雪豹的生活，而且又切断了公路两侧雪豹的生境，造成雪豹家庭妻离子散，天各一方。同样，为了保护草场而大面积修建的围栏，也破坏了野生动物的活动和迁移，改变了生命的循环过程。鸟类可以飞跃围栏，小型兽类也可以钻过铁丝网，而大型兽类穿越它们就非常困难了。在卡拉麦里有蹄类保护区，许多大型野兽被廉价的铁丝网挂住，进退两难，可怜兮兮，最后死无葬身之地。

考察期间，在中蒙边境地区还看到千里边防线被三道铁丝网隔开，就像是一道风景线。野生动物隔岸相望，欲哭无泪。北塔山分水岭，冷战时期出于国家安全原因而被层层围护起来，围栏阻碍了野生有蹄类动物和雪豹的活动，增加了栖息地的片段化、岛屿化、破碎化。近年雪豹种群数量锐减，已经不到 30

只了，孤立无援，处于绝灭的边缘。20世纪80年代的天山托木尔峰区域几乎没有人烟，也没有道路，而如今公路已经通到山区内的各个矿区。往来的重型卡车络绎不绝，并有多个铁桥横亘大河上，严重干扰和破坏了野生动物的栖息环境。

所有12个雪豹分布国的高山区域多为边境区域，出于国家安全考虑，一些分布国会在边境附近修建巡逻公路，并用围栏竖起一道万里长城来。万里围栏维护了一个国家的安全和尊严，却阻碍了雪豹和野生有蹄类动物的活动，割断了寻偶和迁移之廊道，更加剧了亚种群或地理群的破碎化威胁。野生动物是没有国界的，跨国界保护，携手共建，迫在眉睫。

四、采矿干扰

人类经济快速发展，造成对雪豹的生存环境的挤占、干扰和破坏。在雪豹分布的山区内，有多种矿产资源的开采，包括金矿、铜矿、铁矿、煤矿、石棉矿、大理石矿等。这不仅带来了一系列的环境问题，同时也直接威胁到雪豹的生存。这些区域植物本来就很稀少，被破坏性地开采后，草食动物没法生存，雪豹这样的肉食动物就更没法生存了。除矿点的直接影响外，来往于周围村镇与矿点之间的车辆，在雪豹分布区到处穿行，也严重地干扰了雪豹的正常活动。

2004年10～11月和2005年10～12月，我们雪豹调查小组在考察中发现，许多不法老板为谋私利而偷偷摸摸在天山上违法探矿和采矿。这种非法的开采不仅严重污染了雪豹栖息地的环境，还破坏了雪豹的食物链。许多矿主为求节省成本，压低或克扣工人的工资，不给矿工提供足够的食品，而逼迫矿工捕杀野山羊和野鸡为食。考察中仅在天山阿克苏托木尔峰地区和木扎特河谷金矿附近，考察队员就发现了80多个用于捕杀雪鸡和野山羊的捕兽夹子和尼龙套子。野山羊和雪鸡都是雪豹的食物，这样大规模的捕猎，实际上是人类在同雪豹争夺食物。

雪豹的另一个集中分布地昆仑山区，也是采矿业历史悠久的地区。当地牧民说，约100年前就有清朝或国民党政府针对采矿业设卡收税。在一些高海拔的私人矿点上，重型机械甚至开到了海拔5600米的地方。由于使用炸药，这里的地表千疮百孔，地动山摇。本来植被就很稀少的高山区域，经过破坏性开采后，废矿石遍地，污浊水横流。污染比较严重的是金矿和石棉矿，就地提炼所使用氰化物，是有剧毒的。

2008年10～11月，我们的考察队途经满达勒克、苏布拉塔什、卡亚克迪等地时，发现这里有许多矿点，铁矿、金矿、玉矿、钼矿、铜矿、煤矿等。目前，有的地方因为环境恶劣，泥石流灾害频发，交通不畅，而停止了开采。但几条过去遗留的进藏山路还有痕迹，50 多年前全民“大炼钢铁”和“大跃进”时期，这里曾有几千人驻扎过。采矿业的破坏由来已久。千里昆仑山上，雪豹基本绝迹。当地林业和保护部门工作人员反映，他们已经有 20 多年没有见过和听说过雪豹了。

矿区是盗猎多发地区，各地都有案件发生。《光明日报》在 1984 年 5 月 5 日有一则报道，揭露青海省海西蒙古族藏族自治州有一名叫陈太和的人，“近年来连续偷猎 13 只雪豹，进行贩卖活动，非法获利 2300 元，所在单位和有关部门对这一事件麻木不仁，听之任之”。他在偷猎过程中，至少致使 3 只雪豹死亡。经过进一步的了解，问题的严重性远远超过报纸上的报道。事实是青海省天峻县的陈太和等 12 名矿工，在 1972～1984 年，一共偷猎雪豹 28 只，包括 15 只成年兽，6 只亚成兽（两岁以内），7 只幼兽（一岁以内）。陈太和本人共捕猎 12 只，2 只死亡。猎捕地点都在天峻县疏勒乡硫磺沟。另外一起案件时间发生在 1983 年春。青海都兰县有少数民族 8 人，在 2～5 月，在沟里乡附近的山中一共猎杀雪豹 18 头，还活捉 1 只幼豹，不久也死掉了。豹骨作为药材都售给供销社了（廖炎发和谭邦杰，1990）。上述几起事件都发生在矿区附近，而且经常有矿工参与捕捉，这可能与西部盗猎行为猖獗有一定的关系。

五、雪豹疾病与自然灾害

在新疆的若羌（昆仑山）、叶城（喀喇昆仑山）、塔什库尔干（帕米尔高原）、温宿（天山）、昭苏、温泉、托克逊等地都曾经发现雪豹患病或意外死亡的事件。有的可能是由极端恶劣的自然环境，加上饥饿、寒冷、地震、洪水、泥石流、山体塌方、大雪封山、雪崩及其他自然灾害等造成的自然伤亡。

蒙古国西部也曾有关于雪豹遭受衰弱性豹疥癣折磨的报道，尚没有收集到样本。疾病对雪豹的影响究竟有多大，人们也未曾知悉。近年，人畜共患病盛行，特别是在人、家畜、野生动物接触频繁的地方，大批野生动物死亡。雪豹稀少，病例不足，还没有证据能够反映这方面的问题。但是，自然灾害与疾病对雪豹的影响依然是不可忽视的。

六、战争和相关的恐怖活动

超级帝国主义在阿富汗犯下的战争罪行，包括带有恐怖色彩的中亚颜色革命，颠覆多个国家政权，践踏主权，蹂躏百姓，生灵涂炭，民不聊生。雪豹已经成了侵略战争、地方冲突、派族武斗、恐怖活动、遗留地雷和炸弹的牺牲品。空口无凭，典型的事例近在眼前，难民、战乱、贫穷使得我们的邻国阿富汗、巴基斯坦的猫科动物命运艰难。西方列强打着民主的旗帜，干着龌龊勾当。它们的目标实际上是正在崛起的中国，围堵和排斥中国。最近，美国驻阿富汗大使馆的环境顾问克莱顿·米勒承认，“如果回顾一下阿富汗历史，会发现其实该国的大型猫科动物的种类比整个欧洲的猫科动物都多，但是现在没有被列入濒危物种的只有家猫了”。这多么可悲呀！邪恶与虚伪的世界，几个臭钱管什么用。几十年的武装冲突，战火纷飞，有谁能真心顾及雪豹呢？中亚已经变成为西方列强的火药库，直接使雪豹和其他野生动物成为战争受害者。有证据显示，所谓国际维和部队也涉及濒危物种的毛皮贸易。为了搜索塔利班恐怖分子及匪首本·拉登，10 年战火，美国动用了大量的军力、物力，甚至采用无人轰炸机频繁扫荡兴都库什山脉和帕米尔山区，黑爪都延伸到了巴基斯坦、克什米尔等地区。战争罪犯们狂轰滥炸，无辜村民死伤无数。同样使山区的雪豹及其他野生动物生存现状堪忧。2000 年前后，有边防军人在高原驱车追逐 1 只雪豹，最后将其逼上电线杆（图 7-18），之后的情况可想而知。

七、山地贫困人口迅速增加

雪豹分布地区原本就是边远落后的山区，属于不毛之地。这里经济极不发达，大多数人生活在贫困之中。而该区域内人口的迅速增长，使更多的山地动物和人民面临生存困难。地球资源和生存空间都是有限的，根据守恒定律，物质和能量都是恒定的，人抢占了资源和空间，雪豹就失去了食物和领地。为了养家糊口，它们或他们可能迁移至更边缘的栖息地，艰难度日。这将使得越来越多的人与野生动物直接冲突，争夺有限的资源，人和豹都落入两难境地。雪豹与人对抗，终归是两败俱伤，而雪豹随之先亡。

图 7-18 有人在新藏公路驱车追逐 1 只雪豹，将其逼上电线杆

八、气候变化

全球气候变化带来的是冰雪消

融，雪线上升，冰川退缩或消失，这对于雪山动物来说是致命的打击。新疆托木尔峰地区，峰峦峻拔，冰川密布，是绵延几千公里的天山海拔最高的地带，物种资源丰富，雪豹密度每平方千米2～3只。这里也是中国冰川最集中的地方，约有509条。海拔6000米以上高峰就有15座，西边与吉尔吉斯斯坦、哈萨克斯坦接壤。近20年来，冰川塌陷，迅速退缩，留下一些巨大的深谷。碎石悬空，随时都有雪崩、滑坡、山石坠落的危险。山体破碎如此严重，潜伏着巨大灾变。2009年6月，户外探险者杨华等在穿越夏特古道时，发现1具雪豹尸体，没有外伤。死亡原因可能与地质、气候、环境变化有关。气候变化可能是罪魁祸首，对生态系统带来根本性的灾变，对雪豹和高山有蹄类动物有无法预测的后果。目前的大多数气候模型表明，现在的气候变暖趋势可能会持续下去，对山区环境可能造成严重的不利影响。

九、政策和意识

有关雪豹及其猎物的保护政策，无论是在国家层面上，还是在地方层面上，都很有限和落后。而且，大多数分布国还缺乏物种保护的行动计划，中国是其中之一，至今还没有制订雪豹保护行动计划。关于栖息地保护的法律和政策更是执行不力，法律只是政府冠冕堂皇的公文，官员没有自我约束力。有的时候法律就是一纸空文。这种情况的原因基本可以归结于执法人员意识的淡薄、开展执法资源的匮乏、没有优先权或者政治意愿、不同政府机构职责不清、不同层面上的腐败、人类自私的价值观、唯利是图的经济利益驱动力、发展高于一切的社会理念、全社会以人为本的世界观等。

十、缺乏跨边界合作

有雪豹活动的中亚高山地带通常都是各国的边界区域，跨边界合作对雪豹的研究和保护都至关重要。同时，为了减少雪豹制品和活体动物的非法贸易，有效地执行跨边界国家和国际贸易规范及信息交流非常必要。但是目前却缺乏实际行动，几次合作都以失败告终。10年前，中、蒙、俄、哈四个邻国与联合国开发计划署和世界自然基金会共同策划，拟建立阿尔泰山地物种多样性跨界联合自然保护区。会议开了多次，一直是纸上谈兵。后来，没有促成保护，反而为开发搭桥，成了四国联手破坏环境、切割核心区的引子，事与愿违。最近协商的几个项目包括天然气管道工程、调水工程、跨国公路与铁路建设，将使得阿尔泰美丽山川破碎不堪。

巧合的是2006年9月，在野生生物保护学会（WCS）及夏勒博士的撮合下，中、巴、阿、塔四个国家也聚在了一起，同样没有创意也没有诚意地草拟了一个建立跨国界的四国“帕米尔高原自然资源和平保护区”可持续发展意向书。看上去它们好像达成了共识，可迟迟没有行动。各国或面临贫穷、战争、恐怖主义、动乱、经济危机、腐败的影响，或者受外部势力干涉，意识形态不一，发展水平参差不齐。一些官员作秀，陈词滥调，阳奉阴违，各怀鬼胎，缺乏诚意。任何理由都可以成为这些无耻政客和官僚们的借口。到头来还是老生常谈——“措施不利，沟通缺乏”。

十一、机构能力不足

同上面的问题一样，国家之间没有诚意，国家内部体制混乱，跨越分布区的政府基层机构存在多家管控大家都不管的局面。例如，林业、环保、草原、医药、水利、矿业、旅游、海关、军队、外贸等，相互推卸责任，机构之间扯皮，最后是谁都管不好，谁都不管，干脆放任自流，自暴自弃。另外，保护区管理机构往往缺乏开展保护措施的能力，投入资金不足或管理者素质低下。在许多重要的雪豹保护区，如塔什库尔干雪豹保护区和托木尔峰自然保护区，交通条件差，区域面积大，人手紧张，巡逻员和工作人员的工资很低，而且缺乏基本的巡护设备。这些往往在一定程度上阻碍了保护措施的执行，自然保护区形同虚设。还有的管理人员利用职权与走私犯勾结，里应外合捕捉和贩运野生动物，从中获得利益。每年都有猎隼出关，每年都有小雪豹被送进动物园。他们哪里还顾得上加强保护管理、开展长效监测、防控疫病、增加科研投入、加强多边合作等。机构能力不足，一切都是空谈。

十二、民间缺乏保护意识

全社会的整体保护意识低下与这个国家的政治、经济、文化、历史、教育、宗教等密切相关。目前，广大牧民、保护区的管理者和其他相关人员还缺乏对保护雪豹重要性的认识，公民教育落后，社区宣传不给力。国家和地方政府不重视，百姓没有参与的积极性，普通一线的管理者更是敷衍了事，当一天和尚撞一天钟。国家上下对雪豹的状况不甚了解，思想落后，眼光短浅，缺乏对雪豹保护工作者的支持。许多人仍然不知道《中华人民共和国野生动物保护法》，甚至有些决策者也不太了解保护政策，在这种情况下《中华人民共和国野生动物保护法》的普及教育急需加强。

第五节 保护雪豹，我们能做什么

在人们无休止地争论“是要金山银山，还是要青山绿水”的时候，西部大开发与环境保护的矛盾，日显突出。下面提出的一些想法和来自邻国的经验，是值得讨论和思考的（图 7-19）。

图 7-19　新疆雪豹小组与阿克苏当地社区居民一起探讨保护大计（2008 年）

一、雪豹在短期内会绝灭吗

一个物种是否会灭绝，完全不是由人的意志决定的。就像新疆虎、华南虎、金钱豹、亚洲猎豹等，不知不觉就消失了。亚洲在崛起，中国也在崛起。西部大开发的速度这么快，来势凶猛，什么都可能发生。亚洲人有责任面对这个问题，中国人更有责任正视这个问题。

考虑到雪豹岛屿状分布的特点，危机四伏，这不是危言耸听。如果用岛屿链的概念来分析，保护好遗传物质传递通道，遏制住一些地方毫无节制的开发行为，也许这些孤岛上的雪豹还有存活的希望。一些学者认为在这些分布区之间会存在着不同的族群，一些族群数量比较大，而另外一些族群数量比较小，岌岌可危。尽管全世界野生雪豹种群数量还有 5000 只左右，但是可能某些族群被分割，数量很小，不足 100 只，孤立无援。家族之中还有一些年轻个体找不着对象，近亲繁殖，种族退化，种群更新换代跟不上，快要接近灭绝的边缘。

安德森等人运用种群生存力分析（PVA）来评估这种风险性，结果看上去是乐观的，但又是非常悲观的（Andersson et al.，2002）。他们采用漩涡模拟程序构建出雪豹种群生存力方程，用数字解读其中奥妙。漩涡模型实际上是一种蒙特卡罗模拟，就是通过数学模型运算能够模拟确定性因素和随机因素对其野生动物种群的影响，且该模型比较适宜于寿命较长或一夫多妻制的大型哺乳动物。漩涡模型的结果包括灭绝概率、平均灭绝时间、模拟的最后种群大小等。当种群中没有个体存在时，或者只剩下一种性别存在时，这个种群被定义为灭绝。如果该种群的灭绝率在 100 年内小于 5%，就说明该种群是能够存活下去的。

在这项研究工作中，首先是划分影响种群发展的各个因素，确定性的和非确定性的，如是否存在近交衰退现象、生存与繁殖的依赖程度、种群灾变、婚配制度（一夫多妻）、雌雄性成熟年龄、出生时的性比（50∶50）、繁殖力、生殖年龄和最大生殖年龄、窝崽数、死亡率、参与繁殖的比例、种群稳定的年龄结构、初始种群规模、环境承载能力、种群扩张能力、保护区建设与非法偷猎状况等 30 多条因素。针对雪豹特殊的生存现状，区分亚种和亚种群（族群或地理群）的概念是至关重要的。亚种是种下分类单位，通常是由长期的地理隔离或生殖隔离造成的。长期隔离和分异，是最终形成物种的必然之路。亚种内个体间基因相互交流的可能性大于同一物种不同亚种的个体。若地理隔离维持不变，漫长时间演化必然造成生殖隔离，亚种最终将演变为一个新物种。而亚种群是指同一物种的不同群体（族群或地理单元），或多或少在地理上有一定的隔离，呈岛屿状孤立分布，还没有达到形态变化所需要的遗传差异。所以，不同的族群或地理群并不一定非要有不同的亚种组成。

无论是亚种，还是亚种群，它们面临的困境是一样的。安德森等基于前人所做的研究工作（Blomqvist，1984；1995；Fox，1989），认为雪豹是不会利用海拔高度高于 5600 米区域的，因此这些海拔较高的山脉将会成为雪豹迁徙或移动的障碍。还有几个大沙漠，如塔克拉玛干沙漠、古尔班通古特沙漠等也可能是雪豹迁移的生命禁区。在此基础上，安德森等利用地理信息系统模型，将全世界的雪豹划分为四个亚种群或者地理单元。一是西伯利亚南部的俄罗斯和蒙古种群（包括新疆的阿尔泰山种群）；二是哈萨克斯坦东部种群，包括新疆天山；三是乌兹别克斯坦、阿富汗、塔吉克斯坦、吉尔吉斯斯坦和中国帕米尔种群；四是南方种群，也就是青藏高原种群，包括中国西藏及周边的巴基斯坦、印度、尼泊尔和不丹种群。其实这四个种群都与新疆密切相关，它们环绕在新疆四周，一荣俱荣、一损俱损，唇亡齿寒。

综合分析上述各个因素，表明雪豹的现状还比较乐观，但依然潜伏着巨大危险。如果将全世界的雪豹看做一个种群，雪豹则有着较低的风险灭绝概率，甚至不用列为濒危物种。道理非常简单，鸡蛋放在多个篮子里比放在一个篮子里安全。雪豹种群相对分散，栖居世界之巅，东方不亮西方亮。这个模型的结果还告诉我们，当雪豹初始种群数量达到 300 只左右时，在 100 年内的存活率是大于 95%的。这说明雪豹这一物种最近不存在灭绝的风险。但是，当将其划分为四个亚种群单独分析时，哈萨克斯坦东部种群包括新疆天山族群则有灭绝的风险。根据文献资料的统计，哈萨克斯坦的东部种群约为190只，而且数据来源于一些较早的考察结果，而目前的实际数量则可能远远低于190只。这个种群孤立分布，四周无援，数量急剧下降，灭绝的压力很大。新疆的情况完全是一样的，甚至更为严重，许多小山脉（山头）种群数量低于100只，如阿拉套山、巴尔鲁克山、塔尔巴哈台山、北塔山、东部天山、库鲁克塔格等。如果之间再建设高速公路、铁路、铁丝网、矿区等，人为割裂它们的迁移通道，造成栖息地片段化、岛屿化、破碎化、边缘化，四面夹击，等待它们的必然是灭顶之灾。

阿富汗、乌兹别克斯坦等国的雪豹种群存在的问题略有不同，不仅仅是种群数量少的问题。这些国家位于雪豹分布区边缘，面对整个种群萎缩之大趋势，残存于这几个国家的雪豹早晚会绝迹。其他剩下的三个亚种群（地理群），在这100年的灭绝率则低于5%。吉尔吉斯斯坦和塔吉克斯坦境内的雪豹被划分到第三个亚种群，这个亚种群的数量估计为2300～3700只，是可能存活下去的。由于此项研究工作在某种程度上缺乏足够的数据支持，所以只能将雪豹种群划分为粗略的四个亚种群。安德森等认为，雪豹种群还可以划分为更多的亚种群，结果可能更糟（如新疆、内蒙古、甘肃、宁夏的情况）。这项研究工作给我们的启示是，对雪豹种群的保护，应该更关注这些数量较小的亚种群，孤岛分布的族群。所以，像一些国土面积相对较小、种群数量相对较少的国家和地区，在雪豹保护工作方面上承担着重要的责任。在重点保护区建设方面，应该和中国、蒙古国、吉尔吉斯斯坦、巴基斯坦等这些国家形成一个跨国网络，为雪豹的迁徙、移动提供便利的通道，特别要避免人为的迁徙屏障（如边境铁丝网、电网、高速公路、铁路等）的形成，一旦形成迁徙屏障，这些国土面积较小国家的雪豹种群，将会面临着迅速灭绝的风险。

二、自然保护区有可能成为雪豹的最后避难地吗

自20世纪80年代，西部地区开始建立自然保护区，对物种栖息地加以保护，进而保护那些濒临绝灭的、有重要经济价值的物种。历经百年的实践，目前全球百余个国家已建立了上万个各种类型的保护区，保护土地面积达到数亿公顷。中国最早于1956年在广东肇庆建立了自己的第一个自然保护区——鼎湖山自然保护区。近几十年里，中国自然保护事业发展迅速，截至2010年年底，中国共建立了自然保护区2588个，其中国家级保护区335个。

中国最初建立自然保护区的目的是为了保护自然资源和自然环境，拯救濒危物种，恢复被破坏的植被、森林和野生动物种群。把自然界划定一个小范围，

采取多种管理措施，使被保护对象得到永久或长时间的保护。中国是雪豹分布面积最大的国家，也是雪豹种群数量最多的国家之一，在中国的新疆、西藏、青海、甘肃、内蒙古及四川等西部高山地带都有雪豹分布，适于雪豹生存的生境总面积达到了 124 万～240 万平方千米，其中 9%～13%的适宜生境已建有自然保护区，分布着 2500～3500 只雪豹。

雪豹在新疆主要分布在昆仑山、帕米尔高原、天山及阿勒泰山区的雪线附近，种群数量占全国的 40%～60%。天山是雪豹的主要分布地之一，最多时曾达到 1200 只。作为雪豹的故乡，新疆雪豹的保护对世界的雪豹保护有着举足轻重的意义。据统计，在新疆有雪豹出没的自然保护区不下 20 个。但主要以雪豹为保护对象的保护区主要有 3 个，即塔什库尔干自然保护区，托木尔峰自然保护区，阿尔金山自然保护区。新疆的自然保护区成为雪豹的天然避难场所。

在一定程度上雪豹的命运依赖于功能完备的自然保护区、禁止猎杀野生动物的强制措施和对被捕食动物的恰当管理。就拿以雪豹为主要保护对象的上述 3 个保护区来说，它们面临的问题都不一样。塔什库尔干自然保护区有 7750 口人和 70 000 只家畜，如何促进柯尔克孜和塔吉克人与野生动物的友好相处，如何制订捕猎、捡拾薪柴和家畜放牧的管理方案等，便是该保护区目前最需要解决的问题。托木尔峰自然保护区内家畜通常只在夏季放牧，如何加强野生动物执法人员的力量和限制家畜放养的数量，则是该保护区面临的最大问题。阿尔金山自然保护区内的牧民和家畜多被迁出，如何保证在今后的日子它们不会重现，如何更好地管理采矿和偷猎，也是保护区管理人员需要解决的问题。

雪豹是高山生态系统中的旗舰种，自古栖息在中亚地区的高山上。雪豹如遭遇灭绝，将意味着高山生态系统的彻底破坏甚至毁灭。虽然雪豹和其他野生动物一样，在近几十年里都有不同程度的减少，但雪豹仍然存在，特别是在昆仑山、天山一些人烟稀少的偏远地区。这也说明只有当自然保护区成为野生动物天然的基因库，保护野生动物成为自然保护区的基本任务，建设好自然保护区使野生动物物种、种群、栖息环境等方面得到有效保护，才有可能使自然保护区成为雪豹的最后避难所。

三、野生动物园会是雪豹的最后归宿吗

目前，世界各地的许多动物园中都有雪豹生存。据不完全统计，大约有 210 家动物园饲养或曾经饲养过雪豹。这还不包括中国的资料，估计国内饲养过雪豹的动物园有 30 多家（见第八章）。这种人为地跨区域、跨国家地散布雪豹种源，有利也有弊。首先，使得雪豹种群享有很大的免疫力，即使有疾病传播或遭到其他不测，也不会全族覆灭。如果可使雪豹种群被稳定地保护

在这些动物园中，那么这在野生雪豹生存状况日益恶化的今天无疑是个安慰。目前全球有600～700只雪豹生活在动物园里（相当于野生种群的10%～17%）。另有未知数量的种群生活于动物园交换繁殖项目之外的私人领地。其弊端在于动物园或私人收养，都不是长久之计。就像赌博，一旦遇到战争、自然灾害或全球经济危机，问题就大了。大批动物园倒闭，人类自身难保，加快了动物的灭绝。

20世纪80年代之前，动物园未经国家林业局的批准，擅自从野外活捕雪豹用于饲养、展示的情况非常普遍。在中国的动物园内雪豹属于稀有物种，自然许多动物园都想收藏这个物种以吸引游客。大多数中国动物园似乎时刻准备着接纳或收购活捉的雪豹。据报道，2003～2004年，喀什地区有3～4只被营救的雪豹被送往动物园，而不是被野放。国际动物交换时有发生，1992年5月，吉尔吉斯斯坦赠送北京动物园两只雪豹幼崽。1995年，这两只雪豹产下2只幼崽，1996年产2只，1998年再产3只。这是国内不多的几次人工饲养雪豹成功繁殖的事例。之前在青海西宁动物园有过成功繁殖的记录，仅此而已。1997年9月17日，3只雪豹由荷兰的鹿特丹市送往上海动物园，以交换中国的叶猴。青海的西宁动物园曾经收购活体雪豹上百只，有的是通过没收，非法变成了合法。

据《世界动物园年刊》统计，1967年以前，在全世界33个动物园中供观赏的雪豹共有46只（不包括我国数字），其中仅有15只是在人工饲养条件下出生的（苏联考纳斯动物园，1968年）。1986年我国各地动物园有15家动物园共饲养35只雪豹（22雄、13雌），除3只是动物园自己繁殖外，其他32只都捕自野外（占91%）。同时外国的63家动物园共拥有292只雪豹（144雄、148雌），其中只有39只是野外捕的，其余都是园养雪豹的后代。当时新捕到的野生雪豹，很难顺利繁殖（中国自1956年开始饲养展览雪豹，经过28年，到1984年才繁殖出第一胎，直到2012年只有两次繁殖记录）。与此相反，在国外已有美国、加拿大、苏联、芬兰、瑞士、联邦德国等国10余家动物园能繁殖雪豹。只是需要补充野生雪豹的新鲜血液和更广泛的基因交流。

尽管过去在北京、西宁、上海、大连、银川、烟台、济南、乌鲁木齐等动物园中均有雌雄配对的雪豹，但繁殖问题一直未获解决。北京和西宁的繁殖基本上不能算成功，因为只有短暂的一代。动物园繁殖野生动物屡遭失败，归因于技术落后、居住空间狭小、生活条件差、资金不足、近亲配对、种群数量过少等。中国媒体有时还大肆渲染为饲养雪豹寻找配偶。这表明动物园中缺乏物种保护的协调能力，没有成功繁殖的先例，增加了捕捉野生雪豹的压力。

近年来随着执法力度的加强、媒体舆论的监督，相关部门也日渐规范了野生动物保护法律法规的执行。动物园直接收购活体雪豹的情况逐渐减少，动物园摇身一变承担起了野生动物救护中心的职责。为受到伤害的野生动物提供帮助，提供避难所，这是值得宣扬的事。新疆野生动物园在2009年救护了2只从伊犁送来的小雪豹，得到社会各界的广泛关注。

然而，动物园终究不是雪豹生存的乐园，动物园中的雪豹会因为对狭窄环境不适应而死亡，也会因近亲繁殖而退化。如果雪豹有一天在野外灭绝了，也许它们仍然可以在动物园苟延残喘一段时间。但是动物园饲养的雪豹也会失去它的天性，失去捕食能力，失去作为高山之王的尊严。唯有雄踞在冰峰雪岭，远离尘嚣，才可见“天马行空，独来独住”的气势。

四、来自邻国的保护经验

从20世纪50年代，国际上就开始了关于雪豹的保护和繁育工作。1981年成立了国际雪豹基金会（ISLT），并召开了10余次学术研讨会议，交流经验，制订行动方案。经过几十年的摸索，世界各国已经形成了一些保护雪豹的有效措施。当年大量捕杀雪豹的蒙古国猎人们如今纷纷放下猎枪，并开始用照相机捕捉雪豹矫健的身姿，以唤起人们对雪豹的关爱。

俄罗斯、蒙古国、印度等国家已建立起野生动物调和机制。凡由野生动物保护造成的牧民经济损失，由政府给予补偿或保险公司赔偿。在蒙古国和巴基斯坦建立社区合作社，发展旅游和民族特色的手工艺品生产，增加当地牧民收入，帮扶贫困家庭，尽量减少由野生动物侵害给牧民造成的经济损失。这些都很值得我国学习和借鉴。为了避免雪豹因吞食牧民的牛羊而被猎杀，俄罗斯政府专门成立了用来保护雪豹的“绿色赔款”。在西伯利亚图瓦山区，家里有牛羊被雪豹咬死的农户，都可以从动植物保护基金会那儿得到合理赔款。雪豹咬死每只羊和每头牦牛的赔款数额分别是15美元和75美元，这对于俄罗斯的穷困山区来说数额颇为可观。

吉尔吉斯斯坦于1999年开始与德国“自然保护联盟”携手开展雪豹保护工作。共同成立了一个具有很强技术性的工作组，致力于打击走私、查封市场通道及制止黑市交易。同时，吉尔吉斯斯坦政府为了向当地居民宣传雪豹保护政策，还出版刊印了多篇关于保护吉尔吉斯斯坦雪豹的科普文章，播放有关雪豹的宣传影片，主持召开了学者研讨会。并于1999年5月召开了一次以“中亚雪豹保护”为议题的地区研讨会，成立了首个保护中亚雪豹的国际性组织“亚洲伊瑞碧斯”（Asia Irbis）。在其组织、策划下中亚各国政府建立了有效的保护体系，成立了打击偷猎和贩卖雪豹的专门工作小组，发动当地居民揭发和制止非法猎捕雪豹的行为。经过多年的努力，中亚地区的雪豹数量开始回升，从20世纪80年代的近200只上升到目前的近230只。

2006年巴基斯坦科学家通过给雪豹戴上装有全球卫星定位系统的项圈，借此跟踪雪豹的行动，并通过该装置反馈的数据对雪豹的习性进行研究。捕获雪豹的方法不会对雪豹产生任何伤害，给雪豹戴上的项圈在13个月后会自行脱落。

国际雪豹基金会于2005年开始使用红外相机拍摄野生雪豹，进行种群数量普查。还利用卫星和全球定位系统对雪豹种群的监测，通过收集雪豹的活动范围和生活习性等基本信息，以便更好地保护它们。研究人员将红外线触发数码相机安放在雪豹必经的路上，一旦动物触到红外线光束相机就开始拍摄，然后通过色彩图案来判断出不同的个体。最新的数码相机平均每半秒左右拍摄一次。无线电颈圈虽然在20世纪90年代使用过，但最后不得不被放弃了。因为它的短程信号迫使研究人员要手持接收机跟在雪豹的后面步行，在最艰难的状况下，雪豹潜入山谷或山崖背面导致信号强度下降，从而使得情况变得更加糟糕。最新采用的全球定位系统项圈相比旧的项圈，在获取信息方面更加可靠，并且可通过嵌入式的卫星连接来传输位置坐标，基本上每天传送三次雪豹的具体位置，如此可以通过由项圈提供的行动记录，获取雪豹重要的生态信息。

另一个有用的技术是从雪豹的粪便中读取基因，利用它们粪便的遗传指纹图谱来分辨不同的动物个体。同样，非损伤或非侵入式技术，如毛发的基因分析，以辨别个体和估计种群大小，对个体遗传分析的进一步利用，得益于辨别全球种群系统地理格局等技术应用方面的许多成果。

国际雪豹基金会还在雪豹分布区帮助村民出售他们的特色手工艺品到西方国家，让他们不再猎杀那些威胁到他们家畜安全的雪豹。当地牧民也开始给牲畜注射疫苗，提高牲畜的抗病能力，增加收入。人们发现疾病造成的死亡，远远高于雪豹的袭击。政府和民间采取了多种措施，来保护雪豹。一些地方加固畜栏，对雪豹攻击可能给当地村民造成的损失上了保险。

五、社区参与及绿色赔偿

雪豹与人类，以及岩羊、北山羊、盘羊、鼠兔、野兔、旱獭、雪鸡等雪豹的天然猎物，共同享有着脆弱的山地生态环境。随着人类过度放牧、大规模的资源开采及其他人类活动对山地环境的破坏，非法和合法狩猎，家畜与野生动物竞争造成的雪豹天然猎物减少，雪豹捕食家畜概率增加，造成牧民对雪豹的仇视，进而报复性的猎杀雪豹。雪豹与人类不再享有和谐的栖息环境，而是处于紧张的竞争和争抢资源的状态，这对于保护雪豹乃至保护人类的生存家园而言都是极为不利的。因此，必须改善牧民与雪豹的关系，当地牧民作为雪豹保护的主力军，最终再次形成与雪豹和谐相处的自然生态，也可帮助当地农牧民摆脱这种困境，并拯救处在濒危状态的雪豹。

新疆是雪豹在中国的重要分布区，新疆的雪豹分布数量占到全世界雪豹总数的1/4。天山山脉顶峰托木尔峰保护区也是雪豹分布的一个重要区域。自1990年以来，雪豹袭击托木尔峰保护区周边牧场家畜的事件不断上升，主要集中在保护区南部边缘的萨瓦甫齐牧场和与木扎特河东岸的拜城牧业点。仅2006～2007年，在木扎特河谷就发生了两起雪豹下山进入牧民家羊圈，被牧民活捉的事件。在2007年的事件中，这只2岁左右的雄雪豹被不知情的牧民打伤，因为救助不及时，第二年春季不幸死亡。2004年9～11月，新疆自然保育基金会与中国科学院新疆生态与地理研究所以及新疆林业部门组成“新疆雪豹研究小组”，在托木尔峰地区的野外调查中，访问了90多位当地人，其中有22.6%牧民的羊或牦牛被雪豹袭击过。在克孜布拉克煤矿访问路边的羊倌，据他说他放的350只羊中约有10只山羊被雪豹吃掉。近几年野山羊又因患一种怪病大批死亡，雪豹及狼群等野生动物没有了食物来源，攻击家畜的事件增加，更加剧了牧民与野生动物之间的紧张关系。

自2004年以来，新疆雪豹研究小组召开了多次研讨会和培训会，扩大队伍，制定行动纲领（图7-20）。2007年2月，新疆自然保育基金会的工作人员在托木尔峰保护区内作社区访谈时了解到，当地居然没有一个牧民知道他们居住在保护区内。村边的保护区管理站也缺乏针对保护区内主要野生动物的宣传资料。不慎受伤被当地林业部门和动物园收治的雪豹，又缺乏救助资金和技术支持。

2008年新疆自然保育基金在托木尔峰自然保护区所在的破城子村开展了基层保护人员能力培训，参加培训的农户共有90多户。基金会希望通过培训提高当地人群的保护意识，减少对雪豹的危害。另外，还对破城子大队的牧民和学生进行了保护雪豹的环境教育，设立了雪豹保护信息中心，为当地和周边牧民（包括破城子村、拜城牧场、英麦里

图7-20 深入基层宣传、保护雪豹

在乌鲁木齐召开的雪豹工作会议，汇集了新疆动物学界大部分精英（2004）

等）提供维语版野生动植物保护宣传资料和书籍，包括海报、维吾尔族年历、宣传手册、VCD光盘、书本、宣传单等，还计划成立“社区雪豹保护小组”，为阿克苏牧民建立安全的羊圈，当雪豹造成对牧民的损失后能给予合理的赔偿。

新疆雪豹研究小组和新疆自然保育基金尝试借鉴国际上流行的“绿色赔款”机制，通过组织收购当地的土特产，如手工艺品、奇石等，拿到外国或内地沿海城市进行拍卖，所得收入再返还到保护雪豹的工作中。以此形式补偿牧民由保护雪豹带来的损失。虽然这一机制到目前并没有成熟地开展起来，但对雪豹保护已经起到了一定的促进作用。

在青海省治多县索加乡、曲麻莱县措池村、杂多县地青村等社区，牧民与政府协议，为雪豹等野生动物栖息地划出特殊保护区，为它们留出足够的活动空间和野生食物资源，并在自然保护区实施部分退牧、限牧、禁猎、限渔措施。在杂多县地青村，通过有影响的宗教人士和社区领导的带头，实现了社区牧民不穿虎皮、豹皮装饰和服装的变革。

青海莫曲村在当地环保组织的推进下建立了雪豹赔偿基金，采取雪豹基金会等国内外组织资助80%的赔偿基金，及本地的牧民入股的形式建立雪豹赔偿基金。并把雪豹保护条例和保护制度列入了乡规民约及村规民约之中，提高了项目区牧民对环保的热情和意识。莫曲村还把每年的7月5日定为当地牧委会、牧民及村里儿童的“雪豹节”，和儿童节同时举行。2010年7月5日，是莫曲村第三届雪豹节，这天大约有300多牧民会聚在一起，共同参与传统文化的歌舞表演和野生动植物保护相结合的宣传聚会。

西藏申扎县建立了政府与社区经济补偿机制，以缓和人兽冲突。这些做法都受到了中外专家的称赞。

保护雪豹我们还能做什么？下面剖析几个来自邻国、邻省的成功事例，看看能不能在新疆推广及怎么推广，供大家参考。

（一）“绿色赔款”解决冲突

世界自然基金会和国际雪豹基金会在俄罗斯西伯利亚图瓦山区实施“绿色赔款”措施，来避免受损害的农户对雪豹实行报复性猎杀。这里农户家里的牛羊如被雪豹咬死，可以从当地政府的动植物保护部门得到一定数额的赔款。雪豹咬死一只羊农户可获得15美元的赔款，咬死一头牦牛可获得75美元的赔款，这对于边远贫困的山区来说，是笔不小的赔款数额。在蒙古国阿尔泰山区，家里的牛羊被雪豹咬死的农户也可以得到相应数额的赔偿，有效地避免了受损害的农户对雪豹实行的报复性猎杀。西藏政府也出台了补偿政策，如果被袭牦牛在2岁以上，主人可以得到1500元人民币的赔偿。

然而，在新疆要推广这个办法，会有一定的难度。一是资金如何筹集和管理，并且保证不会被挪用或乱用。二是赔偿多少，额度太低（通常只有损失的10%～30%）不能解决困难。三是如何鉴定死亡事件，怎样避免不诚信的骗取赔偿行为。四是新疆地广人稀，山势险峻，基层保护组织不健全，处理赔损的过程烦琐、时间长、代价高，难以持续。五是现金赔付极容易滋生贪污和腐败。当然，我们还可以寻求其他的解决办法，比如通过保险公司解决一些技术问题。

（二）“手工业”带动牧民致富

在蒙古国、印度、吉尔吉斯斯坦等国家已建立起野生动物造成牧民损失的帮扶管理系统，政府或非政府组织成立补偿基金、保险公司、奖励基金、社区合作社联动机制等。同时，发展旅游业，鼓励民族特色的手工艺品生产，增加当地牧民收入，改善传统放牧习惯，尽量减少野生动物侵害给牧民造成的经济损失。在蒙古国阿尔泰山区，1998 年就成立了“雪豹合作社”或称“雪豹信用社”、“雪豹银行”、“雪豹企业”（Snow Leopard Enterprises），创始人巴雅拉女士率先发起妇女脱贫项目，同时借保护雪豹与国际雪豹基金会合作。她们利用民间工匠们的手工艺品，主要是用羊毛、驼毛、牦牛毛、皮革制作的各种工艺品（图 7-21），包括地毯、手包、披巾、手套、帽子、毛毯、衣服、毡靴、玩具、毡垫子等，发家致富。互助社除了培训牧民，提供简单的工具制作毛制品外，还帮助收购和销往西方。牧民从中获得 20%的红利。同时，合作社与牧民签订保护协议，以换取牧民对雪豹保护的支持。如果有一人违反协议，全社区的红利就会被扣除。这就形成了共同监督的机制。过去，蒙古国妇女的收入非常低，每年不足 50 美元。现在，近 30 个社区的 400 多户牧民的收入平均增加40%，至今没有偷猎事件发生（之前每年捕杀雪豹 15 只）。这是一个杰出的范例，在妇女脱贫的同时，也拯救了雪豹。两个同样为了生存而挣扎的弱势群体，实现了“双赢”。这些经验和模式值得在中国推广，特别是山区的扶贫计划，实际上是政府工作的一部分。

图 7-21　蒙古国雪豹互助组织（SLE）培训、设计、制作、搜集牧民家里的驼毛或羊毛手工艺品，种类多样，繁花似锦，销售到欧美富裕国家，赚取外汇

（三）“家畜保险”保护雪豹

在尼泊尔喜马拉雅山东部山脉的干城章嘉峰保护区一带，采取了为家畜投

保的措施保护雪豹，牧民可以为每只牲畜投保55尼泊尔币。如果他们的牲畜遭到雪豹捕食，他们则可以得到每只2500尼泊尔币的补偿。此补偿机制的建立，不仅有效地保护了雪豹的种群数量，也避免了牧民们诱捕雪豹的报复性猎杀。在巴基斯坦的巴提斯坦山区的3个居民点，150多户农户，成立当地人自己管理的保险组织，并吸纳生态旅游的收入，自我维持，是很成功的范例。在印度的斯皮提山谷，每年从牧民家庭收取20美元的保险费，总共9个村子200多户牧民参与其中，同时还得到当地环保非政府组织的捐款。现在，这种村委会管理、村民付保险的模式，让村民有了主人翁的感觉，对腐败和杀戮可以共同监督，牧民逐渐可以承受雪豹偷袭带来的损失。在中国已经有保险公司介入牧区，开展保险救灾工作。但是，牧民投保的积极性并不是特别高，侥幸心理和理赔程序复杂，可能是投保率低的原因。

（四）加固羊圈防范猛兽

改善畜牧管理，可以减少雪豹或狼捕食家畜，这被证明是一种有效的保护雪豹途径。在印度赫米斯国家公园，采取简单有效的圈舍建设，保护家畜，已经明显改变了长期以来人们对雪豹的敌意。雪豹基金会在斯皮提山谷采取奖励机制，只要牧民采取措施减少羊群被捕食的数量，就奖励他们，效果非常好。2003年在巴基斯坦的契特拉，通过管理畜牧业，特别是疫病防治（因为疾病造成的损失比雪豹偷袭大许多），牧民损失下降90%，年收入平均增加400美元。作为交换，牧民减少存栏数，留出一部分草场，不再放牧，以此增加野生草食动物数量，降低猛兽的危害。结果，有些地方的岩羊从每平方千米4只增加到了9只以上。这样就减少了雪豹与牧民的冲突，家畜损失减少66%左右。在新疆牧区，一些地方圈舍比较简陋，围栏低矮极容易被猛兽偷袭。在昆仑山，牧民甚至只用细绳挂一些布条围成一片地方，周围插几面驱狼的旌旗，这就是羊圈了。有些地方还处于原始散放的状态，牧群夜里也没有安栖之地，非常危险。近年，各地采取的牧民定居工程，将一些牧户迁至山下，可能会缓解人与野生动物的冲突。

（五）形式多样的宣传品

俄罗斯、蒙古国、哈萨克斯坦、吉尔吉斯斯坦、阿富汗、不丹等国，为唤起人们对雪豹的保护意识，都印制了大量雪豹邮票。有的国家还将雪豹印在钞票上，其宣传效果非常好。1990年，我国发行了一套2枚《雪豹》特种邮票，第一枚“卧豹”，面值8分；第二枚“立豹”，面值50分。图案由原邮电部邮票设计室专业设计师许彦博设计，为了设计好这套邮票，他多次请教专家，查找资料，到动物园拍摄雪豹照片，采用中国画的工笔淡彩技法描绘了一卧一立两只雪豹，看上去清新淡雅，栩栩如生。1990 年，中国第一套雪豹邮票公开发行（图 7-22）。2001 年，我国发行《国家重点保护野生动物（1 级）（第二组）》特种邮票，雪豹再次入邮。图案为卧坐在山岩上回头张望的一只雪豹，面值 1 元。2004 年，世界自然基金会（中国）（WWF-China）联合诺维信公司制作了 WWF 濒危物种纪念邮票，雪豹被列入其中。

图 7-22 中国第一套雪豹邮票（1990）

2014 年 2 月，第 22 届冬季奥运会将在俄罗斯索契举办，俄罗斯民众提前将帅气矫健的雪豹定为冬奥会吉祥物之一。雪豹在俄罗斯境内分布在阿尔泰山、萨彦岭、贝加尔湖附近及远东滨海边疆区的乌苏里斯克等地区，深受俄罗斯民众的喜爱。俄罗斯总理普京此前也表达过他本人对雪豹的喜爱："雪豹非常强壮，行动迅速，是力与美的结合。"

2011 年 1～2 月，第七届亚洲冬季运动会在哈萨克斯坦的阿斯塔纳和阿拉木图举办。作为雪豹分布国之一的哈萨克斯坦将本国的标志性动物——雪豹定为本届亚冬会的吉祥物，并为其起名"伊尔比"，这一名字特点鲜明，雪豹这一神兽在哈萨克斯坦象征着力量和独立，用其作为亚冬会吉祥物来体现哈萨克斯坦独一无二的精神，更能够唤起观众对它的喜爱。

（六）组建贸易调查队

雪豹的活体、身体各部分及相关产品的非法交易和走私使雪豹数量急剧下降。骨骼交易逐渐从老虎扩散至雪豹等其他大型猫科动物，因此必须加紧面向雪豹开展像对待老虎那样的保护行动，并及时组建贸易调查队派往各个分布国及消费国展开调查。目前，一些国际组织（TRAFFIC）和民间非政府组织（NGO）暗派人员，秘密深入雪豹产品集散地，以游客的身份搜集情报，了解贸易状况、产品来源、数量、价格、用途、运输通道与管理等（Dexel，2002；Theile，2003）。新疆雪豹小组与新疆保育基金会也曾经派人在喀什、阿克苏、乌鲁木齐、拉萨、日喀则、那曲、西宁、九寨沟、临夏、兰州、辛集、郑州、招远、亳州、海宁、成都、自贡等地开展过市场调查，发表了国内第一份贸易调查报告（程芸和白韫雯，2005）。同期，环境调查署（EIA）在拉萨作了有关毛皮贸易的调查，保护国际（CI）在松潘作了野生动物贸易消费调查，这些报告大都把调查的对象集中在了市场能见到的地方。实际上这些毛皮的贸易是在黑市中进行的，所以大家只看到了表面的现象。以至于出现一些譬如“向着好的方向发展的趋势”的言辞，而隐瞒了在市场背后的黑市交易依然猖獗的事实，这不得不使我们思考，为何在如此严肃的法律面前走私分子依然逍遥法外，我们如何继续行之有效地开展雪豹的保护和宣传工作，这一工作任重而道远（田磊磊，2008）。

（七）成立反偷猎“别动队”

所谓“别动队”，就是国家执法机构以外的民间组织。许多边远地区属于国家权力空白地区，偷猎和走私分子比较猖狂。而且，一些国家法律在反偷猎、雪豹产品贸易和走私方面没有明确规定，存在真空地带，使非法分子有机可乘。还有就是许多地方的执法能力需要进一步加强，尤其是中亚边境地带。国际保护团体可为雪豹分布区提供相应资金和技术支持，以提高其执法能力。例如，俄罗斯移动调查队的建立成为抗击偷猎的最有效方式。这些小分队要有执法权力，能跨省巡查。有时候还要利用内线、卧底、间谍、密探等各种手段，搜索信息，追捕罪犯。其职责类似于俄罗斯远东地区的老虎巡查团。吉尔吉斯斯坦的反偷猎队（Gruppa Bars）和蒙古国的反偷猎小组都能有效地遏制偷猎的发生，或采取刺探和举报走私行为。吉尔吉斯斯坦的反偷猎队成立于 1999 年，他们与执法部门合作，接受培训，并被武装起来，致力于边境地区的巡护、反偷猎、反走私活动。仅 3 年时间他们就缴获 14 张雪豹皮和几只准备出口的活体雪豹，还没收了几百支轻武器、诱捕器等，抓获 100 多名偷猎者。1994 年，中国曾经有人组织过可可西里反偷猎行动队，发动几次突袭和清山行动，重创犯罪团体，效果显著。杰出人物索南达杰，就是牺牲的烈士之一。2002～2005 年，当地政府也组织了阿尔金山反偷猎行动，主要针对偷猎藏羚羊和非法采矿分子，还负责藏羚产羔地的保护。他们真刀实枪地打击犯罪。

（八）积极加入国际组织和签署公约

在中亚贫瘠的山峦上，活跃着几支雪豹研究与保护团队，他们能够坚持到今天，多得益于国际组织的支持。如尼泊尔、巴基斯坦、吉尔吉斯斯坦、蒙古国等国的雪豹机构，成果卓著，他们一直走在中国的前面。在这些相对贫困和不发达的国家里，政府对他们基本上没有什么拨款，全部依靠民间的力量和国际援助。一些国际组织更喜欢与当地百姓接触，直接与非政府组织合作，以减少中间环节和官僚摩擦。但其中也不排除与政府相关部门的沟通和联络，促进法制与法治、国际公约与贸易、联合国下设环境机构及世界银行等方面的合作，并特别鼓励非合约国尽快签署物种贸易公约等，加入与雪豹有关的行动中去。这样对分布国申请必要的技术支持和提高保护能力有好处。同时他们也致力于加强国际组织间的协作，广泛吸引资金，组建研究团队，交流保护经验，打击非法偷猎和走私活动等。我们在这方面是有差距的，相对来说比较自大和封闭。国内外有许多成功的事例，值得我们新疆雪豹小组借鉴。

六、国际保护行动策划

前面长篇累牍地介绍了许多国内外的保护经验和案例，比较凌乱。下面将雪豹保护的行动计划再归纳一遍，重复在所难免。雪豹不仅是亚洲高山高原地区最具代表性的物种，也可以看做世界高山动物区系的象征，能否对雪豹进行成功的保护，将影响到整个世界高山动物的保护事业。如何采取适当的保护措施，使雪豹在有限的生存空间内得以更好的保护，是保护行动成败的关键所在。

（一）放牧管理

对放牧的有效管理是保护行动中最重要的一点。在对此制定保护行动之前，首先要通过调查确定有蹄类动物分布的关键地点（如产羔地、发情地和重要草场等），确定人类土地利用格局，收集牧场质量、野生和家养有蹄类数量的基础数据，评估放牧区的承载能力，确认对草场影响最小的维持牧区生计的生产方式等。再根据调查数据采取对牧场的可持续管理、轮牧，以及适当地控制载畜水平来保持优质牧场。这对野生和家养的食草动物的长期生存至关重要（图 7-23）。

图 7-23　在新疆，雪豹最主要的食物是北山羊，如果没有了北山羊，雪豹的日子也不好过

（二）生态旅游

过去人们一直认为生态旅游业是绿色无烟产业，实际上是一个错误的认识。如

若生态旅游管理不当，其破坏或干扰是巨大的。在托木尔峰自然保护区，只要是开放旅游的峡谷，雪豹就远遁了。基于野生动物的生态旅游在为当地居民提供就业机会和财政收益的同时，也使野生动物增加了经济价值，为保护资源创造了激励措施。开展生态旅游之前必须进行多方面的研究，以确保实施的可行性，如确认适合开展野生动物旅游的目标社区，确认野生动物种类和其他景点，如历史遗迹、风景区、民俗园、度假村、文化活动场所等，并进行市场调查确定需求和目标市场，针对目标社区进行社会与经济评估、基础设施评估及生物基础调查等，以便更好地监测生态旅游有可能带来的正面或负面影响。家庭旅馆的一部分收入要用于村里的保护基金，可以用于种树、防范食肉动物护栏、发放看守家畜人员的薪金，甚至用于家畜保险费等与保护相关的各种项目。虽然扎根社区的雪豹保护项目的成功案例只有少数几个，但它们在获取当地人的支持来保护雪豹这方面的价值已经得到了证明。非政府保护组织发起的这些激励型项目已经扩展到越来越多的社区，很受当地人欢迎。

（三）家庭手工业

通过手工业制造为社区提供创收机会，并提供与野生动物保护有直接或间接联系的销售渠道。在开展家庭手工业生产之前，需要先评估保护所面临威胁的性质和程度，评估当地社区创收的需求和机会，并开展生物基础调查，在实实在在保护的同时，又能推动当地经济的发展，实现双赢。

（四）战利品狩猎项目

战利品狩猎（trophy hunting）又称运动狩猎（sport hunting），是一种收益颇丰的特殊开发项目。狩猎项目应是提供给当地居民的一种可持续的、具有公益性的、监测良好的、对有蹄类动物保护的激励机制，同时应鼓励通过社区共管的方式在适当区域内开展这一项目。通过科学的方法确定一种可持续的方式，并对狩猎项目的需求和潜在价值进行市场分析评估，确保当地的社会结构在狩猎管理中的权威作用。同时应进行动态的生物基础调查和社会经济评估监测以保证狩猎项目的可持续性。

（五）减少偷猎和雪豹贸易

首先确定雪豹偷猎、贸易的地点，偷猎性质和程度，以及偷猎者动机，进而确定雪豹身体部分交易的性质，包括供应、需求、数目、价值、贸易中心和路线，还有参与者（组织型犯罪、政府官员或机构、个人）及终端消费者。再采取相应的反偷猎、反贸易打击行动。

（六）减少雪豹对家畜的掠食

对雪豹报复性的猎杀一直是分布区的雪豹面临的一项重要的威胁因素。采取适当的方法减少牧民对雪豹的报复性猎杀关键在于减少雪豹对家畜的掠食。可以通过恢复草场、减少对雪豹食物的猎捕及家畜补偿等方式逐渐实施。

（七）畜牧业服务

通过了解雪豹与家畜之间的矛盾所在，确定过度放牧的程度、牧草竞争和疾病传播等因素，为雪豹分布区牧民提供畜牧业和兽医护理方面的培训，以减少对牧场和草场的压力。

（八）保护教育和意识

针对不同的目标群体采取形式多样的宣传教育活动，以喜闻乐见的方式让广大牧民、保护区管理者等了解和认识雪豹的重要性，并对雪豹保护工作者提供相应支持。

第六节　十年雪豹生存策略简介

2001 年 2 月，国际雪豹基金会发出倡议，共同编写《雪豹生存策略》（SLSS）。他们希望通过对雪豹面临各种威胁的分析，制订出一套切实可行的保护行动纲要，为保护和拯救雪豹提供全面有效的指导。60 多位雪豹保护人经过长达一年的网络讨论，最后于 2002 年 5 月的第九届国际雪豹大会上经过 58 位雪豹专家的探讨提炼最终形成，并以英文、中文、蒙古文和俄文四个版本印刷出版。

《雪豹生存策略》的形成会聚了雪豹网络（SLN）中所有个人和集体的智慧。在这个保护计划中，首先要对雪豹的分布状况、生存状态进行系统的地理评估，并根据影响雪豹生存威胁的优先次序确定相应保护、教育和政策措施的优先次序，以及确定研究项目和研究方法的优先次序，并且，应通过建立科学家和保护者的网络使公开对话和跨界合作更方便。

《雪豹生存策略》首先评估了分布状况。从整个大区域来说，雪豹主要分布在喜马拉雅山、喀喇昆仑山、昆仑山、兴都库什山、帕米尔高原、天山、阿尔泰山、萨彦岭及其他丛山区域的亚洲高山地区。这些高山区域属于中亚 12 个国家：阿富汗、不丹、中国、印度、哈萨克斯坦、吉尔吉斯斯坦、蒙古国、尼泊尔、巴基斯坦、俄罗斯、塔吉克斯坦和乌兹别克斯坦。缅甸是否还有雪豹分布未经证实。

雪豹分布的核心区位于阿尔泰山、天山、昆仑山、帕米尔高原、印控克什米尔、喀喇昆仑和喜马拉雅山，分布区内的适宜生境总面积约 1 230 000 平方千米。目前全球雪豹估计数量有 3350～7000 只，大约有 600 只雪豹生活在动物园。另有未知数量的种群属于动物园交换繁殖项目之外的私人领地收藏。雪豹是目前世界上被研究最少的哺乳类之一。

在所有雪豹分布国中，中国是潜在的最重要的分布国之一，雪豹数量占到了全球雪豹种群数量的 60%。雪豹在中国的青海、甘肃、四川、云南、新疆、西藏和内蒙古 7 个省区都有分布，分布范围从喜马拉雅北部横跨青藏高原到达北部和东部边缘，西部的喀喇昆仑山、帕米尔高原、昆仑山、天山和阿尔泰山脉。目前多数分布地都已建或拟建了保护区，这无疑对雪豹的保护有一定促进作用。

除了中国以外，雪豹在蒙古国、尼泊尔、巴基斯坦、印度的分布相对较多，占到了全球雪豹种群数量的 30%左右。在蒙古国 103 000 平方千米的分布范围内分布有 800～1700 只雪豹，它们主要分布在南戈壁、中部戈壁岩石地带及北阿尔泰区域，另在杭爱山脉有一些残余种群。据 2000 年统计，蒙古国内至少有 10 个保护区分布有雪豹，占总保护区的 8%。尼泊尔雪豹的潜在分布区大约有 30 000 平方千米，雪豹数量有 350～500 只。目前已知的在尼泊尔有雪豹活动的保护区大约有 7 个，它们分别是朗塘国家公园、绥博克顺多国家公园、多巴丹狩猎保护区、安纳普纳保护区、萨迦玛塔国家公园、干城章嘉峰保护区、马那斯鹿保护区。其中 4 个保护区与中国的珠穆朗玛峰相连，成为潜在的跨国界保护区域。

巴基斯坦的雪豹分布区面积大约为 16 300 平方千米，分布的雪豹数量约为 320 只。主要出现在西北边境的兴都库什山脉和北部喀喇昆仑山区。在巴基斯坦，有雪豹分布的保护区主要是红其拉甫国家公园、巴尔蒂斯坦野生动物园、奇特尔沟国家公园，该国在这些保护区的周边实施了以社区为基础的生物多样性保护措施。

在印度，雪豹基本分布在喜马拉雅山地区，其潜在栖息地为 95 000 平方千米，雪豹数量在 500 只左右，大约 7.6%的生态地理区保护着雪豹的生存。目前已证实存在雪豹的保护区至少有 9 个，即赫米斯国家公园、喜马拉雅国家公园、峡谷国家公园、大喜马拉雅国家公园、南达德维峰国家公园、刻达纳斯国家公园、谷维德怕苏威哈野生动物园、康岑宗加国家公园、迪邦山谷等。在印度其他分布地区人们还没有进行系统的调查，潜在的雪豹分布区也许还会扩大。

剩下的 7 个国家雪豹的数量仅占雪豹总数的 10%左右。但是作为一个整体区域的保护来说，每一个分布区域都是不可忽视的。1997 年，雪豹专家杰克逊等根据地理信息系统模型估计出雪豹的潜在栖息地大约为 300 万平方千米，其中 6%的区域属于已建或拟建的保护区网络。若按每 300 平方千米有 1 只雪豹的统一密度来计算，这个区域大约活动有 10 000 只个体。由于潜在的捕猎压力、缺乏猎物（食物）、放牧干扰、存在边缘生境以及其他因素，雪豹并非占据所有的区域，但即使这样也可能存在 6000～8000 只的雪豹，特别是在每 100 平方千米有 5～10 只个体的已知"热点"地区。在图 7-24 可见雪豹在不同国家的种群分布情况。

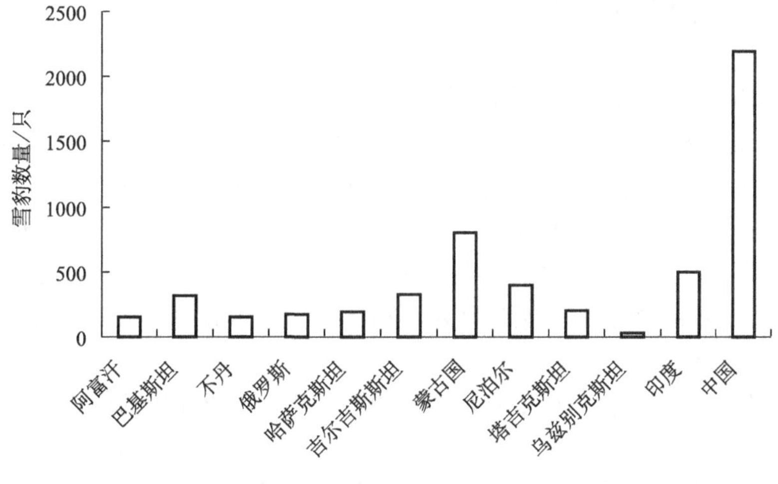

图 7-24　雪豹分布国种群数量示意图（按开头拼音字母顺序），中国居第一位

一、热点区域及优先保护

根据雪豹分布区域的不同，雪豹网络（SLN）的专家们将雪豹分布区划分为四大区域进行优先保护：①喜马拉雅地区（HIMLY），包括喜马拉雅、青藏高原和中国南部山区、印度、尼泊尔、不丹等；②喀喇昆仑山—兴都库什山（KK/HK），包括阿富汗的喀喇昆仑山和兴都库什山、巴基斯坦、中国西南部；③独联体国家和中国西部（CISWC），包括乌兹别克斯坦、塔吉克斯坦、吉尔吉斯斯坦、哈萨克斯坦，中国新疆；④北部分布区（NRANG），包括中

国阿尔泰、蒙古国、俄罗斯。上述四大区域没有遗漏，基本涵盖了全部的雪豹分布区域。

通过在区域内及广义上的分布区尺度的评估，专家们初步制定了31个可作为跨区域研究的优先资助项目准则。这31条优先资助准则大致可分为以下的几种。例如，制定和实施雪豹种群评估的方法，偷猎压力状况、社区经济条件和保护理念评估，猎物物种的分布和现状调查等。这些优先资助准则是相互关联的，比如在制订保护方案和监测种群发展趋势时，如何获得更精确的分布和种群规模现状图是关键性因素。还必须优先评估雪豹毛皮和骨骼的偷猎贸易程度及原因。另外，猎物种群的分布、大小和趋势也是至关重要的，同时也急需了解人类对雪豹的态度和当地社区的社会经济现状，因为它可以直接反映出雪豹的存亡将最终取决于和它们共享一片栖息地的人类。

二、国家行动计划

帮助雪豹分布国制订具体的区域行动计划是保护计划的另一个主要任务。一个国家的国体决定了该国的法律框架、执行机构、管理机构和预算情况等。因此，在大多数情况下，分布国的国情不同，也就决定了具体行动计划的规模大小。但是对一些幅员辽阔并且保护问题复杂而多样化的国家，比如说中国和印度则需要制订州、省、地区一级的行动计划。还有一些边界区域复杂的国家或是地区，如新疆维吾尔自治区阿尔泰山区和帕米尔高原，则需要制订跨区域跨边界的行动计划。

制定保护战略和行动计划有很多不同的方法，广泛使用的模式包括以下几个方面。首先编制资源现状报告，包括栖息地和猎物及物种面临威胁的优先性列表等。再依据资源现状报告制定相应的保护战略和行动计划。保护战略包含一个远景和一个近景目标。近景目标是通过对主要威胁进行分析而制定的具体目标，每一个目标都包含一套可保证其实现的行动，目标和行动之间有明确的针对性、时间表及可量化的成果。远景目标可能是一个更长时期的规划，需要量力而行地制订出10年以上的行动纲领。最后，要对行动计划进行定期审查和适时调整，以保证行动策略的有效实施。

三、雪豹生存计划的推进

雪豹作为高海拔生态系统保护的旗舰种或伞护种，它的未来与其猎物、栖息环境以及依赖环境而生的人们有着不可分割的联系。要使野生动物与人类共同生活在其赖以生存的大环境中并成为不可分割的一部分，建立一个可持续发展的环境尤为重要。

雪豹生存计划工作组通过组建雪豹网络来推动保护计划在不同国家的开展。雪豹网络是由来自政府和非政府部门的个人或组织组成的。他们共同致力于有效保护雪豹、猎物及它们的天然栖息地，并希望通过在个人、组织和政府之间建立网络合作促进雪豹的保护，同时加强专业联系，以解决影响雪豹及其猎物生存、当地居民谋生机会等关键问题，最终成为雪豹保护的主导协调者，促进雪豹的研究和保护。

自雪豹网络成立以来，它一直在协助和促进迁移物种公约（CMS）、物种贸易公约（CITES）和物种多样性公约（CBD）等相关条约的实施，促进雪豹分布国家保护行动计划的制订和实施，促进雪豹、天然猎物及栖息地的科学管理和保护，建设和加强分布国的雪豹保护能力，并利用雪豹网络成员的综合性知识和专业技能解决雪豹保护中遇到的问题。雪豹网络成立了由 6 名成员组成的监督委员会，由会员每 3 年选举一次，并设置主席和总干事各 1 名，其中主席和至少 4 名委员会成员必须来自雪豹分布国。

雪豹网络的会员在雪豹保护、研究、教育和政策等领域是专家或学者，较有经验，可以在制订行动计划进程中就专业知识及意见咨询时提供协助。所有需要协助的组织和个人可通过国际雪豹基金会及雪豹网络的网站查询所需资料信息，寻求合作(http：//snowleopard. org，http：//snowleopardnetwork. org)。

四、十年成败

光阴似箭，《雪豹生存策略》从制定、发布到现在已经过去了十年。在这十年中，我们做了些什么，雪豹种群下降的速度减慢了吗？人与雪豹的冲突缓和了吗？雪豹的现状改善了吗？成败自有公论。当然，关注雪豹的人越来越多，雪豹的保护在各级部门及所有关注雪豹的伙伴们的支持和努力下取得了一定的进展。雪豹保护已不再是个别人的力量，已经有一大批关注者联合在了一起，共同致力于雪豹的保护工作。更多野外研究方法和先进经验应用到雪豹的管理和保护中，在一定程度上促进了雪豹的就地保护。

雪豹基金会成立 30 年来，科学家的精力已不再集中于动物园或实验室，他们开始转向野外，把观察和研究投入艰苦的崇山峻岭之中，成绩卓越。在最近三四年，值得称颂的事情是一些地方政府和保护部门官员终于网开一面，释放了一些命运坎坷的雪豹（图 7-25）。在内蒙古、新疆、甘肃、西藏等地都传来了雪豹重归山野的好消息，非常鼓舞人心。对成绩，我们客观地分析，不阿谀奉承，也不掩盖真相。在过去，经常会有人“捡到”幼雪豹的事情发生，被媒体当做有爱心的英雄，在大加赞扬之余，竟然开始号召捐款，使收养小雪豹的人受到了鼓舞。试想这种窃贼行为，怎么可以蒙混过去。明明是恶性案件，偷猎者却没有受到谴责和处罚。

图 7-25 塔什库尔干塔吉克自治县送雪豹回山仪式在帕米尔高原举行（2010 年 7 月，谢林冬 摄）

显然，在这十年，人们还没有觉悟。平心而论，整个世界，花开花落，朦朦胧胧，存在的不足也是显而可见的。阿富汗十年战火纷飞，雪豹分布区的面积迅速萎缩。西方国家的经济下滑使投资者经费减少，必定对中亚国家的保护事业产生一定影响。中国作为雪豹分布面积最大和数量最多的国家，其如火如荼的西部大开发运动，造成雪豹的生存状况迅速恶化。新疆作为雪豹分布的大省，面临内外夹击的局面，周边 8 个国家偷猎和走私不断，疆内的大开发、环境恶化，将雪豹迅速逼入绝境。新疆雪豹研究小组更是内外交困、四面楚歌、惨淡经营，外部是穷山恶水阻拦，内部有行业腐朽势力牵制，如何开展工作！而《雪豹生存策略》与国际雪豹保护机构还有当地政府及林业部门对此束手无策或畏首畏尾，视若无睹或软弱无能，行为冷漠或无所作为，表现出躲避和排斥的心态。国际基金只把重点投入印度、巴基斯坦、吉尔吉斯斯坦、蒙古国这样一些边缘的地区，不痛不痒，完全是因小失大，捡了芝麻，丢了西瓜。随着老一代保护工作者一位一位逝去或退出历史舞台，新生力量尚在等待崛起，雪豹事业后继乏人。平庸之辈难掌大局，正在出现一落千丈的局面。这些无疑都是近十年国际保护计划最失败的地方。

但无论怎样，有期望总是美好的，在大家的共同努力下，雪豹保护事业必能蒸蒸日上。数百年后的一天，人们依然能见到雄居山头的雪豹出没，这就是我们最大的愿望。

参考文献

阿不都热合曼，张则岑．2005. 一雪豹被夹而亡．新疆林业，(5)：24.

陈代贤．1989. 三种豹骨头骨及其伪品的鉴别研究．中国药学杂志，24 (2)：80.

程芸．2004. 新疆雪豹保护．乌鲁木齐：新疆保育基金．

程芸，白韫雯．2005. 新疆雪豹偷猎及非法贸易调查报告．乌鲁木齐：新疆保育基金．

樊江．2006. 雪豹的救助．新疆林业，(5)：41-43.

冯柞建．1990. 喀喇昆仑山-昆仑山地区兽类资源的现状与保护．自然资源学报，5 (4)：343-353.

侯向群，西北平原，马鸣．2009. 新疆雪豹生存或者灭绝．新疆人文地理，2 (2)：118-126.

胡清宇，李水福，陈玲，等．1996. 豹骨头骨及其混伪品头骨的聚类分析．基层中药杂志，10 (2)：9-10.

李时珍．1981. 明-本草纲目．北京：人民卫生出版社．

廖炎发，罗焕文，刘德宁，等．1986. 雪豹饲养与繁殖的初步研究．兽类学报，6 (2)：93-100.

廖炎发，谭邦杰．1990. 中国雪豹地理分布的初步研究．中国动物园论文集，1：109-115.

刘学聪，李义明．2004. 动物的易绝灭特征与保护优先性．生态学杂志，23 (6)：161-166.

马鸣．2008a. 红外拍摄日记．人与生物圈，(6)：26-35.

马鸣．2008b. 雪豹下天山之谜．人与生物圈，(6)：44-45.

马鸣，徐峰，Munkhtsog B，et al. 2011. 新疆雪豹种群密度监测方法探讨．生态与农村环境学报，27 (1)：79-83.

穆新春．1993. 新疆雪豹的分布和人工饲养．首都师范大学学报（自然科学版)，14 (2)：79-82.

人与生物圈．2008. 中国雪豹小组在行动．人与生物圈，(6)：18-25.

隋洪玉，周立红，孙启时．2000. 中药豹骨及其伪品的鉴别．沈阳药科大学学报，17 (增刊)：95-97.

孙养性．1983. 土法捕捉雪豹．中国动物园年刊，6：68-69.

田磊磊．2008. 甘肃临夏雪豹贸易调查报告．新疆保育基金会．

王博．1992. 昆仑山的雪豹．大自然，(2)：31-32.

王学杰．2002. “8.15”猎杀雪豹特大案侦破纪实．新疆林业，32 (3)：21-25.

魏辅文，娄治平．2010. 中国野生动物保护研究现状．中国科学院院刊，25 (6)：668-673.

温波．2005. 尼泊尔雪豹．乌鲁木齐：新疆保育基金．

徐爱春．2008. 高原上的雪豹隐居之地．人与生物圈，(6)：46-59.

徐峰，陈莹，马鸣，等．2008. 天山雪豹何以开始偷袭家畜？人与生物圈，(6)：36-43.

尹秉高，刘务林．1993. 西藏珍稀野生动物与保护．北京：中国林业出版社．

俞言琳．2007. 塔城地区侦破一起非法收购出售雪豹案．新疆林业，(1)：9.

智峰．2008. 留住她，就是留住一个健康的系统．人与生物圈，(6)：4-5.

智峰，楚波．2008. 三十年前他与雪豹数次相遇．人与生物圈，(6)：60-69.

中国药用动物志编委会．1983. 中国药用动物志．天津：天津科技出版社．
中华人民共和国药典委员会．1978. 中华人民共和国药典．北京：人民卫生出版社．
中华人民共和国药典委员会．2005. 中华人民共和国药典．北京：化学工业出版社．
邹红菲，郑昕．2003. 中国雪豹保护策略的调查分析．野生动物，24（5）：54-55.
Mallon D P，McCarthy T M. 2007. 雪豹生存策略简要版本（SLSS）．新疆保育译．乌鲁木齐：新疆保育基金．
McCarthy T M，Breitenmoser U，Breitenmoser-Wursten C. 2008. 又一个被推向濒危的旗舰种．人与生物圈，(6)：1-2.
McCarthy T M. 2008. 保护需要从意识转为行动．人与生物圈，(6)：6-17.
Rullman J S，Bayarjargal A，夏树．2008. 雪豹企业——来自蒙古国的故事．人与生物圈，(6)：70-75.
Andersson J，Hassellind S，Widen P，et al. 2002. Is the Snow Leopard (*Uncia uncia*) Endangered? 7th International Symposium on High Mountain Remote Sensing Cartography，ICA：11-25.
Anon. 1996. Snow Leopard pelts in Kashgar market. Cat News，25：21-22.
Barnes L. 1989. The overt illegal fur trade in Kathmandu，Nepal. Inverness Research Associates.
Bhatnagar Y V，Mathur V B，McCarthy T M. 2001. A regional perspective for snow leopard conservation in the Indian Trans-Himalaya. Unpublished Workshop Paper.
Blomqvist L. 1984. Conservation measurements taken for the captive Snow Leopard，*Panthera uncia*，population and a report of fluctuations in stock in 1983. International Pedigree Book for Snow Leopards，4：55-71.
Blomqvist L. 1995. Three decades of Snow Leopards *Panthera uncia* in captivity. International Zoo Yearbook，34：178-185.
Bold A，Dorzhunduy S. 1976. Report on snow leopards in the southern spurs of the Gobi Altai. Proc Institute of General and Experimental Biology，Ulaanbaatar，11：27-43.
Braden K E. 1982. The Geographic Distribution of Snow Leopards in the USSR：Maps of Areas of Snow Leopard Habitation in the USSR. Helsinki：International Pedigree Book of Snow Leopards.
Chundawat R S，Rodgers W A，Panwar H S. 1988. Status report on Snow Leopard in India. Proceedings of the Fifth International Snow Leopard Symposium. Seattle：ISLT.
Cook D，Roberts M，Lowther J. 2002. The international wildlife trade and organised crime. Regional Research Institute，University of Wolverhampton.
Dexel B. 2002. The illegal trade in Snow Leopards-A global perspective. Berlin：German Society for Nature Conservation.
EIA. 2009. A Deadly Game of Cat and Mouse：Tiger Criminals Give China the Run-around. London：The Environmental Investigation Agency.
Fox J L. 1989. A Review of the Status and Ecology of the Snow Leopard (*Panthera uncia*). Seattle：International Snow Leopard Trust (ISLT).
Freeman H. 1980. The Snow Leopard，Today and Yesterday. Helsinki：International Pedigree

Book of Snow Leopards II.

Green M J B, Zhimbiev B. 1997. Transboundary protected areas and Snow Leopard conservation. Proceedings of the Eighth International Snow Leopard Symposium. ISLT: 194-203.

Gripenberg U, Soderlund V, Wahlberg C, et al. 1982. Comparison of chromosome banding patterns in the Snow Leopard (*Panthera uncia*) and in other felids. International Pedigree Book of Snow Leopards, 3: 135-138.

Haider G. 2002. Snow Leopard Pelt Trade on the Rise. Islamabad: The Nation Plus.

Harris R B. 1994. A note on Snow Leopards and local people in Nangqian County, southern Qinghai Province. Proceedings of the Seventh International Snow Leopard Symposium. Seattle: ISLT.

Heptner V G, Sludskii A A. 1972. Mammals of the Soviet Union. Moscow: Vysshaya Shkola Publishers. Vol. Ⅱ, Part 2.

Hunter D O, Jackson R. 1997. A range-wide model of potential Snow Leopard habitat. Proceedings of the Eighth International Snow Leopard Symposium. ISLT: 51-56.

Hussain S. 2003. The status of the Snow Leopard in Pakistan and its conflict with local farmers. Oryx, 37 (1): 26-33.

IFAW. 2001. Making Traditional Medicine Safe for Animals. Yarmouth: International Fund for Animal Welfare.

Jackson R M, Hunter D O. 1996. Snow Leopard Survey and Conservation Handbook. Seattle: ISLT.

Jackson R M. 2002. Snow Leopard status, distribution and protected area coverage. Contributed Papers to the Snow Leopard Survival Strategy Summit, Seattle: ISLT: 77-101.

Johnson K A, Yu J P. 1996. The Leopard Cat in China: Ecology and Management for Sustainable Use. Switzerland: Final Report to CITES Secretariat, Geneva.

Kattel B, Bajiamya S B. 1995. Status and conservation of Snow Leopard in Nepal. Seattle: Proceedings of the Eighth International Snow Leopard Symposium.

Koshkarev E. 1998. Snow Leopard along the border of Russia and Mongolia. Cat News, 28: 12-14.

Koshkarev E. 2002. Strategy of Snow Leopard Conservation in Russia and in Boundary Territories of Mongolia, China and Kazakhstan. Seattle: Contributed Papers to Snow Leopard Survival Strategy Summit.

Koshkarev E, Vyrypaev V. 2000. The Snow Leopard after the break-up of the Soviet Union. Cat News, 32: 9-11.

Kreuzberg Mukhina E. 2002. Snow Leopard and Its Protection in Usbekistan. Seattle: Contributed to the Snow Leopard Survival Summit.

Liao Y, Tan B. 1988. A preliminary study of the geographic distribution of Snow Leopards in China. Proceedings of the Fifth International Snow Leopard Symposium. Seattle: ISLT and Wildlife Institute of India: 51-63.

Liao Y F. 1994. Snow leopard distribution, purchase locations and conservation in Qinghai Province, China. Proceedings of the Seventh International Snow Leopard Symposium, Xining: 65-72.

Liu Y S. 1994. International hunting and the involvement of local people in Dulan, Qinghai, China. Proceedings of the Seventh International Snow Leopard Symposium, Xining: 305-314.

Loginov O. 1995. Status and conservation of Snow Leopard in Kazakstan. Proceedings of the Eighth International Snow Leopard Symposium. ISLT and WWF for Nature-Pakistan.

Lu X D, Jackson R, Wang Z Y. 1994. Herd characteristics and habitat use of a blue sheep population in the Qomolangma Nature Preserve. Proceedings of the 7th International Snow Leopard Symposium, Xining: 97-103.

Mallon D P. 1991. Status and conservation of large mammals in Ladakh. Biological Conservation, 56: 101-119.

Mallon D P. 2003. An early record of Snow Leopard in Myanmar. Cat News, 39: 24-25.

MaMing R. 2012. Market prices for the tissues and organs of snow leopards in China. Selevinia, 20 (to be published): 1-6.

McCarthy T M. 2000. Ecology and conservation of Snow Leopards, Gobi Brown Bears and wild Bactrian Camels in Mongolia. Ph. D. Dissertation, Amherst: University of Massachusetts.

McCarthy T M, Chapron G. 2003. Snow Leopard Survival Strategy (SLSS) . Seattle: ISLT and SLN.

Miller D J, Jackson R M. 1994. Livestock and Snow Leopards: making room for competing users on the Tibetan plateau. Proceedings of the Seventh Snow Leopard Symposium. Seattle: ISLT.

Norbu U P. 1995. Status and conservation of Snow Leopard in Bhutan. Proceedings of the Eighth International Snow Leopard Symposium. ISLT and WWF for Nature-Pakistan.

Nowell K, Jackson P. 1996. Wild Cats: Sstatus Survey and Conservation Action Plan. IUCN, Gland, Switzerland.

O'Gara B W. 1986. Snow Leopards and sport hunting in the Mongolian People's Republic. Proceedings of the Fifth International Snow Leopard Symposium. Seattle: ISLT.

Oli M K. 1994. Snow Leopards and blue sheep in Nepal: densities and predator-prey ratio. J Mammalogy, 75 (4): 998-1004.

Osborne B C, Mallon D P, Fraser S J R. 1983. Ladakh, Threatened stronghold of rare Himalayan mammals. Oryx, 17 (4): 182-189.

Peters G. 1980. The vocal repertoire of the Snow Leopard. International Pedigree Book of Snow Leopards, 2: 137-158.

Schaller G B. 1998. Wildlife of the Tibetan Steppe. Chicago: University Chicago Press.

Singh J, Jackson R. 1995. Transfrontier conservation areas: creating opportunities for conservation, peace, and the snow leopard in Central Asia. International Journal of Wilderness, 5 (3): 7-12.

Snow Line. 1996. Trade Continues in Snow Leopard Skins. Snow Line. Seattle: ISLT.

Tar M S. 1993. Tourist finds Snow Leopard pelts in China. Snowline, XI (1), Seattle.

Theile S. 2003. Fading footsteps: the killing and trade of Snow Leopards. TRAFFIC, Cambridge, UK.

Traffic Europe. 1998. Overview of wildlife trade in the central Asian countries. Brussels.

Van Gruisen J, Sinclair T. 1992. Fur trade in Kathmandu-Implications to India. TRAFFIC India Investigation, WWF India.

Wen B. 2002. Illegal Trade of Snow Leopards in China: An Overview. Seattle: Contributed Papers to the Snow Leopard Survival Strategy Summit.

Zahler P, Graham P. 2001. War and wildlife: the Afghanistan conflict and its effects on the environment. ISLT Special Report: 1-13.

第八章 动物园中的雪豹

许多关于雪豹的知识来自动物园。

动物园已经成为一些珍稀动物的避难所——或者说是濒危物种的诺亚方舟，功不可没。

目前，全世界约有 210 家动物园和机构饲养着或曾经拥有雪豹（Blomqvist, 2008），雪豹存活的数量达 500～700 只，甚至更多。1891～2008 年，约有 2703 只人工饲养的雪豹被国际谱系组织登记（International Studbook）。这里没有包括中国等亚洲国家的资料，实际数量应该早已超过 3700 只，接近现有野生种群的水平。

图 8-1 瑞士动物园中的雪豹——人们可以近距离观赏这位来自雪域高原的神灵（阿布力米提 提供）

大量来自动物园的观测资料，揭示了雪豹的种群结构、生活史（寿命）、行为、繁殖生态、疾病、食物与食性等。因此动物园不仅仅是异地保护（或迁地保护、移地保护）的场所，还是我们观测和观赏雪豹、了解雪豹的科普基地（图 8-1）。

第一节　野生动物园的作用

据《诗经・大雅》记载，早在殷商时代，周文王（公元前 1152～公元前 1056）已在酆京（现陕西西安沣水西岸）兴建灵台、灵沼，自然放养各种鸟、兽、虫、鱼，并在台上观天象、奏乐。这可能是世界上最早由人工兴建的自然动物园了。此后的封建帝王也多建有不同规模的苑囿——皇家园林，选择山丘茂密森林或水草丛生之地，设置围栏，由专人管理，放养禽兽，供戏乐或狩猎。秦汉之后，多在种植花木的苑囿中放养或设笼舍圈养动物，以供玩赏。中国人饲养和调练豹子，用以巡猎，也有几千年的历史（见第一章）。

现代的动物园饲养和管理着来自野外的各种野生动物，其功能已经发生了巨大变化。除了要向社会开放，供游人观赏、娱乐，还要开展珍稀野生动物饲养、繁殖、物种保护、管理、研究和科普宣传。

一、动物园的宏伟蓝图

进入 21 世纪，各地将城市动物园搬迁到野外，或兴建大规模的野生动物园，与户外活动、娱乐、旅游、观光等商业化的活动结合在一起，基本上背离了建设野生动物园的初衷。野生动物园是动物园发展的高级阶段，是野生动物最主要的移地保护场所。野生动物移地保护与就地保护的目标和作用是基本一致的，绝不可以借保护的名义，将动物园打造成为摇钱树或营利的工具。

动物园在野生动物移地保护方面的工作，有以下几项主要内容。

第一是直接的保护与利用。

(1) 因为栖息地丧失，一些物种面临灭绝。动物园可以饲养、繁殖、保护这些濒危野生动物物种种群，成为野生动物的避难场所。

(2) 在时机成熟时，将驯养动物个体有计划地放归野外，同样可以补充和维持自然种群数量和基因的多样性。也可对野外绝迹物种进行人工繁殖和“再引入计划”，令其早日回归自然。

(3) 能够开展野生动物繁殖试验，在饲养条件下自我繁殖的成功，为维持供观赏的动物种群做出贡献，可大大减少对野外的捕捉。

(4) 动物园能够对野外伤病野生动物实施医疗救助，参与野生动物疾病防治工作。

第二是科学研究基地。

(1) 科学家在动物园获得的动物知识、技术、经验，积累了丰富的动物保护财富，使许多动物受益，并以此支持就地保护。

（2）动物园能为动物物种保护战略提供支持和建议。

（3）动物园通过饲养管理、疫病防治、人工繁殖，获得野生动物生理、生化、行为等方面的基础资料。服务科学实验，服务教育，服务人类的拯救工程。

第三是公众教育与观赏。

（1）在动物园中去认识自然界中的野生动物，去接近它们，增加了解、喜爱、兴趣，最终达到参与野生动物保护的目的。

（2）在动物园中人们可以认识到野生动物、植物、水、大地、空气之间的相互关系。它们是自然界中的重要组成部分。提醒人们，保护野生动物，需要保护自然环境。

（3）公众参与，了解野生动物饲养、繁殖、疫病防治、保护的基本知识和技能，为野生动物保护提供社会支持。

实际上，动物园的作用远不止这些（Wheater et al.，1993；WAZA，2005）。它甚至涉及国家政策制定、国际交流、社会道德规范与动物福利等许多方面。

二、移地保护是不得已的

雪豹的保护措施主要是就地保护和移地保护（或迁地保护、异地保护）。然而，随着自然环境的迅速恶化、人类的经济活动加剧、人口增加、牧场放牧向高山转移，雪豹的生活空间越来越少。食物也越来越匮乏，疫病传播更加容易。而家畜放牧向高山转移（夏牧场），与雪豹生活环境的交错，雪豹的食物——野生草食动物将越来越少，家畜带来的新的动物疫病威胁雪豹的生存。以此，雪豹的栖息地破碎化，就地保护已经遇到难以克服的困难。

雪豹面临人类入侵和生境破坏等诸多问题，如矿业、牧业、林业、旅游业、水利工程、铁路、公路、铁丝网等，甚至苏联解体、阿富汗战争、西部大开发、全球气候变化、世界经济危机等也对雪豹的生存造成严重影响，冰川消失了，雪线升高了，雪豹一步步被逼入绝境。方式过于单一的就地保护，越加显得力不从心，于是人们承担起对雪豹的移地保护重任。这是非常不得已的办法。

雪豹移地保护，使我们可以近距离认识这种珍稀野生动物，欣赏它的魅力。通过人工饲养的探索，获得饲养管理、疫病防治、繁殖的技术经验和科研资料，还有繁殖的幼崽。动物园和野生动物繁殖机构成为雪豹移地保护的主要倡导者和参与者，通过努力工作，已经取得在雪豹移地保护方面的巨大成就，使雪豹得到最有效的保护。

雪豹是一种美丽而濒危的猫科动物，是代表山地生物多样性的旗舰物种，是世界上能挑战最高海拔的显著象征，是促进跨国界的国家公园或保护区建立的环境大使，是健康的山地生态系统的指示器（图 8-2）。但是近年来人类的活动给这种大型猫科动物带来了巨大的生存压力，因此保护雪豹是人类应尽的义务。而动物园是城市绿地系统的一个组成部分，主要饲养展出野生动物，供人观赏，并对广大群众进行动物知识的普及教育，宣传保护野生动物的重要意义。同时，进行科研工作，开展有关动物饲养管理、疾病防治和繁殖方法的研究等，在保护野生动物方面正发挥日益重要的作用。

图 8-2　雪豹对环境的要求是比较挑剔的，既要隐蔽性好，又要食物充足，还要清净，显然人类越来越难以满足它的要求了

纵观近百年动物园饲养雪豹的历史，动物园在保护雪豹方面发挥着不可替代的作用。为了让动物园今后能够更好地发挥在保护雪豹方面的作用，需要注意以下几点。

(1) 让更多饲养雪豹的动物园加入雪豹保护与繁殖机构。加强各组织之间的学术交流、品种交换、技术合作。这样会更利于雪豹的繁殖保护，利于健康种群的建立，利于物种遗传多样性的保护。

(2) 相关科研单位及动物园要继续加强雪豹繁殖、饲养方面的探索。目前，雪豹繁殖出生时的死亡率过高，这是制约雪豹种群扩大的一大障碍。要加强探索，寻求出路。雪豹饲养方面要形成科学的管理制度，包括科学的设计雪豹饲养场所，创造更接近自然的状态。还要更多地考虑参观及人为活动对其造成的影响，探索科学的喂食方法和食物搭配。总之，尽可能地提高雪豹的福利待遇。

(3) 加强雪豹疾病的预防工作。动物园里饲养的动物种类较多，加之每天流动的人群也较多，易造成动物的交叉感染。因此，动物园要对各类动物进行科学合理的布置，避免病菌的交叉感染。

第二节 国内外饲养雪豹的历史

人类最早有记载的饲养雪豹事件（中国和亚洲古籍中的饲养记录出现在数千年前，当然一些文物还需要考证，见第一章），也就是动物园人工驯养，可能始于 1851 年，是在比利时海港城市安特卫普（Sunquist M and Sunquist F, 2002）。1891 年，英国伦敦动物园从不丹王国获得一只雪豹，开始饲养和展出。1894 年该动物园再次获得雪豹，进行人工饲养。到 1903 年，纽约、柏林、莫斯科等地的动物园都开始饲养雪豹（Wharton and Mainka，1997）。

人们在开始饲养雪豹时没有现成经验，都在不断探索之中，逐步获得成功经验和技术。猫科动物通常比较温顺，容易驯化。雪豹是个特例，因为它们生活的环境比较特殊，高海拔、寒冷、缺氧、光照强等。历史上首次记载的人工繁殖雪豹是在 1906 年。之后又于 1912 年和 1938 年成功繁殖雪豹。半个世纪后，雪豹饲养管理才逐渐趋于合理。

一、早期的救助计划

1984 年，北美发起第一个人工繁殖雪豹项目——国际濒危物种救助计划之一。20 世纪 90 年代该项目在日本、俄罗斯、澳大利亚、印度展开。这期间，动物园在雪豹人工饲养和繁殖方面取得了巨大成就。纽约的布朗克斯动物园在近 30 年的时间里，已经繁殖成活雪豹约 80 只；芬兰的赫尔辛基动物园（Helsinki Zoo）繁殖成活达 70 余只。事实上，最早能使人工饲养雪豹存活至生育年龄的，当属丹麦哥本哈根动物园。世界各地展出的雪豹，多少都与当年哥本哈根繁殖的雪豹有着或多或少的血缘关系（Wharton and Mainka，1997）。今天世界各地动物园有 700 多只人工饲养繁殖的雪豹供展出，并能够正常生长和繁殖。

如果用心伺候，雪豹并不难喂养和繁殖。根据世界雪豹家谱统计表，截至2008年，在约100年时间里，人工饲养的雪豹（中国除外）达2700多只。它们分布在世界各地210多家动物园里，其中年存活数量为450～650只。1986～1993年繁殖数量呈上升趋势，而1993～2008年繁殖增长率放缓，整体呈下降趋势。1983～1993年的增长率达8%，2000～2007年的增长率约为4.5%。据不完全统计，20世纪70年代产崽量为每年30只，80年代60只，90年代达到最辉煌的80只。2000～2007年，年平均为55只（35～71只），有所放缓（Blomqvist，2008）。

对344只生活在动物园的雪豹进行统计发现，雌性雪豹适宜产崽年龄为3～12岁，雄性要更长些。雪豹产崽有严格的季节性，46%的雌豹选择在5月产崽，南半球则在10～11月。对1818只动物雪豹生活史（谱系）数据的分析表明，刚出生时雪豹的死亡率较高，第一个月幼豹的死亡率达32%。第一年后死亡率开始下降，到10岁的时候下降到最低点8%（据Blomqvist，2008）。10～15岁以后死亡率又开始快速升高（图8-3）。雪豹最长寿命超过21岁。

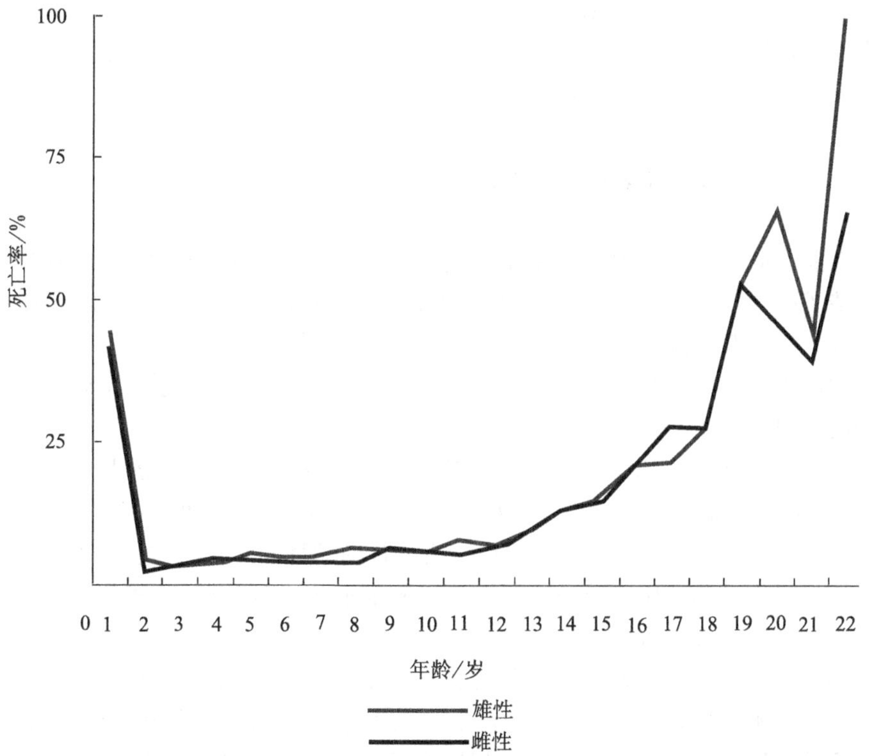

图8-3　动物园雪豹死亡率与年龄关系

初生及一年左右幼豹的死亡率比较高，2～13岁的死亡率最低，之后死亡率逐渐升高。样本量n=1818只（Blomqvist，2008）

我国人工饲养雪豹，较早的记录是在1948年（穆新春，1993）。首先在乌鲁木齐动物园（1948年）、北京动物园（1956年）、上海动物园和青海西宁动物园（1968年）等获得成功。20世纪中后期（1968～1984年），仅西宁动物园就曾经在野外捕捉或收购雪豹73只（40♂，33♀）。之后，北京和西宁都有人工繁殖成活雪豹幼崽的案例（廖炎发，1985b；杨小燕，2002），阶段性取得成功的技术经验。这种经验，是综合实力的体现。它包括对雪豹生活环境、生活习性、繁殖生态、食性与食物、行为的初步认识，不断完善雪豹的饲养技术、管理技术、疫病防治技术和人工繁殖技术等。

中国是野生雪豹分布面积最大的国家，也是雪豹数量最多的国家。在这样一个“雪豹的超级大国”里，雪豹的人工饲养和繁殖却极其落后，各自为政，混乱不堪。与国外相反，国内98 %以上的雪豹捕自野外，人工繁殖的数量非常之少。而且，缺乏国际交流，故步自封，闭门造车，夜郎自大。也许可饲养的明星动物比比皆是，特产珍稀物种太多，人们的注意力都集中在金丝猴、大熊猫、朱鹮、东北虎等少数动物身上。雪豹饲养与管理几乎没有与世界接轨，偶然的一两次人工繁殖，结果也是自生自灭，不了了之。资金和人才缺乏，管理水平落后，法规不健全，行业内无规可循。至今还没有建立起动物园雪豹的谱系档案，为世人诟病（Blomqvist，2008）。

二、国外动物园中的雪豹

工业革命，给西方列强带来了空前繁荣，同时也为它们到世界各地掠夺资源创造了机会。一些探险家甚至潜入中亚荒无人烟的地区考察、探险、捕捉野生动物。有记载的最早捕捉雪豹是在1851年，运往比利时海港城市安特卫普。在这之前探险家们获得的多是雪豹尸体或皮子。现在普遍认为国外动物园饲养雪豹的历史，始于1891年。

1891～2008年共有2703只雪豹被国际雪豹谱系书收录（中国及亚洲国家除外），其中88%的雪豹是人工繁殖的，仅有12%的是从野外捕捉的（表8-1）。最辉煌的年代是20世纪70～90年代，西方各国动物园对野外雪豹的需求逐年降低，捕捉野生雪豹的压力减小（图8-4）。而最近10年，由于经济危机等多重因素，人工繁殖的数量有所下降。

国外动物园中雪豹人工繁殖数量增长趋势令人惊喜，20世纪90年代前后达到了一个繁殖高峰，野外捕捉压力降低，人工繁殖出现了一个突飞猛进的景象，成果卓著（Blomqvist，1993年），相比之下，我国在雪豹饲养与繁殖方面落后60年。

表 8-1　100 年来西方动物园雪豹数量统计（Blomqvist，2008）　单位：只

	雄性	雌性	性别不详	总数
野外捕捉	157	153	11	321
人工繁殖	1073	1103	206	2382
总计	1230	1256	217	2703

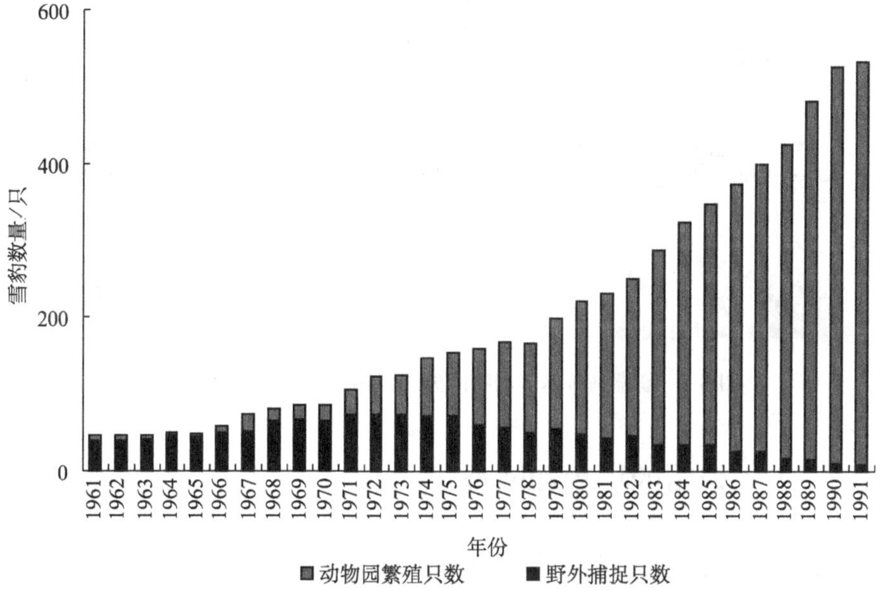

图 8-4　动物园雪豹人工繁殖量与野外捕捉量关系

最初，猎获雪豹的目的并不是对雪豹的保护，而是看重雪豹身上的毛皮，或喜爱其特殊长相，温文尔雅、雍容淡定、高贵华丽、憨态可掬的样子（图 8-5）。当时西方资本主义社会追求奢华和炫耀财富的人们，大肆搜集或掠夺珍禽异兽，宠养在自家的庄园。那时的人们还没有物种保护的概念，物竞天择，顺其自然。1851 年，第一只捕自野外的雪豹被运往比利时安特卫普动物园（Sunquist M and Sunquist F，2002）。之后，经过了 60 年，人工繁殖才获得成功。人工饲养条件下第一个幼崽产于 1910 年（Biomqvist，1998 年）。1984 年由北美一些动物园发起的第一个人工繁殖雪豹项目实施，人工繁殖逐渐走向正轨。20 世纪 90 年代该项目在北美洲以外的地区，如日本、俄罗斯、澳大利亚、印度展开，效果显著。

图 8-5　新疆乌鲁木齐动物园憨态可掬的小雪豹（刘恺 摄）

三、人工繁殖的历程和困难

西方关于雪豹人工繁殖的历史只有 100 年。在统计入册的 50 多个拥有人工雪豹种群的国家之中，成功繁殖的只有 10 来个国家，如美国、芬兰、俄罗斯、德国、瑞士、加拿大等（表 8-2）。从 1905 年雪豹第一次在北美展出，到 1981 年国际雪豹基金会在美国成立，雪豹繁殖走过了漫长曲折的道路。第一个雪豹繁殖计划是 1984 年在北美洲发起的，对动物园之间信息交流、个体交换、寻亲交配起到了积极作用。3 年后动物园雪豹繁殖与保护合作组织成立。20 世纪 90 年代后，雪豹繁殖在日、俄、澳、印度等国家展开，四面开花，达到一个最辉煌的时代（Wharton and Freeman，1988；Wharton and Mainka，1997）。

除北美外，雪豹繁殖在欧洲国家高度合作下已有 30 多年的历史。在这期间饲养雪豹的数量从 1987 年的 74 只上升到 1996 年的 224 只。1997 年后，数量开始减少。到 2008 年为 183 只，分布在 85 个动物园或动物保护机构中。雪豹繁殖在欧洲已经有很长的历史了，1910 年波兰的弗罗茨瓦夫动物园发布了第一个雪豹出生报告。然而，那时成功繁殖还是少数，直到 20 世纪 70 年代繁殖的数量才有显著的提高。雪豹的繁殖主要在欧洲三大动物园进行，它们是苏黎世动物园、克雷菲尔德动物园、赫尔辛基动物园。其中，赫尔辛基动物园在 1976～2007 年，共成功繁殖了 117 只雪豹。

表 8-2　世界各国（除了中国）近百年雪豹饲养统计表

国家/地区	最早饲养年份	总饲养量/只	现存活量/只	饲养动物园数/个	是否繁殖
美国	1903	726	132	51	是
奥地利	2007	3	3	1	否
日本	1962	51	28	11	是
法国	1989	59	29	19	是
葡萄牙	1996	4	4	3	否
加拿大	1961	80	22	8	是
英国	1891	52	18	9	是
瑞士	1929	136	8	5	是
德国	1905	155	30	20	是
阿根廷	2001	2	2	2	否
印度	1967	21	12	3	否
捷克	1988	27	13	11	否
爱尔兰	1981	49	2	3	是
俄罗斯	1905	190	22	15	是
墨西哥	2001	1	1	1	否
瑞典	2003	4	4	3	否
南非	2003	1	1	1	否
波兰	1909	28	13	9	是
立陶宛	2001	2	2	2	否
摩尔多瓦	1999	2	2	2	否
澳大利亚	1985	16	14	5	是
乌克兰	1963	6	1	2	否
丹麦	1955	18	1	2	否
比利时	1851	4	1	1	否
西班牙	1988	61	3	3	否
巴西	1992	1	1	1	否
韩国	2000	6	2	2	否
匈牙利	2001	4	4	4	否
爱沙尼亚	1970	31	3	2	否
克罗地亚	1994	1	1	1	否
芬兰	1966	124	6	4	是
哈萨克斯坦	1983	15	2	2	否
锡金*	1987	53	4	5	否
塔吉克斯坦	1975	8	2	1	否
意大利	1962	34	4	4	否
乌兹别克斯坦	1979	5	0	1	否
荷兰	1905	24	4	4	是
南斯拉夫	2000	6	0	2	否
埃及	1973	17	0	2	否
吉尔吉斯斯坦	2003	2	2	1	否
阿富汗	1970	2	0	2	否

*原为一国家，现为印度的一个邦。

（一）雪豹繁殖过程中遇到的问题

对 344 只动物园人工饲养的雪豹进行调查统计发现，雌性雪豹的产崽年龄为 3～12 岁，雄性要更长些。雪豹产崽有严格的季节性，46％的雌豹选择在 5 月产仔，南半球则在 10～11 月。动物园饲养雪豹存在的问题有以下几个方面。

1. 找不到合适的配偶

大多数动物园雪豹存活数为 1～2 只，有的是同一窝或来自同一个地方，有的年龄悬殊，选择配偶极其困难。还有的动物园适龄雪豹性比悬殊比较大，选配十分困难（图 8-6）。经常有动物园通过媒体发布雪豹“征婚启事”，甚至需要跨国交换，耗费巨大的精力和财力。

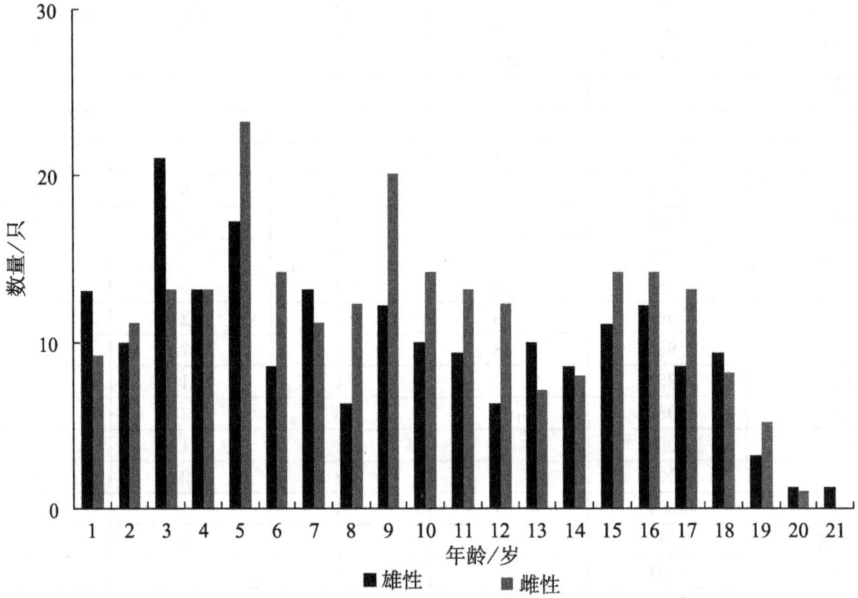

图 8-6 在动物园多数情况下一定年龄段的雪豹雌雄比例并不合理（Blomqvist，2008），一个孤立的小种群性比要完全匹配（1∶1）是不可能的

2. 死亡率偏高

高死亡率是雪豹繁殖过程中遇到的第一大难题。在过去的 20 多年，统计了动物园繁殖的 688 只雪豹，其中 39％的雪豹未满周岁就死去了，使得拯救计划大打折扣。刚出生时雪豹的死亡率较高，第一个月幼豹的死亡率达 32％，原因不详。过了第一年后，死亡率开始下降。到 10 岁的时候下降到 8％，达到最低点，说明雪豹进入壮年。10 岁以后死亡率又开始升高，繁殖力降低或停止繁殖，渐渐进入老龄阶段。根据记录，饲养条件下雪豹寿命最长可达 23 岁。

3. 遗传多样性下降

动物园中的雪豹种群分散，数量偏少，近亲繁殖概率增大，配偶选择的机会有限。大多数雪豹管理机构设定了目标，那就是维持雪豹遗传多样性水平在90%以上，这样至少可持续100年。如果雪豹群体的遗传多样性维持水平低于90%，雪豹的种群繁殖将会受到影响，如繁殖率、初生幼崽体重及成活率降低(Tetzloff et al.，2008)。但是，对于一个濒危物种而言，遗传多样性的下降是不可避免的。就像普氏野马（*Equus przewalskii*）的情况，饲养100多年后，呈现严重退化症状——遗传瓶颈效应。依据目前雪豹中种群的情况可以维持遗传多样性水平90%以上，48年之后将会逐渐下降（丢失）。如果不采取有效措施，100年后雪豹的遗传多样性维持水平将会下降至85%。因此，当务之急是采取更加有效的遗传管理方式，保持合理的种群规模和种群增长率，对维持遗传多样性的意义重大。

4. 繁殖年龄短暂

在动物园有人建议雪豹最佳生育年龄为10岁以内，每只雌豹繁育3窝（次）比较合适，过度繁育会影响雪豹的健康和寿命。3岁性成熟，则可以一直繁殖到13岁。但是，雌性雪豹并不是每年都能产崽，通常幼雪豹跟随母亲一年左右。哺乳期和幼豹跟随阶段，母豹是拒绝交配的。这样，繁殖的机会可能减少一半，就不是10次，而是5次。而且，动物园雪豹种群参与繁殖的数量通常只有10%左右，大多数雪豹要供游客参观（赢利），而不能参与繁殖。如果再由于人工配对不适合、雌雄比例不符及年龄不搭配，或者疾病、年龄过大、配偶缺失和其他意外事故等，动物园雪豹一生的繁殖机会非常少。

5. 繁殖力下降

动物园毕竟不是天堂，嘈杂的环境，慵懒的生活，饱食终日，无所事事，度日如年。普遍存在的问题是，在动物园狭窄空间里生活着的雪豹，每日活动量减少，食欲下降，体质衰退，“性”味索然。在一些动物园，雪豹的性成熟时间可能推迟，适于繁殖的年龄缩短，繁殖的欲望减退。出现受精率极低、繁殖力下降的现象。如果没有繁殖的欲望，还有什么生存的希望。

每个国家雪豹面临的问题是不一样的。作为雪豹分布国家，几乎都不重视动物园雪豹的饲养或繁殖。这些国家面临资源过度开发（破坏）、人口暴涨、社会动乱、人民贫困、连年战争、经济危机等，环境和物种保护问题也同样多多。而在非分布国，特别是西方发达国家，雪豹像大熊猫一样被广大民众喜爱，被视为掌上明珠，受举国关爱。尽管存在上述一系列困惑，动物园的雪豹在异国他乡的生存状况，还是比在家乡好一些。

（二）几个动物园的典范

为了改善雪豹繁殖的潜力，2007年北美物种生存计划（SSP）和欧洲濒危物种保护计划（EEP）达成了一项共识，即为保持雪豹遗传的多样性，各动物园之间今后要加强沟通合作，两大洲之间在2007年年底要互换一对雪豹。因为小的种群丧失遗传多样性的速率比大种群快，今后两大组织都要致力于扩大雪豹种群的数量。欧洲计划近年来要将动物园雪豹的种群扩大到200只，目前的183只远远不够，并且会对其他国家的雪豹繁殖项目提供支持，被选择用来繁殖的雪豹由15只增加到20只。

西方发达国家在雪豹饲养与繁殖方面也走过一段弯路，也有不人性、不规范、不合理、不健康的一面。随着经济发展、社会进步，人们开始强调动物福利，动物园雪豹生存环境也有所改变。西方国家在雪豹饲养方面积累了60多年的成功经验，他们一直走在我们的前面，值得学习。以下试举几个典范事例，仅供参考。

（1）自动投食器刺激雪豹的运动量。食欲下降、活动量减少，是动物园饲养雪豹过程中面临的一个普遍问题。传统的饲养方式是将雪豹关在一个大铁笼子里，然后定时、定量给雪豹喂食。雪豹就像一个囚徒，被禁锢在狭小空间里。这样长期下来，雪豹整日昏昏沉睡，运动量减少，食欲不振。为解决这一问题，瑞士苏黎世动物园设计了一个对比实验。实验用的两只雪豹都是雌豹，都是在苏黎世动物园出生和长大的。首先，设计雪豹宿舍，这不同于以前的设计，面积为66～99平方米，高度为3.5米。由岩石假山、栖杆、饮水池和休息场所组成，尽最大的可能去模仿雪豹原有的生境，为它们创造一个舒适的生活环境。其次，一个重要的环节是设计自动喂食雪豹的不锈钢箱子。由电子计时器控制，可以每隔一段时间投喂一次。这些箱子被安放在不同的位置，每隔一段时间自动打开一次，然后关上。这样一来，雪豹为了不错过每一次取食的机会，在几个箱子间奔波。结果，在这种新的喂养方式下，雪豹的活动量明显增加，睡眠减少，相应的食量也有所增加（Burgener et al.，2008）。

（2）利用超声波技术来检测雌豹腹中胎儿。动物园繁殖项目的建立和技术的进步，增加了濒危物种的数量，这自然也包括雪豹。通过物种生存计划（SSP），雪豹种群发展得挺好。但雪豹怀孕的表现是非常微弱的，传统的身体识别方法，如怀孕期间的奶头会扩大，身体发胖等，这些很难在雪豹的身体上观测到，因为它们身上覆盖着厚厚的皮毛。在美国密歇根州的一家动物园里，科学家利用超声波技术很好地解决了这一难题（Broder et al.，2008）。为了让那只怀孕的雌豹配合检查，工作人员进行了一系列的脱敏训练。到了雌豹怀孕63天的时候，对它进行了一次简单的无麻醉超声波体检。在这次检查中，进一步证实了它已经怀孕。这时的胎盘已经很明显，长约3.78厘米。第二次检查是在这只雪豹怀孕84天的时候，此时最明显的特征是胎儿的心跳和发育情况。此时胎儿的心跳每分钟达194下，胎儿的头骨为3.60厘米×2.63厘米，股骨长2.43

厘米。这是首次将超声波技术用于对雪豹胎儿的检查，意义重大。

（3）雪豹疾病的研究。日本神户动物园的一只雌豹，名叫雪儿（国际雪豹谱系编号1163），年龄13岁。1987年4月27日出生于札幌，1988年2月被运到神户动物园。2000年11月28日，动物园工作人员发现它有厌食倾向，一个月后死去。之后，村田等学者对其进行了病理和线粒体DNA检测，发现犬恶丝虫（*Dirofilaria immitis*）感染是这只雪豹死亡的主要原因（Murata et al.，2003）。类似的传染病，还在其他动物园或其他猫科动物之间传播。这些发现对动物园雪豹疾病的防治意义重大。研究表明，在野外雪豹是不易感染这些丝虫或病菌的，为何在动物园中被感染？很简单，这些寄生虫与细菌虽然在雪豹身上极少存在，但在其他肉食动物身上比较常见（Munson and Worley，1991年）。因此，很可能是兽医从其他动物身上带给雪豹的。这一发现对以后动物园的管理意义重大。建议动物园要加强兽医的管理工作，对医疗器械的消毒和操作都要格外细心。

（4）噪声对动物园雪豹的影响。学者观察了噪声对瑞士巴塞尔动物园雪豹的影响及雪豹的反应。他们采用瞬时行为扫描法，每隔一分钟记录一次雪豹的行为和位置。结果发现，在有噪声的时候雪豹通常会减少运动的时间，增加休息或躲避的时间。当然，在安静的情况下，休息依然是主要的行为。但在吵闹的情况下它们会更多地选择群体休息，减少个体休息，并退缩到离人较远的角落。动物园的雪豹不同于野外状态下的雪豹，它们更容易受到外界的刺激。但它们不能逃避，也改变不了现状，只能改变自己的行为和情绪来被迫适应。因此，在动物园建设的时候，要注意尽量消减噪音，控制或减少人为活动产生的噪声对雪豹的干扰（Sulser et al.，2008年）。

四、国内动物园中的雪豹

中国是一个拥有五千多年辉煌历史的文明古国，关于野生猫科动物驯养和雪豹的形态记述可以追溯到4000年前。虽然，雪豹生活在崇山峻岭之中，远离人类，但那时的雪豹是中国的特产。尤其是在古代，辽阔的版图，丰富的资源，先辈们对其并不陌生。曾经有一段时间，豹子贸易贯穿丝绸之路，驯豹狩猎如同驯雕一样，成为古代上流社会贵族们最为时尚的追求（张广达，2001）。20世纪70年代初，在陕西出土的唐太子墓《驯豹图》，精彩再现了公元7世纪朝廷驯豹师们出猎并行的场面，他们分别牵着4只豹子，行色匆匆（见第一章）。且不管当今学者们怎么去考证这些豹子的种类和来源，雪豹一定是当中的一分子。当然，古代先民何时开始饲养雪豹，确切时间已经无据可查。

近代国内关于动物园饲养雪豹的记录是1948年（穆新春，1993），距今已经有 60 多年，地点是新疆迪化，现称乌鲁木齐。之后，在四川、北京、青海、上海、山东、重庆等地陆续开始了雪豹驯养。因为种群数量太少，又很分散，人工繁殖一直举步不前。时间如梭，到 20 世纪末，仅有的几次繁殖（西宁和北京）也十分短暂，难以为继。

在所有 12 个雪豹分布国之中，中国是世界上野生雪豹分布面积最大、数量最多的国家，占世界野生雪豹总量的 60%左右。据统计，在中国大约有 20 个省区的 32 个动物园饲养过雪豹（表 8-3）。与西方国家不同，这些动物园的雪豹 95%以上来源于野外，极少有人工繁殖。它们大多数被捕获于西部雪豹分布区，如四川、青海、西藏、新疆、甘肃等地。也有少量来自国外的馈赠和交换，如来自俄罗斯、美国、吉尔吉斯斯坦等国（杨小燕，2002）。雪豹的寿命相对短暂，在人工繁殖没有成功的时候，人们需要不断捕捉野生雪豹，以填补动物园的空缺。长期以来，猛兽多是动物园的明星，备受游客喜爱。雪豹作为稀有物种，像大熊猫一样受到各地动物园的青睐。一些城市动物园，绞尽脑汁，企图繁育雪豹，如兰州、济南、乌鲁木齐等地的动物园。最终，成功繁育雪豹的只有西宁和北京两地的动物园。

表 8-3 国内动物园 60 多年来饲养雪豹数量统计（1948～2012 年）

地区	动物园（城市）	最早饲养年份	捕捉饲养/只	是否繁殖	产地	现存活数/只	寿命/岁	资料来源
新疆	乌鲁木齐	1948	60～110	否	天山、北塔山	5	11	廖炎发和谭邦杰，1990；穆新春，1993；谭邦杰和仇秉兴，1994 年
四川	成都	1953	6～8	否	四川、青海	1		廖炎发，1983；谭邦杰和仇秉兴，1994；徐启明，1994；王成东等，2001
北京	北京	1955	30～50	是	四川、青海、新疆、吉尔吉斯斯坦	2	11	廖炎发，1983；仇秉兴，1985；廖炎发和谭邦杰，1990；谭邦杰和仇秉兴，1994 年；黄世强，1998；侯启明等，1998；1999；北京动物园志，2002 年
青海	西宁	1968	110～140	是	青海、甘肃、西藏	9	19	许树仁和罗焕文 1981；廖炎发，1983；1985；1986；谭邦杰和仇秉兴，1994 年；人与生物圈，2008
上海	上海	1970	10～20	否	青海、新疆、甘肃		13	廖炎发，1983；中国动物园年刊，1984 年；谭邦杰和仇秉兴，1994 年
重庆	重庆	1975，1984	2～4	否	青海、四川		8	廖炎发，1983；胡洪光和徐求富，1993；胡洪光，1994 年

续表

地区	动物园（城市）	最早饲养年份	捕捉饲养/只	是否繁殖	产地	现存活数/只	寿命/岁	资料来源
山东	烟台	1971～1985	1♂1♀	否	青海		12	廖炎发，1983；Blomqvist，2008
辽宁	大连	1972，1983，1998	3～5	否	青海、北京、甘肃	1	11	廖炎发，1983；谭邦杰和仇秉兴，1994年；黄世强，1998；Blomqvist，2008
广东	广州	1975～1981	2～4?	否	祁连山		21	黄皇齐和黄翠莲，1981；廖炎发，1983；蔡勤辉和黄勉，1992
甘肃	酒泉	1976～1985	＞10	否	祁连山			孙养性，1983；廖炎发和谭邦杰，1990
河北	保定	1978	1	否	青海			Blomqvist，2008
河北	石家庄	1978	3～5	否	?	?	1	Tan and Liao，1988
宁夏	银川	1979	2～4	否	祁连山		8	廖炎发，1994；Blomqvist，2008
陕西	西安	1968	2～4	否	青海			廖炎发，1983；Blomqvist，2008
天津	天津	1979，1983	5～7	否	青海			Blomqvist，2008
辽宁	沈阳	1981，1983	2～4	否	甘肃、青海			廖炎发，1983
辽宁	？丹东	1984	1	否	祁连山			廖炎发，1983
山西	太原	～1986	2	否	青海			廖炎发，1983；Blomqvist，2008
甘肃	兰州	1982～1988?	2～4	否	甘肃		6	唐礼全等，1988
山东	济南	1984	3～5	否	新疆、青海		8	廖炎发，1983；谭邦杰和仇秉兴，1994年
黑龙江	哈尔滨	1992	1♂2♀	否	俄罗斯、新西伯利亚			谭邦杰和仇秉兴，1994年；Blomqvist，2008
北京	大兴濒危动物驯养繁殖中心	1994	1	否	西藏		5	陶玉静和陈辉，1997
河北	秦皇岛	1998	1～2	否	青海、新疆			本书作者
新疆	喀什	？(2007)	3～5	否	天山、帕米尔			廖炎发和谭邦杰，1990；Blomqvist，2008
新疆	独山子	2002	1	否	天山		7	本书作者
北京	八达岭	1991，2002	2♀	否				肖名焰，2002；Blomqvist，2008
新疆	阿克苏	2005	3～5	否	天山		3	马鸣，2005年

续表

地区	动物园（城市）	最早饲养年份	捕捉饲养/只	是否繁殖	产地	现存活数/只	寿命/岁	资料来源
广东	深圳	2008	1?	否				
西藏	罗布林卡（拉萨）	2009	1	否	西藏	1		母景光等，2009
广东	番禺	2010	1～2?	否				
四川	雅安	2011	2～5	否	四川	2		谭邦杰和仇秉兴，1994
辽宁	盘锦	?	2?	否				
新疆	克拉玛依	?	1?	否				
江苏	南京	1976	2♀	否	青海			廖炎发，1983；Blomqvist，2008
合计	32个动物园	持续64年	470～550	2	5～6个省区	11～21	8～21	

依照现有法律——《中华人民共和国野生动物保护法》（1989年），雪豹被划为国家一级保护物种，捕捉雪豹是犯法的，必须得到国家相关部门许可。但每年依然有一定量雪豹被猎杀或捕捉。有些地区捕捉或交换雪豹都是以科研的名义，钻法律空子，或者通过强行收购和没收违法所得，进而变得合法化。

相比之下，国外动物园雪豹的人工种群数量在不断壮大，累计数量甚至接近某一时间段的野生种群。而在国内，动物园雪豹的生存依然面临巨大的困惑，非常艰难。中国是目前世界上为数不多的几个缺乏雪豹保护行动计划的分布国之一，也是迟迟没有建立动物园雪豹管理档案和谱系记录的国家。技术落后、资金短缺、空间狭小、管理混乱是各地动物园的通病。目前，华夏大地上有雪豹的动物园已经不到10个，岌岌可危。接下来的问题是如何维持一个可繁殖的健康的种群，困难重重。雪豹在自家的土地上无法生存，也越来越水土不服，不能适应动物园的环境，这是件非常可悲的事情。

第三节　饲养与营养

雪豹从系统分类上属于哺乳纲、食肉目、猫科、豹亚科、豹属（*Panthera*）或雪豹属（*Uncia*）的动物，具有猫科动物的基本特征。雪豹从食性上来区分，属于肉食性动物，所以提供合适的肉类制品，是人工饲养的基本要求。

一、食物与食量

在动物园，人们不断研究雪豹的饲养技术，并且相互进行经验交流，使雪豹饲养逐渐趋于科学、合理。最初人们依据对雪豹食性的判断，喂养的是自然的肉食，如牛肉、羊肉、鸡肉、马肉等，根据已有的饲养管理知识和雪豹饲养实践，确定大致喂量，观察雪豹吃食情况，逐步调整。经过多年经验积累，获得人工饲养雪豹的饲料种类、饲料数量、饲喂次数、饲喂方式、饲料加工等基本饲养管理技术。

20 世纪 40 年代，人们饲喂雪豹，每天饲喂 1.8 千克牛肉，每天一次，每周饲喂 6 次。一周两次供给骨粉及鱼肝油，每周一次 0.5 千克肾和 1 千克肝，代替马肉。有些动物园在饲喂马肉、牛肉的同时，为了丰富食物种类，如维生素营养，还每周三次提供活鸡或活鸽子、兔子、鸭子等，整只饲喂。在母雪豹怀孕期间再补充食物营养。

随着不停的探索和营养学研究的进步，后来在新鲜或冷冻马、牛肉上直接添加鱼肝油，以补充维生素 A 和 D（Koivisto et al.，1977）。然而，雪豹饲养，不像草食动物、杂食动物饲养，很少添加食盐，主要是考虑到猫科动物缺乏汗腺，吃进的食盐难以排泄，食物中的肉食中含有较多的钠，已经足够维持生理需要。尽量不要给雪豹吃过肥的肉，如猪肉。对新断奶的幼龄雪豹，饲喂新鲜的雏鸡、肉条、兔肉，添加有蛋黄的脱脂动物奶和补充适量的钙片等。

有的动物园，对每只雪豹每天供给 1.5 千克绞牛肉或马肉，每天投喂一次，一周喂食 6 天，其中一天喂整鸡一只，或者在每 2.2 千克牛肉块上涂抹 5 克矿物质补充物，该矿物质混合物由 5 份牡蛎粉加 4.5 份脱脂奶粉及 0.5 份加碘盐组成。美国圣路易斯动物园给雪豹饲喂马肉和去毛小鸡。

随着现代营养学的发展，雪豹饲养与营养进入新的阶段。一些宠物店的配合饲料——猫食（feline diet），也进入了雪豹的食谱。在继承前人经验的同时，用现代营养知识和技术在不断完善雪豹的人工饲养。

雪豹的食物种类丰富，有牛肉、马肉、羊肉、鸡肉、兔肉等肉食（Frueh，1968），还有牛奶、奶粉、鸡蛋等蛋白质补充饲料，还要添加鱼肝油、多维它等维生素补充添加剂，骨粉、钙粉、矿物质添加剂等（樊江，2006）。整块羊骨头、牛腿骨等用于雪豹采食后磨牙。现在人们发现肉食动物还可能采食一些植物，这在野外调查（粪便分析）中也有发现。27.4%的粪便中含有植物纤维，如早熟禾的茎、西藏圆柏的树皮、枝条等（刘楚光等，2003；马鸣，2008 年）。植物饲料在肉食动物营养中的作用还不十分清楚。

雪豹不论吃食什么肉食，其食物的营养，都充分考虑蛋白质、碳水化合物、脂肪、维生素、矿物质元素、水和可食纤维等营养素的平衡。

二、雪豹需要饮用水吗

水作为最常见和廉价的营养物质，往往在饲养中完全被忽视了。人们总是认为，雪豹在高山上，没有可供饮水的水源，茹毛饮血，足以解决饮水问题，因此错误地认为人工饲养也没必要提供饮水。而在人工饲养实践中，雪豹不仅可以自己饮水，而且可以靠采食积雪获得水的营养补充。为了健康和卫生，清洁饮水作为雪豹主要营养物质，必须每日提供。

动物体内水分含量占体重的45%～75%。水分的40%位于动物体细胞中，10%～30%分布在消化道中，剩余包含在细胞外空隙中。

动物体内水分来源于饮用水、食物中含水、自身组织分解代谢释放水、氨基酸合成肽链产生的水、有机营养物质氧化作用产生的代谢水等。如果动物采食营养物质，氧化分解100克蛋白质可以产生42克水，100克碳水化合物可以产生60克水，100克脂肪可以产生108克代谢水。动物一般对水的需要为每天每千克体重60毫升。

动物体内的水分丧失，主要从尿液、粪便、奶水、皮肤出汗中丧失，经肺的呼吸也可蒸发一部分。雪豹像其他猫科动物一样缺乏汗腺，不能依靠皮肤出汗蒸发水分和降低体温。因此在过热的环境中，雪豹为降温会出现较为强烈的呼吸，蒸发大量水分，对其生活不利。

一个饥饿动物，可以失掉身体全部脂肪，失掉身体一半的蛋白质，或体重减轻40%，仍然能够生存，而体内损失20%水分就可以致动物死亡。据测定，体内失去水分1%～2%，动物出现干渴，食欲减退；体内失水量达8%～10%，则引起代谢紊乱。可见水对生命是多么重要！

动物的需水量，与动物采食干物质量呈一定比例。一般采食每千克干物质需要饮水2～5千克。保水能力差的动物饮水多，草食动物饮水较多，兽类比鸟类多，单位体重需水量幼龄动物比成年动物多。

三、基础代谢

在雪豹饲养实践中发现，雪豹生理活动影响营养需要，不同年龄、不同性别、不同体重的雪豹对食物营养有不同的需求。雪豹的食物营养成分和含量，对雪豹生长和体重又有促进或抑制作用。雪豹的体重、体格、个体发育随着年龄发展变化，每日营养也要做出相应调整。调整营养应在雪豹生长需要之前。后人绘出雪豹从出生到成年的体重生长曲线，作为雪豹饲养实践符合营养需要的参考。

雪豹的食物量，应该为其正常体重的3%～5%。其特点是生长期采食量较高、繁殖期较高、冬季较高、哺乳期最高、雄性个体较高。对于体重40～45千克的中等体型的雪豹而言，每天饲喂1.36～1.81千克精制牛肉或马肉就可以了。

通过代谢体重计算营养需要，作为雪豹营养的计算和检验技术值（表8-4）。成年雪豹的基本能量需要，可根据体重或代谢体重的基础代谢公式计算。

$$Y=70W^{0.75}$$

式中，Y为基础代谢，单位为大卡/天；W为体重，单位为千克。

正常活动雪豹能量需要在此基础上增加30%，幼崽在此基础上的3～4倍来估计。

蛋白质需要为50～100大卡对应1克氮。

动物能量需要：每千克代谢体重日消耗70千卡净能，对能量的需要还要加上动物活动量消耗，一般为再增加20%～50%，舍饲动物增加20%。

表8-4　$W^{0.75}$代谢体重与自然体重的换算关系　（单位：千克）

自然体重	代谢体重	自然体重	代谢体重
1	1.00	20	9.46
2	1.68	30	12.82
5	3.34	40	15.91
10	5.62	50	18.80

一只体重40千克的雪豹，人工饲养下的能量需要为

$$Y=70W^{0.75}+20\%\ (70W^{0.75})=70\times15.91+0.2\times(70\times15.91)$$

动物能量需要与消化能、代谢能存在一定的比值关系。如果肉食动物参考杂食动物的比值，换算关系见表8-5。

表8-5　杂食动物与草食动物的能量代谢关系

动物	消化能	代谢能	净能
杂食动物	100	96	70
反刍动物	100	82	50～60

活动量、外界温度、生理状态、精神状态、年龄等都对能量需要有影响。

蛋白质需要：根据营养学研究，动物维持的蛋白质需要量是代谢氮加内源氮的综合，再乘以6.25折合为粗蛋白质。试验研究动物内源氮与能量呈一定比例：每2千克代谢体重需要2毫克内源氮。

$$内源氮=2\times70W^{0.75}\ （毫克）$$

研究得出，动物代谢氮与内源氮之间存在稳定比例关系。肉食动物和杂食动物代谢氮为内源氮的40%。

$$维持蛋白质需要量=2\times W^{0.75}+40\%(2\times W^{0.75})(毫克)$$

$$动物维持粗蛋白质需要量=[2\times W^{0.75}+40\%(2\times W^{0.75})]\times 6.25/1000(克)$$

假定食肉动物可消化粗蛋白的生物学价值与猪、鸡、羊同为60%，

$$食肉动物可消化粗蛋白维持需要量=\{[2\times W^{0.75}+40\%(2\times W^{0.75})]\times 6.25/1000\}\div 60\%(克/日)$$

动物维生素需要量，一般与体重成正比，每100千克体重每日需要维生素A6 600～8800国际单位，每100千克体重每日需要维生素D约90国际单位。维生素B族需要量与采食饲料量成一定比例。

对动物矿物质、微量元素需要量的研究很困难。但已经得出钙和磷的维持需要量与能量需要成正比（表8-6）。钙与磷也成一定比例，为1∶1～2∶1。

表8-6 钙与磷代谢

每1000千卡	消化能	净能
钙/克	0.57～0.68	1.26～1.25
磷/克	0.68	1.25

中国和蒙古国的雪豹在体型大小方面与普通豹相似，为24.95～74.84千克。

动物园中，雪豹饲养，每周需要停食一天。原因是有的学者认为，雪豹在野外不一定每天都采食到食物，它们大多数时间处于饥饿状态，所以绝食是合理的符合雪豹生活、营养的法则。然而，这种做法是否符合真正雪豹营养习性还没有确切证实和结论，检验正确与否的办法是看动物能否正常繁殖和延年益寿。

在原苏联卡尤纳斯动物园，交替饲喂雪豹的饲料是新鲜马肉和牛肉。每天每只3千克。此外还给每只20克燕麦芽、10克鱼肝油（或每周有4天喂3滴浓缩鱼肝油）和10克酵母。一周给他们3次活兔、鸭或鸡。定期给雪豹照射石英灯，开始1分钟，每天增加1分钟，到20分钟后，停2天，再次循环照射。

幼雪豹在一个月时体重为1.0～1.7千克。这时开始喂剁碎的马肉或鸡肉，把肉塞进嘴里，起初喂1勺，40日龄时每只吃2～4勺。到50日龄时，自己开始吃食，一天可吃200克肉。56日龄时，三只雪豹吃900克肉末，食量增加很快。54日龄时开始舔牛奶吃。每一次吃母雪豹奶的时间为7～12分钟。

雪豹在一个半月龄时体重达到2.3～2.7千克。2个月龄时开始随母雪豹活动。

2个月龄时雪豹体重达到4千克（Marma and Yunchis，1968）。3个月龄时，将母子分开单独饲养，幼豹已经可以独立生活。

根据吕向东和马文忠（1986）的《野生动物饲养与繁殖》，将国内外有关野生动物饲料资料进行计算整理，以供参考（表8-7）。

表 8-7　肉食饲料成分和营养价值表

饲料	100 克饲料中的含量					
	干物质/克	灰分/克	蛋白质/克	脂肪/克	碳水化合物/克	代谢能/大卡
瘦牛肉	25.9	1.1	19.3	3.6	—	120
中等牛肉	27.2	1.1	19.0	5.2	—	134
中等羊肉	26.5	1.2	18.3	5.1	—	130
带骨瘦羊肉	28.9	5.0	18.5	3.0	—	110
带骨瘦鸡肉	26.8	4.4	17.7	1.3	—	95
牛乳粉	95.0	6.0	24.3	24.8	33.7	476
生鸡蛋	31.8	2.1	14.8	9.6	—	155

第四节　雪豹的人工繁殖

雪豹是性情孤傲的高山动物，占山为王，独往独来。这是恶劣环境造就的结果。它们长期生活在孤立的雪山之巅，食物资源缺乏，领域范围相对比较固定。通常在野外不见合群，只在繁殖期，母雪豹与小雪豹在一起活动，形成单亲家庭。这与大多数猫科动物相似。但是，在动物园，这种天性会有所改变。食物决定一切，如果将来源不同的雌性和雄性雪豹自幼放在一起生长，培养感情，则有可能改变它们桀骜不驯的孤僻性格，成为终身伴侣，和睦相处。这个过程需要饲养员精心安排、仔细维护。

一、设施与空间

如上所述，野生雪豹除在发情期、育崽期外，一般都单独活动。有固定的巢穴和活动区域，互不侵犯。巢穴一般设在人迹罕至的岩石洞中，或悬崖凹处、乱石缝里。有的雪豹白天会在巢穴中睡眠、休息，夜出朝归，巢内常发现有雪豹身上脱落下的大量兽毛。1955 年在四川省宝兴县，发现的雪豹窝面积约有四尺见方，地上有半寸厚的毛层，由于经常睡卧在地面上，毛层已成毡状，洞内很暖和（寿振黄，1962）。雪豹外出寻找食物，长途跋涉，不可能每天都居住在自己的巢穴中（图 8-7）。有时，也可以在灌木林和碎石地上发现雪豹临时休息的地方，特别是在捕到猎物的时候，会一直留守在食物附近。也曾在雪豹的巢穴周围看到过许多吃剩下的动物骨头（高耀亭等，1987 年）。

图 8-7　雪豹喜欢自由的空间和无拘无束的生活，在动物园中要模拟自然环境非常难

在动物园，空间有限，过去一直是将雪豹关在铁笼子里，活动范围极其狭小。随着条件改善，如何模仿野外营造理想的生活环境，成为管理者的重要课题。雪豹的展馆与展区，一般由室内的兽舍（躲避公众）、活动场地（展区）或室外运动场组成。室外运动场面积为 25～190 平方米，室内面积 6～50 平方米。室内兽舍，铺设有地板床，宽 0.7 米，长 1.4 米。或者架子（栖息架），离地高 1.5～2.3 米，宽 0.5 米，长 1.2 米，周围有树丛或绿地（刘恺，2001；樊江，2006）。繁殖期间修建产子箱，用木板制作，长 2.0 米，宽 1.5 米，四周具高 25 厘米的沿子，以防幼崽掉出。室内兽舍除了保暖以外，夏季要能起到通风和降温作用。

重庆动物园曾经将一只雄性 1 岁龄雪豹饲养 8 年之久（胡洪光和徐求富，1993）。在环境温度达到 25℃以上时，雪豹呼吸加快，35℃以上开始洒水降温。可见，保持环境温度 32℃以下，是比较合适的。春、秋、冬季日投瘦猪肉或牛肉 1.5～2.0 千克，夏季 1.0～1.5 千克，外加鱼肝油、多种维生素、微量元素。每周禁食一天。每周投喂活食 2 次。雄性雪豹至 3 岁以后发情。

在动物园中，有人认为雪豹最低限度的空间为 4 米×2 米×2.5 米（Fowler，1998）。还要有供定期磨爪子和牙齿的木桩或大的硬骨头。西宁动物园兽舍空间为 3 米×2.7 米×3.2 米（廖炎发，1986），地面为硬质水泥地面，室外运动场空间为 3.3 米×3.08 米×2.85 米，设有两个栖架，长 250 厘米，宽 50 厘米，距离地面 2 米。室内设产箱一个，空间为 1.3 米×1 米×1 米，在产箱一侧距离底板 10 厘米高处开一箱口，箱口为 35 厘米×40 厘米。用厚 2.5 厘米模板制成，箱底留两条排水孔。

雪豹生活在高山裸岩峭壁地区，其攀爬和跳跃能力非常强，据说一跃可以达到 10～15 米的跨度，跳上 3～4 米高的山崖是不成问题的。新疆天山野生动物园，给雪豹建设了一个开放性的运动场地和假山，面积超过 450 平方米（图 8-8）。使用电网围栏，可有效防止其逃逸。据西宁人民公园廖炎发（1994）报道，新从当地收集的雪豹体质较差，雌性体重不超过 26 千克，雄性体重不超过 32 千克，已经失去了野外生存能力。在良好的人工环境下，经过人工精心饲养，3～6 个月后，雌性雪豹体重增长 5～8 千克，雄性雪豹增长 7～11.5 千克。最后，雌性体重可达 31～34 千克，雄性可达 39～43.5 千克。

二、交配与怀孕

雪豹是性情孤僻的动物，在野外不见合群，喜欢独往独来。这与大多数猫科动物相似。但是，在动物园，如果将来源不同的雌性和雄性雪豹自幼放在一起生长，则有可能改变它们孤僻的性格，使它们成为终身伴侣，和睦相处。

图 8-8　模拟自然景观设计的典范——天山野生动物园中的雪豹活动区与假山环境

在雪豹进入生育年龄时，有两种截然不同的人工选配方式（Doherty and Wharton，1988）。一是在雪豹性成熟前，就将年龄相近的小豹放在一起，形成长久性的一夫一妻制家庭。二是临时配对，也称为“年度性搭桥制”（鹊桥会），给成年雪豹一年一次见面、认识、交流的机会。当母豹进入排卵期，就安排临时夫妻交配。后者是经过优选法产生的最佳配对，属于优生优育。

雪豹的发情期在冬季，11 月、12 月和 1 月，或推迟至 2 月。这通常是为了使幼豹在有利的时期出生。在北方比较寒冷的地区，如俄罗斯的卡尤纳斯动物园，发情现象也可能出现在 5 月（Marma and Yunchis，1968）。一开始，可将试配对的雪豹放入相邻的笼舍，让它们通过铁丝网相互接触，进行视觉、嗅觉、听觉、触觉、味觉等方面的感应，增加彼此兴趣。当发情期接近，双方吸引程度逐步提高以后，可适时打开隔情网，允许每天有几分钟或一小时的接触。但这种接触要在管理人员的严格监控下进行。尤其是要对未有交配及婚史或以前从未同居过的雪豹进行监视，以防出现恶斗。防止斗殴的最佳装备是高压水枪。管理人员要时刻准备好水龙头，以便在双方发生严重武斗时，用高压水柱将它们驱散。

发情期雄豹习性相合与否是雪豹交配过程中要重点考虑的因素。雄豹通常脾气比较暴躁，行为无常，有时表现出凶猛和残忍。事实上，人们有时会疏忽雄性可能会寻衅或杀死其他弱小个体。不同个体是有差异的，所以让其与雌豹同居时，要有一个熟悉和适应的过程。视情节谨慎让二者接触。有的公豹在一群母豹中，可以与多个母豹交配繁殖（Marma and Yunchis，1968）。只要管理到位，完全可以让种豹享受“妻妾成群”的皇帝待遇，以达到人工繁殖的最终目的。与其他大型猛兽不同，母豹在交配结束后，并不攻击公豹。

母豹发情初期的特征是不安定、踱步、排尿、食量减少、吼声增多和对公豹友好行为增加。母豹排卵之前的1～2天，雌雄豹发生无交配的亲昵行为。如果二者在一起数小时，没有交配行为，则证明卵子尚未成熟。一旦开始交配，就应该将它们放在一起4～8小时，连续数天，这样对排卵是有刺激作用的。通常排卵期可长达4～8天，一般5～6天，或平均4.4天（Rieger，1982）。交配方式通常是爬跨式，公豹爬在母豹背上交媾。偶然也有公豹与母豹腹部对腹部式的交媾（Frueh，1968）。交配时会发出独特的叫声。每天交配达10～20次，每次持续时间为10秒左右，非常短暂。

妊娠母豹需要隔离在有产房的地方，妊娠期为93～104天。怀一胎的母豹不会有发胖迹象，只有怀多胎的雪豹，在30天时会发生体态变形。其行为变化，需要仔细观察。在产前的几天，母豹明显开始对产床或产仔箱感兴趣。

在人工环境下，雪豹的繁殖力是比较强的。其生殖周期短，窝崽数多，每窝2～4个小崽（很少5崽），成活率也比较高。一般认为雪豹是隔年繁殖的，也有一些个体，一年繁殖一次或几次的（Kitchener et al.，1975）。要保持动物园内的雪豹种群稳定，首先是控制其交配节奏和受孕次数。其次是提高生育质量，延长母豹与幼豹在一起生活的时间，保证幼崽的健康成长。有专家建议，大多数雪豹一生的生育保持在2次左右，最多不要超出3次。尽管从生理角度来讲，雪豹的适合生育年龄超过10年，一生可以生育10次以上。但如果以此发展，园内的人工管理设施将会供不应求，可能造成管理上的难题和种群质量下降。

有趣的是，只要母豹和前一胎幼豹们在一起居住，即使它与雄豹交配也不会受孕。因此大多数动物园从来不把成年雄豹与母豹、幼豹混放在一起生活。

实际上，母豹与幼豹们可以和睦相处数年。只要这期间母豹不受孕和不继续产崽，和谐与容忍是不成问题的。但是，幼崽长成到两岁半时，雄崽就可能与母豹乱伦。这是绝对不可以提倡的。三岁以后，雪豹的好战习性发展，容易情绪失控，兄弟相残，这时就必须分开了。

而母豹生产完毕，至少5个月后（哺乳期结束），就可以与雄豹再次同居了。但应注意雄豹的脾气和秉性，它们之间重新熟悉与适应，需要有一个过渡阶段。

三、幼崽的出生与成长

关于雪豹繁殖，各地的资料是不一样的。观察动物园的雪豹（中国动物园年刊，1984～1985），雄性性成熟在3.5～4岁，母雪豹可能在3岁之后。西宁动物园雪豹的发情季节最早在1月25日（1979年），最晚在7月3日（1984年）。每次持续5～7天，最短3天，最长11天。在人工环境下，可能会有多次发情，每年发情有1～4个周期（廖炎发，1986）。就是说一年可以排卵1～4次，每个排卵周期为55～65天。实际上，它们繁殖潜力是比较大的。

据西宁动物园资料（1986年）显示，雪豹交配在下午5：00点至早晨7：00点。每小时交配3～8次，平均5.3次。

母雪豹在怀孕1个月后与雄雪豹分开饲养，怀孕70天时，不爱活动，畏人，腹部突出，侧卧看到腹部膨胀。踱步和跳跃动作缓慢。怀孕85天出现临产症状。雪豹产程可持续2个小时左右。

母雪豹只有三对奶头，最多可能产4～5只幼崽。通常兽类产崽数是其乳头数的一半，如果产崽超过4只，奶头及奶量可能都不够用，就需要寻找母狗或母猫代饲。产仔后87小时母豹才走出产箱饮水，产后第5天才开始进食。第一周幼崽双眼紧闭，会发出“叽—叽—叽—叽”的叫声，只有衔着奶头，才会安静下来。产后15天内母雪豹不离开幼子，以后逐渐离开幼子，自己活动，离开时间慢慢延长。

在哺乳期，母豹随时都要吃掉幼崽的粪便，并舔干净幼崽的排泄孔，呵护备至。43天幼雪豹开始爬出产箱，这时母豹不放心，常常用嘴将它们衔回来。46日龄开始在产箱外喂奶，48日龄可以到室外运动场活动。73天母雪豹奶水减少，基本可以断奶了。90日龄，幼豹即可独立出外活动。这时，根据需要可以人为将母雪豹与幼崽分开饲养。

另外的一些观察与上述观察相类似，15日龄幼崽整天口衔着奶头，16～20日龄，平均每天喂奶8.8次，每次13～45分钟。20～30日龄，平均喂奶7.5次，每次15～41分钟；30～40日龄，平均喂奶4～6次，每次15～25分钟；50日龄后幼雪豹开始自己吃肉；70日龄左右开始断奶。吃食肉食后的第三天幼雪豹的粪便发生变化，由褐黄色变为黑色（可作为鉴别野外幼崽年龄的一个特征）。

51日龄时幼雪豹吃食量达到220克；80日龄时每天每只幼雪豹吃食580克；3个月龄吃食量在900克左右；180日龄肉食量超过1600克。

四、同居与隔离

雪豹笼舍建设是动物福利的重要组成部分。室内活动场所如果空间足够大，可以设计造景，修建假山、草地、岩石、水池等。室外运动场造景，尽量模拟雪豹生态环境、栖息地景观。同时，种植树木、草地，布置山石、石洞、溪流、栖架等，方便动物运动、蔽荫凉、躲避、休息，场地中有白杨树干，可以磨爪子。通透的围栏或玻璃墙，既有利于光照，又可通风干燥，还有利于游客观赏和进行公众教育。

动物笼舍用网眼 5 厘米×5 厘米的铁丝网罩住。为防止相邻动物隔笼网打斗，在离地面 1.4 米以下，由厚钢板焊接。参观面可用钢化玻璃，也可安装电网。如果用围栏，围栏高度至少为 3.66 米。雪豹具有攀高和跳跃的本领（10～15 米），因此房舍或围栏尽量是全封闭的，顶部也不能完全开放。

雪豹为独居动物，可在繁殖期间成对生活，在饲养管理时，单独或成对饲养在一起，投喂食物时要将两者的肉食分开投放。母子雪豹生活不能超过三年，食物也要分开投放，加工方式不同。怀孕、哺乳期雪豹每天吃食 2 次，饮水充足。幼小雪豹，从出生一个月内的 4～5 次吃奶，到一岁的一日吃食 2 次，到 2.5 岁后的一日 1 次，是不一样的。

母子雪豹可在 1.0～1.5 岁后分开饲养管理，同胎、同胞雪豹在 2.5 岁前后分开比较合适。

雪豹在 3 岁左右性成熟。在把不熟悉的雌、雄雪豹关在一起合笼饲养之前，要将两者隔笼饲养，尽量提供视、听、嗅、触摸、味觉五感官的接触，以便相互熟悉。还可通过视频闭路监视系统，长期观察了解两者是否友好。确定之间行为正常后，谨慎合笼。合笼地点选择在较大运动场所，以便有回旋余地。

雪豹生活的环境温度应该控制在 29℃以下，尤其是当它们处于 2～3 岁以上的代谢旺盛的年龄。

圈舍的地面要方便打扫，以便清洁卫生。室内的地面最好硬化，仿岩石的水泥地面，便于冲洗和消毒。室外运动场应留有一定场地和空间用于造景，一定的面积用石材硬化，便于人和动物行走、打扫卫生、景观维护。

北京地区雪豹饲养温度控制在 25℃以下，日照时间保持在每天 9～10 小时。实际上，这种动物根本不需要保暖，只要严冬有躲避寒风之处，盛夏有树荫地带和水池即可。每周 2～3 次活食，补充 B 族维生素。冬季不供暖，兽舍全年通风，温度保持在－5～28℃。

在饲喂方面，每周禁食 1～2 天，日常饲料为牛羊肉与活鸡兔对半，同时添加维生素 E，每只每天 100 毫克。

人工养育雪豹，存在一些不良因素，如空间狭小、应激问题、疾病、营养缺陷等。北京动物园 1955 年从四川获得雪豹，6 月龄，兽舍面积 15～20 平方米，室外活动场地 20～40 平方米。夏秋季节，日饲料总量 1500～2000 克，骨头占 20%左右。每星期四喂一次活鸡或兔子（一只）。冬春季节，每日肉食总量 1750～2500 克，骨头占 20%左右，每周投喂一次活食，鸡或兔子，重 1500～2000 克。每周禁食一天。鸡肉作为肉食动物来源，占比例不能过高，也不能没有，以免不能满足其营养需要。

雪豹每年夏季换毛，营养好，换毛早，7 月底前换完。雪豹人工饲养的寿命，记录为 14～23 年，要比野生条件下长一些。

2005 年 9 月 15 日，乌鲁木齐天山野生动物园救助的 2 只幼龄雪豹（图 8-9），来源于巴音郭楞蒙古自治州林业局，为同一窝雪豹，同为雌性（樊江，2006）。被偷猎者捕获的时间为 7 月中旬，地点在天山中部的巴音布鲁克。开始，每日每只喂肉末 750 克。估计年龄 3 月龄时，体重 5 千克。它们可能在 6 月 20 日之前出生。

图 8-9　捕获自新疆巴音布鲁克的两只小雪豹，流露出恐怖的眼神

第五节　雪豹保育的成功经验

据国际野生生物保护协会（WCS）介绍，纽约州布朗克斯动物园是最早（1903 年）展出雪豹的动物园之一。今天，它已经成为北美最重要的雪豹繁育基

地。作为国际物种生存计划（SSP）的一部分，在30年的时间里布朗克斯动物园成功繁殖了近80只小雪豹，并将其中的一部分赠送给亚洲、大洋洲、欧洲、北美洲8个国家的30多个动物园，以进行生殖配对。据说该动物园也曾给中国政府赠送过雪豹，饲养状况如何，没有下文。中国是雪豹种群最大的分布国，如今却在接受完全没有野生雪豹资源的美国的回赠，不可思议。

国外的经验值得借鉴，但是绝对没有捷径可以走。过去60年，中国的雪豹饲养和繁殖一直没有起色，令人忧心忡忡。在野生资源日益枯竭的时候，如果我们不能奋起直追，任其自生自灭，可能到了雪豹像华南虎一样，真正走向绝迹的那一天就为时晚矣。现在，需要启发人们的心智，培育关爱动物的良心，共同为雪豹事业献一份力量。下面介绍一些个人的学习心得，点点滴滴，趣味横生。

一、水土不服与逐渐适应

国内饲养过雪豹的动物园不少，前前后后有30多家，但成功繁育的却寥寥无几。已知20世纪末北京动物园、西宁动物园曾经成功繁殖了第一代（廖炎发，1985b；杨小燕，2002），之后很长时间没有结果。显然，可怜的雪豹在自己的国度里还会水土不服，处境艰难，还需要不断摸索生存之道。

长期生活在动物园的雪豹，犹如困兽，性情暴戾。饲养员为了防止意外，通常是将每只雪豹单独饲养。殊不知雪豹也是感情动物，它们也有非常温顺和温情的一面。如果将不同性别的雪豹合笼饲养，也许会改变其凶猛的性格。雪豹合笼前要在相邻笼舍中熟悉后，确认它们可友好相处，再打开串门。门不要立即关上，仔细在一边观察两只雪豹的行为，如果打斗严重，不能相容，可以通过串门通道分开。只有等到它们自由活动分开时，才及时关门以将它们分开，或者借投喂食物时将其分开。

雌雄的合笼是具有风险的，在这种“见面”场合，尽量不要留有死角，要把其洞穴的门关闭，以防它们避开视线，在洞内厮杀。饲养管理人员一定要在现场仔细观察，准备好驱赶的工具。会面笼舍应该宽敞，确保母豹有躲避和周旋的空间。

这里重复雪豹的基本繁殖资料。性成熟年龄2～3岁，发情期比较短暂（持续4～8天），要充分把握好时机。发情周期一般为55～65天，每天可交配10～20次。怀孕期为93～104天，每窝产崽1～4只，断奶期为8～12周。发情期母豹食量减少1/3，而妊娠期和哺乳期则增加30%，甚至更多。

多数圈养的猫科动物，除了在发情期合笼外，为保险起见，公母通常分开饲养，这能为成功繁殖创造机会。可以用铁栅栏将它们隔开，这样不影响它们相互熟悉产生爱情。有时，它们相互用头颈或身体摩擦，触摸胡须等。

通常雪豹为单独生活的野生动物，一个笼舍只能饲养一只雪豹。或从小养大的两只雪豹，可以一起生活 3～5 年。母子一同饲养，不能超过 3 年。母雪豹带幼子期间，母雪豹是不能怀孕的。如果强行合笼，护崽行为反而对雄雪豹构成威胁。因此，常常在产子半年到 1 年后，将母子分开饲养，之后再进行公母合笼饲养。

根据经验，雪豹的繁殖，可以实行一夫一妻制，就是将一对雪豹关在一起，长期饲养管理，培养感情。只在怀孕后期和产子期、哺乳期，将雌雄分开饲养。这种单配制，模拟人类社会，鼓励忠实的夫妻关系。这样长期关在一起，是为了增加夫妻间社交活动时间，鼓励自由恋爱。其优势在于可以提高未成年雪豹的群居能力和社交能力。长期厮守，也有缺点，就是欲望降低，没有新鲜感，生活索然无味，缺乏激情，产崽率（生产率）也随之下降。记录显示，“忠实夫妻制”显然不如临时“拉郎配”效率高，窝产崽数量也比较少。萍水相逢，优胜劣汰，应该是大多数动物的自然生存法则。当然，闲着也是闲着，为什么不充分利用优秀雄性个体的每一个遗传精子呢？从理论上讲，基数群越大，雪豹产生的社交欲望也越大（Doherty and Wharton，1988）。

动物园中，在很多情况下，可以用一只公雪豹与多只母雪豹配对。对种公雪豹，可以悉心照顾，单独饲养管理。在繁殖季节，分别与不同母雪豹合笼交配（图 8-10）。每天合笼一定时间，再分开。饲养管理人员要熟悉雪豹的繁殖行为，详细记录它们的食物消耗、发声、打滚、排尿、踱步、睡觉等情况。

一进入秋季，就要开始考虑雪豹的繁殖配对。在种豹缺少的动物园，可以让一只公雪豹与三只母雪豹处于同一隔离区，相互在一起，为冬季的交配提前联络感情。根据记载，动物园的母豹一年可能有四次排卵。有时，产崽 1 个月后，母雪豹就能排卵。因此，若想人为提高产崽率，只要细心呵护，提供足够的空间和合理的营养，是没有困难的。

图 8-10　平时雪豹都是单独饲养的，只有在发情期才有可能合笼饲养

有学者强调，雪豹长期生活在低海拔和高温环境中是极其危险的。但 Calvin（1969）曾报道，在达拉斯动物园 42℃（107 ℉）的高温下，雪豹依然可以

成功交配。在西雅图、纽约这样一些沿海城市，海拔几乎是零的地方，雪豹的繁殖非常成功。可见其适应性还是可以的。

普遍认为光照长度是启动雪豹繁殖“生物钟”的一个主要刺激信号。在动物园，增加人工照射时间，也可以改变其繁殖规律。对于一种典型的夜行性动物而言，这有一点匪夷所思。当一对雪豹放在一起，交配后，合笼时间应为4～8小时。由交配刺激引起的排卵的排卵期长达4～8天，平均为4.4天。雪豹的妊娠期为100天左右。

从雪豹生理能力来看，一生产崽可达到10多次，人工饲养繁殖产崽更多。怀孕雪豹一定要专人饲养，临产不能有外人或狗等的惊扰。母豹4～5月产崽。每胎产崽数为2～4只，野生雪豹产崽数，一胎2～3只。人工饲养繁殖和移地保护意义重大。国外发达的北美洲动物园已开始着手计划生育。而我国还较为落后，繁殖技术还没有过关，尤其是合作繁殖雪豹意识、能力更落后。

母豹生产持续2～3小时，通常在早晨。新生雪豹体重300～380克，眼睛闭着，最早的叫声像小猪。眼睛在第7至第9天睁开。在出生头2周母豹看护小豹非常严格，第三周开始走出产箱，短时间离开小豹。

“美洲动物园协会”和动物保护组织在推动合作繁殖方面扮演重要角色，取得了大量成功经验，并且开始控制和计划生育雪豹，甚至提出“冻结生育”的方案。它们负责谱系登记，合作繁殖，技术交流，监管美国和加拿大50多家动物园的230多只雪豹。其作用和经验是值得学习和借鉴的。

当外界温度达到25℃时，雪豹呼吸加快，躲避到室内，减少了阳光紫外线照射，影响繁殖。人工饲养雪豹活动量较野外明显减少，应在室内增加活动设施。

原苏联是最早人工繁殖雪豹的国家之一。那时雪豹在原苏联卡尤纳斯动物园已经繁殖了5年。根据动物园年刊记载，1967年33个动物园展出64只雪豹，其中15只在人工饲养下出生。1960年有11个动物园繁殖了雪豹（北京动物园，1975）。

雪豹产箱的大小为130厘米×58厘米×78厘米，入口处为38厘米×38厘米，用2厘米厚木板制成。怀孕母豹，第一个月可在栖架上休息，到第二个月以后，只在产箱中休息。因此，产箱为繁殖成功的关键。

于1965年5月、1966年5月和1967年5月在美国圣路易斯动物园出生的三胎10只雪豹幼子体重分别为510、368、481、453、538、566、595、538、708、652克。

二、国内动物园饲养数据

北京动物园的雪豹于1995年1月12～20日发情交配，4月28日产下3崽，母雪豹不哺育，人工取出，繁殖成活雪豹 2 只，幼崽平均体重 480 克，体长 26.7 厘米，尾长 16.3 厘米，胸围 18.5 厘米。1998 年 5 月 17 日，北京动物园的一对雪豹又产下 3 只幼崽，这是来自吉尔吉斯斯坦雪豹的第三次繁殖后代（黄世强，1998）。可惜母豹没有经验，还是弃子而去。工作人员只好用母狗代饲。狗的嗅觉非常灵敏，饲养员就用母狗尿涂抹小雪豹，蒙混过关，以免被母狗咬死或吃掉。北京动物园是国内饲养雪豹历史最为悠久的动物园之一，经验丰富，有一套成功的饲喂幼雪豹的体系（表 8-8）。

人工饲养条件下，在育幼室或育幼箱，雪豹 1～10 周龄时的环境温度保持在 20～24℃（育幼室），或 24～26℃（育幼箱）比较合适。幼豹在这个阶段生长迅速，日增长率为 3%～9%，后期渐缓（表 8-9）。

表 8-8　北京动物园每只雪豹幼子每月人工饲养饲料配方

周龄	奶粉/克	蛋黄/克	兔肉/克	鸡肉/克	胱氨酸/毫克	复合维生素B/毫克	钙/毫克	维生素 A/IU	维生素 D/IU
1	15	5			50	—			
2	24	8			100	50	500	600	200
3	30	10			150	75	1000	900	300
4	40	13.5			200	100	1000	900	300
5	42	14			150	150	1500	1500	500
6	44	14.7			150	150	1800	1500	500
7	45	15			200	200	1800	1500	500
8	40	13.5	55		200	200	2000	1500	500
9	21	7	50	100	200	200	2000	1500	500
10	—	—	—		200	200	2500	1800	600

注：人工乳配制：奶粉∶蛋黄=3∶1 或 5∶1。

表 8-9　北京动物园 2 只雪豹幼子体重增长的平均记录

周龄	体重/克	增重/克	平均日增长率/%	周龄/周	体重/克	增重/克	平均日增长率/%
1	652	172	5.1	6	2425	362	2.5
2	1095	443	9.7	7	2770	345	2.0
3	1350	255	3.3	8	2925	155	0.8
4	1745	395	4.2	9	3110	185	0.9
5	2063	318	2.6	10	3250	140	0.6

据西宁动物园张得良（2009）报道，2000 年 8 月他们从果洛收集到 2 只雪豹，体重 2 千克，约为 30 日龄，已经可用臼齿咀嚼生肉。由于断乳过早，2 只幼豹的精神、营养状况比较差。被毛粗乱、无光泽，易生病，畏人。饲喂方法：羊肉条、钙粉、21 金维他、维生素 A 和 D、活鸡、活鸽、活兔等混合搭配（表 8-10）。

表 8-10　西宁动物园幼雪豹饲料

入园天数/天	羊肉条等/克	日投食次数/次	钙粉/克	21金维他/克	鱼肝油/滴	备注
1～3	45	4	0.3	0.1	3	饮水中加 Vc 50毫克
4～7	50	4	0.3	0.1	3	
8～15	75	4	0.5	0.1	3	熟鸡蛋50克/天
16～20	100	3	0.5	0.1	4	
21～25	125	3	0.5	0.1	4	
26～30	150	3	0.5	0.2	4	补活兔或活鸽子1只/周
31～41	200	3	1	0.2	4	
42～45	250	3	1	0.2	4	
46～60	300	2	1	0.2	4	
61～80	350	2	2	0.3	5	补活兔或活鸽子1只/次，2次/周
81～90	450	2	2	0.4	5	
91～100	500	2	2	0.4	5	
101～150	750	1	—	0.5	5	
151～180	1000	1	—	0.5	5	
181～240	1500	1	—	0.5	—	每周停喂一天
241～360	1750	1	—	0.5	—	

从入园30天后（相当于60日龄）开始每周补充活鸡或活鸽子1只。90天后活鸡或活鸽子1只/次，每周投放增加到2次。根据自然法则，饥饿是雪豹生存的动力，小雪豹饲养约240天以后每周要禁食一天。西宁动物园环境适宜，饲养得当，小雪豹非常健康，其成长数据好于其他动物园（表8-11）。

表 8-11　西宁动物园2只幼雪豹入园120天内的生长参数

项目与个体 / 入园天数/天	耳长/厘米	体重/千克		体长/厘米		尾长/厘米		后足长/厘米	
		强强	宁宁	强强	宁宁	强强	宁宁	强强	宁宁
1	2.4	2.0	2.0	37	35	25	24.5	19	16
7	3.5	2.5	2.5	40	39	30	27	21	18
14	3.7	3.0	3	42	40	32	28	21.5	19
28	3.9	3.5	3.3	43	41	35	31	22	20
35	4.2	4.2	3.9	44	42	37	32	23	21
42	4.3	5.0	4.7	45	43	38	34	25	23
49	4.5	6.0	5.5	47	45	40	35	27	25
65	5.1	7.5	7.0	49	47	43	39	29	28
77	5.3	10	9.5	54	50	47	42	32	29
120		15	14	70	64	65	56	42	39
总增量	2.9	13	12	33	29	40	31.5	23	23

据北京濒危动物驯养繁殖中心资料（陶玉静和陈辉，1997），1994年7月初获得来自西藏的1只雄性小雪豹，刚入园10日内，使用比较高级的雀巢力多精奶粉，每天喂奶4次，奶与水比例为1∶4，冲奶粉用80℃温开水，奶温保持在37℃左右喂奶。另外，每天喂新鲜牛肉沫20克，每天饮用温开水两次。适应10

天后，入园 20～30 日再调整饲料，饮水中加入熟鸡蛋黄 1 个和复合维生素 B、多酶片、干酵母、乳酶生，同时加入鱼肝油和活性钙。入园 30～40 日，除加大奶量外，增加了新鲜猪排 100 克，并补充一定量食盐。入园 60～100 日，逐步减少牛奶饲喂量和次数，加大牛肉量，切成小块，拌 2～3 个生鸡蛋、适量胡萝卜丝、食盐、鱼肝油、活性钙及助消化药，此阶段末断奶。100 日龄以后，除了增加牛肉量，其他不作调整（表 8-12）。小雪豹的生长处于正常状态（表 8-13）。根据以上资料，各地动物园饲养条件不同，各有优点，值得相互借鉴。

表 8-12 北京濒危动物驯养繁殖中心幼雪豹 30～180 日龄食谱（陶玉静和陈辉，1997）

日龄/天	30～49	50～69	70～89	90～104	105～114	115～129	130～139	140～149	150～159	160～180
每日喂次/次	4	4	4	4	3	2	2	1	1	1
每次奶量/毫升	100	200	240	240	250	240	240			
日总奶量/毫升	400	800	960	720	480	240	240			
含奶粉量/克	20	25	30	30	30	30	30			
配凉开水/毫升	80	175	210	210	210	210	210			
生鸡蛋/个		1（熟）	1（熟）	2	2	3	3	3	3	4
牛肉/克	20		100	150	250	300	350	400	450	500
多酶片/片		2	2	2	2					
乳酶生/片		4	4	4	4					
CoVB/片		1	1	1	1					
活性钙/袋		1	1	1	1					
干酵母/片		4	4	4	4					
蔬菜/克						100	100	100	100	100
食盐/克			0.2	0.2	0.2	0.3	0.3	0.3	0.3	0.3
维生素 A /IU		1500	3000	3000	3000	3000	3000	3000	3000	3000
维生素 D/IU		150	300	300	300	300	300	300	300	300
猪排骨/（克/日）			100	100	100	每周喂一次活食				

表 8-13 北京濒危动物驯养繁殖中心幼雪豹体重增长记录（陶玉静和陈辉，1997）

日龄/天	32	55	65	75	85	95	105
体重/克	1800	2100	2700	2900	3500	3600	4200
平均日增重/克		23	60	20	60	10	60
日龄/天	115	125	135	145	155	165	180
体重/克	5000	6000	6500	7000	7500	7700	8000
平均日增重/克	80	100	50	50	50	20	20

西宁人民公园 1968 年开始饲养雪豹，1984 年 7 月 13 日首次繁殖成功，产下一胎 3 崽。截至 1984 年，西宁动物园在 17 年时间里先后饲养了 32 只雪豹（廖炎发，1986）。而同期，在青海 5 个州的 11 个县搜集的雪豹数量达 73 只（33♀，40♂）（廖炎发，1994）。这可能是国内捕捉和饲养雪豹最多的一个动物园。

西宁人民公园成年雪豹饲料：牛羊肉 2 千克，牛奶半磅，生鸡蛋 2 个，浓缩鱼肝油5滴，每周禁食一天。每周三次交替喂活羊、鸡、兔等。为了清洁环境，每周用1%～3%的煤酚皂溶液消毒一次；每天定时照射石英灯或红外灯，开始一天照射3分钟，以后每天增加1分钟，逐渐增加到15分钟时，停止照射5天，以后再从3分钟照射开始，直到15分钟时，不断循环，常年坚持。

根据西宁人民公园许树仁和罗焕文（1981），成年雪豹每次定量喂带骨羊肉2千克和剔骨羊肉1.5千克，添加奶粉、鸡蛋、鱼肝油、钙制剂和维生素。在下午饲喂，每周禁食一天。小雪豹饲养难度大，要单独饲喂，以免贪食过量，造成消化不良等疾病。在保证合理喂食的同时，每天应该适当运动，晒太阳或照射紫外线灯，以防止佝偻病的发生。幼豹到5月龄时，饲喂次数从3次改为2次，7月龄后喂带骨羊肉（表8-14）。1岁后每周绝食1天。

表8-14　幼雪豹2～7月龄饲料表（许树仁和罗焕文，1981）

月龄/月	喂次/次	鲜奶/毫升	水/毫升	食盐/克	肉条/克	钙粉/克	浓鱼肝油/滴	复合维生素B/克
二	3	100	50	0.2	100	1	2	0.2
三	3	120	50	0.2	120	1	2	0.2
四	3	150	50	0.2	200	1	2	0.2
五	2	250	50	0.2	350	1	3	0.4
六	2	250	50	0.2	400	1	3	0.4
七	1	200	50	0.2	1000 带骨肉	2	4	0.4

野生动物饲养管理是具有很强探索性和实验性的研究工作，要对野生动物习性、食性、生态、行为、生理、营养、生长有基本的了解和掌握，并在实践中不断完善。野生动物的健康状态、是否正常繁殖和正常生长是对饲养管理实践的检验标准。动物疫病防治技术是保障。动物园对雪豹每次观察记录的数据都是有意义的。

三、疫病及防治

首先是保定和控制，为了不伤及雪豹，需要有经验的兽医指导。比较简易的办法是用扣网捕捉雪豹，使其安定后进行短时间的检查、采样和治疗。要控制住成年雪豹，应由两人以上合作。

野生动物生活于自然环境中，带有很多病原微生物和寄生虫，所带传染病许多为人和动物共患疾病。雪豹野外分布地多为自然疫源地，疫源地的某些生物，如旱獭、黄鼠等，可能通过食物链传播疾病。

对获得的野生雪豹，应当进行隔离饲养，如检疫。检疫的原地隔离期为40天，检疫的目的是查明动物群中的传染源，应用各种诊断方法对全群逐个进行检查。对某些有隐性感染、带菌、带毒现象的传染病，即使无明显症状，仍然要排查菌毒，对潜在的传染源，更应该注意查出（图 8-11）。通过检疫防止疫病传播和传出。

图 8-11　动物园应当对雪豹进行定期体检

对野生动物生存环境的破坏增加了疫病扩散的机会——迅速增长的人口对环境造成巨大的压力，人类对自然资源的掠夺和过分开发造成野生动物生存环境、栖息地的不断缩小和破坏，野生动物与家畜、人接触使人畜共患病及病原体扩散、传播。只感染动物的病原体进入新的环境或者侵入新的宿主后，转向侵袭人类，在人与动物间循环，相互传播。

社会环境的改变促进了新发病源的出现和流行——新的病原有自己的生存范围，但人类的经济活动突破了自然的地理环境，打开了新传染病侵袭的通道。砍伐森林、野生动物饲养等使很多带有病毒、细菌的野生动物与人类密切接触，新的病毒转而侵袭家畜，在变异之后，转而攻击人类。

针对这些疫病的防治，我国制定的相关法律法规有《重大动物疫情应急条例》、《中华人民共和国野生动物保护法》、《中华人民共和国动物防疫法》、《中华人民共和国传染病防治法》和《中华人民共和国突发事件应对法》等，并加入了一些国际物种保护和贸易公约（如 IUCN、CITES、CMS)。

猫科动物易患的病毒性疾病有猫传染性腹膜炎、猫白血病、猫泛白细胞减少症、狂犬病、上呼吸道传染病等。

检疫期也是对雪豹的驯养时期，应对雪豹进行定期观察和检查，并对雪豹健康状况进行评价。

雪豹疫病防治的有效措施之一是疫苗接种，疫苗主要针对的是猫传染性粒细胞缺乏症（猫肠炎）、猫上呼吸道病毒传染病、狂犬病、猫白血病、猫泛白细胞减少症。必须接种的疫苗有猫泛白细胞减少症疫苗、猫传染性鼻气管炎疫苗、狂犬病疫苗，检疫接种犬瘟热疫苗、传染性犬肝病疫苗等。检疫结束之前应进行预防性驱虫治疗。

当地检疫后，应把雪豹运到动物园的检疫场隔离，继续进行 30～40 天的检疫分析。血清生化检查主要用于下列疾病：猫泛白细胞减少症、猫白血病、猫免疫缺损病毒、猫传染性肺炎；寄生虫检查主要针对体内、体表、血液寄生虫。雪豹应在 10 日龄时接种猫温热和牛痘疫苗，每年两次进行免疫接种。定期开展疫病预防，在 177 日龄时，应接种猫用三联疫苗和犬三联疫苗。均无不良反应。

在进行雪豹饲养时要预防寄生虫病和胃肠炎。雪豹容易患寄生虫病、肺炎、结核病和猫类传染性肠炎。在上海动物园和西宁动物园都发生过狮弓蛔虫（*Toxascaris leonina*）感染，此病主要在狮子、老虎、猞猁、猎豹、美洲豹、金钱豹和雪豹之间传播，有可能源自同一个地区（施新泉和周志勇，1994；李闻等，2000）。而传染性肠炎发病急，传染快，死亡率高，危害甚大（廖炎发，1980 年）。可采取吃药、灌肠、配合输液、肌注药物、止血等方法进行抢救。

捕自野外的雪豹，大多有伤，容易产生应激反应，死亡率高。如果惊扰它们，可能致其多日不吃食（绝食）。为了消除雪豹的紧张，开始只有用活食引诱其进食。

乌鲁木齐动物园 1 只 9 岁雌性雪豹体质良好，却因患急性出血性膀胱炎而精神不振。症状为排尿次数增加，尿液混浊呈红褐色，排尿时有痛感，偶尔后躯摆动，做出排尿动作，每次排尿量时多时少（哈力克·热合曼，2008）。此病可用抗菌消炎药医治，同时改善环境条件，增加营养，这样也可防止病原微生物侵袭。广州动物园的 1 只 20 岁的雌性雪豹，体重 40 千克，从 1990 年 5 月 3 日开始间歇性食欲不振，无疼痛性血尿（每次持续 2～3 天）。经对症治疗，食欲恢复，血尿消失（蔡勤辉和黄勉，1992）。

雪豹还会有外伤，如前肢或后肢被夹伤、粉碎性骨折等，其中新鲜创口较少，多为化脓创。对此应按照化脓创处理。2006 年 3 月，西宁动物园在野外捕捉一只雌性 3 岁雪豹时，不慎致其受伤，造成后肢第二趾骨至第五趾骨粉碎性骨折，不能站立。后采取截肢手术，5 天后雪豹才开始进食，6 天后即停止用药，2 周后基本康复（汪晓飞，2007）。在动物园内，雪豹还会出现意外咬伤、抓伤等。有时母豹难产，可能必须采取剖腹产。弃婴、杀婴也是猛兽行为中的怪异现象，也需要提防。不育症是国内雪豹饲养的最大难题（80%～100%的空怀率）。造成不孕的因素很多，如疾病、食物配比、生活环境、先天体质、肥胖症、缺乏运动、光照条件差等（王民和罗焕文，1990）。

雪豹偶然也会患疥癣病，乌鲁木齐动物园曾经收到 1 只来自托克逊县的 1 岁雪豹，进园时就发现其有片状脱毛、皮炎、瘙痒等症状，头、体、四肢均有。通过用药剂擦洗，效果良好（穆新春，1993）。据吴秀山等（2000）报道，北京动物园 1999 年 4 月 28 日出生的 2 只雪豹，出生即患上佝偻病，经过一个多月的治疗、补钙、增加日光浴、增加运动量，其病情很快好转。至 7 月，两只小雪豹均能负重、行走，但仍表现出不同程度的跛行。也有人怀疑北京动物园繁殖的这几只小雪豹可能是近亲繁殖的后代，有一些先天性疾病和不足。

据 1990 年丁新民研究显示，食物或药物中毒也可能造成雪豹死亡。中毒症状包括拉稀、呕吐、嗜睡、食欲不振等，采取灌肠、输液等措施可以缓解其病情。寄生虫病方面，雪豹一般感染弓首蛔虫率达到 85.7%，少数会感染绦虫。呼吸道疾病方面，感染大肠杆菌或肺炎双球菌会引起急性肺炎。病毒性肠炎由感染细小病毒引起。细菌性肠炎主要由环境不卫生引起。

雪豹的寿命可达 21 年，一般都在 10 年以上。步入老年，其可能患一些老年性疾病，如老年失明症、老年痴呆症、萎靡不振等。雪豹的血液具有高山动物的特征（表 8-15），红细胞直径小，平均 5.5 微米，血红蛋白高度集中。其他血液生化指标也与低海拔动物有所区别（表 8-16）。一对雪豹，雄性雪豹体重 48～68 千克。呼吸每分钟 80 次，心跳每分钟 120 次，体温 38～39℃。在低海拔地区生活，生理上可能有不适反应。

表 8-15 雪豹体温与血常规检测正常参考值

检测项目	血液值	备注
体温	37.5～39.7	
白细胞/（10^9/升）	7.8～15.2	
红细胞数/（10^{12}/升）	7.5～10.2	
血红蛋白/（克/升）	110～144	
红细胞平均体积/飞升	50.5～60.3	
红细胞压积/%	33.1～42.9	
红细胞平均血红蛋白/皮克	16.6～20.0	
平均红袖细胞血红蛋白浓度/（克/升）	305～355	
血小板计数/（10^{12}/升）	181～455	

表 8-16 雪豹血液生化指标正常参考值（张振兴等，1998 年）

检测项目	检测值	检测项目	检测值
尿素氮/（毫摩尔/升）	6.1～11.0	胆固醇/(毫摩尔/升)	2.8～4.1
肌酐/(微摩尔/升)	115～230	甘油三酯/(毫摩尔/升)	0.23～0.65
尿素/(微摩尔/升)	0～24	磷/(毫摩尔/升)	1.29～2.13
葡萄糖/(毫摩尔/升)	4.3～9.2	钾/(毫摩尔/升)	4.1～5.1
总蛋白/(克/升)	63～77	钠/(毫摩尔/升)	144～160
白蛋白/(克/升)	31～41	氯/(毫摩尔/升)	113～129
球蛋白/(克/升)	27～41	钙/(毫摩尔/升)	2.25～2.65
丙氨酸转移酶/(国际单位/升)	22～70	镁/(毫摩尔/升)	0.66～0.92
谷草转氨酶/(国际单位/升)	16～34	铁/(微摩尔/升)	12.2～27.9
碱性磷酸酶/(国际单位/升)	2～70	二氧化碳/(毫摩尔/升)	11.3～16.7
谷氨酰转肽酶/(国际单位/升)	0～6	间接胆红素/(微摩尔/升)	0～4
淀粉酶/(国际单位/升)	118～432	肌酸磷酸激酶/(国际单位/升)	44～358
总胆红素/(微摩尔/升)	1.0～5.0	乳酸脱氢酶/(国际单位/升)	6～286
直接胆红素/(微摩尔/升)	0～2		

四、饲养条件下雪豹的行为记录

在自然界，人们极少有机会观测到雪豹的行为。探险者或摄影家偶然遭遇雪豹，也多是惊鸿一瞥，雪豹瞬间消失。野生的猫科动物基本上是独居的，昼伏夜出，并且具有极强的领地观念。仅在发情期公母雪豹才会待在一起，时间非常短暂。而且公兽从来不帮助抚养幼子，因此人们看到的多是“单亲家庭”。在吃食时，公雪豹总是抢占母雪豹食物，所以在人工饲养管理时要注意观察个体间的争食与打斗。

母豹发情表现为食欲减退，只有正常食物的1/3，不安叫声增多。发情期持续4～7天，在此期间公豹每天交配10～20次。交配时公豹会发出特有叫声。

一对雪豹在交配前4～5天，母豹开始对公兽友好，卧在它旁边，亲密接触，温文尔雅，并容许公雪豹吻她和触动她的食物。

动物园里动物面临的外部刺激与野外情况差异很大，而且动物不能掌控和避开这些外部刺激，行为突兀。这又可能导致行为改变和应激反应，同时也决定了动物健康、福利、行为模式和繁殖状况。

雪豹行为谱尚未建立，行为观察处于摸索阶段。主要有以下几方面。

独自躺卧：雪豹腹部着地，前腿伸展，后腿弯曲，头颅抬起或头搭在爪子上，眼睛睁开；或者侧卧休息，尾巴伸展围绕身体，眼睛睁开；或者背部着地，四肢向上，眼睛睁开。

蹲伏：四肢弯曲，腹部着地。

坐立：臀部着地，后肢弯曲，前肢伸展，尾巴伸展。

独自睡觉：前肢水平伸展，后肢弯曲，腹部着地，头搭在前肢上，眼睛闭合；或者侧卧，四肢垂直身体伸展，头侧着地，尾巴伸展，与身体成直线；或者侧蜷卧，身体弯曲，四肢收缩在腹侧面，尾巴向下围绕四肢到头前。

清洁与梳理：进食之后用舌头清理牙齿，舔干净身上的血迹等。后爪也可挠痒或梳理毛发。有时也会在凸起的岩壁树干上蹭痒痒。

打滚：其实是雪浴、沙浴或土浴行为。在捕猎之前通常也有翻滚动作，似乎是为了活动筋骨或消除体味。

运动：雪豹站立，走动，急走，奔跑，跳跃，高跳。

吃食：半蹲式前足持住食物，协助撕咬和进食。

排粪：后肢弯曲蹲下排粪，之后下肢有刨土动作。

标记：在固定的位置留下嗅迹或尿迹，属于领域行为。

磨爪：定期在木桩上或墙壁上磨爪，修理趾甲，也可能是一种标记行为。

据西宁动物园廖炎发（1986）观察，雪豹在7～10日龄时开始匍匐挪动，

15 日龄爬动时后肢呈八字，20 日龄爬动时，腹部可以不完全着地，30 日龄跑动速度加快，腹部不着地。50 日龄可以跳过 10 厘米高隔板，75 日龄可跳过 25 厘米高度。90 日龄可跃过 40 厘米以上高度。

雪豹是一种极其神秘的动物，行为诡异，琢磨不透。人们有的时候不能理解雪豹的行为，猜测居多，不免谬误。在动物园的探索、观测、研究中，每个观察数据对将来雪豹保护都有意义，需要在现有的数据基础上不断完善行为谱。

五、人工种群管理与基因工程

前面已经介绍了动物园在物种保护方面的几个功能。经过半个多世纪的努力，动物园不仅成功繁殖了雪豹，而且稳定和壮大了人工雪豹种群。有资料显示，1910～2007 年的近百年国外动物园已注册的雪豹数量达 2700 多只（不含中国和亚洲邻国），其中 88% 属于人工繁殖的后代，只有 12% 捕获自野外（Blomqvist，2008）。这是多么可喜的成绩啊，动物园的功能已经初显端倪。

每一个动物园，就如同一座“山头”。在自然界里，一些山头上的雪豹族群是非常孤立的，特别是在过度开发的地方，由于高速公路、铁路、铁丝网、矿区等的人为隔离，族群之间几乎无法交流（在自然界，近亲婚配也时有发生）。2006 年春季，一只雪豹死在了“寻亲”的路上（马鸣，2008 年）。而在动物园及其协作组织中，专家可以通过家谱分析、信息共享、跨国协商、逐个评议、远途运输、分组调剂等机动灵活的方式，制定出科学的配种措施，组合出最优家庭，繁殖出健康后代。前面已经介绍过，这种“临时夫妻式”的选配方式，避免了近亲繁殖，效果也远远优于“一夫一妻制”的传统做法。不仅在数量上保证了动物园种群的稳定发展，也在雪豹的基因组合上保持了一个健康运作的趋势，其甚至不亚于野外原始家族的血缘系统。

在北美，主要是在美国和加拿大，动物园协会早在 1980 年代就着手制订“濒危动物拯救方案”（Wharton and Freeman，1988）。该组织监管着北美 50 多家动物园中的 230 余只雪豹，他们给每一只雪豹建立档案，按照来源、编号、姓名、年龄、性别、繁殖记录和家庭结构等，全面考察和分析北美动物园雪豹的种群信息。专家组每年都要针对这些雪豹制订具体的“拯救案”（SSP），方案包括逐个排查、谱系分析、种族协调、提出部门交换建议或制订“临时”的搭配方案等。过程中尽量避免小范围的“拉郎配”，他们不提倡在地区或州际（国内）动物园之间的交换。

动物园可以成为保护雪豹种群的重要因素之一是这些雪豹被分散在世界不同的地方。这种跨区域、跨国界的地理分布格局，使得该种群享有很大的免疫力。就是说，在瘟疫暴发的年代或遇到其他不测情况时（如局部战争、经济危机、政治动荡、地震、饥荒及其他自然灾害）也不会遭遇全族覆灭。另外，计划生育也是拯救方案的一部分。因为，在动物园需要保护的不只是一种濒危动物，而是成百上千的动物。不能因为大量繁殖雪豹，挤压了其他动物有限的生存空间。在北美，据 Wharton 和 Freeman（1988）资料分析，北美动物园的雪豹种群基本是饱和的，每年只需要繁殖 25～30 只雪豹，就可以达到稳定种群和基因混合（90%）的目的。有的时候，专家会制订“冻结”生育方案，以改变“豹满为患”的局面。

关于基因工程，现在大约有上千种珍稀动物的组织或细胞被一些研究团体冷冻保存。这些组织或细胞多是从死亡不久的动物身上获得的，有的甚至来自活体（在外科手术中获得）。每一个组织或细胞都包含了重新产生供体的所有潜在的遗传物质。通过克隆技术，可以从一个单细胞培育出完整的个体。所以，科学家们将来一定能够为野外绝灭的物种，通过“冷冻”的方式保存和解救它们。

最早的人工采精试验是在美国明尼苏达州的一个动物园进行的（国际动物园年刊，1967 年）。一只 4 岁雄性雪豹，体重 48 千克，被麻醉后，分两次采集到 2 竓（公撮，即毫升）精液，每竓精液约有 39 000 只精子，活力为 60%。

人工繁殖与自然繁殖还是不一样的。在动物园，尽管人们在竭尽全力模拟自然环境，依然存在许多不良因素。其中包括有限的空间、应激反应、疾病（生理的和心理的）、营养不良、婚配制度、行为干预和改变等。一个动物园经常会遇到这样的问题：只有同一性别的动物，找不着合适的配偶；或者只有一对动物，它们的年龄又不符合，其中一只年龄过大或者还未达到性成熟；或者人工配对之后，脾气不相投，会伤害一方或危及双方；或者血缘关系不清，出现近亲配对，这是非常糟糕的事情。在新疆，60 多年来人们先后捕捉了不少野生雪豹，但是人工繁殖问题迄今没有解决（图 8-12）。

图 8-12　新疆天山野生动物园里，最多时一年生活着 5 只以上的雪豹，但人工繁殖一直是空白的

圈养野生猫科动物的人工繁殖理论和应用实践克服了一系列困难，使自然保护者非常振奋。但是，动物园种群终归不是自然种群，它面临的问题已经不仅仅是技术问题了。例如“再引入”工程——放归自然的理想，至今没有付诸实施，在资金、地点、技术和人力上的难题都还悬而未决。在欧洲，因为全球经济危

机，一些动物园压缩开支，出售动物，甚至关门倒闭。有些珍稀的猫科动物被贩卖到马戏团、私人庄园、养殖场（以赢利为目标的）、屠宰场和皮货商的手里。这些动物的命运，完全捏在人类的手中，极其悲惨。

在中国，雪豹种群的保护同样存在许多困难，包括政治的、经济的、社会的、体制的、文化的、民族的、历史的和传统的一系列问题。危机四伏。具体的案例，如管理落后、不科学的政策干预、疫病流行、近亲繁殖、谱系混乱、唯利是图以牟取暴利为目标的养殖和市场交易等。动物园雪豹种群在不断壮大，接下来的问题是如何维持一个健康的种群。相关各方，各自为政，缺乏一盘棋的思想。在国内，近60年来，对大型猫科动物的保护和实践基本上是失败的，对东北虎（*Panthera tigris altaica*）、华南虎（*Panthera tigris amoyensis*）、金钱豹（*Panthera pardus*）、雪豹等极度濒危物种的保护几乎陷入困境。新疆虎（*Panthera tigris lecoqi*），也叫中亚虎（*Panthera tigris virgata*）灭绝时间还不到100年。几千年来，中国出了无数个“打虎英雄”。野生老虎的绝迹与传统文化和后来的人口爆炸不无关系。尽管法律禁止虎骨的利用，市场上的毛皮也受到严格监控，但这依然无法挽回野外老虎灭绝的命运。在东北和华南，有几个老虎饲养场无度繁殖，最终竟然出现“虎满为患”的崩溃局面，造成企业倒闭或难以为继，成为笑柄。

老虎的教训令人惋惜。但若痛定思痛，亡羊补牢，学习上述国外成功的先进经验，走出现在的困境还是有希望的。

六、雪豹的获得与保定

在中国，动物园的雪豹大部分来源于野外，捕获自雪豹分布区，如青海、西藏、新疆、四川等地。在人工繁殖还没有成功的时候，人们需要捕捉野生雪豹。但是，依照现有法律，捕捉雪豹是犯法的，必须得到国家许可。整个捕捉过程包括设置陷阱、捕捉、运输、保定、标记等。避免雪豹的相互伤害和应激反应，也是雪豹保定的重要目的。

雪豹保定包括人工捕捉、物理保定、化学保定。人工捕捉是人类长期狩猎经验的总结。首先要求捕捉人员有良好的心理素质，勇敢、机智、灵活、顽强，对动物习性熟悉，热爱动物，还要具备快速套绳和捆绑的基本技能。以下介绍几种捕捉雪豹的技术。

（一）幼雪豹的捕捉

在雪豹产子的4～6月间，跟踪和观察怀孕雪豹在一个地区的活动情况。在稍后的一段时间，可以发现雪豹的产子洞穴。当母雪豹不在时，实施掏窝，抱出小雪豹，进行人工喂养。一个月龄以上最好。有时可以发现母雪豹带领幼子外出活动，可以乘马驱赶母雪豹，使母子分开，这时可以将小雪豹抱走。

（二）绳索套成年雪豹

晚冬季节，雪豹食物匮乏，尤其在2～4月，雪豹的体力不支，实施捕捉比较合适。当雪豹捕获到岩羊、牛、兔等动物时，一般会守护在一边。此时，也是捕获成年雪豹的最佳时机。雪豹在吃食时，会像许多食肉动物一样，不愿轻易放弃到嘴边的食物，进行“护食示威”。当人靠近时，很多情况是紧紧咬住不放。或者咧开嘴唇，显露利齿，发出不情愿的、愤怒的阵阵呼呼声。这时可以准备套绳，系上活套，等待雪豹吃饱。雪豹吃饱后犯困，行动也不便。等待片刻，使其放松警惕。然后就可以乘马，靠近，用活套套住。

（三）引诱捕捉成年雪豹

雪豹与其他大中型食肉动物一样，具有跟踪猎物进行捕食的习性。当雪豹进入一个羊圈捕食羊只后，近日还会再次光顾此羊圈，可在此羊圈设置用安全网制作的套网或陷阱捕捉雪豹。

（四）人工饲养期间雪豹捕捉

人工饲养时，雪豹在较小的室内空间，可用制作的扣网扣住雪豹。扣网应用粗1.2～1.5厘米的钢筋，弯成直径为60厘米的圆环，圆环上安置尼龙绳编制的网，圆环再安装牢固在1.8米左右的木质手柄上。网眼为3～4厘米左右。

虽然雪豹为较为温顺的食肉动物，但依然不能掉以轻心，至少要两人操作。在雪豹被捕捉后，可对其进行身体检查、注射等操作，或者关入笼箱进行物理保定，或搬运。

雪豹的物理保定主要是利用动物治疗笼箱对雪豹进行保定。雪豹物理保定笼箱可用动物园大型猛兽用的治疗笼，将捕捉的雪豹关入笼箱即可。

治疗笼1：笼箱长160厘米，高80厘米，宽70厘米；笼的顶面为活动板，小于笼的长和宽，长145厘米，宽60厘米；活动板的两侧焊接四个把手，可以抬升；活动板四个角侧焊接四个钢管，与笼箱四个钢管套接，大小不一，活动板四个钢管上打四个孔，笼箱四个钢管打一排孔，与活动板的孔一致方向，一个钢管与一个钢筋插管对应。起到活动板固定作用。笼箱钢筋粗15毫米，钢筋间距3.5厘米。笼箱底部安装四个转向轮。

治疗笼2：笼箱长178厘米，宽84厘米，高90厘米；笼箱全部由粗18毫米钢筋焊接。钢筋间距4～5厘米。笼箱两侧为活动推拉门，推拉门用10毫米钢筋制作。门下有活动投食口，活动小门；笼箱两侧与顶面由两扇半圆形的活动网组成，活动网底面与笼箱两侧地面骨架活动链接，活动网底面开两个小窗，便于人手或动物四肢穿过，网之间钢筋交错，上面用插孔插销与顶面链接，靠活动侧面保定动物。

很多情况下，动物园的兽医和饲养员需要对雪豹进行保定，尤其是在对成年雪豹的搬运、体检、治疗前，要实施化学保定。

雪豹麻醉，估计 40 千克体重，注射眠乃宁 1.5 毫升，5 分钟后倒地。肌肉注射苏醒灵 3 毫升，3 分钟后苏醒。

使用噻胺酮麻醉，安全可靠，省时省力。用量为 1.4～1.9 毫克/千克。其他麻醉剂，如盐酸唉托酚（M99），类似于吗啡，效果好。拮抗剂 M5050，是纯阿片受体拮抗剂，经常用于野生动物和珍禽异兽的催醒。其拮抗作用是烯丙吗啡的 35 倍，优点是用量小、高效、安全。在活体动物上，对 M99 产生的制动作用，能够快速、彻底逆转。

第六节　国情与弊端

以上关于动物园的故事，都是理想化的、正面的、积极向上的、歌功颂德的，甚至有点夸大其词。而实际上，许多地方的情况是不尽如人意的、颓废的、可耻的、令人发指的、缺乏道德的、没有法律约束的、罄竹难书的。动物园的内幕，公众绝少知道。最近 10 年，因为经济危机，国外动物园雪豹的状况也不怎么样，数量出现锐减（图 8-13）。

最近几年国外动物园雪豹繁殖数量有所降低，而且每年的死亡只数都高于出生只数（Blomqvist，2008）。同样糟糕的是，过去十几年国内动物园雪豹繁殖一直保持零记录。

2010 年 3 月，沈阳动物园接连发生 11 只东北虎死亡事件，其中有一天就死亡了 6 只。技术人员发现东北虎“营养状态极度不良，身体消瘦，皮下脂肪枯竭。加上进入冬季天气寒冷，关入舍内后机体抵抗力下降，所以发病。已经排除传染病的可能”（新华网）。据了解，作为动物园，冬季是旅游淡季，门票收入非常低，而动物园每天维持动物的食物花费就要上万元。入不敷出。所以，动物园里所有的动物，不仅是老虎，都得省吃俭用了。一只老虎平均两天才能吃上一只鸡或两个鸡架，老虎是被活活饿死的！

2009 年，这个动物园就曾发生过两只东北虎袭击饲养员的事件，肇事的两只老虎被击毙。后来安监部门要求对东北虎实行笼养，东北虎活动空间缩小，造成其免疫力进一步降低，易患肠炎或肾衰等疾病。

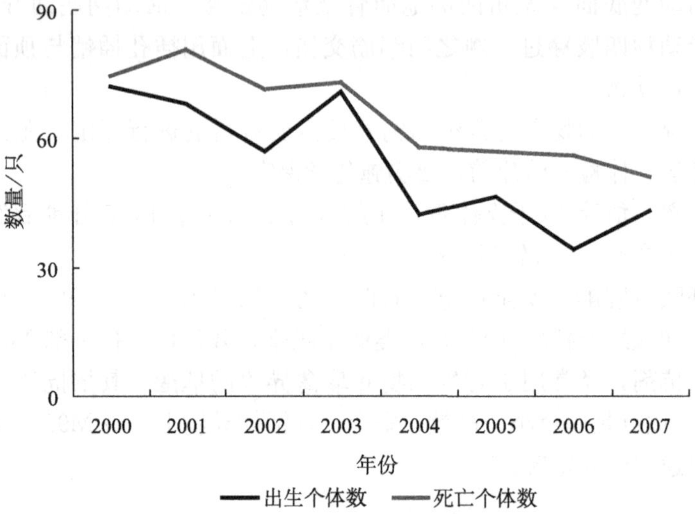

图 8-13　近年，在动物园雪豹死亡数都高于出生数

2007 年，宜昌“打工”老虎死亡事件引发人们对野生动物园商业模式的思考——当动物园完全以赢利为目的后，动物园的动物都变成了商品。一旦经营不善，动物们就会面临残酷的生存危机。2007 年 12 月 19 日晚，湖北宜昌三峡森林野生动物世界内一只成年雌性东北虎被残杀，虎头、虎皮和 4 只脚都没有了。警方确定老虎系被盗杀，性质非常恶劣。12 月 23 日，有记者在动物园售票室冰箱内发现两具幼虎尸体。虽经宜昌市林业局证实为难产死胎，但该动物园不按规定程序行事，瞒报近一个月，也成为不争的事实。12 月 25 日宜昌市林业局在召开的新闻发布会上介绍，三峡野生动物世界共有三四十只老虎，均来自广西桂林的熊虎山庄。目前剩下 15 只，有 10 多只还“在外打工”。这些老虎的具体下落，一直是个谜。某些黑心企业逼迫珍稀动物“打工”，野生动物变成了“摇钱树”。

2010 年 3 月，在上海动物园的狮虎豹生态展示区发生一幕惨剧。展示区内的一头孟加拉虎突发虎威，咬住了一名饲养员。其他饲养员虽奋力解救，但被袭饲养员终因伤重不治当场身亡。具体是因为孟加拉虎发情，还是因为饥饿，不得而知。

因为资金匮乏，许多动物园员工的工资也得不到保证。发生动物伤人、吃人的事件已经不是个例。因为投资不足，安全设备和管理不到位。人和动物的安全都没有保障，不是被击毙，就是被咬死。在强调人本位的社会里，动物福利只是纸上谈兵。一些动物园经营不善，每年都有大量动物意外死亡，最后也是不明不白，草率了事。

有的动物园为了节省开支，将兽医或动物诊所撤走，动物患病后不能及时得到医治。在大多数情况下，动物园已经不是一朵花，而是一个惨淡经营的豆腐渣。动物在这里受到的是百般虐待。阿克苏公园曾经将一只奄奄一息的雪豹关在一个不足1平方米的狭窄铁笼中公开展出，旁边是一个漂亮的募捐箱。动物园在利用人们的“爱心”获得资金。而这些募得的款项是否全部被用于雪豹救治和饲养，就没有下文了。这和以赢利为目的的马戏团没有区别。

一些动物园不求进取，只顾赚钱。饲养人员素质差，技术落后，管理水平低下，毫无规则可循。另外，国家在人力、物力、财力等方面也明显投入不足。就雪豹人工繁殖而言，只在少数几个动物园有过成功的案例（廖炎发，1985b），寥寥无几，且不见下文，没有延续下去。动物园在雪豹保育上没有长远计划，实际操作也不规范，谱系混乱，没有章法。饲养条件比较差，动物自生自灭，繁殖断断续续，“空怀率”为80%～100%（廖炎发，1994）。雪豹繁育方面一直是在“摸着石头过河”，没有形成自己的繁育体系。与国外相比，我们的差距非常之大。从1891年至今，国外已经饲养雪豹2700多只（不包括中国和亚洲一些国家），其中88%是人工繁殖的（Blomqvist，2008）。而在我国，人工繁殖的雪豹数量还不到2%，约有98%的雪豹捕自野外（产地优势）。这对处于极度濒危的雪豹来说，无疑是雪上加霜（Wen，2002）。

行业缺乏自律，国家也没有专门为动物福利立法，监管几乎是零。许多保护部门与动物园勾结，打着“救护”的旗号在社会上搜集动物，还有的是以“科研”的名义到野外捕捉动物。动物园之间“交换”动物，已经是司空见惯。这不一定是为了配对繁殖，只是为了展览，卖门票。不管是什么方式，都是为了降低成本，尽量不花钱、少花钱。在东部的一个野生动物园曾经有过这样的报道，因为资金短缺，园方宁可临时“购买”动物办展，也不愿意人工繁育动物。因为，繁殖和抚育一个动物要花许多时间、空间、资金、人力和物力，还要承担动物疾病或意外死亡的风险。购买的价格就要比繁育低许多，甚至不到10%。更可耻的是，行业内部打着“执法”的旗号钻国家的空子，鱼肉百姓，没收了许多来自基层的野生动物。空手套白狼，这可以说是零投入、零风险。

在野生动物园，猛兽和猛禽是最吸引游客的种类，特别是在投喂活食的时候，非常有刺激性。因此，天山野生动物园提出打造有本地特色的“猛兽园”计划，四处搜刮大型食肉动物。他们甚至不择手段、偷偷摸摸、巧取豪夺，以上述各种下流方式获取动物及其幼崽。在野外资源量极其枯竭的情况下，这样做也只能是枉费心机，难以为继。最后的结果就是关门、倒闭。因为已经没有什么野生动物可以被滥抓、可以轻易养活、可以供展览了。

关于饲养雪豹，在美国（北美）有50多个地方饲养和繁殖（80%～90%来自人工繁殖），而中国是雪豹最大分布国，目前统计约有32家动物园曾经饲养过雪豹，繁殖成功率几乎为零（100%捕获自野外）。西宁和北京两地动物园不能算是成功案例，因为没有延续第二代。可见中国的动物园有多么落后（可耻），以至于现在还有人在探讨“动物园究竟是野生动物的天堂，还是地狱!”雪豹进入动物园，受尽了折磨和虐待，寿命缩短。难道只有死路一条？中国的雪豹正在步华南虎、金钱豹的后尘，灭绝速度加快，这不是耸人听闻。

动物园到底是野生动物的天堂，还是地狱？人性是向善，还是向恶？在这个唯利是图的年代，人类可以毁灭地球，毁灭自己的家园，更何况边缘化的野生动物。人类不能善待自己，也不能善待地球及其每一个生命。如果有一天，老虎、雪豹都绝迹了，罪魁祸首就是人类。而某些所谓的“动物园”只能是野生动物的屠宰场、坟墓、监狱或囚笼!

敬告所有在野外“捡到”雪豹的人们，尽快将它们放归山林，切不要送到动物园。

参考文献

白韫雯.2005. 新疆雪豹偷猎和非法贸易调查. 大自然，22（2）：4-5.

北京动物园.1975a. 繁殖雪豹事记（美国圣路易斯动物园，1968）. 国际动物园年刊译文资料汇编，1：25-26.

北京动物园.1975b. 关于麻醉雪豹采精的报告（美国明尼苏达德卢思动物园，1967）. 国际动物园年刊译文资料汇编，1：27-28.

北京动物园.1975. 关于雪豹的生理、管理及繁殖的观察（苏联考纳斯动物园，1962-1967）. 国际动物园年刊译文资料汇编，1：20-24.

蔡勤辉，黄勉.1992. 雪豹膀胱肿瘤一例. 中国兽医科技，22（12）：53.

丁新民.1990. 幼雪豹和幼猫呋喃唑酮中毒. 中国动物园协会西北协调组论文选编，1：84.

丁新民.1992. 幼雪豹和幼猫呋喃唑酮中毒. 动物园，1：292.

樊江.2006. 雪豹的救助. 新疆林业，(5)：41-43.

哈力克·热合曼.2008. 雪豹急性出血性膀胱炎的诊治. 畜牧兽医科技信息，(1)：78-79.

侯启明，黄世强，程小明，等.1998. 雪豹的繁殖和全人工育幼. 北京动物园文集，1998：443-447.

侯启明，黄世强，程小明，等.1999. 雪豹的繁殖和全人工哺育. 中国动物园论文集，4：56-60.

侯启明，廖国新.1994. 北京动物园雪豹饲养概况分析. 动物园，(2)：106-107.

侯启明，廖国新.1998. 北京动物园雪豹饲养概况分析. 北京动物园文集，1998：377-379.

胡洪光，徐求富.1993. 雪豹在重庆的饲养. 四川畜牧兽医，(1)：31-32.

黄阜齐，黄翠莲.1981. 略述动物园对野生动物的饲养管理. 中国动物园年刊.

黄世强.1998. 小雪豹的三个“母亲”. 大自然，(4)：46.

李树忠，张金国，罗义.1998. 野生动物泌尿系统影像诊断技术的研究总结. 北京动物园文集，1998：190-191.

李树忠 . 1996. 野生动物尿路疾患的 X 线诊断 . 动物园，3：353-354.
李闻，郭志宏，马少丽，等 . 2000. 西宁动物园珍稀野生动物寄生蠕虫名录 . 青海畜牧兽医杂志，30（4）：9-10.
廖炎发 . 1980. 雪豹传染性肠炎三例 . 动物学杂志，15（3）：43-44.
廖炎发 . 1983. 青海雪豹地理分布的初步研究 . 中国动物园年刊，6：97-100.
廖炎发 . 1985a. 青海雪豹地理分布的初步调查 . 兽类学报，5（3）：183-188.
廖炎发 . 1985b. 我国首次繁殖成功的一对雪豹通过技术鉴定 . 兽类学报，5（2）：136.
廖炎发 . 1986. 雪豹饲养与繁殖习性的初步研究 . 中国动物园年刊（1984-1985），7：13-17.
廖炎发 . 1994. 青海雪豹的收集、饲养、繁殖、疾病诊治及其保护工作 . 中国动物园论文集，2：110-114.
廖炎发，谭邦杰 . 1990. 中国雪豹地理分布的初步研究 . 中国动物园论文集，1：109-115.
廖炎发，谭邦杰 . 1994. 中国雪豹的地理分布初步研究 . 中国动物园论文集，1：59-64.
廖炎发，许树仁 . 1978. 雪豹出血性肠炎三例 . 中国动物园年刊，1：122-125.
刘楚光，郑生武，任军让 . 2003. 雪豹的食性与食源调查研究 . 陕西师范大学学报（自然科学版），31（专辑）：154-159.
刘赫 . 2009. 建筑噪音对雪豹行为及展区利用的影响 . 世界动物园科技信息，19：24-27.
刘恺 . 2001. 雪豹维生素 A 缺乏症的治疗 . 动物园，8：100-101.
刘丽 . 2005. 动物园饲养大型猫科的标准 . 世界动物园科技信息，12：3-8.
吕向东，马文忠 . 1986. 野生动物饲养与繁殖 . 西安：陕西科学技术出版社 .
罗家维 . 1998. 野兽的绦虫 . 北京动物园文集，1998：217-222.
母景光，叶华兵，李林 . 2009 - 7 - 15. 罗布林卡动物园收养了一只小雪豹 . 西藏商报，2.
穆新春 . 1993. 新疆雪豹的分布和人工饲养 . 首都师范大学学报（自然科学版），14（2）：79-82.
仇秉兴 . 1985. 西宁人民公园首创繁殖雪豹记录 . 大自然，（2）：33-34.
人与生物圈记者 . 2008. 中国雪豹小组在行动 . 人与生物圈，（6）：18-25.
施新泉，周志勇 . 1994. 上海动物园蛔类线虫名录 . 中国动物园论文集，2：119-121.
寿振黄 . 1962. 中国经济动物志（兽类）. 北京：科学出版社 .
孙养性 . 1983. 土法捕捉雪豹 . 中国动物园年刊，6：68-69.
谭邦杰 . 1975a. 繁殖雪豹事记 . 译文资料汇编，（1）：25-26.
谭邦杰 . 1975b. 关于麻醉雪豹采精的报告 . 译文资料汇编，（1）：27-28.
谭邦杰 . 1975c. 关于雪豹的生理、管养及繁殖的观察 . 译文资料汇编，（1）：20-24.
唐礼全，金兆庆，芦俊杰，等 . 1988. 兰州五泉山动物园肉食兽蠕虫的调查 . 中国兽医科技，（12）：22-23.
陶玉静，陈辉 . 1997. 人工救护和饲养野生幼雪豹观察报告 . 动物学杂志，32（6）：36-38.
汪晓飞 . 2007. 雪豹截肢手术一例 . 青海畜牧兽医杂志，37（2）：43.
王成东，杨光友，王强，等 . 2001. 成都动物园大熊猫等珍稀哺乳动物寄生虫感染情况调查 . 中国兽医杂志，37（12）：21-22.
王民，罗焕文 . 1990. 雪豹不育因素的初步分析 . 中国动物园协会西北协调组论文选编，1990：35-36.

王民，罗焕文.1992. 雪豹不育因素的初步分析. 动物园，1：292.
王天兴，穆新春，丁新民.1996. 雪豹鼠咬热. 动物园，3：260-261.
吴秀山，金晟，宋丽霞.2000. 雪豹佝偻病，中国兽医杂志，26 (6)：32.
吴秀山，张金国，彭真信，等.1998. 野生动物种属间配血的调查. 北京动物园文集，1998：274-276.
肖名焰.2002－2－6. 家有雪儿初长成，雪豹今年想出嫁. 北京晚报，4.
许树仁，罗焕文.1981. 雪豹的饲养介绍. 中国动物园年刊，4：48-49.
烟台动物园兽医室.1986. 雪豹的饲养管理点滴. 中国动物园年刊，(7)：207.
杨明海，龚光建.1998. 野生动物粪便寄生虫卵检查结果分析. 北京动物园文集，1998：196-199.
杨小燕.2002. 北京动物园志. 北京：中国林业出版社.
张得良.2009. 幼年雪豹的试养报告. 特种经济动植物，11 (1)：6-7.
张广达.2001. 唐代的豹猎——文化传播的一个实例. 见：荣新江. 唐研究（第七卷）. 北京：北京大学出版社：177-204.
张金国.1998. 噻胺酮对大中型猫科动物的化学保定. 北京动物园文集，1998：286-291.
周军英.2005. 种群规模目标、种群参数和管理计划对圈养种群生存力的影响及三者间的相互关系. 世界动物园科技信息，12：17-24.
朱丽琳.2009. 猫科动物繁殖的生物技术现状. 动物园，15：319-322.
Fowler M E. 1998. 动物园与野生动物医学（下）. 刘鸿道译. 台北：淑馨出版社：1-572.
Shoemaker A H，Maruska E J，Rockwell R. 2005. 动物园饲养大型猫科的标准. 刘丽译. 世界动物园科技信息，12：3-8.
Wheater R J，Karsten P，Seal U. 1993. 世界动物园保护策略. 李映红，赵庆国译. 爱丁堡：世界动物园组织（IUDZG/IUCN/SSC）.
Blomqvist L，Dexel B. 2006. Declining numbers of wild snow leopards. EAZA Zoo News，53：26-27.
Blomqvist L. 2008. The captive snow leopard in 2007. International Pedigree Book for Snow Leopards，9：2-9.
Broder J M，MacFadden A J，Cosens L M，et al. 2008. Use of positive reinforcement conditioning to monitor pregnancy in an unanesthetized Snow Leopard (*Uncia uncia*) via transabdominal ultrasound. Zoo Biology，27：78-85.
Burgener N，Gusset M，Schmid H. 2008. Frustrated appetitive foraging behavior，stereotypic pacing，and fecal glucocorticoid levels in snow leopards（*Uncia uncia*）in the Zurich Zoo. Journal of Applied Animal Welfare Science，11：74-83.
Calvin L O. 1969. A brief note on the birth of snow leopards，*Panthera uncia*，at Dallas Zoo. International Zoo Yearbook，9：96.
Doherty J，Wharton D. 1988. Breeding management of the Snow Leopard at the New York Zoological Park. India：Article of Fifth International Snow Leopard Symposium：173-179.
Freeman H. 1974. A preliminary study of the behaviour of captive snow leopards（*Panthera uncia*）. International Zoo Yearbook，15：217-222.

Freeman H. 1983. Behavior in adult pairs of captive snow leopards (*Panthera uncia*) . Zoo Biology, 2: 1-22.

Freeman H, Braden K. 1977. Zoo location as a factopr in the reproductive behavior of captive snow leopards, *Uncia uncia*. Zoological Garten J F, 47 (3/4): 280-288.

Freeman H, Hutchins M. 1980. Captive management of Snow Leopard Cubs. Zoological Garten, 50 (6): 377-392.

Frueh R J. 1968. A note on breeding snow leopards at the Saint Louis Zoo. International Zoo Yearbook, 8: 74-76.

Hou Q M, Liao G X. 1994. Notes on the keeping of snow leopard at the Beijing zoo. Proceedings of the Seventh International Snow Leopard Symposium, Xining: 195-197.

Hu H G. 1994. Case report of a subadult snow leopard with serious acute shock pneumonia. Proceedings of the Seventh International Snow Leopard Symposium, Xining: 217-219.

Hu H G, Xu Y F. 1994. Captive snow leopards in Chongqing zoo. Proceedings of the Seventh International Snow Leopard Symposium, Xining: 191-193.

Kitchener S L, Meritt D A, Rosenthal M A. 1975. Observations on the breeding and husbandry of snow leopards Panthera uncia at Lincoln Park Zoo, Chicago. International Zoo Yearbook , 15: 212-217.

Koivisto I. 1978. Preface. International Pedigree Book of Snow Leopards, 3: 1-2.

Koivisto I, Wahlberg C, Muuronnen P. 1977. Breeding the snow leopard (*Panthera uncia*) at the Helsinki Zoo 1967-1976. International Zoo Yearbook, 17: 39-44.

Liao Y F. 1994. The care, breeding and diseases of snow leopards in Qinghai, China. Proceedings of the Seventh International Snow Leopard Symposium, Xining: 167-175.

Ma J Z, Zou H F, Cheng K. 2002. The Distribution Status of Snow Leopard (*Panthera uncia*) in China. Seattle: Proceedings of the Snow Leopard Survival.

Marma B B, Yunchis V V. 1968. Observations on the breeding, management and physiology of Snow leopards (*Panthera u. uncia*) at Kaunas Zoo from 1962 to 1967. Canids and Felids in Captivity: 66-73.

Murata K, Yanai T, Agatsuma T, et al. 2003. Dirofilaria immitis infection of a snow leopard (*Uncia uncia*) in a Japanese zoo with mitochondrial DNA analysis. The Journal of Veterinary Medical Science / the Japanese Society of Veterinary Science, 65 (8): 945-947.

Mu X C. 1994. Distribution in the wild and the captive raising of snow leopards in Xinjiang, China. Proceedings of the Seventh International Snow Leopard Symposium, Xining: 157-161.

Rieger I. 1982. Breeding ounces, *Uncia uncia* (Schreber, 1775) in zoological gardens. International Pedigree Book of Snow Leopards, 3: 49-50.

Sunquist M, Sunquist F. 2002. Wild Cats of the World. Chicago: The University of Chicago Press.

Tan B J, Liao Y F. 1988. The status of captive snow leopards in China. In: Proceedings of the Fifth International Snow Leopard Symposium, Srinagar: 151-166.

Tan B J, Qiu B X. 1994. The status and problems of snow leopards in captivity in China. Proceedings of the Seventh International Snow Leopard Symposium, Xining: 149-156.

Tetzloff J, Tupa L, Lynch C. 2008. Population analysis and breeding plan for snow leopards, *Uncia uncia*, in Species Survival Plan. International Pedigree Book for Snow Leopards, 9: 15-19.

WAZA. 2005. Building A Future for Wildlife-The World Zoo and Aquarium Conservation Strategy. Birn: Graphic Arts Firm.

Wen B. 2002. Illegal Trade of Snow Leopards in China: An Overview. Seattle: Proceedings of the Snow Leopard Survival Strategy Summit.

Wharton D, Freeman H. 1988. The Snow Leopard in North America: captive breeding under the Species Survival Plan. India: Article of Fifth International Snow Leopard Symposium: 131-136.

Wharton D, Mainka S A. 1997. Management and husbandry of the snow leopard *Uncia uncia*. International Zoo Yearbook, 35: 139-147.

Xiang P L, Huang H, Lu C H. 1994. Lymphoid interstitial pneumonia of snow leopard—a case report. Proceedings of the Seventh International Snow Leopard Symposium, Xining: 213-215.

Xu Q M. 1994a. Captive care and management of wild snow leopard cubs at Chengdu Zoo, China. Proceedings of the Seventh International Snow Leopard Symposium, Xining: 187-189.

Xu S R. 1994b. An introduction to feeding and management of snow leopard in Xining Zoo, China. Proceedings of the Seventh International Snow Leopard Symposium, Xining: 177-182.

Zhang J G. 1994a. A case report on vesical calculus of snow leopard. Proceedings of the Seventh International Snow Leopard Symposium, Xining: 209-212.

Zhang J Z. 1994b. A preliminary study on the care and breeding of snow leopard in Jinan Zoo, China. Proceedings of the Seventh International Snow Leopard Symposium, Xining: 163-165.

Zhu L L. 1994. Captive rearing of a wild snow leopard cub in Xining Zoo, China. Proceedings of the Seventh International Snow Leopard Symposium, Xining: 183-186.

第九章

新疆的自然保护区

新疆，全称是新疆维吾尔自治区，位于亚欧大陆腹地。地处中国西北边陲，总面积约 166 万平方千米，占全国国土面积的 1/6，是中国面积最大的省区。新疆面积相当于 3 个法国或接近 5 个德国或相当于 7 个英国的面积。新疆还是国内乃至中亚比较多山的地区，亚洲最大的几座著名山脉都位于新疆。其北有阿尔泰山系，南为昆仑山系，天山山脉横亘于新疆的中部，将新疆一分为二，北疆的准噶尔盆地和南疆的塔里木盆地，形成了“三山夹两盆”的地貌格局。还有一些小的“界山”，如塔尔巴哈台山、北塔山、阿拉套山、喀喇昆仑山等，成为新疆联系周边 8 个国家的纽带。这些地方都有雪豹分布。

尽管地处欧亚大陆腹地，气候干旱，却不缺乏绿洲或湿岛。可见新疆的自然环境也颇为复杂，既有世界第二高峰——乔戈里峰（海拔 8611 米），又有世界第二洼地——吐鲁番盆地（海拔－154 米）。自然景观南北差异巨大，垂直变化更是精彩纷呈。冻原、冰川、草甸、森林、草原、戈壁、湿地、沙漠、绿洲，应有尽有。截止到 2012 年，大约有 40 个保护区点缀在天山南北，其中半数以上与雪豹有关（图 9-1）。

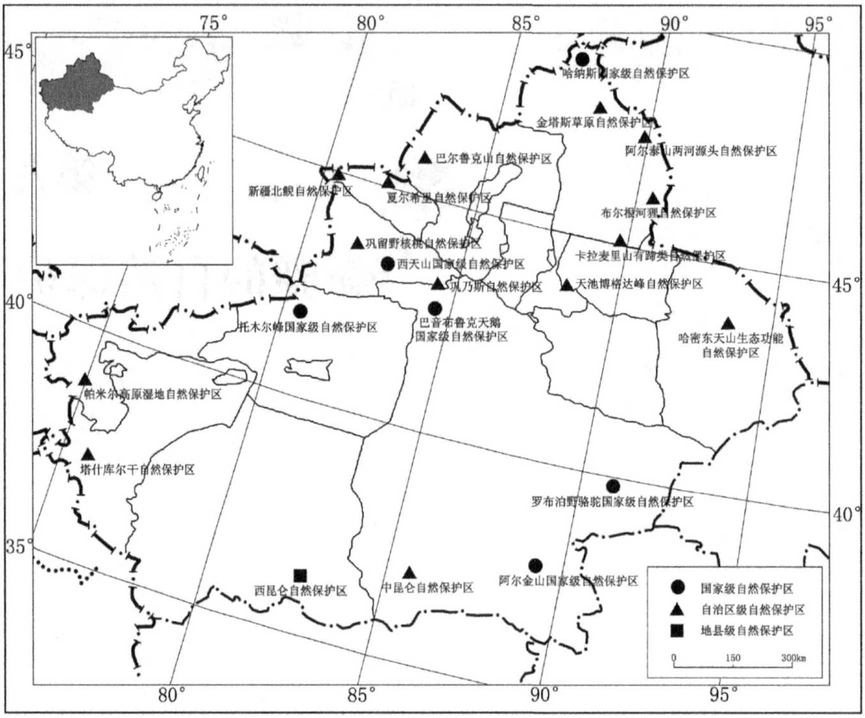

图 9-1 新疆有雪豹分布的自然保护区（有 20 个之多，占半数以上）示意图

第一节 自然保护区是雪豹最后的避难所

新疆自然景观独特，生境类型多样，为野生动植物提供了生存场所。有森林、草原、湿地、荒漠、沙漠、戈壁、山地、平原和丘陵等各种类型的生境，野生动植物资源十分丰富。

新疆现有野生植物及栽培植物共计 4000 种左右，隶属 214 科，1108 属。被列为国家一、二级保护植物分别有 7 种和 17 种。有各类脊椎动物 750 余种，隶属 5 纲，41 目，110 科（袁国映，1991；阿布力米提，2003；马鸣等，2011）。约有 15%属于国家重点保护动物，其中国家一级保护物种 30 余种，如雪豹（*Uncia uncia*）、河狸（*Castor fiber*）、四爪陆龟（*Testudo horsfieldii*）、金雕（*Aquila chrysaetos*）、黑鹳（*Ciconia nigra*）、遗鸥（*Larus relictus*）等；国家二级保护物种有鹅喉羚（*Gazella subgutturosa*）、塔里木兔（*Lepus yarkanden-*

sis)、猞猁(*Felis lynx*)、马鹿(*Cervus elaphus*)、猎隼(*Falco cherrug*)、游隼(*Falco peregrinus*)、棕尾鵟(*Buteo rufinus*)等，约82种；属新疆维吾尔自治区重点保护的野生动物44种，属国家保护的有益的或者有重要经济、科学研究价值的野生动物190多种。

物种多样性和景观多样性（或生态系统多样性）是生物多样性的重要组成部分，在生物多样性保护和研究中占有重要的地位。由于人类乱砍滥伐、开垦、修筑大坝、将河流改道，破坏了自然环境，许多动物的生境丧失、退化与破碎，这最终加快了物种灭绝的速度，如新疆虎(*Panthera tigris lecoqi*)、普氏野马(*Equus przewalskii*)、赛加羚羊(*Saiga tatarica*)、白鹤(*Grus leucogeranus*)、白鹳(*Ciconia ciconia*)等都逐渐退出了历史舞台。正是由于物种多样性与生态系统多样性对维持生物多样具有十分重要的作用，物种保护及建立自然保护区受到科学界及政府部门的格外重视。自20世纪以来，人们开始建立自然保护区，对物种栖息地加以保护，从而保护濒临绝灭的、有重要经济价值的物种。历经百年的实践，目前在全球的120余个国家中已建立了上万个各种类型的保护区，保护土地面积已达数亿公顷。

为了保护新疆有代表性的自然生态系统以及珍稀濒危野生动植物物种，新疆维吾尔自治区人民政府在1980年批准建立了新疆第一批自然保护区。到2012年为止，新疆共建国家级、省区级、地区级及县级各类自然保护区35个（表9-1），总面积2210万公顷，约占新疆土地面积的13.27%，占中国国土面积的2.29%（袁国映和李卫红，1998；杜农和张平，2006）。其中，国家级保护区9个（占总数的26%），自治区级21个（60%），地市和县级5个（14%）。

表9-1　新疆自然保护区基本境况

类别	类型	数量						占地面积	
		数量/个	占总数比重/%	国家级	自治区级	地市县级	雪豹分布	面积/10^4平方千米	占总面积比重/%
自然生态系统	森林	9	25.72	4	4	1	7	2.97	13.45
	草原与草甸	2	5.71	—	2	—	2	0.12	0.55
	荒漠	3	8.57	1	1	1	—	0.15	0.69
	内陆湿地和水域	8	22.86	2	4	2	2	1.07	4.86
野生生物	野生动物	10	28.57	2	7	1	7	17.66	79.92
	野生植物	3	8.57	—	3	—	2	0.12	0.53
合计		35	100.0	9	21	5	20	22.10	100.0

在中国，雪豹(*Uncia uncia*)主要分布于西部地区，包括新疆、西藏、青海、甘肃、内蒙古及四川等的高山地带。我们知道，中国是雪豹分布面积最大

的国家，也是雪豹种群数量最多的国家，有 2000～2500 只。新疆作为雪豹的故乡（图 9-2），种群数量占全国的 60%左右，估计有上千只，主要分布在昆仑山、帕米尔高原、天山及阿尔泰山区的雪线附近。天山是雪豹的主要分布地之一，据估计最多时曾达到 700 只。因此，新疆雪豹的保护对世界的雪豹保护有着举足轻重的意义。

图 9-2　新疆是雪豹的故乡，也是分布中心，全球其他 11 个雪豹分布国中有 8 个与新疆接壤（赵君安　摄）

夏勒等（1991）估计雪豹在新疆的整个分布区面积约为 17 万公顷，占新疆总面积的 10.6%。雪豹在各分布区中的密度都很低，他估计新疆雪豹的数量可能不超过 750 只。阿布力米提（2003）的推断与夏勒等比较相似，他认为，在阿尔泰山区雪豹种群分布面积为 15 000 平方千米；天山81 000 平方千米；昆仑山、阿尔金山和帕米尔高原 164 000 平方千米。而马建章等的估计就比较大胆，其栖息地面积为 670 812 平方千米，属于海拔在 2500～6000 米的全部区域，是新疆面积的 41%（Ma et al.，2002）。

据穆新春（1993）保守估计，新疆雪豹种群数量为 200～250 只。其中 70%分布在帕米尔高原，15%分布在天山，10%分布在昆仑山，只有 5%在阿尔泰山。而中科院新疆生态与地理研究所雪豹小组等于 2004～2005 年在托木尔峰附近的五条河谷展开调查，之后在约 250 平方千米范围内安置了 36 台红外照相机，通过拍摄到的照片可以确定不同的雪豹有 5 只。然后，结合雪后痕迹调查、访问、目击，结果表明，托木尔峰东部木扎特河谷 250 平方千米范围内，有 5～8 只雪豹活动，密度为 2.0～3.2 只/100 平方千米（马鸣等，2005；2006）。如此推算，保护区内雪豹种群数量在 130 只左右，远远高于 20 多年前夏勒（Schaller et al.，1988）和穆新春（1993）等估计的野外种群数量。

雪豹是山地生态系统是否和谐健康的指示物种，是新疆环境保护事业的标杆物种，是检验社会大众爱心的试金石（图 9-3）。我们应努力维护现有的山地森林生态系统，咬定青山绿水不放松，为子孙后代留下一片美好山川。

20 世纪 80 年代，夏勒等（1991）在新疆众多的保护区中进行调查，其中

图 9-3 新疆作为雪豹的故乡，努力为其维持一个和谐与完整的生态系统极其重要

三个保护区有雪豹出没，占地 62 000 平方千米。然而它们的野外种群数量很少，可能不超过 120 只，且处境危险，安全无保障。截止到 2006 年 6 月，我们在新疆的 35 个保护区中展开普查，有 20 余个自然保护区有雪豹的分布（图 9-1）。这些保护区占新疆自然保护区总数的 57%，总面积为 193 876 平方千米，占新疆总面积的 12%。其中，国家级保护区 6 个，占新疆有雪豹分布的保护区总数的 30%，自治区级 13 个（65%），地市级 1 个（5%）。可喜的是，大部分雪豹生活在自然保护区内，其种群数量 588～837 只，占新疆雪豹数量的 60%左右（表 9-2）。

表 9-2 新疆有雪豹分布的自然保护区概况

保护区简称	行政区	级别	面积/平方千米	山区海拔/米	雪豹种群/只	备注
哈纳斯	布尔津县	国家级	2 195.7	1 200～4 374	35～50	
托木尔峰	温宿县	国家级	2 376.4	4 200～7 435	48～72	Schaller et al.，1988；马鸣等，2006

续表

保护区简称	行政区	级别	面积/平方千米	山区海拔/米	雪豹种群/只	备注
西天山	巩留县	国家级	312.2	1 300～4 257	10～15	
天池博格达峰	阜康市	自治区级	469.6	800～5 445	10～20	
夏尔希里	博乐市	自治区级	314.0	310～3 670	10～20	陈蜀江等，2006
阿尔泰山两河源头	青河及富蕴县	自治区级	6 759.0	3 100～3 500	45～70	谷景和等，2004
哈密东天山	伊吾及巴里坤县	自治区级	99.0	1 800～4 888	10～20	杜农和张平，2006
福海金塔斯山地	福海县	自治区级	567.0	960～3 000	10～20	马鸣等，1993
天山中部巩乃斯山地	新源县	自治区级	653.0	3 359～4 032	15～25	
巴音布鲁克	和静县	国家级	1 486.9	2 500～3 000以上	30～45	马鸣等，1993
帕米尔高原湿地	阿克陶县	自治区级	1 256.0	3 300～5 500	25～35	马鸣等，1990
阿尔金山	若羌县	国家级	45 000.0	3 876～6 973	40～50	谷景和和高行宜，1991
罗布泊	巴州、哈密及吐鲁番地区	国家级	67 000.0	780～3 300	10～15	夏训诚，2007
卡拉麦里山（北塔山）	富蕴、青河、奇台、吉木萨尔县	自治区级	15 899.6	600～1 464（3 318）	20～30	徐峰等，2006；2007
塔什库尔干	塔什库尔干县	自治区级	15 000.0	3 200～8 611	140～165	Schaller et al.，1991
新疆北鲵	温泉县	自治区级	6.9	2 100～3 000	15～20	
中昆仑	且末县	自治区级	32 000.0	2 800～6 973	60～80	王博，1992
西昆仑	民丰县	地市级	1 320.0	2 000～6 000	25～45	冯祚建，1990；马鸣等，2010
巴尔鲁克山	裕民县	自治区级	1 150.0	1 600～3 252	20～40	
巩留野核桃	伊宁县	自治区级	10.2	900～1 800	?	
合计			1.94×10^5		588～837	

第二节　新疆有雪豹分布的20个自然保护区简介

中亚山地保护区是大自然留给雪豹的最后避难地。然而，随着西部经济开发步伐的加快和正在推进的林权改革，以及自然保护区自身存在的诸多问题，给自然保护区的生存和发展带来巨大挑战。眼下，西部的自然保护区正面临着封闭还是开放的抉择，一切为了“西部大开发”，为了人均产值（GDP），企业、资本、利益如同洪水猛兽。一些保护区名存实亡，它们面临着被蚕食、挤压、切割、缩水、迁移的窘境。而在新疆，半数以上的保护区都与山地生态系统和雪豹生存密切相关，这些保护区是雪豹生活的最后家园。

一、哈纳斯国家级自然保护区

哈纳斯又名喀纳斯，位于新疆维吾尔自治区阿勒泰地区布尔津县和哈巴河县境内，地处阿尔泰山脉的西段山区，与哈萨克斯坦、俄罗斯、蒙古国国为邻，地理坐标为48°34′～49°11′ N，86°54′～87°54′E。保护区面积约为21.957万公顷，海拔1200～4374米。是1980年第一批建立的自然保护区之一。由于特殊的地理位置及完整的垂直带谱，且受到第四纪冰川和北冰洋气候的影响，形成了独特、丰富的自然景观和物种构成，其科学价值和旅游价值已引起了国内外专家的关注。

保护区属于南西伯利亚动植物区系分布区，生物多样性极其丰富。区内复杂的自然地理环境（冰川、雪山、森林、灌丛、草原、泥炭沼泽、湖泊、河流等）特征孕育了丰富的动植物资源。目前，保护区核心区域的人类活动影响较小，仍旧保持着原始状态。阿尔泰山也是世界上为数不多的自然景观最美且保存完好的地区之一，这种原始状态为野生动植物的栖息和成长提供了良好的场所。

保护区内物种资源极为丰富，共有高等动植物上千种。其中包括植物798种，隶属83科，298属；脊椎动物约320种。其中列入国家重点保护的物种有棕熊、紫貂、貂熊、猞猁（*Felis lynx*）、雪豹（*Uncia uncia*）、北山羊（*Capra ibex*）、盘羊（*Ovis ammon*）、原麝、马鹿、驼鹿、雪兔、角鸊鷉、黑鹳、金雕、白肩雕、猎隼、松鸡、黑琴鸡、雷鸟、花尾榛鸡、阿尔泰雪鸡、长脚秧鸡等70余种。雪豹种群数量估测为35～50只。

保护区面临的最大敌人是放牧、旅游、水利、采矿等经济开发项目。十年来，中国、哈萨克斯坦、俄罗斯、蒙古国四国生物多样性保护与跨国界的合作一直是纸上谈兵，没有实质性进展。而阿尔泰山调水工程和西气东输计划却一个个被批准实施，各方面对保护区的压力越来越大。

二、托木尔峰国家级自然保护区

托木尔峰，维吾尔族语意思是“铁山”。托木尔峰保护区位于新疆维吾尔自治区阿克苏地区温宿县和伊犁哈萨克自治州昭苏县的交界地带，与哈萨克斯坦、吉尔吉斯斯坦为邻。经纬度为41°40′～42°04′ N，79°43′～80°54′E，总面积约为 23.764 万公顷。保护区为天山山脉中部的高山地带，山势险峻。其中托木尔峰海拔 7435 米，区内海拔 4000 米以上区域占 60%，6000 米以上的高峰就有 15 座，有各类冰川 509 条（中国科学院登山科学考察队，1985；马鸣等，2005）。保护区始建于 1980 年 6 月，2003 年晋升为国家级保护区。自第四纪以来，由于地壳运动和气候变化，保护区曾发生过多次冰期和间冰期，留下了丰富的冰川遗迹，如木扎尔特河和台兰河等。作为我国少有的高山保护区，其在冰川、自然地理、干旱区野生动物及其生境都极具科研价值。在 2004～2008 年，中国科学院、国际雪豹基金会和新疆保育基金会等联合对托木尔峰自然保护区和拜城县老虎台乡等雪豹经常出入的地方进行考察（图 9-4），最后确定托木尔峰国家级自然保护区为国际基金会在中国唯一的一个研究雪豹项目样板工程。

图 9-4　新疆雪豹考察队曾经多次前往托木尔峰保护区（2004～2008 年）进行雪后调查

保护区内高等植物近 700 种；真菌 167 种；地衣 19 种。陆栖脊椎动物 77 种，属 13 目 28 科 73 属；昆虫 1000 余种。其中国家一级重点保护动物有雪豹(*Uncia uncia*)、北山羊（*Capra ibex*）、金雕（*Aquila chrysaetos*）等。这里最多的珍稀动物是北山羊和雪鸡，它们成群结队地在悬崖峭壁上奔走，是雪豹的主要食物资源。1978 年 5 月，中国科学院考察队在木扎尔特河谷海拔 3000 米处布设弓形铗，在夹住北山羊同时，也夹住尾随而来的 1 只雄性雪豹（林永烈，1985）。

对新疆雪豹的研究开始于2004年。在这之前，中国科学院新疆生态与地理研究所马鸣研究员和他的雪豹项目小组进行了充分准备，搜集文献，设计方案，争取项目经费。2004～2007年，中国、吉尔吉斯斯坦、印度、美国、蒙古国、英国等国专家共同在托木尔峰地区开展野外调查。重点是采用红外线自动照相机记录雪豹的活动（图9-5），这在国内尚属首次。野外调查开始于2004年10～11月和2005年10～12月底，考察队员们经受了冬季的寒冷、长夜的寂寞、雪山道路的崎岖险峻、冰河的危险、野外风餐露宿的艰苦、疾病的折磨、可怕的交通事故等，最后圆满完成了任务，累计野外工作71天，共布设36台红外照相机（另余12台有故障）在保护区的木扎特谷两侧及5个支流峡谷中，约2094个照相日（trap days），收回71个胶卷。在16个地点拍摄到清晰雪豹照片约32张（图9-5），雪豹种群密度估计在2.0～3.2只/100平方千米，雪豹的痕迹调查与问卷调查结果显示（马鸣等，2005；徐峰等，2005），托木尔峰地区（不限于保护区）分布有雪豹80～130只，北山羊（雪豹主要食物）的种群密度为105.6只/100平方千米（马鸣等，2006）。而夏勒过于保守地估计在托木尔峰自然保护区内生活的雪豹总数在15只左右（Schaller et al.，1988）。随后，马鸣等（2005）和徐峰等（2011）通过痕迹调查法和食物量分析法得出，在托木尔峰国家级自然保护区雪豹的野外种群密度为2～3只/100平方千米。

图9-5　新疆项目组利用红外相机在天山托木尔峰拍摄到雪豹，这在国内尚属首次

有数据显示，在1984年的冬季，阿克苏西北部地区有11只雪豹被猎杀。另外，在天山科克苏地区，在1985～1986年的冬天，就有12只雪豹被狩猎者杀死（Schaller et al.，1991）。同时作为家畜的捕食者，牧民对雪豹充满了敌意。

2001年7～8月发生了震惊当地的“猎杀雪豹特大案件”（王学杰，2002）。罪犯朱麻什供认了用铁夹捕获一只雪豹的事实，后被判刑10年，罚款1.3万元。2006年4月，一只成年的国家濒危野生动物雪豹在潜入新疆拜城县一牧民家叼羊时，被牧羊犬围困在树上，其头部和腿部留有多处伤口。4月2日，拜城县公安局森林公安分局将这只雪豹送到阿克苏地区野生动物救护中心开展救护。2007年5月3日，一只偷猎牧民牲畜的雪豹受伤后，在拜城县老虎台乡被牧民救助交给野生动物保护部门救治。2010年2月，温宿县博孜敦牧场牧民艾合买提·阿不来提在放羊途中发现了快要冻僵的雪豹，及时汇报，实施救助。可大家的努力并未挽回雪豹的生命，最终因过度虚弱不治身亡，相关部门决定将其制作成标本，送往托木尔峰国家级自然保护区管理局。

三、西天山国家级自然保护区

正在申请“世界自然遗产”的西天山国家级自然保护区位于新疆维吾尔自治区伊犁哈萨克自治州巩留县东南部。坐落在中天山的西部林区，地理坐标为43°03′～43°15′N，82°51′～83°06′E，总面积为3.122万公顷。保护区的前身是1983年成立的巩留雪岭云杉自然保护区，2000年4月晋升为西天山国家级自然保护区（喀拉峻、库尔德宁风景区）。保护区内保存完整的原始云杉类型及山地植被自然垂直带谱，是天山山地森林生态系统的典型代表。是目前天山林区仅有的一片生长最好、分布集中的原始云杉林，具有重大的自然保护和科研价值。

保护区内物种种类繁多，高等植物1000余种，真菌等寄生生物近100种及昆虫196种。陆栖脊椎动物146种，隶属4纲，21目，52科，109属（刘坪等，2007；侯兰新等，2011）。其中国家一级保护动物有雪豹（*Uncia uncia*）、北山羊（*Capra ibex*）、黑鹳、金雕、白肩雕等5种，国家二级保护动物有棕熊、马鹿（*Cervus elaphus*）、盘羊（*Ovis ammon*）、雪鸡、兀鹫、鸢等19种。昆虫196种，隶属4纲，25目，102科。

伊犁地区8个县几乎都有雪豹分布。大约到20世纪70年代中期，雪豹资源受到了巨大破坏。在1955～1965年的10年中，天山西部的伊宁地区政府平均每年收购30张雪豹皮，其中1965年曾达到135张。尽管自1983年中国政府完善了野生动物保护法规，收购量锐减以至于收购不上，但是雪豹仍然在被捕杀，雪豹皮仍在市场上出售。2008年5月，新疆伊宁县牧民张培伟在天山西部山区放牧时捡回一对雪豹，雌雄各 1 只。但随着雪豹的长大，牧民再无能力喂养。一年后，天山野生动物园接管了这两只小雪豹。

目前，保护区内雪豹种群数量估测为 10～15 只。

四、卡拉麦里山（北塔山）有蹄类自然保护区

保护区地处准噶尔盆地东北部（44°36′～46°00′ N，88°30′～90°03′E；海拔在 600～1464 米），横跨 2 个地州（昌吉回族自治州、阿勒泰地区），涉及 6 个县市（青河、富蕴、福海、奇台、吉木萨尔、阜康），占地 158.996 万公顷。该地区气候属典型的温带大陆性干旱气候区，其特点是冬季寒冷漫长，夏季炎热短暂，春季干旱少雨，秋季温凉。7 月为最热的月份，平均气温为 25～30℃，最冷为 1 月，平均气温在－20℃以下，极端最低气温－38℃，年平均气温 2.4℃。降水量稀少，蒸发强烈，气候极为干旱。保护区内的生境类型多样，包括荒漠、戈壁、山地、平原和丘陵等，有植物 139 种，分布着近 300 种的野生动物，主要有蹄类动物鹅喉羚（*Gazella subgutturosa*）、蒙古野驴（*Equus hemionus*）、盘羊（*Ovis ammon*）等为主，其中国家重点保护物种 48 种，被列入 CITES 的有 40 余种。

雪豹的习性是昼伏夜出。大约在 10 年前的一个寒冬腊月（1～2 月），著名摄影人赵君安、李学亮等驱车经过卡拉麦里山，遇见一群鹅喉羚穿越 216 国道，羊群后面竟然尾随着一只大尾巴的雪豹。因天色很晚，没有拍摄到照片。后来，他们多次在这个区域见到雪豹的足迹印。卡拉麦里山的盘羊可以在海边 1100 米附近活动，而鹅喉羚、草兔、大沙鼠、石鸡、毛腿沙鸡、波斑鸨的分布海拔更低，常常吸引雪豹到较为平坦的丘陵地区活动。

保护区东北部与中蒙西南部的山界——北塔山相邻。北塔山北邻阿尔泰山，东南相接于哈浦提克山，西连准噶尔盆地，总面积为 2400 平方千米，海拔在 2000 米以上，最高可达 3321 米。北塔山共有陆栖脊椎动物 149 种，包括国家重点保护的雪豹（*Uncia uncia*）、北山羊（*Capra ibex*）等。中科院研究人员于 2004～2011 年对新疆北塔山地区的雪豹进行了多次调查，对该地区的雪豹分布状况、痕迹、雪豹对秋季栖息地选择、食物资源作了进一步了解（徐峰等，2006）。考察期间，通过问卷调查，他们从当地管理人员热西提处知道，他曾经在 1982 年用烟熏死 4 只躲在山洞里的雪豹。估计靠近中蒙边境北塔山地区尚有 20～30 只雪豹残留。

除了偷猎，卡拉麦里山保护区因为采矿而面临被肢解的困境，短短几年就被修改过三次边界，核心区北移。自然保护区要为西部大开发让出地盘，实在是非常可悲的事情。

五、塔什库尔干自然保护区

保护区地处东帕米尔高原，平均海拔在 4000 米以上，最低点为海拔 3200 米。海拔 8611 米的世界第二高峰——乔戈里峰屹立于保护区的南部。保护区主要保护对象为雪豹、马可波罗盘羊，以及生活在高原上的野生动物和其栖息地。行政区域为新疆喀什地区、塔什库尔干塔吉克自治县西南，与巴基斯坦、阿富汗、塔吉克斯坦三国接壤。其中西南缘与巴基斯坦以保护马可波罗盘羊、雪豹等动物为主的红其拉甫国家公园相邻。地理坐标为 36°38′～37°30′ N，74°30′～77°00′E，面积为 150 万公顷。四国一直在酝酿建立跨国界的大帕米尔高原生物多样性保护区计划。

保护区内植物多以矮生、垫状或多绒毛为主要特征，组成高山草地、高山草甸等，以禾本科谷草为优势种。动物资源独特，野生动物 176 种。虽种类不多，但不少是珍稀濒危物种。比如分布在马尔洋、红其拉甫附近高山地区的雪豹、北山羊、马可波罗盘羊和岩羊等国家重点保护物种，都受到世界有关组织和人士的极大重视。中巴边界两侧保护区的建立即是在 1984 年世界野生生物基金会的提议下促成的。保护区自建立以来，从未对区域内野生动植物进行过详细的科学调查。为了弥补此项空白，在上级各部门的支持下，保护区管理局用了近 20 年的时间，在无资金、无后勤保证的情况下，爬冰卧雪，在生命禁区，冒着生命危险徒步走遍了保护区的沟沟坎坎，基本了解了保护区内野生动植物的分布状况，拍下了许多珍贵的野生动植物图片，积累了许多珍贵的原始资料。

早在 20 世纪 80 年代，国际野生生物保护学会（WCS）的夏勒博士就对塔什库尔干保护区进行了短期考察。他认为除马尔洋公社附近的几个山谷外，雪豹在此保护区内（1.4 万平方千米）较为罕见，估计雪豹的野外种群数量为50～75 只。随后，北京林业大学时坤教授所在的科研团队自 2009 年以来，与牛津大学野生动物研究所合作，在新疆塔什库尔干等地区对雪豹进行深入调查。内容包括雪豹的分布及数量、栖息地结构、雪豹领域行为、食性、遗传多样性等诸多方面（Shi et al.，2009)。考察队于 2010 年用红外自动相机成功地在该保护区拍到了野生雪豹照片。

2007 年 10 月，有高山探险者在去乔戈里峰途中见到了雪豹痕迹，包括粪便、动物尸体等。2010 年 6 月 10 日，新疆塔什库尔干县塔吉克族牧民谢达依·阿吉甫在阿然保泰牧场将一只被牧羊犬围堵在石缝中饥饿瘦弱、体力不支的雪豹救出。经塔什库尔干保护区工作人员的精心呵护，不到一个月的时间雪豹恢复了体力，基本达到放生要求。2010 年 7 月 10 日，工作人员在保护区的皮斯岭山区（雪豹的栖息、繁殖地）放生了这只被救护一个月的雪豹（图 5-10，图 7-25）。

帕米尔高原乃万山汇集之地，喜马拉雅山脉、喀喇昆仑山脉、昆仑山脉、兴都库什山脉、天山山脉等都在这里扭成了一个“结”——地质学称之为帕米尔山结。这里是新疆雪豹密度和种群数量最大的区域之一（图 9-6），也是中国乃至全世界雪豹种群数量最大的区域之一，估计现有种群为 140～165 只（表 9-2）。

图 9-6　帕米尔高原是万山汇集之地，是全球雪豹分布密度最高的区域之一

喀什是国际雪豹产品的主要集散地，有世界最大的黑市（巴扎）。根据国际野生物种贸易研究委员会（TRAFFIC）在 1996 年和 2003 年发表的报告，在喀什的巴扎和旅游商店里，10 年以前（1996 年），一件大的雪豹皮可卖到 4000 元人民币的高价，小的也可卖 2500 元。黑市上雪豹皮的来源通常很难确定，有的来自阿富汗、巴基斯坦、塔吉克斯坦、吉尔吉斯斯坦、哈萨克斯坦等邻国；也有的来自西藏、青海和新疆本地。乔治·夏勒在 1985 年就发现喀什是各种动物毛皮重要的中转站，毛皮来源渠道繁多复杂（Schaller，1998）。2004 年前后，至少有 3 只雪豹活体被当地人捕获，后来其中的两只被送给其他省市的野生动物园，且当地还有相当数量的雪豹皮被当地百姓收藏。

导致雪豹濒危的诸多因素中，有一项需要特别关注，即人类在保护区范围内进行的各种开发行为，如采矿、修路、高密度放牧、城镇化建设等。这些都会直接破坏雪豹的栖息地环境，或者间接影响雪豹下游食物链上生物量的增长，如岩羊、盘羊、北山羊、旱獭等。位于塔什库尔干保护区内的玛尔洋公社，其中有一年平均每户损失家畜 3.6 只，它们大多数是为雪豹所食（Schaller，1988 年）。然而，这主要应该归罪于雪豹天然食物的缺乏，如长尾旱獭的地区性灭绝，因为它们的皮很珍贵，同时也由于它们经常与家畜争夺食草和传播鼠疫而被猎杀。另外，家畜被捕食的另一个原因是牧人放松警惕使家畜处于保护范围之外。

六、福海金塔斯山地草原类自然保护区

这个草原类型的自然保护区位于新疆维吾尔自治区福海县北部，地处阿尔泰山南坡中段。面积 5.67 万公顷，其地理位置为 47°27′～47°56′N，88°42′～89°03′E，海拔在 960～3000 米。保护区属干旱半湿润的寒温带向温带山地气候过渡的类型。冬季寒冷且漫长，极端低温可达－50℃。区内山体宽厚，相对高度较大，兼有低山、中山和高山等自然景观垂直带。区内有三条汇入额尔齐斯河的支流，主要保护对象为山地草原。区内山地草原占全部土地面积的 85.49%，草甸草原占 7.68%，沙吾尔山干旱草原仅占 6.83%。

保护区植物有 280 多种，估计可达到 350 种以上。珍贵优良牧草有鸭茅、羊茅、紫花苜蓿和野首乌等，为野生食草类动物提供主要食物。另外，木本植物主要有阿尔泰落叶松、云杉、胡杨等。保护区内动物成分除以古北界和广泛分布的种类为主以外，还有少数典型的欧洲-西伯利亚种类，有野生脊椎动物 5 纲，26 目，61 科，113 属，158 种（马鸣，1997）。属国家保护动物的有貂熊、北山羊（*Capra ibex*）、金雕、大鸨（*Otis tarda*）、小鸨（*Tetrax tetrax*）等。

在 1996 年 7 月和 2004 年 9 月，中国科学院等在阿尔泰山地区考察，听说这地方曾有人见过雪豹。调查发现，在这里雪豹比其猎物（北山羊、盘羊）销声匿迹的时间还要早。调查期间，在牧民毕朵拉家里发现了一张年代已久的雪豹皮，大概是在 20 世纪 60 年代猎杀的。乐观地估计，保护区内雪豹种群数量仅存 10～20 只。

七、巴音布鲁克天鹅湖国家级自然保护区

开都河“九曲十八弯”穿过巴音布鲁克自然保护区，景色优美，是我国唯一的国家级天鹅自然保护区。位于天山山脉中部的尤尔都斯盆地的大片沼泽之中。属新疆巴音郭楞蒙古自治州和静县境内，总面积 14.87 万公顷，盆地海拔约 2500 米，经纬度为 42°20′～43°07′N，83°37′～85°51′E。保护区四周雪山环绕，山体海拔在 3300 米以上，有的山峰终年积雪。巴音布鲁克是全国著名的牧业基地之一，发育着丰富的优良牧草。具特殊的高寒草原和草甸生态系统，包括亚高山草甸化草

原、亚高山草原化草甸、亚高山草甸、山地灌丛草甸、林间草甸、高山沼泽化草甸、高山草甸等。草场面积广阔，是新疆最大的畜牧业基地。

自然保护区内天鹅湖面积约 3 万公顷，集水面积为 1.98 万公顷，是中国最大的天鹅繁殖地和栖息地，亦是世界上野生天鹅繁殖的最南限。保护区鸟类约 128 种，隶属 14 目 30 科 80 余属，栖息着我国最大的野生天鹅种群；兽类有 20 余种；两栖类 2 种；鱼类 5 种。其中，国家一级重点保护动物有 8 种，如雪豹（*Uncia uncia*）、北山羊、黑鹳（*Ciconia nigra*）、金雕（*Aquila chrysaetos*）等，二级重点保护动物有 25 种（马鸣等，1993）。其中雪豹的种群数量在 30～45 只（表 9-2）。

中国科学院在巴音布鲁克西边建设有草原生态站。许多蒙古族牧民在雪山上目睹过雪豹嬉戏，保护区也曾经释放过被牧民捕捉的雪豹。2005 年 7 月，新疆巴音郭楞蒙古自治州林业局工作人员在和静县走访时听到有两只雪豹幼崽在牧民家中喂养。经历 11 天的苦苦寻找后，野生动物保护部门终于在一个羊圈里发现了两只雌性小雪豹。随后，两只可爱的小雪豹被安全地运回巴音郭楞蒙古自治州库尔勒市。在管理人员的精心呵护下，两只小雪豹健康成长，于当年 9 月送到乌鲁木齐动物园，开始了它们新的圈养生活。2005 年 7 月在巴州库尔楚北部山区发现一只被夹而亡的雪豹，据分析死因是，雪豹被夹使得左前肢脱臼，肌肉撕裂（阿不都热合曼，2005）。这只雪豹的死亡，不得不让人想起所谓被“救护”的两只小雪豹，它们之间是否有关系还存在疑问。

2006 年，巴音郭楞蒙古自治州牧民也曾拣回一只小雪豹，后移交给自治区野生动物救护中心饲养。在 2009 年 12 月，新疆轮台县的村民图某先后和另外 4 民村民在新疆轮台县北山用土制猎枪和自制铁夹子猎杀了 2 只雪豹，3 只北山羊，雪豹已经分别以 5900 元和 7000 元的价格卖掉。新疆轮台县公安局在 2010 年将图某等人抓获，经审问发现，在新疆巴音郭楞蒙古自治州有 18 人涉及猎杀雪豹的事件中。2010 年 10 月，经昌吉市人民法院开庭，对 18 名被告人的案件做出了判决。

八、温泉北鲵自然保护区

位于博尔塔拉蒙古自治州温泉县境内的新疆北鲵自然保护区处于中国和哈萨克斯坦两国间的阿拉套山和北天山的局部地区。总面积 694 公顷，海拔 2100～2300 米，44°50′～44°57′N，80°26′～80°34′E。阿拉套山系天山山脉西段北侧，多数地带无开阔平原，且山体的垂直度较陡。以出产活化石新疆北鲵（*Ranodon sibiricus*）而著称。

近年来，发生在这一地区的偷猎案件接连不断。2007 年 1 月，温泉县公安局破获一猎杀雪豹案件。当地牧民在别珍套山用枪击毙1只雪豹，制成标本后被发现。在别珍套山指认偷猎现场时，嫌疑犯畏罪跳崖身亡。

图 9-7 发生在木瓦特山上奇异的故事——小雪豹因冻饿而死（温泉县林业局 提供）

2008年1月，新疆温泉县森林派出所接到报警，昆得仑牧场牧民在木瓦特山山顶放牧时发现一具雪豹幼崽尸体，经鉴定，死亡的雪豹年龄在1岁左右，体长约80厘米，初步判定其因饥饿而死亡。雪豹被冻死或饿死，这应该不是天方夜谭（图9-7）。初步估计保护区内及其附近高山尚残余雪豹15～20只。

九、帕米尔高原湿地自然保护区

2005年新建立的帕米尔高原湿地自然保护区位于新疆克孜勒苏柯尔克孜自治州阿克陶县与喀什地区塔什库尔干塔吉克自治县的交界处，是中巴公路必经之地。西缘为塔吉克斯坦，地理坐标为38°50′～39°00′N，74°14′～75°16′E，平均海拔3000～3500米，总面积为12.56万公顷。保护区西南有号称“冰山之父”的慕士塔格冰山（7546米）和公格尔九别峰。环绕的群峰浑圆，终年积雪，深受国内外游客、登山爱好者的青睐。保护区内湖泊、湿地众多，且自然生态系统保存完整，动植物资源丰富。区内有珍稀植物百余种，有脊椎动物200多种，其中有猞猁、雪豹（*Uncia uncia*）、北山羊（*Capra ibex*）、秃鹫、猎隼、黑鹳（*Ciconia nigra*）、雪鸡等国家重点保护物种。

2002年，中科院一支考察队在调查沙冬青时，了解到当地猎人用兽夹捕获1只活豹。当地保护部门的戴志刚先生也曾经目睹雪豹及其幼崽恋食猎物不愿离开的场面。估计保护区附近山地现有雪豹数量为25～35只。

十、天池博格达峰自然保护区

美丽的天池博格达峰自然保护区位于新疆维吾尔自治区昌吉回族自治州阜康市境内。地处天山山脉，地理位置为43°45′～43°59′N，88°00′～88°20′E，总面积为469.9平方千米。新疆天池自然保护区于1980年建立，2007年更名为新疆天池博格达峰自然保护区，是新疆维吾尔自治区第一个、中国第七个被纳入联合国“人与生物圈”网络的保护区。

该保护区是一处以保护完整原始的温带山地森林生态系统、典型的垂直植被带、珍稀濒危野生动物及其栖息地，以及丰富的冰川、河流、湖泊等为主的森林生态系统类型的保护区。保护区内植物垂直带谱典型，从海拔 800 米以下的温带荒漠带到 3900 米以上的高山冰雪带。由于保护区气候较温湿，具有更显著的生物气候垂直变化特点，为多种植被类型的形成和发育创造了极有利的环境条件。植物种类丰富多样，约 200 余种（马健，2008）。以雪岭云杉为建群树种，灌木有天山花楸等；牧草以豆科种类质量最优，禾本科植物繁多；药用植物有雪莲、党参、贝母等。动物区系属蒙新区天山山地亚区，除亚洲中部山地广布种外，还包括不少天山山地特有种和西伯利亚泰加林种类，区系成分比较混杂。动物资源十分丰富，共有脊椎动物 184 种，其中鸟类 144 种，兽类 32 种，两栖爬行类 3 种，鱼类 6 种。属于国家重点保护的动物多达 30 种。雪豹是其中最重要的旗舰物种，也是保护区生态系统健康的指示物种，保护区内雪豹的种群数量为 10～20 只。

十一、夏尔希里自然保护区

新建立的夏尔希里自然保护区位于新疆博尔塔拉蒙古自治州博乐市，是自治区级森林及野生动物自然保护区，地处中哈边界的阿拉套山北麓。西南和南面与哈日图热格林场为邻，北与哈萨克斯坦接壤。东界至阿拉山口口岸行政区，属于边境管理区。地理坐标为 81°43′～82°33′E，45°07′～45°23′N。东西长 66 千米，南北宽 25 千米，总面积 3.14 万公顷。

保护区为温带大陆性气候，该地区长期处于中哈两国军事争议禁区，是最近经过两国政府协商划归中国所有的新领土。长时间来，保护区内基本无人类活动，自然生态系统得到了极好的保护。地貌特征主要表现为阶梯状隆起，地势北高南低，由西北向东南倾斜。最高峰海拔为 3670 米，最低处则为 310 米，落差达 3360 米，形成了从高山到平原荒漠等各种复杂多样的自然景观。

保护区内共有维管束植物 1680 种（陈蜀江等，2006；海鹰等，2011）。陆栖脊椎动物和鸟类 221 种，昆虫 420 种，大型真菌 143 种（克德尔汗和吴金莲，2008）。其中国家一级保护动物有 5 种，包括雪豹、北山羊、赛加羚羊、白肩雕、波斑鸨；国家二级保护动物 41 种，包括棕熊、猞猁、马鹿、盘羊、乌雕、苍鹰、草原雕、雪鸡等。列入新疆维吾尔自治区一级保护动物 7 种，二级保护动物 7 种。夏尔希里自然保护区是我国珍稀生物物种的集中分布区，被 CCTV-10 科考组称为“中国的最后净地和不可多得的天然基因库”。雪豹种群数量估测为 10～20 只。

保护区内及其周围出现过一些与雪豹有关的事件。1998 年 3 月，博乐 81 团巩哈泉水库的工作人员发现了一只雪豹因捕捉野鸭而踩破薄冰掉入水库中（图 9-8）。当地群众将其救出，经过检查，这只雄性雪豹大约 2 岁，身长约 1 米，尾长 90 厘米，体重 60 千克。这只雪豹之后被送到了乌鲁木齐市动物园（姚剑敏，1998）。2011 年 12 月 11 日，户外摄影师樊海洲等在其南部的艾比湖附近与豹子相遇，是这个区域最新的记录，也是海拔比较低的一个记录。

图 9-8 在博乐巩哈泉水库一只雪豹被困在冰面上，如履薄冰，无法脱险。后被当地团场职工“营救”后送入动物园（沈玉林等，1998）

十二、阿尔泰山两河源自然保护区

与蒙古国交界的阿尔泰山两河源头自然保护区是额尔齐斯河和乌伦古河的发源地，位于新疆阿勒泰地区青河县和富蕴县境内，是自治区级森林及湿地自然保护区。保护区横跨富蕴、青河两个县境内的高山区域，属于东部阿尔泰山脉，具体地理位置为 88°57′～91°04′E，46°31′～48°33′N，总面积 67.59 万公顷。

保护区大陆性寒温带寒冷气候特征显著，年平均气温－2℃左右，极端气温－51～33℃。21 世纪初，保护区内共有高等植物 1160 种；脊椎动物 322 种，其中鱼类 35 种，两栖类 2 种，爬行类 9 种，鸟类 222 种，哺乳类 54 种；昆虫 1167 种；大型真菌 150 种。保护区内国家一级保护动物有雪豹、紫貂、狼獾、北山羊、河狸等；国家二级保护动物有棕熊、马鹿、驼鹿、盘羊、野猫、原麝等（谷景和等，2004）。

保护区内动植物种类较为丰富，分布在阿尔泰两河源头区域内的北山羊和马鹿的种群数量达到 2 万只左右，较 20 世纪 90 年代末增长 2 倍。国家珍稀动物雪豹、棕熊等也在山区频繁出现。2005 年阿尔泰山两河源头保护区被列入《全国湿地保护工程规划》。2007 年 6 月，国家林业局批复总投资 1315 万元的新疆阿尔泰山两河源头湿地保护与恢复工程建设项目。8 月，中国-欧盟生物多样性组织启动阿尔泰山湿地保护项目。

在阿勒泰地区，雪豹可谓神龙见首不见尾，对其考察极其艰难（图 9-9），我们只是在牧民家或林业公安处理的个案中，才能见到雪豹皮（一些还是来自邻国俄罗斯、蒙古国、哈萨克斯坦等）。问卷调查表明，在边境无人区还有一定数量的雪豹分布，偶然有牧民遇见过雪豹。令人遗憾的是，雪豹经常被认为是“害兽”，与野猪、狼、野兔等归为一类（谷景和等，2004）。在过去的几十年中，由于狼群袭击羊群，阿勒泰地区牧民常组织打狼队消灭这些害兽，有的时候也会伤了雪豹和它的食物资源，如北山羊、旱獭、雪鸡等，所以，对雪豹的生存产生深远影响，种群数量锐减。

目前，保护区内雪豹种群数量估测为 45～70 只。

图 9-9　新疆雪豹研究小组在阿尔泰山上考察（2004 年）

十三、哈密东天山生态功能自然保护区

神秘的哈密东天山生态功能自然保护区位于新疆哈密地区伊吾县和巴里坤县境内，是自治区级森林、荒漠及湿地自然保护区。保护区地处东天山山脉，具体地理位置为 92°29′～93°58′E，42°33′～44°00′N，总面积 99 万公顷。

哈密是新疆的东大门，是新疆连接内地的交通要道，自古就是丝绸之路上的重镇，素有“西域襟喉”、“中华拱卫”、“新疆门户”之称。哈密是典型的温带大陆性干旱气候，昼夜温差大，年最大日较差 26.7℃，年极端气温 −32～43.9℃。民间流传有“早穿皮袄，午穿纱，晚间围着火炉吃西瓜”的谚语。

保护区位于东部天山哈尔里克山，其最高峰喀尔勒克塔格海拔 4888 米。冰川 226 条，最大厚度达 70 米。内分布有野生植物 1490 种，野生动物 617 种（杜农和张平，2006）。其中国家一级重点保护野生动物有 8 种，包括雪豹、蒙古野驴、野骆驼、北山羊、白肩雕、金雕、玉带海雕、波斑鸨；国家二级重点保护野生动物有 43 种，包括棕熊、猞猁、马鹿、鹅喉羚、盘羊、大天鹅、草原雕、乌雕、秃鹫、兀鹫、暗腹雪鸡等。

哈密地区常年有雪豹栖息，当地警方查获 10 多起猎杀雪豹案件。1972 年前后，在口门子林场以东的喀尔勒克塔格（海拔 4480 米）附近，就有猎人枪杀过一只雪豹（可能有 2 只），取其骨，食其肉。2004 年 5 月 8 日，哈密市公安局林业公安分局查获一起在市区出售雪豹毛皮和骨肉的案件。犯罪嫌疑人在八大石牧场附近用大铁夹非法捕捉了一只雪豹，并用石头将雪豹砸死，把雪豹运回家，剥皮剔骨后窝藏。被缴获的皮张和骨肉经野生动物保护专家鉴定后，确认为一只 7～8 年生的成年雪豹，收缴的肉骨与皮张相吻合。

2004 年 9 月 5 日，哈密地区林业公安局在 312 国道附近查获一辆载有雪豹毛皮的出租车，犯罪嫌疑人偷猎雪豹，打算将其运到哈密进行销售。

东部天山相对比较孤立，周边被干旱的瀚海戈壁包围，自然条件恶劣。目前，保护区内估计残留有雪豹种群数量为 10～20 只，岌岌可危。

十四、天山中部巩乃斯山地草甸类草地自然保护区

素有“天马之乡”美誉的天山中部巩乃斯山地草甸类草地自然保护区位于伊犁哈萨克自治州新源县境内，是自治区级山地草原及草甸生态系统保护区。保护区属于伊犁河谷、巩乃斯大草原的一部分，具体地理位置为 83°07′～83°31′E，43°03′～43°13′N，总面积 6.53 万公顷。

巩乃斯，蒙语意为“太阳坡”。巩乃斯森林草原，地势跌宕起伏，气象万千。保护区东、南、北三面环山，属半湿润山区气候，海拔 1700～3600 米。保护区内约有种子植物 364 种（崔大方等，1996），已知兽类 46 种（侯兰新等，2000），鸟类 110 多种（马鸣等，2011）。分布着棕熊、雪豹、扫雪、马鹿、盘羊、黑琴鸡、雪鸡、金雕、鸢、白尾海雕、斑尾林鸽、猛鸮等多种珍贵野生动物。

中国科学院在巩乃斯河上游建立有积雪观测站，长年有人驻守。1985 年 6 月前后，有人在该站附近捕捉了 2 只雪豹，剥皮吃肉，极其鲜嫩。在山上牧民家中偶然也可以见到雪豹皮。2007 年 3 月，犯罪嫌疑人哈某等 6 人多次使用铁夹子和钢丝套等工具，先后在该地区非法猎杀国家一级保护动物雪豹 4 只、貂 5 只，以及

2只国家二级保护动物马鹿，随后又将这些动物出售给张某等人。据说，当时收购价约1万元/张（雪豹皮），售出价则高达8万～10万元（广州）。目前，保护区内雪豹数量估计为15～25只。

十五、阿尔金山国家级自然保护区

中国四大无人区之一的新疆阿尔金山国家级自然保护区位于巴音郭楞蒙古自治州最南端若羌县境内，实际位置应该是在昆仑山麓与祁曼塔格山之间的一个盆地里，是以保护原始自然景观及高原有蹄类野生动物为主的保护区。保护区东西长360千米，南北宽190千米，具体地理位置为87°10′～91°18′E，36°00′～37°49′N，面积450万公顷。

阿尔金山是塔里木盆地和青海柴达木盆地的分界山，与青海可可西里、西藏羌塘自然保护区毗邻。保护区内冰川、湖泊众多，大盆地套着小盆地。平均海拔4500米，最高海拔6973米，最低处为3876米。保护区内有世界上海拔最高的沙漠——库木库里沙漠，海拔3900～4800米，是保护区内面积最大的一片沙漠。

保护区内已发现高原植物267种，无乔木，只有半灌树，呈高原矮化特征。野生动物有450余种，其中有碲类30种，鸟类159种，昆虫250种。国家一级保护动物12种、国家二类保护动物17种。雪豹项目组2010～2012年调查显示（图9-10），昆仑山—阿尔金山环绕的库木库里盆地和依协克帕提河流域不愧是物种的天堂，无论是密度规模还是数量都十分壮观。自保护区成立以来，人们遇见或记录到10余次雪豹，推测种群数量为40～50只。据估算，其他高原动物，特有种野牦牛有2500头，藏野驴20 000头，藏羚羊40 000只左右。在保护区内

图9-10 阿尔金山国家级自然保护区是野生动物的天堂

可见到成百只的岩羊群，上千头的野驴群及藏羚羊群，300多头的野牦牛集群，还有成千上万只的棕头鸥等水鸟群。除国家一级保护动物野牦牛、藏野驴和藏羚羊外，还有雪豹、北山羊、黑颈鹤、胡兀鹫、玉带海雕及金雕等。国家二级保护动物有藏马熊、石貂、猞猁、豺、兔狲、盘羊、岩羊、藏原羚、秃鹫、喜马拉雅兀鹫、藏雪鸡、猎隼、红隼、棕尾鵟、大鵟等20余种。

由于保护区独特的地理环境和丰富的自然资源，世界自然与自然资源保护联盟（IUCN）、世界野生生物基金会对其联合考察后在报告序言中称，这里是“世界上少有的生物地理省之一，是不可多得的高原物种基因库”。保护区在1983年建立的当年，即被收录到《大英百科全书》名录中，并被我国列入《中国生物多样性保护行动计划》优先保护名单。

十六、罗布泊野骆驼国家级自然保护区

极端干旱的阿尔金山-罗布泊野骆驼国家级自然保护区位于巴音郭楞蒙古自治州若羌县、哈密地区哈密市、吐鲁番地区鄯善县境内，是以保护野骆驼及其生境为主的自然保护区，处于世界第二大沙漠塔克拉玛干沙漠的东缘，具体地理位置为89°00′～93°30′E，38°42′～42°34′N，面积780万公顷，是我国第三大自然保护区，也是目前中国境内规划面积最大的干旱荒漠类自然保护区。

保护区基本上处于亚洲中心地带，距离海洋较远，加之四周高大山脉阻挡了水汽进入，导致该区域的气候极端干燥。由于地理位置的特殊性，保护区气候类型为极端干旱的大陆性气候——冬季严寒，夏季酷热，干燥少雨，风沙肆虐，环境水分少，年蒸发量是降水量的300倍以上。

区域内主要分布有植物69种，脊椎动物有30科78种以上。其中国家一级保护动物除野骆驼外，还有雪豹、藏野驴、北山羊、胡兀鹫、黑颈鹤等。国家二级保护动物有藏马熊、草原斑猫（野猫）、猞猁、鹅喉羚、岩羊、盘羊、塔里木兔、兀鹫、秃鹫、棕尾鵟、红隼、藏雪鸡等多种。

罗布泊野骆驼国家级自然保护区在哈密地区的面积为2.57万平方千米，占哈密市国土面积近1/3。哈密方面认为，保护区面积过大，且经过调查并无野骆驼活动的踪迹。为此，哈密政府于2005年和2008年两次向国务院提出对保护区范围进行调整，调减保护区面积。调减的真正目的，是为经济开发特别是矿产资源的开发腾出地方。

虽然方案尚未被批准，罗布泊保护区却事实上已被切割。保护区北部戈壁上有30～40个煤矿、铁矿开采点，有的在保护区成立之前就有。这几年为开采钾盐，哈密地区修建了一条横穿保护区的公路，铁路也在建设中。矿产和石油资源勘探

开发的车辙，已呈网状分布于罗布泊荒凉干涸的土地上。人类的进入肯定会对野生动物的生存带来巨大的影响，无论是野骆驼还是雪豹都无法避免。

虽然罗布泊地处极端干旱的塔克拉玛干沙漠东部，地势低洼、平坦，很少有动物出没（生命的禁区），但在保护区及其周围地区，特别是在一些泉水溢出带——野生动物的水源地，野骆驼、鹅喉羚、野兔、狐狸经常出没，有人就多次在这些地点发现雪豹的踪迹。1960 年，有人在铁干里克附近沙漠中的芦苇丛中捕获 1 只雪豹（钱燕文等，1965）。考察队在尉犁、若羌等县外贸和畜产品收购部门也曾经见到过雪豹皮。在托克逊、吐鲁番海拔 1000～1500 米的地区都有成年雪豹及其幼崽出现，显示其对环境的可塑性较强（穆新春，1993）。近年，著名野生动物摄影家冯刚、动物学家袁磊等都曾经在保护区北部的库鲁克山和南部的阿尔金山发现雪豹痕迹（袁国映等，2012）。来自鄯善县的猎人也多次在戈壁滩上目睹过雪豹踪影。2008 年 5 月，在新疆托克逊县南部的戈壁滩上发现了一具雪豹尸体，经判定，这只雪豹为成年雌性，可能是误食有毒食品死亡（马鸣，2008）。估计保护区内及周边地区尚有 10～15 只雪豹活动（为季节性出没）。

十七、新疆中昆仑自然保护区

鲜为人知的中昆仑自然保护区位于巴音郭楞蒙古自治州且末县南部，是自治区级以保护藏羚羊及其他野生动植物为主的自然保护区。这是青藏高原最北界的自然保护区，与羌塘自然保护区为邻。具体地理位置为 84°20′～87°40′E，35°43′～37°38′N，面积 320 万公顷，是我国较大的自然保护区之一。

保护区内有植物 207 种，动物 200 多种，其中哺乳动物 26 种，鸟类 84 种。保护区内有国家一级保护野生动物藏羚羊、野牦牛、藏野驴、胡兀鹫等 8 种；国家二级保护野生动物 21 种。区域内蹄类野生动物资源丰富，约有藏羚羊 2 万只，野牦牛 4000 只，藏野驴 8000 只。在昆仑山，雪豹主要生活在内部山原，那里众多的藏羚、北山羊、盘羊、岩羊，甚至藏野驴、野牦牛，都是它们的捕食的对象（王博，1992）。但是，保护区雪豹的生存状况不容乐观，估计百平方千米范围内雪豹分布不超过 1 只，种群数量 60～80 只。1959～1960 年，中国科学院综合考察队在且末、若羌等县的畜产品收购站见到过雪豹皮张（钱燕文等，1965）。

20 世纪 70 年代以前，昆仑山东部深山中，有一放牧的老牧民托乎提及他的 5 个儿子都是好猎手，以猎豹而驰名当地（王博，1992）。雪豹在当时被认为是“害兽”，捕杀雪豹和追杀豺狼一样重要，是政府交给的“光荣任务”。在每年的 7～8 月间，他们便进入深山中，每次都可捕获 2～3 只雪豹，随后将其雪豹皮张卖给县外贸局。据老人讲，狩猎的工具是直径约30厘米的弓形铁夹子，夹子边上栓有1条细铁链，带着1小块铁，它的作用是使雪豹在被夹住后逃窜时消耗体力，同时拖出痕迹便于追踪寻觅。2008年10～11月，新疆雪豹考察小组历尽艰辛（图9-11），在穿越昆仑山地区过程之中，依然多次见到当地牧人使用这种弓形夹子，俗称为"狼夹子"（详见第四章）。

图9-11　新疆雪豹小组在民丰、于田、策勒、和田、墨玉、皮山等地考察，他们穿越昆仑山大峡谷终于寻找到雪豹的踪迹（2008年）

十八、和田地区西昆仑山藏羚羊繁殖地自然保护区

专门为一个物种繁殖建立的保护区——和田地区西昆仑藏羚羊繁殖地自然保护区位于和田地区民丰县，是新疆第一个地州级自然保护区，以保护藏羚羊及其繁殖地为主，与西藏羌塘保护区毗邻，具体地理位置为82°31′～82°36′E，36°14′～36°19′N，面积13.2万公顷。

该区域为高原干旱气候，属典型的温带荒漠气候。保护区生存有高原植被几十种，动物有藏羚羊、藏野驴、北山羊、岩羊、盘羊、玉带海雕、雪鸡等。每年5月中旬至8月中旬，估计至少有5000只藏羚羊集群迁徙，在此繁殖。国际保护组织专家乔治·夏勒（George Beals Schaller）先生等曾经在这个保护区做过大量工作（夏勒等，2006）。

在民丰县叶亦克乡、策勒县一牧场和于田县普鲁村，有一些牧民见过雪豹。1975～1982年，至少有7张雪豹皮被记录，有经验的猎户每次都能猎获2～3只雪豹。1961年夏季，在深处塔克拉玛干沙漠腹地的安迪尔河谷胡杨林中，有人曾捕获一只孱弱的雪豹（王博，1992），可见雪豹活动范围之大。1987年10月，策勒县有人在昆仑山上夹住了雪豹，吃其肉，浸其骨，并将雪豹皮以 500 元的价格卖到了乌鲁木齐。据当地牧民反映，不少目击者在最近几年还见到过雪豹。2007～2008 年，新疆探险家王铁男、邢睿等在穿越昆仑山唐蕃古道，进入阿什库勒、乌鲁克库勒及火山口附近时，拍摄到雪豹足印。给我们考察队当高山向导的当地人依他红也多次在克里雅河谷遭遇雪豹。

过去，和田地区每年有数万张野生动物皮子被收购，其中包括岩羊、北山羊、野猫、狼、狐狸、旱獭、塔里木兔、高原兔、麝鼠等（阿布里米提和马哈木提，1989）。某些部门每年收购的雪豹皮也在 10 张以上（冯柞建，1990；穆新春，1993）。2008 年 10～11 月，中国科学院新疆生态与地理研究所雪豹调查小组在昆仑山上布设了约 46 条痕迹样线，其中的 8 条发现了雪豹的痕迹（Ma，2008）。初步估计雪豹数量有 25～45 只。

十九、巴尔鲁克山自然保护区

繁花似锦的巴尔鲁克山自然保护区位于新疆西北边境地区，隶属于塔城地区裕民县，是自治区级自然保护区。主要保护巴尔鲁克山森林生态系统及野巴旦杏等濒危物种。具体地理位置为 82°26′～83°13′E，45°42′～46°03′N，面积 11.5 万公顷。

保护区内有野生植物 260 种，脊椎动物 104 种，其中鸟类 67 种，哺乳类 32 种。保护区内有雪豹、大鸨、黑琴鸡等多种国家级重点保护动物。2011 年，依然有人在巴尔鲁克山目睹到雪豹活动的身影。估计雪豹种群数量有 20～40 只。

美丽的巴尔鲁克山就像一颗明珠镶嵌在祖国的西部边陲。但是，它的生境非常脆弱，实际上是边境地区的一座孤岛，一些物种的数量过低（如雪豹、赛加羚羊、野马），很容易就绝迹了，情况不容乐观。

2006 年 11 月，新疆塔城地区森林公安机关查获了一起非法收购出售雪豹的案件，犯罪嫌疑人于某被抓获，查处雪豹死尸 1 个，雪豹皮张 1 件，同时，查处国家二级重点保护野生动物雪鸡 10 只，国家二级重点保护野生动物马鹿鹿鞭、鹿肾和国家一级重点保护野生动物北山羊肉若干千克（俞言琳，2007）。

二十、巩留野核桃自然保护区

天山深处的巩留野核桃自然保护区位于伊犁哈萨克自治州巩留县，是自治区级以保护野核桃及其自然生境为主的自然保护区。具体地理位置为82°15′～82°17′E，43°19′～43°23′N，面积 0.1 万公顷，海拔在 900～1800 米。

在1955～1965年的10年中，新疆天山西部的伊宁地区平均每年收购30张雪豹皮，在1965年曾达到135张。近些年来，种种原因导致收购量锐减以至于收购不上来。尽管1988年我国政府完善了野生动物保护法规，但是雪豹仍然在被捕杀，雪豹皮仍在市场上出售（白韫雯，2005）。

保护区附近也曾经出现过捕杀雪豹的记录。2002年1月，伊犁哈萨克自治州特克斯县牧民赛力克携狩猎工具（铁夹）进入山地冬牧场，把夹具设置在雪豹出没的道路上，连续猎杀2只雪豹。同年3月17日，其在出售雪豹皮和骨骼时，被森林公安当场抓获。

除了上述20个自然保护区，新疆还有一批保护区等待政府审批。近十年因为西部大开发步伐加快，资源保护与利用的矛盾日益突出。在这10年里，新疆几乎没有建立任何形式的保护区，一些旧的保护区面积在缩水，盗猎案件日益增加。民众寄希望于保护区，也只有在保护区，雪豹还能苟延残喘下去（图9-12）。

图9-12　自然保护区是雪豹的最后归宿，在这里它们并不孤独

参考文献

阿不都热合曼 . 2005. 一雪豹被夹而亡 . 新疆林业，(5)：24.

阿布里米提·阿不都卡迪尔，马哈木提 . 1989. 昆仑山北麓近 30 年来几种兽类的动态 . 兽类学报，(2)：155-156.

阿布力米提·阿布都卡迪尔 . 2003. 新疆哺乳动物的分类与分布 . 北京：科学出版社 .

白韫雯 . 2005. 新疆雪豹偷猎和非法贸易调查 . 大自然，(2)：4-5.

陈蜀江，海鹰，金海龙，等 . 2006. 新疆夏尔希里自然保护区综合科学考察 . 乌鲁木齐：新疆科学技术出版社 .

崔大方，海鹰，李发重，等 . 1996. 新源县山地草甸类草地自然保护区植物区系 . 干旱区研究，13 (4)：76-80.

杜农，张平 . 2006. 新疆自然保护区 . 乌鲁木齐：新疆科学技术出版社 .

冯祚建 . 1990. 喀喇昆仑山—昆仑山地区兽类资源的现状与保护 . 自然资源学报，5 (4)：343-353.

谷景和，阿尔太，马鸣，等 . 2004. 新疆阿尔泰山两河源综合科学考察 . 乌鲁木齐：新疆科学技术出版社 .

谷景和，高行宜 . 1991. 新疆东昆仑—阿尔金山的动物区系与动物地理区划 . 见：中国科学院新疆生物土壤沙漠研究所编辑·新疆动物研究 . 北京：科学出版社 .

海鹰，姚建保，兵布加甫，等 . 2011. 新疆夏尔希里自然保护区植物区系研究 . 干旱区研究，28 (1)：98-103.

侯兰新，余玉群，刘坪 . 2000. 新疆伊犁地区兽类调查报告 . 兽类学报，20 (3)：233-238.

侯兰新，刘坪，刘武军，等 . 2011. 新疆伊犁地区雀类研究 . 北京：中国林业出版社 .

克德尔汗 . 2008. 高山雪地上的猛兽——雪豹 . 科普知识窗，(4)：29.

克德尔汗，吴金莲 . 2008. 新疆夏尔希里自然保护区生态质量评价研究 . 新疆环境保护，30 (1)：25-28.

廖炎发 . 1985. 青海雪豹地理分布的初步调查 . 兽类学报，5 (3)：183-188.

林永烈 . 1985. 天山托木尔峰地区的兽类区系 . 见：中国科学院登山科学考察队 . 天山托木尔峰地区的生物 . 乌鲁木齐：新疆人民出版社 .

刘坪，康林江，侯兰新，等 . 2007. 新疆西天山国家级自然保护区的陆栖脊椎动物区系 . 地方病通报，22 (4)：10-13.

马健 . 2008. 明灯高地——博格达生物圈植物欣赏 . 乌鲁木齐：新疆人民出版社 .

马鸣，Munkhtsog B，徐峰，等 . 2005. 新疆雪豹调查中的痕迹分析 . 动物学杂志，40 (4)：34-39.

马鸣，才代，马文梁，等 . 1993. 野生天鹅 . 北京：中国气象出版社 .

马鸣，谷景和，阿尔太，等 . 2003. 阿尔泰山东部鸟类考察报告 . 见：颜重威 . 第五届海峡两岸鸟类学术研讨会论文集 . 台中：国立自然科学博物馆 . 87-99.

马鸣，谷景和，冯祚建 . 1990. 和田、喀什、克孜勒苏三地州山地动物资源及其分布 . 干旱区研究，7 (1)：53-58.

马鸣，胡宝文，梅宇，等. 2010. 昆仑山中段初冬鸟类调查及其多样性分析. 干旱区研究，27 (2)：230-235.

马鸣，徐峰，Chundawat R S，等. 2006，利用自动照相术获得天山雪豹拍摄率与个体数量. 动物学报，52 (4)：788-793.

马鸣，徐峰，吴逸群，等. 2011. 新疆雪豹种群密度监测方法探讨. 生态与农村环境学报，27 (1)：79-83.

马鸣，徐峰. 2006. 利用红外自动照相技术首次拍摄到清晰雪豹照片——新疆木扎特谷雪豹冬季考察简报. 干旱区地理，29 (2)：307-308.

马鸣. 1997. 阿勒泰山金塔斯草原自然保护区的动物类型. 新疆环境保护，19 (1)：58-61，80.

马鸣. 2008. 红外拍摄日记. 人与生物圈，(6)：26-35.

穆新春. 1993. 新疆雪豹的分布和人工饲养. 首都师范大学学报（自然科学版），20 (2)：79-82.

钱燕文，张洁，郑宝赉，等. 1965. 新疆南部的鸟兽. 北京：科学出版社.

沈玉林，姚剑敏，胡维斌. 1998. 营救雪豹. 中国农垦，(6)：40-41.

汪洋. 姚念江. 2011. 猎杀雪豹伏法. 法治人生，(5)：4-5.

王博. 1992. 昆仑山的雪豹. 大自然，(2)：31-32.

王学杰. 2002. 8. 15 猎杀雪豹特大案侦破纪实. 新疆林业，(3)：21-25.

夏勒（George B Schaller）. 2011. 与兽同在——一位博物学家的野外考察手记. 长沙：湖南教育出版社.

夏勒，康蔼黎，蔡新斌，等. 2006. 藏羚羊雌性种群的迁徙行为和产仔行为. 兽类学报，26 (2)：105-113.

夏勒，李宏，塔里甫，等. 1991. 中国新疆的雪豹. 干旱区研究，(3)：74-78.

夏训诚. 2007. 中国罗布泊. 北京：科学出版社.

徐峰，马鸣，吴逸群. 2011. 新疆托木尔峰国家级自然保护区雪豹的种群密度. 兽类学报，31 (2)：205-210.

徐峰，马鸣，殷守敬，等. 2005. 新疆托木尔峰自然保护区雪豹调查初报. 四川动物，24 (4)：608-610.

徐峰，马鸣，殷守敬，等. 2006. 新疆北塔山雪豹对秋季栖息地的选择. 动物学研究，27 (2)：221-224.

徐峰，马鸣，殷守敬，等. 2007. 新疆北塔山地区雪豹及其食物资源调查初报. 干旱区资源与环境，21 (3)：63-66.

姚剑敏. 1998. 营救雪豹. 大自然，(5)：24.

俞言琳. 2007. 塔城地区侦破一起非法收购出售雪豹案. 新疆林业，(1)：9.

袁国映. 1991. 新疆脊椎动物简志. 乌鲁木齐：新疆人民出版社.

袁国映，李卫红. 1998. 新疆自然环境保护与保护区. 乌鲁木齐：新疆科技卫生出版社.

袁国映，张宇，袁磊，等. 2012. 罗布泊自然保护区. 北京：科学出版社.

张荣祖. 1999. 中国动物地理. 北京：科学出版社.

张荣祖，金善科，全国强，等 . 1997. 中国哺乳动物分布 . 北京：中国林业出版社 .
中国科学院登山科学考察队 . 1985. 天山托木尔峰地区的生物 . 乌鲁木齐：新疆人民出版社 .
周永恒，陈永国 . 1985. 东昆仑—阿尔金山陆栖脊椎动物的地理分布特征 . 新疆八一农学院学报，8（2）：1-10.
Ma J Z，Zou H F，Cheng K. 2002. The Distribution Status of Snow Leopard（*Panthera uncia*）in China. Proceedings of the Snow Leopard Symposium，Seattle，ISLT.
Ma M. 2008. Survey on Snow Leopards *Uncia uncia* in Kunlun Mountains，Xinjiang，China. Urumqi：XCF，SLT：1-108.
Schaller G B，Li H，Talipu J，et al. 1988. The snow leopard in Xinjiang，China. Oryx：22（4）：197-204.
Schaller G B. 1998. Wildlife of the Tibetan Steppe. Chicago：University of Chicago Press.
Shi K，Zhu F D，Dai Z G，et al. 2009. Reconfirmation of snow leopards in Taxkurgan Nature Reserve，Xinjiang，China. Oryx，43（2）：169-170.

第十章

各国动态

十年过去了，时光如梭，其间项目组成员结识了许多来自世界各地的雪豹专家。他们有的来自吉尔吉斯斯坦、蒙古国、印度等雪豹分布国家，有的来自遥远的美国、英国等欧美发达国家。我们除了在乌鲁木齐集中搞培训，还一起上天山和阿尔泰山实地考察，摸爬滚打，硕果累累。在我们就要结束这本书的时候，在最后一章隆重介绍世界上与雪豹有关的12个国家的概况(包括中国)。实际上前面九章都在重复提及这些邻国和这些欧美专家，在附录之中我们还专门罗列了一些专家的生平事迹和点点滴滴，他们在许多方面是走在我们前面的，有一些值得学习的经验。

最新统计表明，在我们周边至少已经有9个国家利用红外相机拍摄到野生状态下生存的雪豹图像，这是非常令人鼓舞的消息。2008年3月1～6日，雪豹合作伙伴暨工作人员会议（Snow Leopard Staff & Partner Meeting）在北京召开。共有来自国际雪豹基金会，以及中国、印度、蒙古国、巴基斯坦、吉尔吉斯斯坦等雪豹分布国的22名科研工作者和从事雪豹保护的NGO工作人员参加了此次会议（图10-1）。大家交流了各国情况，一起编写了社区项目指南（CBC)，探索新方法，制订长期规划，这对各国野生雪豹保护与合作大有裨益。

雪豹起源于青藏高原或中亚高山地区，凡是与西藏和新疆接壤的国家几乎

图 10-1　欢聚一堂——雪豹合作伙伴暨工作人员会议在北京召开，几乎所有雪豹分布国都派出成员参加了这次研讨会（2008 年）

都有雪豹记录，比如阿富汗、不丹王国、印度、哈萨克斯坦、吉尔吉斯斯坦、蒙古国、尼泊尔王国、巴基斯坦、俄罗斯、塔吉克斯坦、乌兹别克斯坦等（确实有人怀疑缅甸还残留有雪豹，见 Mallon，2003）。这些分布国都环绕在中国西部的边境地区，毫无疑问中国是雪豹分布的中心。

第一节　战乱中的阿富汗

雪豹在阿富汗的处境是非常惨的，已经濒临灭绝。一只小鸟要想从这个国家上空飞过，都是不容易的，更何况是雪豹。记得几年前利用卫星跟踪鸟类迁徙，一只来自西伯利亚的黑鹳在穿越叶尔羌河，翻过帕米尔高原到达阿富汗境内后，不久就被人击毙了，卫星信号凝固在了某一个峡谷之中。这是一个头上无飞鸟，脚下无走兽的国家。在这片贫瘠的土地上，很难想象人类是怎么生存的。关于雪豹的分布状况，近 100 年来，很少有这方面的报道。

雪豹主要分布在阿富汗的东北部、中部山区。长期以来，干旱少雨、荒漠化、基础设施的破坏、现代化战争、极度的贫困，再加上缺乏有效的法律管制等诸多因素使阿富汗当地的植被及动物的生存环境遭到了严重的破坏。专家估计，目前该国雪豹的数量仅为 100 只左右，甚至有人认为雪豹在阿富汗境内很可能接近绝迹。

据《时代周刊》报道，2010年夏天，在阿富汗瓦罕高原的一个山谷地带，一位猎人在雪地里巡视自己布下的陷阱时，发现他下的套子正好套住了一头在阿富汗极其罕见的雪豹。它的后腿被铁丝圈套缚住，并造成伤残。猎人企图在法扎巴德卖掉他的战利品，但是捕获雪豹的消息迅速传到喀布尔，传到阿富汗环境保护局局长穆斯塔法·扎赫尔的耳中。随后，美德联军就派人去拯救这只雪豹。这只雪豹也成了阿富汗各界为期4天的救援行动要寻找的目标。所有人包括阿富汗总统和美国驻阿富汗的外交头面人物都把目光从政治和恐怖主义事件中收回，投射到那只关在笼子里奄奄一息的雪豹身上。而当它魂归西天之后，无论是身居殿堂高位的领导人，还是身处穷乡僻壤的村民，大家都感受到了一种会产生深远影响的损失和无奈。邪恶的帝国主义侵略战争究竟给人们带来了什么？

连年纷飞的战火不仅给阿富汗人民带来了无尽的灾难，该国的珍稀动物雪豹的生存也受到了前所未有的威胁。这种动物因为其美丽的皮毛在市场上奇货可居，而经常成为被捕杀的对象。虽然，在国家边界地带贩运这些濒危动物的皮毛会被处以巨额罚款，但是贩卖珍稀动物皮毛所带来的高额利润仍然使许多人愿意铤而走险。少数的雪豹尽管在长达30年的战乱中侥幸存活了下来，却又面临着新的威胁：包括美军在内的外国人。在外国军事基地里经常发现雪豹的皮毛。在新疆喀什、塔什库尔干、乌鲁木齐也能见到来自阿富汗的雪豹制品，包括昂贵的皮子。

据英国《每日邮报》报道，尽管阿富汗在2002年时就已经在全国范围内颁布了禁止捕杀雪豹的禁令。但是收效甚微，在一些旅游者密集的集市及外国军事基地附近经常可以看到作为商品出售的雪豹皮毛。许多外国游客对这种美丽的皮毛情有独钟，愿意花大价钱来购买。美国驻阿富汗大使馆的环境顾问克莱顿·米勒称，雪豹皮毛很容易被带出境外是因为许多珍稀动物的皮毛在市场上被卖给外国人，其中包括驻阿士兵、国际救援人员或者前去市场游览的任何人。因此，要想禁止偷猎行为应该从源头也就是买方这边着手，只有控制住消费市场才能逐渐杜绝偷猎行为的发生。没有买卖，就没有屠杀。

过去，由于阿富汗塔利班政府的封闭政策及随之而来的战乱，学者对阿富汗雪豹的现状了解甚少。令人振奋的是，2009年，国际野生动植物保护学会（WCS）在阿富汗瓦罕高原的山谷中利用红外自动照相技术在五个不同的雪豹栖息环境里共拍到22张雪豹照片，阿富汗雪豹的生存前景又有了一线希望。在国际野生动植物保护学会、世界自然基金会及美国国际开发总署（USAID）等国际环保组织的支持和资助下，阿富汗政府将雪豹列为国家级珍稀保护动物，并将与中国接壤的瓦罕地区纳入保护地带。当年4月，阿富汗第一个国家级自然保护区在该地正式成立。

有消息说阿富汗首都喀布尔动物园正在寻求印度的大象、豹子、雪豹等大型物种。但是，有着 200 万会员的善待动物组织（PETA）敦促印度环境部长拉姆斯不要让这些珍稀动物被送往阿富汗，那里的现状依然令人担忧。

（买尔旦）

第二节　唯一没有雪豹产品贸易的国度——不丹

不丹王国，简称不丹，国土面积仅 3.9 万平方千米，人口约 70 万人，是位于中国和印度之间喜马拉雅山脉东段南坡的内陆国，该国的国名在当地语言中叫“竺域”（或作“朱玉”），意为雷与龙之地。自北而南，气候垂直地带性明显。北部山区气候寒冷，中部河谷较温和，南部丘陵平原属湿润的亚热带气候。由于长期受佛教教义的熏陶，宽厚待人、与世无争的思想早已渗入当地人的生活中。与世无争的性格并不表明国民孱弱。不丹森林茂密，黑熊、雪豹等猛兽多，当地男子的怀中都少不了匕首。而且，上至国王大臣，下至平民百姓，个个都是射箭高手。一些不丹高级官员在上班时甚至还随身佩带长剑。

一、民风淳朴的世外桃源

不丹重视保护环境和生态资源，每年只允许 6000 名外国游客入境旅游，而且他们的行程必须经不丹政府的仔细审核。为表彰不丹国王和人民在环保领域的突出贡献，联合国将首届“地球卫士奖”授予了旺楚克国王和全体不丹人民。2008 年 5 月 9 日不丹首都廷布报道，在吉格梅·多尔吉国家生态园发现的最新照片和野兽足迹表明，不丹境内高海拔地区发现皇家孟加拉虎，这尚属首次。事实上，当局表示老虎出现的这一地区正好与珍稀动物——雪豹的栖息地重叠。

尽管到目前为止，人们还没有对不丹雪豹的种群数量及分布展开过研究，但是通过动物痕迹和逸闻报道，可以推知雪豹散布在北部海拔 4000～5000 米的山区，数量稳定。吉米朵棘国家公园拥有相当数量的雪豹，是最重要的雪豹保护区，其次是库龙楚野生动物保护区，那里也拥有许多潜在数量的雪豹。

不丹的法律禁止猎捕所有的哺乳动物和鸟类。尽管如此，对有些物种仍需通过对偷猎者施以高额罚金的方式进行保护。其中，猎杀雪豹的罚金高居榜首，依照惯例，一只雪豹价值 10 000 努尔特鲁姆，约合人民币 1365 元。1995 年通过的森林和自然保护法案中有关保护区和野生动物保护的章节也含蓄地将雪豹的猎食物种保护在内。严格的法律条款严禁野生动物产品贸易。

值得庆幸的是，不丹的雪豹种群所面临的威胁很小（图 10-2），雪豹贸易几乎不存在，雪豹的栖息地几乎无人涉足。受限制的旅游活动和登山运动保证雪豹几乎免受干扰。然而，最主要的威胁来自于牧民报复性的猎杀，间接源于牦牛与喜马拉雅岩羊的对草料的竞争。下面简单介绍和分析构成威胁的关键因素。

图 10-2　巍峨的喜马拉雅山脉是雪豹生存的自由王国，雪豹漂亮的尾巴就像是一个少女的大辫子

(1) 猎杀牲畜与报复性伤害：大群的牦牛散养在开阔的草场上，成为雪豹容易猎捕的食物。牲畜的减损所带来的经济损失极大。一只成年牦牛价值 9000～11 000 努尔特鲁姆，约合人民币 1228～1500 元。牲畜的损失常常激怒当地居民，对雪豹进行报复和猎杀。尽管这样的事情在不丹不常发生，但对极度濒危的雪豹，这些事情不容忽视。雪豹种群中任何成员的丧失都可能将它们推向灭绝。

（2）缺乏保护意识及社区教育：通常不丹人会利用邻近的自然资源来满足基本生活需要，生活并不窘困。但是，保护政策及项目的信息很难传达到草根阶层，使得当地社区没有意识到雪豹的完全被保护，以及猎杀雪豹将可能受到法律制裁的严重后果，并且当地缺乏教育项目来说服牧民放养量少却高产的牲畜。

（3）牲畜保健及推广项目的开展受限：在高海拔定居点开展牲畜保健的设施有限，牧民半游牧的生活方式也使得推广项目很难组织。为了应对医疗设备和服务的缺乏，当地牧民不得不畜养大批量的牲畜。这样就加深了雪豹与牧民的紧张关系。

（4）缺乏本底资料：迄今为止，人们没有对不丹的任何物种开展科学研究，这主要归因于不丹政府采取保存生境的生态完整性策略，而不是保护特定的物种。部分归因于专业人才的缺乏。人们缺乏物种信息，很难开展和制订物种保护项目。雪豹的相关信息主要来自于道听途说和轶闻趣事。

（5）监测力量不足：作为国家主要环保部门的林业部门，人手严重不足。仅仅拥有700余名员工的林业部门很难管理广阔的森林，而其中少数专业人员往往承担了过于繁重的监测任务。信息交流网络及其他后勤设施的缺失，使缺少人力的问题在雪豹栖息地尤为突出。在这种情形下，执法或者开展其他保护措施都相当困难和费时。

二、不丹的雪豹保护进程

纵观现今的雪豹保护工作，保护区网络的建立和维持为其奠定了重要的基础。不丹最大的保护区——吉米朵棘国家公园，不仅是雪豹的家园，而且保存着健康的猎物种群，如西藏岩羊、旱獭和鼠兔。吉米朵棘国家公园占地面积4280平方千米，是不丹生物多样性最高的保护区，拥有这个国家25%的动植物资源。初期的生物调查显示，确凿存在哺乳动物31种，另外预期存在的有11种。鸟类251种确凿存在，12种预期存在。深入调查有望增加物种名录。雪豹的痕迹在吉米朵棘国家公园多处出现。

吉米朵棘国家公园除了拥有高水平的生物多样性，同时也存在一些紧迫的保护问题，不丹王室将其列入开发和执行保护管理计划的首位。除了拨款，世界野生动植物基金会还向不丹林业部提供技术，协助其制订面向这个国家公园的五年保护管理计划。林业部也针对基础设施和员工培训，向世界野生动植物基金会和BTF寻求资金和技术支援。

野生动物保护：在世界野生动植物基金会的协助下，林业部组织了反偷猎小分队来防止偷猎。小分队配备有监控器、无线电、野地车和武器。计划内还将招纳当地人充当线人，并予以奖励。林业部定期举办讲习班，向新聘的林业、海关及其他执法人员教授控制野生动物产品贸易的法律框架、抓捕程序及侦查技术。

保护和发展的项目整合：社会经济调查和当地需求评估已经成为不丹自然保护规划中不可缺少的一部分，也就是将社区发展整合进保护管理计划中。社区发展将利于保护区设计和管理人员协调牧民与野生动物之间的矛盾。寻找可替代的经济来源和降低牲畜数量，仅畜养高产牲畜是保护计划的社区发展议程中的两个焦点议题。这种整合模式为保护工作赢得了民众的支持和认可。

三、雪豹保护的未来计划与建议

(1) 保护区保护与管理计划的发展与实施：当前人们正努力为吉米朵棘国家公园草拟一个长期的保护与管理方案。生物和社会经济考察在库龙楚野生动物保护区率先开展。在外籍顾问的协助下，考察队伍将工作 3 个月甚至更长时间，为吉米朵棘野生动物保护区的管理规划搜集本底资料。保护与管理计划将配合社区发展的需要，使保护项目被民众接受和维护。

(2) 深入调查雪豹：研究雪豹的分布现状首先在保护区内进行，进而扩展到其他区域。鉴于雪豹会利用惯有的步道，红外摄像跟踪将用来确定雪豹的存在及个体识别。为了执行和监控保护项目，有必要研究雪豹的种群变动趋势，雪豹及其猎物的繁殖成功率和死亡率等。探明雪豹对牲畜的捕食范围和程度尤为重要。进一步说，评估西藏岩羊和牦牛的共栖地的载畜量有助于制定合理的保护项目。

(3) 加强项目执行能力：缺乏受过训练的人员和基础设施阻碍了不丹保护计划的全面落实。通过培训加强林业部门及其他合作伙伴的项目执行能力，制定项目方针及加强基础设施，这些在未来数年都将优先考虑。要向外勤人员提供培训和装备，以保证雪豹保护措施的实施。对林业部门传授相关技术如刨痕计数（counting scrapes）、标记（marking）、红外跟踪（photo-traplines）和无线电遥测（radio-telemetry），以监测雪豹的丰富度和分布。

(4) 加强保护意识和社区教育：普遍缺乏保护意识是许多保护工作所面临问题的根源所在。有必要出台意识提升项目，向当地民众普及保护政策和项目以及他们的职责和义务。非正式教育将有助于当地民众更深入地理解保护及相关工作。此类活动将促成社区参与的工作模式。生活在不丹雪豹栖息地的民众信仰佛教，十分尊重所有的生命。僧侣及其他宗教人士可以结合当地民众的信仰，向他们传播保护信息。

(5) 为当地民众寻找其他致富机会：大多数生活在雪豹栖息地的民众依靠放养牦牛为生。他们对其他生计一无所知，如导游、种植药材、纺织。一个支持替代经济及提高牧民收入的项目将部分转移当地民众对牦牛牧业完全倚赖的状况。不丹王室将考虑对由雪豹引起的牲畜损失提供赔偿。尽管如此，由于所提供的赔偿十分高昂，只能作为临时应对措施。

(6) 牲畜保健和推广项目 (development of animal health and extension facilities)：有证据显示，因疾病造成的牲畜死亡远远大于雪豹的危害。牲畜保健和医疗服务将帮助和鼓励高海拔的牧民维持数量少且健康的牧群。这些设施也将协助引进先进的牧场管理和循环放牧体系。

(7) 交叉管理 (inter-disciplinary considerations)：保护是一项跨部门合作的工作，以雪豹为例，保护工作需要林业、牧业及教育机构的关注与参与。因此，雪豹的保护问题应该采用交叉管理和整体协调的手段加以解决。林业部门需要争取牧业、教育业及其他相关部门的参与合作，共同计划和执行雪豹保护项目。

四、走出一条完全不同的保育之路

保护发展的先期策略是维护好大面积完整的林业资源、社会文化背景和崎岖的地貌，这些因素都将有益于不丹的雪豹保护工作的开展。尽管集这些有益的因素于一身，不丹也不可自满。条件随时间而变，人口正应着发展需求迅速增长。

不丹的环境及保护现状良好，并非像许多国家正设法恢复已经丧失的大部分生物多样性，这为实施预防式的保护计划提供契机。不丹认识到它的优势，并制定相应的保护政策和项目，以应对社会发展进程中可能出现的新挑战。尽管如此，某些特定的前提必须得到满足，以确保政策和项目成为现实。培训、研究和社区教育将伴随着政策和项目的实施，不断得到加强。由于任何保护项目不能孤立存在，所以有必要增进部门间的合作。社区参与在人类和自然亲密接触地区尤为重要。经济多元化将改变不丹人民对土地和有限资源的完全依赖。

不丹的雪豹保护工作始于1999～2000年，国际雪豹基金会与不丹王室及世界野生动植物基金会合作，率先举办培训讲习班，对近30名政府官员进行痕迹调查技能培训。作为培训的一部分，不丹在吉米朵棘国家公园利用雪豹基金会的SLIMS调查方法，初步估计不丹雪豹的野外种群数量约为100只，栖息地面积10 000平方千米。2005年，世界野生动植物基金会针对不丹的雪豹保护召开了南亚地区项目会，集合地区（不丹、印度、中国、尼泊尔和巴基斯坦）和国际专家，回温以往的保护计划，为不丹的雪豹保护工作制订大纲。这也促成世界野生动植物基金会的雪豹地区保护战略的拟定。在国际雪豹基金会的支持下，项目将确定最佳栖息地内雪豹及其有蹄类猎物的数量和生存现状。

（陈　莹）

第三节　尊重生命的印度人

雪豹在印地语、乌尔都语中，又叫“巴拉赫”（Bharal He）、“巴珐尼奇塔”（Barfani Chita）。在拉达克，雪豹被称为“蟾”（Shan）。雪豹在大多数地区为食物链中的顶级消费者，是促进生物多样性和自然保护的旗舰物种（flagship species）、伞护种（umbrella species）。世界自然保护联盟（IUCN）在保护等级中已将雪豹列为“濒危”物种，这意味着该物种正面临着野外灭绝的高风险（Hilton-Taylor，2000）。由于雪豹受到的威胁及野外种群数量下降的趋势，在印度雪豹已被列入《国家野生动植物保护法》（1972 年）及《查谟和克什米尔地区野生动植物保护法》（1978 年）中的一级重点野生动物保护名录。

一、地理分布与种群大小

在印度关于雪豹的地理分布和野外种群数量，不同的学者有不同的报道。雪豹在印度的野外分布面积多达 75 000 平方千米（Fox，1994 年），适合于雪豹生活的栖息地为 89 271 平方千米（Hunter and Jackson，1988 年），近 100 000 平方千米（Chundawat et al.，1988）。主要分布于喜马拉雅山脉沿线的地区，如喜马拉雅山脉西段的查谟（Jammu）和克什米尔（Kashmir）、喜马偕尔邦（Himachal）和北阿坎德邦（Uttarakhand）地区、喜马拉雅山脉中部的锡金邦（Sikkim）、东喜马拉雅山的阿鲁纳恰尔（Arunachal），以及北部的斯卡（Zanskar）和拉达克（Ladakh）等高山地区（Prater，1971 年；Dong，1967 年；Saharia，1982 年；Chundawat，1982 年；Fox et al.，1985 年；Green，1962 年；Osborne et al.，1983）。印度为雪豹分布区的南缘（Chundawat et al.，1988），分布海拔主要在 3200～4800 米，最高可达 5500 米以上（Mallon，1984）。

巴特纳尕等列举了 25 个保护地区，共计 7.6%的生态地理区保护着雪豹的生存（Bhatnagar et al.，2001）。已证实存在雪豹的最大保护区域如下。查谟和克什米尔：赫米斯（Hemis）国家公园（4100 平方千米）、科斯瓦国家公园（425 平方千米）；鞑赤干国家公园（141 平方千米）等保护区；喜马偕尔邦：皮尼峡谷国家公园（675 平方千米）、大喜马拉雅国家公园（1716平方千米）、库罕野生动物保护区（592 平方千米）及那古威驰保护区（278 平方千米）等地；北阿坎德邦：那鞑德维国家公园（630 平方千米）、柯达纳斯国家公园（967 平方千米）、巩韦德帕苏野生动物保护区（953 平方千米）、亚姆弄垂野生动物保护区（200 平方千米）；锡金邦：坎臣宗尕国家公园（850 平方千米）、宗格瑞动物保护区（468 平方千米）和土伦野生动物保护区（230 平方千米）；阿鲁纳恰尔：迪邦峡谷（2000 平方千米）。另外雪豹还出现在拉达克区域内的几个指定保护区，但是它们的现状还没有被正式证实。除了福克斯等集中于查谟和克什米尔的调查外（Fox，1988 年），在印度的其他分布地区还没有系统的调查。

大部分雪豹的栖息地位于跨喜马拉雅地区，如克什米尔地区。楚达瓦特等估计印度境内雪豹的潜在栖息地为 95 000 平方千米（Chundawat et al.，1988），其中 72 000 平方千米在拉达克区域内（包括大约 20 000 平方千米在有争端的地区）。Moorcroft（1883 年）最早在拉达克地区记录到一张雪豹皮。随后，Blanford（1888 年）和 Prater（1965 年）等学者在印度开展动物区系调查，涉及雪豹的一些信息，但是在拉达克地区没有明确的报道。马龙估计在拉达克中部地区雪豹的种群密度为 0.75～1.5 只/100 平方千米（Mallon，1984 年；1988 年）。考虑到拉达克地区的适合于雪豹生存的环境，马龙（Mallon，1984）预计在该地区雪豹的野外种群密度约为每 150 平方千米 1 只，由此推断出雪豹在拉达克地区（印度管辖面积为 58 321 平方千米）的野外种群数量为 100～300 只。在拉达克地区的赫米斯国家公园中有雪豹 75～120 只（Mallon and Bacha，1989）。雪豹专家旦格和楚达瓦特等估计了在整个喜马拉雅山脉雪豹的野生种群，数量为 200～600 只之间（Dang，1961 年；1967；Chundawat et al.，1988）。

格林简单描述了印度北部、西北部雪豹的生存状况，表明印度北部雪豹的种群数量在不断地减少（Green，1982）。随后，印度政府与美国鱼类及野生动物保护局、国际雪豹基金会合作，在 1985 年添加印度东部的有关雪豹的信息，初步调查了印度北部和西北部地区可能存在雪豹的地区。福克斯等（1991 年）根据雪豹在喜马拉雅山脉北坡良好生境的种群密度为每 110 平方千米 1 只及南坡低质量生境的种群密度为每 190 平方千米 1 只进行推算，估计印度总的雪豹野外种群数量为 500 只。在过去的两个世纪以来，雪豹的种群数量减少了 20%甚至更多（Srivastav et al.，2009 年）。

二、习性与食性

有关野外雪豹的行为和生态的研究仅局限于栖息地利用、食性和捕食行为方面。雪豹常出现于隐蔽的地区，这使得生态的数据相对缺乏。雪豹的丰富度、猎物种群的密度估计是评价一个地区支持雪豹种群能力的关键。早期，学者鲍通报道了印度北部有关雪豹生态学研究的初步结果（Poulton，1980 年）。拉古纳丹和楚达瓦特用无线电跟踪的方法，报道了印度赫米斯国家公园雪豹的生境选择，以及与其主要猎物盘羊的生境重叠（Chundawat，1990）。虽然有6只雪豹群的报道（可能是一只雌雪豹与其幼崽），但雪豹通常独行，喜好由峭壁、山脊、峡谷、岩石露头等分割的陡峭地形。它们对超过40°的不规则斜坡及清晰的地形边缘如山脊和沟壑表现出了强烈的偏好。印控拉达克地区，雪豹常出现在坡度平均为24°的山地，且50%出现在悬崖中（Fox et al.，1988），社会标记包括擦痕、粪便、气味、爪痕等。它们冬季常常迁移到较低海拔的区域。雪豹交配期通常在1月末到3月中，妊娠期持续93～110天。在拉达克，雪豹的交配季节在3～4月，幼崽在6月或7月出生（Fox et al.，1988）。

雪豹为食肉动物，其生活习性神秘，很难见到雪豹的觅食过程。在研究雪豹的食物组成时，粪便分析是最常见到的研究方法。首先收集雪豹的粪便，清洗粪便并将食物残渣分类后烘干，通过食物残渣的宏观或微观结构来确定食物的种类（Chundawat and Rawat，1994）。雪豹的食物种类较多，主要猎物为大型有蹄类动物，如岩羊（*Pseudois nayaur*）和北山羊（*Capra ibex*），还有绵羊（*Ovis orientalis*）、盘羊（*Ovis ammon*）、捻角山羊（*Capra falconeri*）、野山羊（*Capra aegagrus*）。雪豹也捕捉小型哺乳动物和鸟类，包括旱獭（*Marmota* spp.）、鼠兔（*Ochotona roylei*）、野兔（*Lepus* spp.）、雪鸡和石鸡等。在有蹄类动物野外种群数量较少的地区，家畜是雪豹的重要猎物。

在印度，雪豹通常的有蹄类猎物可能包括岩羊、北山羊、喜马拉雅岩羊和东方盘羊。雪豹在赫米斯国家公园的主要野生有蹄类猎物为岩羊，其他包括盘羊、东方盘羊（*Ovis vignei*）和北山羊，其他食草动物包括喜马拉雅旱獭（*Marmota bobak*）、灰尾兔（*L. oiostolus*）和鼠兔（Chundawat，1990）。雪豹有时也会捕食家畜，在印控拉达克地区一只雪豹一冬天至少捕食1头雌性牦牛和95只羊，其中34只羊为一家牧民的资产（Mallon，1984）。

一只体重为45千克的成年雪豹每天需要的食物量为1.5～2.5千克（Wemmer and Sunquist 1988）。假设1只雪豹每天的食物为2千克（体重的5%以下），雪豹的生物量耗损即可算出，所需食物的数量也可被确定下来（Chundawat and Rawat，1994）。Jackson和Ahlborn（1984年）估计1只雪豹每年需要20～30只成年岩羊，McCarthy（2000）预计雪豹在1年内将捕捉12～15只北山羊。有的学者认为成年雪豹每10～15天捕杀1只大型猎物，可维持3～4天，有时可长达1个星期。有的学者认为雪豹每年需要从猎物（如岩羊、牧民的羊、旱獭和鸟）中，进食约730千克的肉（Chundawat and Rawat，1994）。Snow Leopard Survival Strategy（SLSS）（2003年）报道说，雪豹可以捕杀比自己体重大3倍的猎物，如成年的野牦牛及野驴。

三、人与野生动物冲突

在喜马拉雅山地区，雪豹和狼等食肉动物时常会捕食当地牧民的家畜。例如，Mishra（1997年；2000年）报道了印度科博野生动物保护区的情况，家畜被捕食的损失占家畜财产的18%，估计每个牧民家庭损失138美元。牧民表示，自科博保护区建立以来，家畜被捕食的比率一直在增加，调查显示，伴随着家畜数量的增加，被食肉动物捕食的数量也不断增长着。

Jackson和Wangchuk（2001年）认为在有雪豹分布的中亚地区，尤其是雪豹的保护区及附近地区牲畜被捕食的现象已成为严重的问题。这样的事件，特别是“surplus killing”（多杀、杀过行为），每晚有5～10只或者更多的绵羊和山羊迷失，几乎所有的牧民为了报复，都会捕杀像雪豹、狼和猞猁这样的稀有或濒危的食肉动物。在印度西北部的斯卡、查谟和克什米尔地区，牧民与野生食肉动物的冲突十分严重（Spearing，2002）。拉巫壬在研究过程中，调查了在拉达克地区（查谟和克什米尔）关于人与野生动物冲突的问题，制订了相关的雪豹保育计划（Lauren，2009年）。

2010年12月，在西姆拉印度科学家利用一种叫“第三只眼”（the third eye）的红外相机陷阱（camera traps），首次记录到野狗攻击雪豹的情节，具体位置就在西藏边界附近的喜马拉雅山脉。这些野狗体形硕大，有一些属于牧民转场时遗留或抛弃的家犬（藏獒）。它们有时候集群游荡，进攻力极强。平时，野狗在食物链中具有一定的竞争力，间接影响到了雪豹的生存。在食物缺乏的季节，野狗对雪豹构成了直接威胁。

雪豹从1988年起被世界自然保护联盟在红皮书中列为濒危物种。它从1975年开始被包含在《濒危野生动植物种国际贸易公约》（CITES）附录Ⅰ中，因此关于该物种的所有国际贸易都是禁止的，印度为CITES缔约国。但实施和执行公约的规定不尽相同，而且在某些情况下还是不充分的。最近的该公约决议正式认定所有的亚洲大型猫科动物都受到非法贸易、使用活体和身体器官的威胁，它们呼吁公约缔约国，尤其是分布国完善国家立法，并加大力度打击所有关于亚洲大型猫科动物的非法捕杀和贸易。雪豹位列《野生动物迁移物种保育公约》附录Ⅰ中，印度也是公约缔约国之一。

在印度，鉴于雪豹栖息地被破坏以及野外种群数量下降的趋势，当地政府已将其列入《国家野生动植物保护法》（1972年）并被列为《查谟和克什米尔地区野生动植物保护法》（1978年）一级重点保护动物。在1986年修订的《印度国家野生动植物保护法》中，规定禁止买卖重点保护物种，买卖一级重点保护动物的，将判7年有期徒刑及罚金25 000卢比。但是一些法律不是非常有效，因为惩罚力度太低，不足以起到威慑作用，或者存在重大漏洞。主要的挑战是现行法律无效或者根本不存在执行，这归因于政府层面对生物多样性保护缺乏认识、政治意愿、优先权和资源。野生动物巡逻员和执法人员往往设备简陋，工资偏低，缺乏工作积极性。有些地方的腐败和贿赂也阻碍了法律的有效执行。

自1986年到20世纪末，雪豹的交易在查谟和克什米尔地区一直持续着(Panjwani，1997年)。80年代，在印控克什米尔的斯利那加，一张雪豹皮价值350美元（Osborne et al.，1983)。2002年《查谟和克什米尔地区野生动植物保护法》被修订，其中规定禁止买卖重点保护物种，买卖一级重点保护动物的，将判6年有期徒刑及罚金2000卢比。至此捕杀及买卖野生动物的现象才稍有减少，但还有很多人为了牟取利息，铤而走险非法进行野生动物捕杀和买卖。印度环境与森林部颁布的国家雪豹保护计划（1988年）重点是区域保护，但是从未贯彻下去。为了使政府同意接受一项新的战略和行动计划，国际雪豹基金会印度办公室已经启动了协商过程。这个雪豹项目指导性文件已在2004年分发。

四、致危原因分析

雪豹常见于极度崎岖的地带，主要活动在寒冷干旱区生态系统中。然而，由于人类活动的影响，特别是家畜的过度放牧及农业等经济开发的加剧，雪豹的种群密度较低。Mishra等（2006年）首次详细描述了阿鲁纳恰尔邦(Arunachal)高海拔地区（2500～5000米）分布的物种，以及物种面临的威胁和开展全球保护的意义。阿鲁纳恰尔邦的哺乳动物受到广泛捕杀的威胁，因雪豹和豺捕食家畜，它们也遭到牧民的迫害，还有牧民因毛皮的需要而猎杀小熊猫（*Ailurus fulgens*)、豹猫（*Prionailurus bengalensis*)、豹类等，主要的猎杀方式为枪杀和诱捕。狩猎是对野生动物最严重的威胁（Datta，2002年)。

导致雪豹野外种群数量下降的重要原因已确认了21项，并被分成4大类。它们是栖息地及猎物减少、直接捕杀、政策和意识、其他问题。

在印度，雪豹受到的主要威胁有以下几点。①生境破坏和猎物减少。雪豹的主要食物，比如野生有蹄类动物因人类的过度捕杀，其栖息地正在丧失及数量不断减少。在印度，雪豹受法律保护，但是雪豹常捕食家畜。5年内，在印控拉达克中心地区，大约有10只雪豹捕食家畜（Mallon，1984)。人类对大自然的剥夺和家畜的增加，导致因与家畜竞争引起的天然猎物减少。与牲畜的竞争可能引起山地有蹄类的减少，因此减少了雪豹的天然猎物的基础，增加了它们捕食家畜的风险，这会挑起冲突和引起牧民对其的报复性杀害。当地牧民的家畜过度啃食植物，造成大面积植被退化（Jackson，1979 年；Osborne et al.，1983）。②直接捕杀。不少人为追求利益而不择手段大量捕杀雪豹以获得皮张，从而牟取暴利（Jackson，1979 年；Osborne et al.，1983）。另外还有家畜被掠食引起的报复性杀害和由牲畜损失引起的报复性杀害。在大部分地区雪豹捕食家畜会导致牧民的报复性杀害（Schaller，1977）。最大的损失出现在本地猎物物种减少的地方，在牧民使用低劣防卫措施的地方也非常严重。③对物种保护的力度不够。关于雪豹、它们的猎物，以及栖息地的法律和政策往往执行得很不力。这可以归咎于执法人员意识的缺乏、开展执法资源的缺乏、没有优先权或者政治意愿、不同政府机构职责不清及不同层面上的腐败。④其他原因。雪豹和其他野生动物成为武装冲突和分布区一些地方地雷的受害者。国际维和部队也被发现涉及非法买卖濒危物种的毛皮。人类人口增长或该地贫困人口的数量迅速增加也是原因之一。该区域内的人口迅速增长，更多的人生活在贫困中，为了养家糊口，他们可能迁移至更边缘的栖息地。这将使得越来越多的人与野生动物直接争夺有限的资源。

次要威胁为：①栖息地退化和破碎化。高海拔生态系统脆弱而易受伤害。最常见的退化形式就是由过度放牧引起的。大规模的资源开采、道路建设和城市化活动在雪豹分布区内日益增加。②缺乏跨边界合作。跨边界合作和保护区对物种保育至关重要，物种的山地边缘栖息地往往恰好在国际边界上。为了减少雪豹制品和活体动物的非法贸易，有效的跨边界执行国家和国际贸易规范以及信息交流也非常重要，但是现今却很匮乏。在印度周边有很多地区的归属问题尚不明确，因此开展跨边界合作较难。跨越分布区的政府机构和保护区管理机构往往缺乏开展保护措施的能力。在许多重要的雪豹保护区，巡逻员和工作人员的工资很低，缺乏基本的设备。③当地人缺乏保护意识。在印度僻远地区，人们仍然不知道野生动物保护法。保护一种因为捕食家畜而影响他们生活的大型食肉动物的原因并没有充分地传达给大多数的当地人。如果这种趋势继续下去，雪豹将不能存活或者被囚禁。

五、物种保护计划

针对雪豹野外种群数量的减少，政府部门提出在喜马拉雅山脉地区雪豹保护的计划，印度林业机构明确了已知的或潜在雪豹的生境的 14 个重点雪豹保护区，并提出管理和人员配置建议，以确保该地区生态环境能够保持平衡来保护当地的野生动植物。目前，人们还不能够理解雪豹的生物学知识，或者其有效地管理和保护办法，或者其栖息地维持，对雪豹的认识不够完全，存在缺陷。

鉴于上述雪豹的致危因素，提出以下几点保护和管理建议。

(1) 在制订保护方案和监测种群发展趋势时，获得更精确的分布和种群规模现状图是关键性需求。应借助针对其他肉食类物种开发的新方法和新技术，尤其是老虎的，将这些新方法和技术越来越多地使用在雪豹野外项目中。这包含用带有强大统计技术的红外相机拍摄进行的雪豹普查；卫星和全球定位系统；非侵入式技术，如对毛发的基因进行分析以辨别个体和估计种群大小；已知种群大小和新方法的相关数据分析，这将会有助于验证作为一种预测工具的技术；个体遗传分析的进一步利用以辨别全球种群的系统地理格局。通过这些方法和技术，了解到雪豹的野外种群状况，生态学习性，为雪豹的有效保护提供科学依据和理论基础。

(2) 加强国际交流和跨边界合作。印度对雪豹的研究与保护管理仍处于滞后阶段，对野生种群的分布、数量、繁殖力等方面并不清楚，因此进一步加大科研力度是必要的。对这样一个分布较广的跨国界物种，国际上的特别是与邻国中国、尼泊尔、巴基斯坦等国的交流与合作是十分必要的。应努力吸取国外的先进经验和管理模式，为雪豹的保护工作提供更合理科学依据。第五届国际雪豹生存策略研讨会在印度北部的召开，为印度的雪豹保育提供了良好的交流平台，当地政府也非常重视雪豹保护。由于印度国家幅员辽阔并且保护问题多样化，在某些情况下，一个区域或者跨边界保护的做法可能更为合适。

(3) 缓解人与野生动物之间的冲突。雪豹、狼等食肉动物捕食家畜，给当地牧民造成损失。为了避免类似事件发生，应在夜间将家畜赶入围栏且加强看护，使得食肉动物夜间不能进入围栏，提高畜牧业的管理水平，教育牧民对野生生物保育的重要性及保护自然猎物基地的重要性。

（丁　鹏）

第四节　哈萨克斯坦雪豹的宿命

哈萨克斯坦全名哈萨克斯坦共和国，素有“中亚雪豹王国”之称。雪豹是该国的标志性动物，也是国家的象征。在哈萨克斯坦的建筑、雕塑、饰物、货币（图 10-3）、邮票（图 10-4）、徽章等，随处可见雪豹的图案或模型。2011 年在哈萨克斯坦举办的第七届亚洲冬季运动会的吉祥物也是雪豹（伊尔比）。虽然雪豹在这个国家有着悠久的历史和渊源，但是对雪豹的保护情况却不容乐观，随着哈萨克斯坦经济的不断发展和人民活动范围的扩大，雪豹的栖息地环境被大量破坏。再加上一些其他因素，雪豹的数量正在急剧减少，雪豹的生存面临着巨大的考验。

图 10-3 在 2003 年，哈萨克斯坦发行印有雪豹图案的 10 000 坚戈纸钞

图 10-4 哈萨克斯坦发行印有雪豹的邮票

一、基本国情

哈萨克斯坦的地形为东高西低，东部和南部为山地，也是帕米尔高原向北的延续。西部是图兰低地和里海沿岸低地，西北面和北面分别是俄罗斯平原、西西伯利亚平原的延续平原，中部渐见丘陵。全国河网稀少，境内的河流多数为内流河，主要有额尔齐斯河（上游在中国阿勒泰）、锡尔河、伊犁河、楚河等。主要的湖泊包括巴尔喀什湖、斋桑泊等。哈萨克斯坦与乌兹别克斯坦共分咸海，西临里海（世界最大的内陆湖），多数湖泊为咸水湖。

回顾历史，在公元前 3 世纪至公元前 1 世纪，哈萨克斯坦境内出现了原始社会；公元 6～12 世纪建立过突厥汗国、突骑施、葛逻禄、乌古斯、基马克和钦察等国；12～13 世纪，遭契丹和蒙古鞑靼人的入侵；15 世纪成立哈萨克汗国；16 世纪初，哈萨克族基本形成；18 世纪初，进行了反对准噶尔人入侵；19 世纪下半叶，被俄罗斯帝国侵占；1917 年 12 月 13 日独立为阿拉什自治共和国；1920 年 8 月 26 日，成立吉尔吉斯苏维埃社会主义自治共和国，属俄罗斯联邦；1925 年 4 月 19 日，中亚各国按民族划界，改称哈萨克斯坦苏维埃社会主义自治共和国；1936 年定名为哈萨克斯坦苏维埃社会主义共和国，成为苏联加盟斯坦共和国；1990 年 10 月 25 日，发表主权宣言；1991 年 12 月 16 日，宣布独立，改称哈萨克斯坦共和国，同年 12 月 21 日加入独联体。哈萨克斯坦人口为 1.6 千万人。居民大多信奉伊斯兰教（逊尼派），还有东正教、基督教、佛教等。哈萨克语为国语，俄语在国家机关和地方自治机关与哈萨克语同为正式使用的语言。

哈萨克斯坦是一个多民族、多宗教的国家，由131个民族组成，主要有哈萨克族（53%）、俄罗斯族（30%）、乌兹别克族、日耳曼族、乌克兰族，还有白俄罗斯族 、维吾尔族、鞑靼族和朝鲜族等。哈萨克斯坦自然资源十分丰富，全国1/4以上的领土为草原，沙漠和半沙漠地区占44%，森林面积占14%。哈萨克斯坦拥有丰富的动植物资源，在其领土上居住着155种哺乳动物，480种鸟类，150种鱼类，仅药用植物就有250种，湖泊和水库7600多个。全国以畜牧业为主，牧场占农业用地的80%。

位于阿拉木图市中心的独立广场中央竖立着一块独立纪念碑。碑高28米，顶部为高6米的金武士站在有翅膀的雪豹上的统治者，象征在哈萨克斯坦土地上的坚强的国家政权。雪豹在哈萨克斯坦有着悠久的历史，在哈萨克斯坦境内出土的很多历史文物中都存在着雪豹的影子，其中，最具影响力的可能要数在距离阿拉木图市不远的一个古墓中出土的“金人”，考古学家推断他的衣服和头饰是在公元前4世纪或公元前5世纪制造的，在他的头上就有一对雕刻得非常漂亮的雪豹头饰。这些雪豹的模型以及其他大量的动物模型，例如马、山羊等，表明了野生动物在当地古老的游牧民族中扮演了重要的角色，形成了独特的精神内涵。它将成为一种文化遗产，被世世代代的哈萨克斯坦人民继承、保护和弘扬。

二、雪豹的分布、种群状况

在哈萨克斯坦生活的雪豹只有一个亚种，即指名亚种 *Uncia uncia uncia*。其体长为1.12～1.25米，体重33～39千克，尾长0.91～1.05米。定居生活，全年活动性，分布于哈萨克斯坦的最东部、东南部和南部，以及天山山脉的西部和北部地区，栖息于山区雪线带。雪豹2年繁殖一次，每胎产1～5崽，多为2～3崽（Garman，2003年）。

20世纪90年代以前，哈萨克斯坦境内雪豹的数量为180～200只（Grachev，1991；Zhirjakov，1990年）。1990年苏联解体后，各地区非法狩猎猖獗，加上哈萨克斯坦向市场经济转型失败，政府无法正常地向工人发放工资，使这一情况更加恶化。在这一时期，整个国家像一个大的黑市，非法狩猎增加了3～4倍，通过狩猎出售动物皮毛甚至成为一些居民的唯一经济来源，雪豹和大型有蹄类动物的数量至少下降了50%（Jackson，2002；Koshkarev and Vyrypaev，2000）。雪豹的栖息地大量减少，自然保护区的管理也被削弱，即使在最好的保护区里，雪豹的生存状况也不容乐观（Koshkarev，2002）。到21世纪初期，哈萨克斯坦雪豹数量只剩下100～120只（Andersson et al.，2002）。近年来，由于山区的大量开发，雪豹及其捕食的野生动物被大量捕杀，雪豹数量急剧下降。现在，生活在哈萨克斯坦境内的雪豹，可能已只剩下 100 只或者更少（Sibylle，2010 年）。

雪豹主要生活在哈萨克斯坦的天山、准噶尔阿拉套、塔尔巴哈台山、扎巴格雷、萨乌尔山和阿尔泰山南部等地（Grachev，1991）。在过去的几年中，部分地区的种群数量在持续下降。雪豹分布最多的地区为哈萨克斯坦境内天山山脉地区，面积相对比较大，雪豹的数量在 60～70 只，大多数在天山西北面的高山无人区被发现；在阿拉木图州的自然资源保护区及国家自然公园，生活着 20～25 只雪豹；在这些地区之外，雪豹个体和巢穴都非常少见，数量不超过 10～15 只（Loginov，1997 年）。

三、哈国的研究队伍

对珍惜濒危动物的研究主要由哈萨克斯坦国家科学院动物研究所和野生动物保护研究室进行，他们的职员主要来自各研究室和大学的动物专业。研究主要从雪豹的食物——北山羊（*Capra ibex*）、盘羊（*Ovis ammon*）、旱獭（*Marmota bobak*）等开始着手。然后才是对雪豹种群的研究，主要集中在雪豹种群数量、分布，以及在保护区的生存状况等方面。他们创建了一个叫“追踪雪豹”的实地调查小组，用来跟踪研究雪豹。该小组的研究成员在前苏联的很多地区都进行过雪豹研究。现在，在哈萨克斯坦境内雪豹存在的地方，都有该小组的成员在研究。主要成员包括 E. Koshkarev，V. Shakula，A. Dzhanyspaev，Y. Zinchenko（Loginov，1997 年）。

雪豹被认为是哈萨克斯坦的山地指示物种，它处在食物链的最高端。雪豹及其猎物的状态可以反映这一地区的野生动物保护状况，也可以作为环境健康程度的一个衡量标准。雪豹为高山动物，一般生活在海拔 2000～6000 米，是食肉动物中栖息地海拔高度最高的一种，栖息环境主要有 4 种，即高山裸岩、高山草甸、高山灌丛和山地针叶林缘。在不同季节之间它们往往有沿山坡垂直迁移的习性，夏季栖息的高度大多在 2500 米以上，雪豹的巢穴设在岩洞中，在一个巢穴往往一住就是好几年。在冬季，雪豹会追随它的食物下迁至森林、河谷等处，偶尔在平原地区也有它的踪迹（Saparbayev and Woodward，2008）。

从 20 世纪 70 年代开始，费德森科、加斯帕耶夫、斯陆德斯基和斋雅科夫等人就开始对雪豹的生态学和生物学特征进行研究（Fedosenko，1982；Koshkarev，1984），他们中间也有人对雪豹的活动特点进行了研究。雪豹平时独栖，仅在发情期前后才成对居住。它们一般有固定的巢穴，设在岩石洞中、乱石凹处、石缝里或岩石下面的灌木丛中，大多在阳坡上，它们往往好几年都不离开一个巢穴，窝内常常有很多雪豹脱落的体毛，在巡猎时它们也以灌丛或石岩作为临时的休息场所。由于毛色和花纹同周围环境特别协调，形成良好的隐蔽色彩，所以它们很难被发现。雪豹猎食出去很远，常按一定的路线绕行于一个地区，需要许多天沿原路返回，属于夜行性，白天很少出来，或者躺在高山裸岩上晒太阳，每日清晨及黄昏为捕食、活动的高峰。上下山有一定路线，喜走山脊和溪谷。

雪豹感官敏锐，性机警，行动敏捷，善攀爬、跳跃，以猫科动物特有的伏击式猎杀为主，辅以短距离快速追杀。在哈萨克斯坦，雪豹主要捕食西伯利亚北山羊（*Capra ibex sibirica*）和马鹿（*Cervus elaphus maral*）、狍（*Capreolus capreolus*）、野猪（*Sus scrofa*）、盘羊（*Ovis ammon*）（Fedosenko，1982；Annenkoy，1986），也捕食旱獭（*Marmota caudata*）、阿尔泰雪鸡（*Tetraogallus altaicus*）、红腿石鸡（*Alectoris rufa*）、欧石鸡（*Alectoris graeca*）等（Annenkoy，1990）。它们有相对固定居住地点，育幼期多利用天然洞穴。雪豹勇猛异常，善于在山岩上跳跃。它们把身体蜷缩起来隐藏在岩石之间，当猎物路过时，它们突然跃起来袭击。冬天寻不到食物时，它们就跑到低山区偷食牧民的家畜和家禽。

在哈萨克斯坦，很多保护区都对外开放，在保护区和自然公园进行的观光旅游活动有可能对雪豹及其猎物的正常活动产生威胁。对此，哈萨克斯坦专家也建议加大旅游活动对雪豹活动影响方面的研究。

四、保护与管理

世界上最早的雪豹保护区是1927年苏联时期在哈萨克斯坦地区建立的阿克苏扎巴格里国家自然保护区，面积为75 000平方千米（Braden，1982）。在1931年又建立了阿拉玛廷斯基国家自然保护区，面积为71 700平方千米，这是世界上第二个雪豹保护区（Green，1982）。

据调查，在1988年，哈萨克斯坦有三个地区雪豹的数量相对比较稳定，较少受到威胁。一是天山西面的阿克苏扎巴格里自然保护区和其他一些相邻的山区，那里有一片很隐蔽的地区存在雪豹，而且生活着很多野生的有蹄类动物；二是天山北面的阿拉玛廷斯基国家自然保护区及其邻近地区；三是准噶尔阿拉套地区，它是保护区的一部分，在它的东面很快又建立了准噶尔斯基自然保护区。所有其他的地区，尤其是一些小的、独立的、边远的山区，雪豹种群非常脆弱，容易受攻击。在那里，雪豹及其他大型哺乳动物的数量随着地区的开发建设在急剧减少（Grachev，1991）。到2008年，就只剩下阿拉玛廷斯基自然保护区和阿克苏扎巴格里自然保护区这两个地方了（Saparbayev and Woodward，2008）。

从1972年开始，雪豹在哈萨克斯坦地区受法律保护。1975年，它被包含在《濒危野生动植物种国际贸易公约》附录Ⅰ中，有关该物种的所有国际贸易都被禁止。1978年雪豹被列入哈萨克斯坦红皮书，1988年起被世界自然保护联盟红皮书列为濒危物种。1993 年 1 月，雪豹被列入哈萨克斯坦野生动物保护名单，受野生动物保护法保护。在同一年，哈萨克斯坦加入《濒临野生动植物国际贸易公约》，成为 CITES 缔约国。2009 年 11 月 24 日，雪豹基金会在哈萨克斯坦注册。由于政府和非政府组织对雪豹的保护尤其在生态保护的教育方面缺乏有效的、充足的措施，所以，面向公众的雪豹与生态保护将成为该基金会工作的重中之重。同时，他们也印刷并发放了一些与雪豹有关的教育材料，协调各非政府组织之间的活动。

然而，历史上在哈萨克斯坦猎杀雪豹的活动十分频繁，1886 年仅在阿拉木图这一地区就见到 142 张雪豹皮（Braden，1982）。对雪豹立法保护以后，偷猎、非法贸易活动仍有发生。在 20 世纪 90 年代，阿拉木图有很多交易雪豹皮的报道，甚至还有私人销售雪豹皮的广告。90 年代中期，每年大约有 10 张雪豹皮被出售，根据雪豹皮的尺寸、质量及购买者的不同，每张雪豹皮以 3000～7000 美元不等的价格被交易（Chestin，1998 年）；90 年代后期，哈萨克斯坦黑市上雪豹皮的价格也有增长，据报道已经达到 10 000 美元（Yamaguchi，2001 年）。进入 21 世纪，每年有 6～10 只雪豹被捕杀，哈萨克斯坦是被报道的唯一进行雪豹骨骼交易的独联体国家（Wen，2002）。在 2002 年，有两名哈萨克斯坦人到吉尔吉斯斯坦试图以每只 25 000 美元的价格收购活的雪豹（Dexel，2002）。在哈萨克斯坦，非法捕猎雪豹最高罚款 150 000 坚戈（约等于 1000 美元）（McCarthy，2003 年）。

偷猎、非法贸易活动是致使雪豹数量减少的主要原因。总结起来，雪豹数量锐减的原因主要有以下三点。

第一，暴利驱动非法猎杀。人们为了获取珍贵皮毛或者豹骨而猎杀雪豹，是目前该物种面临的最大威胁。通过出售雪豹皮可以使猎手获得丰厚的回报。而且，哈萨克斯坦有狩猎的传统，每年九月狩猎季节开放，有的政府官员与商人勾结，大肆捕杀雪豹，获取利益，使雪豹成为腐败的受害者。而且，一些政府官员还将一些雪豹皮作为官方礼物赠送，鼓励猎杀雪豹。

第二，生存面积不断减小。由于人口数量的快速增加及地区经济的发展，人类占据了大量的山区进行放牧、采矿、旅游或其他活动，导致雪豹栖息地面积越来越小。

第三，野生食物不断减少。大型野生有蹄类动物被人类大肆捕杀，雪豹的食物来源减少，捕食压力增大，阻碍了雪豹种群的扩大。在许多地区，尤其在沿保护区的缓冲区，家畜的数量远远超过野生有蹄类动物的数量。由于雪豹可利用的空间和食物已不能满足它们的需求，它们便对家畜进行攻击，常常被愤怒的牧民们猎杀以示报复（Loginov，1997 年；Kahn，2008）。

根据安德森等使用漩涡模拟程序来构建出的雪豹种群生存力趋势分析

(Andersson et al.，2002)，西部天山的雪豹种群数量较少，遗传隔离，在人类的围剿下很容易灭绝。目前，哈萨克斯坦动物和生态学家都无法保证雪豹这一物种不会消失。他们呼吁政府应加强保护雪豹力度，制订专项的财政预算。同时，环保人士称，如果拯救不及时的话，哈萨克斯坦可能成为雪豹最先绝迹的国家之一。若干年后人们就只能在徽章上一睹雪豹的雄姿了。

2000年以后，哈萨克斯坦资源和环境保护部、内政部和海关委员会共同组织，在全国开展了大规模的保护生态环境、打击偷猎者的行动。由于偷猎者对兽类及鸟类的猎捕，哈萨克斯坦的盘羊（*Ovis ammon*）、鹅喉羚（*Gazella subgutturosa*）、马鹿（*Cervus elaphus*）、狍（*Capreolus capreolus*）、高鼻羚羊（*Saiga tatarica*）和大鸨（*Otis tarda*）的种群数量呈减少的趋势，它们已经作为新的灭绝物种被补充列入共和国红皮书中。非法猎捕及向国外走私猎隼（*Falco cherrug*）、雪豹皮的活动依然猖獗。根据3个部门共同下达的行动的命令，各个行动小组共查出数千起违法案件，并对破坏生态环境违法犯法的案件进行了罚款和惩治，对违法犯罪活动进行了沉重的打击。

但是，哈萨克斯坦政府也面临着一系列的问题，首先就是经济问题，哈萨克斯坦内面临着巨大的经济压力。而且，维护这些自然保护区和国家公园需要一笔不小的经费。其次，非法狩猎，非法携带雪豹皮出境，这些在边境线上进行的非法国际贸易也很难控制。最后，保护区工作人员的素质、教育、待遇方面都有很大欠缺，很少有经验丰富、受过良好训练的工作者（Braden，1994年）。因此，哈萨克斯坦保护好雪豹的任务仍然十分艰巨。

（张　同）

第五节　吉尔吉斯斯坦—— 伊莉莎的故事

吉尔吉斯斯坦共和国（Kyrgyz Republic），或称吉尔吉斯斯坦，为中亚南部的内陆国。追溯历史，吉尔吉斯斯坦在公元前3世纪已有文字记载。公元6～13世纪曾建立吉尔吉斯汗国；16世纪受沙俄压迫自叶尼塞河上游迁居至现居住地；1876年被沙俄吞并；19世纪60～70年代，吉尔吉斯斯坦被并入俄罗斯；1917年11月至1918年6月建立苏维埃政权；1924年10月14日在俄罗斯联邦境内成立了卡拉尔吉尔吉斯自治州，1925年5月25日改称吉尔吉斯自治州。1926年2月1日，改组为吉尔吉斯自治共和国；从1936年12月5日起，作为加盟共和国成员直接加入苏联；1990年12月15日，吉尔吉斯斯坦共和国最高苏维埃发表主权国家宣告，确定正式国名为吉尔吉斯斯坦共和国；1991年8月31日，共和国宣布独立，当年

12 月 21 日，吉尔吉斯斯坦共和国作为创始国加入独立国家联合体。

一、丝绸之路上的国家

截至 2002 年底，吉尔吉斯斯坦全国人口统计为 515 万人。全国有 80 多个民族，其中吉尔吉斯族占 60%，俄罗斯族占 15%，乌孜别克族占 14%，乌克兰族占 1.5%。其余为东干族、朝鲜族、维吾尔族、塔吉克族等民族。国语为吉尔吉斯语。平均人口密度为每平方千米 22 人，最多为每平方千米 90 人，其中楚河谷地和费尔干纳谷地人口尤其稠密，东北部高山地区人口稀疏。城市人口占人口总数的 40%。俄语可作为官方语言使用。70%的居民信仰伊斯兰教，多数属逊尼派，其余居民信仰东正教或天主教。

吉尔吉斯斯坦国土面积为 19.85 万平方千米，全国划分为六州一市，即楚河州、塔拉斯州、奥什州、贾拉拉巴德州、纳伦州、伊塞克湖州、比什凯克市。州、市下设区，全国共有 60 个区。首都是比什凯克，在历史上是“丝绸之路”上的一座古城。

吉尔吉斯斯坦经济以农牧业为主。农业产值占整个国民生产总值的1/2。种植业产量占共和国农业总产值近一半，以种植棉花、甜菜和烟草等经济作物为主，也种植水稻、大麦和小麦，所产粮食尚不能完全自给。工业基础比较薄弱。在原苏联时期，吉尔吉斯斯坦主要是原材料产地，加工能力差，燃料、设备、工业品和日用消费品大多依靠进口。独立初期，由于同原苏联各共和国传统经济联系中断，加之实行激进经济改革方针，经济出现大滑坡。之后吉尔吉斯斯坦逐步调整经济改革方针，稳步渐进地向市场经济转轨，推行以私有化和非国有化改造为中心的经济体制改革，实行土地租赁制，经济已度过最困难时期，生产止跌回升，1997 年起主要经济指标有较大提高，在共和国经济中，工业产值占整个国民生产总值的比重达到了 46%，并拥有了机械制造、轻工、食品、矿产、石油、天然气等多个部门。其中机械制造业在整个工业中所占的比重达 28%，位居前苏联之首。21 世纪以来随着国有企业私有化改造的进一步加深，纺织、肉类和奶制品等轻工业和食品工业得到了快速稳定的发展。

吉尔吉斯斯坦位于中亚东北部，南与塔吉克斯坦毗邻，西南与乌兹别克斯坦交界，东北与哈萨克斯坦接壤，东南与中国为邻，东西长 900 千米，南北宽 400 千米。吉尔吉斯斯坦的地形以山地为主，有超过 3%的面积为冰川及终年积雪所覆盖。平均海拔高度 2750 米，最高点海拔 7439 米。1/3 的地区为海拔 3000～4000 米。东北部有天山山脉西段，西南部有帕米尔—阿赖山脉。仅西南部和北部有低地分布。边缘有谷地和山间盆地，如楚河谷地、塔拉斯河谷地及费尔干纳盆地的东缘。纳伦河横贯穿全境，在境内长 540 千米。楚河在境内长 220 千米。位于天山山系南部的伊塞克湖为世界最大的山地湖泊之一，以其壮丽的景色和独特的科学研究价值著称。于1948年建立的伊塞克湖自然保护区分布有40多种哺乳动物和200多种鸟类，是中亚重要的生物多样性热点之一。吉尔吉斯斯坦的气候为大陆性气候，气候垂直变化很大，大部河谷盆地1月平均气温−6℃，7月为15～23℃，而山区年度温差大于50℃。年降水量为200～800毫米，高山地区达1000毫米以上。在中亚国家中，吉尔吉斯斯坦是矿产资源比较丰富的国家，其中锑的产量占前苏联第一位，汞的产量占前苏联第二位，煤（烟煤和褐煤）的产量在前苏联中亚地区中占居首位。

二、曾经的雪豹王国

目前，吉尔吉斯斯坦的雪豹分布区主要限于1995年建立的、以保护天山山脉原始生态系统为目的的萨恰特俄塔斯自然保护区。而根据斯文·赫定和普热瓦尔斯基等探险考古学家的历史记载，猎豹、雪豹等大型猫科动物在历史上曾广泛分布于吉尔吉斯斯坦。但是其中仍在该国能见到并有望继续生存下去的恐怕只有雪豹这一物种了。

据报道，目前全世界动物园人工饲养的雪豹一半以上属于从吉尔吉斯斯坦引进的雪豹的后裔。虽然苏联政府早在1959年就通过立法严禁雪豹非法贸易，但是除了偷猎，每年有50多只雪豹以合法的手段运往境外的动物园和博物馆。1980年的一次综合考察结果显示，吉尔吉斯斯坦拥有全世界数量最大的雪豹种群。然而，在苏联解体后的仅仅20年的时间内，该国雪豹种群数量已锐减至150～200只。同其他几个中亚国家一样，解体后最初几年，吉尔吉斯斯坦地方财政无法支付劳动者薪水，原有计划经济体制下的许多国有企业纷纷倒闭，失业率急剧上升。然而，随着国际化的野生动物非法贸易渠道的不断开通，价值相当于一匹马的雪豹毛皮价格几年间迅速上升至500～2000美金。美丽而昂贵的毛皮，再加上雪豹分布区极度贫困，把已经高度濒危的雪豹进一步推向灭绝的无底深渊。在巨大经济利益的驱动下，很多人把目光转移到包括野生动物走私贸易的一些新领域，甚至有关销售雪豹活体和雪豹皮的广告被公开刊登在报刊杂志上。2003年，莫斯科的一个马戏团来到吉尔吉斯斯坦收购两只雪豹幼崽时被查处。但是，当局对此采取默许的态度，使得走私集团轻易得手。同年，当地媒体报道了一位打死53只雪豹的猎人，竟然被政府授予荣誉奖。

三、独具特色的保护计划

1999年德国生物地理学家哈德（Torsten Harder）带头启动吉尔吉斯斯坦-德国雪豹项目，并说服吉尔吉斯斯坦有关部门协助他组建一个长期监测雪豹生活习性、栖息地状况及迁移模式的研究团队。在他和本土同行的不懈的努力下，吉尔吉斯斯坦政府开始重视雪豹的保护，开始大规模地整顿治理偷猎、走私雪豹及副产品的非法行为，搜查没收枪支弹药和套圈等，并对涉案人员进行拘捕，追求其刑事责任。该团队就地建立了救护站来营救牧民擅自饲养或受伤害的雪豹，以便在将来条件成熟时重新放回大自然。最近几年来，国际雪豹基金会吉尔吉斯斯坦项目在全国范围内开始展开全面而系统的实地考察，以此来澄清雪豹这一物种在吉尔吉斯斯坦境内的现状，与此同时，在当地政府的配合下大力展开一系列社区活动，号召当地牧民参与雪豹的保护，并致力于成立用来保护雪豹的“社区雪豹企业”和“绿色赔款”来有效地缓解牧民与雪豹的冲突，以便使雪豹分布区的百姓不再为了利益受损铤而走险。“以前我经常为养家糊口发愁，因此参与一些直接或间接伤害雪豹的非法活动，而我现在唯一关心的是怎样阻止偷猎雪豹”—— 牧民伊莉莎满脸笑容地说起自己参与雪豹社区企业计划活动以来的亲身感受。

伊莉莎和丈夫大学毕业后在城市没能找到工作，他们一起来到了坐落于萨恰特俄塔斯（Sarychat-Ertash）自然保护区边缘地带的偏远牧区伊宁切克村以放牛为生。由于缺乏经验，一家四口的生计很难维持下去。“当时除了放牧，全村人没有任何的经济来源，放牧效益又很不理想，再加上处于高原无法种植庄稼和蔬菜，我们不得不经常去偷猎北山羊等野生动物来填饱肚子。”2004 年，国际雪豹基金会与吉尔吉斯斯坦有关非政府组织合作，将雪豹保护企业计划带进了只有 23 户人家的伊宁切克村。在第一年，包括伊莉莎在内的 8 名妇女参与了该计划。参加了雪豹基金会在村里举办的第一次研讨会后，伊莉莎似乎看到了一线希望，并积极报名投入雪豹企业的生产经营中。最初她不敢相信这会给村民带来什么好处。但是，在她和女同胞们一起制作出售具有当地特色的手工业品和旅游纪念品的同时，还动员了更多的妇女来组建另外一个非政府雪豹保护组织。自那以来，雪豹企业逐年发展实现了巨大成功——村民的家庭收入增长了 50%多。萨恰特俄塔斯自然保护区内偷猎雪豹及其他野生动物的非法行为得到了有效控制，出现了村民与野生动物和睦相处的良好局面。

然而，雪豹在吉尔吉斯斯坦的保护现状和前景仍不容乐观。吉尔吉斯斯坦共和国通讯社 2011 年年初的报道称，该国雪豹种群数量正在继续下降。目前，偷猎及非法贸易仍然是迫使雪豹走向灭绝的罪魁祸首。特别是因其有固定的活动路线，偷猎者在其必经之路埋下铁夹就可将其捕获，这导致其种群迅速濒危。另一方面，苏联解体后，留下巨大隐患，尚未健全规范的体制使雪豹的保护面临种种困境。而保护区的工作人员在暗地里操纵野生动物非法交易等现象使雪豹保护雪上加霜。报道还称，北山羊、盘羊等猎物数量的不断下降将使雪豹这一靠捕食高原有蹄类生存的物种陷入困境，给雪豹生存及其种群数量的恢复带来灾难性的影响。

（买尔旦）

第六节　来自蒙古国的经验

除了中国之外，蒙古国是中亚雪豹栖息地面积最大的国家。从该国西北角阿尔泰山一直蔓延至南部大戈壁，在此区域中栖息着 700～1000 只野生雪豹。这里是世界上最重要的雪豹保护区域之一（Schaller et al.，1994）。过去，因为社会落后、愚昧、贫穷，盗猎雪豹的案件频繁发生，雪豹的生存状况堪忧。随着人们对雪豹现状不断了解，关注度逐渐加强，国际社会亦插手民间雪豹保育运动，各种有关雪豹的纪念品、宣传品、手工艺品应运而生（图 10-5），雪豹保护呈现出一种欣欣向荣的气象。

一、蒙古国的自然状况

图 10-5　憨态可掬的小雪豹——2008 年蒙古国发行的雪豹纪念币图案

蒙古国位于亚洲中部，地处中、俄两大国之间。其版图呈香蕉形，北面与俄罗斯相邻，东、南、西三面与中国接壤。边境线总长 8219 千米。其中中蒙边境线长 4676 千米，俄蒙边境线长 3543 千米。国土面积 157 万平方千米（相当于世界陆地面积的 1.2%）。

蒙古国是一个以高原山地为主的国家，全国平均海拔为 1580 米，山地面积 77.7 万平方千米，占总面积的 1/2。戈壁沙漠面积 40 万平方千米，占总面积1/4。地势自西向东逐渐降低，全国最高点为海拔 4653 米的乃拉姆达勒峰，最低点为海拔 553 米的呼赫湖。主要山脉有阿尔泰山、杭爱山、肯特山等。

蒙古国是没有海洋的内陆国，属于极端大陆性气候。其特点是夏季短而干热，冬季长而严寒，常有暴风雪，是亚欧大陆“寒潮”（亦称为“寒流”）的发源地之一。年温差大，冬季最低气温可至－40℃，夏季最高气温可至 38℃。年平均气温为－2.7℃ ，平均降水量为 200～300 毫米。

虽然位居内陆干旱地区，蒙古国的水资源却比较丰富。全国共有河流 3800 条，总长度达 6.7 万千米，有 3500 个湖泊，7000 多处泉眼。主要河流有色楞格河、鄂尔浑河、克鲁伦河和科布多河等 50 多条河流，大部分分布在北部、中部地区。湖泊大多分布在西北地区，主要湖泊有乌布苏湖、库苏古尔湖、吉尔吉斯湖和哈拉乌苏湖。南部河流、湖泊很少。水资源总量为1920亿立方米，其中河湖水资源为1800亿立方米，地下水资源为120亿立方米，人均水资源8万立方米。

蒙古国森林资源丰富，森林覆盖率为6.1%（2006年）。森林主要分布在乌兰巴托以北、西和东部地区。木材蓄积量为12亿立方米。其中以落叶松、桦树居多。矿产资源亦较丰富，其中煤、萤石、钨、金、铁、锡等蕴藏量较大。铜、钼矿储存量居亚洲之首。土地辽阔，人口密度低，每平方千米1.47人。土地利用总面积为15 646.64万公顷，其中农牧业用地占80%。

二、马背上的民族

蒙古国原称外蒙古或喀尔喀蒙古，自称“蒙古”，其意为“永恒之火”。蒙古族一般还被称为“马背民族”，有数千年的历史。“蒙古”最初只是蒙古诸部落中的一个部落名称。约在公元7世纪，蒙古部从额尔古纳河流域开始向西部蒙古草原迁移。13世纪初，成吉思汗统一大漠南北各部落，建立统一的蒙古汗国。1279～1368年忽必烈统治的“中央汗国”包括俄罗斯的部分区域（如唐努乌梁海）、中国大部分、西伯利亚、朝鲜半岛等。明朝时期在中国的蒙古人大多退回塞外。1911年12月，蒙古王公在沙俄支持下宣布“自治”，1921年蒙古人民革命成功，同年7月11日成立了君主立宪政府。1992年1月13日颁布新宪法，改名为“蒙古国”。

截止到2007年年底，蒙古国人口有260万，人口以喀尔喀蒙古族为主。官方语为喀尔喀蒙古语，目前通行的文字是以西里尔字母（斯拉夫语系）拼音写成的蒙古文。在蒙古国，老一辈人学习的外语多为俄语，而新一辈人多学习英语。除官方语言外，另有15%人口说其他蒙古方言，少数民族使用突厥语言。

工业以肉、乳、皮革等畜产品加工业为主，木材加工、电力、纺织、缝纫和采矿业也具有一定规模。畜牧业一直是国民经济的基础，主要饲养羊、牛、马、骆驼。农业以种植麦类、蔬菜、薯类和饲料作物为主。最大的贸易伙伴是中国。主要出口畜产品，进口机器设备、燃料、工业原料和生活日用品等，其中石油产品80%以上来自俄罗斯。在蒙古国投资和帮助蒙古国建设的国家多为其周边国家，包括中国、日本、韩国、俄罗斯等。

三、蒙古雪豹的种群与分布

几乎世界上几位最著名的雪豹专家都曾经在蒙古国工作过，如夏勒、麦卡锡等。蒙古国在这方面显得非常开放。因此，这里的雪豹研究已经走在了世界的前面，包括社区服务、痕迹调查、卫星跟踪、红外相机拍摄、粪便 DNA 分析等传统理念与先进技术，都最先在这里尝试。

从外形上看，蒙古雪豹和其他地方的雪豹没有明显的区别，但不同的是，蒙古雪豹的活动范围更大，死亡率更高，自然增长率更低（Jackson and Hunter，1996；Fox，1989）。关于雪豹种群的数量，不同时期不同的研究者会给出不同的答案。1976 年博德和道祖敦认为有 500 到 900 只。1986 年马雷夏尔认为有 2000～4000 只。显然，这些数据的误差范围极大。

除了上面这些人的调查以外，把从当地牧民口中提供的信息、雪豹留下的痕迹及每 100 平方千米土地雪豹的数量等资料综合起来进行估计，蒙古国的雪豹数量应该在 700～1700 只。而综合野外调查收集的数据（1989 年由 Schaller 开始收集）、遥感监测获得数据、由蒙古国专业猎人的笔记和访问信息来看，蒙古国应该有约 1200 只雪豹（Jackson 和 Hunter，2004 年）。

1954 年以前关于雪豹分布的详细资料很少，直到班尼科夫写了他的主要作品《蒙古的哺乳动物》，才给出了雪豹详细的分布，即在戈壁阿尔泰（Gobi Altai）比较常见，沿着阿尔泰山往东直到 105°E 都有雪豹的分布，并且他给出结论称，雪豹在蒙古国不普遍但分布很广。当时预测，20 世纪它们的数量会减少。

近年来的研究证实，蒙古雪豹广泛分布于蒙古国西南部与新疆接壤的地区。主要的分布区有北阿尔泰、杭爱山脉、戈壁阿尔泰省等。总范围大约 10 万平方千米，雪豹分布最高密度地区被认为在南方中央戈壁和北阿尔泰地区（Schaller et al.，1994）。

在阿尔泰和阿尔泰戈壁范围内，雪豹经常出现于杭爱山脉的最西部。而在杭爱山脉中部地区，过去的四年都没有雪豹被发现，这可能是和相关的猎物的减少和雪豹的自然迁徙有关（Bailey，1993）。但在 1995 年的夏天，人们在杭爱山脉发现了岩石上雕刻的雪豹、盘羊和野山羊，这表明很久以前雪豹就在这个地方出现过。

四、蒙古雪豹面临的威胁

（一）食物资源衰竭

由于人们的狩猎活动，雪豹的猎物盘羊和野生山羊的数量不断减少。研究发现，雪豹的密度变化与盘羊或北山羊种群密度变化是密切相关的。可以肯定，近年来雪豹种群密度和盘羊种群密度的变化是一致的（Schaller et al.，1988）。这表明食物资源的衰竭已成为雪豹种群数量减少的重要原因。

（二）牧民报复

由于自然和人为因素，近年来雪豹的天然食物急剧减少，加上牧民不断占用雪豹的领地，为了生存，有时雪豹不得不选择牧民的家畜作为它们的食物，不断地有牧民的马、羊、被雪豹吃掉。由此造成牧民的财产损失而惹怒当地居民，引来牧民的强烈报复。雪豹在野外不易被猎杀，但在牧民的牲畜栏里却很容易被捕杀（Schaller et al.，1994）。而从 20 世纪 90 年代开始，蒙古国向市场经济转变，大部分牲畜归牧民个人所有。因此，人们越来越希望拥有更多的牲畜来增加收入。于是，牧民不断侵占雪豹的领地以获得更大的草场，来饲养更多的牲畜。这个过程更加剧了牧民与雪豹的冲突，于是更多的牲畜被雪豹吃掉，相应地，更多的雪豹被牧民捕杀，呈现恶性循环的趋势。

（三）偷猎与贸易

尽管雪豹在蒙古国受到保护，但由于经济因素，雪豹的皮毛、骨骼的价值较高，许多人选择非法捕猎雪豹进行贸易作为主要的收入来源（Fox，1989）。而近年来野生动物贸易市场不断扩大，雪豹的市场价值不断提高更加剧了这一现象的发生。据国际野生动物保护协会报道，野生动物贸易是对雪豹最大的威胁。在亚洲，近年来虎骨短缺，人们便用豹骨来补充，使得这种贸易更加火爆。每年至少有 100 只雪豹被猎杀，2005 年，仅在中蒙边境的一个小镇上就查获了 13 只待出售的雪豹皮，而在俄、蒙边界上又查获了 15 只走私的雪豹皮。更有大量的雪豹制品通过新疆、内蒙古进入中国。

（四）政策暧昧

蒙古国在社会主义建设初期，盲目追求经济发展的高速度，忽视资源环境的可持续利用，由此实行的一些政策几乎给雪豹带来灭顶之灾。

（1）20 世纪 50 年代，在苏联的影响下，蒙古国大规模推广农业合作化运动，牧区实行集体所有制。每户私自饲养的家畜不得超过 50 只，牧民没有办法致富，只得去猎取雪豹的食物来增加收入。

（2）政府曾经猎杀大批的野山羊，仅 1986～1990 年就猎杀了 1000 只盘羊和 2000 只野山羊，使得雪豹的食物资源迅速衰竭。

（3）直到 1990 年之前，政府一直推行杀狼有奖的制度，每年都要组织几次捕狼行动。这些活动减少了狼的数量，影响了狼群的繁殖与扩散。实际上打狼运动或多或少会误伤一些雪豹。而另外一些雪豹得以来到原先狼群的地盘袭击家畜，使得牧民对雪豹的仇视不断加深。

（五）气候变化

近年来全球气候变暖，干旱加剧，自然灾害不断，雪豹及它的猎物的生存更加艰难。

五、研究与监测

蒙古国人民对雪豹并不陌生，早在古代就有关于雪豹的文献记载。例如，在13世纪就有《蒙古雪豹的秘密》一书，介绍了雪豹的一些习性。而传说和其他一些故事，在蒙古国民间广为流传（尤其在牧民中）。据说雪豹是一种报复性很强的动物，谁要是伤害了它，它一定会来报仇的。当地的人们非常相信这种传说。因此，他们一直试着与雪豹和谐相处，从不在雪豹的领地放牧。

1994年《蒙古雪豹的调查与保护》一文中对雪豹有这样的描述，雪豹是蒙古国最大的猫科动物，尤其以它的隐蔽和伪装能力著称。近距离遇见雪豹，它不敢袭击人。远距离遇见，它会选择消失。总之，雪豹在一般情况下是不会伤害人的。和许多猫科动物一样，雪豹也是白天休息，晚上活动。雪豹会好几种捕猎手段。通常情况下它会慢慢地接近猎物，然后从背后突然袭击。进食猎物也是从背后开始的，成年雪豹的食量很大，进食5千克后可以一周不用吃饭。身体方面，雪豹的腿和尾巴是最有力量的。据当地的牧民和猎人讲，如果雪豹的前蹄不停晃动，那是很危险的，因为那是进攻的前兆。

（一）无线电项圈与卫星跟踪

长期以来，Thomas M. McCarthy 、Todd K. Fuller 、Bariusha Munkhtsog 等从1994年开始在蒙古国西南的阿尔泰山区利用无线电项圈与卫星跟踪技术研究雪豹的活动情况。他们首先捕获了四只成年雪豹，在其中的三只的脖子上套上了450克重的VHF无线电颈项圈。这些颈项圈中装有运动传感器，人们据此可以掌握雪豹的一举一动。剩余的一只雪豹则被套上800克重的ST-10卫星传感器，这种传感器一天可以传送两次信息，并且里面也含有VHF传感器。为了最大限度地延长这些设备的寿命，在前30天里，设定设备每天传送一次信息，之后隔一天一次。

这四只成年的雪豹被整年地监视。研究发现，它们夜晚比白天活跃，夜晚的活动量大约占到51%，而白天只有31%。栖息地方面，这些雪豹似乎对陡峭的岩石和地形的边缘更感兴趣。食物方面则对有蹄类的动物情有独钟。除此之外，这些雪豹每天大约移动14千米，据此推断它们的活动范围至少超过1590平方千米，甚至能达到4500平方千米。而据无线电遥感探测，它们的活动范围为

13～141 平方千米。而从食物分布的密度验证，这些雪豹的活动范围也至少在 500 平方千米以上。这说明了无线电遥感监测的范围是不准确的，往往比实际的范围小。结果是这里雪豹的活动范围比其他地区大，这表明以后确定雪豹的保护范围时，不能只看无线电监测，还要参考卫星跟踪的情况和当地食物的密度（McCarthy et al.，2004 年）。

（二）粪便 DNA 分析技术

近年来，随着分子生物学技术的日益发展，分子生物学研究和越来越多的学科相结合，大大扩展了原有的研究范围。粪便 DNA 分析技术以动物的粪便为研究材料，应用分子生物学手段研究动物的 DNA，从而获得有关动物的遗传信息，这是一项新发展起来的保护遗传学研究技术。通过对粪便 DNA 中多种遗传标记的识别，研究者可以获得野生动物的种群数量、领域边界划定、生活史、种群遗传结构和遗传多样性等方面信息。研究者越来越普遍地应用非损伤性采样（粪便和毛发等）和分子方法研究濒危物种的遗传多样性，这为雪豹的种群监测和遗传多样性研究提供了有效的途径。张于光等于 2005 年分别在中国、印度和蒙古国 3 个独立的雪豹隔离分布区采集雪豹的粪便样本 109 份，其中印控拉达克 32 份、中国青海省都兰县 50 份、蒙古国的南戈壁 27 份。同时以圣地亚哥动物园和濒危物种繁殖中心的 2 个雪豹（1 雌 1 雄）冰冻组织样品作为对照。应用线粒体 DNA（mt DNA）*cyt b* 基因特异性引物对 109 份粪便样品进行鉴定，发现有 31 份粪便来自雪豹，其中印控拉达克、中国青海和蒙古国南戈壁的雪豹样品分别为 17 份、3 份和 11 份。利用重新筛选设计的 7 对家猫（*Felis catus*）微卫星引物，对雪豹粪便样品进行了基因分型分析，结果发现在拉达克和南戈壁检测到的雪豹粪便样品分别来自 4 只和 5 只不同的雪豹个体，而青海的样品则来自同一只雪豹。遗传多样性统计分析表明，蒙古国南戈壁的雪豹微卫星遗传多样性水平低于印控拉达克。研究结果证实了粪便 DNA 在雪豹种群监测和遗传多样性研究中的可行性（张于光等，2008）。

（三）人与雪豹关系

大约 70 年前，人与雪豹的关系还是非常和谐的。他们各守其土，互不侵犯。那个时候，人们虽然不大了解雪豹，更不知道保护雪豹的重要性，但他们相信传说：雪豹是一种报复性很强的动物，谁要是伤害了它就会受到它的报复。基于这种思想，当地人一直努力与雪豹和谐相处，他们从不侵占雪豹的领地，更不会在它的领地上放牧。在 20 世纪 50 年代之后情况开始发生变化，雪豹的领地和牧民的领地发生了重叠。随着生产力的进步和生产工具的不断革新，尤其是引进汽车、摩托车和猎枪后，人们早已忘记了那古老的传说。为了利益他们开始大规模侵占雪豹的领地，捕杀雪豹的猎物，无所不及。雪豹为了生存，开始不断地袭击牧民的家畜。雪豹和牧民的关系开始紧张。之后矛盾一直持续，但解决矛盾的努力也在进行之中。

美国人弗瑞曼（Helen Freeman）从 20 世纪 80 年代开始研究如何实现人们与雪豹的和谐相处。在 1981 年她建立了国际雪豹保护组织，并得到了来自世界各地的帮助。沿着这条道路，她发起了至少 90 个项目。其中包括数据的调查、雪豹捕食习惯的调查，最重要的一项是关于雪豹栖息地的调查。

六、保护与管理

1994 年 10 月 28 日到 11 月 29 日，“第三次雪豹信息管理及野外技术培训”大会在蒙古国召开（1993 年在中国举行过一次）。其宗旨是保护中亚的雪豹。会议强调，雪豹、食物和牧民三者之间的关系非常重要。接着就是要建立一个雪豹信息数据库，以便生物学家能及时掌握有关雪豹的信息，并建议这样的活动每两年举行一次。

1999 年 12 月，在蒙古国举行的“雪豹保护管理计划和法律地位”讨论会中，有许多国际保护组织参加了此次会议。会议达成以下共识。雪豹是野生动物的代表，对蒙古国的意义重大，因此为了保护雪豹必须做好以下几点。①加强雪豹分布区的保护管理；②制定法律强制措施，保护雪豹以及它们的食物、栖息地免受破坏；③加强对雪豹数量的调查，并建立相关数据库方便管理；④教育人民和游客关心、爱护雪豹；⑤政府要在文化、生态和财政上给予支持保护；⑥想方设法化解雪豹和牧民间的冲突。

（一）雪豹企业的经验

当简单以法律手段制止牧民报复性猎杀雪豹的行为遇到尴尬的时候，蒙古国“雪豹企业”的故事给我们展示了一个切实而又富有创意的解决方案。

20 世纪 90 年代末，雪豹研究人员巴雅拉去雪豹栖息地的社区作调查，她想弄清楚当地人面临的挑战是什么（图 10-6）。她在调查的过程中一次又一次地听到牧民们说除了和野生动物的冲突之外，他们很难卖掉唯一的经济来源：羊毛、牦牛毛和骆驼毛。为了解决这些问题，巴雅拉发起了一个项目，并为这个项目起名为“雪豹企业”（Snow Leopard Enterprises）。在美国野生动物保护协会、大卫·舍普德野生动物基金会及数名私人捐赠者的帮助下，该项目于 1998 年发起购买了一些最基本的设备，并培训牧民。巴雅拉直接从牧民手里购买他们加工的成品，作为回报，牧民同意帮助保护雪豹及其栖息地，还有它们的猎物。2001 年为了使“雪豹企业”更加可持续并且帮助更多牧民和保护更多雪豹，巴雅拉使之成为了雪豹基金会的一个项目。

图 10-6　朴实无华——蒙古国民间“雪豹企业”的创始人巴雅拉女士

在过去的 10 年中，“雪豹企业”提高了牧民的收入。如今她们已能做出精美的手工艺品，包括传统的地毯 、手包、衣服还有玩具。这些都是用毛毡，以及高质量的骆驼和耗牛毛制成的。许多产品都突出了保护雪豹的信息，比如带有雪豹及其猎物的图案，或者制作这件产品的妇女的照片等。为了生产这些产品，“雪豹企业”的工作人员要培训牧民，改进他们的传统技术。培训不仅仅是教牧民一些新的图案、颜色混合和设计，还要教他们新的技术以适应全球化的需求。这种培训班每年开设一两次或者是根据牧民的要求来开设。一般来说，五六年之后许多妇女就不需要再和企业合作，因为到那时她们已经能够去贷款购买一些设备。自己把产品卖给当地人，或者直接卖给游客价格会更高些。一旦有了这种能力，很多妇女都很乐于自己发展事业，但也有部分妇女作为培训员或助理协调员留下来继续工作。但还存在一个困难，那就是很多牧民都买不起设备，仍然使用很原始的工具。2007 年春天，“雪豹企业 ”发起了第一个小额贷款项目，帮助牧民们购买工具和设备，比如纺车、手工纺纱机、鼓式梳理机等，提高了生产能力，从而更快更容易地使牧民的收入得以增加，生活得以改善。

对手工艺品的销售，雪豹基金会每年会收到两次参与“雪豹企业”的牧民的信息，告知他们大概要生产出多少件产品。这些订单是蒙古雪豹基金会的工作人员下的，他们亲自到每一个社区去了解每个家庭大概能生产多少产品。为了完成订单，牧民在一整年的时间里都在工作，“雪豹企业”的工作人员则到每一个社区去收购产品，并按双方同意的价格直接付钱给牧民。之后这些产品被运往乌兰巴托，并在那里包装、贴商标，然后再用船运往雪豹基金会的总部美国。

“雪豹企业”的核心是由社区和雪豹基金会共同签订的“保护协议”。规定只要参与该项目，在指定区域内就不能有任何一只雪豹或野生山羊被偷猎，同时还要协助保护工作，并报告野生动物的状况。到年底，如果没有雪豹或其他野生动物被偷猎，每个社区将获得相当于他们的手工产品价值20%的红利。只要有一个人违反了协议，就意味着整个社区都不能分到红利，这种互相监督的压力和经济刺激使整个社区都一起协作制止来自内部和外部的偷猎。国家公园管理局、环境机构、反偷猎机构及雪豹基金会的研究人员会一起监督协议的执行情况。雪豹基金会还定期向每一个参与项目的社区发放通信，分享有关雪豹的信息。这些行动使人们更加意识到雪豹和其他野生动物的价值，以及它们所带来的好处。

“雪豹企业”有两个相辅相成的目标，即通过减少人与雪豹的冲突来保护雪豹及其栖息地，同时提高生活在雪豹区域的人们的生活水平。自从项目实施以来，没有一个社区因雪豹偷猎被扣除红利，只有少数几个社区因为雪豹的猎物被偷猎而没有得到分红。2006年秋天，特纳基金会对“雪豹企业”的一份独立评估报告中说，该项目是“一个把乡村发展和保护项目相结合的杰出范例”。

（二）保护机构与具体措施

雪豹正面临灭绝的威胁，国际自然保护联盟已将雪豹归入濒临灭绝物种的“红色清单”，《濒危物种国际贸易公约》也将其列入最高保护等级的附录一，禁止对雪豹及其身体任何部分进行交易。作为一个蒙古国红皮书上注册的物种，雪豹现在也被列入罕见物种的行列受到法律的保护。1995年6月5日颁布的狩猎法规定不准猎杀雪豹，对违反规定者进行处罚，严重的可以提起刑事起诉。1995年5月，蒙古国成为CITES公约方。蒙古国保护雪豹的相关法律有《物种保护法》、《环境保护法》、《狩猎法》、《狩猎法修正案》等。蒙古国的雪豹保护机构林林总总，如蒙古国自然环境部、蒙古国自然保护机构、濒危物种委员会、自然环境协会、蒙古国生物科学院、野生动物保护基金、各地狩猎组织、世界野生动物保护协会、国际雪豹基金等。

在人口低密度的农村，牧民经常迁移，很难管理。为了寻找更好的牧场，牧民从一个地方搬到另一个地方，因此教育水平相对较低。保护野生动物的意识比较淡薄，严重制约野生动物的保护。教育他们使他们意识到保护野生动物的必要性至关重要。应通过大众媒体教育人民提高公众意识，并且恢复有关自然和环境的保护的游牧文化。保护雪豹最终还是要依赖当地人民本身。

（三）新闻媒体的作用

报道称，2010 年蒙古国政府要批准猎杀四只雪豹用于科学研究。此报道一出即引起雪豹保护组织的抗议和人民的同情。全球雪豹网络日前致信蒙古国自然环境和旅游部长，要求蒙古国政府取消猎杀 4 只雪豹的许可。据蒙古国媒体报道，全球雪豹网络在信中说，希望蒙古国政府能帮助促进保护雪豹这一濒危物种的工作，并强调国际社会非常关注蒙古国政府签发允许猎杀 4 只雪豹的许可。该组织还说，对雪豹进行科学研究的替代方式很多，如分子遗传学研究等，不必采取猎杀的方式。由此可见媒体力量在保护雪豹中的重要性。及时准确地报道雪豹保护的进展情况，曝光雪豹侵害行为对保护雪豹非常有效。

（赵序茅）

第七节　西天乐土尼泊尔

美丽而濒危的猫科动物雪豹是促进跨国界的国家公园或保护区建立的环境大使。雪豹零星地分布在中亚山地包括青藏高原 250～300 万平方千米的范围内，数量极少。在喜马拉雅山脉地区，雪豹已濒临绝境。弹丸之地尼泊尔的雪豹种群也在迅速减少，究其原因，一是由于当地牧民对其捕食家畜行为的报复性猎杀，更多的是中国市场的需求刺激了尼泊尔、印度等南亚国家的偷猎捕杀和走私贩卖。

尼泊尔世界自然基金会（WWF-Nepal）野生动物专家用红外线相机重捕法对雪豹数量进行调查评估，雪豹的数量从 2003～2009 年呈下降趋势，从早年的 400～500 只下降至 300～400 只。

一、雪豹的数量与分布

根据尼泊尔 1996 年的统计数据，雪豹有 300～500 只，栖息面积约为 3 万平方千米，海拔均在 3000～4500 米。主要分布在尼泊尔北部与中国西藏自治区交界的地区，栖息在植被稀疏的峭壁、高山或亚高山带的破碎化山区。

雪豹分布量最多的地区是希尔格力夺的拉拉国家公园和安纳布尔纳等 8 个

保护区。这8个保护区至少涵盖了25%～45%雪豹的可能分布区，这些保护区的总面积约为22 000平方千米，其中包括林区和其他非生境区域。电脑模型显示，仅有拉拉国家公园和安纳布尔纳保护区能够维持100余只的最低限度的存活数量（邻近的公园之间应根据地势层以走廊相连）。

在尼泊尔的大部分区域，雪豹的分布密度少于每100平方千米0.1～0.5只。拉拉国家公园的兰谷（Langu）山谷是雪豹的主要生境，也是整个雪豹分布区最密集的地区。估计每100平方千米有10～12只雪豹，雪豹常出现在50～75米的峭壁上。在安纳布尔纳保护区的木斯塘地区，估计每100平方千米有4.8～6.7只雪豹。

世界上有雪豹出没的保护区大约有120个，尼泊尔就有8个，分别为安纳布尔纳保护区（共7629平方千米，包括1600平方千米的木斯塘附加地）、多帕坦保护区（1325平方千米）、干城章嘉峰保护区（2035平方千米）、朗当国家公园（1710平方千米）、马卡鲁国家公园（1500平方千米）、马纳斯卢保护区（1663平方千米）、萨加玛塔国家公园（1148平方千米）、拉拉国家公园（3555平方千米）。

二、雪豹的领域与捕食

尼泊尔的野生动物保护专家通过对拉拉国家公园兰谷山谷中的5只雪豹（3雄，2雌）进行无线电跟踪调查发现，雪豹的活动领域范围从12～39平方千米的主要生境到200平方千米的边缘生境不等。特殊地域的使用因季节而异，成年雪豹在不同时期会共用同一空间，个体领地之间的平均间隔为1.9～3.2千米，这印证了该种群独居的社会结构。42%～60%的特殊区域（使用指数）仅占总领地的14%～23%。两只雄雪豹和两只雌雪豹共享一个位于主河流域交汇处的核心区域，此地地形、生境和丰富的猎物均相当有利于它们的生存。重叠的核心区域拥有该物种首选的生境特征，要比非核心使用区的生境的质量则略胜一筹。

作为机会主义的肉食动物，雪豹能够捕食到相当于它自身体重三倍的猎物（相当于年青牦牛或公牛体重的猎物）。喜马拉雅山和台伯河地区的岩羊和野生山羊是雪豹在这个区域的两类大型猎物。在尼泊尔的其他地方可见许多小型猎物及补充猎物，如旱獭、鼠兔、野兔和其他小型的啮齿动物，还有一些鸟类，如西藏雪鸡和山鹑等。

在很多地区，被捕食的家畜数目远远多于被捕食的野生动物的数目，家畜作为食物种类的组分占到了15%～25%，甚至在一些国家公园亦是如此。媒体网络中关于家畜被雪豹猎杀的报告屡见不鲜，并且在家畜看管不善的地方，被雪豹猎杀的家畜数目还在增加。

三、面临的主要威胁

尼泊尔的雪豹目前也面临着与世界上雪豹面临的相同的威胁，如栖息地的退化与破坏，野生食草动物资源耗减致使雪豹食物减少，为获取雪豹皮毛、骨骼及可作为传统药用其他身体部分而进行的偷猎贸易，牧民为被捕食的家畜复仇而非法猎杀雪豹，在村民和牧民中缺乏对雪豹保护重要性的认识和对其食物基础的维护。尼泊尔雪豹面临的主要威胁为偷猎、食物减少、栖息地减少、报复性猎杀等。

皮毛交易——为获取珍贵皮毛而猎杀雪豹是该物种面临的最大的威胁。在尼泊尔，皮毛的贸易以加德满都（尼泊尔的首都）为中心，由克什米尔商人操控市场，将货品非法出售给游客、纪念品商店或旅馆。穆谷地区的猎手能从一张雪豹皮中获得 10～50 美元。在黑市上，皮毛商可从一件质量上乘的雪豹皮大衣中牟取暴利。据报道，1989 年，一位调查者发现了 12 张雪豹皮，并了解到某一五星级饭店以 3000 美元的价格销售一件雪豹皮大衣。1993 年，在另外的一项调查中发现，有大量销售毛皮的商店出现。尽管旅游者层出不穷，但是，在皮毛的需求量上却有显著的下降。

传统中药中豹骨的应用（TCM）——由于虎骨供给量的下降，传统中药制造商将目光转向其他大型的猫科动物，将其骨骼用作替代品。随着越来越多的人对传统的壮阳剂和补品需求增加，野生猫科动物的骨头供不应求。因此，骨骼贸易很快取代了皮毛贸易，成为了主要的现金交易项目。尼泊尔牧民用雪豹的骨头从西藏交换家羊。在中国，雪豹骨骼的提供被认为发源于西藏高原和喜马拉雅山脉周边以及哈萨克斯坦、吉尔吉斯斯坦、塔吉克斯坦和乌兹别克斯坦的高原地带（如前苏联）。骨骼贸易如同皮毛贸易一样，给贫穷的高原人民带来了唾手可得的实际利益，特别是在那些管理无善和处罚不力的地区更是如此。

猎物的减少（野生食草动物资源损耗）——除非能在自然界找到足够的可靠的食物源，否则雪豹会不断到其他地方寻找食物，这就意味着猎杀家畜。村民盗猎有蹄类物种，减少了雪豹的食物可供给量。家畜可能会与野生动物争夺草料和草场，家畜的践踏和吞噬导致过度放牧和草场的退化。随着生境质量的下降，即使没有人类捕猎活动的介入，猎物数量亦可能减少。作为机会主义掠食者，雪豹会追逐最容易被它们猎杀的猎物，看管不善的家畜便成为其中的典型。在许多的地区，尤其是沿保护区的缓冲区，家畜的数量远远超过野生有蹄类动物的数量。如果雪豹的野生食物资源不断减少或者被破坏，它们会日益依赖于家畜。家畜可能组成它们食量的 15%～25%或者更多，甚至在一些国家公园亦是如此。养有尚未独立的幼崽的雌雪豹高频率地攻击家畜，显示了自然界的猎物的不足。

报复性的猎杀与牧民的冲突——这点正迅速成为保护像雪豹这种大型肉食动物的首要问题，在大部分地区，随着家畜数量的增加、野生有蹄类动物及其他食草动物的减少，抱怨家畜被猎杀的案例在增加。

生境的退化、丧失和破坏——雪豹缺乏足够的或合适的栖息地，因此，它们可能走出保护区，来到牧民的牧场上。雪豹会袭击家畜，尤其是在保护区外和在逐渐被孤立的保护区间的通道上。这些保护区内的雪豹数量过多，而可利用的空间和食物不能满足它们的需求（即已达饱和状态）；亚成年雪豹向外分散到“牧民们的地盘”，试图建立它们自己的领地。

缺乏保护意识——牧民、保护区的管理者和其他相关的人员缺乏对保护雪豹重要性的了解。

四、可借鉴的保护行动

尼泊尔采取了一系列的行动来保护雪豹及其生存环境。例如，教育公众和决策者保护核心区，抑制雪豹皮毛和骨头的非法贸易，降低家畜被雪豹猎杀的概率，保护野生食草动物资源。

到目前为止，在尼泊尔采取的行动如下。

(1) 在已知的或可能的雪豹栖息地（国家公园、保护区和禁猎区）建立了8个保护区，总面积达22 000平方千米。

(2) 已采取的立法行动：从1973年起，濒危野生动植物国际贸易保护协会(CITES) 就致力于雪豹的保护；雪豹受到尼泊尔国家公园和野生动植物保护法(1970) 的充分保护；在对这个法律的第四次修正时制定了对买卖皮毛的处罚措施：买卖一张皮毛罚款50 000～10 000卢比或判5～15年监禁或者两项处罚措施同时实行。

(3) 20世纪80年代到90年代初，在国家公园和安纳布尔纳保护区开始了最初的研究。第一次给野生的雪豹戴上了无线电项圈进行跟踪调查。

(4) 1999年在拉拉国家公园举行了第一次野外方法培训的专题讨论会。

(5) 1999年在拉拉国家公园对雪豹和它们的猎物种群进行了调查。

(6) 1999年在尼泊尔举办了关于雪豹保护的专题讨论会。优先采取的行动有，在所有的保护区和重要的栖息地跟踪雪豹的状况，减少人类和野生动植物间因为家畜被雪豹掠夺而造成的冲突，提高野生猎物的生活环境的质量，研究野生动植物和家畜的互动关系，向公众宣传和解释保护雪豹的重要意义，促进跨国界保护区的建立。

(7) 2006年，在国际野生物种贸易研究组织，世界自然基金会及英国联邦办公室召集了中国、印度、尼泊尔的相关政府官员共同参与在中国边界的雪豹分布热点地区抵制野生物种贸易行动。

(8) 2010 年通过采集雪豹的毛发、排泄物等进行 DNA 性别测序研究，并且通过 DNA 指纹样本来辨别不同的个体及不同区域的种群进化研究。绘制基因变化图谱，辨别不同个体之间的基因流向。

(9) 2010 年，在尼泊尔喜马拉雅山东部山脉的干城章嘉峰保护区一带，采取了为家畜投保的措施保护雪豹，牧民可以为每只牲畜投保 55 尼泊尔币，如果他们的牲畜遭到雪豹捕食，则可以得到 2500 尼泊尔币的经费补偿。

2011 年是尼泊尔的“旅游年”，面对雪豹危险的处境（图 10-7），保护部门在巩萨斯村对当地的牧民进行了基本培训，通过实地参观告诉牧民们过度放牧、砍树、噪声对雪豹及其栖息地的影响，强调合理进行雪豹保护对坎汗加哈地区资源的重要性，也是吸引游客进行生态旅游的重要途径。

图 10-7　雪豹就像是一个幽灵奔跑在青藏高原的边缘地带，呈现出奇特的边界分布效应，它还有藏身之处吗？

（程　芸）

第八节　巴基斯坦的雪豹——被贫穷所困扰的稀有物种

巴基斯坦有着悠久的历史，是印度河谷文明的发源地，为世界上最古老的文明古国之一。印巴次大陆的许多古代文化遗址都在今天的巴基斯坦境内。巴基斯坦人是早在5000年以前从中亚、西亚迁徙来的几个种族及亚种族的后裔。其中有雅利安人、希腊人、波斯人、阿拉伯人及蒙古人等。公元前2000年前后，生活在中亚草原的游牧民族雅利安人经开伯尔山口和博朗山口来到印度河流域。他们征服了当地的达罗毗荼人，印度河文明逐渐衰亡。8世纪初，阿拉伯军队征服了巴基斯坦北部地区，建立了第一个伊斯兰政府。从9世纪末起，大批当地居民改教成为穆斯林。10世纪末，改信伊斯兰教的突厥人进一步向次大陆扩张。997年，阿富汗加兹尼王朝军队开始入侵北印度。到11世纪初，巴基斯坦西北部第一次置于穆斯林统治之下。

公元1206年，在德里建立的古尔王朝，统治印度长达300多年。1526年，蒙古人占领德里，建立了莫卧儿王朝。在莫卧儿王朝统治的300多年里，伊斯兰教宗教哲学和文学艺术得到深入发展，并取得了辉煌成就。伊斯兰教在次大陆广为传播。伴随莫卧儿王朝的瓦解，英国殖民主义者加紧了对印度的军事占领和掠夺。1757年普拉西战役后，印度逐步沦为英国的殖民地。英国“分而治之”的政策使穆斯林与印度教徒之间冲突加剧。赛义德·阿赫默德·汗领导了阿利加尔运动，其继承者于1906年成立了“全印穆斯林联盟”，1940年3月，“全印穆斯林联盟”通过了关于建立巴基斯坦的建议。1947年英国公布“蒙巴顿方案”，实行印巴分治。同年8月14日，巴基斯坦宣布独立，成为英联邦的一个自治领域，包括巴基斯坦东、西两部分。1956年3月，巴基斯坦伊斯兰共和国成立，仍为英联邦成员国。1972年退出，1989年重新加入。1971年3月，东部宣布成立孟加拉人民共和国，同年12月孟加拉正式独立。

巴基斯坦是一个多民族国家，人口约为1.7亿人。其中旁遮普族占63%，信德族占18%，帕坦族占11%，俾路支族占4%等。巴基斯坦的国教为伊斯兰教，伊斯兰教徒占全国人口总数的97%。其中，逊尼派自称“正统派”，人数占全国穆斯林的90%。此外，还有印度教、基督教等，但仅占全国人口的3%。乌尔都语为国语，英语为官方语言。主要民族语言有旁遮普语、信德语、普什图语和俾路支语等。

巴基斯坦国土面积为79.9万平方千米，全国分为四个省（旁遮普省、信德省、西北边境省和俾路支省）、一个直辖市（伊斯兰堡）和一个直辖地区（联邦管辖部落地区）。首都是伊斯兰堡，是世界上最年轻的都城之一，也是一座优美而富有特色的现代化城市，市区面积 65 平方千米，人口 55 万，其中农村人口 16.8 万。

巴基斯坦是发展中国家，经济以农业为主，农业人口约占全国人口的 70%。被誉为粮仓的印度河平原和北部山谷建有庞大的灌溉系统，为水稻、小麦、棉花、甘蔗等粮食和经济作物的生长提供了良好的水利条件。巴基斯坦的手工艺品以技术精湛、历史悠久而著称于世。巴手工艺史可以追溯到史前时代。它的骆驼皮和鹿皮制品、地毯、玛瑙制品等远销于世界各地。主要矿藏储备有天然气 4920 亿立方米、石油 1.84 亿桶、煤 1850 亿吨、铁 4.3 亿吨、铝土 7400 万吨，还有大量的铬矿、大理石和宝石。森林覆盖率达 4.8%。巴基斯坦的工业比较落后，最发达的工业部门是棉纺织业。而石油、机械、交通设备、钢铁产品、化肥和电器产品等主要依靠进口来满足国内大部分的需求。

一、巴基斯坦地理概况

巴基斯坦位于南亚次大陆西北部，面积为 79.9 万平方千米。南濒阿拉伯海，东接印度，东北与中国毗邻，西北与阿富汗交界，西邻伊朗。经阿拉伯海可南下印度洋，西抵波斯湾，海岸线长 980 千米。在地理位置上具有重要的战略意义。全境 3/5 为山区和丘陵地，南部沿海一带为不毛荒漠，向北伸展则是连绵的高原牧场和肥田沃土。喜马拉雅山、喀喇昆仑山和兴都库什山这三条世界上有名的大山脉在巴西北部会聚，形成了奇特的景观。地形西北高、东南低，东南部为印度河平原。被誉为“世界屋脊”的喀喇昆仑山脉与喜马拉雅山脉部分在巴和印控克什米尔境内。位于中巴边界的乔戈里峰，海拔 8611 米，是喀喇昆仑山最高峰，也是世界第二高峰。兴都库什山脉自东向西横跨巴西北部，最高峰为米尔峰，海拔 7736 米。苏莱曼山脉自北而南，北部与兴都库什山脉相连。其北段形成巴与阿富汗的边界，著名的开伯尔山口位于该段的峡谷中，成为巴、阿间的交通要冲。苏莱曼山脉东部连接盐山山脉。巴基斯坦河流大都自东北流向西南。源自中国的印度河进入巴境后，自北向南，长驱 2300 千米，最后注入阿拉伯海。除南部属热带气候外，巴基斯坦大部分地区属亚热带气候，南部湿热，受季风影响而雨季较长；北部干燥寒冷，有的地方终年积雪。年平均温度为 27℃。

巴基斯坦森林资源缺乏，主要分布在北部和西部山区，有悬铃木、野生橄榄、雪松、针叶松、杉属树木、白桦和桧属植物等。相应地，这些地方拥有丰富的野生动物资源，如北山羊、岩羊、盘羊、棕熊、雪豹、豺、狼、金雕、兀鹫、猎隼、野雉、石鸡和雪鸡等。卡拉奇附近的海域是世界上最好的渔场之一，盛产大黄鱼、鲨鱼、龙虾、对虾、螃蟹等水产品，以及海龟、海豚等水生动物。内陆河流湖泊盛产各种淡水鱼、虾和鳖。

二、雪豹分布及种群现状

巴基斯坦雪豹分布区总面积达 8 万平方千米，其中一半被认为是雪豹比较理想的栖息地（Fox，1989）。雪豹主要分布在北部及西北部高原地带，包括巴基斯坦联邦西部行政区齐然、迪尔、斯瓦特和西北边境地区的孔黑斯坦地区以及克什米尔的巴尔蒂斯坦（Baltistan）地区。巴尔蒂斯坦是位于克什米尔山区的一片山间盆地，地处喜马拉雅山脉、喀喇昆仑山脉、兴都库什山脉的交汇地，被认为是雪豹最理想的栖息地之一。但是，人们对该地区雪豹的分布及生存状态研究甚少，甚至可以说是空白（Malik，1997）。夏勒曾预测巴基斯坦的雪豹数量在 100～250 只（Schaller，1976 年）。而马利克等根据齐然自然保护区和红其拉甫自然保护区的实地考察，推断巴基斯坦雪豹种群数量约为 350 只（Malik，1997）。侯赛因等在以往零散的雪豹调查的基础上，对包括克什米尔的巴尔蒂斯坦地区的巴基斯坦雪豹种群分布和种群密度及保护现状进行了长达 4 年的全面而系统的研究（Hussain，2003）。其样线调查结果显示巴尔蒂斯坦地区雪豹数种群数量为 36～50 只。结合适于雪豹生存的栖息地概况和猎物种群数量，该地区雪豹潜在的种群数量被推断为 90～120 只，而整个巴基斯坦境内的雪豹数估计值为 300～420 只。

国际雪豹基金会的科学家 2006 年年底在巴基斯坦西北部的山顶蹲守数日，终于捕获了一只 35 千克重的雌性雪豹，并给它戴上了一只特制的项圈。这个项圈实际上是一个全球卫星定位装置，科学家可以借此跟踪雪豹的行动，并通过该装置反馈的数据对雪豹的习性进行研究。国际雪豹基金会捕获雪豹的方法不会对雪豹产生任何伤害，给雪豹戴上的项圈在 13 个月后会自行脱落。此次项圈项目是巴基斯坦政府和国际雪豹基金会合作展开的拯救雪豹系列计划的一部分，国际雪豹基金会正在与巴基斯坦政府和各类非政府组织协同合作努力保护这种珍稀猫科动物，并力图使其与人类和睦相处。

巴基斯坦对西方比较开放，英国广播公司（BBC）曾经多次在中巴公路沿线拍摄到雪豹。就像我们在 2005 年 10～12 月所做的野外工作一样，2010 年 12 月 7～23 日，在巴基斯坦红其拉甫国家公园（我们的邻居），研究人员架设的红外相机拍摄到至少 3 只雪豹（2 幼 1 雌）。

三、生存威胁及拯救措施

侯赛因等曾经指出，虽然巴基斯坦现存的雪豹种群数量比以往估计的高得多，与相邻国家比较，非法捕猎、雪豹皮及雪豹制品的非法贸易、私人笼养等现象比较轻微而不常见（Hussain，2003），然而，极度贫困是巴基斯坦雪豹分布区的另一个代名词，北部山区60%的居民的生活仍然依靠自然资源。在巴尔蒂斯坦，这个比例则高达95%以上，畜牧业是当地居民唯一的生存之道。再加上近几十年来大力发展畜牧业，人与自然冲突现象日益加重，使得雪豹这一濒危动物的长远保护面临种种困境。换句话说，雪豹猎物数量的急剧下降以及牧民对雪豹的报复性破坏，目前已成为巴基斯坦雪豹所面临的最大的生存威胁。雪豹不时下山攻击家畜的现象一方面损害牧民的利益，另外，由此而引起的牧民报复性杀害雪豹，把已经高度濒危的雪豹进一步推向灭绝的无底深渊。

巴基斯坦雪豹专家侯赛因指出，1997～1999年，在巴基斯坦北部至少有四只雪豹遭到牧民报复性杀害（Hussain，2000）。从20世纪90年代末开始，巴基斯坦政府与英国赫尔大学合作，在克什米尔巴尔蒂斯坦地区展开雪豹保护与提高牧民生活水平示范工程（简称雪豹工程）。在国际雪豹基金会和当地政府的大力配合下，该团队在牧区试点展开了一系列社区活动，号召当地牧民参与雪豹的保护，并通过绿色偿还和生态旅游的方式开发自相互补的渠道，来鼓励牧民积极参与各类雪豹保护项目和社区雪豹企业等，已有效地缓解了牧民与雪豹之间的冲突，使得雪豹分布区的百姓不再为了保护自身利益而去杀害雪豹。

绿色赔偿具体的实施方案是，牧民按照家畜的数量投注家畜险，另外，家畜受到雪豹攻击的牧民通过优先参与各项野外考察和科普宣传活动也有机会得到一份可观的收入。绿色赔偿基金由村委会和雪豹工程项目有关人员共同管理支配。除此之外，每个牧民担当起相互监督的责任，以免出现弄虚作假的现象。雪豹工程从1988年起开始在巴尔蒂斯坦地区的斯科育村调查和记录所有牧民损失家畜，统计每年平均损失总数及其变动情况（Hussain，2003），在五年时间共有50只山羊和5头牛受到雪豹的袭击，平均每年11只，仅占全村家畜数量的2%左右。这个比例十分接近巴基斯坦其他地区的情况。因为受雪豹袭击的家畜绝大部分是山羊，雪豹项目建议牧民按山羊价值的1%优先投注山羊保险。在雪豹工程的带动下，所有牧民参加了保险。根据每年2%的损失而言，股民可以以50%的比例得到补偿，其余50%的损失由参与雪豹项目和生态旅游来填补。

“雪豹工程”为山区贫困社区如何通过集体活动和政策决定来解决它们所面临的生存问题提供了理想的典范。该项目还证实生物多样性的保护不仅给偏远的雪豹分布地区带来一定的经济、生态及社会效益，而且正在承载当地社区和各类非政府组织和私营机构建立友好合作关系的重要途径。

（买尔旦）

第九节　俄罗斯残余的雪豹

俄罗斯全称俄罗斯联邦（Russian Federation），面积1707万平方千米（占前苏联领土面积的76%），居世界第一位。在俄罗斯国家的历史中，历来都是用熊作为国家、民族的形象标志，雪豹在俄罗斯欧洲地区基本没有，也从来没有过以雪豹作为国家、民族形象的历史记载。在俄罗斯北高加索地区，对于那里的许多民族（奥塞梯、车臣、印古什等）来说，雪豹是神圣之物，是赞颂和顶礼膜拜的偶像。在历史上，雪豹曾作为当地民族、国家的徽记。对于北高加索人来讲，雪豹是一种无所顾忌和坚毅果断的野兽。在北高加索地区时，经常能在报纸上、石头上、雕刻上见到雪豹挺拔威猛的姿态。2011年3月，俄罗斯宣布雪豹、野兔和北极熊当选为2014年索契冬奥会官方吉祥物，其中雪豹得票最高（图10-8）。

一、俄罗斯的过去和现在

公元9世纪建立基辅罗斯；13世纪分裂为众多封建公国；14～16世纪以莫斯科为中心的俄罗斯中央国家——莫斯科大公国合并了东北和西北罗斯；1547年改大公为沙皇之后，推行向外扩张政策；1721年彼得一世改国号为俄罗斯帝国；19世纪下半叶废除农奴制，加速资本主义发展；19世纪末成为军事封建帝国主义国家；1905年爆发第一次俄国革命；1917年十月革命胜利后，建立俄罗斯苏维埃联邦社会主义共和国；1922年与南高加索联邦、乌克兰、白俄罗斯组成苏维埃社会主义共和国联盟（简称苏联，后扩大为由15个加盟共和国组成）；1991年12月苏联解体，俄罗斯苏维埃社会主义共和国联盟正式改名为俄罗斯联邦，成为独立国家。

图10-8　活灵活现的卡通雪豹，俄罗斯2014年索契冬奥会吉祥物

俄罗斯有1.41亿人口，首都莫斯科839万人。俄罗斯人口分布极不均衡，西部发达地区平均每平方千米52～77人，个别地方达261

人，而东北部苔原带不到 1 人。全国有 130 多个民族，其中俄罗斯人占 83%，主要少数民族有鞑靼、乌克兰、楚瓦什、巴什基尔、白俄罗斯、摩尔多瓦、日耳曼、乌德穆尔特、亚美尼亚、阿瓦尔、马里、哈萨克、奥塞梯、布里亚特、雅库特、卡巴尔达、犹太、科米、列兹根、库梅克、印古什、图瓦等。

俄罗斯宪法规定俄是共和制的民主联邦法治国家，确立了总统制的国家领导体制。议会称联邦会议，由联邦委员会（上院）和国家杜马（下院）组成，每届任期 4 年。联邦委员会由每个联邦主体的立法机关和权力执行机关各一名代表组成，主要职能是批准联邦法律、联邦主体边界变更、总统关于战争状态和紧急状态的命令，决定境外驻军、总统选举及弹劾，以及中央同地方的关系问题等。国家杜马中的一半按简单多数原则由全国 225 个大选区选出，另一半按比例制原则从各党派中选举产生，其主要职能是通过联邦法律、宣布大赦、同意总统关于政府首脑的任命等。俄联邦政府是国家权力最高执行机关。

俄罗斯是前苏联地区经济实力最强的国家。前苏联经济的基干部分置于俄罗斯境内，工业部门齐全，形成完整的体系，而且技术设备相对先进。俄罗斯联邦工业部门根基雄厚，以机械、钢铁、有色金属、石油、天然气、煤炭、森工及化工等重工业为主。军事工业是俄罗斯机械工业的支柱产业。由于拥有丰富的原料，再加上多年的产业政策倾斜，俄罗斯的重工业非常发达。相反，轻工业的发展却远远不能满足俄罗斯人民的需要。俄服务业较发达，在国民经济中的比重逐年增加，在经济转型期间，服务业有望继续发展。俄罗斯对外贸易的主要对象国是原苏联各加盟共和国和东欧各国。与西方国家的贸易处于较快的上升趋势。近些年同中国经济贸易亦有发展，特别是边境贸易发展较快。

俄罗斯位于欧洲东部和亚洲北部，其欧洲领土的大部分是东欧平原。北邻北冰洋，东濒太平洋，西接大西洋。东西最长为 9000 千米，南北最宽为 4000 千米。陆地邻国西北面有挪威、芬兰，西面有爱沙尼亚、拉脱维亚、立陶宛、波兰、白俄罗斯，西南面是乌克兰，南面有格鲁吉亚、阿塞拜疆、哈萨克斯坦，东南面有中国、蒙古国和朝鲜。东面与日本和美国隔海相望。海岸线长 33 807 千米。

从西北端的海洋气候到西伯利亚的剧烈大陆性气候和远东的季风性气候，俄国大部分地区处于北温带，气候多样，以大陆性气候为主。温差普遍较大。1 月平均温度为－37～－1℃，7 月平均温度为 11～27℃。俄罗斯有 85 个自然保护区、25 个天然国家公园。自然资源十分丰富，资源总储量的 80%分布在亚洲部分。主要矿藏有煤炭、石油、天然气、油页岩、铁、锰、铬、铜、铅、锌、镍、钛、金、钾盐、石棉等。

二、雪豹的分布与种群状况

生活在平均海拔3000多米雪线之上的雪人或许只是一个神秘传说。但同样生活在高山冰雪世界、号称“隐士”的山地生物多样性旗舰物种——雪豹，却是一个真实的存在。

作为全球性濒临灭绝物种，俄罗斯是雪豹一个重要的栖息地。然而，由于高山严寒多变，雪豹行踪飘忽，俄罗斯境内雪豹的分布范围、种群大小、活动路径等至今仍处于迷雾中（Jackson and Hunter，1996；Poyarkov and Subbotin，2002；McCarthy and Chapron，2003年）。

在俄罗斯，雪豹有限地分布在西伯利亚南部的山脊、零星地分布在中亚山地，常出没于海拔2000～3000米的高山地带和亚高山地带及海拔900～2000米蒙古国和俄罗斯地区的山地草原和森林地带上部（Koshkarev，2002；Poyarkov et al.，2001）。它出现在阿尔泰山、西萨彦岭、东萨彦岭、图瓦共和国山区和哈卡斯地区，种群状况岌岌可危（Heptner and Sludskiy，1972；Sopin，1977；Smirnov et al.，1991年）。有关雪豹分布范围的大小和历史变迁，人们没有形成统一的认识。有记录显示，雪豹最北跨过北纬54°的范围，还有记录显示在北极圈靠近楚科奇-堪察加半岛的地方也曾经有雪豹活动痕迹（Kashkarov，2012）。有人估计雪豹在俄罗斯的生境面积为302 546平方千米（Hunter and Jackson，1997年），世界自然基金会得出的结果却是60 000平方千米（WWF/RAN，2002年），而俄罗斯本土专家给出的数字又是130 000平方千米（Poyarkov and Subbotin，2002）。显然，对雪豹的生存面积，学界众说纷纭，不相一致。

关于种群数量，专家估计在阿勒泰山区有雪豹约40只，平均密度为0.75～1.5只/100平方千米（Sopin，1977）。而权威估计在8个主要区域的雪豹总量有150～200只（Poyarkov and Subbotin，2002）。最大的种群出现在陲斯基和卡图斯基北部和南部边缘（30～40只）及西萨彦岭（20～25只）。萨彦岭生物圈保护区（389平方千米）和阿尔泰州自然保护区（864平方千米）已证实有雪豹出没。在扎卡兹尼克斯保护区也有雪豹出没的报道，如伊宁斯克（1030平方千米）、科斯阿嘎斯克（2413平方千米）、莎维林斯克（1780平方千米）和科迪提格汗斯克（3200平方千米）。

三、艰难追踪雪豹痕迹

最初对雪豹的研究主要从雪豹的食物北山羊、盘羊、旱獭等开始着手，通过猎物的丰富度来估算资源的可容纳量。然后是对雪豹种群的计算。考察重点主要集中在雪豹种群数量、分布及在保护区的生存状况等方面（Poyarkov and Subbotin，2002；Samoylova et al.，2000 年）。

在制订研究方案和监测种群发展趋势时，越来越多的新方法和新技术正在使用在雪豹野外项目中，其中包含带有强大统计技术的红外相机拍摄、卫星全球定位系统监测和非侵入式技术（如毛发的基因分析以辨别个体和估计种群大小）。在俄罗斯，从事雪豹研究的机构主要是俄罗斯科学院生态与进化研究所和一些民间团体（NGO）。

(一) 沿俄蒙边境雪豹分布的调查

俄罗斯的雪豹研究工作主要开展于俄蒙边境，必须与蒙古国制订一个强有力的合作计划，因为雪豹的生活范围是两国 90%的共同边界。俄蒙边境的高山地区是雪豹在俄罗斯的主要栖息地之一，雪豹种群在这一地区的北部区域是呈岛屿化分布的特点（Zavadskiy，1988）。许多雪豹的小种群会出现在西伯利亚、蒙古国、中国的北部和哈萨克斯坦的东北部，它们被上百公里的泰加林、厚厚的冬雪和荒漠隔离。这里的死亡带面积显著大于生命带，这些种群整体存活的可能性取决于对各个被分隔的“核心”的保护及它们之间在空间上进行接触的可能性(Poyarkov et al.，2001)。但令人惊奇的是，即使是在最极端的条件下，雪豹不仅出现在 100～200 年前有记载的分布区内，还有不少出现在以前并不知道的区域内。

梅德韦杰夫在对图金斯基山脉的中部及西部进行调查的过程中，发现了 6 只雪豹的踪迹，其中 4 只在北坡，2 只在南坡（Medvedev，1992）。其中还有一只雌性雪豹带有幼崽（北坡）。所有的踪迹均是相互独立的。这些动物同时穿越同一地区，但所选择的路线却各不相同。

发现全部踪迹的地区可以被划成一个 16 千米×26 千米的长方形，面积大于 400 平方千米。该部分位于图金斯基山脊中部最高的地方。根据已知资料判断，雪豹的平均种群密度为 1.5 只/100 平方千米（Poyarkov et al.，2001）。

这是否就可以假设开展研究的地区为其“核心”区域呢？很显然，可以做出这样的假设。因为这一地区的北山羊种群可能是整个山地及萨彦岭东部地区数量最大的。此外，在其东面和西面，雪豹的栖息地条件较差，所显示雪豹存在的证据也很少。

雪豹在图金斯基山脉的西面部分的生存条件比其在东部的生存条件略好一些。与此相邻的区域在穆库萨迪克（海拔 3492 米），为山脉交界处，大部分区域都可作为良好的雪豹栖息地。这一区域与图金斯基山脉相邻并形成了天然走廊带，该走廊是雪豹到达萨彦岭及更远一点儿、进入蒙古国西部的山脉的唯一途径。雪豹在穆库萨迪克及附近是否存在一个群体，目前尚未弄清。

(二) 俄罗斯外贝加尔高原雪豹调查

俄罗斯学者在这一地区开展实地研究还是第一次，此前的资料都是从问卷中得到的（Koshkarev，2002）。他们对 3 个存在雪豹可能性比较高的地区进行了调查，这 3 个地区分别是斯坦诺维基山脊（博茹彦峰与塔巴尔河之间的部分）、索汗鼎斯基保护区（汗腾山脊本身）和秦克克斯基山脉（拜斯垂斯基峰和库姆尔斯基峰之间的部分）。在调查中他们得知，当地人曾在 20 世纪 90 年代猎杀过雪豹。除此之外，没有任何能够证实雪豹在当地分布的证据。在该地区内 400 多平方千米主要为中高山地的研究路线中，未曾发现过清晰的雪豹踪迹，仅收集到了 36 个排泄物样品，但具体物种的鉴别还有待于 DNA 分析做出结论。

(三) 洪福索谷西部（蒙古国北部）调查

在 1995 年进行的调查中（7 月、10～11 月），他们只在巴颜欧林山区的北部发现过雪豹的踪迹。在南面的哈迪萨旦地区却没有发现。该地区曾经被设想为雪豹由俄罗斯经与图金斯基山脉相连的穆库萨迪克山脉交界处进入洪福索谷（Hovsogul）的通道。但雪豹经过多远才能抵达洪福索谷地区，以及进入这一地区的频率仍然没有弄清（Koshkarev and Vyrypaev，2000）。

1997 年，俄罗斯专家重新检查了过去曾经出现过雪豹和更南面的一些新地点。选择了沿主要分水岭分布的 21 个调查样带，每个样带的平均长度为 1 千米。该路线经过了本地区所有高海拔点，各山峰的高度分别为 3130 米、3124 米、3103 米、2850 米和 3023 米（Koshkarev，2002）。在所有的调查样带中，只发现了雪豹旧的搔爪痕迹，而没有像在 1995 年的调查中所发现的新痕迹。在调查样带的总长度中，能够找到标记物的地方不足 1/5。在南部边缘的分界处发现了雪豹的踪迹。该地至穆库萨迪克的直线距离不超过 70～80 千米。由此表明，洪福索谷西部山区可能成为雪豹栖息地的潜在地区，其占当地总面积的 20%左右，但有记录表明雪豹曾经出现过的地区仅约为 1%。

雪豹的各类爪痕附近都有北山羊幼体的蹄印，这表明捕食者在夏季曾经到过这里。在各种可能性中，以雪豹在其所捕食的动物处于繁殖季节时主动到达这一地区活动的可能性较高。因此，保护雪豹的主张目前已得到了俄罗斯和蒙古国的国家公园的支持。1997 年，洪福索谷公园的面积扩展，两个保护区形成了一个单独的保护区域。总体上的边界与东萨彦岭山脉和穆库萨迪克分界相一致，在那里有一个连接东部萨彦岭和蒙古国最北部的生态走廊带。最近，洪福索谷西部明显成了东部萨彦岭和蒙古国两地雪豹种群的主要迁徙桥梁，但现在这种联系正在遭到破坏或严重减弱，即使在离蒙古国或东部萨彦岭山脉最近的地方也是如此。由此得出的初步的结论为，在过去的几年中，雪豹未从东部萨彦岭进入过蒙古国。

无论情况如何，在 1995 年夏季雪豹曾经出现过的地方都未再观察到任何迹象。

（四）利用红外相机拍摄雪豹

2010 年 10～12 月，联合国开发署（UNDP）和全球环境基金（GEF）远征队成员在阿尔泰共和国展开雪豹栖息地调查，方法包括痕迹调查和红外照相机拍摄。最近传来好消息，在与中国、蒙古国西部交界的图瓦泰加林区，俄罗斯专家架设的照相机“陷阱”成功拍摄到 12 张雪豹照片，其中含 4 只不同个体（图 10-9）。与以往不同，专家对这次调查活动进行了适当的改良，即发动群众（眼线）及时报告雪豹偷袭家畜事件，有的放矢，这是一次有奖励的游戏。调查在 2011 年 10 月开始实施，一旦当地牧民或志愿者提供家畜受袭击或死亡消息，专家立刻奔赴事发地点，架设相机，并现场奖励这些提供信息者。他们先后在阿尔泰山一共布设 21 台自动相机，效果立竿见影，取得了阶段性成果。世界自然基金会的专家曾经估计这个区域雪豹种群数量只有 15～20 只。这里的图瓦人还是依照祖先的方式生活，他们视牛羊为最宝贵的财产，绝不希望与雪豹一起分享。作为对牲畜损失的报复，他们与雪豹的冲突加剧。通过奖励机制的建立，牧民们正在改变传统的观念。

图 10-9 雪豹重现阿尔泰山区（WWF-Russia 提供）

四、建立“绿色赔款”机制

雪豹像其他许多野生动物一样，面临着生存的危机。尽管动物学家和摄影师都难见雪豹一面，但雪豹却很难逃脱捕猎者的毒手。牧人、诱饵、陷阱、毒药，种种威胁使得人们更容易看到被杀害的雪豹，而却难觅活口。俗话说“只见豹皮，不见豹影”。全球现存的雪豹数量为4000～7000只，还不到一个世纪前的一半。

苏联解体后的20年，雪豹的生存状况即使在最好的栖息地，都变得更加严峻。主要原因包括俄罗斯主要自然保护区结构的改变、本国的经济混乱、边区无政府状态、自然资源前所未有的大规模的掠夺性开采、非法皮毛和骨头贸易等。特别是中国市场对其巨大的需求和边贸诱惑。为了获取珍贵皮毛而遭猎杀，是目前雪豹面临的最大威胁。从1761年开始，雪豹柔软厚实的皮毛和独特的毛色就已经引起了欧洲人的注意，成了抢手货。据说，如今一张雪豹皮在黑市上能卖到1000～5000美元，转手到欧美国家则更贵，甚至能达到上万美元。

人类的活动给这种大型猫科动物带来了巨大的生存压力，没有人确切知道雪豹的野外现存数量。孤寂的“雪山隐士”并不逍遥，栖息地破碎化、岛屿化、边缘化……有的时候，可怜的雪豹就像是一个被流放的逃犯，奔跑在西伯利亚原野上。雪豹从1988年起被国际自然保护联盟（IUCN）红皮书列为濒危物种。它从1975年被包含在《濒危野生动植物种国际贸易公约》（CITES）附录Ⅰ中，因此该物种的所有国际贸易都是被禁止的。俄罗斯是CITES缔约国，制定了保护雪豹的国家战略和行动计划。他们还率先成立了用来保护雪豹的“绿色赔款”机制，很好地缓解了牧民与雪豹的冲突。

世界自然基金会在阿尔泰山-萨彦岭生态流域（俄罗斯、蒙古国、哈萨克斯坦、中国四国汇集之地）正在酝酿一个跨国界保护区计划。他们在中国阿勒泰部分区域（包括新疆的吉木乃县、哈巴河县、阿勒泰市、福海县、富蕴县、青河县等）展开调查雪豹和盘羊现状活动（初红军等，2009），大概估计种群数量及栖息地面积，为进一步实施保护计划奠定基础。

俄罗斯总理普京（2012年5月又一次当选总统）十分钟爱雪豹。来自俄罗斯的媒体消息称，2010年10月，普京来到图瓦共和国境内的乌布苏诺尔生物保护区，亲自深入原野，探索雪豹的生活环境。他还抽空看望一只受伤的雪豹，这只雪豹是在西伯利亚中部被发现的，它当时带着伤，当地科学家把它从偷猎者的手里救了出来，并给它取名为“孟苟”。可见普京这位政治上的铁腕人物，也有热爱动物的柔情一面。2011年3月，莫斯科宣布雪豹、野兔和北极熊当选为2014年索契冬奥会官方吉祥物。2011年4月，普京在莫斯科举办的地理协会会议上宣布启动“雪豹”保护项目。显然，国家及国家领导人对雪豹的重视，极大地有利于雪豹在该国生存现状的改善，也有利于保护工作的开展。

（梅　宇）

第十节 塔吉克斯坦的帕米尔和平公园

塔吉克斯坦是位于中亚南部的内陆国，是中亚诸国之中国土面积最小的国家。国土面积为14.31万平方千米，西部和北部分别同乌兹别克斯坦、吉尔吉斯斯坦相连，东邻中国新疆，南界阿富汗，地处山区，境内山地和高原约占国土面积的93%，其中约一半在海拔3000米以上，亦有“高山之国”的称谓。境内有3条主要山脉，北部山脉属天山山系，中部属吉萨尔一阿赖山系，东南部为冰雪覆盖的帕米尔高原。境内最高的山峰为共产主义峰，海拔为7495米。北部是费尔干纳盆地的西缘，西南部有瓦赫什谷地、吉萨尔谷地和喷赤谷地等。大部分河流属咸海水系，主要有锡尔河、阿姆河、泽拉夫尚河、瓦赫什河和菲尔尼甘河等。水利资源可观，位居世界第八。湖泊多分布在帕米尔高原。靠近新疆的喀拉库利湖是国内最大湖泊，为盐湖，海拔3965米。

全境属典型的大陆性气候，高山区随海拔高度增加大陆性气候加剧，南北温差较大，1月平均气温−1～3℃；7月平均气温为27～30℃。年降水量150～250毫米。帕米尔山西部终年积雪，形成巨大的冰河。塔吉克斯坦大陆冰川较多，大约现存9000条冰川。最大的大陆高山冰川是费琴科冰川，全长超过70千米。境内淡水资源储备及物种多样性都位于中亚国家前列。拥有20种土壤类型，植物种类多达6000种，脊椎与无脊椎动物的数量也超过11 000种，同时也拥有种类繁多的矿产资源。

一、雪豹种群数量及分布状况

一直以来，人们对塔吉克斯坦境内雪豹的生存状况和分布情况了解较少。在苏联解体之前，塔吉克斯坦和吉尔吉斯斯坦这两个国家的雪豹数量是最多的。在20世纪80年代后期，两国雪豹种群数量为1200～1400只，占整个苏联种群数量的75%，随后雪豹种群数量在这两国一直呈显著下降的趋势。有专家估计塔吉克斯坦境内雪豹的种群数量为200～300只（Sokov，1990）。但这一数字被认为估计过高。后来，还有一些专家估计雪豹种群的数量在80～100只，或120～300只（Bururukov and Muratov，1994）。拜克娃等最近一次估计雪豹数量为180～220只（Bykova，2002年）。

雪豹在塔吉克斯坦主要分布在中部的吉萨尔山和南部的帕米尔高原区域。亨特与杰克逊估计雪豹潜在的生境面积大约是78 440平方千米，而其中只有13%的面积处于被保护的状态。根据索克夫报道，曾有6只雪豹出现在面积为

161 平方千米的拉米特州保护区和面积为 197 平方千米的达斯汀-准莫斯克保护区（Sokov，1990）。同时在伊斯坎德库勒自然保护区、慕孜库勒保护区、帕米尔斯克保护区、桑沃尔斯克保护区也出现过雪豹。1991 年，该国在通过航拍调查马可波罗盘羊数量的工作中，有 9 只雪豹曾在帕米尔高原出现过。

二、塔吉克斯坦雪豹的保护

塔吉克斯坦拥有一定数量的雪豹、马可波罗盘羊和其他稀有高山物种。然而，一直以来，这个国家在保护这些重要物种方面所作的努力较少。例如，缺乏有意义的财力投资、人力投入、国际之间的保护合作及针对雪豹的研究工作。值得期待的是，乔治·夏勒博士在塔吉克斯坦的物种保护方面具有广泛的经验。夏勒博士所做出的努力在某种程度上促进了国际豹类基金会对该国雪豹的保护工作，并且使以后的保护行动更加顺利。

塔吉克斯坦的帕米尔高山地带是雪豹南北分布区的重要连接地带，同时是种群基因交流的一个重要通道。国际豹类基金会在塔吉克斯坦雪豹保护计划中扮演着积极的角色，并于 2009 年 12 月给予资金支持。基金会与塔吉克斯坦科学院动物研究所达成一致的合作协议，其目的是能够在帕米尔高山地带开展大范围的雪豹考察工作。由于夏勒博士在帕米尔高山地带一直协助参与雪豹的调查工作，这些工作使夏勒有资格培训本土的生物学家，并对雪豹重要分布区域的环境因素和必需条件进行评估。

该国从 1994 年就已经建立起 19 个自然保护区，总面积为 6230 平方千米，占国土面积的 4.4%。保护区现存的主要问题比较多，首先缺乏科学系统的土地管理措施，也没有健全的保护法案。其次，一些保护区，如拉米特、塔格布克、达斯汀-准莫斯克正在经历着一些经济开发活动，这些保护区的土地已不同于传统方式的使用。考虑到上述因素，专家提议建立起一个综合的专属性自然保护区网络。首先建立起帕米尔国家公园、伊斯坎德库勒高山公园及一个与阿富汗接壤的保护区（萨雷库里）。建立起这些保护区是非常重要的，因为现存保护区面积较小，这样会增加保护工作的困难程度和降低保护的有效性，并且，现存保护区中栖息地的面积也不够维持高山动物的生存。因此，建立大面积的帕米尔国家公园和高山保护区对保护高山的稀有物种是一项非常不错的策略。

三、基础理论研究

在 1988 年塔吉克斯坦所出版的红皮书中，雪豹被列为该国稀有的濒危物种。该国雪豹，大多出现在帕米尔至吉萨尔－阿赖之间的区域，但雪豹的种群主要还是分布在帕米尔区域。这些适宜生存的栖息地都是一个个隔离的板块——高山峻岭，干扰度较低。

穆拉托夫在帕米尔高原的考察结果表明，最优“捕食者与被捕食者的比率”为1∶55（Muratov，1989年），即1只雪豹与55只北山羊（这种比例结果并未排除雪豹还捕食其他的猎物）。该结论是基于10年的考察工作所提出的，并且在野外得到了证明。当比值接近1∶55时，雪豹很少或者不会袭击周边区域的家畜。然而在舒纳和茹善地区，雪豹冬天袭击家畜的频次较高，这样的现象表明该区域雪豹与野生猎物数量的比值已经远远偏离最优比率。同时也解释了为什么雪豹会在人类居住区寻求家畜作为自己的猎物。

最新消息很鼓舞人心，2011年11月至2012年5月间，德国与当地非政府组织（NGO）合作，在霍罗格共设置了13个“捕捉”雪豹的陷阱照相机，拍摄到至少6只不同的个体，包括母子雪豹。并认为冬季雪豹会追随北山羊，降低到海拔比较低的区域活动（Michel，2012年）。之所以他们可以拍摄到这么多的雪豹活动，一个重要原因是最近十余年开展了保护宣传计划，得益于针对反偷猎的措施及北山羊种群恢复行动。

考虑到雪豹在中亚分布的特点，一些学者认为在这些分布区之间会存在着不同的亚种群。即使全世界的雪豹种群为4500～7500只，也有可能某些亚种群数量很小，快要接近于灭绝的边缘。运用种群生存力分析（PVA）来评估这种风险性尚属首次，在此之前没有人运用过该模型评价雪豹种群生存力的风险性。安德森等人使用旋涡模拟程序来构建出雪豹种群生存力方程（Andersson et al.，2002），旋涡模型实际上是一种蒙特卡罗模拟，通过该方法能够模拟确定性因素和随机因素对其野生动物种群的影响，且该模型比较适宜于寿命较长或一夫多妻制的大型哺乳动物。旋涡模型的结果包括灭绝概率、平均灭绝时间、模拟的最后种群大小等。当种群中没有个体存在时，或者只剩下一种性别存在时，这个种群被定义为灭绝，如果该种群的灭绝率在100年内小于5%，就说明该种群是能够存活下去的。

在这项研究工作中，区分亚种和亚种群的概念是至关重要的。亚种是种下分类单位，通常由地理隔离造成。亚种内个体间基因相互交流的可能性大于同一物种不同亚种的个体。若地理隔离保持不变，经历漫长时间造成生殖隔离，亚种将最终演变为新种。而亚种群是指同一物种的不同种群，或多或少在地理上有一定的隔离，呈岛屿状孤立分布。不同的亚种群并不一定非要由不同的亚种组成。安德森等基于前人调查数据和谱系资料（Blomqvist，1984年），认为雪豹不会利用海拔高度高于5600米的区域，因此这些海拔较高的山脉将会成为雪豹迁徙移动的障碍。在此基础上，安德森等利用地理信息系统模型（GIS），将全世界的雪豹划分为四个亚种群（族群）。一是西伯利亚南部和蒙古种群；二是哈萨克斯坦东部种群，包括天山；三是乌兹别克斯坦、阿富汗、塔吉克斯坦、吉尔吉斯斯坦和中国帕米尔种群；四是中国西藏、巴基斯坦、印度、尼泊尔和不丹种群。

研究结果表明，我们如果将全世界的雪豹看做一个种群，雪豹则有着较低的风险灭绝概率，甚至不用被列为濒危物种。道理非常简单，东方不亮西方亮。因为模型的结果表明，当雪豹初始种群数量达到 300 只左右时，在 100 年内的存活率是大于 95%的，这说明雪豹这一物种不存在灭绝的风险。但是，当将其划分为四个亚种群分析时，哈萨克斯坦东部种群则有灭绝的风险。根据文献资料的统计，哈萨克斯坦的东部种群约为 190 只，而且数据来源于一些较早的考察结果，所以目前的实际数量可能是远远低于 190 只。其他剩下的三个亚种群，在这 100 年的灭绝率则低于 5%。塔吉克斯坦境内的雪豹被划分到第三个亚种群，第三个亚种群的种群数量估计为 3700 只，也就是说第三个亚种群是可以长期存活下去的。由于此项研究工作在某项程度上缺乏足够的数据支持，所以只能将雪豹种群划分为粗略的四个亚种群。安德森等认为，雪豹种群还可以被划分为更多的亚种群，其结果可能更糟。这项研究工作给我们的启示是，对雪豹种群的保护，应该更关注于这些数量较小的亚种群。所以，像塔吉克斯坦这些国土面积相对较小的国家，在雪豹保护工作方面上承担着重要的责任。在重点保护区建设方面，应该和中国、乌兹别克斯坦、阿富汗、吉尔吉斯斯坦这些国家形成一个跨国网络，为雪豹的迁徙、移动提供便利的通道。特别要防止造成迁徙的屏障（如边境铁丝网、电网），一旦形成迁徙屏障，这些国土面积较小国家的雪豹种群将会面临着灭绝的风险。

总之，雪豹的研究工作在塔吉克斯坦国内起步较晚，特别是苏联的解体，不仅仅对国内经济造成重创，法制秩序混乱，许多科研工作也因此被搁置一段时间。近年来在国际豹类和雪豹基金会的推动和支持下，以及本国生物科研工作者的参与下，塔国的学者已经开始评估雪豹种群数量，开展对雪豹生态习性的研究工作，以此发展有效的生物学保护手段对其进行保护。同时，应敦促当地政府采取有效措施制止对雪豹的捕杀和贸易活动，对当地的牧民开展环境保护教育和培训，与非政府组织（社会生态组织）建立起合作关系，并且希望能得到雪豹基金会的长期支持。

四、帕米尔和平公园设想

往事不堪回首，雪豹在塔吉克斯坦的生存状况一直以来都不容乐观。1975 年，这一物种就被列入濒危野生动植物种国际贸易公约。这就意味着有关雪豹产品的贸易在这些分布国家都会被禁止。但是，塔吉克斯坦和吉尔吉斯斯坦并未加入这些国际公约。1985 年雪豹被列入迁徙性野生动物物种保护公约（CMS)，然而中亚只有 5 个国家加入这一公约，塔吉克斯坦也并未加入这个公约组织。1993 年，雪豹的保护才被列入塔吉克斯坦“国家自然保护法”中。1994 年政府颁布“保护和利用动物资源法”，将雪豹列入该法律的保护对象。

目前，对在塔吉克斯坦非法猎杀雪豹，最多的罚款可达每月最低工资标准的 10 倍。但是，在塔吉克斯坦，法律的执行力较低，政府也并未采取有效的强制措施。20 世纪以来，数百只活雪豹在全世界范围内被交易，大多数被交易的活雪豹主要被送往一些动物园，而这些活雪豹主要来自塔吉克斯坦和吉尔吉斯斯坦。1930～1969 年，塔吉克斯坦出口的活雪豹数量达 425 只。同时据官方发表的统计数字，1958～1967 年，10 年至少有 330 只雪豹遭到猎人捕杀。原因首先是对雪豹的保护滞后，无法律保障。其次政府鼓励农牧民捕杀，目的是促进皮毛贸易的发展。最后是牧民对雪豹的报复性捕杀，因为雪豹也会偷吃牧民的家畜。还有一部分雪豹掉入了原本用于猎杀狼和其他动物的陷阱，而被误伤或杀害。

20 世纪末“苏联解体”，这一政治事件对雪豹和它的主要食物资源——有蹄类是一项重创。由于国内经济和政治环境的恶化，加之持续的内战，政府已无力支付工人的工资。经济和生活的重压使得人们不得不把这些压力转移到其他方面，于是这一段时间的偷猎现象极为严重，人们偷猎程度达 3～4 倍的增长。1992 年，一个德国狩猎社团被批准可以进入帕米尔高原猎杀马可波罗盘羊和雪豹。虽然这一时期塔吉克斯坦官方并未提供一个具体的数字来说明雪豹遭受到迫害的程度，但有人估计哈萨克斯坦和吉尔吉斯斯坦的雪豹种群数量至少减少了 50%（Koshkarev and Vyrypaev，2002 年）。另外一项估计，认为在 1990～2000 年，吉尔吉斯斯坦和塔吉克斯坦的雪豹数量减少了 50%～80%。20 世纪 90 年代后期，塔吉克斯坦政局仍然不稳定，国内经济处于崩溃的边缘，在雪豹皮毛贸易利润的推动下，人们开始疯狂猎杀这一物种。1996～1997 年，统计到有 10 只雪豹被猎杀。在塔吉克斯坦，大多数雪豹皮被转移到吉尔吉斯斯坦作进一步的交易，这些皮子有的被贩卖到俄罗斯，有的则被塔吉克斯坦的富人或者来该国旅游的人所购买。1995 年一张雪豹皮的价格在 300～400 美元，同年，在与吉尔吉斯斯坦接壤的边界，10 张雪豹皮被塔吉克斯坦海关所没收。有报道称，驻扎在塔吉克斯坦的俄罗斯士兵也参与过雪豹皮的交易。

塔吉克斯坦境内的雪豹主要以北山羊、盘羊、捻角山羊为食物，同时也会捕获旱獭、野兔、小型啮齿类作为自己的食物。目前，专家认为雪豹种群数量下降的主要原因还包括食物资源的短缺和栖息地环境的丧失。例如，北山羊的数量下降和家畜对其栖息地的占领。给定的食物资源和栖息地总是能够维持一定的种群数量，然而当这种大自然的平衡被人类的活动破坏时，雪豹的种群数量势必会下降。当北山羊的数量下降时，雪豹肯定会找其他的猎物作为北山羊的替代物，这也很好地向我们解释了为什么雪豹袭击家畜现象越来越多，并且经常发生在人口数量增长的分布区。

近年来在帕米尔高原，马可波罗盘羊的数量也在持续下降。人类活动的干扰使这种喜欢活动在较为开阔河谷的物种被迫转移到更为崎岖的山地上生存，而崎岖的地形恰好是雪豹喜欢狩猎的地方。因此，这些物种也比以往更容易遭受到雪豹的猎杀。在马可波罗盘羊分布最多的区域——穆尔加布，经济状况的恶化和人类食物资源的短缺是导致盘羊数量下降的主要原因。根据 1994 年的统计数字，在过去的几年中，大约有上千只的盘羊被捕杀（Buzurukov and Muratov，1994）。

目前，雪豹专家们认为保护现存该国雪豹和有蹄类动物的有力行动计划主要包括三个方面。①基于当前人类对环境的干扰程度和猎杀程度，政府应该扮演积极的角色，建立起惩罚级别较高的保护法，并保证法律具有较强的执行力。政府在保护野生动物方面还要建立一系列具体的措施来恢复和监控这些珍贵的高山物种，包括依靠士兵动用直升机进行巡逻。②建立大面积的国家公园和自然保护区，如在帕米尔国家公园（1200～1500 平方千米）建立两个特殊的核心保护区域，面积大小分别为 150 平方千米和 50 平方千米，一块是盘羊的主要活动区域，另外一块是雪豹和北山羊活动的主要区域。③帕米尔高原覆盖范围达四个国家，巴基斯坦、阿富汗、中国、塔吉克斯坦。2003 年，巴基斯坦的世界自然基金会组织提议建立一个国际的帕米尔自然保护区。夏勒博士曾在这四个国家作过长期的考察，他非常赞同建立一个帕米尔国际和平公园，并对该和平公园的建设提出了一系列具体的建议。该方案已经得到中国、阿富汗和塔吉克斯坦的积极响应。同时，塔吉克斯坦总统——埃莫马利·拉赫蒙，已经批准将该方案作为塔吉克斯坦未来保护区建设的一部分。相信在不久的未来，帕米尔国际和平公园一定会被建立起来，成为雪豹及其他高山物种生活的天堂和乐园。

（胡宝文）

第十一节　乌兹别克斯坦雪豹命运堪忧

乌兹别克斯坦是唯一不与中国搭界的雪豹分布国。其中亚地区优越的地理位置和宜人的气候条件，使该地区很早便成为早期人类活动地带。公元前 4～3

世纪，中亚归希腊马其顿人和塞琉古王朝统治。马其顿国王亚历山大的统治大大促进了东西方及中亚的经济文化发展。公元前3世纪，被占领的土地获得独立，当地的王朝建立政权。公元7～8世纪，阿拉伯人占领中亚。10世纪，当地人从阿拉伯人手中接管了政权，中亚地区出现了萨曼王朝，乌兹别克民族形成。13世纪被蒙古人征服。14世纪中叶，阿米尔·帖木儿建立以撒马尔罕为首的庞大帝国。16～18世纪，建立布哈拉汗国、希瓦汗国和浩罕国。19世纪60～70年代，其部分领土并入俄罗斯。1918年建立苏维埃政权。1924年成立乌兹别克苏维埃社会主义共和国并加入苏联，1991年8月31日宣布独立。

乌兹别克斯坦是一个由130多个民族组成的多民族国家。人口为2800万人。主要是乌孜别克族（78.8%）、俄罗斯族（4.4%）、塔吉克族（4.9%）、哈萨克族（3.9%）、鞑靼族（1.1%）、卡拉卡尔帕克族（2.2%）、吉尔吉斯族（1%）、朝鲜族（0.7%）。其他民族还有乌克兰族、土库曼族和白俄罗斯族等。官方语言为乌兹别克语（属阿尔泰语系突厥语族），俄语为通用语。主要宗教为伊斯兰教，属逊尼派，其次为东正教。

全国分为1个自治共和国（卡拉卡尔帕克斯坦自治共和国）、1个直辖市（塔什干）和12个州，即安集延州、布哈拉州、吉扎克州、卡什卡达里亚州、纳沃伊州、纳曼干州、撒马尔罕州、苏尔汉河州、锡尔河州、塔什干州、费尔干纳州、花拉子模州。

乌兹别克斯坦共和国位于中亚地区西南部，分别与哈萨克斯坦、吉尔吉斯斯坦、塔吉克斯坦、土库曼斯坦和阿富汗等国为邻。由于其邻国皆为内陆国家，所以乌兹别克斯坦成了目前世界上仅有的两个双重内陆国之一。总面积44.74万平方千米，全境地势东高西低。平原低地占全部面积的80%，大部分位于西北部的克孜勒库姆沙漠。东部和南部属天山山系和吉萨尔－阿赖山系的西缘，内有著名的费尔干纳盆地和泽拉夫尚盆地，主要河流有阿姆河、锡尔河和泽拉夫尚河。乌兹别克斯坦属干旱的大陆性气候。境内最高的山是海拔4301米的阿迪隆加托吉峰。山地生态系统得天独厚的自然地理条件养育着丰富的生物，具有较高的生物多样性。森林覆盖率为12%。乌兹别克斯坦境内约有3700种野生植物。富有爬行类、鸟类、哺乳类、鱼类等野生动物资源。在山区，北山羊、野猪、西伯利亚狍、高原兔、獾、旱獭、野雉、石鸡、雪鸡和鹌鹑等十分常见。

一、雪豹数量屈指可数

雪豹已被录入乌兹别克斯坦红皮书，属于濒危物种（Kreuzberg-Mukhina et al.，2000年）。乌兹别克斯坦属于全世界雪豹分布区的西部边界范围，其种群数量还取决于雪豹在邻国之间的迁移情况。与此同时，雪豹的这种边缘性的分布特点和边界地带的管理不善等情况进一步加剧了该物种的受威胁程度。和相邻国家一样，由于过度利用自然资源、农业发展、工业生产和旅游开发等，雪豹及其栖息地受到的威胁更为严重。随着国际合作交流的进一步加强和公民环境保护意识的不断提高，乌兹别克斯坦的自然保育工作也在日益完善。从20世纪90年代开始，乌兹别克斯坦先后制定和实施雪豹保护国家战略政策以吸引国内外环境保护组织来积极参与雪豹的保护工作。政府环境保护机构与国内外非政府保护组织网络积极而紧密地合作，争取通过社区参与、牧民做主等方式来解决野生动物有效保护的问题。1995年，通过签订国际生物多样性公约（CBD），乌兹别克斯坦面对国际社会宣布保护生物资源的责任。1998年前后，该国在这一方向采取进一步行动，加入了濒危野生动植物国际贸易公约（CITES）和迁徙物种公约（CMS）。除此之外，该国正在积极参加以保护雪豹为主的珍惜濒危物种的各种国际协议。

乌兹别克斯坦的雪豹分布区仅限于西部天山山系地区和阿赖山系等边缘地区，雪豹主要出现在西天山地带及阿赖山脉。雪豹分布区总面积不足1万平方千米，占全世界雪豹分布区的0.5%左右。乌兹别克斯坦的雪豹具体的种群数量和密度仍然缺失。根据乌兹别克斯坦科学院动物研究所、恰塔库里自然保护区和黑撒自然保护区等科研机构的多次科学考察，乌兹别克斯坦境内现有的雪豹种群数量只有20～50只，只占世界雪豹数量的1%左右。其中，西部天山估计分布10～15只雪豹，黑撒和阿赖20～30只。其种群数量随季节变化和相邻国家之间的迁移情况而异。有些人们很难到达的偏远山区，其雪豹分布状况和具体数量仍是未知数。

在乌兹别克斯坦，雪豹主要的食物资源是西伯利亚北山羊（*Capra sibirica*）。偶尔捕食野猪（*Sus scrofa*）和西伯利亚狍（*Capreolus pygargus*）等。由于冬季食物资源缺乏，再加上猎物种群数量的大幅度下降，雪豹下山攻击家畜现象时而发生。雪豹夏季喜欢捕食孟氏旱獭（*Marmota menzbieri*）、长尾旱獭（*Marmota caudata*）、红鼠兔（*Ochotona rutila*）和蒙古兔（*Lepus capensis*）。在雪豹食谱中也可以看到石鸡（*Alectoris chukar*）和喜马拉雅雪鸡（*Tetraogallus himalayensis*）等。

二、当务之急是杜绝盗猎

乌兹别克斯坦的雪豹危在旦夕，雪豹占据的弹丸之地，顷刻间就会化为乌有，也许就在我们大家反复讨论的过程中迅速消失。目前，非法捕猎、雪豹制品的非法贸易、栖息地退化及破碎化、报复性杀害等致使乌兹别克斯坦野生雪豹的数量在不断减少。为了获取雪豹毛皮及其制品而偷猎雪豹的现象仍然普遍存在。据统计，每年至少有10只雪豹由此而受到伤害（Esipov，1995）。由于打击力度的不断加强和保护管理措施的不断完善，雪豹毛皮的供应量近几年大大减少。但是，来自中国和其他东南亚国家对豹骨作为虎骨替代品的需求在传统的亚洲医药贸易中不断增加。原苏联统治时期，动物园里人工饲养的雪豹绝大多数来自于哈萨克斯坦和塔吉克斯坦。而现在，随着乌兹别克斯坦经济的发展，雪豹及其幼崽经常被抓，卖给本国富人当宠物笼养。虽然雪豹攻击家畜的现象在很大程度上与雪豹原始栖息地被牧区侵占和由此而来的猎物数量不断下降有关，但是当地牧民甚至有些地方政府部门普遍认为雪豹是畜牧业生产的主要害兽。在大部分地区雪豹捕食家畜会导致牧民的报复性杀害。

为了提高公众环境保护意识，乌兹别克斯坦雪豹研究团队在国际雪豹基金会的资助下实施针对保护雪豹的“乌兹别克斯坦高山生态系统生物多样性保护科普宣传”活动。该团队在国立大学、各级科研机构和自然保护区的大力配合下为在校学生、志愿者及山区牧民编制了各种雪豹保护手册和宣传画册，并带动志愿者定期地开展实地考察、上门访问、宣传等活动。2001 年，乌兹别克斯坦和塔吉克斯坦组成“亚洲雪豹”团队（Asia Irbis)，共同实施“乌塔雪豹种群现状”项目。该项目主要目的是在乌兹别克斯坦和塔吉克斯坦极其脆弱的高山生态系统中普及环境保护科普知识。与此同时，项目动员各方面的力量，全面而系统地收集关于雪豹种群及其猎物现状数据，以及掌握山区人口分布及其动态变化的第一手资料。

通过几年的努力，团队初步收集了足够的信息来推断保护区范围内大概的雪豹数量。具体的种群密度有待进一步澄清。两国当地牧民参与和支持这些活动的热情普遍很高，但是当其家畜受到雪豹袭击时对雪豹进行报复性杀害的现象依然存在。为杜绝此类情况再次发生，两国政府部门在保护区范围内实行全日制武装巡逻。其结果是，一方面高山生态系统生物多样的保护得到了有力的保障，另一方面，武装巡逻人员本身打猎北山羊、旱獭等现象又给野生动物的保护带来了不可忽视的负面影响。显然，对第一线的环境保护人员进行环境保护意识教育也成了当务之急。

但愿乌兹别克斯坦不会成为雪豹灭绝的第一个国家。

（买尔旦）

第十二节　中国——雪豹的最后归宿

中国是雪豹的第一故乡，也是雪豹的起源地。历史上雪豹几乎就是中国特有的一个物种，无论是扩张，还是收缩，它的根都在这片崇山峻岭之中。当今世界上有60%以上的雪豹还生活在中国，如果没有中国参与，任何保护计划都是徒劳的。但是，国际上有这么一股势力，就是想方设法抹黑中国，无缘无故泼脏水，排斥中国。过去，超级大国苏联和美帝国都企图通过武力包围中国，孤立中国。现在，西方世界又通过打击恐怖主义、人权、贸易和环境问题等围剿中国。如前几节所述，一些相邻的国家也把矛头指向中国，什么中药虎骨替代了、边境贸易（走私）了、资源过度开发了、市场需求超常了，好像雪豹栖息地面积萎缩、种群数量下降，责任都在中国这一边。它们除了嫉妒中国的崛起外，也是在推卸责任、寻找替罪羊。

其实，中国的雪豹保护与研究也有一个逐步发展的过程。其主要可以分为三个阶段，即早期阶段、起步阶段（中期）和发展阶段。早期阶段为1980年以前，那时我国百废待兴，非常落后，相关科研项目屈指可数，关键是要解决10亿人口吃饱肚子的问题。第二阶段为起步阶段，主要是在1980～2000年，国家开始关注物种保护，形成了一批科研队伍，建立了上千个自然保护区，颁布野生动物保护法（1989年），全面展开综合科学考察，修撰《中国动物志》（1987年）和《濒危动物红皮书》（1998年）。那时西部虽然只有零星的雪豹报道和考察，但整个发展是积极向上的。承前启后，基础扎实。第三阶段从2000年之后算起，十多年来国家经济迅速发展，各项工作也提到议程之上，涌现出一些雪豹专业研究团队。在国内外基金会比如国际雪豹基金会（International Snow Leopard Trust）、野生生物保护协会（WCS）、世界自然基金会（WWF）等的支持下，在新疆和青藏高原开展了较深入的研究，内容涉及雪豹分布、数量、栖息地利用等许多方面。

一、早期阶段（1980年以前）

囿于科研资金短缺、文化教育落后、关注和研究者稀少，以及雪豹栖息地严酷的自然环境和雪豹本身的隐秘行为，我国科技工作者对雪豹这一珍稀濒危物种进行的科学研究开展得较晚，认识不足，水平也有限。这个阶段人民的思想基本上处于朦胧时期，与“雪豹第一大国”的身份相比显得颇为尴尬。

早期的科学研究记载多见于全国或地方的动物区系普查或地方动物志、经济动物志、药用动物志、狩猎动物纲要等，主要偏重于对雪豹的分类介绍和经济价值的描述，也有简单的生态学方面的陈述，多参考原苏联的资料，如张洁和王宗禕（1963）在讨论青海兽类区系中涉及了雪豹的区系研究；寿振黄（1962）主编的《中国经济动物志（兽类）》等对雪豹作了分类学及经济价值上的阐述。还有之后的《珠穆朗玛峰地区科学考察（1966～1968）》，队员在珠穆朗玛峰北坡（海拔5300米）营地附近遇见雪豹，在帐篷附近有一些脚印（钱燕文等，1974）。

在那个阶段，科研人员在新疆只开展过一两次动物资源综合考察。在对雪豹分布区域作相关动物资源调查的同时，都会附带对雪豹也进行相应的调查。例如，钱燕文等在1965年出版的《新疆南部的鸟兽》中，就对新疆南部雪豹的状况作了初步描述。

还有就是1977～1978年的天山托木尔峰登山考察，当时科研人员在木扎特河谷（海拔3000米）设弓形夹子捕捉北山羊时，意外获得一只雄性雪豹标本（体长110厘米，尾长89厘米）。但类似文献主要是以综述和介绍为主，互相沿袭，并未对雪豹分布区域开展专门的系统调查。人们对雪豹的分布状况和种群数量知之甚少。

二、起步阶段（1980～2000年）

改革开放以来，随着国家经济实力的增长和人们对野生动物关注度的提高，越来越多的生物学家、环保主义者、政府官员和普通民众加入物种保护与科学研究中。他们把雪豹视为最美丽也最神秘的一种大型猫科动物。雪豹也被视为高山生态系统的旗舰种和当地生态健康的指示物种，越来越多的生物学家怀着对雪豹的浓厚兴趣而走进雪山，走进雪豹的隐秘世界。

廖炎发（1985）和杨奇森（Yang，1992年）等曾研究过青海的雪豹分布，是国内研究雪豹分布的难得资料。1992年，在青海西宁召开了第七届国际雪豹会议，之后公开出版了会议文集（Fox and Du，1994年），来自各地的十几位中国学者的16篇论文同时发表，这是中国雪豹研究的一个里程碑。

20世纪80年代，美国野生动物学家夏勒曾在中国西部的广大地区如新疆、青海、西藏、甘肃等地作过野生动物资源状况的调查（Schaller，1988年；1998年），其中就专门对雪豹作了野外考察，这可以算是国内专门针对雪豹最早的科学考察之一。在1985年前后，夏勒几次对新疆不同地区的雪豹分布状况作了调查，发出了一个又一个警告，充满忧患意识（图10-10）。他的考察主要是直接观察法，通过实地考察和访问，分析雪豹的分布与生存情况，并依据当地环境条件估计了雪豹在分布区的种群数量（夏勒等，1991）。

此外，在国内还不时有一些关于雪豹人工饲养及病理方面研究成果，如廖炎发（1985）在西宁动物园成功实现雪豹的人工饲养和生育，胡洪光（1993年；1998年）、陶玉静（1997年）、张旭静（1998年）、吴秀山（2000年）等也对雪豹进行了一些病理研究，但是对野外种群的相关研究很少。

图 10-10　没有雪豹的日子，雪山会感到寂寞，
人类也一样内心空空如也

三、发展阶段（2000 年以来）

2000 年之后，国家开始重视基础科学研究，投入的资金、人力、物力逐年增加。同时，在外国基金会的帮助下，十几个研究单位（组）在国内不同地区对雪豹开展了较细致的研究，取得了可喜的成就。

2004～2012 年，以中国科学院新疆生态与地理研究所马鸣研究员为首的新疆雪豹研究小组在国际雪豹基金会（ISLT）的帮助下，率先对新疆东天山、阿尔泰山、西天山（托木尔峰地区）、昆仑山、阿尔金山、夏尔希里等地的雪豹进行了较系统的研究。特别是在 2004～2005 年，项目组对位于新疆西部天山的托木尔峰国家级自然保护区内的雪豹开展了分布范围、种群密度与数量、栖息地利用、主要食物资源等多方面系统全面的研究。通过使用问卷调查法、样线痕迹密度调查法、食物资源调查法、红外自拍相机调查法等进行的调查，发现了雪豹的 100 多处痕迹，拍摄到雪豹照片 32 张（图 10-11）。这在国内是开先河之举，是最早采用痕迹调查和红外拍摄技术确认雪豹种群密度的团队（马鸣等，2006）。他们初步确定该保护区中雪豹的分布范围和数量等信息，为掌握雪豹在新疆的分布和密度情况打下坚实基础。

图 10-11　新疆雪豹项目小组负责人马鸣研究员在木扎特河谷架设和测试红外自动相机（右图），2005 年 10～12 月项目组在国内首次拍摄到野生雪豹照片（左图）

2006 年，以中国科学院动物研究所蒋志刚研究员和徐爱春博士为主的研究团队对青海都兰县及可可西里自然保护区内的雪豹进行了系统研究。该研究团队也在雪豹的主要分布区——青藏高原拍摄到雪豹的照片。结合之前痕迹调查等的结果，初步确定了雪豹在研究区域内的分布范围、数量（Xu et al.，2008）。在调查过程中，研究团队还对当地牧民进行问卷调查，了解了雪豹在当地的生存现状，并分析了雪豹面临的主要威胁，对保护区雪豹的保护和管理提供了科学依据。

2008 年，以中国林业科学院张于光和李迪强研究员为首的科研团队在青藏高原对雪豹进行了粪便分子生态学的研究。通过对雪豹粪便的分子分析，研究雪豹在当地的数量和遗传多样性（张于光等，2009），对雪豹的保护提供了非常有价值的参考信息。同期，以安徽师范大学吴孝兵、魏磊等的研究团队在进化分子生物学方面独树一帜，取得了突破性进展（魏磊等，2008 年；2011）。

2009 年开始，以北京林业大学时坤、克德尔汗等为首的研究团队，对新疆西部塔什库尔干地区、甘肃祁连山及四川等地的雪豹进行了分布调查。通过他们的研究，了解了当地雪豹的生存状况和保护信息（Shi et al.，2009）。同样，以彭基泰先生为首的四川雪豹资源调查小组，也有声有色地展开了一系列调查活动。他们首次在野外拍摄到雪豹录像，轰动全国（彭基泰，2009）。以北京大学吕植教授为首的团队也在默默耕耘，她们在青海玉树等地对雪豹的生存现状进行了社会调查。民间志愿者如雨后春笋般涌现出来，随着越来越多、越来越深入的研究在我国开展，中国雪豹的生存现状越来越被人们熟知。也希望今后有更多人来关注雪豹，了解雪豹，研究雪豹。

纵观 30 年来中国社会的进步，无论是经济，还是科学研究，都取得了巨大成绩。这些天翻地覆的变化，世人有目共睹。单从公开发表的研究雪豹论文数量看，我国就已经走在了世界的前列。初步统计，30年来我国科研人员共发表关于雪豹的学术研究论文80余篇，整体上呈现增加趋势。分阶段来看20世纪80年代发表11篇；90年代发表约30篇，其中“第七届国际雪豹学术研讨会”于1992年在青海西宁召开，会议形成的论文之中有16篇论文（总42篇）是关于中国雪豹的；2000年以来发表了40余篇研究论文；近5年，共发表了26篇研究论文，增加势头显而易见，是非常可喜的成就。

（徐　峰，徐爱春）

参考文献

初红军，蒋志刚，戚英杰，等. 2009. 阿尔泰山南部科克森山和卡拉麦里山盘羊冬季卧息地的选择. 兽类学报，29（2）：125-132.

冯祚建，蔡桂全，郑昌琳，等 . 1986. 西藏哺乳类 . 北京：科学出版社 .

高耀亭，汪松，周嘉樀，等 . 1987. 中国动物志（兽纲，食肉目）. 北京：科学出版社 .

国家林业局 . 2009. 中国重点陆生野生动物资源调查 . 北京：中国林业出版社 .

廖炎发 . 1985. 我国首次繁殖成功的一对雪豹通过技术鉴定 . 兽类学报，5（2）：136.

马鸣，徐峰，Chundawat R S，et al. 2006. 利用自动照相术获得天山雪豹拍摄率与个体数量 . 动物学报，52（4）：788-793.

马修森（Peter Matthiessen）. 2009. 雪豹 . 宋碧云译 . 海口：海南出版社 .

彭基泰 . 2009. 青藏高原东南横断山脉甘孜地区雪豹资源调查研究 . 四川林业科技，30（1）：57-58.

钱燕文，张洁，汪松，等 . 1965. 新疆南部的鸟兽 . 北京：科学出版社 .

寿振黄 . 1962. 中国经济动物志（兽类）. 北京：科学出版社 .

谭邦杰 . 1992. 哺乳动物分类名录 . 北京：中国医药科技出版社 .

汪松 . 1998. 中国濒危动物红皮书 . 北京：科学出版社 .

王彦，马鸣，买尔旦·吐尔干 . 2012. 近60年来雪豹（*Uncia uncia*）研究的文献分析 . 生物学杂志，29（3）：78-82.

魏磊，吴孝兵，诸立新，等 . 2011. 豹属线粒体基因组分析 . 中国科学，41（9）：699-713.

温波 . 2006. 尼泊尔的雪豹 . 乌鲁木齐：新疆自然保育 .

夏勒，李宏，塔里甫，等 . 1991. 中国新疆的雪豹 . 干旱区研究，（3）：74-78.

徐峰，马鸣，殷守敬，等 . 2006. 新疆北塔山雪豹对秋季栖息地的选择 . 动物学研究，27（2）：221-224.

尹秉高，刘务林 . 1993. 西藏珍稀野生动物与保护 . 北京：中国林业出版社 .

张洁，王宗禕 . 1963. 青海兽类区系 . 动物学报，15（1）：125-137.

张旭静. 1998. 雪豹死亡一例的病理学诊断. 畜牧兽医学报，29（2）：189-192.

张于光，Janecka J E，李迪强，等 . 2008. 基于粪便DNA的雪豹种群调查和遗传多样性 . 动物学报，54（5）：762-766.

张于光，何丽，朵海瑞，等 . 2009. 基于粪便DNA的青海雪豹种群遗传结构初步研究 . 兽类学报，29（3）：310-315.

中国科学院登山科学考察队（林永烈等）. 1985. 天山托木尔峰地区的生物 . 乌鲁木齐：新疆人民出版社 .

中国科学院西藏考察队（钱燕文等）. 1974. 珠穆朗玛峰地区科学考察报告 . 北京：科学出版社.

邹红菲，郑昕 . 2003. 中国雪豹保护策略的调查分析 . 野生动物，3：54-55.

Koshkarev E. 1998. 沿俄蒙边界线分布的雪豹 . IUCN 世界自然保护联盟通讯，5：14-16.

Rullman J S，Bayarjargal A. 2008. 雪豹企业—来自蒙古国的故事 . 人与生物圈，（6）：70-80.

Andersson J，Hassellind S，Widen P，et al. 2002. Is the Snow Leopard（*Uncia uncia*）endangered? 7th International Symposium on High Mountain Remote Sensing Cartography，ICA：11-25.

Bailey T N. 1993. The African Leopard：Ecology and Behavior of a Solitary Felid. New York：Columbia Univ Press.

Bhatnagar Y V，Mathur V B，McCarthy T M. 2001. A regional perspective for snow leopard conservation in the Indian Trans-Himalaya. Unpublished Workshop Paper.

Bhatnagar Y V，Wangchuk R. 2001. Status survey of large mammals in eastern Ladakh and Nubra. *In*：Anon. Conserving Biodiversity in the Trans-Himalaya. Seattle：International Snow Leopard Trust.

Blomqvist L，Sten I. 1982. Reproductive biology of the Snow Leopard，（*Panthera uncia*）. International Pedigree Book of Snow Leopards，2：71-79.

Braden K E. 1982. The Geographic Distribution of Snow Leopards in the USSR：Maps of Areas of Snow Leopard Habitation in the USSR. Helsinki：International Pedigree Book of Snow Leopards. 3：25-39.

Buzurukov A，Muratov R. 1994. Snow Leopards in Tajikistan. *In*：Fox J L，Jizeng Du. Proceedings of the 7th International Snow Leopard Symposium，7：29-32.

Chundawat R S，Rawat G S. 1994. Food habits of snow leopard in Ladakh，India. In：Fox J. Proceedings of the Seventh International Snow Leopard Symposium. Seattle：ISLT.

Chundawat R S，Rodgers W A，Panwar H S. 1988. Status Report on Snow Leopard in India. Bombay：Proceedings of the Fifth International Snow Leopard Symposium.

Chundawat R S. 1990. Habitat selection by a Snow Leopard in Hemis National Park，India. International Pedigree Book of Snow Leopards，6：85-92.

Dang H. 1967. The snow leopard and its prey. The Cheetal，11：47-58.

Dawa Tsering（达瓦次仁），Farrington J D，Kelsang Norbu（格桑诺布）. 2006. Human- wildlife conflict in the Chang Tang Region of Tibet. WWF China- Tibet Program：1-96.

Dexel B. 2002. The illegal trade in Snow Leopards-A global perspective. Berlin：German Society for Nature Conservation.

Esipov A. 1995. Status and conservation of Snow Leopard in Uzbekistan. Proceedings of the 8th International Snow Leopard Symposium，Islamabad：48-50.

Fedosenko A K. 1982. The snow leopard. Mammals in Kazakhstan，Alma-Ata，Nauka（Russian), 3 (2): 222-240.

Fox J L. 1989. A Review of the Status and Ecology of the Snow Leopard (*Panthera uncia*). Seattle: International Snow Leopard Trust.

Fox J L, Chundawat R S. 1988. Observations of snow leopard stalking, killing and feeding behavior. Mammalia, 52 (1), 137-141.

Fox J L, Sinha S P, Chundawat R S, et al. 1991. Status of the snow leopard *Panthera uncia* in Northwest India. Biological Conservation, 55 (3): 283-298.

Grachev Y A. 1991. Snow leopard *Uncia uncia*. Red Data Book of the Kazakh SSR, 1: 73-75.

Green M J B. 1982. Status, distribution and conservation of the Snow leopard in North India. International Pedigree Book of Snow Leopards, 3: 7-11.

Heptner V G, Sludskiy A A. 1972. The Snow Leopard or Irbis. Mammals of the Soviet Union. Vol. 2, Moscow: Vysshaya Shkola Publishers, 211-244.

Hilton-Taylor C. 2000. 2000 IUCN red list of threatened species : The IUCN species survival commission. Cambridge: IUCN Publications Services Unit.

Hussain S. 2000. Protecting the snow leopard and enhancing farmers' livelihoods: a pilot insurance scheme in Baltistan. Mountain Research and Development, 20: 224-229.

Hussain S. 2003. The status of the Snow Leopard in Pakistan and its conflict with local farmer livelihoods. Oryx, 37: 26-33.

Jackson R M. 2002. Snow Leopard status, distribution and protected area coverage. Contributed Papers to the Snow Leopard Survival Strategy Summit, Seattle: ISLT: 77-101.

Jackson R M, Ahlborn G G. 1989. Snow Leopards (*Panthera uncia*) in Nepal—Home range and movements. National Geographic Research, 5 (2): 161-175.

Jackson R M, Hunter D O. 1996. Snow Leopard Survey and Conservation Handbook. Seattle: International Snow Leopard Trust and US National Biological Service.

Jackson R M, Mishra C, McCarthy T, et al. 2010. Snow leopards conservation and conflict. *In*: Macdonald D, Loveridge A. The Biology and Conservation of Wild Felids. New York: Oxford University Press.

Kahn J. 2008. Markets for Snow Leopards. Enviropreneur Snapshots, PERC Reports.

Kashkarov E. 2012. Discoveries of the Snow Leopard in most marginal areas in the north. Rhythm Journal, 1: 61-63.

Koshkarev E P. 1984. Characteristics of snow leopard movements in the Tien Shan. International Pedigree Book of Snow Leopard, 5: 15-21.

Koshkarev E P. 1990. On the environment—related stability of snow leopard (*Uncia uncia*) populations in connection with its location in the natural habitats and chances of spread within the USSR. International Pedigree Book of Snow Leopards, 6: 37-50.

Koshkarev E P. 2002. Strategy of Snow Leopard Conservation in Russia and in Boundary Territories of Mongolia, China and Kazakhstan. Seattle: Contributed Papers to Snow Leopard Survival Strategy Summit.

Koshkarev E P, Vyrypaev V. 2000. The Snow Leopard after the break-up of the Soviet Union.

Cat News，32：9-11.

Kreuzberg-Mukhina E A. 2002. Snow Leopard and its protection in Uzbekistan. Uzbek Academy of Sciences.

Kreuzberg-Mukhina E A，Esipov A V，Aromov B，et al. 2002. Snow Leopard and its protection in Uzbekistan. Seattle：Proceedings of the Snow Leopard Survival Summit.

Kreuzberg-Mukhina E A，Esipov A V，Bykova E A，et al. 2003. Development of the national action plan for the conservation of Snow Leopard in Uzbekistan. Uzbek Academy of Sciences.

Loginov O. 1995. Status and conservation of snow leopard in Kazakstan. *In*：Jackson R，Ahmad A. Proceedings of the 8th International Snow Leopard Symposium. Islamabad：39-41.

Malik M M. 1995. Status and conservation of Snow Leopard in Pakistan. *In*：Jackson R，Ahmad A. Proceedings of the Eighth International Snow Leopard Symposium：11-20.

Malik M M. 1997. The current status of Snow Leopards and their prey status and conservation of Snow Leopard in Pakistan. Islamabad：Proceedings of Eighth International Snow Leopard Symposium.

Mallon D P. 1984. The snow leopard in Ladakh. International Pedigree Book of Snow Leopard，4：23-37.

Mallon D P. 2003. An early record of Snow Leopard in Myanmar. Cat News，39：24-25.

Mallon D P，Bacha M S. 1989. Ecology and management of the Hemis National Park. Report to the Department of Wildlife Protection，Jammu and Kashmir Government.

McCarthy K，Fuller T，Ma M，et al. 2008. Assessing estimators of snow Leopard abundance. The Journal of Wildlife Management，72（8）：1826-1833.

McCarthy T，Fuller T，Munkhtsog B. 2005. Movements and activities of Snow Leopard in southwe stern，Mongolia. Biol. Conserv.，124：527-537.

Medvedev D G. 1992. Snow Leopard in East Sayan Mountain. Snow Leopard，Alma-Ata：86-90.

Mishra C. 1997. Livestock depredation by large carnivores in the Indian trans-Himalaya：conflict perceptions and conservation prospects. Environmental Conservation，24（4）：338-343.

Mishra C，Fitzherbert A. 2004. Short Communication War and wildlife：a post-conflict assessment of Afghanistan's Wakhan Corridor. Oryx，38（1）：102-105.

Muratov S H. 1991. The quantity of archars and Siberian goats in upper river Murgab（Pamir）. IV Congress of All-Union Theriological Society，Thesis of Report，Dushanbe.

Nikiforov V N，Shurigin V V. 1977. Snow Leopard modern distribution in Tuva ASSR. Rare Species of Mammals and Their Conservation. Moscow，Nauka：139.

Nowell K，Jackson P. 1996. Wild Cats：Status Survey and Conservation Action Plan. IUCN，Gland，Switzerland.

Oli M K. 1994. Snow leopards and blue sheep in Nepal：densities and predator-prey ratio. J Mammalogy，75（4）：998-1004.

Osborne B C，Mallon D P，Fraser S J R. 1983. Ladakh，Threatened stronghold of rare Himalayan mammals. Oryx，17（4）：182-189.

Poyarkov A D，Lukarevskiy V S，Baidavletov R J，et al. 2001. Estimation of potential habitat， structure of area and Snow Leopard abundance in Altay mountain and Western Sayan. Results and Perspectives Theriological Developments in Siberia, Irkutsk: 274-277.

Poyarkov A D, Subbotin A E. 2002. The Snow Leopard Status in Russia. Seattle, Washington: International Snow Leopard Trust: 139-141.

Prater S H. 1971. The book of Indian Animals. Bombay: Natural History Society.

Saparbayev S K, Woodward D B. 2008. Snow Leopard (*Uncia uncia*) as an indicator species and increasing recreation loads in the Almaty Nature Reserve. Proceedings Edited by Antonio Raschi and Sonia Trampetti.

Schaller G B. 1977. Mountain Monachs: Wild Sheep and Goats of the Himalaya. Chicago: Univ Chicago Press.

Schaller G B. 2007. A proposal for a Pamir International Peace Park. USDA Forest Service Proceedings RMRS-P-49: 227-231.

Shi K, Zhu F D, Shi J, et al. 2009. Reconfirmation of snow leopards in Taxkurgan Nature Reserve, Xinjiang, China. Oryx, 43 (2): 169-170.

Smirnov M N, Sokolov G A, Zyryanov A N. 1990. The snow leopard in Siberia. Int Nat Ped Book of Snow Leopards, 6: 9-15.

Sokolov G A, Zyrianov A N. 1991. Distribution and numbering of Snow Leopard in South of Siberia. Bull MOIP, 96 (1): 27-34.

Sokov A I. 1990. The present status of the snow leopard population in the south western Pamir-Altai Mountains (Tadzhikistan). Int Ped Book of Snow Leopards, 6: 33-36.

Sopin L V. 1977. Snow Leopard in Altay. Moscow: Rare Species of Mammals and Their Conservation: 143-144.

Spearing A. 2002. The Snow Leopard in Zanskar, Jammu & Kashmir, NW India. Seattle: Proceedings of the Snow Leopard Survival Summit.

Theile S. 2003. Fading Footprints: The Killing and Trade of Snow Leopards. Cambridge: TRAFFIC International.

Wemmer C, Sunquist M. 1988. Felid reintroductions: economic and energetic considerations. Bombay: Proceedings of the Fifth International Snow Leopard Symposium: 193-205.

Wen B. 2002. Illegal Trade of Snow Leopards in China: An Overview. Seattle: Contributed Papers to the Snow Leopard Survival Strategy Summit.

Xu A C, Jiang Z G, Li C W, et al. 2008. Status and conservation of the snow leopard Panthera uncia in the Gouli Region, Kunlun Mountains, China. Oryx, 42 (3): 460-463.

Zahler P, Graham P. 2001. War and wildlife: the Afghanistan conflict and its effects on the environment. International Snow Leopard Trust Special Report: 1-13.

Zhirjakov V A. 1990. On the ecology of the snow leopard in the Zailisky-Alatau (Northern Tien Shan). Int Ped Book of Snow Leopards, 6: 25-30.

附　录

附录一　历届国际雪豹专业会议回顾（1978—2008年）

20世纪60年代，许多国家已经开始关注雪豹，并积极着手进行雪豹保护工作。即使在不知道确切的野外种群数量的情况下，雪豹数量大幅度减少也已经成为事实，并引起了雪豹保护者们的共同关注。但那时新中国处于建设初期，一穷二白，与外界完全隔离。

由于当时科学技术的有限性、地区发展的不平衡性和主要雪豹分布国家（如中国、蒙古国）的封闭局面，早期的雪豹保护工作多集中在西方一些城市的动物园中。在这期间，人们对于雪豹的认识朦朦胧胧，有一些像是处在闭门造车与摸索经验阶段。刚开始动物园生活着为数不多的雪豹种群，这些习惯了在高海拔地区生活的物种来到低海拔的动物园后，完全水土不服，各种问题也随之而来。许多雪豹因不能适应异国他乡的生产条件而死亡，尤其是幼体的夭折，令人们束手无策。动物园里的雪豹繁育情况也不容乐观，小雪豹出生后通常是由其母亲抚养，但成活率一直不是太高。

在1968年前后，芬兰赫尔辛基动物园迎来了第一对捕获自野外的雪豹。之后的十多年间，在动物园管理人员的精心培育下，它们一共成功生产了52只小雪豹（Koivisto，1978）。并且，这些小雪豹多数都由母雪豹亲自喂养，茁壮成长。雪豹的成功繁育，对于赫尔辛基动物园来说是值得骄傲的。在1977年的维也纳（Vienna）动物园主任国际联盟（International Union of Directors of Zoological Gardens）大会上，来自瑞士苏黎世的维林曼（Peter Weilenmann）博士和德国克雷费尔德的恩科（Walter Encke）博士便提出召开一次关于雪豹繁育讨论会的建议，并提出会议交由赫尔辛基动物园来承担。此提议一经提出便得到了与会者的高度赞同，由此开始了每三年一度的国际雪豹大会。以下是对各届雪豹会议简略回顾。

1978年3月7～8日，第一届国际雪豹会议在芬兰首都赫尔辛基（Helsinki，Finland）顺利召开。赫尔辛基动物园负责会议的组织和筹备，来自北美、欧洲、亚洲的科学家和动物园管理者会聚一堂，共同商讨雪豹的有效保护，并交流饲养、繁殖与研究信息和成功经验。此次会议为各动物园间雪豹基本信息的交换提供了一个国际交流平台。会议圆满结束后，有关人员就印制了首部《雪豹家谱》（*International Pedigree Book for Snow Leopards*）。该手册中按照雪豹的交换渠道、来源、编号、姓名、年龄、性别、繁殖记录和家庭结构等为每一只雪豹建立详细档案，并将手册提供给世界各地有雪豹生存的动物园及对雪豹感兴趣的个人和组织。实际上它是我们之前看到的《动物园年鉴》（*International Zoo Yearbook*）的一个延续和补充，在内容上更加专一和具体。

第一届会议的成功举办为世界各地的动物园雪豹的数据统计汇总、信息交换提供了很大帮助。到1980年年底，已有462只雪豹被登记入这个雪豹家谱手册。而到2008年，这本雪豹家谱的个体注册数目已经增加到2703只（中国除外），是百年地球家底资料的汇总。这短短30年的成绩是了不起的。

1980年秋，第二届国际雪豹会议在瑞士苏黎世（Zurich，Switzerland）如期召开。会议由苏黎世动物园负责筹备和组织工作。大会的主要目的依然是交换动物园雪豹的信息，并在此次会议上确定了下一届国际雪豹会议召开的时间和地点。在一批热心人的推动下，雪豹国际会议从此走向正轨。

1982年6月，第三届国际雪豹会议在美国西雅图（Seattle，United States）召开，伍德兰德（Woodland）动物园负责会议组织和筹备工作。有80多位来自各国的代表参加了会议。为促进更充分地交流和解决问题，会议由之前的2天改为了3天。会议主要讨论了如何促进动物园雪豹的繁育，并在条件允许的情况下进行放归试验。在此次会议中成立了“雪豹专家组”，其主要任务是加强雪豹栖息地的保护，密切联系生物学家及动物学家，为物种红皮书收集信息，与各地雪豹专家合作，开展野生雪豹研究。同时，为之前建立的雪豹基金会招兵买马，筹措资金。专家组和基金会的成立，对建立西方与苏联科学家的联系起到了非常重要的作用。

为了促进动物园雪豹间的交换、更广泛地开展雪豹保护研究并解决具体的实际问题，1984年9月21～22日，相关人员在西德克雷费尔德（Krefeld，West

Germany）召开了第四届国际雪豹会议。

1986 年 10 月 13～15 日，在印度斯利那加（Srinagar，India）如期召开第五届国际雪豹会议。这是首次在雪豹分布国召开的会议，来自 21 个国家的代表参加了此次讨论会。会议焦点集中在高海拔栖息地的野生物种的保护及提高方法技能以确保可行的雪豹种群繁殖延续下去。此次会议文集包含三个议题，一是野外种群分布与现状，二是圈养条件下的管理（含兽医），三是保护计划，并且其中收录了中国代表廖炎发和谭邦杰的两篇论文（1988）。

接下来的会议也安排在了亚洲雪豹分布国——动荡与变革中的苏联。1989 年 10 月 3～6 日，第六届国际雪豹会议在哈萨克斯坦阿拉木图（Alma-Ata，Kazakhstan）召开，会议召集了苏联及中亚地区的动物学专家，共同商讨雪豹保护问题。

1992 年 7 月，在中国的西宁召开了第七届国际雪豹会议，此次会议主题为“公园，人类和雪豹”。这是中国人第一次全面介入雪豹保护活动（附图 1）。会议提出雪豹是高原地区生物多样性的指示物种，野生动植物及栖息地的保护依赖于当地经济的发展和本土文化。会议文集在 2004 年正式出版，其中收录关于中国雪豹研究文章约 18 篇，几乎占据半数。

附图 1　第七届雪豹会议成功在西宁召开，拉开了中国雪豹野外研究的序幕（考察队在阿尔泰山脉上寻找痕迹）

1995 年 11 月 12～16 日，在巴基斯坦首都伊斯兰堡（Islamabad，Pakistan）召开了第八次国际雪豹会议。会议议题主要针对雪豹生存的潜在威胁，栖息地破坏、偷猎、与牧民的冲突等问题展开，并提出建立相应社区补偿机制，会后此补偿机制逐步在巴基斯坦、蒙古国、尼泊尔、吉尔吉斯斯坦等地推行实施，效果明显。杰克逊（Rodney Jackson）和艾哈迈德（Ashiq Ahmad）是这次会议文集的主编，他们竭尽全力绘制了雪豹分布地图，其中潜在栖息地面积为302万平方千米，比较好的栖息地面积仅为5.5万平方千米，适宜的面积为248万平方千米，被保护的区域约18万平方千米，是全部面积的5.96%。这个文集还包括雪豹及其猎物的现状，以往教训、保护的成就、我们的机会等。最后形成了一个决议，成为巅峰之作。

时隔7年，2002年5月，大家又回到美国西雅图召开第九届国际雪豹大会。这已经是第二次在西雅图——雪豹基金会所在地召开国际会议。此次大会被定名为“雪豹生存高级会议”。这次会议持续了大约一周时间，纠结于行动计划，雪豹保护陷入了困境。会议由国际雪豹基金会（ISLT）、西雅图林地公园（Woodland Park Zoo）筹备组织，分别来自17个不同国家的65名著名雪豹保护专家参与了大会。与会专家对当前雪豹生存面临的威胁作了评估，并针对这些威胁提出了综合的应对计划，为今后的雪豹保护工作制定了保护与管理蓝图，提出雪豹研究需更深一步的进行，同时呼吁全世界开展保护雪豹的宣传教育活动。本次会议最大的成果是制定了《雪豹生存策略》。目前，SLSS已被翻译成多国语言，为雪豹分布国的保护者们共享。

2008年3月1～6日，来自国际雪豹基金会，以及中国、印度、蒙古国、巴基斯坦、吉尔吉斯斯坦等雪豹分布国的22名科研工作者和从事雪豹保护的非政府组织人员在北京召开了一次“雪豹合作伙伴暨工作人员会议”（Snow Leopard Staff & Partner Meeting）。会议主要对以社区为基础（CBC）的雪豹保护、雪豹科学考察的最新方法、保护雪豹的宣传教育方式、筹资、撰写科学报告、各成员组织的长期规划等问题展开了讨论。会议的召开加深了成员国非政府组织的互相了解和学习，对各国的野生雪豹保护工作大有裨益，也为随之即将举办的第十届国际雪豹大会奠定了基础。

在随后的2008年3月8～11日，又一次国际雪豹大会在中国北京召开，来自中国、印度、阿富汗、尼泊尔、不丹、哈萨克斯坦、吉尔吉斯斯坦、乌兹别克斯坦、塔吉克斯坦、巴基斯坦、俄罗斯、蒙古国等12个雪豹分布国，以及来自美国、挪威、瑞士、瑞典、英国等雪豹保护组织和研究机构的共100多名政府官员、科学家及雪豹保护工作者参加了此次会议（附图2）。大会由国际野生生物协会（WCS）中国项目办公室、中国科学院动物所（解焱教授主持）、雪豹网络、新疆自然保育共同筹备组织。来自各国的科学家群策群力，共同绘制完成了全球最新的雪豹分布地图。大会还主要讨论了基于社区的保护措施、管理问题、雪豹国家政策的现状、《雪豹生存策略》的角色、研究方法与监测技术等与雪豹保护密切相关的一系列问题。各雪豹分布国还在会议上出台了各国的雪豹保护目标和行动纲要。

附图 2　2008 年 3 月北京雪豹会议主席台上马鸣（右三）、楚达瓦特（右四）、麦卡锡（右七）等大会发言者集体回答提问（彭基泰 摄）

在雪豹基金会成立 30 年之际，雪豹国际会议也走过了 30 多年的光阴（附表 1）。回顾这 30 多年，随着一代人退出历史舞台，雪豹保护出现了一段令人窒息、惨淡经营的局面，就像断了线的风筝，群龙无首，一代枭雄寿终正寝，新生力量等待崛起，重新洗牌不可避免。现在，每几年一度的国际雪豹峰会，疲疲沓沓，有相当一段时间自娱自乐、流于形式，已经难以为继。甚至有被一些中亚地区雪豹分布国会议取代的趋势，截止到 2012 年，类似的雪豹会议已经召开了许多次。所谓雪豹生存策略或者行动纲要也如同一纸空文。各国意识形态的差异，经济社会发展的滞后，中亚战争和恐怖主义威胁，美国一统天下的单边主义思维方式——丑恶与邪恶帝国，全球金融危机和虚伪的西方人病入膏肓的日落西山局面，也使得雪豹拯救计划陷入低谷。

曾几何时，作为国际合作的催化剂，国际会议（附表 1）及雪豹基金会等促进了各个分布国之间的信息交换，增进了科学理念和管理经验的传播。如今，依靠潜心研究，深入分析，科学家们更加清醒地认识到仅仅依靠动物园保育是不能解决野生雪豹的保护问题的。人们越来越多地将目光移向了野外，移向了处于水深火热之中的中亚山地国家。一些有识之士跋山涉水，走进大自然展开实地调查，真正触及雪豹面临的核心问题。他们在脱胎换骨，重新认识雪豹，并企图通过各种方式，深入实践，摸索保护措施、研究方法、管理技术等。大家通过互联网这一新兴媒介，相互交流，在一定程度上推动管理与研究全面开展的同时，也使保护这个概念逐渐深入人心。

附表1　30年来各届雪豹会议一览表（1978～2008年）

届数	会议召开地点	召开年份
第一届	芬兰，赫尔辛基（Helsinki，Finland）	1978
第二届	瑞士，苏黎世（Zurich ，Switzerland）	1980
第三届	美国，西雅图（Seattle，United States）	1982
第四届	西德，克雷费尔德（Krefeld，West Germany）	1984
第五届	印度，斯利那加（Srinagar，India）	1986
第六届	哈萨克斯坦，阿拉木图（Alma-Ata，Kazakhstan）	1989
第七届	中国，西宁（Xining，China）	1992
第八届	巴基斯坦，伊斯兰堡（Islamabad，Pakistan）	1995
第九届	美国，西雅图（Seattle，United States）	2002
第十届	中国，北京（Beijing，China）	2008

附录二　我们熟悉的国内外雪豹专家

最近40年涌现出一大批雪豹研究专业人士，其中多数来自欧美国家。刚开始，他们可能是有钱的猎人（商人）、野生动物饲养者（动物园的饲养员）、私人动物标本收藏家、博物学家、研究老虎的专家、业余猫科动物爱好者和喜爱养宠物的人士，后来，才有一些专业人员、研究生（硕士、博士）、志愿者和保护区管理者加入进来。特别是在最近十年，亚洲本土的动物专家也大量参与到雪豹保护与科研活动之中，队伍逐年扩大。以下介绍的是近40年来比较活跃的十几位人士。

一、约瑟夫·福克斯（Dr. Joseph L Fox）

来自挪威的老前辈福克斯是20世纪末最活跃的雪豹及高原有蹄类研究专家之一，著述颇丰。曾经在中国西藏、不丹、尼泊尔、印控拉达克地区等开展调查和雪豹信息管理系统（SLIMS）的野外培训工作。他甚至投入巨大精力观察野牦牛、藏野驴、藏原羚、藏羚羊、马可波罗盘羊、西藏盘羊（*Ovis ammon hodgsoni*）、拉达克赤羊（*Ovis vignei*）、喜马拉雅塔尔羊、岩羊、北山羊、喜马拉雅鬣羚、棕熊、狼、野狗（豺）等高原物种的行为模式和栖息地利用情况，了解捕食者与猎物之间、雪豹与家畜之间的冲突及面临的问题。福克斯也是第七届国际雪豹会议（西宁）论文集的主编之一，及多个专业会议或地区项目的召集人。他呕心沥血，依靠其模糊的身份（国籍）和毅力，成功穿行于喜马拉雅山区、喀喇昆仑山和克什米尔地区多个敏感地带或有争议地区（附图 3）。

附图 3　在 2008 年 3 月 8～11 日的北京国际雪豹会议上，专家们在探讨西藏、新疆、青海雪豹的分布现状。自右起：约瑟夫·福克斯、乔治·夏勒、康蔼黎、马鸣

二、拉古纳丹·辛格·楚达瓦特（Dr. Raghunandan Singh Chundawat）

来自印度新德里的拉古纳丹·辛格·楚达瓦特博士，我们习惯称其为拉古。他曾经是南亚老虎专家，后来加入雪豹基金会，追随约瑟夫·福克斯等人从事地区雪豹研究与协调管理工作。拉古纳丹曾经连续五年在拉达克的喜马拉雅大峡谷跟踪雪豹，十分幸运地遇见过雪豹。他还参加了新疆雪豹小组 2005 年 6～7 月和 10～12 月野外考察活动，并多次前往天山托木尔峰地区寻找雪豹痕迹。拉古以其丰富的野外经验、吃苦耐劳的工作态度、和蔼可亲的为人，赢得了新疆雪豹项目组的一致好评。

三、罗德尼·杰克逊（Dr. Rodney Jackson）

罗德尼·杰克逊博士是国际上雪豹研究领域最顶尖的学者之一，许多新的研究手段和调查方法都是由他首次引入并应用到雪豹生态研究当中的。他有 30 多年的雪豹研究经验，由他发起和成立的“雪豹保护协会”（Snow Leopard Conservancy）也成为最主要的雪豹研究和保护组织之一。在杰克逊博士的领导下，该协会深入尼泊尔的乡村和民众之中，通过与当地民众的深入接触和交流，开展雪豹的保护研究和宣传工作，为当地的雪豹保护做了许多实际的工作，也为如何解决雪豹与当地牧民的冲突等问题探索新的方法做出了良好的示范。

杰克逊博士的雪豹研究生涯开始于1981年，那年他在劳力士公司的赞助下，获得了在尼泊尔研究雪豹的机会。他在尼泊尔的喜马拉雅山地区首次用无线电项圈对雪豹进行了4年的跟踪研究，这是无线电跟踪技术首次用于雪豹研究。这项工作得到了美国国家地理杂志的认可，并以封面故事的形式发表于1986年6月的美国国家地理杂志。从此，杰克逊博士开始了他30多年的雪豹研究生涯。杰克逊博士的研究成果得到了广泛的认可，他的研究成果为IUCN评估雪豹的生存现状提供了基本资料，他也因此成为了IUCN猫科专家组的主要成员。

杰克逊博士对雪豹研究的贡献还不止于此，在他的设计和推动下，所有12个雪豹分布国的研究人员们开始用统一的方法进行雪豹的调查和研究，这套由杰克逊博士设计的标准化雪豹调查方法被称为“雪豹信息管理系统”（the Snow Leopard Information Management System）。正是因为有了这种统一的研究方法，才使得各国间的雪豹研究交流和种群数量对比成为可能，它直接推动和促进了国际雪豹研究工作的发展。我们新疆雪豹小组在2002年11月开始与罗德尼·杰克逊博士在乌鲁木齐市接触，当时马鸣、李维东、阿布力米提、初红军等与其会谈，共同商讨新疆雪豹项目组申报基金、合作调查与培训事宜等。2008年3月，大家又一次相聚在北京（附图4）。

附图4　在北京雪豹会议闭幕式上（2008年），自左开始：尤金、大卫·马龙、罗德尼·杰克逊、乔治·夏勒、马鸣

四、萨姆·埃尔（Dr. Som Ale）

萨姆·埃尔博士是雪豹保护协会（SLC）的地区协调员，他是一名从事野生动物研究和保护的尼泊尔野生动物学家。2004年，他在尼泊尔的珠穆朗玛峰地

区见到并拍摄到雪豹的照片，这是该地区自 1960 年以来首次发现并拍摄到的雪豹照片。除了雪豹外，埃尔博士还有多年的从事山地有蹄类动物的研究经历。他曾在尼泊尔的珠穆朗玛峰地区，以及尼泊尔和中国的青藏高原地区对喜马拉雅塔尔羊和岩羊等山地有蹄类动物的行为、生存现状和保护等方面开展过系统的研究。他也是杰克逊博士在尼泊尔从事雪豹研究工作的最主要合作伙伴。

五、汤姆·麦克阿瑟（Dr. Tom McCarthy）

汤姆·麦克阿瑟博士是对中亚各国的雪豹最为了解的野生动物学家之一。他曾在夏勒博士的指导和帮助下，成功完成蒙古雪豹、野骆驼、戈壁熊等的系统研究工作（McCarthy，2000）。麦克阿瑟（中文名或译之为麦卡锡）博士是第一个用卫星项圈技术研究雪豹领域行为、活动距离的野生动物学家。与之前无线电项圈的研究方法相比，卫星项圈的应用极大地提高了雪豹研究的精度和广度，让人们得以全面、系统地了解雪豹四季的活动范围、家域面积、栖息地选择及不同雪豹之间的相互关系等以前不为人知的信息。

麦克阿瑟博士作为国际雪豹基金会和老虎基金的官员，还积极推动和领导了许多雪豹分布国家的雪豹研究和保护工作。在他的直接领导下，国际雪豹基金会资助和指导了在中国、吉尔吉斯斯坦、蒙古国等的雪豹研究和保护工作。在中国新疆，雪豹研究小组调查了雪豹在新疆山地的分布和生存现状，在西部天山的托木尔峰地区系统研究了雪豹的分布、密度和数量、栖息地选择、食物资源等（马鸣等，2005），并用红外感应自动拍摄相机在中国境内首次拍摄到野生雪豹的照片（马鸣等，2006）。这一系列的工作直接推动了中国雪豹的研究和保护工作。在吉尔吉斯斯坦，国际雪豹基金会的研究人员与当地野生动物研究人员合作，首次结合痕迹调查法、粪便 DNA 分析法、红外感应自动拍摄相机调查法等方法系统研究了当地雪豹的分布和数量情况，并比较了这几种方法的优劣，为改进雪豹调查方法做出了杰出贡献。在蒙古国，麦克阿瑟博士领导国际雪豹基金会与蒙古国当地的非政府组织合作，开展了社区推动计划，采用帮助销售蒙古雪豹分布区民众制作的手工艺品等方式发展当地经济，并补偿雪豹偷袭家畜给牧民带来的损失，使民众充分参与到雪豹的保护工作当中来，为解决雪豹和其他野生动物与当地民众的冲突和矛盾做出了良好的示范，提供了可以推广和借鉴的新思路。

六、海伦·佛里曼（Mrs. Helen Freeman）

海伦·佛里曼（1932～2007 年）女士是国际雪豹基金会的创始人（附图

5)。1981年，佛里曼在担任西雅图林地动物园教育主管期间，创建了国际雪豹基金会，并在1982～1987年领导了美国动物园和水族馆协会的雪豹物种生存计划。佛里曼担任国际雪豹基金会的主席一职一直到1996年，这期间在她的领导下，国际雪豹基金会为雪豹的保护做了大量的工作，也使雪豹和雪豹的保护工作为大众所知。1996年，为了吸引更多更有活力的人加入国际雪豹基金会，佛里曼毅然辞去了国际雪豹基金会主席的职位，以推动该组织的进一步发展。2007年9月20日，佛里曼不幸去世，全世界许多国家从事雪豹保护和研究的人们都对她曾为雪豹的研究和保护所做出的杰出贡献表示钦佩，为她的离世感到惋惜。

附图5　海伦·佛里曼（Mrs. Helen Freeman）女士像对待自己的孩子一样呵护雪豹，她一生中最喜欢的就是雪豹，她创办了雪豹基金会（1981年）

七、大卫·马龙（Dr. David Mallon）

马龙博士是英国曼彻斯特城市大学的一名副讲师，国际羊亚科专家组负责人。他在蒙古国工作近两年（1975～1977年），搜集蒙古国当地所有哺乳动物的相关资料，同时参与了当地雪豹资源的调查，包括与蒙古国国立大学的同行、国际动物学家、猎人、牧民和当地人进行实地考察，如横穿东部阿尔泰戈壁、杭爱山脉和绵延2000千米的阿尔泰山西部地区。自20世纪80年代起，他进行大型哺乳动物的生态学研究，研究区域集中在蒙古国、中亚和喜马拉雅山地区。马龙先生在印度喜马拉雅山脉西北部的拉达克停留了4个冬季和3个夏季，野外工作长达21个月，调查当地雪豹及其猎物的生存状况。大卫·马龙在曼彻斯特大学获取硕士学位（印控拉达克雪豹的生态及保护），随后在城市大学获取博士学位（印控拉达克高山有蹄类生态）。自此，大卫开始在吉尔吉斯斯坦、塔吉克斯坦、蒙古国（红外摄像种群调查）、中国（新疆托木尔峰自然保护区、甘肃的阿克塞、青藏高原的索加县等）开展雪豹相关调研。2003～2008年，大卫任国际雪豹联络网（SLN）的指导委员会成员。并于2012年1月晋升为国际雪豹顾问组（Steering Committee）的负责人。

八、巴日萨·孟克曹格（Dr. Bariushaa Munkhtsog）

来自蒙古国科学院生物所的孟克曹格先生是我们熟悉的雪豹痕迹专家。他曾经在2004年9～10月参与新疆雪豹培训与野外考察工作（马鸣等，2005），足迹遍布东部天山、北塔山、阿尔泰山等地。在蒙古国，20多年来他一直协助雪豹基金会的人员开展雪豹痕迹调查、粪便DNA分析、贸易评估、红外设备拍摄、项圈跟踪等。他还从事蒙古野马和普氏原羚的放归试验、野骆驼生态监测、戈壁熊的种群数量调查、兔狲和野猫保护计划等项目。是世界自然保护联盟（IUCN）猫科专家组成员——资深的野生动物专家。

九、雅什·巴特纳格（Dr. Yash Veer Bhatnagar）

巴特纳格博士是来自印度的雪豹专家，他是印度自然保育基金的高级科学家，同时也是国际雪豹基金会印度项目的负责人。巴特纳格博士有20多年研究雪豹的经验，通过多年的研究积累和数据分析，制定了印度喜马拉雅地区乃至整个印度全国的雪豹的保护策略和保护行动计划，为印度的雪豹研究和保护工作做出了巨大的贡献。

十、穆克什·查里斯（Dr. Mukesh Chalise）

穆克什是来自尼泊尔的国际知名野生动物学家，是尼泊尔特里布文大学动物系的副教授，同时也是尼泊尔生物多样性研究协会的创建人和主席。在过去的7年中，他一直致力于尼泊尔的雪豹研究和保护工作。他与尼泊尔的保护区紧密合作，在濒危物种的保护、种群数量管理和保护策略制定等方面做了大量的工作。此外，穆克什还致力于雪豹研究人员的培养工作，在他的指导下，特里布文大学动物系有近一半的硕士学生毕业论文题目选择研究雪豹及其他和雪豹有关的动物，这为培养下一代雪豹研究人员做出了很大的贡献。

十一、阿合迈德·可汗（Mr. Ahmad Khan）

阿合迈德是来自巴基斯坦的雪豹专家。他从 1998 年就开始从事雪豹研究及其他相关的工作，是巴基斯坦雪豹研究方面的先驱和代表人物。1998 年至今，阿合迈德一直作为巴基斯坦雪豹研究人员的代表参与全球雪豹保护计划。他曾学习并进一步推动了“雪豹信息管理系统”在巴基斯坦的推广和应用工作，在巴基斯坦培训了一批掌握这种雪豹研究方法的科研工作者。2002 年开始，阿合迈德在巴基斯坦世界自然基金会担任负责人。在他的帮助和推动下，雪豹研究工作得以在巴基斯坦的许多保护区中顺利进行。阿合迈德多次来中国访问，策划建立巴基斯坦、阿富汗、塔吉克斯坦、中国联合保护区和四国帕米尔和平公园计划。

十二、廖炎发（Mr. Liao Yanfa）

现年 70 多岁的廖炎发先生，可以称得上是中国雪豹饲养与繁殖第一人，曾经是青海西宁动物园的雪豹饲养专家。现任深圳市动物园技术顾问，他早年从事畜牧兽医工作，随后在青海西宁研究黑颈鹤、雪豹的人工繁殖，并因此获得国家科学技术进步奖三等奖、二等奖各一次。1986 年获得国家中青年有突出贡献专家称号，成为享受国务院特殊津贴的专家。1991 年调到深圳市动物园工作，为深圳动物园的动物引进与研究等做出重大贡献。

在青藏高原，廖炎发为了搞清楚雪豹的生活习性，冒着漫天风雪追踪着雪豹的脚印。他行走在祁连山上，一走短则 10 天，长则 1 个月。春夏秋冬四季的每个季节，他都要到祁连山追踪雪豹。这种观察持续了数年。一次，他追上了一只身体孱弱的雪豹，可能已经很久没有进食，刚抓到一只岩羊，就不要命地狠吃，已经吃掉了四分之三，肚子圆圆的，有些走不动了，只会龇牙咧嘴吓人。廖炎发就站在那里看着它，雪豹很快觉察出廖炎发的友善，不叫了。过了一会儿，可能消化得顺畅一些了，雪豹爬起来，一扭一扭地走了。

廖炎发在野外看雪豹，回家养雪豹。许多小雪豹被送来的时候还没睁眼睛，他就用奶瓶喂他们，喂之前会挤一滴奶到自己手背上，奶不凉不烫才喂。小雪豹长大了，就把廖炎发当自己亲人，每天在他身上腿上蹭来蹭去地撒娇。不过，享受这种“天伦之乐”是要付出代价的，雪豹毕竟是雪豹，廖炎发手上、腿上还是留下不少疤痕。

观察雪豹几年后，廖炎发得出结论，雪豹之所以不能进行人工繁殖，是因为人工环境存在以下几个缺陷：一是因为日照时间短，紫外线刺激雪豹下丘脑时间短，无法产生正常的性腺素；二是雪豹缺乏运动，体质条件差，没有繁殖的欲望，到了发情季节也不发情，无法完成人工繁殖；三是雪豹太胖，卵巢被脂肪包住，影响功能；四是雪豹平常吃野外的动物，现在改为人工喂养后，缺乏硒等矿物元素。针对以上几点，廖炎发扩大了笼子，每天开紫外、红外等照射，并且开始喂活鸡与活羊。1984 年 4 月，雪豹妈妈第一次怀孕了。7 月，小雪豹出生了，这是国内首次人工繁殖雪豹成功的案例。

十三、马克·弗根（Dr. J Marc Foggin）

马克·弗根博士的中文名字叫富礼正。他在 1988 年就曾经访问中国，1997 年，马克定居青海西宁。他长期从事高原物种研究与保护工作，在青海师范大学任职。由富礼正博士创办的“起步高原”（Plateau Perspectives）民间组织在青海长江源地区和玉树地区开展了大量野生动物社区保护工作。2009 年以来，他带领的小组已经在玉树西部的大山中设置了 10 余台隐蔽式照相机，并且在这片大约 150 平方千米的地区成功拍摄到 9 只不同的雪豹个体。很显然，这里应该是世界上雪豹种群密度最高的地区之一。摄像机同时还捕捉到了其他物种的身影，包括岩羊、藏羚羊、野驴、野牦牛、黑颈鹤和猎隼等。他提出的社区合作管理（community co-management）模式在实践中取得了一定的成果。

十四、乔治·夏勒（Dr. George Beals Schaller）

乔治·夏勒，1933 年出生于德国柏林，野外保护生物学家、生态作家，国际野生生物保护学会（WCS）资深保护专家、豹子基金会（Panthera）副主席。从 20 世纪 50 年代开始，乔治·夏勒博士就致力于野生动物的研究和保护工作，被公认为世界上最杰出的野外生物学家。他的足迹遍及亚洲、非洲和南美洲的荒野，对野生动物进行观察，开展先锋性的研究工作，研究的物种包括非洲的狮子与大猩猩，中国的大熊猫与藏羚羊等多种大型珍稀濒危野生动物。这些野外考察和研究经历是他撰写科学和大众读物的基础，这些著作包括颇受赞誉的《大猩猩年》、《塞伦盖提的狮子》、《最后的熊猫》、《西藏生灵》和《与兽同在》。

乔治·夏勒博士在中国的野生动物保护工作开始于 20 世纪 80 年代，当时他受世界自然基金会（WWF）和国家林业部的邀请首次进入中国，在四川卧龙开展了大熊猫的野外研究工作，并从此开始了他在中国长达 30 年的野生动物调查和研究工作。迄今，他的足迹先后踏遍了四川、内蒙古、西藏、甘肃、青海、新疆等地，研究和保护的主要对象集中于中国西部那些珍贵濒危人们又知之甚少的大型有蹄类动物，以及以它们为代表的景观水平的生态系统。30 多年来，夏勒在青藏高原与中国科学家合作研究野生动物，如藏羚羊、野牦牛、雪豹，并促进开展各种保护工作，帮助这些动物生存。进入 21 世纪以来，夏勒博士积极推动中国、塔吉克斯坦、阿富汗、巴基斯坦四国政府建立跨国界帕米尔自然保护区域，并积极推动了中国边境野生生物卫士奖的建立——中国首个针对边境地区野生生物执法保护的奖项。这个奖项的目的是激励、表彰在中国边境地区积极参与和支持野生生物执法工作、打击非法盗猎、控制野生生物跨国界非法贸易的集体和个人，以促进边境地区相关人员在野生生物保护和执法工作上的交流，提高他们的野生生物保护和执法能力。

他 30 年来孜孜不倦地工作为中国野生动物保护事业做出了卓越的贡献，2008 年，他获得中华环保基金会颁发的中华宝钢环保奖大奖。他获得的其他奖项包括日本国际环境和谐奖、美国国家地理学会终身成就奖、美国泰勒环境成就奖。乔治·夏勒博士是许多长期研究项目的开创者，揭示了许多保护问题，对学术界乃至社会公众影响至深。他将深奥的科学研究同公众交流、政府合作以及对生命的尊重有机地结合到了一起，将许多鲜为人知的动物及其现状告知世人，并协助多个国家的地方政府推动当地的野生动物及景观水平上的生态系统保护事业。

附录三　近 60 年来雪豹文献分析

王彦等（2012）通过文献计量分析的方法，结合文献阅读，针对雪豹研究在生物学领域所发表文献数量的年际分布、文献的机构分布、文献作者的空间分布、研究内容、研究热点和文献影响力等问题进行了总体回顾与评价，这对总结认知世界雪豹研究的进展和宏观发展趋势、凝练科研目标、促进科学研究发展等方面都具有重要的现实意义。

外文文献调研数据取自 Biosis Preview（BP）、Blackwell（Wiley Inter-Science）、CPCI-S（Conference Proceedings）、Elsevier（Science Direc）、ProQuest、SCI（Web of Science）与 Springer Link 这 7 个外文数据库，筛选出雪豹生物学研究方面的文献共计 242 篇。中文文献调研数据取自中文引文数据库（CSCD）、维普、万方和中国知网（CNKI）等中文数据库，筛选出相关文献 294 篇，然后利用 Excel 2003 和 Endnote X3 等软件对全部 536 篇文献进行去重和统

计分析，提取论文题目、作者、单位、关键词等有关信息并加以量化。分别从雪豹研究文献的发文年代、作者、机构和关键词4个方面进行统计分析，揭示国内外雪豹研究发展的基本情况。

在1950～2010年，上述7个外文数据库中共收录雪豹文献242篇。分析显示，雪豹相关文献呈逐年增长态势。可以分为三个阶段，第一阶段（1950～1989年）为萌芽和初步发展时期，年均发表论文在5篇以下，增长速度缓慢；第二阶段（1991～1999年）为稳步发展时期，年均发表论文在5～10篇，其发表文献数量与第一时期相比略有增加；第三阶段（2000～2010年）为持续稳步发展时期，年均发表论文在10篇以上，发表文章增长速度保持平稳上升势态。发表论文的最高峰出现在2008年，共发表文献24篇。文献的增长并不是呈直线上升，而是随研究侧重点的不同而有所变化。

1950～2010年，上述几个中文全文数据库中共收录雪豹专题研究论文294篇。分析可见，雪豹相关文献呈逐年增长态势。增长也可以分为三个阶段。第一阶段（1950～1982年）为萌芽和初步发展时期，断断续续，每年发表论文不超过1篇；第二阶段（1983～1999年），改革开放以后，为稳步发展时期，年均发表论文5～10篇（包括综合考察报告），其发表文献数量略有增加，增长速度较为平缓；第三阶段（2000～2010年）为持续稳步发展时期，年均发表论文在10篇以上，文献数量增长较快，平均增长60%左右。非常巧合的是，发文数量最多的一年都是出现在2008年，发表文章34篇，可见2008年属于旺年（大年）。整个文献的增长趋势也与国外相似（附图6）。

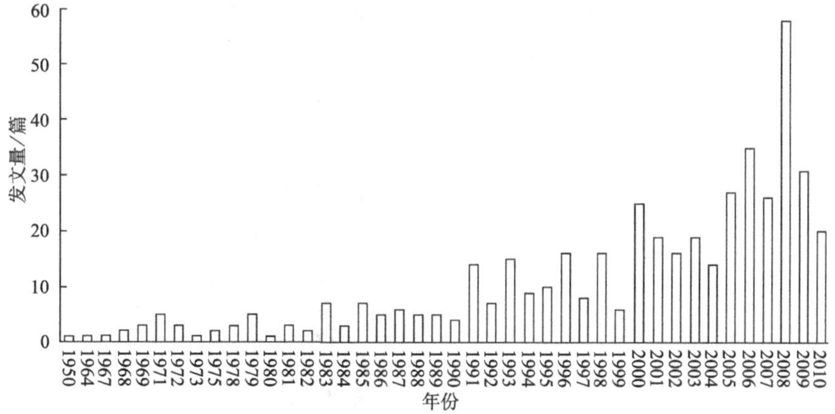

附图6　过去60年（1950～2010年）发表雪豹研究文献数量变化趋势，因为互联网时代的到来，检索变得越来越容易。但是，之前几十年的文献不一定可以检索到，前期不一定准确

空间分布指的是在一定的时间内，发表文献的作者地理分布的差异性和集聚度。本文中国内作者按其所在单位进行划分，第一作者发文量最多的单位是

中国科学院新疆生态与地理研究所（7 篇），其次是西宁人民公园（6 篇）、中国科学院动物研究所（3 篇）、中国林科院（3 篇）。从地理分布上看，发文机构呈现明显的地域相关性，主要集中于新疆和青海等地。研究所关注的热点地区包括青藏高原、祁连山、阿尔泰山、阿尔金山自然保护区、塔什库尔干（帕米尔高原）、珠穆朗玛峰、天山托木尔峰等。

从雪豹研究专题文献数量的年际分布可以看出雪豹研究的发展历程。从发表文献作者可以看出雪豹研究领域的专家和优秀代表。从发表文献的机构空间分布可以看出国家/地区和相关机构研究领域和研究现状。从文献的关键词可以看出研究的内容、方法、地域和现状以及热点和发展趋势。综合四个方面，作者追踪国际与国内雪豹研究发展的动态，揭示雪豹研究发展的历史和现实（王彦等，2012）。

中国的雪豹资源无论是在分布的范围还是数量上，都居于世界第一（>70%），但近年来过度开采，以及日益加快的城市化、工业化进程的脚步，已经为珍惜濒危物种雪豹的保护敲响了警钟。西部是中国乃至世界雪豹最集中的区域，如西藏、新疆、青海、四川等，包括青藏高原、云贵高原、蒙新高原，以及喀喇昆仑山、昆仑山、喜马拉雅山脉、阿尔泰山、天山、唐古拉山、横断山、祁连山等都是人迹罕至的地方，由于人口稀少，环境恶劣，交通条件差，考察难度非常大，仍需要加强科考力度。

希望政府和相关部门能够从国际、国内野生动物保护的角度来积极支持和配合（包括资金和协同等方面）科研人员的研究工作。对濒危物种，现在的所有研究都是为了物种保护，因此重点首先是要摸清分布与数量、进行种群动态监测、野外繁殖生态数据、繁殖存活率、栖息地选择、生存状况、食物资源、面临的威胁、保护区建设、西部大开发影响评估、环境破坏及面临威胁的调查与分析（附图 7）。为管理者或管理部门提出具体保护措施、解决方案和行动计划。

附图 7　雪山上孤独的一个幽灵（高小清 绘）

附录四 大事记（1776～2012 年）

1776 年，欧洲自然学家史瑞博（Shreber）较早在文献中描述了雪豹，确定其学名或者拉丁名为 *Felis uncia*（详见第五章）。

1851 年，欧洲盗猎者将雪豹带到比利时海港城市安特卫普。

1891 年，动物园首次对雪豹进行正规的人工饲养。当时伦敦动物园从不丹王国获得一只雪豹，其性别不详（Godman，1891 年）。此后，于 1894 年，该动物园又获一只雄豹。

1906 年，动物园的雪豹开始有繁殖记录。

1922 年，“雪豹”一词首次出现在中文字典里（详见第一章）。

1970 年，美国生物学家乔治·夏勒（George B. Schaller）在巴基斯坦首次拍摄到雪豹的照片。

1972 年，美国西雅图伍德兰德公园（Woodland Park Zoo，WPZ）首次从前苏联引进两只雪豹（分别被命名为 Nicholas 和 Alexandra）。公园的职员海伦·佛里曼（Helen Freeman）女士很快迷上了美丽的雪豹，后来她成为国际雪豹基金会的创始人。

1974 年，雪豹作为濒危物种被列入 IUCN 的红色名录中。

1978 年，第一届国际雪豹会议在芬兰的首都赫尔辛基举行。来自北美、欧洲、亚洲的科学家和动物园管理者进行了信息交流，并讨论雪豹的繁育问题。

1981 年，海伦·佛里曼（Helen Freeman）女士建立了第一个保护雪豹的基金机构（ISLT）。

1982 年，受到保护雪豹基金机构的资助，研究人员杰克逊（Rodney Jackson）先生首次使用无线电项圈——电子跟踪器，在尼泊尔对雪豹进行行为研究，并使我们瞥见了令人难以捉摸的雪豹野外生活细节。

1982 年，国际雪豹基金会和西雅图森林公园举办了第三届国际雪豹会议。从那以后举办的七次国际会议每次都由保护雪豹基金机构主办或协办。

1984 年，美洲动物园与水族馆协会的（American Zoo and Aquarium Association，AZA）雪豹物种生存计划正式发起，海伦·佛里曼担任第一任主席，她从此项计划开始走向成熟，为实现雪豹的繁殖目标做出了重大贡献（附图 8）。

1987 年，在美国水生生物和野生动物保护机构的协助下，雪豹基金会草拟了“雪豹信息管理系统”，这是一个几乎被各地雪豹研究者采用的标准化程序——这也可能是未来野生生物资源研究的发展方向。

1991 年，由于 20 世纪 90 年代早期苏联解体，几个新的亚洲中心的国家宣

附图 8　成功繁育小雪豹，为拯救濒危物种打下坚实的基础

（作者，左：Helen Freeman；右：李湘涛）

布独立，野外生存雪豹的国家一下增加了 50%，从 8 个增加到 12 个。

1992 年，第七届国际雪豹会议在中国青海省西宁市召开，这是第一次在中国召开国际雪豹会议。中国科学院西北高原生物所组织这次会议，并有论文集出版（1994 年）。

1997 年，国际雪豹基金会和美洲动物园组织发起了一个“自然合作关系”计划，这个计划由许多家动物园来资助。对于这些动物园来说，这是一个特别的机会，能够将他们的学习项目与保护雪豹基金机构的活动联系起来。到现在为止，这个计划又使美国及国外 30 多个动物园参与进来。

1997 年，在蒙古国西部的一个小镇里，一个叫雪豹的企业（Irbis Enterprises）被创办，其合营者首次将牧民的纺织手工艺品推进到首都乌兰巴托的市场。“Irbis”在蒙古语里的意思就是雪豹，这个企业后来改名为“雪豹银行”或“雪豹信用社”。他们帮助当地牧民解脱贫困，减少与雪豹的冲突，并成为雪豹基金机构的有力支持者。

1999 年 5 月，在吉尔吉斯斯坦的阿克苏-德加巴里（Aksu-Djabagly）自然保护区召开了一次以“中亚雪豹保护”为议题的地区研讨会。在这次会议的基础上成立了一个保护中亚雪豹的国际性组织“Asia Irbis”（亚洲雪豹）。成立了打击偷猎和贩卖雪豹的专门工作小组——反偷猎别动队。

2001 年，在美国西雅图森林公园的资助下，保护雪豹基金机构聘任了一些新成员，包括在西雅图任命的一个保护协会总负责人和一个项目执行官，还有任命于巴基斯坦和印度的项目负责人等。

2001年年底，新疆自然保育基金会成立。温波、马鸣、胡勘平、程芸等为发起人。基金会致力于新疆的环境保护，成为国际雪豹项目的国内主要合作伙伴之一。

2002年5月21～25日，保护雪豹基金机构和西雅图森林公园举办了第九届雪豹国际会议，这次会议的名称是“雪豹生存高级会议”。与会专家对当前雪豹生存存在的威胁作了评估，针对这些威胁提出了综合的应对计划。并证实研究需更深一步地进行，同时呼吁全世界进行保护雪豹的教育和宣传活动。新疆保育基金会有三位代表参会。

2002～2004年，国际雪豹专家杰克逊（Rodney Jackson）、乔治·夏勒（George B. Schaller）和麦克阿瑟（Thomas M. McCarthy）等先后访问新疆，与新疆雪豹项目组接触和交流。中国是当今雪豹分布面积最大的国家，也是数量最多的国家。之后，中国科学院新疆生态与地理研究所马鸣研究员等开始申请雪豹研究项目，并制订“西部雪豹野外调查与保护计划”。

2003～2004年，新疆雪豹小组先后申请和启动了两个与雪豹有关的项目。一个是新疆自然保育基金会与世界自然基金会（WWF-China）合作开展的中国雪豹偷猎和非法贸易调查（程芸等，2005），另一个是国际雪豹基金会资助的雪豹种群数量与分布调查（马鸣等，2005）。

2004年9～11月，新疆雪豹调查项目启动。考察队队长为马鸣（研究员），队员为孟克曹格、徐峰、吴逸群、蒋可威等。野外工作分别在阿尔泰山、北塔山、天山等地展开。

2004年，国际雪豹互联网络开始运行。网络上的会员是以个人或集体的形式注册，大家团结一心，为保护雪豹奉献力量。这个雪豹网络是于2002年的雪豹生存高级会议中产生的，它还包括100多名专业人士。雪豹网络的秘书处设在保护雪豹基金机构的总部西雅图，网络中约有1100篇与雪豹有关的文献资料可以免费共享。

2005年，印度雪豹保护项目负责人米石嵘（Charudutt Mishra）获得了维特利金奖（Whitley Gold Award），这是生物保护界的最高荣誉奖项之一。

2005年6～12月，印度老虎专家楚达瓦特（Raghunandan Singh Chundawat）、吉尔吉斯斯坦的学者库班（Kubanychbek Jumabayulu）和阿拉斯加的志愿者维勒（Toby Wheeler）等参与新疆雪豹项目组的野外考察（附图9）。10～12月，中国科学院的雪豹专家马鸣教授及项目组成员首次利用红外自动相机拍摄到雪豹照片32张（附图10）。地点是在新疆天山最高峰——托木尔峰自然保护区。有关文章最先在《动物学报》（2006年）上发表。

附图 9 这是国际合作考察纪实，记录了 2005 年 6 月和 10 月与印度专家拉古纳丹·楚达瓦特（Raghunandan Singh Chundawat）等一起在天山托木尔峰考察的日日夜夜

2006 年，巴基斯坦 WWF 和雪豹基金机构（ISLT）首次采用 GPS 项圈，跟踪雪豹。

2006 年 5 月 24～25 日，全球雪豹网络（Snow Leopard Network）——一个全球雪豹研究与保护的组织与个人的网络机构在巴基斯坦纳什瓦伽里召开了理事会。

2007 年 10 月 8 日，四川石渠县的一个喇嘛拍摄到一段野生雪豹的视频。后来经过北京国际雪豹生存策略研讨会多位权威专家鉴定，一致认为录像真实，录像中的动物就是野生雪豹。这可能是中国民间第一次在野外拍到的雪豹录像。

2008 年 3 月 8～11 日，国际雪豹生存策略研讨会在北京召开。来自全世界 17 个国家的 110 多位专家，把近 5～10 年内已知的雪豹资源分布知识勾绘在地图上（GIS），讨论当前雪豹的资源现状、受威胁的因素，并提出今后保护雪豹的措施。

2008 年 10～11 月，马鸣等在中国科学院和国际雪豹基金会资助下，开展昆仑山雪豹考察活动。

2009 年 3 月，为期 5 年的国家科技部与环境部物种监测示范项目启动（2008BAC39B04）。

2010 年 9 月，阿布力米提、马鸣等 4 人与巴基斯坦专家合作，开展帕米尔高原、喀喇昆仑山、红其拉甫国家公园、克什米尔地区、罕萨（Hunza）、吉尔吉特、中巴公路沿线考察活动。

2010 年 5～9 月和 2011 年 2～3 月，马鸣等参与罗布泊及阿尔金山考察（袁

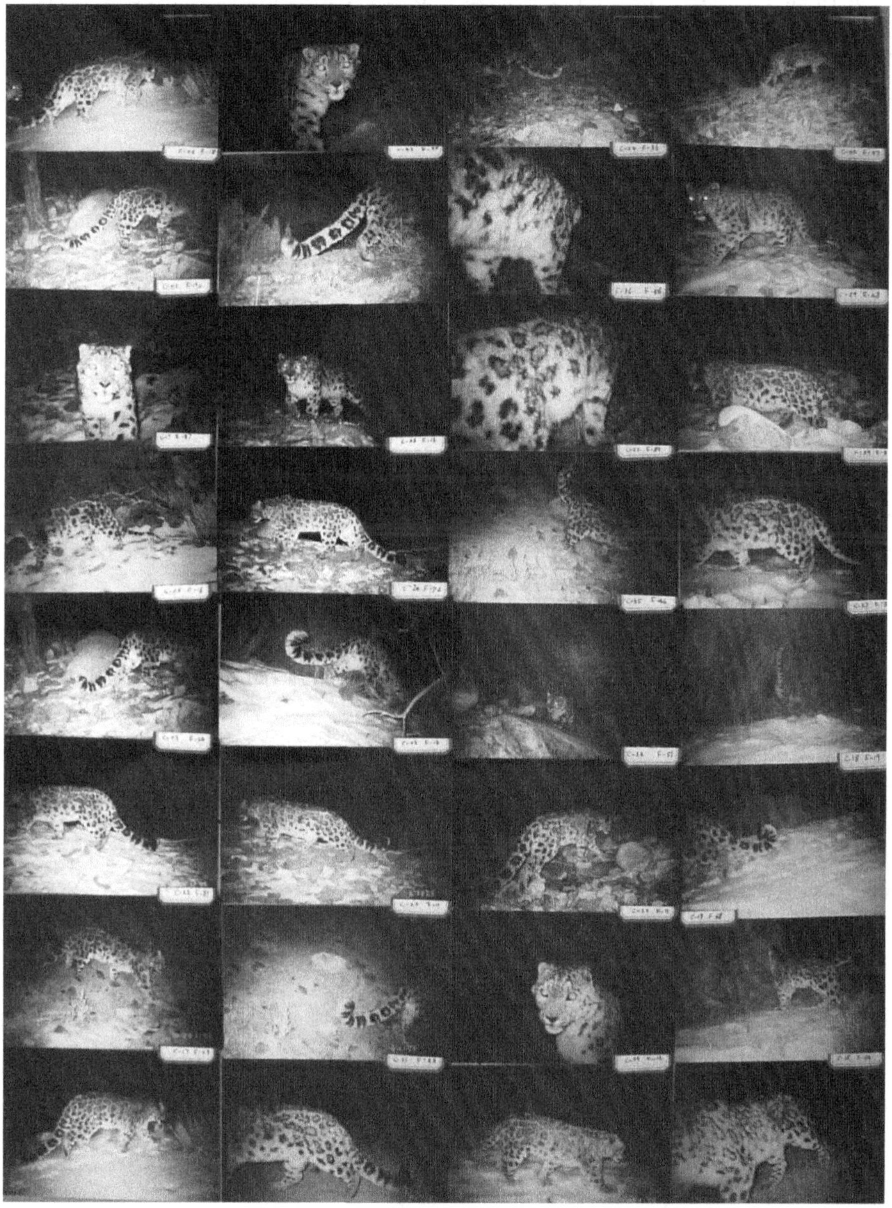

附图 10　新疆雪豹项目组利用红外相机成功拍摄雪豹照片 32 张，
硕果累累，成为中国雪豹研究的一个里程碑

国映等，2012)。

2011 年 5～11 月和 2012 年 5～7 月，雪豹项目组 6 人多次进入东昆仑山、阿尔金山保护区考察。

2012年3～5月，世界自然基金会（WWF-China）拟资助新疆雪豹项目组编写珠峰雪豹调查手册，同时与“拯救中国虎基金”商议资助本书《新疆雪豹》出版事宜。9月，马鸣、李都等完成夏尔希里野生动物考察。

附录五　关于雪豹的164个为什么（请在本书中或文献里寻找答案）

(1) 关于雪豹，你知道中国有几个世界之最或世界第一？
(2) 中国在雪豹保护与研究方面肩负着什么样的责任？
(3) 新疆大约分布有多少只雪豹？它们是濒危物种吗？为什么？
(4) 你认为雪豹种群的实际数量比科学家估测的多还是少呢？
(5) 近年新疆雪豹项目组采用红外相机进行拍摄活动所取得的成就是什么？
(6) 在利用红外相机监测雪豹时，会拍摄到许多空的画面，为什么？
(7) 什么是“谈豹色变”？
(8) 虎和雪豹关系最为密切，“虎落平川”或“虎落平阳被犬欺”，“不入虎穴，焉得虎子”等成语怎么理解？
(9) 俗话说“吃了豹子胆”，是什么意思？
(10) 你知道每年有多少只雪豹被非法猎杀？
(11) 社会上时常有人“救助”雪豹，还有人时不时地“捡到”小雪豹，你相信这些故事是真实的吗？
(12) 一些地方政府官员为什么要极力掩盖本地区偷猎案件？他们应不应该是凶手或者帮凶？
(13) 在中国，偷猎雪豹面临什么样的法律制裁？
(14) 什么是“绿色赔偿”机制，利弊是什么，应该如何操作？
(15) 国家赔偿制度或称之为“绿色赔偿”存在的问题是什么？
(16) 新疆地方相关部门在保护雪豹方面有作为吗，进展如何？他们还应该做些什么呢？
(17) 在贫困的西部地区，应该怎样解决牧民与雪豹的利益冲突？
(18) 什么是“报复性屠杀”？请分析原因。
(19) 在吉尔吉斯的天山上为什么见不到雪豹痕迹？
(20) 同是高山动物，为什么北山羊有那么高的遇见率，而雪豹却如此之低呢？

(21) 雪豹有哪些常见的活动痕迹？
(22) 为什么雪豹不掩埋粪团或尿迹呢？
(23)“刨痕”可能起源于掩埋粪便的习性吗？
(24) 什么是雪豹的“指纹”？
(25) 在漆黑的夜晚，雪豹是如何感知周围环境和寻找到自己配偶的？
(26) 雪豹捕食时，是喜欢突然偷袭，还是长距离追击？与猎豹有什么不同？
(27) 雪豹捕食的不同策略——守株待兔式（机会主义者）、悄悄偷袭式、主动追击式，哪一种情况比较多一些？
(28) 在砾石坡上，雪豹柔软的脚掌如何与有蹄类动物坚硬的蹄子较量？
(29) 雪豹像狮子和狼一样结群围捕猎物吗？
(30) 雪豹的长尾巴有保暖（围脖）作用吗？
(31) 雪豹用长尾巴（作为武器）攻击猎物吗？
(32) 在什么情况下雪豹的尾巴可以称得上是雪豹的性器？
(33) 雪豹咬死猎物后吸血吗？
(34) 作为纯粹的食肉动物，有的时候雪豹为什么要食植物（占20%～30%的粪样）？
(35) 在雪山上雪豹需要饮水吗？
(36) 雪豹会游泳吗？
(37) 雪豹是否有连续几天看守食物（尸体）的习性？
(38) 雪豹在夜间不怕人吗？
(39) 雪豹在白天也捕食吗？
(40) 雪豹有时候也会一次咬死多只羊（群杀）？
(41) 在一些地方为什么家畜是雪豹的主要猎物？
(42) 狼与雪豹之间存在食物竞争吗？
(43) 中国政府及其官员是如何看待雪豹现状与保护的？
(44)“亚洲猎豹”灭绝大约是在哪一年？
(45) 700多年前马可波罗是怎样描述亚洲猎豹的？
(46) 民间传说中的塔里木“胡杨豹”（土豹子）真实存在吗？
(47) 为什么说狮虎豹是一家？
(48) 雪豹通常在什么时间和什么季节吼叫？
(49) 如何面对动物保护中存在的三大毒瘤？
(50) 中国法律对野生动物保护的作用如何？
(51) 根据中医传统，雪豹骨可以替代虎骨吗？
(52) 中国古籍怎样描述雪豹？
(53) 古籍中的盂极、驺虞、貔貅、诸犍等都是指什么动物？
(54) 雪豹为什么又叫“荷叶豹”？

(55)“雪豹”(*Uncia uncia*)名称的由来，身世之谜，命名的谬误知多少？
(56) 雪豹的模式标本发现自遥远的波斯（伊朗）或者土库曼斯坦吗？
(57) 大约200年前，先后有几位博物学家为雪豹定名呢？
(58) 请你说一说雪豹的与众不同之处。
(59) 你知道中国雪豹研究的历史吗？
(60) 国内外雪豹的研究状况如何呢？
(61) 世界上哪些国家有雪豹分布，它们都与中国为邻吗？
(62) 什么是雪豹分布的“边界效应”，形成原因？
(63) 缅甸北部还有雪豹分布吗？
(64) 为什么雪豹基金会设立在从来就没有雪豹分布的美国？
(65) 新疆与雪豹有关的自然保护区有哪几个？举例说明。
(66) 你知道动物园中的雪豹面临什么样的麻烦？
(67) 国外动物园之中还有多少只雪豹存活？
(68) 人类驯豹的历史有多么久远？
(69) 动物园到底是野生动物的天堂，还是地狱？
(70) 与动物园一样，野生雪豹也面临“近亲繁殖”（乱伦）和种群衰退的威胁吗？
(71) 已经召开过哪几届雪豹国际会议，作用如何？
(72) 国际雪豹生存保护计划（SLSS）的具体内容是什么？十年来效果怎么样？
(73) 什么是以社区为基础的雪豹保护（CBC）计划？
(74) 美国在中亚包括阿富汗发动的一系列侵略战争，对雪豹造成什么样的危害？
(75) 利用无线电或者人造卫星跟踪雪豹的目的是什么？
(76) 如何利用刑侦技术或所谓“痕迹学”在野外寻找雪豹？
(77) 通过痕迹调查可以估算雪豹种群相对密度吗？
(78) 新疆雪豹项目组通过雪豹足迹区分个体（如老幼、大小、雌雄、张三李四）的意义？什么是目前适合新疆本地的最廉价、简单、可行的调查方法？
(79) 通过民间访问（问卷调查）可以近似评估雪豹资源及种群分布状况吗？
(80) 通过对被捕食对象（如有蹄类）的数量调查可以估计雪豹种群的相对密度吗？
(81) 通过红外自动照相技术可以间接估计种群密度和数量吗？
(82) 在蒙古国一只9岁雌性雪豹被无线电追踪，其活动范围很大，而另外一只年轻雌豹的活动范围却很小，为什么？
(83) 在野外，什么是无损伤或非侵入式采样？
(84) 什么是地理信息系统与雪豹资源调查？
(85) 通过粪便样品的DNA分析可以估计种群结构吗？
(86) 雪豹有天敌吗？

(87) 自然灾害（如洪水、泥石流、雪崩、流行病）与雪豹自然死亡的关系是什么？
(88) 雪豹为什么喜欢选择难行的山脊道路或悬崖活动？
(89) 如何评价一个健康的山地生态系统？
(90) 雪豹也会患疾病与寄生虫感染吗？
(91) 有哪些国际雪豹保护组织？
(92) 大家为什么这么关心猫科动物的命运？
(93) 这些缩写词或短句（ISLT、GGF、WCS、SLC、Snow Leopard Network、XCF、WWF、TRAFFIC、UNDP、IFAW、FFI、IUCN / SSC Cat Specialist Group）都分别代表什么机构？
(94) 你听说过“拯救中国虎基金”吗，其创始人是谁？
(95) 你知道野生动物保护法、红皮书、贸易公约、生物多样性公约吗？
(96) 运动狩猎包括休闲狩猎、奖品狩猎（trophy hunting)、战利品狩猎或游戏狩猎等，您认为在中国可以放开各种形式的狩猎活动吗？
(97) 新疆有多少个国际狩猎场？
(98) 除了新疆虎、新疆野马、赛加羚、普氏原羚，还有哪些物种在我们这一代人手中绝迹？
(99) 您认为人类大规模猎杀活动是剑齿虎灭绝的主要原因吗？
(100) 雪豹制品有哪些，你知道其贸易场所和通道吗？
(101) 猫和老鼠都是夜行性动物，而雪豹与北山羊却相反，它们的捕食关系是怎样建立的？
(102) 低海拔地区，如塔克拉玛干大沙漠腹地的安迪尔胡杨林会有雪豹吗？
(103) 狼与雪豹的足迹（足印）有什么区别？
(104) 如何区分雪豹与猞猁的足迹和足迹链？难度在哪里？
(105) 你见过野生的雪豹吗？
(106) 怎样理解科学家“只见其皮，不见踪影”的描述？
(107) 食肉动物在什么情况下会同时袭击多只家畜，牧业与野生动物冲突的根源是什么？
(108) 怎样提高圈舍和围栏的防护作用？
(109) 国外民间团体在保护雪豹方面有什么好的经验？
(110) “雪豹企业”或“雪豹银行”是什么机构？
(111) 雪豹袭击羊群时，牧羊犬为什么没有反应？
(112) 人们宣传的狼害、豹害、猪害、熊害、鼠害……都是真实的谎言吗？
(113) 你听说雪豹攻击或吃过人吗，人豹冲突主要体现在哪些方面？
(114) 在人工条件下（低海拔地区）雪豹可以繁殖吗？

(115) 雪豹通常一次产下几只幼崽?
(116) 母雪豹每年都能繁殖吗?
(117) 雪豹的最佳生育年龄段是什么?
(118) 雪豹一般在什么季节发情?
(119) 牧区两米高的围墙和圈舍可以防止雪豹进入吗?
(120) 号称“独行侠”的雪豹，在什么情况下集小群活动?
(121) 幼雪豹几岁离家出走，独立生活?
(122) 在天山托木尔峰考察期间，雪豹为何如此好奇地光临考察队的营地?
(123) 雪豹的寿命是多少?
(124) 雪豹一次可以吃掉一头牦牛吗?
(125) 同其他豹子比较，雪豹会上树吗?
(126) 如何理解行为诡异的雪豹是在“踮着脚尖”走路?
(127) 雪豹喜欢沿着固定路线活动吗?
(128) 在新疆尉犁县的芦苇丛中都有雪豹出没的踪迹，有根据吗?
(129) 南疆沙漠腹地的铁干里克有雪豹活动，为什么?
(130) 海拔非常低的艾比湖曾经多次出现雪豹踪影，请分析原因。
(131) 你相信在吐鲁番艾丁湖附近发现雪豹的报道吗?
(132) 雪豹捕食野猪、狼、狐狸、野狗或者其他猛兽吗?
(133) 新疆雪豹面临什么样的潜在威胁?
(134) 你知道地球上雪豹的真实数量吗?
(135) 你知道中国雪豹的分布与数量状况吗?
(136) 你相信世界上60%～80%的雪豹分布在中国这样一种推测吗?
(137) 雪豹的进化历程，与青藏高原隆升有什么关系?
(138) 科学家将雪豹划分为几个亚种或者几个地理群?
(139) 谁是新疆最大的纯食肉动物，新疆虎还存在吗?
(140) 雪豹攻击比自己大四五倍的牛、驴、马和骆驼吗?
(141) 近30年天山雪豹何以开始频繁偷袭家畜?
(142) 曾几何时，雪豹是“害兽”，你怎么认为?
(143) 在自然条件下，雪豹的主要捕食对象是什么?已知食谱有多少种?试举几种。
(144) 雪豹的“家域”或者领土体系与其他大型独行猛兽相比有什么相似性?
(145) 在托木尔峰雪豹的领域面积有多大?雪豹如何保护自己的“家域”?
(146) 雪豹如何利用领地内的食物资源?
(147) 在崇山峻岭中，雪豹的活动规律与个体之间的联络机制（通信手段)?
(148) 在西伯利亚，雪豹会喜欢厚雪吗?
(149) 新疆雪豹具有水平迁移或者垂直迁移行为吗?

(150) 建立保护区，多大的面积才是保护雪豹的合适面积？维持多大种群数量是雪豹生存可持续的最小种群阈值？
(151) 什么是种群生存力分析（PVA）？涉及哪些致危因素？
(152) 野生动物园会是雪豹的最后归宿吗？
(153) 中国的动物园在野生动物保育方面还存在什么问题？
(154) 西部大开发对雪豹的影响有哪些？
(155) 为什么雪豹的分布越来越边境化，是什么因素使它们在内地高山绝迹？
(156) 自然保护区有可能成为雪豹的最后避难地吗？
(157) 阿尔金山自然保护区是有蹄类动物的天堂，为什么这里却没有雪豹的踪迹？
(158) 天方夜谭，新疆雪豹在短期内会绝灭吗？
(159) 新疆的哪些“山头”雪豹面临绝灭的危险？
(160) 保护雪豹，我们每一位公民还能做些什么？
(161) 雪豹基金会成立30多年来，《野生动物保护法》实施20多年来，雪豹种群数量下降的速度减慢了吗？人与雪豹的冲突缓和了吗？野生雪豹的现状改善了吗？原因何在？
(162) 全球气候变化及冰川迅速萎缩，雪山之兽能否在雪山永驻？
(163) 各国的保护工作能否带给雪豹最直接的福祉？若干年后的雪豹生存环境是否会有所改善？一些地区雪豹的野生种群能否恢复？
(164) 你认为中国各级保护部门、中国科学院、国际雪豹基金会和新疆自然保育基金会等能在雪豹保护方面做些什么呢？

附图11　历尽千辛，考察队成员在野外流汗，流血，还要流泪，为什么？

索 引

A

B

C

D

E

F

G

H

J

K

L

M

N

O

P

Q

R

S

T

W

X

Y

Z

后　记

不都是痛苦的呻吟，也有意外、惊喜、欢乐和幸福的时候。特别是在最后付梓时，闻着油墨芬芳，内心高兴，潸然泪下。

写一本通俗化、大众化、科普化的雪豹读物，是一个梦想，也是一种奢望。要付诸实施，确实很难。一直以来，学术界对科普文章持不屑一顾的态度，可能是因为它不够严谨，研究所也不会把它当做“成果”。相比那些“阳春白雪”(所谓SCI)，这只能属于“下里巴人”了，是很难登上科学殿堂的。权衡再三，还是走一条中庸之道：写一部偏科普的专业著作。

殊不知相比堆砌“学术八股文”，科普书要难写得多呀！

要完成这样一本书，无疑是一场持久之战，我们几乎有点力不从心。由于写作队伍比较庞大，风格迥异，鱼龙混杂，势必会有乱糟糟的地方。当然，写作既要有理有据，真实可信；又要会讲“故事”，妙趣横生。我们不是思想的巨人，也不甘心充当行动的矮子。但是，在探索一种不同的写作方式的过程中，我们几乎陷入了泥潭，精疲力尽。大胆假设，小心求证——结果是想要追本溯源，难免有些捕风捉影——胆大而妄为，依然无法摆脱肤浅与无知的窘境。

近三年，多半时间是在与出版社的编辑们打交道，沟通、交流、磨合，融会贯通。三审三校，一丝不苟。有的时候，在追求尽善尽美的过程中，可能也制造了垃圾和糟粕。那些“种群”、“亚种”、“分类”、“分布”、“痕迹”…… 有时无病呻吟，语无伦次，不着边际。面对“文献”与“考证”，纸上谈兵，连篇累牍，陈词滥调，乏味枯燥至极，谬误在所难免。还请读者能够见谅，权当是在抛砖引玉吧。

这是一个知识爆炸的年代，探索未知世界的途径和手段日新月异，可上九天揽月，可下五洋捉鳖。网络化更是为知识传播插上了隐形的翅膀。一觉醒来，就有落伍的感觉，岁月令我们跟不上时代的步伐。迷茫、纠结、彷徨、痛苦，到了无法掌控、骑虎难下的地步。取与舍，得与失，成与败，权作是过眼烟云，一笑了之。

面对雪豹这样一种神秘动物，无论是存在，还是灭绝，大家都不应该无动于衷。

马　鸣

2013年2月10日